Ralf Möller, Hans Pöter, Knut Schwarze

Planen und Bauen mit Trapezprofilen und Sandwichelementen

Band 1: Grundlagen, Bauweisen, Bemessung mit Beispielen

Dr.-Ing. Ralf Möller
Dipl.-Ing. Hans Pöter

Pöter & Möller GmbH
Sachverständige für Metalleichtbau
An den Drei Pfosten 38
57072 Siegen

Dr.-Ing. Knut Schwarze
Am Stoß 9
57234 Wilnsdorf

Titelbild: BIG-SPIELWARENFABRIK in Burghaslach,
Ausführung durch Fa. Hammersen Elementbau GmbH & Co. KG, Osnabrück

Dieses Buch enthält 208 Abbildungen und 30 Tabellen

Bibliografische Information Der Deutschen Bibliothek
Die Deutsche Bibliothek verzeichnet diese Publikation in der Deutschen Nationalbibliografie;
detailliert bibliografische Daten sind im Internet über <http://dnb.ddb.de> abrufbar.

ISBN 3-433-01595-3

Satz: Manuela Treindl, Laaber
Druck: betz-druck GmbH, Darmstadt
Bindung: Großbuchbinderei J. Schäffer GmbH & Co. KG, Grünstadt

Printed in Germany

Geleitwort

Oberflächenveredelte Bauelemente aus Stahlblech für Dach, Wand und Decke, wie Trapezprofile und Sandwichelemente, werden seit Jahrzehnten erfolgreich als Gebäudehülle bei gewerblichen Bauten und Sportstätten verwendet.

Zahlen bestätigen, daß in den letzten Jahren mehr und mehr Architekten die Vorteile dieser Elementbauweise auch für Wohnbauten schätzen gelernt haben. Hierdurch entstehen häufig optisch reizvolle, unverwechselbare Gebäude. Die zunehmende Anwendung von Bauelementen aus Stahlblech ist zurückzuführen auf das günstige Kosten/Nutzen-Verhältnis, auf die hohe Tragfähigkeit bei geringem Eigengewicht und auf die einfache, schnelle und von der Witterung fast unabhängige Montage.

Obwohl seit den 1980er Jahren bereits etwa 90 % aller Dächer von Nichtwohngebäuden unter Verwendung der verschiedenen Bauelemente aus Stahlblech errichtet werden, gibt es im Vergleich zu anderen gängigen Bauweisen erstaunlich wenige Fachbücher. Das erste, auch von Fachleuten vielbeachtete Buch der Bauweise mit dem Titel „Stahltrapezprofil" erschien 1980 beim Karl Krämer Verlag, Stuttgart. Der fachliche Inhalt entstand unter Mitwirkung einiger Mitarbeiter der damaligen Hersteller von Bauelementen und Mitgliedern des IFBS. Das 1980 erschienene Buch entspricht, aufgrund der Weiterentwicklung der Bautechnik, geänderter Normen, Regeln und Richtlinien längst nicht mehr dem aktuellen Stand der Technik.

Insofern ist es erfreulich, daß dieses neue Buch *„Planen und Bauen mit Trapezprofilen und Sandwichelementen"* vorliegt, welches die verschiedensten Bausysteme für Dach, Wand und Decke aus Stahlblech umfassend beschreibt und dadurch diese Bauweise den interessierten Kreisen näher bringt. Erstellt wurde das Buch wiederum von Fachleuten der Branche und unter Betreuung des IFBS, Düsseldorf.

Möge das gelungene Buch sowohl der weiteren Verbreitung der Bauweise, aber vor allem der sach- und fachgerechten Planung und schadensfreien Erstellung von Bauleistungen dienen.

Industrieverband für Bausysteme im Stahlleichtbau e.V. (IFBS)
Düsseldorf, im Mai 2004

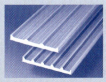

Vorwort

Das Bauen mit dünnwandigen Flächenbauelementen aus Metall gehört zu den herausragenden Bauweisen der jüngeren Vergangenheit, deren Ursprung zwar schon in der zweiten Hälfte des 19. Jahrhunderts zu finden, deren Durchbruch aber erst in der zweiten Hälfte des 20. Jahrhunderts gelungen ist.

Seit dem Ende der 40er Jahre des letzten Jahrhunderts, dem Beginn der Anwendung von abgekanteten und später im Rollformverfahren hergestellten Trapezprofilen, hat sich das Bauen mit dünnwandigen Flächenbauelementen aus Metall in einer Weise durchgesetzt, wie man es kaum für möglich gehalten hätte.

Bauelemente aus Metall prägen seither zunehmend das Erscheinungsbild von Industrie- und Wirtschaftsbauten und finden gelegentlich auch schon Anwendung im Wohnungsbau. Sie bilden in Dach- und Wandkonstruktionen neben dem Raumabschluß auch die lastabtragende Ebene und leiten damit die äußeren Einwirkungen, z. B. Wind- und Schneelasten, in die Unterkonstruktionen ab.

Während Trapez- und Kassettenprofile überwiegend gemeinsam mit der Wärmedämmung und zuweilen auch in Verbindung mit Schalldämmaßnahmen eingesetzt werden, besteht die Wärmedämmung bei Sandwichelementen bereits aus dem im Zuge der Herstellung zwischen die beiden Deckschichten aus Metall eingebrachten Stütz- und Dämmkern.

Neben den technischen Vorteilen der Bauweise und ihrer nachgewiesenen Wirtschaftlichkeit für die Erstellung und Nutzung des Gebäudes schätzen Bauherren und Architekten auch die besonderen Vorzüge für eine anspruchsvolle architektonische Gestaltung.

Aufgrund ihrer Einsatzmöglichkeiten findet diese Art von Bauelementen ihre vielfältige Anwendung bei Gewerbebauten wie Fertigungsstätten, Lagerhallen und Tiefkühlbauten, für Messehallen und Sportstätten und insbesondere auch als Fassadenkonstruktionen für Verwaltungs- und öffentliche Repräsentationsbauten.

Obwohl Leichtbauelemente aus Metall vergleichsweise einfach und mit geringem Aufwand montiert werden können, sind für ihre richtige Anwendung einige besondere Kenntnisse erforderlich. Bisher sind diese Kenntnisse vorrangig bei den Herstellern von Bauelementen und Bausystemen sowie einer begrenzten Anzahl von spezialisierten Anwendern zu finden.

Darüber hinaus gibt es Informationen, die speziell für die Bauweise in den Normen des Deutschen Institutes für Normung e.V. (DIN) und in Richtlinien des Industrieverbandes für Bausysteme im Stahlleichtbau e.V. (IFBS) veröffentlicht worden sind. Hinzu kommen eine Vielzahl von Einzelbeiträgen im Rahmen von Fachartikeln und Büchern.

Die Norm DIN 18 807 für Trapez- und Kassettenprofile beschreibt keine genormten Profile, sondern enthält normative Festlegungen über das zu verwendende Vormaterial, Konstruktionsdetails und Abmessungs-Toleranzen sowie zur Bestimmung der Widerstandsgrößen für statische Nachweise.

Ähnliches gilt für die allgemeinen bauaufsichtlichen Zulassungen für Sandwichelemente des Deutschen Institutes für Bautechnik (DIBt). Aus diesem Grunde dienen die im Buch abgedruckten Tabellen und Daten nur zur Erläuterung der gegebenen Beschreibungen und Beispiele. Für konkrete Anwendungsfälle sind immer aktuelle Informationen und amtlich geprüfte Unterlagen der Hersteller einzuholen.

Mit dem vorliegenden Buch haben sich die Autoren zum Ziel gesetzt, zunächst die Entwicklung der Bauweise, die in ihr enthaltenen Komponenten sowie ihre Besonderheiten und die bisher bekannten Hilfsmittel zur statisch/konstruktiven Auslegung zusammenfassend darzustellen.

In einem späteren zweiten Schritt werden dann in Form eines Konstruktionsatlasses die bisher zur Anwendung kommenden konstruktiven Details und ihre Anwendung im Hinblick auf Gestaltung und Funktionen, wie Lastabtragung, Raumabschluss und Bauphysik, Planern und Ausführenden zur Verfügung gestellt werden.

Neben der sachlichen Darstellung werden in beiden Veröffentlichungen die Begründungen und Entwicklungsschritte im Hinblick auf erlassene Bauvorschriften und veröffentlichte Richtlinien für die Bauweise – zum Teil auch kritisch – wiedergegeben.

Die Autoren hoffen, mit dieser zusammenfassenden Darstellung der Bauweise sowohl Planern, Herstellern und Anwendern, Baubehörden und Prüfingenieuren als insbesondere auch Hochschullehrern und Studierenden eine Hilfe an die Hand zu geben, mit der sie den sicheren Umgang mit dünnwandigen Bauelementen aus Metall erlernen und beherrschen können.

Zugleich verstehen die Autoren das Buch und später auch den Atlas als eine Widmung an die Pioniere dieser Bauweise, die den Mut und die Energie aufgebracht haben, eine zunächst unbekannten Art des Bauens in vergleichsweise kurzer Zeit zum Durchbruch und zu nachhaltigem Erfolg zu führen. Viele von diesen Persönlichkeiten sind im Literaturanhang vermerkt, andere kommen hinzu, die als Verantwortliche im IFBS, in der Lehre und in den Entwicklungs- und Ausführungsabteilungen zahlreicher Firmen mitgewirkt haben.

Schließlich gilt unser Dank dem Industrieverband für Bausysteme im Stahlleichtbau e.V. für die Förderung des Buches und insbesondere den Herren Dr. Podleschny, Büdenbender, Dura, Fryn und Reidenbach für die Durchsicht der Manuskripte und ihre wertvollen Anregungen.

Die Autoren

Inhaltsverzeichnis

1 Einführung

1.1 Geschichtliche Entwicklung

Das Bauen mit im industriellen Maßstab hergestellten prismatischen Profilen mit dünnwandigen Querschnitten hat eine vergleichsweise kurze Tradition. Es beginnt zunächst mit der Herstellung und Verlegung von Wellprofilen in der zweiten Hälfte des 19. Jahrhunderts, gefolgt von Stahl-Trapezprofilen in den frühen 30er Jahren des 20. Jahrhunderts.

Den Durchbruch erlebt die Bauweise erst in der zweiten Hälfte des 20. Jahrhunderts mit der Produktion von Trapezprofilen und Sandwichelementen im großen Maßstab. Inzwischen hat sich die Bauweise im Industrie- und Wirtschaftshochbau so weit durchgesetzt, daß geschlossenflächige tragende Dachunterschalen fast ausschließlich aus Stahltrapezprofilen hergestellt werden. Auch für den Wandaufbau gewinnen die dünnwandigen Bauelemente aus Stahl und Aluminium sowohl als tragende, insbesondere aber auch als bekleidende Elemente immer mehr an Bedeutung.

Voraussetzung für die massenhafte Herstellung und Anwendung von kaltverformten Flächenbauteilen sind – neben der Bereitstellung bandverzinkten und bandbeschichteten Vormaterials, sowie der Einführung des Rollformverfahrens – die Entwicklung von Versuchsreihen und Berechnungsmethoden, mit Hilfe derer die Tragsicherheit und die Gebrauchstauglichkeit der Bauelemente sicher ermittelt werden können.

Innerhalb nur eines halben Jahrhunderts hat die Bauweise im Wirtschaftshochbau eine Bedeutung erlangt, die Planer und Ausführende veranlassen, sich immer intensiver mit den Merkmalen und den Besonderheiten der dünnwandigen Konstruktionen vertraut zu machen. Dabei mußten sie erkennen, daß bei der Anwendung dünnwandiger Bauteile andere statische und konstruktive Vorgaben im Detail zu beachten waren, als dies im klassischen Stahlhochbau von ihnen gefordert ist. Erweitertes Grundlagenwissen über die Behandlung von Querschnittsverformungen und stabilitätsgefährdeter Querschnittsteile sowie zusätzliche Fertigkeiten sind erforderlich, um die Gebrauchstauglichkeit und die Tragsicherheit der einzelnen Baukomponenten sowie des gesamten Bauwerks dauerhaft zu gewährleisten.

Der Gebrauch von dünnwandigem Metall zur Deckung von Bauten blickt auf eine Jahrhunderte alte Handwerks-Tradition zurück. Es begann mit der Deckung von Dächern mit flach gehaltenen Metalltafeln aus Kupfer- und später auch aus Zinkblech, deren zum Falzen ausgebildeten Ränder auf einer zuvor verlegten Unterlage, z. B. einer Holzschalung, befestigt wurden (Bild 1-1). Die Tafeln dienten ausschließlich der Deckung, d. h. der Abdichtung der Dachfläche gegen das Eindringen von Niederschlag. Sie hatten eine raumabschließende Bedeutung und verfügten darüber hinaus über keine besondere Eigensteifigkeit als Voraussetzung für eine lastabtragende Funktion.

Die Jahreszahl **1858** markiert den Beginn der Verwendung industriell gefertigter Bauelemente aus Stahlblech in England. Die ersten auf Maschinen (Bild 1-2) hergestellten dünnwandigen Bauelemente aus Stahl sind Wellprofiltafeln (Bild 1-3) mit einer Stahlkerndicke

Bild 1-1 Handwerkliche Dachdeckung mit Metalltafeln

von 1 mm und einem metallischen Überzug aus Zink in einer Dicke von ca. 80 bis 100 µm je Seite. Wellprofile bleiben zunächst über mehrere Jahrzehnte die einzigen Bauelemente, die man, in Serie gefertigt, als einschalige Dachdeckung oder Wandbekleidung vorwiegend für Landwirtschafts- und Industriegebäude einsetzt.

Mit dem Beginn der Fließbandfertigung im Automobilbau und dem zunehmenden Bedarf von kontinuierlich verzinktem Stahlband denkt man um das Jahr **1930** auch im Industriebau über weitere Einsatzmöglichkeiten des verzinkten Stahlbandes nach.

Gerade und bombierte Wellbleche.

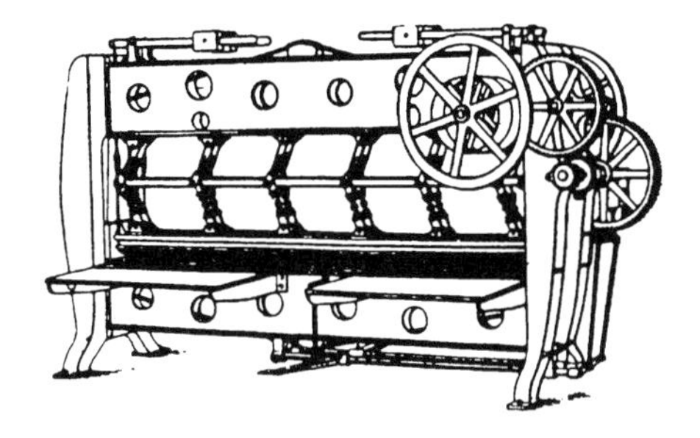

Bild 1-2 Wellblechpresse um 1880

Bild 1-3 Dach- und Wandkonstruktion aus Wellprofilen

Es kommt zur Überführung der sinusförmigen Wellprofile in trapezförmige Querschnitte. Damit hat man zum ersten Mal die Möglichkeit, größere Dachflächen über größere Spannweiten und für höhere Flächenlasten einzudecken. Die Bemessung der neuen Trapezprofile stützt sich auf erste Traglastermittlungen, die auf angesammelten experimentellen Erfahrungen gründen. Sie werden ergänzt durch theoretische Betrachtungen, denen das Modell der mittragenden Breiten zugrunde liegt.

Zur Unterstützung der Bemessung von Stahltrapezprofilen sowie anderer dünnwandiger Querschnitte als tragende Bauelemente für Dach und Wand, werden vom amerikanischen American Iron and Steel Institute im Jahr **1946** die ersten Bemessungsregeln, zusammengefaßt im „Cold-Formed Steel Design-Manual", herausgegeben. *G. Winter* liefert hierzu modifizierte Formeln für die Berechnung, die auf den Ergebnissen von Versuchsreihen basieren.

Bild 1-4 Dach- und Wandkonstruktion aus Stahl-Trapezprofilen

Im Jahr **1946** beginnt auch der Einsatz von Stahltrapezprofilen auf dem deutschen Markt. Die ersten Profile werden zunächst von amerikanischen Lieferanten in den Markt gebracht. In den Folgejahren gibt es erste Anstrengungen von deutschen Unternehmen, Trapezprofile auf Kantbänken herzustellen. Diese Art der Herstellung erfordert allerdings zunächst die Begrenzung auf Längen von ca. 5 m und Bauhöhen von ca. 70 mm (als Beispiel siehe Bild 2-3).

Mit der Einführung der kontinuierlichen Verzinkung von Stahlband in sog. Schmelztauchveredelungsanlagen im Jahr **1955** steht auch in Deutschland geeignetes Material zur Herstellung von Stahltrapezprofilen in ausreichender Menge zur Verfügung.

Im Jahr **1960** folgt die Einführung des kontinuierlichen Rollformverfahrens für Stahltrapezprofile. Nun steht der massenhaften Herstellung von Stahltrapezprofilen für den Einsatz in Dach- und Wandkonstruktionen nichts mehr im Wege. Die bis heute gültigen Stahlkerndicken liegen zwischen 0,5 mm und 1,5 mm, die Dicke des metallischen Überzuges aus Zink bei 20 μm pro Seite. Das Jahr **1960** ist auch der Beginn der ersten stückgefertigten Sandwichelemente. Es handelt sich dabei um profilierte Bauelemente aus Stahlblech, die mit der Wärmedämmschicht aus Hartschaummaterial schubsteif miteinander verbunden werden. Es entstehen Bauelemente, die neben höheren Nutzlasten auch größere Spannweiten erreichen und zugleich die Aufgabe der Wärmedämmung übernehmen können.

Die Oberste Bauaufsichtsbehörde der Stahlregion Nordrhein-Westfalen, in der kontinuierlich verzinktes Stahlband hergestellt wird, erteilte **1966** als erste Baubehörde in der Bundesrepublik bauaufsichtliche Zulassungen zur Anwendung von Stahltrapezprofilen. Um das Jahr **1971** springt die von Nordrhein-Westfalen ausgehende neuartige Bauweise auch auf die anderen Bundesländer über. Dies veranlaßt das IFBt Institut für Bautechnik in Berlin (heute das Deutsche Institut für Bautechnik, DIBt), allgemeine bauaufsichtliche Zulassungsbescheide für Trapezprofile aus Stahlblech und aus Aluminiumblech zu erteilen, die nach ihrer jeweiligen baurechtlichen Einführung in den einzelnen Bundesländern für die gesamte Bundesrepublik Deutschland Gültigkeit erhalten.

Im Jahr **1968** gründen die Hersteller derartiger Bauelemente das IFBS, Institut zur Förderung des Bauens mit Stahlblech e.V., heute bekannt als IFBS – Industrieverband für Bausysteme im Stahlleichtbau e.V. – mit Sitz in Düsseldorf. Ab **1984** sind auch die Verlegefirmen, die sich auf die Anwendung der Bauelemente spezialisiert haben, in diesem Verband vertreten.

Damit verbunden ist die spätere Gründung der Gütegemeinschaft Bauelemente aus Stahlblech e.V., die unter dem Dach des RAL Deutsches Institut für Gütesicherung und Kennzeichnung e.V., die für die gleichbleibende Qualität von Herstellung und Ausführung Sorge trägt und hierfür das Gütezeichen (Bild 1-5) verleiht.

Bild 1-5 Gütezeichen der Gütegemeinschaft Bauelemente aus Stahlblech e. V.

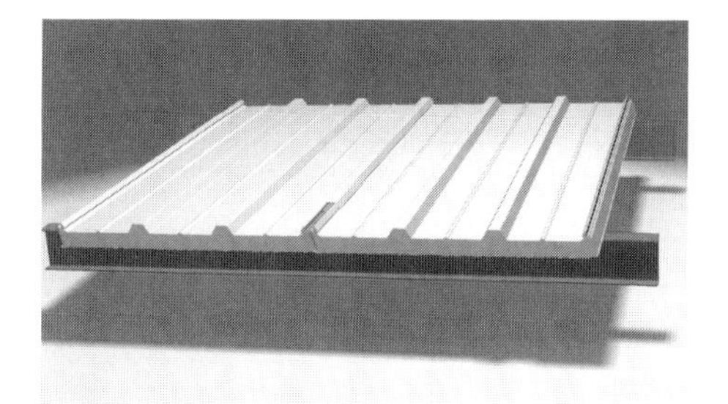

Bild 1-6 Sandwichelemente mit profilierten Deckschalen

Bild 1-7 Stahl-Kassettenprofile als Wandinnenschale

Nach gründlicher Vorbereitung und der Entwicklung von Sandwichelementen mit Deckschalen aus Stahl und einem Kunststoff-Hartschaumkern (Bild 1-6) zum Serieneinsatz, erteilt das IFBt in Berlin im Jahr **1983** die erste allgemeine bauaufsichtliche Zulassung für Sandwichelemente.

Während der 70er Jahre werden in Frankreich Stahl-Kassettenprofile (Bild 1-7) entwickelt: In Deutschland kommen diese aufgrund ihrer besonderen Wirtschaftlichkeit im Einsatz als tragende Wandinnenschale ab den 80er Jahren zunehmend zur Anwendung.

Unterdessen werden Sandwichelemente nicht mehr nur in Deutschland hergestellt, auch andere Länder, wie Italien und Frankreich, sind dem deutschen Beispiel gefolgt. Mit der beginnenden Öffnung der Grenzen werden auch europäische Regelungen für den Einsatz dieser neuartigen Bauelemente erforderlich. Aufgrund der unterschiedlichen Handhabung von baurechtlichen Regelungen in den verschiedenen Ländern kommt es aber vorläufig noch zu keiner gemeinsamen Norm. Statt dessen einigt man sich **1990** auf die „Vorläufigen Europäischen Empfehlungen für Sandwichelemente“ [52].

Das Jahr **1990** markiert mit der bauaufsichtlichen Einführung der DIN 18 807 [16] in ihren Teilen 1 bis 3 für Trapezprofile aus Stahl und später den Teilen 6 bis 9 für Trapezprofile aus Aluminium die endgültige Akzeptanz der neuen Bauweise in Deutschland. Die Einführung der Norm ersetzt die bis dahin geltenden bauaufsichtlichen Zulassungsbescheide für Trapezprofile. Die Norm liefert in ihrem Teil 1 allgemeine Vorgaben für den Einsatz von Trapezprofilen, wie Mindestabmessungen, Toleranzangaben, den Korrosionsschutz und die rechnerische Erfassung der Querschnitts- und Bemessungswerte, nach Teil 2 können diese durch Versuche bestimmt werden.

Im Teil 1 der Norm wird zugleich die Begrifflichkeit für die einzelnen Querschnittspartien festgelegt, indem diese – vom Stahlbau abgeleitet – aus der DIN 18 800 [13] auch auf die

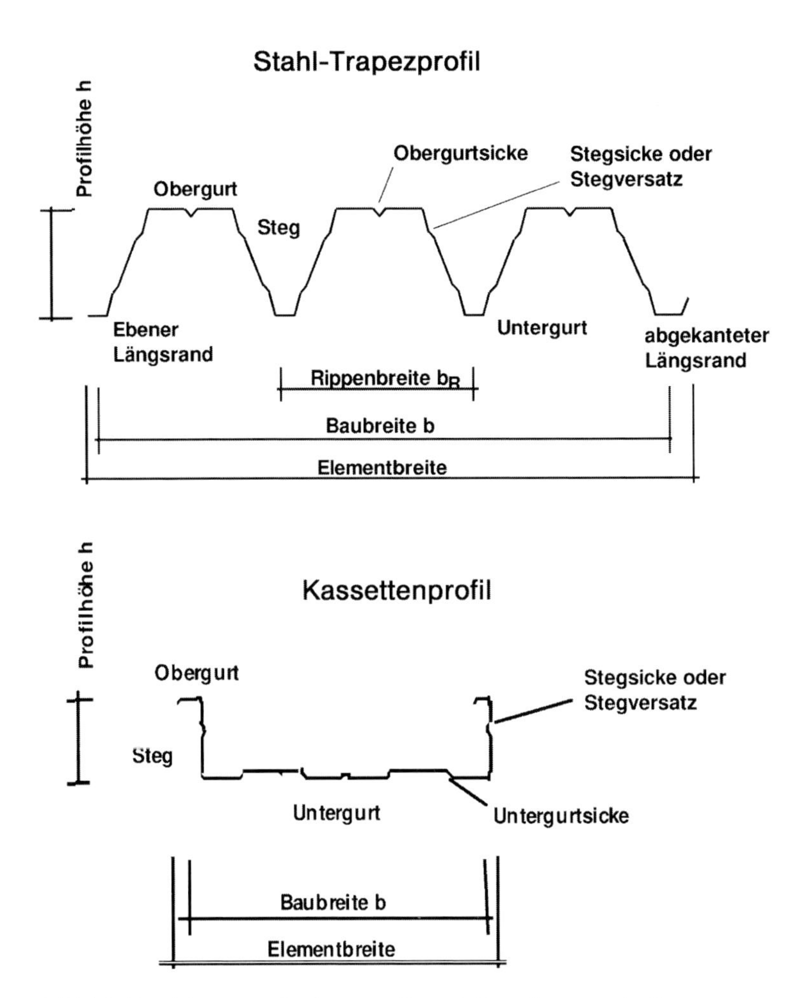

Bild 1-8 Bezeichnungen für Trapezprofil- und Kassettenquerschnitte

DIN 18 807 übertragen wird. Somit verfügen die Leichtbauelemente, ganz gleich ob im Rollformverfahren, auf der Abkantpresse oder mit der Biegemaschine hergestellt, über Ober- und Untergurte sowie Stege. Darüber hinaus können Leichtbauprofile in Längsrichtung ihrer Gurte oder Stege über Einprägungen verfügen, die je nach ihrer Ausformung und Lage als *Sicke*, *Nutung* oder *Versatz* bezeichnet werden (Bild 1-8).

Die Lagebezeichnung für ein Profil ist nach dem eingesetzten Ausgangsmaterial – Stahl oder Aluminium – festgelegt (Bild 1-9). So befinden sich Trapezprofile aus Stahl in Positivlage, wenn ihr breiterer Gurt oben/außen und der schmalere Gurt zur Unterkonstruktion hin angeordnet ist. Grund für diese Regelung ist die Tatsache, daß die Profile aus Stahl vorrangig zum Lastabtrag und zur Aufnahme des Dachaufbaus entwickelt worden sind.

Trapezprofile aus Aluminium befinden sich dagegen in Positivlage, wenn ihr schmalerer Gurt oben/außen und ihr breiterer Gurt zur Unterkonstruktion hin angeordnet ist.

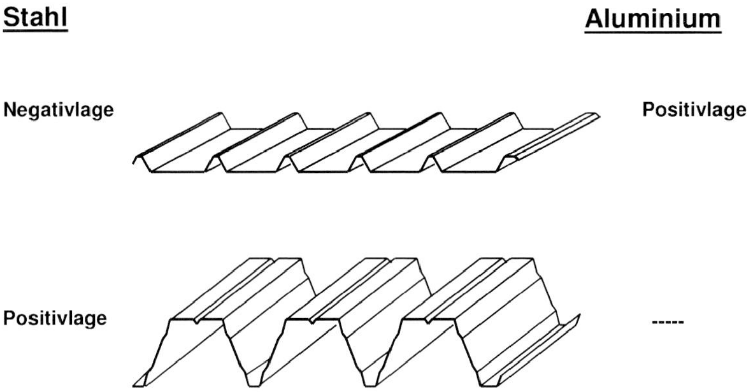

Stahl		Aluminium
Negativlage		Positivlage
Positivlage		-----

Bild 1-9 Lagebezeichnung bei Trapezprofilen unter andrückenden Lasten

Der Teil 3 der DIN 18 807 gibt Hinweise, wie konstruktive Details so zu lösen sind, daß die Tragsicherheit und die Gebrauchstauglichkeit der mit Trapezprofilen hergestellten dünnwandigen Dach- und Wandkonstruktionen gewährleistet sind.

Im Zuge der Vereinheitlichung der Bemessungskonzepte in den verschiedenen Normenwerke wird im Jahr **1995** eine Anpassungs-Richtlinie [14] an die DIN 18 800 auch für die DIN 18 807 erlassen.

Die vorläufig letzte Neuerung geschieht im Jahr **2000** und betrifft die Regelungen für den Einsatz von Stahl-Kassettenprofilen. Zwar waren die Stahlkassettenprofile im Teil 1 der DIN 18 807 – ohne Regelung der Ermittlung von Querschnitts- und Bemessungswerten – erfaßt, und die konstruktiven Details hatten im Teil 3 auch für Kassettenprofile Geltung. Zur Bestimmung der Tragfähigkeit eines jeden neu in den Markt gebrachten Kassettenprofils mußte jedoch eine bauaufsichtliche Zulassung beim DIBt in Berlin erwirkt werden. Mit der Einführung der Änderung A1 [18] zur DIN 18 807 entfallen nun auch die bauaufsichtlichen Zulassungen für die Kassettenprofile.

Damit hat sich in einem Zeitraum von nur etwa 50 Jahren die neue Bauweise – das Bauen mit dünnwandigem Stahl- und Aluminiumblech – am Markt durchgesetzt. Diese Entwicklung war möglich, weil Ingenieure und Techniker immer ausgefeiltere Querschnittsformen weiterentwickelt und damit die Wirtschaftlichkeit der neuen Bauweise weiter gefördert haben. Auch fanden sich aufgeschlossene Fachbetriebe – zunächst aus dem Dachdecker- dann auch im Klempner- und Schlosserhandwerk –, die den Mut hatten und das Können entwickelten, um der neuen Bauweise zum Durchbruch am Markt zu verhelfen.

1.2 Anwendungen

1.2.1 Allgemeines

Dünnwandige Dach- und Wandprofile aus Stahl und Aluminium finden ihre Anwendung vorrangig im *Nicht*-Wohnbau, d. h. im Industrie- und Wirtschaftshochbau ebenso wie bei öffentlichen Bauvorhaben. Im Wohnungsbau haben sie sich bisher nicht durchgesetzt und finden allenfalls Anwendung als gestalterisches Element, selten als Dachdeckung oder Wandbekleidung.

Bei der Planung mehrschaliger raumabschließender Konstruktionen ist eine bestimmte Schichtenfolge zu beachten. Diese besteht i.d.R. aus:

- der lastabtragenden, raumabschließenden Innenschale,
- der Dampf-/Luftsperre,
- der Wärmedämmung und
- der lasteinleitenden und dichtenden Außenschale.

Je nach der Art der verwendeten Profile werden zwischen den beiden Schalen Distanzkonstruktionen unterschiedlicher Bauart angeordnet.

1.2.2 Dachaufbau mit Trapezprofilen

Trapezprofile aus Stahl oder Aluminium finden mit kleineren Bauhöhen zunächst Anwendung als einschalige Dachdeckung, die auf einer Pfettenlage als tragender Unterkonstruktion verlegt wird. Einsatzgebiete sind Überdachungen von weitgehend offenen Gebäuden: landwirtschaftliche Gebäude, Unterstellplätze und Vordächer. Werden einfache Deckungen über unbeheizten Lägern eingesetzt, bei denen das Abtropfen von Kondensat unerwünscht ist, können die Trapezprofile unterseitig mit einer *Kondensatspeicher*-Beschichtung oder -Kaschierung (fälschlicherweise auch *Antikondensat-Beschichtung* genannt) versehen werden.

Anbieter von typisierten Stahlhallensystemen, die vorrangig als Produktions- und Lagerstätten zum Einsatz kommen, ergänzen diese einfache Art der Dachdeckung mit einer zwischen Dach-Trapezprofil und Pfettenlage angeordneten Wärmedämmung in Form einer unterseitig mit Folie kaschierten Mineralfasermatte (Bild 1-10).

Im nördlichen Europa haben sich im Industrie- und Wirtschaftshochbau sowie bei öffentlichen Bauten vorrangig Dachaufbauten durchgesetzt, bei denen Stahl-Trapezprofile größerer Bauhöhe und über größere Abstände von Binder zu Binder frei gespannt die tragende Dachunterschale bilden. Der weitere Dachaufbau besteht – z. B. in Form eines Warmdachs – aus der Luft-/Dampfsperre und der Wärmedämmung, die oberseitig mit Bitumen-, Kunststoff- oder Elastomerbahnen abgedichtet wird (Bild 1-11).

In jüngster Zeit werden als obere Dachdeckung zunehmend auch Profile aus Metall eingesetzt. Damit erhält man ein zweischaliges wärmegedämmtes nichtbelüftetes Metalldach, dessen obere Deckung aus Trapezprofilen kleinerer Bauhöhe, aus Klemmprofilen oder aus

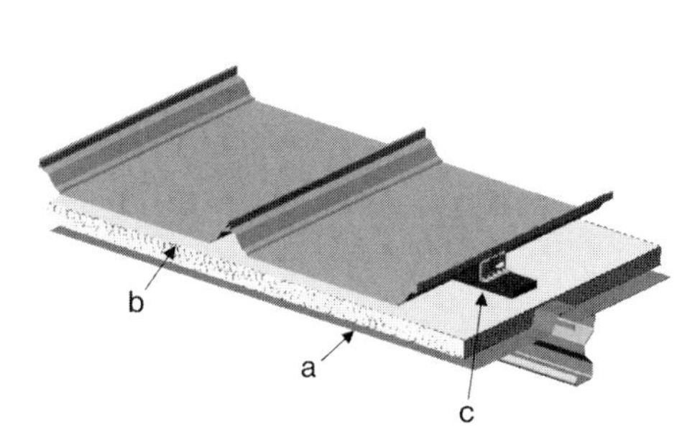

Bild 1-10 Dachdeckung mit Metallprofilen und unterseitiger Dämmung aus Mineralfasermatten.
a) Unterseitige Luft- und Dampfsperre
b) Dämmung
c) Thermische Trennung

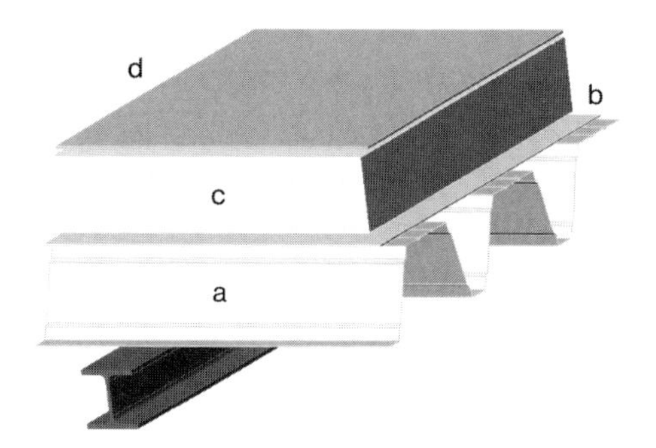

Bild 1-11 Warmdachaufbau – Dachdeckung mit oberer Abdichtung aus Abdichtungsbahnen.
a) Lastabtragende Trapezprofile
b) Dampfsperre
c) Wärmedämmung
d) Dachabdichtungsbahn

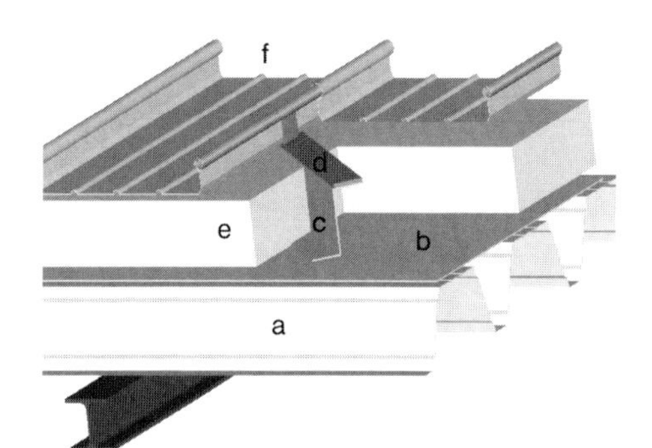

Bild 1-12 Zweischalendach mit Deckung aus Stehfalzprofilen.
a) Lastabtragende Trapezprofile
b) Dampfsperre
c) Distanzprofil
d) Thermischer Trennstreifen
e) Wärmedämmung
f) Oberschale

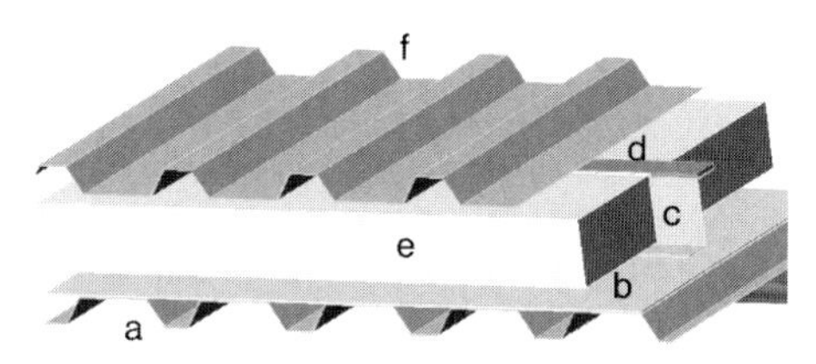

Bild 1-13 Zweischaliges Pfettendach mit Ober- und Unterschale aus Trapezprofilen.
a) Lastabtragende Trapezprofile
b) Dampfsperre
c) Distanzprofil
d) Thermischer Trennstreifen
e) Wärmedämmung
f) Oberschale

Stehfalzprofilen, jeweils aus Stahl oder Aluminium besteht (Bilder 1-12 und 1-13). Die Profile werden je nach ihrer Bauart über Distanzprofile, Hafte oder Schrauben durch die Wärmedämmung hindurch mit der tragenden Dachunterschale z. B. aus Stahl-Trapezprofilen verbunden.

1.2.3 Dachaufbau mit Kassettenprofilen

Dachaufbauten, bei denen als tragende Dachunterschale Stahl-Kassettenprofile zum Einsatz kommen, sind grundsätzlich zweischaliger Natur. Grund hierfür ist die Tatsache, daß Stahl-Kassettenprofile erst durch die Verbindung ihrer Obergurte mit der Dachoberschale

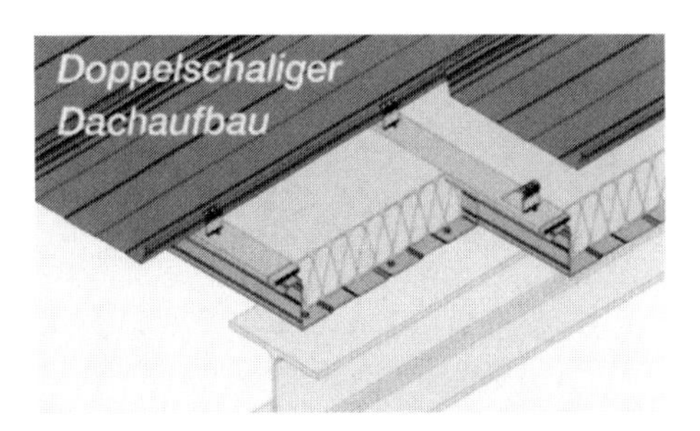

Bild 1-14 Zweischalendach mit Stahl-Kassette als tragender Dachunterschale

über die ausreichende Steifigkeit verfügen, die zum Lastabtrag erforderlich ist (Bild 1-14). Das Einsatzgebiet dieser Art von Dachaufbau entspricht dem der oben beschriebenen zweischaligen Metalldächer für beheizte Gebäude.

1.2.4 Wandaufbau mit Trapezprofilen

Für unbeheizte Gebäude können auch in der Wand Trapezprofile als einschalige Wandkonstruktion eingesetzt werden. Je nach dem Abstand der Stützen bei horizontaler oder der Wandriegel bei vertikaler Verlegung der Wandelemente, finden hier auch Trapezprofile größerer Bauhöhen Verwendung.

Zweischalige Wandaufbauten für beheizte Gebäude, bei denen sowohl die Wandinnenschale als auch die Wandaußenschale aus Trapezprofilen bestehen, sind selten und weitgehend von zweischaligen Wandkonstruktionen mit Stahlkassettenprofilen als tragende Innenschale ersetzt worden.

1.2.5 Wandaufbau mit Kassettenprofilen

Wandaufbauten, bei denen als tragende Innenschale Stahl-Kassettenprofile zum Einsatz kommen, sind ebenfalls zweischaliger Natur. Auch hierfür gilt, daß Stahl-Kassettenprofile erst durch die Verbindung ihrer Obergurte mit der Wandaußenschale über die ausreichende Steifigkeit verfügen, die zum Lastabtrag erforderlich ist. Die Kassettenprofile sind zum Lastabtrag in der Regel horizontal von Stütze zu Stütze der tragenden Unterkonstruktion gespannt. Sie finden aber auch in vertikaler Anordnung und auf Wandriegeln verlegt ihre Verwendung.

Das Einsatzgebiet für zweischalige Wände mit Kassettenprofilen als Innenschale sind unbeheizte wie beheizte Gebäude im Industrie- und Wirtschaftshochbau. Aufgrund ihrer erwiesenen Wirtschaftlichkeit haben sich die Kassettenwände im Wirtschaftshochbau weitgehend durchgesetzt und haben inzwischen sogar – mit einigen Modifikationen – in Bürobauten ihre Anwendung gefunden. In all den Fällen allerdings, in denen die Wandinnenschale gleichermaßen den Wärme- und Feuchteschutz als auch die Schalldämpfung mittels gelochter Untergurte der Kassetten erfüllen soll, stößt diese Bauweise bei gehobenen bauphysikalischen Ansprüchen an die Grenzen ihrer Anwendbarkeit.

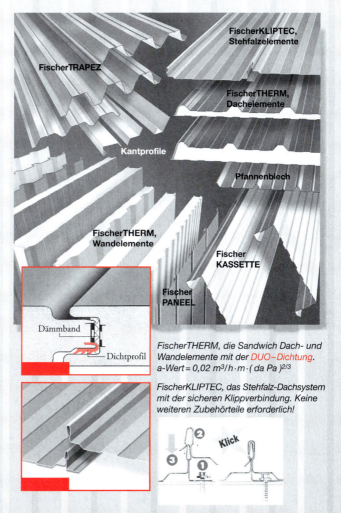

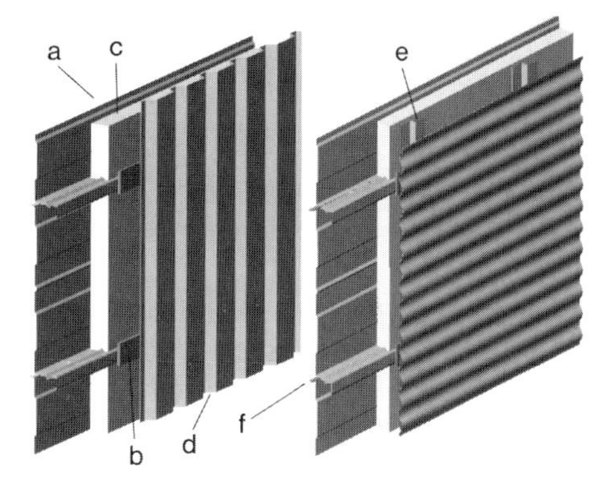

Bild 1-15 Zweischaliger Wandaufbau aus Stahl-Kassettenprofilen in Verbindung mit unterschiedlichen Wandaußenschalen.
a) Lastabtragende Kassettenprofile
b) Thermischer Trennstreifen
c) Wärmedämmung
d) Stabilisierende Außenschale
e) Stabilisierende Distanzkonstruktion
f) Dichtbänder

Andererseits bieten Stahl-Kassettenprofile als tragende Wandinnenschale bei gleichzeitiger Anordnung einer zur Aussteifung der Kassettenobergurte geeigneten Distanzkonstruktion eine nahezu unbegrenzt nutzbare Grundausstattung für die verschiedensten Wandaußenschalen. So können alle bekannten Arten von Wandelementen je nach gestalterischer Vorgabe für die Außenschale zum Einsatz kommen. Diese reichen von Trapez- und Wellprofilen unterschiedlicher Bauhöhe über Fassadenpaneele bis hin zu Aluminium-Kassetten (Bild 1-15).

1.2.6 Pfettendächer mit Sandwichelementen

Nachdem Stahl-Trapezprofile als tragende Dachunterschale zunächst die bis dahin geläufige Pfetten-Unterkonstruktion in den Hintergrund gedrängt haben, erleben die *Pfettendächer* mit dem Einsatz von Sandwichelementen als Dachdeckung eine Neubelebung. Je nach der Querschnittausbildung der trapezförmigen Deckschalen der Sandwichelemente, der Dicke der Elemente und der Blechdicke der Deckschalen können diese in Abhängigkeit von der Auflast über Spannweiten von bis zu 5,00 m frei geführt werden. Aus anderen Sachzwängen heraus und auch aus Gründen der Wirtschaftlichkeit haben sich statt der bisher bis zu 6-rippigen Dachelemente, als Standardprodukte die 3-rippigen Elemente mit für den Stahlbau sinnvollen Zielspannweiten von ca. 3,50 m durchgesetzt.

Sandwichelemente stellen als Dachdeckung überall da eine willkommene Alternative zum herkömmlichen mehrschichtigen Dachaufbau dar, wo es bei einer möglichst geringen Anzahl von Dachöffnungen und unabhängig von Witterungseinflüssen auf eine rationelle Verlegung ankommt. Aus diesem Grund werden sie bevorzugt bei schnell zu errichtenden Großprojekten, wie Fertigungs- und Lagerstätten sowie Logistikzentren eingesetzt. Aber auch für kleinere Bauvorhaben sind sie geeignet, die Gebäudehülle innerhalb eines Tages zu schließen.

Sandwichelemente für die Dachdeckung stehen mit stählernen Deckschalen, solchen aus Aluminium oder auch in Kombinationen von beiden und mit Stützkernen aus Polyurethan-Hartschaum, aus Polystyrol-Hartschaum oder mit Mineralfaserkern zur Verfügung (s. Bild 1-6).

Bild 1-16 Wandkonstruktion aus Sandwichelementen

1.2.7 Wände aus Sandwichelementen

Für den Einsatz von Sandwichelementen in Wandkonstruktionen von Industrie-, Wirtschafts- und auch Repräsentativbauten stehen gemeinsam mit wirtschaftlichen Überlegungen oft auch ästhetische Erwägungen im Vordergrund. In Verbindung mit einer nahezu unbegrenzten Palette von Standard- und Sonderfarben geben die unterschiedlich strukturierten Oberflächen der äußeren Deckschalen Planern und Architekten vielfältige Gestaltungsmöglichkeiten an die Hand.

Aufgrund ihrer einfachen Handhabung während der Montage lassen sie sich leicht an Öffnungen in den Wandscheiben und an Varianten in der Fassadengestaltung anpassen.

Sandwichelemente für die Wandkonstruktionen stehen ebenfalls mit stählernen Deckschalen, solchen aus Aluminium oder auch in Kombinationen von beiden und mit Stützkernen aus Polyurethan-Hartschaum, aus Polystyrol-Hartschaum oder mit Mineralfaserkern zur Verfügung (Bild 1-16).

1.2.8 Zweischalige Konstruktionen für Kühlhäuser

Beim Kühlhausbau finden im Wandaufbau vorwiegend Sandwichelemente größerer Dicke Anwendung, während die Dachaufbauten vorwiegend in Form von Warmdachkonstruktionen erstellt werden. Je nach den klimatischen Randbedingungen ist die in Abschnitt 1.2.1 genannte Schichtenfolge zu ändern. So kann es erforderlich werden, daß nach Maßgabe der bauphysikalischen Berechnungen die Dampfsperre über der Wärmedämmung liegt, bzw. zur innenliegenden Dampfsperre eine zweite, außenliegende hinzukommt (Bild 1-17).

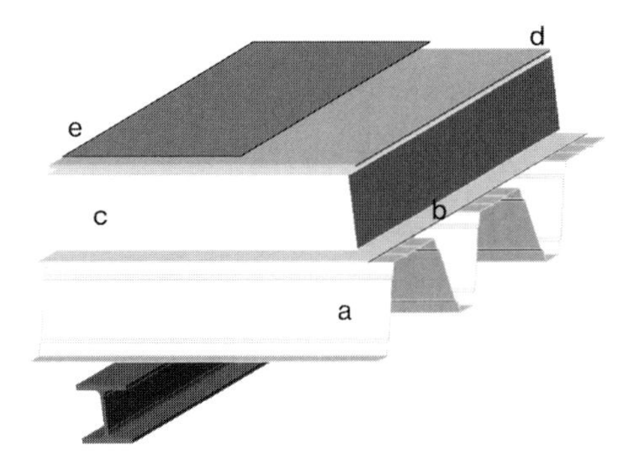

Bild 1-17 Dachaufbau über einem Kühlhaus.
a) Lastabtragende Trapezprofile
b) Untere Dampfsperre
c) Wärmedämmung
d) Obere Dampfsperre
e) Dachabdichtungsbahn

1.2.9 Deckensysteme

Deckensysteme finden im Geschoßbau ihre Anwendung. Neben dem Einsatz bei der Errichtung von Hochhäusern sind sie auch bevorzugte Deckenkonstruktionen für die rationelle Errichtung von Büro- und Wirtschaftshochbauten sowie Parkdecks und Parkhäusern. Hierzu gehört, daß es beim Einsatz von Deckenprofilen, die zugleich als Schalung dienen, möglich ist, während des Betoniervorgangs auf einer höheren Etage mit dem Fertigausbau auf einer der darunter gelegenen Etagen fortzufahren (Bild 1-18).

Da bei diesen Systemen die Decken-Unterseite aus speziell geformten Stahl-Trapezprofilen besteht, bieten Deckensysteme neben dem Vorteil vergleichsweise geringerer Bauhöhen und damit verbundener besserer Raumausnutzung vor allem auch noch die Möglichkeit, Elektro-, Sanitär- und Lüftungsleitungen innerhalb ihres Aufbaus anzuordnen. Darüber hinaus bieten diese Decken auch eine optisch sehr befriedigende Untersicht.

Bild 1-18 Baufortschritt beim Bau mit metallischen Deckensystemen

1.3 Baurechtliche Situation

1.3.1 Allgemeines

Das Baugeschehen in der Bundesrepublik Deutschland unterliegt gesetzlichen Bestimmungen und Verordnungen und wird öffentlich überwacht.

Für die Beurteilung der Anwendbarkeit von Bauprodukten stehen dem Planer die *Bauregellisten*, insbesondere die *Bauregelliste A1* zur Verfügung, in der alle Produkte erfaßt sind, deren Beschaffenheit bisher verbindlich – zumeist durch Normen – festgelegt und deren Verwendbarkeit durch einen Übereinstimmungsnachweis geregelt ist. Alle Produkte, für die keine allgemein anerkannten Regeln der Technik vorhanden sind, dürfen dann zum Einsatz kommen, wenn für sie eine Bauaufsichtliche Zulassung, ein Bauaufsichtliches Prüfzeugnis oder eine Zustimmung im Einzelfall seitens der obersten Landesbaubehörde erwirkt worden ist (Bild 1-19). Schließlich gibt es Sonstige Bauprodukte, für deren Einbau ein Verwendungsnachweis nicht gefordert ist.

1.3.2 Deutsche Regelwerke

An der Spitze der nationalen Regelwerke für den Einsatz von dünnwandigen Bauelementen aus Stahl oder Aluminium steht die DIN 18 807 mit ihren Teilen 1 bis 3 für Stahl-Trapezprofile und mit ihren Teilen 6 bis 9 für Aluminium-Trapezprofile. Hinzugekommen ist inzwischen die Änderung A1 zur DIN 18 807, in der auch der Einsatz von Stahl-Kassettenprofilen entsprechend den Teilen 1 bis 3 der Norm geregelt worden ist.

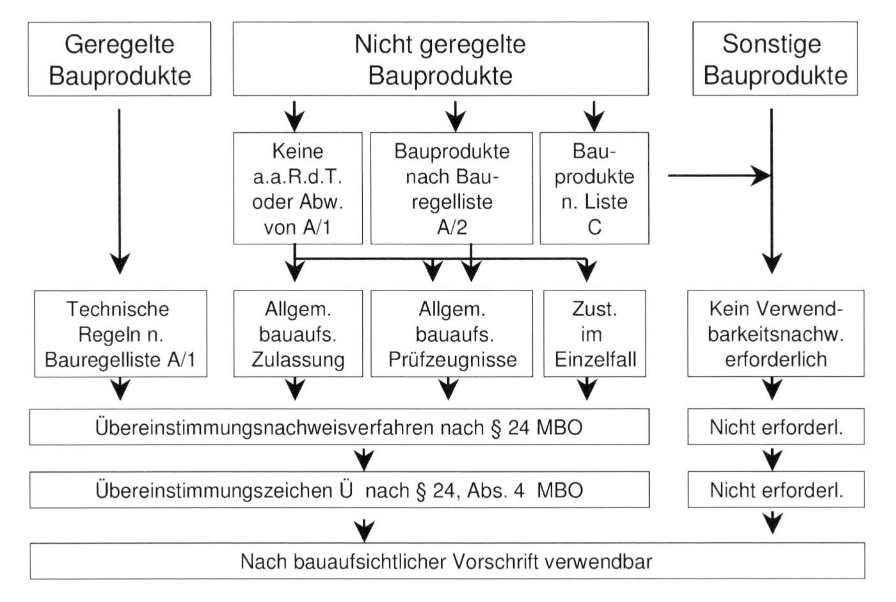

Bild 1-19 Regelungen für Bauprodukte

Während die Verbindungselemente für die Befestigung von Profiltafeln und Kaltprofilen aus Stahl durch Zulassungsbescheide gesondert geregelt werden, sind die Regelungen der für die Aluminium-Trapezprofile einzusetzenden Verbindungselemente in den Teilen 6 bis 9 der DIN 18 807 [17] jeweils mit erfaßt worden.

Für Profile aus Stahl gilt ferner, daß die Tragfähigkeit von Stahl-Trapezprofilen sowohl rechnerisch nach Teil 1, als auch durch Versuche nach Teil 2 der DIN 18 807 [16] ermittelt werden kann. Die Tragfähigkeit für Kassetten- und Stehfalzprofile ist indes nur mit Hilfe von Versuchen nach Teil 2 der Norm möglich. Teil 3 enthält Regelungen für die Bemessung.

In der Anpassungsrichtlinie [14] wurde 1995 u. a. auch die Angleichung des Bemessungskonzeptes für die in DIN 18 807 geregelten Trapezprofile – inzwischen auch für Kassettenprofile – an die Stahlbau-Norm DIN 18 800 erarbeitet. In ihr wird das für den Stahlbau gültige Bemessungskonzept auf die Anwendung von Stahl-Trapezprofilen übertragen [130].

Die Allgemeinen Bauaufsichtlichen Zulassungen werden vom Deutschen Institut für Bautechnik DIBt in Berlin für die Produkte erteilt, die bisher zwar in keiner Norm geregelt sind, deren Anwendung aber bereits seit längerem erfolgreich vollzogen wird. Hierzu gehören vorrangig Stehfalzprofile, Sandwichelemente und die Verbindungselemente, mit denen dünnwandige Bauelemente aus Stahl untereinander und mit der tragenden Unterkonstruktion verbunden werden.

Richtlinien und Merkblätter von Verbänden sind neben den bauaufsichtlich eingeführten Normen und den Bauaufsichtlichen Zulassungsbescheiden wertvolle Empfehlungen und darüber hinaus für bestimmte Ausführungen von Baumaßnahmen auch bindend, da sie Langzeit-Erfahrungen dokumentieren, auf die man aufbauen sollte.

Hierzu gehören neben den Richtlinien des IFBS (Industrieverband für Bausysteme im Stahlleichtbau e. V.) in Düsseldorf auch noch die Merkblätter des GdA (Gesamtverband der Aluminiumindustrie, Düsseldorf), die Regeln des Deutschen Dachdeckerhandwerks für Dächer mit Abdichtungen, auch Flachdachrichtlinien genannt, sowie die Fachregeln [74] des Klempner-Handwerks, herausgegeben vom ZVSHK (Zentralverband Sanitär Heizung Klima) in St. Augustin.

Weitere wertvolle Hilfen stellen die Merkblätter des Stahl-Informations-Zentrums und Bauen mit Stahl – beide in Düsseldorf – sowie die Verarbeitungshinweise der Hersteller von Bauprodukten dar (vgl. auch Literaturverzeichnis).

Im Rahmen der Produkthaftung kommt der Qualitätssicherung von Produkten und Leistungen eine herausgehobene Bedeutung zu. Dies beginnt zunächst mit der nach DIN 18 807 Teil 1 geregelten Eigen- und Fremdüberwachung von Herstellungsbetrieben, die Trapezprofile und Kassettenprofile fertigen. Das gleiche gilt auch für die Fertigung aller anderen Bauprodukte, z. B. Sandwichelemente und Verbindungselemente deren Einsatz z. B. durch eine Allgemeine Bauaufsichtliche Zulassung oder nach Maßgabe eines Bauaufsichtlichen Prüfzeugnisses geregelt sind. Alle zum Einsatz kommenden Produkte unterliegen damit der Überwachungspflicht, was durch das sog. **Ü**-Zeichen (Übereinstimmungszeichen), das an jedes Gebinde anzuheften ist, dokumentiert wird. Dieses Übereinstimmungszeichen (Bild 1-20) weist neben dem Hersteller, die der Überwachung zugrunde liegende Norm,

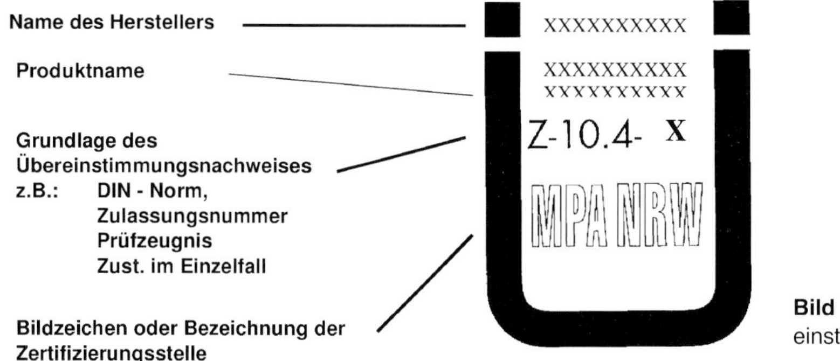

Bild 1-20 Das Übereinstimmungszeichen

Zulassung oder das Prüfzeugnis sowie die fremdüberwachende Stelle – z. B. ein vom Deutschen Institut für Bautechnik (DIBt) anerkanntes Prüfinstitut – aus.

Darüber hinaus hat sich die Gütegemeinschaft Bauelemente aus Stahlblech e. V. zum Ziel gesetzt, durch eigene Überwachung die Qualität von dünnwandigen Bauelementen aus Stahl abzusichern. Hierzu hat sie zusammen mit dem RAL (Deutsches Institut für Gütesicherung und Kennzeichnung e. V.) eine eigene Richtlinie, die RAL-GZ 617, erarbeitet, die die Güte- und Prüfbestimmungen für Bauelemente aus Stahlblech sowie Toleranzen festlegen, innerhalb derer auftretende Maßabweichungen bewertet werden können. Bauelemente, die den darin vorgegebenen Kriterien genügen, erhalten neben dem Ü-Zeichen auch das RAL-Gütezeichen (s. Bild 1-5) verliehen.

Zur Verhinderung von Unfällen bei der Montage von Bauelementen sind neben der ganz allgemein gültigen Verordnung über Sicherheit und Gesundheitsschutz auf Baustellen (Baustellenverordnung – BaustellV) auch die Unfallverhütungsvorschriften der Bau-Berufsgenossenschaft sowie die vom IFBS in seiner Info 8.01 [34] veröffentlichten Regeln zu beachten.

1.3.3 Internationale Regelwerke

Im Hinblick auf die Harmonisierung der Regelwerke der einzelnen Mitglieder der europäischen Union sind zur Zeit Vorarbeiten im Rahmen von Technischen Kommissionen (TC) und Arbeitsgruppen (WG) begonnen worden. Aufgrund der unterschiedlich gewachsenen Betrachtungsweisen des Baugeschehens in den unterschiedlichen Ländern ist zunächst eine Übereinstimmung von Beurteilungs- und Bewertungskriterien, Bauabläufe, bis hin zu einer vereinheitlichten Terminologie erforderlich. Erst auf dieser gemeinsam erarbeiteten Grundlage kann an die Ausarbeitung gleichgearteter nationaler Regelwerke herangegangen werden.

Dem interessierten Leser wird deshalb empfohlen, die von den einschlägigen Verbänden begleiteten Vorarbeiten und deren Ergebnisse zu verfolgen. Besonders hinzuweisen ist auf den Normenentwurf prEN 14 509 – Selbsttragende Sandwich-Dämmelemente mit beidseitigen Metalldeckschichten – Vorgefertigte Produkte – Festlegungen (erarbeitet durch CEN TC 128/SC11) und für Trapezprofile die Literaturstellen [24] und [25].

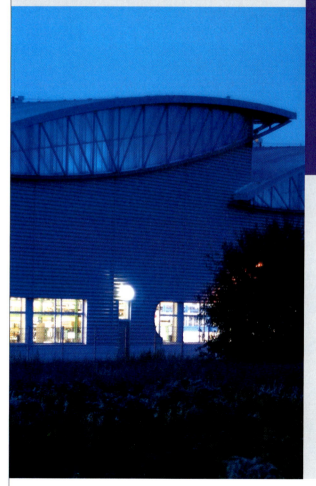

Stahlbau aktuell

Kuhlmann U. (Hrsg.)
Stahlbau-Kalender 2004
Reihe: Stahlbau-Kalender
(Band 2004)
2004. Ca. 700 Seiten,
ca. 450 Abbildungen,
Gebunden.
Ca. € 129,-* / sFr 190,-
Subskriptionspreis bis 30. Juni 2004:
Ca. € 109,-*/ sFr 161,-
ISBN 3-433-01703-4
Erscheint: April 2004

Der Stahlbau-Kalender ist ein Wegweiser für die richtige Berechnung und Konstruktion im gesamten Stahlbau mit neuen Themen in jeder Ausgabe. Er dokumentiert und kommentiert verläßlich den aktuellen Stand des deutschen Stahlbau-Regelwerkes. Neben DIN 18800-1 und -2 gibt es in diesem Jahrgang die DASt-Richtlinie 019 "Brandsicherheit von Stahl- und Verbundbauteilen in Büro- und Verwaltungsgebäuden". Schwerpunkt der neuen Ausgabe sind schlanke Tragwerke. Herausragende Autoren vermitteln Grundlagen und geben praktische Hinweise für Konstruktion und Berechnung von schlanken Stabtragwerken, Antennen und Masten, Traggerüsten, Radioteleskopen und Trägern mit profilierten Stegen. Zusammen mit aktuellen Beiträgen über Schweißen und Membrantragwerke komplettiert der neue Jahrgang des Stahlbau-Kalenders die Stahlbau-Handbuchsammlung für jedes Ingenieurbüro. Das aktuelle Rechtsthema: Sicherheitsleistung durch Bürgschaften und Ihre Kosten.

Stahlbau
Chefredakteur: Dr.-Ing. Karl-Eugen Kurrer
Erscheint monatlich.
Jahresabonnement 2004:
€ 308,-* / sFr 608,-
Studentenabonnement 2004:
€ 108,-* / sFr 214,-
Abopreise zzgl. MwSt., inkl. Versandkosten

Alles über Stahl-, Verbund- und Leichtmetallkonstruktionen - gebündelt in einer Fachzeitschrift, die seit über 75 Jahren den gesamten Stahlbau begleitet. In der Zeitschrift "Stahlbau" finden sich praxisorientierte Berichte über sämtliche Themen des Stahlbaus wieder.
Von der Planung und Ausführung von Bauten, bis hin zu Forschungsvorhaben und Ergebnissen.
Außerdem erhalten Sie aktuelle Informationen zu: Normung und Rechtsfragen, Entwicklungen in Sanierungs-, Montage- und Rückbautechnologien, Buchbesprechungen, Seminare, Messen, Tagungen und Persönlichkeiten.

* Der €-Preis gilt ausschließlich für Deutschland

2 Beschreibung der Bauelemente

2.1 Allgemeines

Im folgenden werden Bauelemente vorgestellt, die aus ebenem Stahl- oder Aluminiumblech durch Kaltverformung im Rollformverfahren oder auf Kantbänken zu Profilen oder Bauelementen geformt werden. Sie bestehen aus in Tragrichtung parallelen gerundeten oder trapezförmigen Rippen – Wellprofile und Trapezprofile – oder auch aus flach gehaltenen Untergurten mit senkrechten Stegen und abgekanteten Obergurten – Kassettenprofile, Paneele und Stehfalzelemente – sowie einigen Sonderformen.

2.2 Wellprofile

Wellprofile verfügen in der Regel über einen sinuswellenförmigen Querschnitt. Sie begleiten den Stahlleichtbau von Anbeginn [117, 118]. Zunächst auf Pressen in Längen von bis zu ca. 5 m stückgefertigt, dienten sie in erster Linie als kostengünstige Alternative zur Gestaltung raumabschließender Konstruktionen von Fabrikgebäuden und Lagerhallen. Heute ist die kontinuierliche Fertigung in Rollformanlagen in großen Längen möglich. Dementsprechend hat sich der Einsatzbereich verändert. Auch in architektonisch anspruchsvollen Baubereichen findet die Welle als raumabschließendes Element, zumeist in Metallic-Farbtönen, ihre Anwendung.

Die Produktpalette umfaßt neben den Ausgangsmaterialien Stahl und Aluminium zahlreiche Varianten, wie Baubreiten von 800 bis 1064 mm und Bauhöhen beginnend mit 18 mm in Abstufungen bis zu 55 mm. Eine besondere Nachfrage erfahren die Wellprofile bis zu einer Höhe von ca. 42 mm. Die Blechdicke hat sich aus Gründen der Vormaterialhaltung an die Standarddicken im Trapezprofilbereich angepaßt. Die Benennung erfolgt nach DIN 59 231 [26] mit $h \times b_R \times t_N \times L$, z. B.: Wellblech $20 \times 40 \times 0{,}63 \times 2500$ oder kurz W $20 \times 40 \times 0{,}63$. Die Verbindung mit der tragenden Unterkonstruktion sowie der einzelnen Wellprofile untereinander erfolgt mittels Schrauben oder Niete. Ihr Einsatz wurde früher nach DIN 59 231, heute nach DIN 18 807 und den gültigen IFBS Richtlinien geregelt. Wellprofile sind auch in bombierter Form lieferbar (s. Abschnitt 2.12.2).

Eine Lieferübersicht für Stahl- Wellprofile enthält IFBS-Info 3.02 [29].

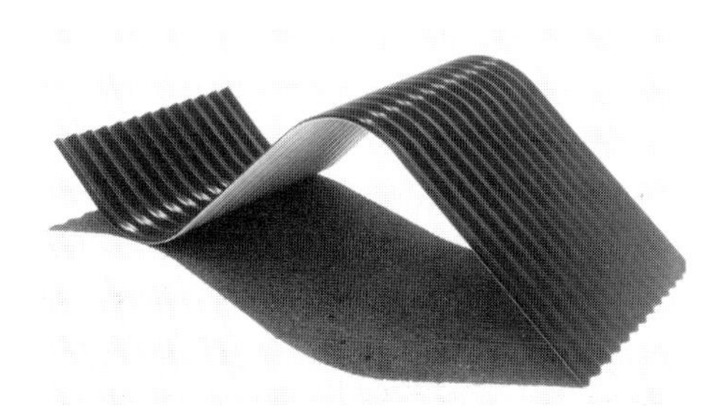

Bild 2-1 Wellprofil am Beispiel eines gegenläufig gekrümmten Elementes

2.3 Pfannenprofile

Pfannenprofile nach DIN 59 231 – bekannt auch als *Siegener Pfanne* – haben eine einheitliche Baubreite von 850 mm bei einer Höhe von 29 mm (Bild 2-2). Sie werden im Rollformverfahren hergestellt. Die Bezeichnung lautet „Pfannenprofil $t_N \times L$", z. B.: 0,63 × 1500. Pfannenprofile haben keine besondere Querrandausbildung wie der Name vermuten läßt. Die Profile wurden ursprünglich als industriell gefertigter Ersatz für die handwerklich – klempnermäßig gefertigten Stehfalzprofile gefertigt und haben ihren Einsatz vorwiegend im Wohnhausbau gefunden. Heute finden sie nur noch für wenig repräsentative Zwecke Anwendung, z. B. im Landwirtschaftsbau.

Pfannenprofile werden mit Schrauben oder Nieten, gelegentlich auch mittels passender Halteteile mit der tragenden Unterkonstruktion verbunden. Für ihre Anwendung sind neben den IFBS-Richtlinien auch die Richtlinien des Dachdeckerhandwerks – den Flachdachrichtlinien [73] – bzw. des Klempnerhandwerks – Richtlinien des ZVSHK [74] zu beachten.

Eine Lieferübersicht für Stahl-Pfannenprofile enthält IFBS-Info 3.02 [29].

2.4 Trapezprofile für Dach und Wand

Seit der Markteinführung in Deutschland haben sich europaweit vier Generationen von Trapezprofilen herausgebildet, die je nach Form des Querschnitts Baubreiten von 750 bis 1120 mm und Bauhöhen von 21 bis 205 mm aufweisen.

Es beginnt mit der Querschnittsform der ersten Generation von Trapezprofiltafeln (Bild 2-3), die lediglich die charakteristische Trapezprofilform – also glatte Gurte und glatte Stege – aufweist. Da das Profil für den Warmdachaufbau entwickelt wurde, verfügt es bereits über breitere Obergurte für das Auflegen der Dachdämmung. Diese Gestaltung kam auch der Anwendung im Wandbereich entgegen, wo der Eindruck einer möglichst ebenen Wandoberfläche gewünscht war, der bei Verlegung der Profiltafel in Positivlage (breite Gurte nach außen) entsteht.

Die breiten, nicht ausgesteiften Gurte wirken in statischer Hinsicht ungünstig. Die Profile der ersten Generation, die noch sowohl in Stahl als auch Aluminium hergestellt werden, eignen sich daher in erster Linie für Bekleidungsaufgaben ohne überwiegend statische Tragfunktion, wie z. B. für die Ober-/Außenschalen für zweischalige Dach- und Wandkonstruktionen oder aber für Unterschalen bei Pfettendächern mit relativ kurzen Spannweiten. Die Bauhöhen der Profile bewegen sich ab ca. 20 mm bis ca. 50 mm. Entspre-

Bild 2-2 Pfannenprofil (Siegener Pfanne)

Bild 2-3 Trapezprofil der ersten Generation

chend den Regelungen der DIN 18 807-3 hinsichtlich der erforderlichen Blechdicken sind die Profiltafeln ab 0,63 mm Dicke zu erhalten. Die Benennung geschieht durch die Angaben von Profilhöhe/Rippenbreite/Dicke, z. B. TP 35/207/0,75. Für die richtige Applizierung der Beschichtung müssen A- und B- Seite definiert werden. Die Zuordnungen sind den Lieferprogrammen der Hersteller zu entnehmen.

Stahl und Aluminium liefern sich auf dem Segment der Profile für die Dach- und Wandbekleidungen einen harten Wettbewerb. In der Regel sind Aluminium-Dachprofiltafeln der o. a. Bauhöhe nur unter Anwendung lastverteilender Beläge, z. B. Bohlen, begehbar (DIN 18 807-7/9). Bei Stahlprofilen macht man sich die höhere Materialfestigkeit zunutze und führt als unabhängiges Bemessungskriterium die Begehbarkeit ein, indem man nachweist, daß die Profile ohne lastverteilende Beläge bis zur Grenzstützweite begehbar sind (DIN 18 807-1, Abschnitt 6). Diese Grenzstützweite wird nach DIN 18 807-2 experimentell ermittelt. Bei Anwendung von Stahltrapezprofiltafeln mit Stützweiten, für die die Begehbarkeit nicht experimentell nachgewiesen wurde, bekräftigt das DIBt [15] die Auffassung, daß neben der Möglichkeit eines rechnerischen Nachweises nach DIN 18 807-1, Abschnitt 6, auch die Möglichkeit der Begehbarkeit unter Anwendung lastverteilender Maßnahmen besteht.

Da die Profiltafeln oft als Wetterhaut angewendet werden, verdienen Profile mit *runden* Biegeschultern besonders hervorgehoben zu werden. Sie verfügen über große Biegeradien an den Übergängen zwischen Stegen und Gurten, die damit eine weit höhere Korrosionsbeständigkeit gewährleisten als kleine Biegeradien. Dementsprechend sind die Profile in hervorragender Weise für den Einsatz als Oberschale im Dachbereich geeignet. Der Einsatzbereich relativ scharfkantiger Profile als wetterführende Schale sollte auf den Wandbereich beschränkt bleiben.

Für Aufgaben der Schalldämpfung werden die Profile mit Lochungen versehen (Bild 2-4). Dieses wird durch ein Hinzufügen des Buchstaben A oder AK (Akustik) im Profilnamen kenntlich gemacht. Gegebenenfalls ist noch anzugeben, ob das Profil ganzflächig, nur im Obergurt oder nur im Stegbereich gelocht sein soll. Da jedes Herstellerwerk über eigene Lochbilder verfügt, sind auch die Absorptions- und Tragfähigkeiten der daraus erstellten Trapezprofilkonstruktionen unterschiedlich. Es sind spezielle Tragfähigkeitsdaten für diese Profile zu ermitteln. Näheres zum Schallschutz siehe Abschnitt Bauphysik im Konstruktionsatlas [138].

Eine Zusammenfassung gängiger Profile der ersten Generation enthält [29].

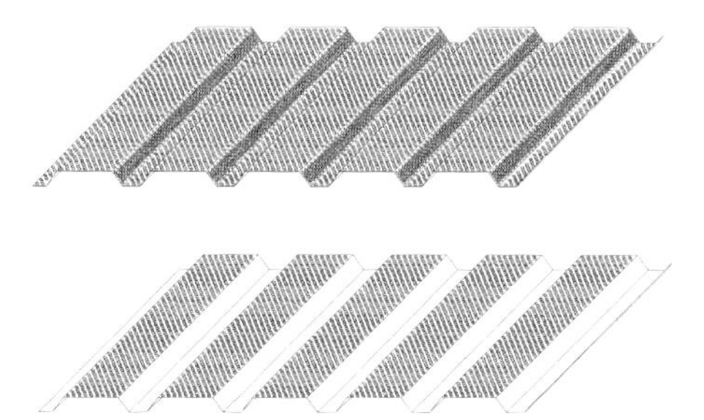

Bild 2-4 Trapezprofile der ersten Generation mit unterschiedlichen Lochbildern

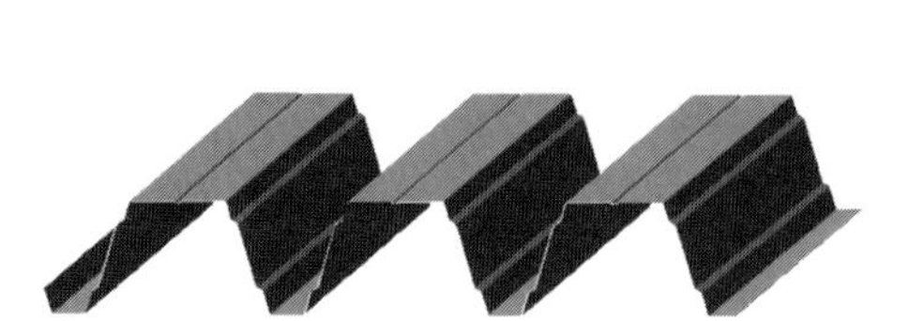

Bild 2-5 Trapezprofil der zweiten Generation

Bild 2-6 Trapezprofil der zweiten Generation mit Steglochung

Die zweite Generation von Trapezprofilen (Bild 2-5) wurde entwickelt, um eine höhere Tragkapazität zu erzeugen und damit größere Spannweiten zu erzielen. Dazu waren vorab Untersuchungen über das Tragverhalten derartiger Profilformen erforderlich. Die Veröffentlichungen des AISI [22], von Höglund [119] und zahlreiche andere Veröffentlichungen (vgl. Literaturverzeichnis) stellen Meilensteine bis zur Entwicklung der DIN 18 807 dar.

Die Veröffentlichung von Berechnungsverfahren für die realistische Erfassung der mittragenden Breiten durch die Anordnung von Sicken und Stegversätzen führten zu einer breitangelegten Produktpalette an Trapezprofiltafeln vorwiegend für Dachkonstruktionen für nahezu alle baupraktisch auftretenden Belastungen und Spannweiten [29].

Diese Profile erlauben auch den Einsatz als Tragprofile in pfettenlosen Dachkonstruktionen bei Spannweiten bis zu 7,50 m von Binder zu Binder. Die Profilhöhen werden nach oben durch die Schubtragfähigkeit im Auflagerbereich begrenzt. Mit den Entwicklungen wurde gleichzeitig auch die Standard-Blechdicke festgelegt, die Profile wurden hinsichtlich ihrer Tragfähigkeit für die Anwendung von Blechdicken von $t_N = 0{,}75$ mm optimiert. Entgegen den Forderungen anderer Bauverbände, die Blechdicken von $t_N = 0{,}88$ mm und mehr für den Einsatz im Dachbereich fordern [73], hat sich die Blechdicke von 0,75 mm im Markt durchgesetzt.

Die Benennung erfolgt wie bei den Trapezprofilen der 1. Generation, z. B.: TP 150/280/0,75. Die erzielbaren Baubreiten bewegen sich je nach der Profilhöhe in der Größenordnung von 750 bis 1125 mm.

Mehr noch als bei den Trapezprofilen der ersten Generation ist auf den Abfall der Tragfähigkeit hinzuweisen, wenn die Profiltafeln als Akustikprofile eingesetzt werden. Damit der Verlust der Tragfähigkeit begrenzt bleibt, beschränkt man die Anordnung der Lochung auf den Stegbereich, bei höher werdenden Profilen auf den Bereich zwischen den Stegversätzen (Bild 2-6).

Die dritte Generation (Bild 2-7) wurde in Schweden entwickelt. Zur Erzielung breiterer Obergurtbereiche bei gleichbleibendem Materialaufwand werden die Obergurte mit einer Querrippung versehen. Dazu wird der Blechbereich des Obergurtes zunächst gedehnt und anschließend in die charakteristische Querrippenform gebracht. Das Profil ist aufgrund der Begrenzung der Einlaufbreite des Vormaterials stets einrippig mit einer Baubreite von 750 mm. Die Dicke des Blechs – ab 0,75 mm – wird der statischen Beanspruchung angepaßt.

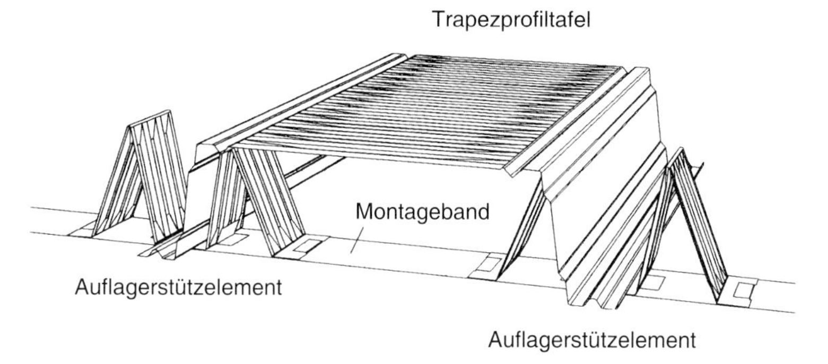

Bild 2-7 Trapezprofil der dritten Generation mit Auflagerkonstruktion

Die Profile werden nicht durch die DIN 18 807, sondern durch einen allgemeinen bauaufsichtlichen Zulassungsbescheid [88] des DIBt geregelt.

Die Profile zeigen ein ausgewogeneres Verhältnis zwischen aufnehmbaren positiven und negativen Biegemomenten als die Profile der zweiten Generation. In Kombination der Bauhöhe von 200 mm und geschickt ausgewählten Gerberträgersystemen erreichen diese Profile Spannweiten bis zu 12 m. Bei der Ausnutzung dieser Spannweiten müssen in der Regel besondere Maßnahmen getroffen werden, um den Abtrag der Lagerkräfte zu gewährleisten. So werden die Profile auf systemgerechten *Böckchen* gelagert, die mit dem Steg unterhalb des Obergurtansatzes kraftschlüssig verbunden werden und so ein Krüppeln des Steges mit dem erforderlichen Sicherheitsabstand vermeiden helfen.

Eine Besonderheit erlauben die Profile im Bereich von Dachöffnungen: Mit einem Flachblech von zumindest 1,0 mm Dicke im Bereich der Obergurte verstärkt, kann in den meisten Fällen auf die Anordnung zusätzlicher Längswechsel verzichtet werden (Bild 2-8). Die Begründung liegt darin, daß sich die ausgesparten Bereiche nur unwesentlich am Lastabtrag in Richtung der Erzeugenden beteiligen, mittragend sind in erster Linie die Stege und die direkt angrenzenden Gurtbereiche.

Dies dient auch als Begründung dafür, daß die Profile für den Einsatz als Akustikprofile im Obergurt gelocht werden können, ohne daß die Tragfähigkeit nennenswert in Mitleidenschaft gezogen wird. Akustikprofile mit Steglochungen sind – im Gegensatz zum Einsatz in Schweden – bei diesen Profilen in Deutschland nicht üblich.

Bereits hier sei deutlich darauf hingewiesen, daß die bevorzugt eingesetzten Gerbergelenkträger ein grundsätzlich anderes Verformungsverhalten aufweisen, als Durchlaufträger ohne Gelenkausbildungen. Die Beherrschung des Lastfalles Wassersackbildung muß daher grundsätzlich anders angegangen werden als es bei Durchlaufträgern üblich ist (siehe Kapitel 6 „Einwirkungen").

Besondere Beachtung muß bei der Anwendung der Profile auch der Befestigungstechnik gewidmet werden. In Rand- und Eckbereichen des Daches kann es bei der konventionellen Befestigungstechnik aufgrund der großen Rippenbreite und des relativ schmalen Untergurtes von 75 mm (zudem mit einer Sicke versehen) zu Engpässen kommen.

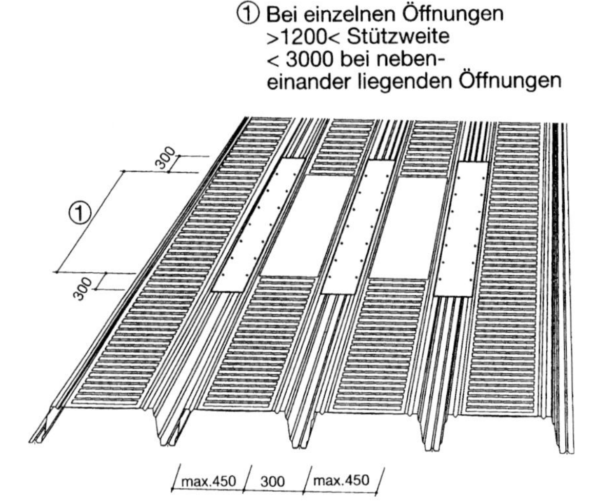

Bild 2-8 Trapezprofile der dritten Generation
mit Sonderausführung im Bereich von Dachdurchdringungen

Die Benennung der Profile ist der Firmenliteratur der Hersteller zu entnehmen, z. B. nennt die Firma Hoesch Siegerlandwerke als einziger Hersteller dieses Profiles in Deutschland das System *Dachsystem 2000* und das Einzelprofil TRP 200 bzw. TRP 200 A. Der Lieferumfang des Trapezprofiles der dritten Generation ist in [29] dargestellt.

Die vierte Generation stellt eine Kombination zwischen den Profilen der zweiten und der dritten Generation dar (Bild 2-9). Die quergesickten Obergurte des zwei- oder dreirippigen Profils können dabei ohne wesentlichen Steifigkeitsverlust etwas breiter profiliert werden als die der zweiten Generation. Die Tiefe der Quersickung ist dabei geringer als beim Trapezprofil der dritten Generation.

Bei einer Bauhöhe von 109 mm und einer Obergurtbreite von ca. 214 mm ergibt sich eine Baubreite von 1,00 m. Bei einem Flächengewicht von ca. 8,83 kg/m^2 (t_N = 0,75 mm) ergeben sich sowohl in dieser Hinsicht als auch bei der Montageleistung gegenüber

Bild 2-9 Trapezprofil der vierten Generation

den Profilen der zweiten Generation leichte Vorteile. Vergleichsmaßstab ist dabei das Profil 100/275/0,75 mit einer Baubreite von 825 mm und einem Flächengewicht von 9,10 kg/m^2.

Das Profil wird in Deutschland zur Zeit wenig eingesetzt. Produktionsstandorte befinden sich z. B. in den Niederlanden und in Frankreich.

2.5 Trapezprofile für den Deckenbau im Massivbau

2.5.1 Allgemeines

Neben der Möglichkeit, Trapezprofile als alleintragende Unterschale mit einem zusätzlichen Deckenaufbau einzusetzen, haben sich drei unterschiedliche Einsatzmöglichkeiten für Trapezprofile in Verbindung mit Beton im Deckenbau durchgesetzt. Man unterscheidet den Einsatz:

- als verlorene Schalung ohne Verbund,
- als Zugbewehrung im Verbund mit dem Beton,
- im Sinne eines additiven Bemessungskonzeptes ohne Verbund.

Eine erschöpfende Darstellung dieses Themas ist im Stahlbaukalender 2001 erschienen, so daß hier nur die wesentlichen Merkmale der Bauweise vorgetragen werden.

2.5.2 Trapezprofile als verlorene Schalung

Für den ersten Anwendungsbereich werden bevorzugt die Profile der ersten Generation mit Bauhöhen bis ca. 50 mm genutzt. Die Absprießung während des Betoniervorganges regelt sich nach der Tragfähigkeit der Profiltafeln unter dem Frischbetongewicht. Für derartige Konstruktionen kommen praktisch alle Trapezprofilformen in Betracht. Für den Korrosionsschutz der Unterseite stehen alle Systeme zur Verfügung.

Die konstruktiven Regelungen erfolgen nach DIN 18 807–3.

2.5.3 Verbunddeckenprofile

Für den zweiten Anwendungsbereich wurde eine umfangreiche Produktpalette von Spezialprofilen (Bilder 2-10 und 2-11) in Höhen von 40 bis 80 mm entwickelt. Sie dienen beim Einbringen des Betons zunächst als Schalkörper, die zulässigen Spannweiten in diesem Zustand werden nach den Regeln der DIN 18 807-3 festgelegt. Die Lagesicherung der Profile im abgebundenen System erfolgt durch die charakteristische Keilform. Zur Unterstützung des Verbundes finden sich bei einigen Profilen leichte Querprofilierungen in den Stegen oder Gurten. Für die Aktivierung des Profils als Zugbewehrung im Stahlbetonquerschnitt werden an deren Querrändern Endverankerungen durch Abplattung der Rippen bereits werksseitig angebracht.

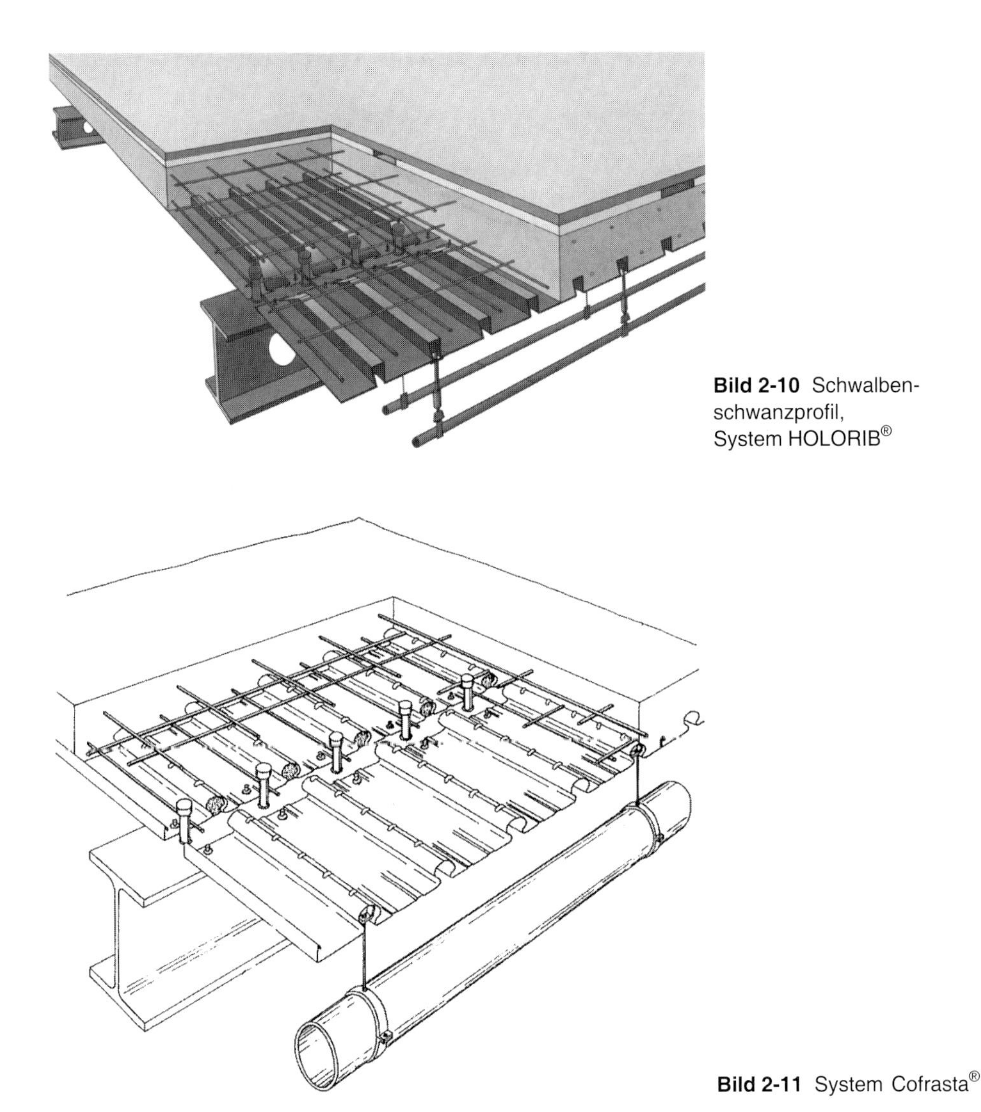

Bild 2-10 Schwalbenschwanzprofil, System HOLORIB®

Bild 2-11 System Cofrasta®

Die Bemessung des Verbundquerschnittes erfolgt nach den Regelungen der Zulassungsbescheide.

In den Zulassungsbescheiden finden sich auch Hinweise über den Brandschutz. Klassifikationen bis F90 nach DIN 4102-2 werden von den meisten Systemen erreicht.

Die Profile eignen sich hervorragend für die Befestigung untergehängter Komponenten, Zwischendecken und Versorgungsleitungen. Das Zubehör ist auf die Keilform abgestimmt.

Als Korrosionsschutz wird in der Regel beidseitig die Korrosionsschutzklasse I (Verzinkung) gefordert, aufgrund der optisch befriedigerenden Untersicht wird zunehmend eine zusätzliche organische Beschichtung gewünscht.

2.5.4 Additivdeckenprofil

Pate für eine erfolgreiche neue Generation von leichten Deckenkonstruktionen ist die im Stahlbetonbau seit langem bekannte, einachsig gespannte Rippendecke. Obwohl die Vorzüge der Rippendecke – im wesentlichen das geringe Gewicht – bekannt sind, tritt sie aufgrund relativ hoher Schalkosten gegenüber der Flachdecke zurück.

Mit dem Einsatz eines Profils der dritten Generation gelingt es, neue konstruktive Ansätze mit einem relativ jungen Bemessungskonzept zu realisieren. Es handelt sich um eine stahltrapezprofil-unterstützte bewehrte Stahlbeton-Rippendecke, die in ihrem Tragverhalten einem „additiven Bemessungskonzept“ gehorcht. Inzwischen liegt für diesen Deckentyp auch die erste allgemeine bauaufsichtliche Zulassung vor [89].

Das Profil der dritten Generation wird als Schalkörper verwendet – damit liegt die charakteristische gewichtsparende Rippenform vor. Zur Lagerung der Trapezprofile werden auf den Obergurten der angrenzenden Hauptträger Knaggen angeschweißt, die in die oberen Biegeschultern des Profils eingreifen. Die Lagesicherung erfolgt mittels Setzbolzen (Bild 2-12).

Das Trapezprofil hat zunächst den Frischbeton und die betriebsbedingten Betonierlasten aufzunehmen. Dabei gelingt es, Spannweiten bis ca. 6 m ohne Absprießungen zu überbrücken.

Ein Querschnitt (Bild 2-12) und eine Untersicht (Bild 2-13) zeigen die günstige Lage der Unterkante der Decke zur Verbundebene, die Tragfähigkeit der Kopfbolzendübel kann durch die Knaggenlagerung der Stahltrapezprofile nahezu voll ausgenutzt werden.

Die Aufteilung der Verkehrslasten nach der Steifigkeit erlaubt nach dem Wortlaut der DIN 1045 eine verbügelungsfreie Bewehrung der Rippe bis zu einer Verkehrslast von ca. 7,5 kN/m^2. Aufgrund der hohen Nutzhöhe der Rippen verhält sich dieses Tragwerk insbesondere auch bei der Brandbemessung besser als herkömmliche Verbunddeckenprofile mit meist geringerer statischer Nutzhöhe.

Der bevorzugte Anwendungsbereich der Decke liegt im Geschoßbau und insbesondere im Parkhausbau. Große Anwendungen der jüngsten Zeit sind die Parkhausflächen des Flughafens Köln–Bonn (s. Bild 1-18).

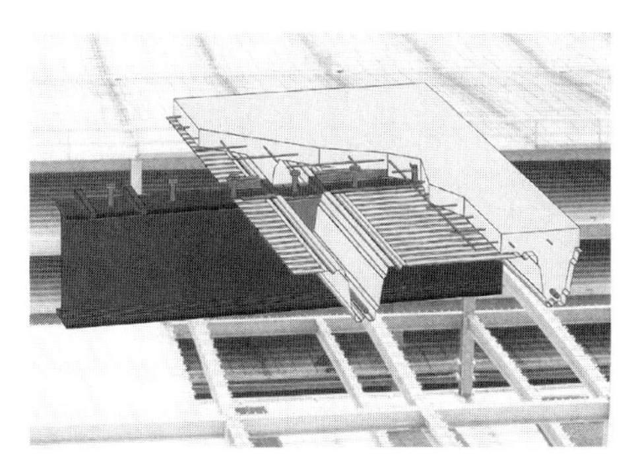

Bild 2-12 Additivdecke

Bild 2-13 Auflagerbereich

Der Lieferumfang der Profile für den Deckenbau findet sich in [29] sowie im Stahlbau-Kalender 2001.

2.6 Klemmprofile

Klemmprofile verfügen vom Ansatz her über eine trapezförmige Querschnittsgeometrie, die durch Rückkantungen der geneigten Stege so verändert worden ist, daß das Profil mittels auf den Querschnitt abgestimmter Klemmleisten mit der Unterkonstruktion verbunden werden kann. Auch die Randrippen verfügen über die gleichen Rückkantungen, so daß sie mit oder ohne das Einhängen der Klemmleiste kraftschlüssig miteinander verbunden werden können. Klemmprofile sind mit zwei oder mehr Längsrippen im Handel. Ausgangsmaterialien sind Stahl in den Dicken 0,63 bis 1,00 mm und Aluminium in den Dicken 0,70 bis 1,00 mm. Die Baubreiten und Steghöhen variieren. Die Tragsicherheit von Klemmprofilen wird durch bauaufsichtliche Zulassung oder durch ein bauaufsichtliches Prüfzeugnis geregelt. Für die Erfüllung der Gebrauchsfähigkeit werden die DIN 18 807 sowie die IFBS-Richtlinien herangezogen.

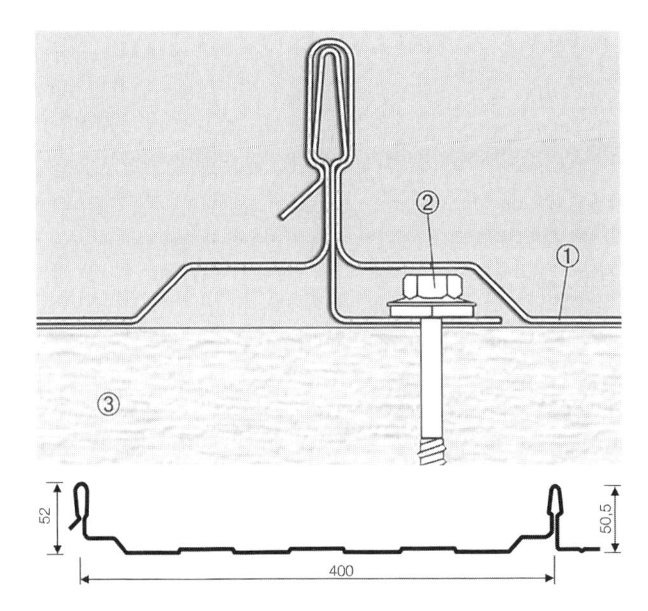

Bild 2-14 Klemmprofile
① Klemmprofil
② Befestigungselement
③ Unterkonstruktion

2.7 Kassettenprofile

Die Anstrengungen, möglichst materialsparende ebene innere Wandschalen zu erzeugen, führt auf die Entwicklung von Kassettenprofilen (Bild 2-15). Als Baubreite hat sich einheitlich 600 mm durchgesetzt, die Bauhöhen bewegen sich zwischen 90 und 160 mm. Die verschiedenen Fabrikate unterscheiden sich im wesentlichen durch Detailprofilierungen.

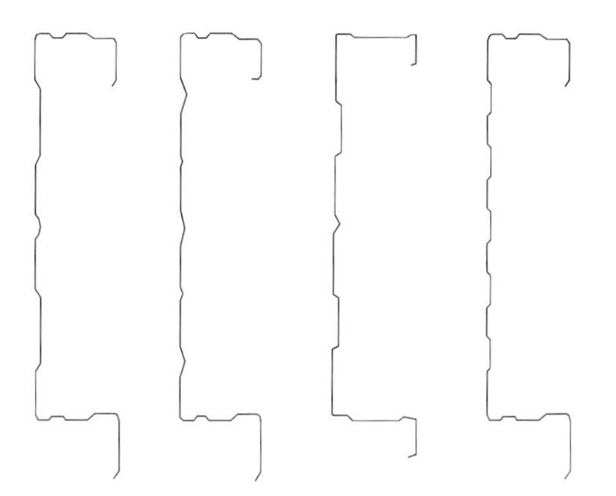

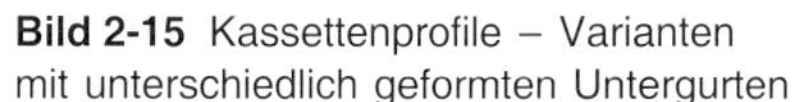

Bild 2-15 Kassettenprofile – Varianten mit unterschiedlich geformten Untergurten

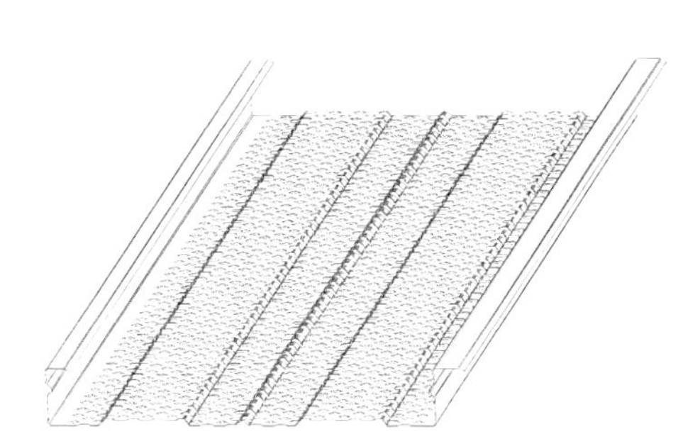

Bild 2-16 Kassettenprofil mit gelochtem Untergurt

Die Sickung und Linierung der Untergurte beeinflußt maßgeblich die Innenansicht, in geringem Maße auch die Tragfähigkeit des Systems. Stärkeren Einfluß auf die Tragfähigkeit hat die Detailprofilierung der Obergurte und Stege.

Kassettenprofile sind lastabtragende Bauelemente, gespannt von Stütze zu Stütze oder auch von Binder zu Binder. Sie sind jedoch ohne Unterstützung durch die Außenschale im Tragverhalten unter den nach DIN 1055-4 eingeprägten Lasten nicht ausreichend standsicher. Erst durch die Einbindung der Kassettenobergurte in ein durch die Außenschale gebildetes Schubfeld wird die erforderliche Tragsicherheit erreicht (Bild 1-15). Die Schubfeldprofile finden sich als Eingangsdaten in den Querschnitts- und Bemessungswerten. Sonderformen des Schubfeldes in Form zusätzlicher Distanzprofile werden in [138] behandelt.

Kassettenprofile sind auch als Akustikprofile erhältlich. Die Lochung umfaßt die breiten Untergurte, das Lochbild ist von Hersteller zu Hersteller verschieden (Bild 2-16). In statischer Hinsicht ist die Minderung der Tragfähigkeit durch die Lochung i. a. relativ gering, da im wesentlichen Querschnittsbereiche betroffen sind, die wenig am Lastabtrag mitwirken. Je nach Blechdicke und statischem System ist mit Tragfähigkeitseinbußen zwischen 5 und 20 % in der Spannweite zu rechnen.

Die Konstruktion mit Kassettenprofilen ist aufgrund der ausgeprägten Wärmebrücken im Bereich der Stege ins Blickfeld der Energieeinsparbestrebungen und der Bauphysik getreten.

Nach Auslegung der Energie-Einsparverordnung EnEV [64] liegen Bauwerke, die ihrer Bestimmung nach auf eine Temperatur von 19 °C und mehr beheizt werden, ohne aufwendige thermische Trennkonstruktionen nicht mehr im Anwendungsbereich für Kassettenkonstruktionen. Damit wird die Kassette wieder an den Platz zurückverwiesen, dem sie ihre Entwicklung verdankt – den bauphysikalisch unverfänglichen Verhältnissen im Industriebau.

Der Einsatz der Stahlkassettenprofile ist nach DIN 18 807 und deren Änderung A1 geregelt. Darüber hinaus ist die IFBS-Info 3.08 [33] zu beachten. Für gelochte Profile ist die Vorlage einer bauaufsichtlichen Zulassung erforderlich.

Der Lieferumfang der Kassettenprofile wird in [30] dargestellt.

2.8 Stehfalzprofile

2.8.1 Allgemeines

Stehfalzprofile werden für die wasserführende Schicht bei ein- und zweischaligen Dachkonstruktionen verwendet. Im Gegensatz zum handwerklich gefertigten Stehfalzelement aus Kupfer- oder Zinkblech erläutern wir im folgenden ausschließlich das werk- oder bauseitig im Rollformverfahren hergestellte Stehfalzprofil.

Es handelt sich um trogförmige Querschnitte mit vertikalen oder leicht geneigten Stegen, deren obere Längsränder als Falze ausgebildet sind. Die flach gehaltenen Untergurte sind eben oder verfügen über eine in Längsrichtung verlaufende Linierung oder Sickung, gelegentlich auch über eine Quersickung.

Je nach der Art der Verlegung und der Verbindung der Stehfalze miteinander wird unterschieden zwischen gebördelten, geklemmten oder geschweißten Stehfalzverbindungen. Stehfalzprofile werden mittels besonderer Halteteile auf der Unterkonstruktion befestigt. Diese sind Hafte oder Klipps, die in den Falz mit eingebördelt oder mit eingeklemmt werden und die zur thermischen Trennung über eine spezielle Fußpunktausbildung – z. B. Thermokappen – verfügen können (Bild 2-17).

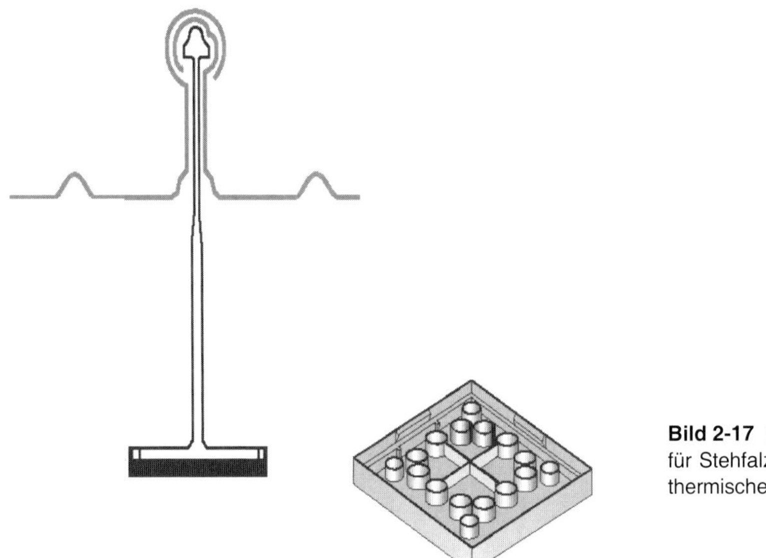

Bild 2-17 Befestigungsklipp für Stehfalzprofile mit thermischer Trennung

2.8.2 Gebördelte Stehfalzprofile

Aus Aluminium gefertigt existiert eine breite Produktpalette in den Baubreiten zwischen 300 und 500 mm und in Höhen zwischen 50 und 65 mm (Bild 2-18). Die Anwendung wird durch bauaufsichtliche Zulassungsbescheide des DIBt geregelt.

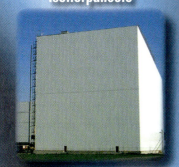

Fach-
literatur
auf
hohem
Niveau
08322086_my
© Foto: Fried. Krupp AG/Hoesch-Krupp.
Ernst & Sohn
A Wiley Company
www.ernst-und-sohn.de

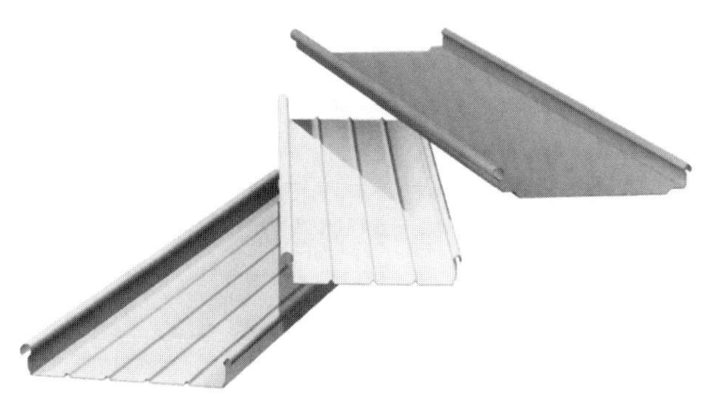

Bild 2-18
Aluminium-Stehfalzprofile

Die Längsränder der Aluminium-Stehfalzprofile werden nach dem Verlegen der Scharen mit einer speziellen Bördelmaschine regendicht geschlossen.

2.8.3 Geklemmte Stehfalzprofile

Wesentlich geringer ausgeprägt ist – in Europa – die Produktvielfalt bei den Stehfalzprofilen aus verzinkt beschichtetem Stahlblech. Im Interesse einer ungeschädigten Beschichtung verzichtet man auf die Schließung der Längsfugen mittels Bördelung und nutzt die hohe Elastizität des Materials für die Ausbildung eines Schnappverschlusses (Bild 2-19).

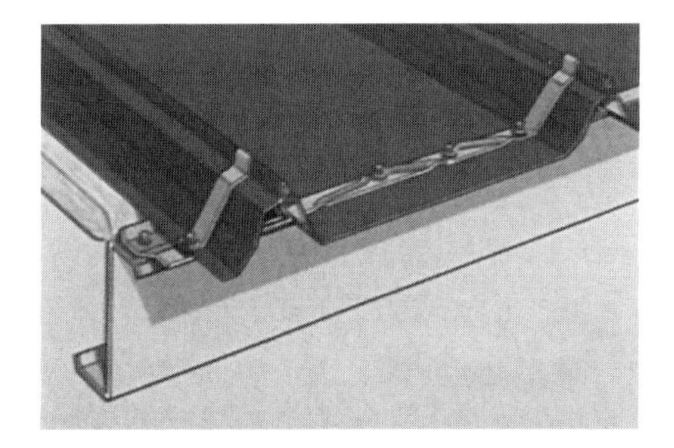

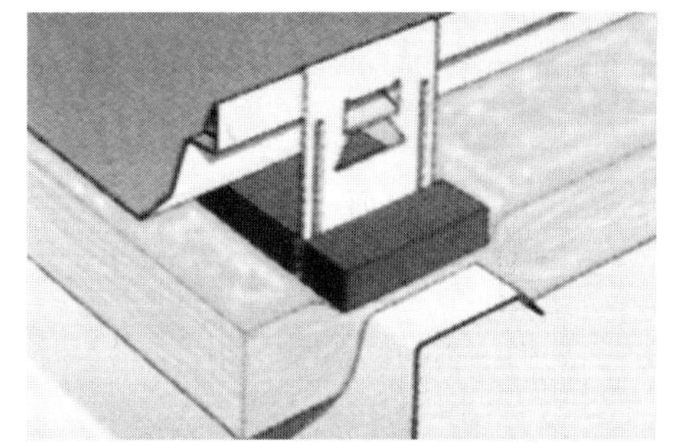

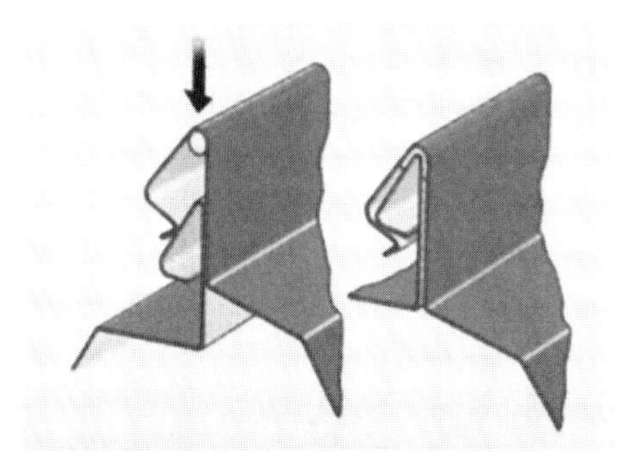

Bild 2-19 Stahl-Stehfalzprofil

Bild 2-20 Stehfalzkonstruktion aus Edelstahl

2.8.4 Rollgeschweißte Stehfalzprofile

Stehfalzprofile aus Edelstahl werden nach dem Verlegen mittels Rollenschweißung regendicht miteinander verbunden (Bild 2-20).

2.9 Sandwichelemente

2.9.1 Allgemeines

Sandwichelemente sind in der Regel kontinuierlich, gelegentlich auch in Stückfertigung hergestellte Bauelemente. Neben der raumabschließenden und lastabtragenden Funktion übernehmen sie auch die Wärmedämmung. Sie verfügen über Deckschalen aus Stahl, gelegentlich aus Aluminium oder einer Kombination von beiden (äußere Deckschale aus Aluminium, innere Deckschale aus Stahl), die mit dem Dämmkernstoff schubsteif verbunden sind. Als Kernmaterial finden in erster Linie Polyurethan-Hartschaum oder Mineralfasern, seltener dagegen Polystyrol, Anwendung.

Wegen der niedrigen Wärmeleitfähigkeit des Schaums bereiten die Wärmeschutznachweise für mit Sandwichelementen mit PUR-Hartschaum-Kernen bekleideten Hallen des Industrie- und Wirtschaftsbaues i. d. R. wenig Schwierigkeiten. Die Standardfuge (Nut und Feder) macht sich bei fachgerechtem Zusammenfügen der Paneele als Wärmebrücke kaum bemerkbar. Lediglich die verdeckten Befestigungen weisen wegen der oft tief in das Paneel hineingezogenen Randprofilierungen Schwächungen bis hin zu Wärmebrücken auf [138].

Werden aus Gründen des baulichen Brandschutzes oder des Schallschutzes andere Kernmaterialien erforderlich, findet man bei mehreren Herstellern eine ausgereifte Produktpalette mit Stützkern aus Mineralfasern. Die Rohdichten dieses Kerns schwanken zwischen 90 kg/m^3 und 120 kg/m^3.

Die Baubreiten von Sandwichelementen liegen in der Regel bei $b = 1000$ mm, verschiedentlich auch bei 1150 mm, die Dicken variieren zwischen 40 und 220 mm. Der Einsatz von Sandwichelementen wird nach bauaufsichtlicher Zulassung geregelt. Eine Lieferübersicht ist in [31] und [32] zu finden.

2.9.2 Sandwichelemente für Wände

Sandwichelemente für Wände haben überwiegend ebene oder schwachprofilierte – aus architektonischen Gründen in den wenigsten Fällen stark profilierte – Deckschalen. Während das Prädikat eben keiner weiteren Erklärung bedarf, findet man unter den schwachprofilierten (auch quasiebenen) Deckschalentypen eine große Anzahl von Varianten.

Unter der Linierung versteht man einen in regelmäßigen Abständen wiederkehrenden trapezförmigen Versatz (Bild 2-21 a). Die Tiefe dieser Linierung schwankt bei verschiedenen Herstellern zwischen wenigen Zehntel mm und einigen mm.

Die Sickung (Bild 2-21 b) in V-Form kann je nach architektonischem Empfinden des Designers regelmäßig oder unregelmäßig über der Oberfläche verteilt sein. Die Tiefe der Sickung reicht bis ca. 5 mm.

Die Microlinierung (Bild 2-21 c) oder die Makrolinierung (Bild 2-21 d) sind aneinandergereihte Sickungen mit flacher Flankenneigung. Während die Mikrolinierung i. d. R. nur wenige Zehntel mm tief ist, weist die gröbere Makrolinierung oft Tiefen von einigen mm auf.

Unter der Bezeichnung Nutung (Bild 2-21 e) versteht man U-förmige Sickungen mit breiter Wurzel und steilen Flanken mit wenigen mm Tiefe.

Die o. a. Arten der schwachen Profilierungen erhöhen die Belastungsfähigkeit der Deckschalen gegenüber den ebenen Deckschalen erheblich. Eine annähernde Verdoppelung der Bemessungsgrenzwerte der Knitterspannungen ist die Regel. Damit gehen Erhöhungen der erreichbaren Spannweiten einher.

Die Stuccodessinierung oder Embossierung wird durch spezielle Prägewalzen nach dem Beschichten der Bleche hergestellt. Sie besteht aus unregelmäßigen, dicht angeordneten flächen- und linienförmigen Prägungen. Sie ist nur wenige Zehntel mm tief und bricht die Oberfläche optisch. Beim Embossieren wird das Material aufgehärtet.

Tiefer profilierte Oberflächen liegen in Form von Trapezprofilierungen (Bild 2-22 a) vor, die breiten Gurte liegen i. d. R. außen. In Anlehnung an die einfachen Wellprofiltafeln wurden auch Sandwichelemente mit wellprofilierten Außenschalen (Bild 2-22 b) entwickelt.

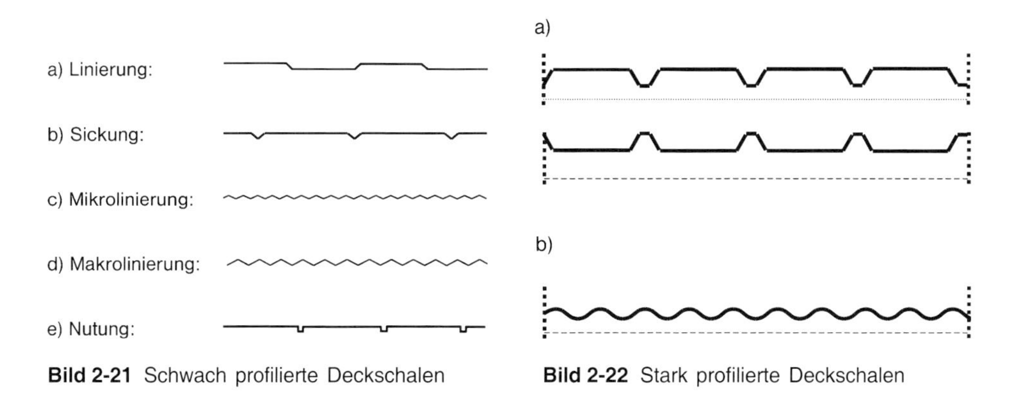

Bild 2-21 Schwach profilierte Deckschalen

Bild 2-22 Stark profilierte Deckschalen

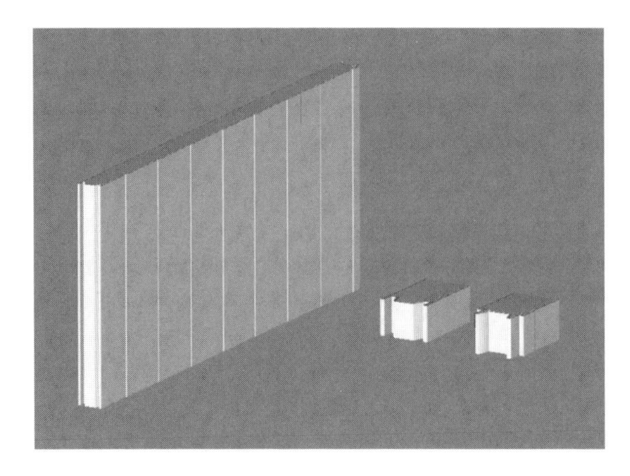

Bild 2-23 Nut-Feder-Verbindung

Die Deckschalen-Nenndicken t_N der Paneele schwanken zwischen 0,40 und 0,55 mm auf der Innenseite und zwischen 0,55 und 0,63 mm auf der Außenseite. Die Kombination t_{Na} / t_{Ni} = 0,63 / 0,50 mm oder t_{Na} / t_{Ni} = 0,55 / 0,55 mm stellen heute oft angewendete Kombinationen dar. Die in den Zulassungsbescheiden vorgegebenen Bemessungsgrenzwerte der Knitterspannungen stellen die dickeren Schalen so ungünstig, daß sich in der Regel aus bemessungstechnischen Gründen eine Auswahl größerer Blechdicken nicht lohnt (Näheres siehe Abschnitt 5.3.3.2).

Elementdicken bis 80 mm, in Ausnahmefällen auch 100 mm, werden mit der Standard-Nut-Feder-Verbindung (Bild 2-23) für den Hochbau verwendet. Die Fugenkonstruktion muß erlauben, daß die durch Niederschlag in den äußeren Deckschalenbereich eingedrungene Feuchte leicht abtrocknen kann. Eine zu enge Ausbildung der Überlappung ist in diesem Sinne nicht sinnvoll.

Die Elemente finden oft mit verdeckten Befestigungen Anwendung. Die erste bautechnisch konsequent durchkonstruierte verdeckte Befestigung erfolgt unter Anwendung eines Zusatzformteils (Bild 2-24 a), einer Halteklammer, die während der Montage in eine speziell geformte Fuge eingebaut und mit der Unterkonstruktion verschraubt wird. Die parallel dazu entworfene Fingerfuge (Bild 2-24 b), hat sich nach Beherrschung der Fertigungsprobleme im Verlaufe der Zeit durchgesetzt.

Die Begründung liegt in der Logistik, es sind keine Zusatzformteile für diese Art der Befestigung erforderlich. Bei vielen Fabrikaten ist eine Befestigung mit einer Standardschraube [94, 95] möglich. Einige Hersteller verwenden zur Erhöhung der zulässigen Befestigungskraft Schrauben mit Spezialscheiben. Daten für den Festigkeitsnachweis enthalten die Zulassungsbescheide des DIBt für Sandwichelemente [91].

Eine Übersicht über die gängigen Fabrikate an Wandprofilen ist in [31] und [32] zu finden.

Die überaus günstigen Wärmedurchgangswiderstände der Elemente mit PUR-Hartschaumkern ebnen diesen Sandwichelementen ab ca. 100 mm Dicke den Weg in den Kühlhaus- und Kühlzellenbau.

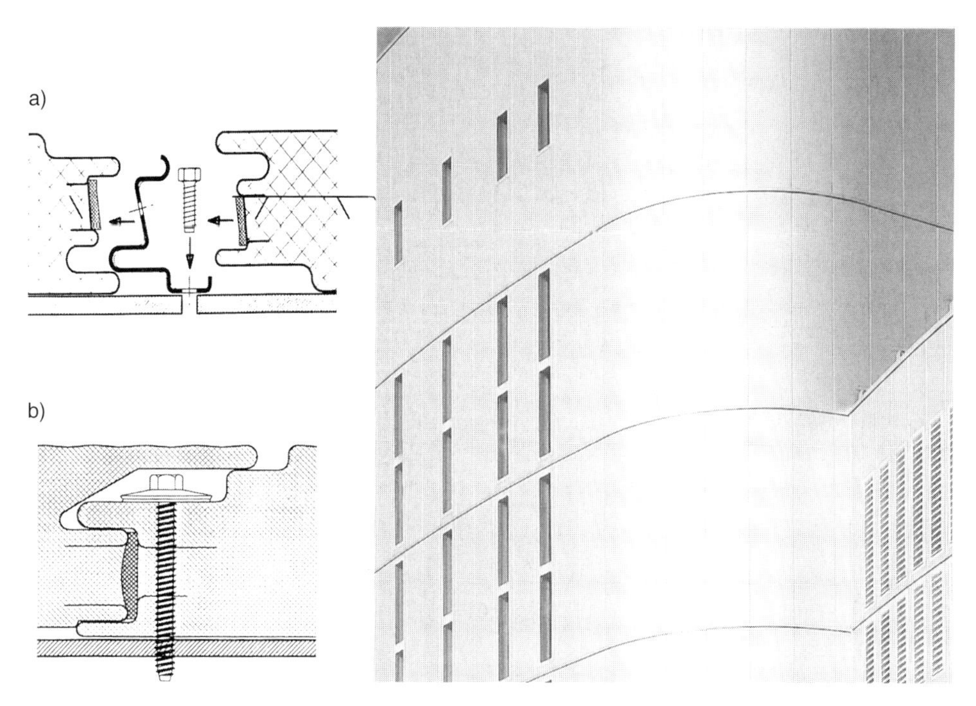

Bild 2-24 Verdeckte Befestigungen von Wandelementen

Tabelle 2-1 Anwendungsbereiche von Kühlhauselementen

Nr.	Elementdicke (mm)	Betriebstemperaturbereich (°C)
1	100	–5
2	120	–10
3	140	–20
5	170	–25
6	200	bis ca. –30

Jeder Elementdicke kann ein charakteristischer Betriebstemperaturbereich (Tabelle 2-1) zugeordnet werden. Je nach bereitgestellter Kühlkapazität unterliegen diese Daten Schwankungen und sind von Fall zu Fall zu überprüfen.

Speziell geformte, mehrfach verzahnte Längsfugenprofile sorgen für geringe Luftzirkulationen in den Fugen und tragen so dazu bei, daß die Fuge als Wärmebrücke kaum in Erscheinung tritt (Bild 2-25). Die Elemente werden mittels Durchschraubung befestigt.

Bei Anwendung der Sandwichelemente im Kühlhausbereich sollten aufgrund ihres günstigeren statischen Verhaltens die Deckschalendicken von t_{Na} / t_{Ni} = 0,63 / 0,50 mm bevorzugt angewendet werden. Dunkle Farbtöne für die Außenschale sollten in der Kühlhaustechnik wegen der starken Aufheizung der Deckschale unter Sonneneinstrahlung und der damit verbundenen Erhöhung der Zwängungsspannungen aus Temperaturdifferenzen vermieden werden.

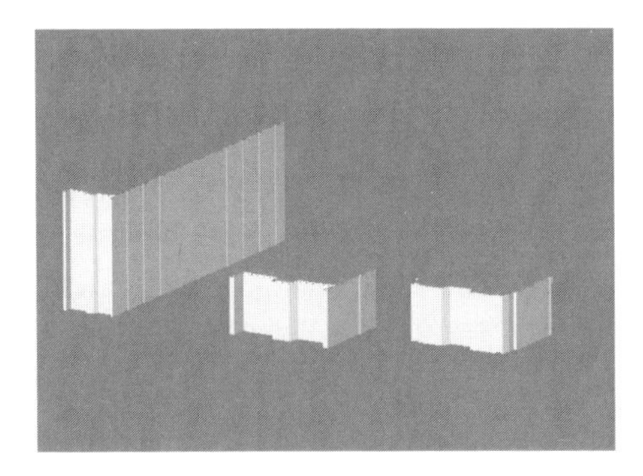

Bild 2-25 Kühlhauselemente

Sandwichelemente mit Mineralfaserkern sind im Kühlhausbau wegen der geringen Wasserdampfdiffusionswiderstandszahl der Mineralfaser mit äußerster Vorsicht anzuwenden. Hier sind erhöhte Anforderungen an die Fugendichtheit – bereits bei der Elementkonzeption aber vor allen Dingen bei der Montage – zu stellen (vgl. [138]).

2.9.3 Sandwichelemente für Dächer

Sandwichelemente für den Dachbereich werden in der Regel mit einer Trapezprofilierung auf der Außenseite gefertigt (Bild 2-26). Damit gelingt es, den Längsstoß der Paneele aus der wasserführenden Ebene herauszuheben. Zum andern hilft die Eigensteifigkeit der Außenschale beim Lastabtrag und bei der Begrenzung der Verformungen nach dem Kriechen des Kernmaterials.

Die Trapezprofilierung besitzt je nach Fabrikat eine Höhe von ca. 30 bis 42 mm. Während ältere Profile eine Teilung mit 5 Rippen je m haben, weisen heutige Entwicklungen nur noch 3 Rippen je m auf, allerdings bei verminderter Tragfähigkeit. Ein jüngst eingeführtes Element besitzt nur noch eine Rippe je m Baubreite. Die Zielspannweite der Elemente hat sich von ehemals ca. 4,5 bis 5 m bei 4 bis 5 Rippen auf einen bautechnisch sinnvolleren Bereich von ca. 3 bis 3,5 m bei 3 Rippen zurückentwickelt.

Bild 2-26 Sandwichelemente für die Anwendung im Dachbereich

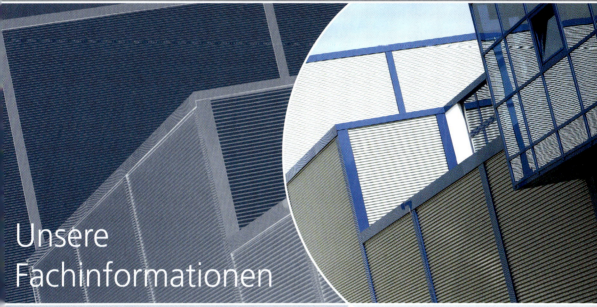

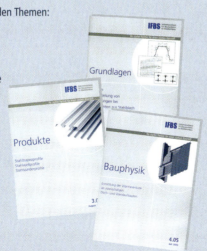

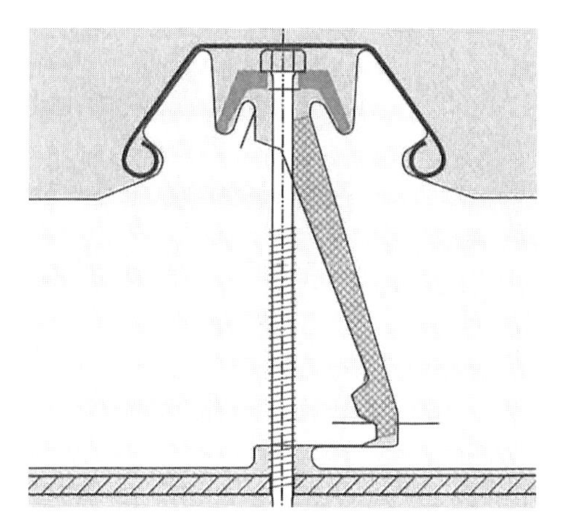

Bild 2-27 Verdeckte Befestigung eines Dachelementes

Die Innenschalen sind in der Regel liniert.

Die Blechdicken betragen auf der Außenseite 0,63 bis 0,75 mm, auf der Innenseite 0,40 bis 0,63 mm, gebräuchlich ist die Kombination $t_{Na} / t_{Ni} = 0{,}63 / 0{,}50$ mm.

Verdeckte Befestigungen bei Dachelementen (Bild 2-27) sind weniger aus architektonischen Gründen, sondern in erster Linie aus funktionalen Gründen entwickelt worden. Die Vorteile gegenüber der Durchschraub-Befestigung liegen darin, daß keine der Witterung zugängliche Durchdringungen der Deckschale durch Schrauben vorhanden sind und daß keine zurückbleibenden Bohrspäne die Oberfläche der organischen Beschichtung schädigen können. Heute sind mehr und mehr auch architektonische Gründe für die Auswahl von Elementen mit verdeckter Befestigung maßgebend. Eine Übersicht über gebräuchliche Elemente zeigen [31] und [32].

2.10 Fassadenpaneele (Liner, Sidings)

Fassadenprofile sind auf Biegemaschinen oder auf Rollformern hergestellte Profile. Sie sind in ihrer Querschnittsform den Kassetten- oder auch den Stehfalzprofilen sehr ähnlich.

Im Markt sind sie bekannt als Paneele, als Liner-Profile oder als Sidings (Bild 2-28). Ihr Einsatz erstreckt sich alleine auf die Wandaußenschale. Vertikal oder horizontal verlegt bilden sie einen optisch hochwertigen Wandabschluß. Die Verbindung mit der Unterkonstruktion geschieht mittels Schrauben oder Klammern – sichtbar oder verdeckt. Hochwertigere Systeme verwenden als Distanzkonstruktion auf die Querschnittsform der Fassadenprofile abgestimmte Einhangschienen. Ausgangsmaterialien sind Stahl und Aluminium. Der Einsatz von Fassadenprofilen und deren Befestigung ist im allgemeinen durch bauaufsichtliche Zulassungsbescheide geregelt. Darüber hinaus sind DIN 18 516-1 [67] und die Verarbeitungsrichtlinien der Hersteller zu beachten.

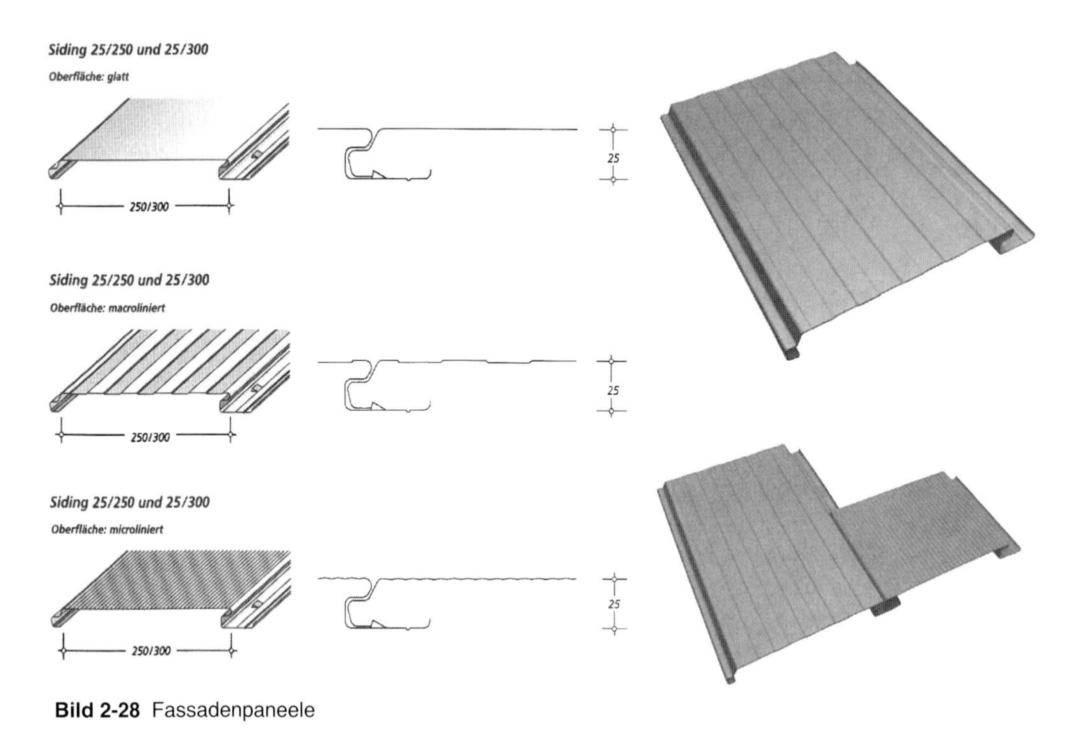

Bild 2-28 Fassadenpaneele

2.11 Fassadenkassetten

Bei Fassadenkassetten handelt es sich um Bauelemente, die vorrangig zur architektonisch anspruchsvollen und hochwertigeren Fassadengestaltung eingesetzt werden. Sie bestehen aus Stahl oder Aluminium, sind umseitig u-förmig oder z-förmig abgekantet und werden in *Stückfertigung* auf Kantbänken oder Pressen hergestellt. Die Verlegung geschieht auf einer Unterkonstruktion bei sichtbarer oder verdeckter Befestigung. Ihr Einsatz ist durch DIN 18 516-1 [67] bzw. durch allgemeine bauaufsichtliche Zulassungsbescheide oder durch bauaufsichtliche Prüfzeugnisse geregelt.

2.12 Sonderformen von Bauelementen

2.12.1 Stahldachpfanne

Während Pfannenprofile nach DIN 59 231 eher an Trapezprofiltafeln erinnern, weist eine Weiterentwicklung in Form der modernen Stahldachpfanne (Bild 2-29) bereits typische schindelartige Prägungen mit entsprechenden Randausbildungen auf. Die Herstellung erfolgt auf Pressen. Die Produkte werden für den Einsatz im Wohnhausbau und zusammen mit Zubehör (First-, Ortgang- und Traufeinfassungen) als System verkauft. Eine große Akzeptanz findet die Stahldachpfanne in Skandinavien, wo sie häufig mit einer Beschich-

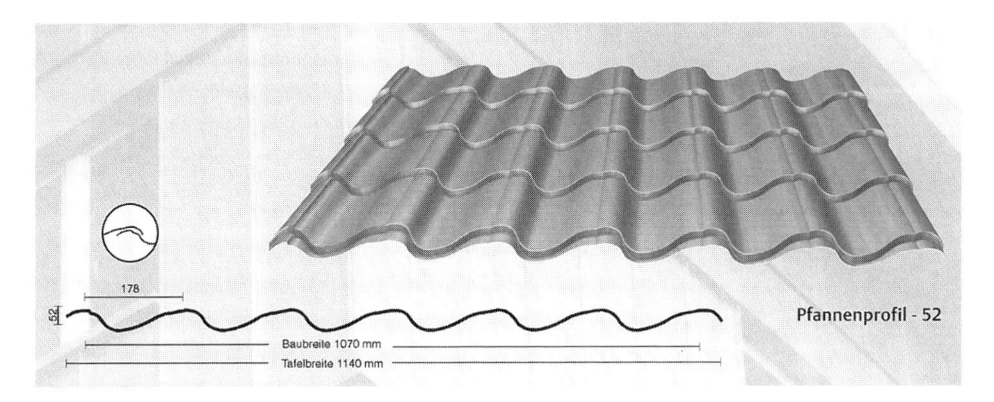

Bild 2-29 Pfannenelement „Stahldachpfanne“

tung der Außenseite in 35 μm Dicke zum Einsatz kommt. In Deutschland ist bei den vorhandenen Spannweiten von ca. 350 mm ein bauaufsichtlicher Zulassungsbescheid nicht erforderlich. Die Stahldachpfanne ersetzt die Ziegelpfanne, der übrige Dachaufbau ist daher der konventionellen Dachdeckertechnik zu entnehmen.

2.12.2 Bögen

2.12.2.1 Allgemeines

Die ersten industriell hergestellten Bogenelemente wurden aus Wellprofilen geformt (bombiert) (s. Bild 1-3). Bögen ähnlicher Art aus Stahltrapezprofilen konnten lange Zeit nur in knickgekrümmter Form hergestellt werden. Erst in jüngster Zeit stehen auch bombierte Trapezprofile zur Verfügung (Bild 2-30).

Bild 2-30 Bogenelemente

Bild 2-31 Knickgekrümmtes Trapezprofil

2.12.2.2 Knickgekrümmte Profile

Trapezprofiltafeln lassen sich durch kontinuierliches Knicken in Bögen formen. Dabei werden Bereiche des Profils – in der Regel je ein Gurt und der Steg – aus ihrer Ebene durch regelmäßiges Falten herausgedrückt (Bild 2-31). Der Profilquerschnitt verliert dabei seine Tragfähigkeit nach DIN 18 807, die Elemente sind daher nur als konstruktive Bekleidungen, z. B. in Attika-, First- oder Wandeckbereichen, anzuwenden.

2.12.2.3 Bombierte Profile

Wie schon zuvor bei Wellprofilen gelingt es seit ca. 1990 nun auch, Trapezprofiltafeln zu bombieren. Im Gegensatz zur Knicktechnik bleibt bei diesem Vorgang die Tragfähigkeit in Form der Bemessungswerte erhalten. Das Profil ist somit als statisch wirksames Element voll einsetzbar.

Das Produktionsverfahren geht auf ein Patent der Firma Zeman in Österreich zurück, der es gelang, den Krümmungsradius durch zusätzliches Bearbeiten des Querschnitts eines fertig gerollten ebenen Profils herzustellen.

Symmetrische Trapezprofile sind für den Biegevorgang besonders geeignet. Auf dem deutschen Markt sind zwei Profilformen in den Höhen von 38 und 106 mm gängig (Bild 2-32).

Die Profile finden ihre Anwendung vorrangig bei der Konstruktion freitragender Bogendächer in einschaliger ungedämmter oder in zweischalig gedämmter Bauweise. Mit zweischaligen Varianten sind Spannweiten von bis zu 20 m möglich. Durch schubsteife Verbindungen beider Schalen in einem statisch nachzuweisenden Abstand bildet sich eine Art gekrümmter Vierendeel-Träger mit kurzen Stegen aus, in welchem die aus äußerer Last resultierenden Biegemomente als Normalkräfte auf die beiden Schalen verteilt werden (Bild 2-33). Anders als beim Knickkrümmen bleibt beim Bombieren die Tragfähigkeit des Querschnittes nach DIN 18 807 vollständig erhalten. Der Lieferumfang der Profile ist der technischen Literatur der Lieferfirmen zu entnehmen. Weitere Informationen zur Statik und Konstruktion siehe auch Kapitel 4 im Stahlbau-Kalender 1999.

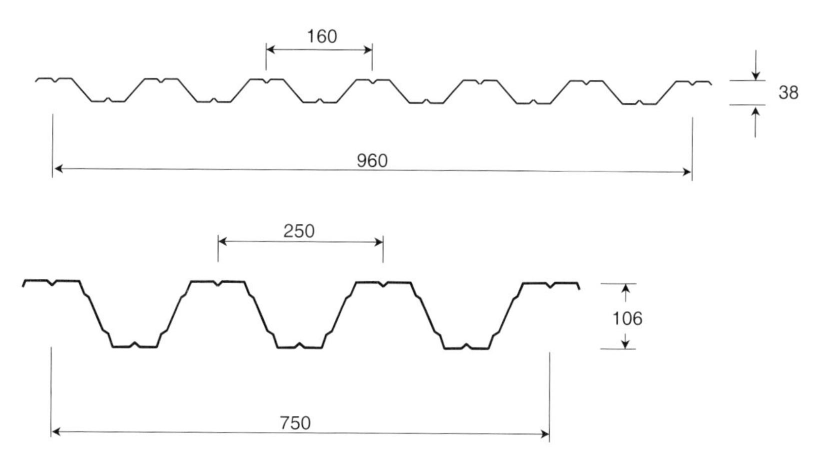

Bild 2-32 Trapezprofile für bogenförmige Dächer

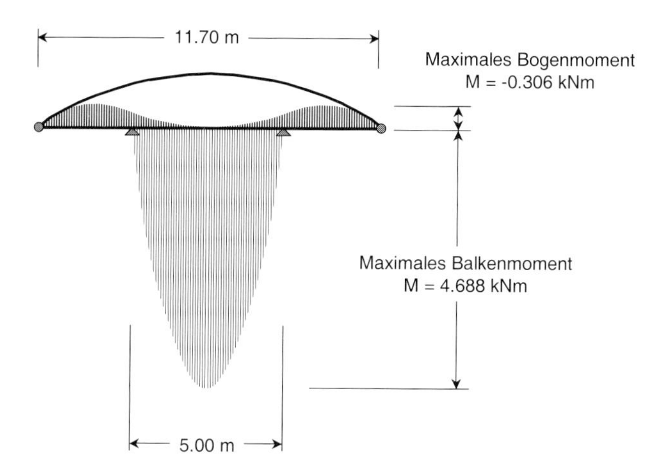

Bild 2-33 Vergleich der Momentenverteilung zwischen Bogentragwerk und Biegeträger

2.13 Verbindungselemente

2.13.1 Verbindungselemente für Trapezprofile und Kassettenprofile

Die Verbindungstechnik behandelt die Verbindung der Profiltafeln mit der Unterkonstruktion sowie die Verbindung der Profiltafeln untereinander.

Folgende Verbindungselemente sind im Metall-Leichtbau gebräuchlich:

- Die gewindefurchende Schraube mit spitz oder stumpf auslaufendem Feingewinde bis ∅ 8,0 mm. Die Schraube formt sich in einem vorgebohrten Loch das Gewinde spanlos selbst (Bild 2-34 a).

- Die gewindefurchende Schraube mit spitz auslaufendem Grobgewinde, bis ∅ 6,5 mm. Diese Schraube bildet, wie die gewindefurchende Schraube, ihr Gewinde in vorgebohrten Löchern spanlos durch Materialverdrängung (Bild 2-34 b).
- Die Bohrschraube mit ∅ 4,2 / 4,8 / 5,5 bis 6,5 mm. Die Spitze der Bohrschraube ist so ausgebildet, daß sie sich das Kernloch selbst bohren kann. Das Gewinde wird wie bei der gewindefurchenden Schraube durch Materialverdrängung gebildet (Bild 2-34 c).
- Die Holzschraube nach DIN 571 mit ∅ ≥ 6 mm dient der Befestigung von Stahltrapezprofilen und Sandwichelementen auf Holzunterkonstruktionen. Für das Vorbohren sind die Bestimmungen der DIN 1052-2 zu beachten. Schrauben der Zulassung Z-14.1-4 [94], die dort für die Verwendung auf Holz gekennzeichnet sind, dürfen so behandelt werden, als ob sie in DIN 571 aufgeführt wären.

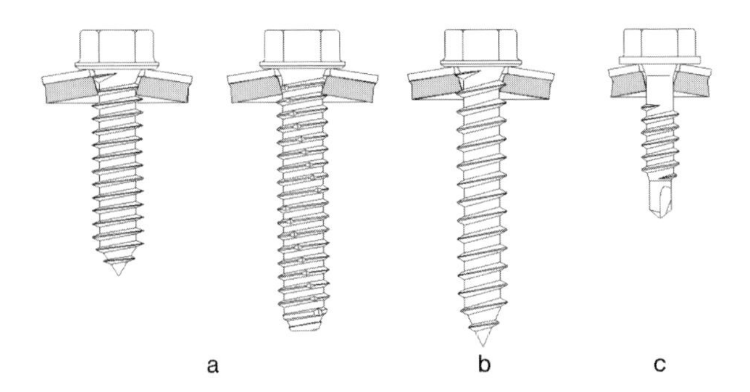

Bild 2-34 Schrauben – Verbindungselemente des Stahlleichtbaus

Alle Schrauben sind mit 1 mm dicker Unterlegscheibe ∅ 16/19/22 mm mit Elastomerdichtung lieferbar – in Ausnahmefällen auch mit größerem Scheibendurchmesser bis zu 50 mm.

Der Setzbolzen, ∅ ≥ 4,5 mm, mit Rondelle 12 bzw. 15 mm Durchmesser, 1 mm Dicke. Der Setzbolzen wird durch das Bolzensetzgerät eingebracht. Die Ladungsstärke der Treibkatusche richtet sich nach der Dicke und der Festigkeit der Bleche sowie der Festigkeit der Stahlunterkonstruktion. Diese muß über eine Mindestdicke von 6 mm verfügen (Bild 2-35).

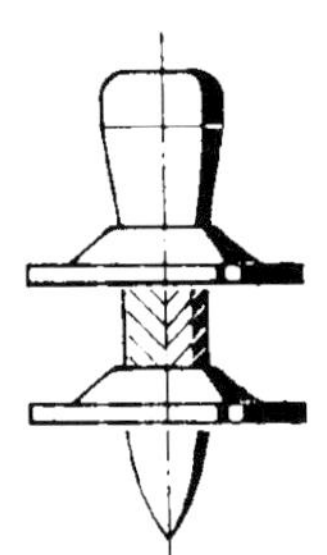

Bild 2-35 Setzbolzen

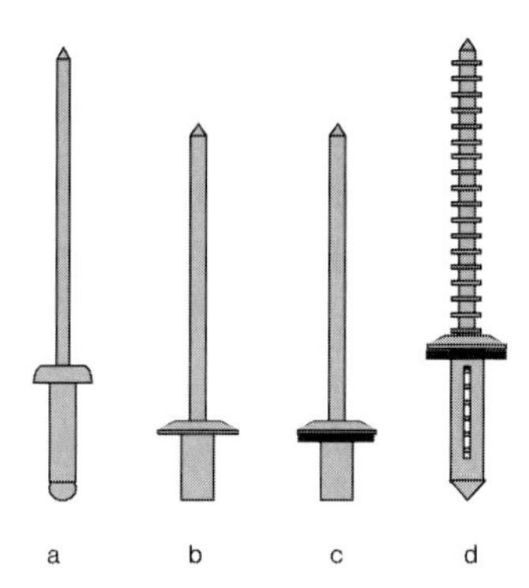

Bild 2-36 Blindniete
a) Standard-Blindniet
b) Becherniet
c) Becherniet mit Dichtring
d) Spreizniet/Preßlaschenblindniet

Blindniete, ∅ 4,0 bis 5,0 mm. Blindniete aus den Werkstoffen Monel, Aluminiumlegierungen oder Edelstahl sind nicht mehr zerstörungsfrei lösbare Verbindungselemente. Blindniete werden vorzugsweise für die Längsstoßverbindung bei Stahltrapezprofilkonstruktionen und für die Verbindung von Formteilen untereinander sowie mit Stahltrapezprofilen verwendet (Bild 2-36).

Nähere Angaben zum Verwendungszweck sowie Vorschriften für die Anwendung von Verbindungselementen enthält der Zulassungsbescheid Z-14.1-4 des DIBT [94]. Die Anwendung wird im Kapitel 12 *„Verbindungen und Dichttechniken"* im Konstruktionsatlas [138] erläutert.

2.13.2 Verbindungselemente für Sandwichelemente

In der Regel werden die Sandwichelemente sowohl im Dach- als auch im Wandbereich mittels Durchschraubung auf der Unterkonstruktion befestigt.

Für die verwendeten Schrauben muß im Rahmen von Dauerfestigkeits-Tests deren Eignung für die Befestigung von Sandwichelementen nachgewiesen sein. Geeignete Schrauben sind in den Zulassungsbescheiden für Sandwichelemente aufgeführt. Darüber hinaus enthält der Zulassungsbescheid Z-10.4-407 [95] für die Befestigung von Sandwichelementen speziell entwickelte Schrauben (Bild 2-37). Die Anwendung wird im Kapitel 12 *„Verbindungen und Dichttechniken"* im Konstruktionsatlas [138] erläutert.

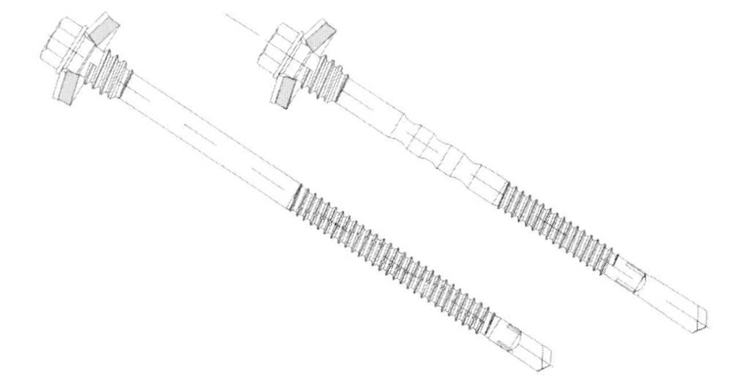

Bild 2-37 Befestigungselemente für Sandwichelemente

2.13.3 Sonstige

Weitere Befestigungselemente, wie sie z. B. bei den von außen sichtbaren Befestigungen von Wellprofilen üblich sind, werden im Konstruktionsatlas [138] behandelt.

2.14 Formteile

Erst durch Formteile entstehen aus Bauelementen Baukonstruktionen. Die Formteile bestehen i. d. R. aus gekanteten Blechen und dienen dem Abschluß der Verlegeflächen und der Sicherung der Tragfähigkeit von Konstruktionen mit Profiltafeln. Sie sind Eigenentwicklungen der Industrie.

Eine Gruppe von Formteilen haben ausschließlich funktionale Aufgaben – z. B. Randaussteifungsprofile, Wechselprofile, Verstärkungsbleche für Öffnungen etc. Ein Teil der Formteilkonstruktionen wird bereits durch DIN 18 807-3 verbindlich vorgegeben (s. Kapitel 10). Andere haben funktionale und/oder optische Aufgaben – z. B. Firstabdeckprofile, Abdeckprofile für Ecken, Tropfleisten über Fenstern, Türen und Toren etc. Sie unterliegen einer ständigen Modifikation und werden individuell an die Verhältnisse des Bauwerks angepaßt.

Besondere Sorgfalt wird bei der Gestaltung von Formteilen für Sandwichkonstruktionen aufgewendet. Im Industrie- und Wirtschaftsbau werden die Gebäudecken in der Regel mit einfachen aufgenieteten oder geschraubten Formteilen aus Flachblechen abgedeckt. Mit der Entwicklung von verdeckten Befestigungen im Bereich der anspruchsvolleren Industriebau-Architektur ist der Wunsch nach einer gefälligeren Gestaltung der Außenecken und der Attiken entstanden. Die hierfür im Bereich der Sandwichelemente mit PUR-Hartschaumkern einsetzende Entwicklung hat als Ergebnis Sonderformen von Sandwichelementen hervorgebracht, die sich für den Einbau in den Eckbereichen eignen (Bild 2-38) und die ebenfalls verdeckt befestigt werden können. Zwischenzeitlich bieten auch die Hersteller von Sandwichelementen mit Mineralfaserkern Eckelemente mit verdeckter Befestigung an.

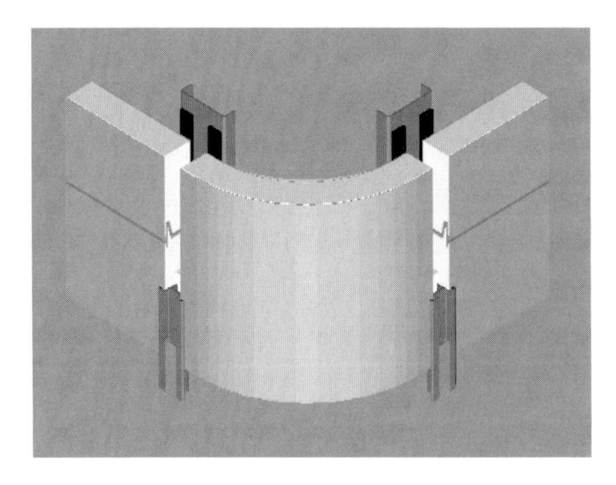

Bild 2-38 Eckformteil aus Sandwichelementen

Aus Gründen der vom Architekten oft gewünschten Farbtongleichheit sollten die Eckelemente aus der gleichen Deckschalencharge stammen wie die sich anschließenden übrigen Elemente. Der Vorteil dieser Elemente besteht neben der Möglichkeit der architektonischen Gestaltung auch darin, daß die Wärmebrückenverluste im Bereich der Ecke gegenüber der konventionellen Ausbildung reduziert werden.

Die Bestellung vieler Standard-Formteile ist heute über die Angabe einer Formteilnummer aus einem herstellerspezifischen Formteilkatalog möglich. Andere Formteile müssen zusammen mit einer Formteilskizze in Auftrag gegeben werden. In beiden Fällen ist darauf zu achten, daß die in den Formteilskizzen angegebenen Abmessungen als Kantmaße bzw. als Bauteilabmessungen deutlich kenntlich gemacht werden.

2.15 Dichtbänder

Eine Abdichtung von Bauwerksfugen oder Fugen zwischen Bauelementen ist erforderlich, um Dichtebenen über Element- oder Bauabschnittsgrenzen hinweg fortzusetzen. Die Dichtebenen sind in der Regel aus bauphysikalischen Gründen erforderlich, sie sollen gewährleisten, daß die raumabschließenden Konstruktionen luftundurchlässig sind und darüber hinaus den nach bauphysikalischen Gesichtspunkten erforderlichen Wasserdampfdiffusionswiderstand bieten. Darüber hinaus dienen Fugenabdichtungen der Schlagregensicherheit, dem Schallschutz, dem Wärmeschutz und dem Brandschutz. Kräfte werden durch Fugenabdichtungen im Stahlleichtbau planmäßig nicht übertragen.

Als gebräuchliche Abdichtungstechnik hat sich im Bereich des Stahlleichtbaus das Dichten mit Dichtbändern durchgesetzt, sie haben den Anforderungen der Beanspruchungsgruppe BG1 der DIN 18 542 zu entsprechen. Die fachgerechten Anwendungen im Metallleichtbau werden im Konstruktionsatlas [138] dargestellt.

2.16 Zubehör

2.16.1 Allgemeines

Zusätzliches Zubehör kann bei der individuellen Gestaltung von Baukonstruktionen erforderlich werden. Entsprechend ist die Vielfalt der erforderlichen Zubehörteile. Im Rahmen dieses Buches werden nur die Aufsatzkränze und Rohrmanschetten kurz erwähnt, weitere Informationen enthält [138].

2.16.2 Aufsatzkränze

Aufsatzkränze im Dachbereich werden für die Anordnung von Lichtkuppeln zur Beleuchtung von Gebäuden oder für die Anordnung von Rauch- und Wärmeabzugsanlagen (RWA) benötigt (Bilder 2-39 und 2-40). Zur Vermeidung ausgeprägter Wärmebrücken und Kondensat verwendet man heute ausschließlich Aufsatzkränze, deren innere und äußere Wan-

Bild 2-39 Aufsatzkranz für den Einbau im Warmdach

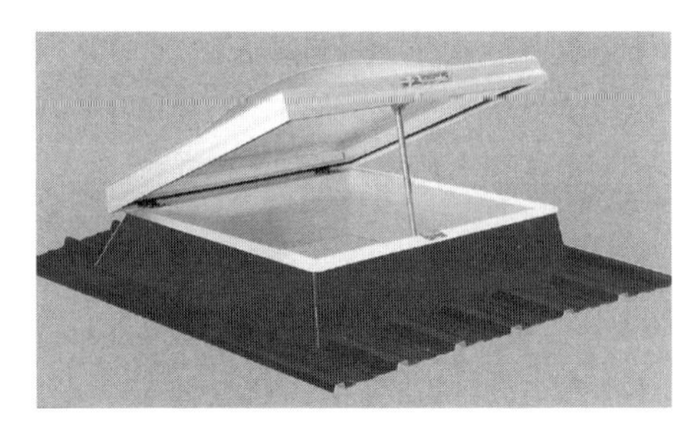

Bild 2-40 Aufsatzkranz für den Einbau in ein zweischaliges Metalldach

dung thermisch getrennt sind. Während man das Zusammenführen der Innen- und Außenschalen im Lichtkuppelbereich aus Stabilitätsgründen in der Regel akzeptiert, sollten die Schalen in der Standfuge nicht zusammengeführt werden. Die thermische Trennung sollte so erfolgen, daß die innere Schale des Aufsatzkranzes mit der Dach-Unterschale und die äußere Schale mit der Dach-Oberschale verbunden wird. Die Schichtenfolge – Dampfsperre auf der „warmen" Seite und Dämmung auf der „kalten" Seite – sollte auch in der Standfuge der Aufsatzkränze konsequent beibehalten werden.

2.16.3 Rohrmanschetten

Für das Abdichten kleiner Dachdurchdringungen werden gern Rohrmanschetten aus EPDM verwendet. Öffnungsdurchmesser in der Manschette von bis zu 660 mm können somit mühelos abgedichtet werden (Bild 2-41). Die Befestigung erfolgt am metallverstärkten Außenflansch auf der Oberschale des Sandwichelementes oder der zweischaligen metallischen Dachkonstruktion mittels Schraubverbindungen. Die dauerhafte Dichtung wird durch ein spezielles spritzbares dauerelastisches Dichtungsmaterial hergestellt. Am Rohr wird durch eine Schlauchschelle abgedichtet.

Bild 2-41 Flexible Rohrmanschette, Typ EJOT FLASCH

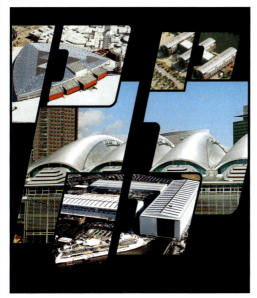

3 Werkstoffe und Herstellung der Bauelemente

3.1 Metalle

3.1.1 Stahl

Für die Herstellung von Formteilen, Well-, Trapez- und Kassettenprofilen und Deckschalen für Sandwichelemente wird für die Kaltverformung geeigneter Stahl mit einer Streckgrenze von zumindest 280 N/mm^2 bis maximal 350 N/mm^2 verwendet. Die Stahlgüte ist Bestandteil der Zulassungsbescheide für Sandwichelemente sowie der Querschnitts- und Bemessungswerte für Kassetten- und Trapezprofile. Bauaufsichtliche Regelungen enthalten die Literaturhinweise.

Die bevorzugte Lieferform für diese Stahlbleche sind Bänder in Dicken von 0,4 bis 3,0 mm und Breiten von ca. 600 mm bis ca. 1500 mm, zu Coils aufgerollt mit einem Gewicht bis zu 30 t (Bild 3-1) [9].

Bezüglich der Arbeitsschritte in der Materialerzeugung sei der Wichtigkeit wegen auf die Veredlungsstufen – Warmwalzen, Beizen, Glühen und Kaltwalzen – in einem kontinuierlichen Prozeß, eine Entwicklung der achtziger Jahre des letzten Jahrhunderts, hingewiesen (Bild 3-2).

Im Zuge der Kaltwalzung und Alterung bilden sich in der Regel wesentlich höhere Stahlgüten heraus, als es die Benennungen vorgeben.

Für den dauerhaften Einsatz im Bauwesen erhält das Stahlblech ein Korrosionsschutzsystem.

Bild 3-1 Coillager

Konventioneller Prozess

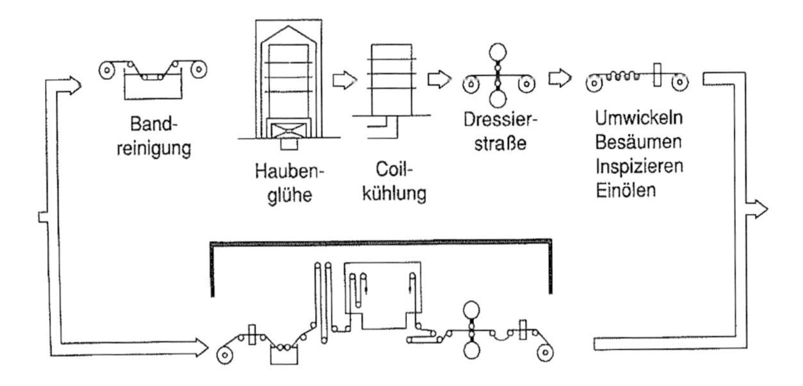

Kontinuierliche Glühanlage

Bild 3-2 Schema einer konventionellen und kontinuierlichen Glühanlage

3.1.2 Edelstahl

Die Anwendung von Edelstahl richtet sich nach den Erfordernissen des Bauobjektes [12]. Ständige Feuchte, aggressive Medien aber auch das Erfordernis möglichst pflegeleichter Oberflächen führen die Bauherren zu der Vorgabe der Anwendung von Edelstahl. Aufgrund ihrer Materialeigenschaften (Korrosionsbeständigkeit und Umformbarkeit) und der Kosten sind folgende Stahlsorten geeignet:

1.4301 – (A2) Austenitischer Chrom-Nickel-Stahl, Standardeinsatz im Bauwesen für zugängliche Konstruktionen ohne nennenswerte Gehalte an Chloriden und Schwefeldioxyd in der Luft, z. B. allgemein für Verbindungselemente oder für Bauelemente im Lebensmittelbereich, Kurzname X5CrNi 18-10.

1.4401 – (A4) Austenitischer Chrom-Nickel-Molybdän-Stahl mit dem Kurznamen X5CrNiMo 17-12-2, gegenüber der Sorte 1.4301 erhöhte Korrosionsbeständigkeit, Einsatz im Bauwesen für unzugängliche Konstruktionen mit mäßiger Chlorid- und Schwefeldioxydbelastung, z. B. für Verbindungselemente.

1.4571 Austenitischer Chrom-Nickel-Molybdän-Stahl, Kurzname X6CrNiMoTi 17-12-2, mit erhöhter Korrosionsbeständigkeit, Standardeinsatz im Bauwesen für unzugängliche Konstruktionen mit mäßiger Chlorid- und Schwefeldioxydbelastung, z. B. für Bauelemente im Einsatz in Meeresnähe, bedingt in Schwimmbädern, Rottehallen oder unter andern schwereren chemischen Belastungen.

Gegenüber dem „normalen“ Stahl sind die in der Regel größere Temperaturdehnzahl von $\alpha_T = 1{,}6 \cdot 10^{-5}$ 1/K und der etwas geringere Elastizitätsmodul von ca. 200 000 N/mm^2 zu beachten. Die o. a. Sorten werden in 4 Festigkeitsklassen – S 235, S 275, S 355, S 460 – angeboten, davon 1.4571 zusätzlich in S 690. Die Ziffern geben die Proportionalitätsgrenze $R_{p0,2}$ an.

Querschnitts- und Bemessungswerte für Trapezprofiltafeln oder Kassettenprofile liegen z. Zt. nicht vor.

Edelstahl wird mit zahlreichen Oberflächenbehandlungen geliefert, zur Anwendung im Baubereich vorzugsweise in der Form 3 c [12].

Die Lieferformen von Edelstahl gleichen denen des Stahls [12]. Abweichend von den Dickenabstufungen des verzinkten Stahls werden Bandstähle aus Edelstahl für den Einsatz im Baubereich ab 0.5 mm in Schritten von 0.1 mm geliefert, vorzugsweise in den Dicken 0.5 und 0.6 mm.

Für den Einsatz von Edelstählen im Bauwesen liegt die bauaufsichtliche Zulassung Z-30.3-6 [86] vor.

Weitere Informationen über die Einsatzmöglichkeiten von Edelstählen finden sich in den Merkblättern der Informationsstelle Edelstahl Rostfrei, z. B. in den Merkblättern:

831 – Edelstahl Rostfrei in Schwimmhallen
830 – Edelstahl Rostfrei in chloridhaltigen Wässern
828 – Korrosionsbeständigkeit nichtrostender Stähle an der Atmosphäre
872 – Bedachungen mit Edelstahl Rostfrei

3.1.3 Aluminium

Ein geringerer Elastizitätsmodul der Größe 70 000 N/mm^2 und eine wesentlich höhere lineare Wärmedehnzahl von $\alpha_T = 2{,}40 \cdot 10^{-5}$ 1/K zeichnen Aluminium hinsichtlich seiner Materialeigenschaften aus. Wie noch gezeigt werden wird, haben diese Daten einen großen Einfluß auf die konstruktive Durchbildung von Konstruktionen mit Aluminiumbauelementen.

Die für die Bemessung relevanten Daten liegen – je nach Einsatzmaterial – zwischen ca. 240 und 350 N/mm^2 bei der Zugfestigkeit und zwischen ca. 160 und 275 N/mm^2 bei der Proportionalitätsgrenze $R_{p0,2}$.

Dank seiner Beständigkeit gegen nahezu alle atmosphärischen Angriffe wird für die der Bewitterung ausgesetzten Schalen häufig Aluminium in den unterschiedlichsten Legierungen verwendet. Die Materialfestigkeit tritt gegenüber dem optischen Erscheinungsbild derartiger Konstruktionen zurück. Organische Beschichtungen oder farbliche Eloxierungen werden weniger aus Gründen des Korrosionsschutzes als vielmehr aus dekorativen Gründen aufgebracht.

Durch Aufwalzen einer Plattierschicht aus AlZn1 von ca. 4 % der Kernschichtdicke kann der Kernwerkstoff zusätzlich geschützt werden (Bild 3-3).

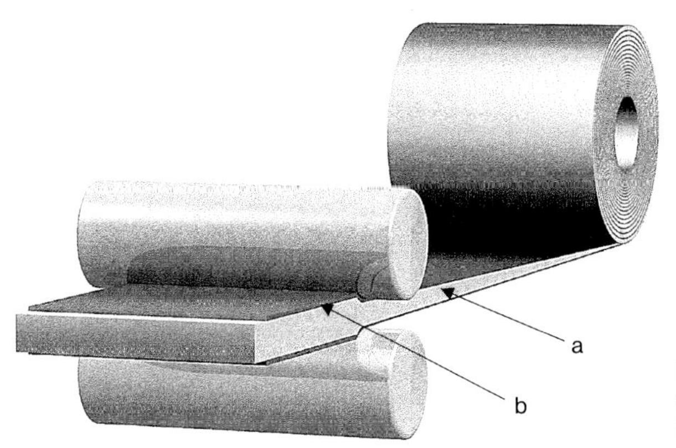

Bild 3-3 Plattierung auf Aluminium.
a) Grundwerkstoff Aluminium
b) Überzug aus AlZn1

Es ist in Fachkreisen umstritten, ob diese Ausstattung unter normalen atmosphärischen Bedingungen einen wesentlichen Einfluß auf die Korrosionsbeständigkeit der Dach- und Wandkonstruktionen hat. Sie ist im wesentlichen aus optischen Gründen erwünscht, denn derartige Oberflächen wittern gleichmäßiger ab als unbehandelte Aluminiumoberflächen. Nur bei starker korrosiver Gefährdung, z. B. bei Gebäudebekleidungen im Bereich von Kupferhütten, kann die zusätzliche Schutzwirkung des Zinks von Vorteil sein. Aussagekräftige Langzeiterfahrungen fehlen zu diesem Thema.

Lieferformen und Verpackung des Aluminium-Vormaterials gleichen denen des Stahls [11].

3.2 Korrosionsschutz des Stahls

3.2.1 Regelwerke

DIN EN ISO 12 944 [7], Definition von Atmosphärentypen und Beanspruchungen.

DIN 55 928-8 [8], Definition von Korrosionsschutzsystemen für dünnwandige Bauteile.

DIN 18 807-1 [16] und Zulassungsbescheide des Deutschen Instituts für Bautechnik (DIBt). Katalogisierung der erforderlichen Korrosionsschutzsysteme als Funktion des Einsatzbereiches der Bauelemente im Metalleichtbau allgemein.

DIN 18 516-1 [67], Vorgabe der erforderlichen Korrosionsschutzsysteme für die Unterkonstruktion der Bauelemente als Außenwandbekleidung von Beton oder Mauerwerk.

3.2.2 Verzinkungen

In Bandverzinkungsanlagen erhält der Bandstahl als erste Stufe zum Korrosionsschutz einen metallischen Überzug [9]. Seit ca. Mitte des 18. Jahrhunderts ist bekannt, daß eine Oberflächenverzinkung in der Lage ist, Korrosion am Stahlkern zu unterbinden. Mitte des

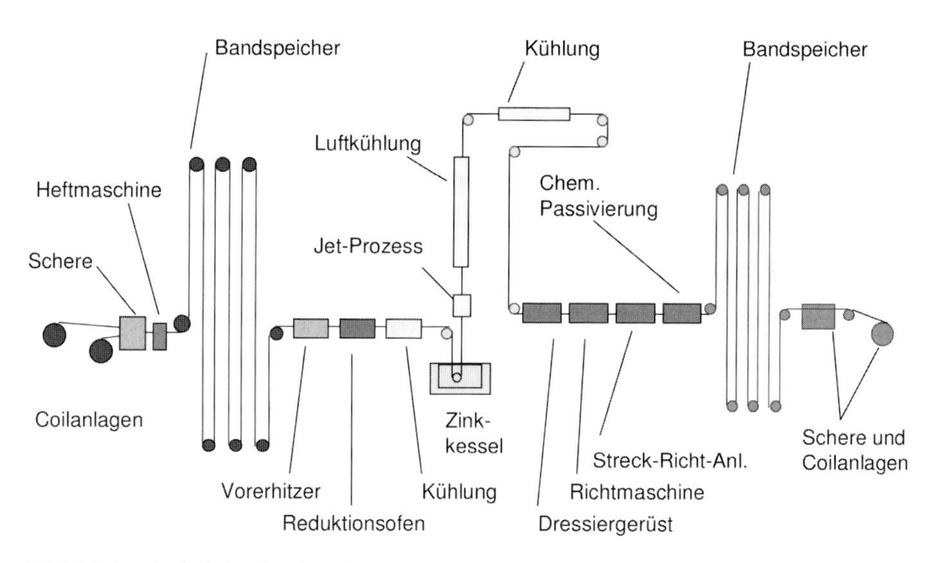

Bild 3-4 Kontinuierliche Bandverzinkung

19. Jahrhunderts entstand die erste Feuerverzinkerei in Solingen; die Entwicklung des Verfahrens der kontinuierlichen Feuerverzinkung nach *Sendzimir* fand in den 30er Jahren des 20. Jahrhunderts statt und seit 1959 arbeitete die erste deutsche Anlage für die kontinuierliche Feuerverzinkung von Breitband nach dem *Sendzimir*-Verfahren in Hagen (Westfalen).

Das Stahlblech – mehrere Coils zu einem endlosen Band zusammengeheftet – durchläuft kontinuierlich verschiedene Vorbehandlungsstufen – Reinigungs-, Vorwärm-, Reduktions- und Angleichungszonen – ehe es im Zinkbad bei ca. 450 °C seinen metallischen Überzug erhält (Bild 3-4).

Beim Austritt aus dem Bad wird durch eine Düsenabstreifvorrichtung (Jetprozeß) sichergestellt, daß ein Überzug mit gleichmäßiger Dicke entsteht. Die Endqualität erhält das Band in den folgenden Stufen – Kühlung, Dressierung, Streck-Richten.

Es werden in der Baupraxis drei unterschiedliche Arten von metallischen Überzügen auf Zinkbasis unterschieden:

- Standardverzinkung (Z 275): Wie oben beschrieben, wird auf das Stahlband eine beidseitige Zinkauflage nach DIN EN 10 147 von insgesamt 275 g/m^2 aufgebracht. Dies entspricht einer Schichtdicke von ca. 20 µm je Seite. Das gebräuchliche Kürzel lautet: Z 275. Die Einstufung dieses Überzuges erfolgt in die Korrosionsschutzklasse I nach Teil 8 der DIN 55 928. Das verzinkte Blech hat gute Umformeigenschaften, der Anwendungsbereich erstreckt sich hinsichtlich der Temperaturbelastung bis auf ca. 230 °C.
- Zink-Aluminium-Überzug (ZA 255): Der Überzug besteht aus einer Legierung von 95 % Zink und 5 % Aluminium nebst geringen Mengen von Mischmetallen nach DIN EN 10 214. Der Zink-Aluminium-Überzug, Markenname Galfan®, zeigt gegen-

über der Auflage Z 275 ein verbessertes Umformverhalten und eine leicht verbesserte Korrosionsbeständigkeit. Die kathodische Schutzwirkung ist nicht beeinträchtigt ([9], Charakteristische Merkmale 095, Tabelle 14). Die Auflage beträgt 255 g/m^2; dies entspricht einer Schichtdicke von 20 µm je Seite. Das gebräuchliche Kürzel ist ZA 255. Die Einstufung dieses Überzuges erfolgt in die Korrosionsschutzklasse I nach Teil 8 der DIN 55 928. Das Produkt und das Fertigungsverfahren wurde 1980 von ILZRO (International Lead Zinc Research Organisation, New York) und CRM (Centre de Recherches Matallurgiques, Lüttich) entwickelt und patentiert.

- AlZn 55 % (AZ): Der Begriff AlZn 55 % wird als Bezeichnung für den metallischen Überzug nach DIN EN 10 215 verwendet. Dieser besteht aus einer Legierung von 55 % Aluminium, 43,4 % Zink und 1,6 % Silizium. Typische Auflagegruppen sind AZ 185 (185 g/m^2, entsprechend 25 µm je Seite) und AZ 150 (150 g/m^2, entsprechend 20 µm je Seite). Die Einstufung des Überzuges AZ 185 erfolgt in die Korrosionsschutzklasse III nach Teil 8 der DIN 55 928, zum Erreichen dieser Schutzklasse ist für AZ 150 eine organische Beschichtung erforderlich. AlZn 55 % hat gegenüber der Verzinkung ein vergleichbares Umformverhalten, ist jedoch hinsichtlich des Korrosionsschutzes als deutlich besser einzustufen ([9], Charakteristische Merkmale 095, Tabelle 14). Der Einsatzbereich erstreckt sich hinsichtlich der Temperaturbelastung bis ca. 315 °C. Werkstoff und Verfahren wurden ab 1963 von Bethlehem Steel Corp., USA, entwickelt und patentiert. Der Werkstoff ist in den USA eingeführt als Galvalume®, in Australien als ZINCALUME® und in Europa als Galvalume®, ALUZINK® oder ALUZINC® [96].

Die unterschiedlichen Überzüge können anhand ihrer für die Fertigung und Nachbehandlung charakteristischen Oberflächenbeschaffenheit unterschieden werden.

Gegenüber der früher allgemein gebräuchlichen Tafelverzinkung und der heute noch gebräuchlichen Stückverzinkung hat die Bandverzinkung von dünnen Stahlblechen den Vorteil, daß die spröde Übergangsschicht zwischen Stahlkern und Zink, die sog. Hartzinkschicht, sehr dünn bleibt. Damit ist die Verformung zu profilierten Stahlblechen mit relativ kleinen Biegeradien (in der Größenordnung der Blechdicke) ohne korrosionsfördernde Rißbildung möglich.

Der Korrosionsschutz des Stahlbleches wird dadurch bewirkt, daß bei der Bewitterung das im Überzug enthaltene Zink eine schützende und festhaftende Deckschicht aus Korrosionsprodukten bildet. Wegen des Kohlendioxydgehaltes der Luft bestehen diese vorwiegend aus basischen Zinkcarbonaten, die im Laufe der Zeit durch Wind und Wetter flächig abgetragen werden, sich jedoch ständig aus dem darunter befindlichen Zink erneuern. Überzüge auf Zinkbasis verbrauchen sich daher im Laufe der Zeit, sofern sie nicht durch zusätzliche Maßnahmen, z. B. eine zusätzliche Kunststoffbeschichtung geschützt werden. Der Abtrag wird in starkem Maße vom Typ der Atmosphäre, in dem sich das Bauelement befindet, beeinflußt ([9], Charakteristische Merkmale 095, Tabelle 14). Von großem Einfluß ist dabei der pH-Wert eines möglichen Elektrolyten.

Bei länger andauerndem Feuchteanfall, insbesondere bei dichter Lagerung der Bauelemente, z. B. beim Transport oder bei der Baustellenlagerung, kann „Weißrost" (Zinkoxidhydrat) entstehen, der den Korrosionsprozeß erheblich beschleunigt. Weißrost macht sich durch eine lose pulvrige Masse bemerkbar. Dies kann bei entsprechenden Umgebungsbedingungen auch nicht durch organische Beschichtungen, die in der Regel nicht diffusionsdicht sind, verhindert werden. Die organische Beschichtung verliert dann ihre Haftung an der Verzinkung und löst sich. An den befallenen Stellen muß der Korrosionsschutz von Grund auf neu aufgebaut werden.

Von den unterschiedlichen Verzinkungen kann lediglich AlZn 55 % mit der Auflage AZ 185 ohne eine zusätzliche organische Beschichtung der freien Bewitterung – auch in Meeres- und Industrieatmosphäre – ausgesetzt werden. Zum Schutz gegen sog. Schwarzrost (auch Brunnenwasserschwärze genannt), der bei feuchter Lagerung und während des Transportes entstehen kann, unterzieht man dieses System einer zusätzlichen Nachbehandlung z. B. mittels einer organischen Chromatlösung. Leichter Schwarzrostbefall bedeutet, im Gegensatz zu Weißrost bei Verzinkungen, keine nachhaltige Schädigung des Korrosionsschutzes, sondern stellt lediglich ein optisches Problem dar. Bei stärkerem Befall ist jedoch auch hier das Korrosionsschutzsystem von Grund auf zu erneuern.

Wird das mit einem metallischen Überzug versehene Stahlblech (bzw. ein Produkt aus diesem) durch Schneiden oder Sägen geteilt, entstehen zwangsläufig Schnittflächen, an denen das Grundmaterial Stahl ohne schützende Zinkschicht der Bewitterung ausgesetzt ist. Die Schnittflächen und Kanten bedürfen erfahrungsgemäß keines zusätzlichen Korrosionsschutzes [8]. Deren Schutz wird über den sogenannten „kathodischen Schutz" erreicht. Dabei findet ein Austausch von Ladungsträgern in einem Elektrolyten statt, so daß sich bei üblicher Bewitterung kaum Korrosionserscheinungen einstellen. Bild 3-5 zeigt den Schutzvorgang bei einer Verletzung der Oberfläche in einem Stahlband mit einer herkömmlichen Verzinkung.

Der Schutzvorgang ist bei AlZn 55 % (AZ) prinzipiell gleich, aufgrund der Einlagerung des Zinks in ein Aluminiumgitter wird hier das Opfern des Zinks zeitlich gestreckt (Bild 3-6).

Zur Behinderung des Entstehens eines Elektrolyten sind Konstruktionsdetails mit luftumspülten Schnittkanten eine wesentliche Voraussetzung für die Funktion der kathodischen Schutzwirkung.

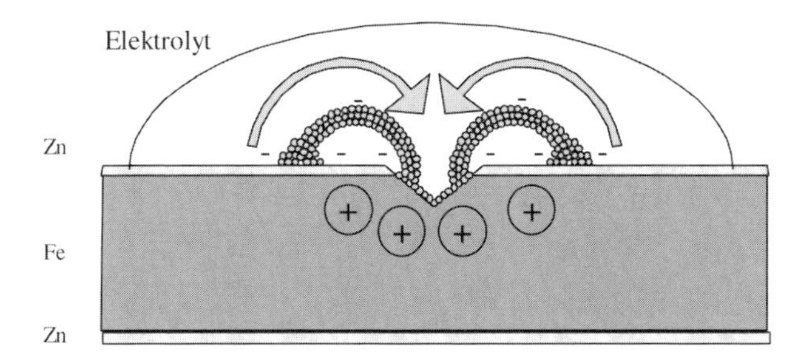

Bild 3-5 Kathodische Schutzwirkung bei den metallischen Überzügen Z und ZA

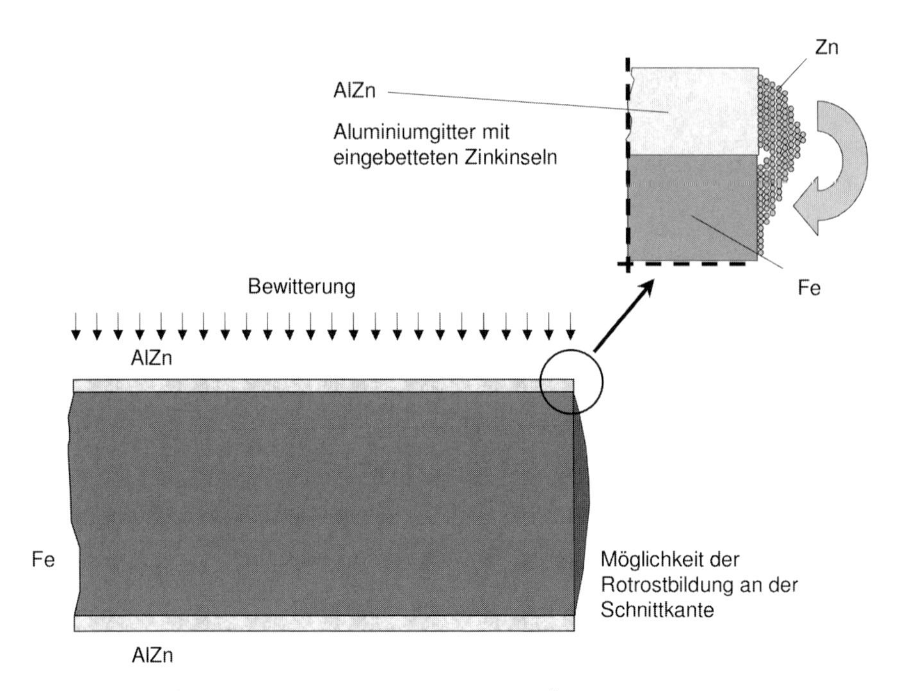

Bild 3-6 Kathodische Schutzwirkung beim metallischen Überzug AZ

3.2.3 Organische Beschichtungen

Wie oben bereits ausgeführt, muß die Verzinkung üblicherweise gegen Abwittern geschützt werden. Aus diesem Grunde ist für den Außeneinsatz von verzinktem Stahlblech das Aufbringen einer organischen Beschichtung (Kunststoffbeschichtung) erforderlich.

Diese wird entweder als Flüssigbeschichtung oder alternativ auch in Form einer Folie oder als Pulverbeschichtung auf das Band mit dem metallischen Überzug aufgebracht.

Die Beschichtung kann als Anstrich im Spritzverfahren nach der Profilierung der Profile aber auch als kontinuierliche Bandbeschichtung (Coilcoating) vor der Verformung des Bleches ausgeführt werden.

Von herausragender Bedeutung ist heute das Coilcoating-Verfahren. Bei diesem werden in Band-Beschichtungsanlagen (Bild 3-7) beidseitig thermoplastische oder duroplastische Kunststoffe auf ein mit einem metallischen Überzug, Z 275 oder ZA 255 (in Deutschland weniger gebräuchlich auch AZ 150 oder AZ 185) versehenem Stahlband in flüssiger Form oder in Form einer Folie aufgebracht.

Das Band durchläuft zunächst eine mehrstufige chemische Vorbehandlung, die das Entfetten, Bürsten/Spülen, Bilden chemischer Konversionsschichten mit haftvermittelnden und korrosionsschützenden Eigenschaften (z. B. dünne Oxid- oder Phosphatschichten) umfaßt. Sodann folgt ein ein- oder mehrschichtiger Auftrag aus flüssigen warmhärtenden Kunstharz-

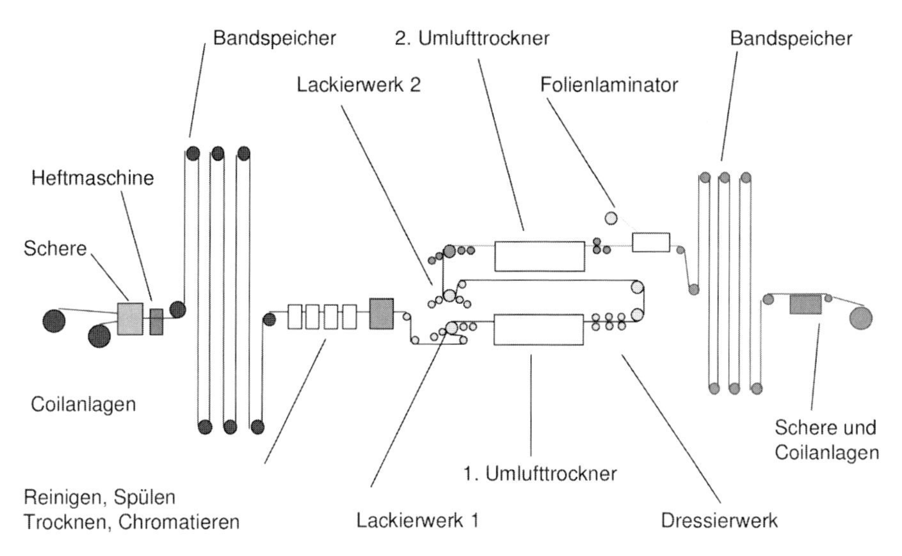

Bild 3-7 Bandbeschichtung im Durchlaufverfahren

lacken aus thermoplastischen Kunststoffdispersionen, die über Walzlackiereinrichtungen auf das Band aufgetragen werden. Es folgt das Trocknen zur physikalischen oder chemischen Filmbildung in Umluft-Durchlauföfen bei Lufttemperaturen bis ca. 450 °C und Bandtemperaturen von ca. 270 °C.

Nach der Aushärtung des Lacks beträgt die Schichtdicke bei duroplastischer Beschichtung bis zu 35 µm, bei thermoplastischer Beschichtung und bei den gängigen Beschichtungsverfahren bis zu ca. 200 µm.

Bei einer Folienbeschichtung wird nach der Vorbehandlungsphase und dem Kleberauftrag eine Kunststoff-Folie auflaminiert. Die Foliendicke erreicht bei Polyvinylfluoridfolien bis zu 40 µm, bei Plastisolfolien bis zu ca. 300 µm.

Nach dem Abkühlen kann zum Schutz der Deckbeschichtung einseitig eine Kunststoff-Schutzfolie auf Acrylatbasis aufkaschiert werden.

Der Beschichtungsvorgang findet bei einer Durchlaufgeschwindigkeit des Stahlbandes durch die Anlage von bis zu ca. 120 m/min statt.

Durch den Auftrag der Kunststoffbeschichtung auf das zuvor mit einem metallischen Überzug aus Zink versehene Trägermaterial wird ein sogenanntes Duplex-System geschaffen, bei welchem sich die beiden Schutzschichten in hervorragender Weise ergänzen: Die organischen Beschichtungen verhindern zunächst den Abtrag des Zinks. Da sie jedoch nicht völlig diffusionsdicht sind und auch selbst Alterungsprozessen unterliegen, beginnt das Zink mäßig zu korrodieren. Die Korrosionsprodukte verschließen wiederum die Poren und Mikrorisse der alternden organischen Beschichtung und verzögern somit ganz erheblich deren korrosive Unterwanderung und das Abblättern.

Verschiedene im Bauwesen gängige Beschichtungsstoffe sind in Tabelle 3-1 aufgeführt.

Tabelle 3-1 Zusammenstellung der gebräuchlichsten Beschichtungsstoffe und Schichtdickenbereiche im Bauwesen (Quelle: DIN EN 10 169)

Beschichtungsstoff	Kurzzeichen [1]	Üblicher Bereich der Schichtdicke [2] µm	Übliche Schichtdicke [2][3] µm
1. Flüssige Lacke [4]			
Acrylat	AY	5 bis 25	25
Epoxid	EP	3 bis 20	...
Polyester [5]	SP	5 bis 60	25 [6]
Polyamid-modifizierter Polyester	SP-PA	15 bis 50	25
Silicon-modifizierter Polyester	SP-SI	15 bis 40	25
Silicon-modifiziertes Acrylat	AY-SI	25	25
Polyurethan	PUR	10 bis 60	25
Polyamid-modifiziertes Polyurethan	PUR-PA	10 bis 50	25
Polyvinylidenfluorid	PVDF	20 bis 60 [7]	25
Polyvinylchlorid-Organosol	PVC(O)	25 bis 60	40
Polyvinylchlorid Plastisol	PVC(P)	40 bis 200 [6]	100; 200
Spezialhaftvermittler [8]	SA	5 bis 15	...
Wärmebeständiges Antihaftsystem	HRNS	5 bis 15	...
Schweißbare Zinkstaubgrundierung	ZP	5 bis 20	...
Schweißbare Grundierung mit leitenden Pigmenten außer Zink	CP	1 bis 10	...
2. Pulverlacke			
Epoxid	EP(PO)	30 bis 100	...
Polyester	SP(PO)	30 bis 100	...
3. Folien			
Polyvinylchlorid [9]	PVC(F)	50 bis 800 [6]	...
Polyvinylfluorid	PVF(F)	38 [10]	38
Polyethylen	PE(F)	50 bis 300	...
Kondenswasser aufnehmendes System	CA(F)	...	z. B. 370

[1] Die Kurzzeichen entsprechen, wo möglich, dem typischen Kunstharz bzw. Kunststoff (nach ISO/DIS 1043-1) oder der wesentlichen funktionellen Eigenschaft. Wo zutreffend, wird in Klammern ein Hinweis hinzugefügt, um zwischen Lacken, Pulverlacken (PO) und Folien (F) bzw. Organosol (O) und Plastisol (P) zu unterscheiden.

[2] Ohne Berücksichtigung eines gegebenenfalls vorhandenen abziehbaren Schutzfilmes.

[3] Übliche Nennschichtdicke, falls nicht bei der Bestellung anders vereinbart.

[4] Die Beschichtungen mit Schichtdicken von 15 µm und darüber hinaus werden üblicherweise als Zweischichtensysteme (Grund- und Deckbeschichtung) aufgebracht, wobei deren Art und Zusammensetzung unterschiedlich sein können.

[5] Auch in texturierter Form erhältlich.

[6] Bezieht sich bei geprägten oder texturierten Beschichtungen auf die mit einer Bügelmeßschraube (Skalenteilung in µm) gemessene Schichtdicke.

[7] Bestehend aus Grundbeschichtung und üblicherweise einer Deckbeschichtung. Es sind auch Zwischenbeschichtungen möglich.

[8] Z. B. zur Erzielung einer Haftfestigkeit für Systeme, die für eine nachfolgende Gummi- oder PVC/Metall-Bindung und dergleichen geeignet sind.

[9] Erhältlich in einfarbiger oder bedruckter sowie geprägter Form.

[10] Ohne den Klebfilm mit einer Schichtdicke um 10 µm.

Der Schichtenaufbau der Korrosionsschutzsysteme ist in den Bildern 3-8 bis 3-10 dargestellt. Die zugehörigen Beschichtungsdicken sind in der DIN 55 928-8 angegeben. Die Nenndicke der Beschichtung ergibt sich aus der Summe der Dicke von Grundbeschichtung (Primer) und Deckschicht (Effektschicht).

Für besondere Beanspruchungen oder zur Unterstützung des architektonischen Erscheinungsbildes der Fassade wurden die sogenannten Mehrschichtlackierungen auf Basis von

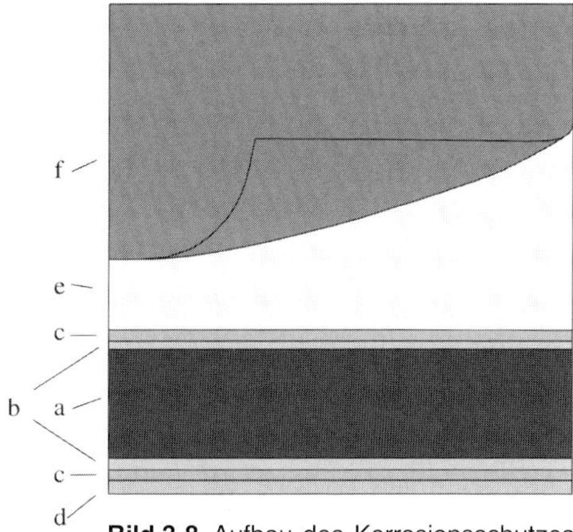

Bild 3-8 Aufbau des Korrosionsschutzes mit einem Naßbeschichtungssystem.
a) Stahlkern
b) Metallischer Überzug
c) Vorbehandlungsschicht
d) RSL (Rückseitenschutzlack)
e) Primer
f) Effektschicht

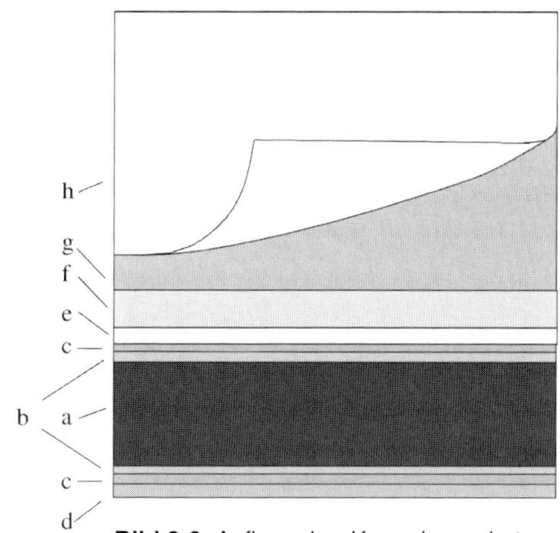

Bild 3-9 Aufbau des Korrosionsschutzes mit einer PVDF-Mehrschichtlackierung.
a) Stahlkern
b) Metallischer Überzug
c) Vorbehandlungsschicht
d) RSL (Rückseitenschutzlack)
e) Primer
f) PVDF Sperrschicht
g) PVDF Deckschicht
h) PVDF Klarlack

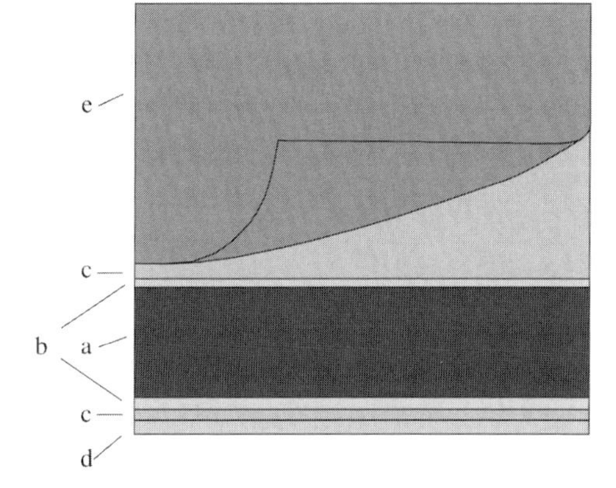

Bild 3-10 Aufbau des Korrosionsschutzes mit einer DU-Beschichtung.
a) Stahlkern
b) Metallischer Überzug
c) Vorbehandlungsschicht
d) RSL
e) Effektschicht

Polyester und PVdF entwickelt (Bild 3-9). Sie zeichnen sich durch besonders hohe Witterungsbeständigkeit aus.

Die DU-Beschichtung wurde als **D**ach-**U**nterseiten-Beschichtung entwickelt (Bild 3-10). Sie besteht aus einer einzigen organischen Schicht und ist in der Regel ausreichend für die Gestaltung des Korrosionsschutzes der Raumseiten von Dach- und Wandkonstruktionen.

Die wesentlichen Eigenschaften der einzelnen zur Anwendung kommenden Beschichtungssysteme (Duplexsystem) sind in Tabelle 3-2 zusammengefaßt. Für die Auswahl des richtigen Beschichtungssystems in konkreten Anwendungsfällen wird empfohlen, von den Herstellern der Bauelemente Informationen über die Leistungsfähigkeit der einzelnen Korrosionsschutzsysteme einzuholen.

Tabelle 3-2 Zusammenstellung der Eigenschaften der gebräuchlichsten Beschichtungsstoffe im Bauwesen (Quelle: Charakteristische Merkmale 093, Stahl-Informations-Zentrum)

Eigenschaft	Herangezogene Normen	Einzelheiten zu den Prüfverfahren und sonstige Hinweise siehe
Schichtdicke	ISO 2808	6.2
Aussehen		6.3
Farbe/Farbabstand	ISO 3668, ISO 7724-1 bis 3	6.3.1
Spiegelglanz	ISO 2813	6.3.2
Härte der Beschichtung		6.4
Bleistifthärte	ASTM D 3363	6.4.1
Eindruckversuch nach Buchholz	ISO 2815	6.4.2
Ritzhärte	ISO 1518	6.4.3
Haftfestigkeit/Dehnbarkeit		6.5
Haftfestigkeit nach Tiefung	EN ISO 1520, EN ISO 2409	6.5.1
Dehnbarkeit/Biegefähigkeit	EN ISO 1519, EN ISO 2409, ASTM D 4145	6.5.2
Haftfestigkeit und Widerstand gegen Rißbildung bei schneller Umformung	EN ISO 2409, EN ISO 6272	6.5.3
Haltbarkeit		6.6
Beständigkeit gegen neutralen Salzsprühnebel	EN ISO 2409, ISO 4628-1 bis 3, ISO 7253	6.6.2
Verhalten bei künstlicher Bewitterung	ISO 2808, ISO 2813, ISO 3668, ISO 4628-1, 2, 4 bis 6, ISO 4892-1 bis 4, ISO 7724-3, ISO 11341, ASTM D 4214	6.6.3
Verhalten bei Außenbewitterung	ISO 2810, ISO 2813, ISO 4628-1 bis 6, ISO 3668, ISO 7724-3, ASTM D 4214	6.6.4
Sonstige Eigenschaften		6.7
ANMERKUNG: Einige der in Tabelle 1 genannten Verfahren können entweder für die "ja/nein"-Prüfung oder für eine klassifizierende Prüfung eingesetzt werden.		

3.2.4 Innenseiten der Deckschalen von Sandwichelementen

Die Zulassungsbescheide des DIBt für Sandwichprodukte mit einem Stützkern aus Polyurethan-Hartschaum gestatten es, auf der dem Schaum zugewandten Seite der Deckschalen ein abgemindertes Korrosionsschutzsystem aufzubringen. Die Zinkauflage hat an diesen Stellen zumindest 50 g/m^2 zu betragen. Über die organische Beschichtung an diesen Stellen sind in den Zulassungsbescheiden keine weitergehenden Aussagen enthalten. Die organische Beschichtung auf der dem Schaum zugewandten Seite hat neben der Funktion des Korrosionsschutzes auch die Aufgabe, einen besseren Verbund zwischen der Deckschale (Stahlblech, Aluminium oder Edelstahl) und dem Schaum herzustellen. Unverträglichkeiten zwischen den Additiven von Lackrohstoffen und der PUR-Schaum-Formulierung können das Fließen des Schaums beim Auftrag beeinflussen und einer Lunkerbildung im Schaum Vorschub leisten. Die Auswahl und Einstellung einer für die Haftung optimalen organischen Beschichtung ist daher auch heute noch Gegenstand von Forschung und Entwicklung [160].

Bei Sandwichelementen mit Stützkern aus Mineralfasern ist eine Abminderung der Dicke des Zinküberzuges nicht zugelassen. Dies ist mit der Diffusionsoffenheit der Mineralfasern zu begründen.

3.2.5 Regelungen für den Korrosionsschutz von Stahl

Während DIN 18 807-1 den erforderlichen Korrosionsschutz für die unterschiedlichen Einsatzfälle von Trapezprofilen und Kassetten regelt, wird der Korrosionsschutz von Sandwichelementen in dem jeweils gültigen Zulassungsbescheid des Deutschen Instituts für Bautechnik (DIBt) geregelt.

Gängige Korrosionsschutzsysteme sowie deren Bewertung für verschiedene Einsatzzwecke sind in DIN 55 928-8, festgelegt. Das Schutzsystem muß sorgfältig auf die Umweltbedingungen, denen das Bauwerk ausgesetzt ist, abgestimmt werden. Einen Anhaltspunkt für Auswahlkriterien gibt [49]. In der Regel ist eine Beratung bei den Herstellerfirmen der Bauelemente unerläßlich.

DIN 55 928-8 legt folgende Korrosionsschutzklassen fest:

K I: Metallischer Überzug Z 275 oder ZA 255.

K II: Metallischer Überzug wie bei K I und zusätzliche organische Beschichtung mit einer Dicke von zumindest 12 μm (dieser Wert wurde ursprünglich in der DIN 18 807-1, Fußnote zu den Tabellen 1 und 2, mit 10 μm festgelegt). Die DU- und die RSL-Beschichtung erfüllen die Anforderungen der Kategorie K II.

K III: Metallischer Überzug wie bei K I und zusätzliche organische Beschichtung mit einer Dicke von zumindest 25 μm. Die Anforderungen dieser Korrosionsschutzklasse werden auch vom metallischen Überzug AZ 185 ohne zusätzliche Kunststoffbeschichtung erfüllt.

Die baurechtlichen Regelungen legen die erforderliche Korrosionsschutzklasse getrennt nach der Anwendung der Bauelemente aus Stahlblech in Dach (Tabelle 3-3) und Wand (Tabelle 3-4) verbindlich fest. Die Regelfälle sind in den Bildern 3-11 und 3-12 dargestellt.

Sandwichelemente für Dach und Wand (Bilder 3-11 a und 3-12 a) sind gemäß Zulassungsbescheid auf den Innenseiten zumindest mit der Korrosionsschutzklasse II auszustatten. Die der Witterung zugewandte Seite ist mit der Korrosionsschutzklasse III zu versehen. Die dem Schaum zugekehrten Seiten der Deckschalen dürfen einen in der Dicke verringerten Aufbau des Korrosionsschutzes aufweisen (s. Abschnitt 3.2.4).

Trapezprofil- und Kassettenkonstruktionen werden nach DIN 18 807-1 oder DIN 18 516-1 geregelt.

- Für die der Bewitterung zugewandten Seite von Profiltafeln ist immer ein Schutz K III erforderlich, für die Rückseiten dieser Profiltafeln zumindest der Schutz K II.

- Bei Warmdachkonstruktionen (Bild 3-11 c) mit Trapez- oder Kassettenprofilen als Unterschale gelingt es i. d. R. die Unterseite der Unterschale kondensatfrei zu halten, damit ist die Anwendung der Korrosionsschutzklasse I möglich – normale Innenraum-Klimabedingungen vorausgesetzt. Die Oberseite unter der Dampfsperre muß den Schutz K II aufweisen, da hier gelegentlich mit Kondensatausfall zu rechnen ist.

Tabelle 3-3 Erforderlicher Korrosionsschutz für Dachsysteme nach DIN 18 807-1

<table>
<tr><td>1</td><td>2</td><td>3</td><td>4</td><td>5</td><td>6</td><td>7</td><td>8</td><td>9</td></tr>
<tr><td rowspan="2"></td><td colspan="8">Korrosionsschutzklassen für</td></tr>
<tr><td colspan="6">Dach-Systeme</td><td colspan="2">Decken-Systeme</td></tr>
<tr><td rowspan="2">Bauteil-seite</td><td rowspan="2">Einschalig, ungedämmt</td><td rowspan="2">Einschalig, unterseitig wärmegedämmt</td><td rowspan="2">Einschalig, oberseitig wärmegedämmt, unbelüftet [1]</td><td colspan="3">Zweischalig belüftet, mit zwischenliegender Wärmedämmung</td><td rowspan="2">Mit Beton ausgefüllte Profilrippen</td><td rowspan="2">Nicht ausgefüllte Profilrippen</td></tr>
<tr><td>Oberschale</td><td>Zwischenriegel [4]</td><td>Unterschale</td></tr>
<tr><td>Ober-seite</td><td>III [2]</td><td>III</td><td>II [3]</td><td>III</td><td rowspan="2">a) Über trockenen überwiegend geschlossenen Räumen
II [3]
b) Über Räumen mit hoher Feuchte-belastung
III</td><td>a) Über trockenen überwiegend geschlossenen Räumen
I
b) Über Räumen mit hoher Feuchte-belastung
III</td><td>I</td><td>a) Über trockenen überwiegend geschlossenen Räumen
II [3]
b) Über Räumen mit hoher Feuchte-belastung
III</td></tr>
<tr><td>Unter-seite</td><td>II [2] [3]</td><td>II [3]</td><td>a) Über trockenen überwiegend geschlossenen Räumen
I
b) Über Räumen mit hoher Feuchte-belastung
III</td><td>II [3]</td><td>a) Über trockenen überwiegend geschlossenen Räumen
I
b) Über Räumen mit hoher Feuchte-belastung
III</td><td colspan="2">a) Über trockenen überwiegend geschlossenen Räumen
I
b) Über Räumen mit hoher Feuchte-belastung
III</td></tr>
</table>

[1] Bei Verwendung von Klebern müssen diese mit der Beschichtung verträglich sein.

[2] Für untergeordnete Bauwerke, wie z. B. Geräte- und Lagerschuppen in der Landwirtschaft oder Stellplatzüberdachungen, bei denen die Trapezprofile nicht zur Stabilisierung herangezogen werden, ist die Einstufung in Korrosionsschutzklasse I zulässig.

[3] Für Korrosionsschutzklasse II genügt bei bandbeschichtetem Material (Coil-coating) die übliche Rückseiten-Lackierung von 10 µm Dicke.

[4] und gleichartige lastverteilende und/oder versteifende Stahlblechteile.

Tabelle 3-4 Erforderlicher Korrosionsschutz für Wandsysteme nach DIN 18 807-1

<table>
<tr><td>1</td><td>2</td><td>3</td><td>4</td><td>5</td><td>6</td><td>7</td></tr>
<tr><td></td><td colspan="6">Korrosionsschutzklassen für Wand-Systeme</td></tr>
<tr><td rowspan="2"></td><td rowspan="2">Einschalig, ungedämmt</td><td rowspan="2">Einschalig, wärme-gedämmt</td><td colspan="3">Zweischalig hinterlüftet, mit zwischenliegender Wärmedämmung</td><td rowspan="2">Außenwand-bekleidung</td></tr>
<tr><td>Außenschale</td><td>Zwischenriegel [4]</td><td>Innenschale</td></tr>
<tr><td>Außen-seite</td><td>III [2]</td><td>III</td><td>III</td><td rowspan="2">a) Bei trockenen überwiegend geschlossenen Räumen I
b) Bei Räumen mit hoher Feuchte-belastung III</td><td>a) Bei trockenen überwiegend geschlossenen Räumen I
b) Bei Räumen mit hoher Feuchte-belastung III</td><td>III</td></tr>
<tr><td>Innen-seite</td><td>II [1] [2] [3]</td><td>II [1] [3]</td><td>II [1] [3]</td><td>a) Bei trockenen überwiegend geschlossenen Räumen I
b) Bei Räumen mit hoher Feuchte-belastung III</td><td>II [1]</td></tr>
</table>

[1] Für Korrosionsschutzklasse II genügt bei bandbeschichtetem Material (Coil-coating) die übliche Rückseiten-Lackierung von 10 μm Dicke.

[2] Für untergeordnete Bauwerke, wie z. B. Geräte- und Lagerschuppen in der Landwirtschaft oder Stellplatzüberdachufngen, bei denen die Trapezprofile nicht zur Stabilisierung herangezogen werden, ist die Einstufung in Korrosionsschutzklasse I zulässig.

[3] Korrosionsschutzklasse I ist zulässig bei trockenen überwiegend geschlossenen Räumen und ausreichender Zugänglichkeit.

[4] und gleichartige lastverteilende und/oder versteifende Stahlblechteile.

- Bei zweischaligen wärmegedämmten unbelüfteten Metalldächern (Bild 3-11 d) ist der Korrosionsschutz der Unterschale bei normalen Innenraum-Klimabedingungen wie beim Warmdach geregelt. Für die Unterseite der Oberschale sowie für die Distanzkonstruktion ist die Korrosionsschutzklasse II vorzusehen, da diese Bereiche in einer Kondensat-Wechselzone liegen können.

- Für das zweischalige belüftete Dach (Bild 3-11 e) mit metallischen Deckschalen finden sich die gleichen Regelungen wie beim zweischaligen unbelüfteten Dach. Ausgenommen hiervon ist jedoch die Oberseite der Unterschale. Da man innerhalb dieser Konstruktion ein schnelleres Austrocknen von ggf. in der Dämmung angefallenen Kondensats erwartet, wird hier die Korrosionsschutzklasse I als ausreichend angesehen.

- Bei zweischaligen Wandkonstruktionen (Bild 3-12 d) dürfen die Innenschale und die Distanzkonstruktion unter normalen Innenraum-Klimabedingungen mit dem Korrosionsschutz K I ausgestattet sein.

- Liegen Innenraumklimate mit hoher Luftfeuchte vor, so ist der Korrosionsschutz für die Innenschalen und die Distanzkonstruktionen nach Maßgabe der Feuchtebelastung bis auf K III zu ertüchtigen.

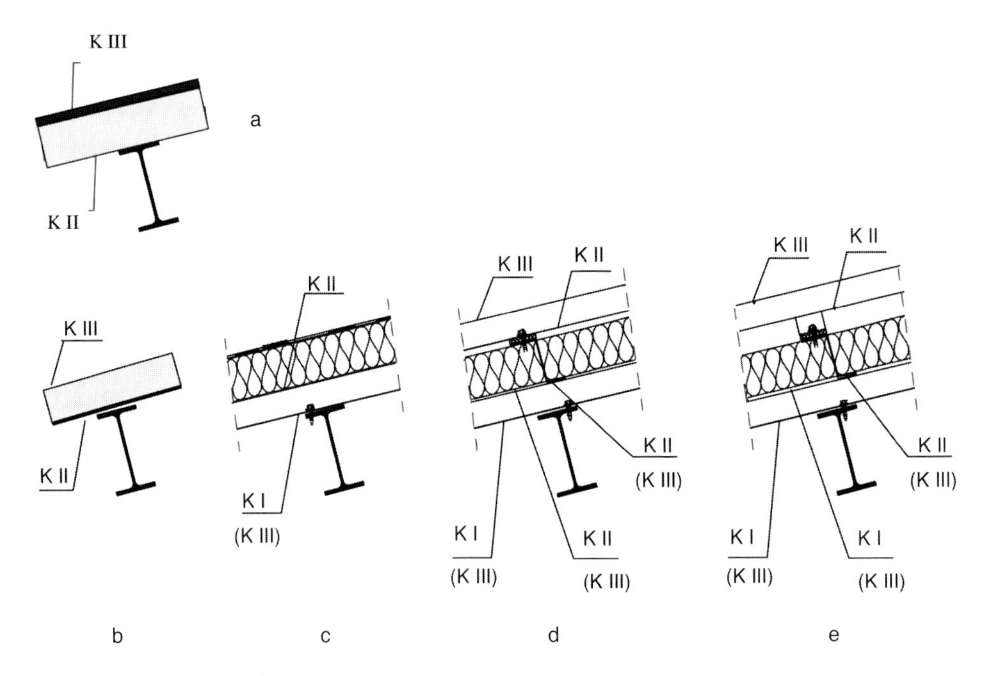

Bild 3-11 Erforderlicher Korrosionsschutz für Dachsysteme (Regelfälle)

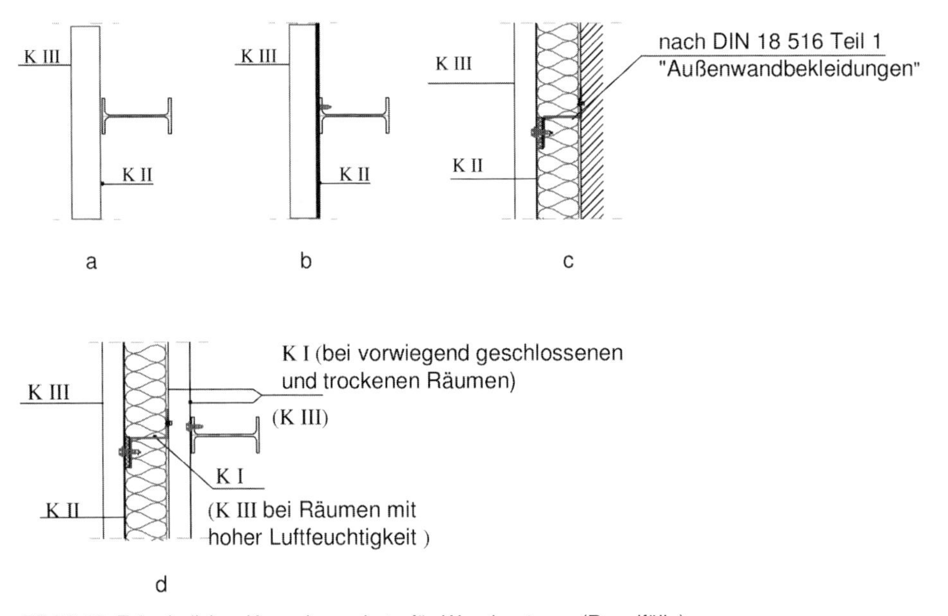

Bild 3-12 Erforderlicher Korrosionsschutz für Wandsysteme (Regelfälle)

Tabelle 3-5 Bewertender Vergleich verschiedener Korrosionsschutzsysteme
(Quelle: Stahlinformationszentrum, Charakteristische Merkmale 093)

Eigenschaften	Beschichtung									
	EP	**SP**	**PUR**	**PUR-PA/SP-PA**	**SP-SI**	**HDP**	**PVDF**	**PVC(P)**	**PVC(F)**	**PVF(F)**
Übliche Schichtdicke (µm)	10	25	25	25	25	25	25	100 – 200	100 – 200	38
Glanz	10...50	10...80	10...80	10...40	20...80	20...80	20...40	45...70	5...15	5
Farben	Einschränkungen möglich									
Oberflächenhärte	A	B	C	A	B	B	C	E	D	D
Wärmebeständigkeit bis max. °C	80	80	80	80	100	80	110	60	60	110
Umformbarkeit/Biegen (T-Bend)	E	C	B	C	E	B	A	A	A	A
Umformbarkeit/Walzprofilieren	D	B	B	B	C	B	A	A	A	A*)
Umformbarkeit/Tiefziehen	F	C	A	B	F	B	A	B	B	B
Abriebbeständigkeit	D	D	E	B	E	D	C	A	A	B
Witterungsbeständigkeit, UV-Beständigkeit	F	D	D	D	D	C	A	E	E	A
Witterungsbeständigkeit, Korrosionswiderstand auf Z	F	C	C	C	C	C	B	A	D	A

Einteilung:

A ausgezeichnet
B sehr gut
C gut
D befriedigend
F nicht anwendbar bzw. nicht geeignet

Anmerkung:

Wärmebeständigkeit:
Nicht stetige Belastung

UV-Beständigkeit:
Beständigkeit gegen Sonnenlicht; hier werden das Farb- und Glanz- sowie Kreidungsverahlten zusammengefaßt.

Korrosionswiderstand:
Hierunter soll das Verhalten des Verbundwerkstoffes gegenüber aggressiven Medien der natürlichen Atmosphäre verstanden werden. Mit Ausnahme der EP-Beschichtung erfüllen die Beschichtungen die Anforderungen der Korrosionsschutzklasse III gemäß DIN 55 928 Teil 8.

Die Eigenschaften sind nur relativ zueinander zu sehen; Meßwerte sind abhängig vom Grundmaterial und daher nicht in der Tabelle aufgeführt.

- Bei Wandbekleidungen auf Beton oder Mauerwerk (Bild 3-12 c) wird der Korrosionsschutz der Distanzkonstruktion mit Blechdicken ab 3 mm und der Befestigungselemente nach DIN 18 516-1 geregelt. Analog dazu ist für dünnwandige Distanzprofile bis zu einer Dicke von 3 mm beidseitig Korrosionsschutzklasse III erforderlich. Für die Befestigung im Beton dürfen nur die für diese Zwecke zugelassenen Dübel und Schrauben vorgesehen werden – damit ist gleichzeitig auch deren Korrosionsschutz geregelt. Eine Alternative sind Dübel und Schrauben aus nichtrostendem Stahl. Die Begründung für diese Verschärfung des Korrosionsschutzes liegt in der zu erwartenden länger anhaltenden Feuchtebelastung durch Mauerwerk oder Beton.

Eine allgemeine Bewertung der einzelnen Korrosionsschutzsysteme hinsichtlich ihrer Anwendbarkeit für Dach- und Wandkonstruktionen findet sich in Tabelle 3-5.

Das jeweils ausgewählte Korrosionsschutzsystem kann seine Aufgabe allerdings nur dann erfüllen, wenn der vorgesehene Schutzprozeß nicht durch Beschädigungen an der Oberfläche gestört wird. Die sorgfältige Behandlung der Bauelemente während des Transportes und insbesondere während der Montage ist daher unumgänglich. Bei hochwertigen Bauelementen, z. B. bei Sandwichelementen oder bei Trapezprofilen für den Wandeinsatz, wird daher i. d. R. auf der Oberfläche der Außenseite eine Schutzfolie – meistens aus leicht recyclebaren Polyolefinen – aufkaschiert, die entsprechend den Herstellerangaben unmittelbar nach der Montage der Elemente abgezogen werden muß.

Aus dem Erfordernis eines lang andauernden Korrosionsschutzes entstammen wesentliche Konstruktionsregeln für Konstruktionen des Stahlleichtbaues. Einige davon sind:

- Mindest-Dachneigungen bei Dächern ohne Durchbrüche: 3°, bei Dächern mit Durchbrüchen: 5°.
- Kondensat und Niederschlagsfeuchte dürfen nicht auf den beschichteten Flächen stehenbleiben, sondern sollen unbehindert abfließen können.
- Sämtliche Schnittkanten sollen oberhalb der Bodenübergangszone liegen.
- Schnittkanten sind luftumspült auszubilden.
- Der Witterung ausgesetzte Blechkontakte sind so zu gestalten, daß kein Kapillarspalt entsteht.
- Profilformen und Kantteile sollten mit möglichst großen Kantradien hergestellt werden.
- Auf Fußverwahrungen sollte – wenn möglich – verzichtet werden.

3.2.6 Qualitätssicherung des Vormaterials

Die europäischen Coil-Coater sind in der ECCA (European Coil Coating Association, Brüssel) als Dachverband vertreten, dessen Prüfverfahren für eine ausgereifte Beschichtungsqualität bürgen. Darüber hinaus regelt die EN 10 169 (1966) die zulässigen Grenzabweichungen und Prüfverfahren.

Trotzdem muß im Einzelfall – u. U. auch auf der Baustelle – entschieden werden, ob ein Bauelement im gelieferten Zustand eingesetzt werden darf oder nicht. Dazu ist zunächst eine visuelle Prüfung erforderlich.

Risse in der organischen Beschichtung an umgeformten Kanten dürfen nach DIN 55 928-8, Abschnitt 8.4, in ihren Ausmaßen eine Breite von 0,2 mm und eine Länge von 2 mm nicht überschreiten. Dies ist eine Prüfung, die vor Ort mit einer Rißlupe durchgeführt werden kann.

Oberflächenkratzer dürfen nicht bis auf den Stahlkern hindurchgehen; ist dies der Fall, dann ist der Korrosionsschutz von Grund auf neu aufzubauen.

Sind aus abweichenden Beobachtungen herrührende Zweifel an der Zuverlässigkeit der Beschichtung vorhanden, können weitere Prüfungen durch Materialprüfungsanstalten vorgenommen werden.

Zur Zeit werden erhebliche Anstrengungen unternommen, auch die Pulverbeschichtung auf Polyesterbasis mit Schichtdicken bis zu ca. 60 µm für den Außen- und Inneneinsatz im Bauwesen als Bandbeschichtung in den Markt einzuführen. Diese Beschichtung ist aufgrund ihrer größeren Schichtdicke unempfindlicher gegenüber mechanischen Einwirkungen. Sie kann sowohl vor als auch nach dem Umformen der Blechtafeln aufgebracht werden. Die vor dem Umformen aufgebrachte Pulverbeschichtung verhält sich hinsichtlich der Abwitterung wie eine Naßbeschichtung mit der gleichen Schichtdicke. Wird die Pulverbeschichtung nach dem Umformen aufgebracht, muß aufgrund der Flankenneigung der Profilstege mit örtlich unterschiedlich dicken Schichten gerechnet werden. Der Schnittkantenschutz ist in diesem Fall bei Pulverbeschichtung besser als bei vorab im Naßbeschichtungsverfahren beschichteten Flachblechen zu beurteilen.

Der Bau-Außeneinsatz von Pulverbeschichtungen ist zur Zeit zwar üblich, aber noch nicht durch Normen geregelt.

3.2.7 Farben

Die Hersteller von Bauelementen bieten ihre Produkte in zahlreichen Farbtönen an. In Deutschland gängig sind in erster Linie die Farbtöne der RAL-Skala, daneben in wenigen Fällen auch ausgewählte Farben des NCS-Farbsystems.

Die Farben der RAL-Skala werden international im CIELab-Farbraum (Commision Internationale de l'Eclairage) dargestellt (Bild 3-13) [85].

Die Farbtreue zu einem Referenzmuster kann produktionsbedingt streuen, so daß die Hersteller in der Regel keine RAL-Farbtöne garantieren, sondern nur Farbtöne ähnlich der benachbarten RAL- oder NCS-Farbtöne anbieten. Bei geringen Schichtdicken der organischen Beschichtung – unter 25 µm – ist von vornherein keine absolute Farbtreue mehr zu erwarten.

Besondere Schwierigkeiten bei der Herstellung farbtreuer Chargen bereiten die Farbtöne RAL 9010 und alle Metallic-Farbtöne. Farbgleiche Lieferung in verschiedenen Chargen sowie Nachlieferungen einzelner Elemente im identisch gleichen Farbton sind nur dann möglich, wenn mit dem Herstellerwerk *vorab* eine entsprechende Vorratshaltung vereinbart worden ist. In der Regel sind farbgleiche Metallicfarbtöne im Nachhinein nur äußerst

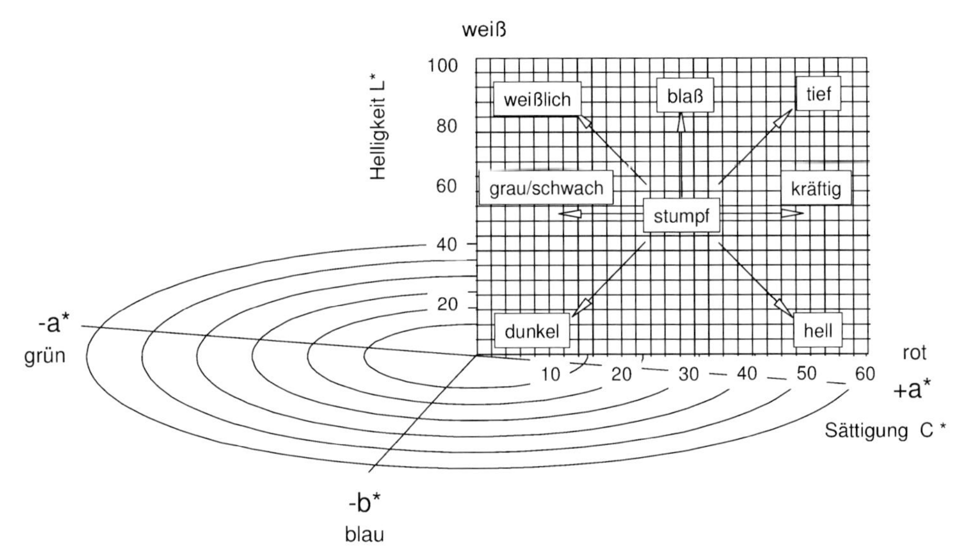

Bild 3-13 CIELab-Farbraum

schwierig oder sogar gar nicht mehr herzustellen. Auch Kombinationen mit bandbeschichteten, vor Ort beschichteten oder auch pulverbeschichteten Bauelementen sind nicht möglich aufgrund der Tatsache, daß die in den Metalliclackierungen enthaltenen Metallpartikel bei allen drei Beschichtungsarten unterschiedlich orientiert sind und deshalb zu einem unterschiedlichen Erscheinungsbild führen.

Nach DIN 53 218 kann die Übereinstimmung zweier Farben durch visuellen Vergleich mit einer zu vereinbarenden Vorlage festgestellt werden. Der Vergleich führt jedoch in der Regel bei genügender Anzahl von Beurteilern zu je unterschiedlichen Ergebnissen. DIN 6174 gibt Verfahren zur Messung der Farbe und des Farbabstandes zwischen zwei einfarbigen Proben (s. a. ECCA-Prüfverfahren T3-1985 und DIN 53 236) vor. Anders als im Automobilbau gibt es im Bauwesen keine verbindlichen Regelungen im Hinblick auf tolerierbare Farbabweichungen.

Es liegt lediglich die Aussage des RAL vor, daß Farbabweichungen mit dem Maß „$\Delta E = 1$" mit bloßem Auge zu erkennen sind (Bild 3-14) [85].

Ob auch Abweichungen unter diesem Grenzwert noch akzeptiert werden können, hängt allerdings von der Betonung der einzelnen Komponenten innerhalb der gemessenen Abweichung ab. Ist eine Komponente dominant vertreten, wird die Farbabweichung als größer empfunden als bei einer gleichmäßigen Verteilung der Komponenten innerhalb der Abweichung. Die Farberfahrung ist zudem eine menschliche Empfindung, die physischen und zugleich auch psychischen Eindrücken unterliegt.

Zur farbmetrischen Toleranzvereinbarung gehört eine partnerschaftliche Vorgehensweise bei den Architekten und den Lieferanten von Bauelementen – und zwar vor der Auftragsvergabe.

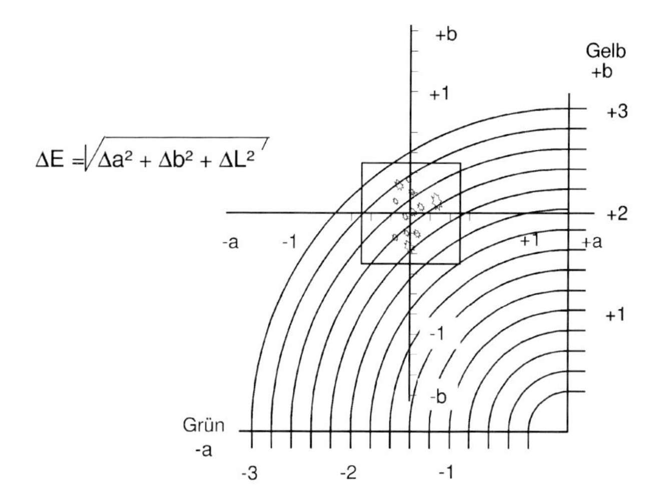

Bild 3-14 Ermittlung des Farbfehlers ΔE im CIELab-Farbraum

3.3 Kernwerkstoffe für Sandwichelemente

3.3.1 PUR-Hartschaum als Kerndämmstoff für Sandwichelemente

Polyurethan-Hartschaum entsteht durch Vermischen der flüssigen Rohstoffe Polyisocyanat und Polyol. Zusätzliche Komponenten sind Aktivatoren und Zusatzmittel, um die Verarbeitbarkeit in kontinuierlichen Prozessen zu regeln, die Matrix des Schaums zu stabilisieren und um die mäßige Entflammbarkeit nach DIN 4102-1 sicherzustellen.

Die chemische Reaktion der beiden Stoffe wird durch ein Treibmittel unterstützt, um so das gewünschte feinporige Aufschäumen und die erforderliche Rohdichte zu erreichen (Bild 3-15). Tiefsiedende Flüssigkeiten werden den chemischen Komponenten während des Mischvorgangs zugefügt. Die Wärme, die bei dem exothermen Prozeß zwischen dem Polyol und dem Polyisocyanat entsteht (Polyurethanbildung), läßt die flüssigen Treibmittel verdampfen und das Gemisch feinzellig aufschäumen (Bild 3-16).

Die Komponenten des Polyurethan-Schaums sind sorgfältig auf die gewünschte Anwendung abgestimmt [139]. Die Qualität des PUR-Schaums wird im Zulassungsbescheid für das Sandwichelement neben dem Hinweis auf DIN 18 164-1, durch Festlegung mechanischer Daten geregelt. Die Verwendung als Baustoff fordert verläßlich gleichbleibende mechanische Kennwerte. Diese sind die

- Rechenwerte der Schub- und Elastizitätsmoduli und die
- Bemessungsgrenzwerte der Knitterspannungen und der Schub-und Druckfestigkeiten.

Vergleicht man die Zulassungsdaten verschiedener Hersteller miteinander, so stellt man erhebliche Unterschiede fest. Entsprechend des Anwendungsbereiches der Sandwichelemente sind die Daten recht uneinheitlich.

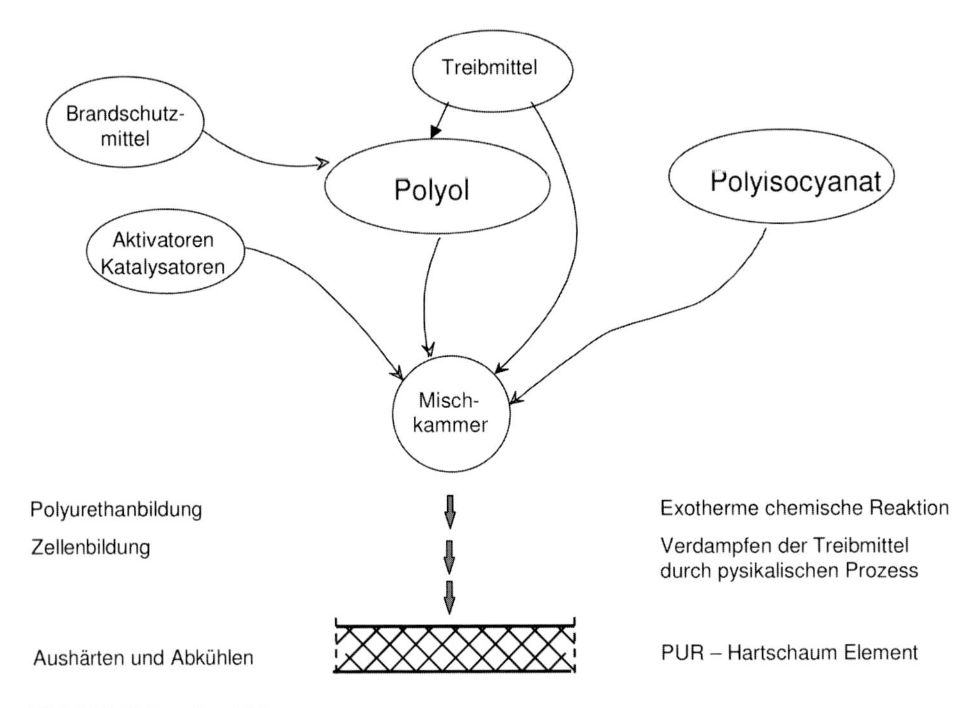

Bild 3-15 Polyurethanbildung

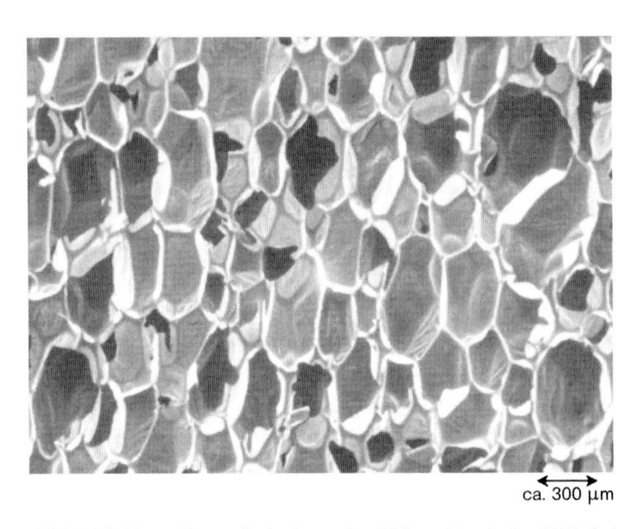

Bild 3-16 Vergrößerte Aufnahme der Zellstruktur beim PUR-Schaum

Firmen, die Sandwichelemente für den Kühlhausbau fertigen (dies erfordert Dicken bis 220 mm) müssen an die Leistungsfähigkeit der Elemente und somit des Schaums höhere Maßstäbe anlegen als Firmen, die vorwiegend für den Standard-Hochbau liefern. Die Beanspruchungen der Sandwichelemente sind im letzten Fall wesentlich geringer und bedingen im Interesse der Wirtschaftlichkeit angepaßte Schaumfestigkeiten. Weiterhin versucht jeder Hersteller die Fertigung seiner gängigsten Produkte zu optimieren. Dadurch ergeben sich auch innerhalb der Produktpalette der einzelnen Firmen von der Elementdicke abhängige, unterschiedliche Schaumkennwerte. Letztlich ist zu berücksichtigen, daß die einzelnen Firmen die Kennwerte ihrer produzierten Schäume selbst vorgeben. Im Interesse einer gleichmäßigen Fertigung kann es ratsam sein, die Höhe der im Zulassungsbescheid angegebenen Schaumfestigkeitswerte zu begrenzen und die in der Produktion erzielbaren Spitzenwerte *nicht* auszunutzen. Die Daten des Zulassungsbescheides sind in der Praxis daher nicht als Qualitätsmerkmal für die hergestellten Produkte zu werten. Sie sind lediglich Kenngrößen für die statische Berechnung und Bemessung. Die Beurteilung hinsichtlich des Tragverhaltens wird in den Kapiteln 4 bis 7 durchgeführt.

Der Anwender der Sandwichelemente wird durch die unterschiedlichen Produktionsergebnisse nur wenig berührt. Üblicherweise stellen die Hersteller der Sandwichelemente für den Anwender Bemessungstabellen zur Verfügung, mit Hilfe derer sich die einfachsten Bemessungsprobleme ohne Kenntnis der Materialkennwerte lösen lassen. Für die in den Bemessungstabellen nicht erfaßten Fälle stehen Rechenhilfen zur Verfügung [176].

Neben der mechanischen Beanspruchbarkeit des Polyurethan-Schaumes sind seine Wärme-Dämmeigenschaften von hoher Bedeutung; die Treibmittel liefern hierzu mit sehr niedrigen Wärmeleitwerten einen willkommenen Beitrag (Bild 3-17).

Die Wasserdampfdiffusionswiderstandszahl schwankt beim PUR-Schaum zwischen $\mu = 30$ und $\mu = 100$.

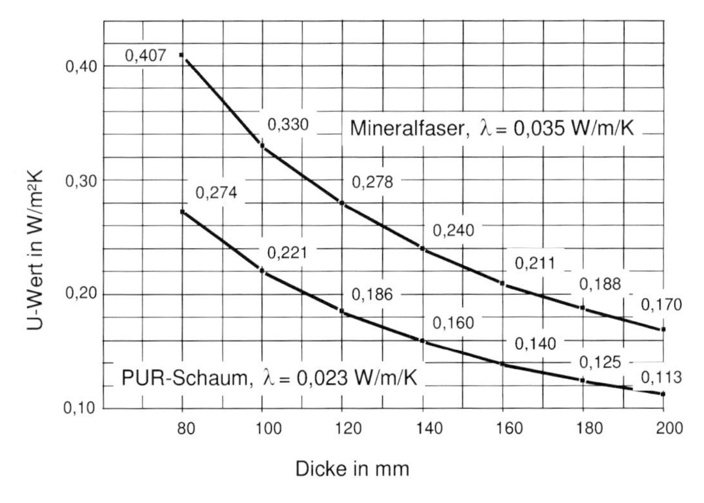

Bild 3-17 Wärmedurchgangskoeffizienten von ebenen Sandwich-Wandelementen

3.3.2 Mineralfasern als Kerndämmstoff für Sandwichelemente

Mineralfasern werden in kontinuierlichen Verfahren aus verflüssigtem Gestein gesponnen. Bei handelsüblicher Ware werden die Fasern während des Produktionsprozesses in einer Vorzugsrichtung parallel zu den Oberflächen der Platten abgelagert. Um sie als Stützkern in Sandwichelementen gebrauchen zu können, müssen diese Fasern aus Stabilitätsgründen jedoch lotrecht zur Oberfläche der Deckschalen (steggerichtet) stehen. Ursprünglich wurden aus den handelsüblichen Mineralfaserplatten Lamellen von einem Meter Länge und der Breite geschnitten, die der Dicke des zu fertigenden Sandwichelementes entspricht. Die Lamellen werden um ihre Längsachse um 90° gedreht, so daß die Fasern nunmehr alle lotrecht zu den Deckschalenoberflächen angeordnet sind. Anschließend werden die Lamellen manuell oder maschinell entweder quer zur Produktionsrichtung des Mineralfaser-Sandwichelementes (Bild 3-18 a) oder auch in Längsrichtung versetzt eingebaut (Bild 3-18 b). Heute werden für die Fertigung auch vorkonfektionierte, steggerichtete Platten – bereits mit Nut- und Federausbildung für den Längsstoß versehen – mit einer Länge von ca. 4.50 m verwendet (Bild 3-18 c). Zur Erzielung eines kontinuierlichen Schubverbundes müssen die Platten auch an ihren Querstößen verklebt werden. Hinsichtlich der Schubfestigkeit des Kerns weisen die längsverlegten Systeme Vorteile auf.

Die Qualität der Mineralfaserplatten wird nach Zulassungsbescheid für das Sandwichelement mit einem Hinweis auf DIN 18 165-1 geregelt.

Als Kleber zwischen den Deckschalen werden i.d.R. Polyurethansysteme verwendet. Die Rezepturen sind z. T. Betriebsgeheimnisse der Hersteller und beim DIBt hinterlegt. Einige Hersteller lassen den Kleber leicht aufschäumen, um mögliche Unebenheiten in der Oberfläche der Mineralfasern zu kaschieren.

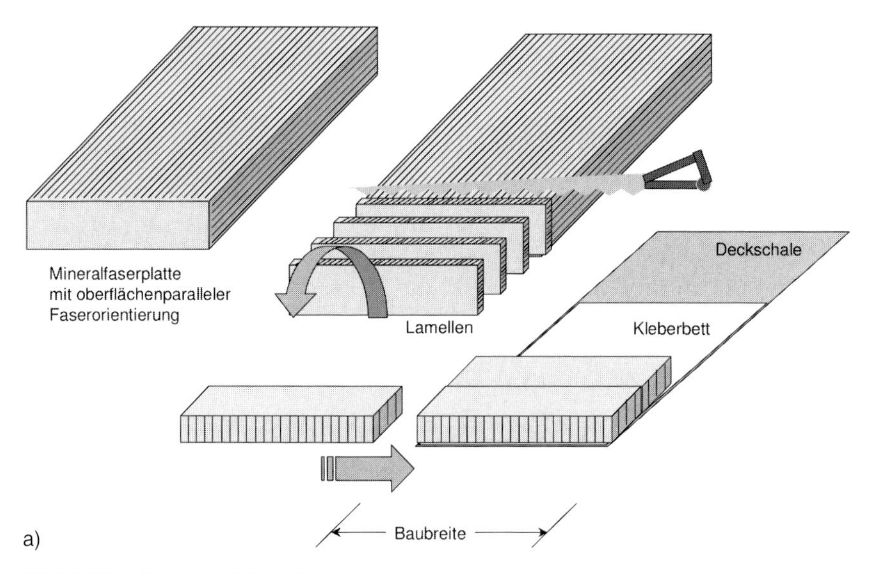

Bild 3-18 Aufbau von Mineralfaserkernen

Die mechanischen Eigenschaften liegen in der Größenordnung der entsprechenden Werte des PUR-Hartschaums, z. T. auch etwas höher. Die Streuung der Materialkennwerte hinsichtlich der Sandwichdicke und des Herstellers fallen i.d.R. größer aus als beim PUR-Schaum.

Hinsichtlich des Wasserdampfdiffusionswiderstandes ist der Wert $\mu = 1$ (größengleich dem der Luft) zu beachten, er begrenzt die Anwendbarkeit derartiger Sandwichelemente in bauphysikalischer Hinsicht [138].

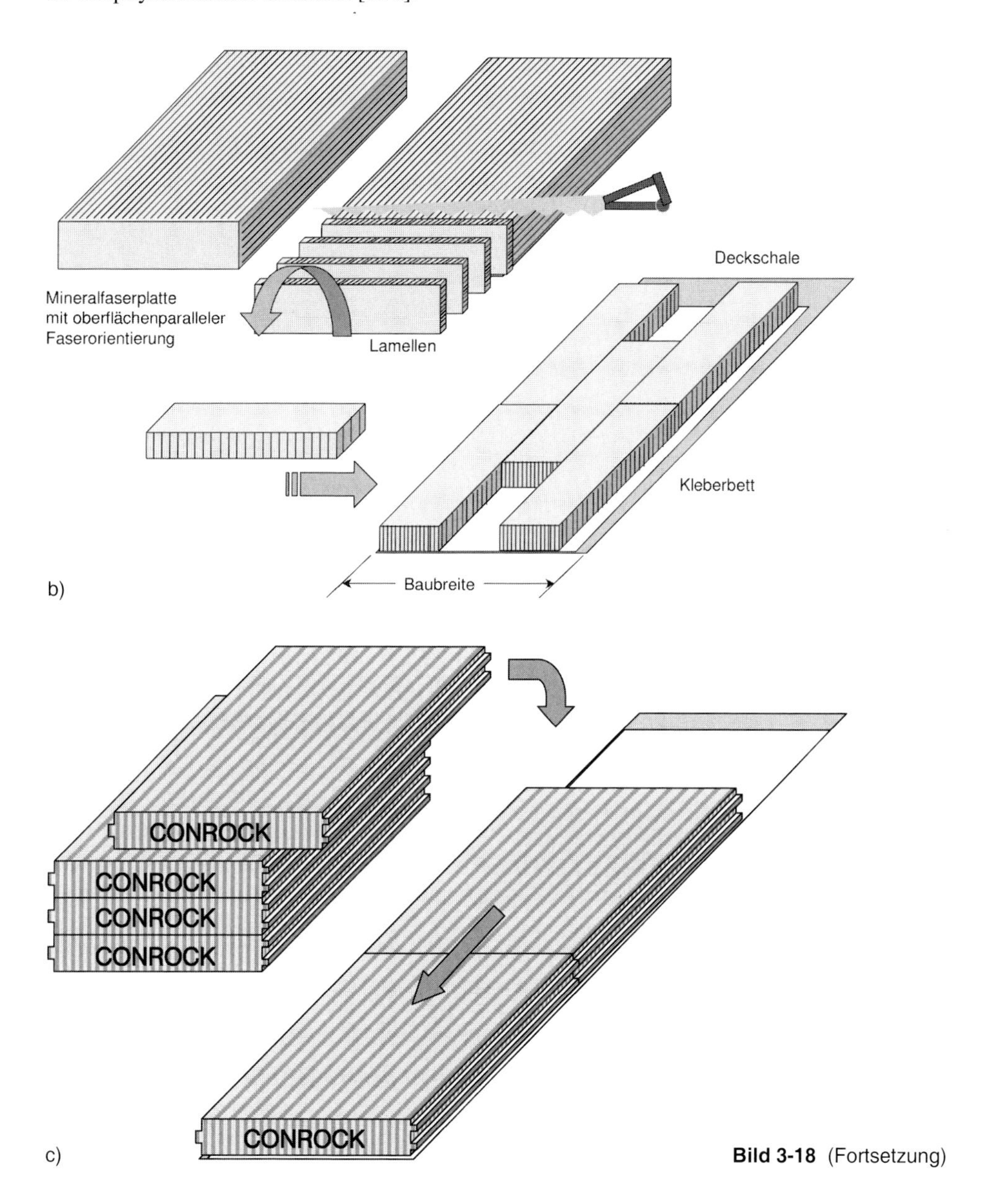

Bild 3-18 (Fortsetzung)

3.3.3 Sonstige Kernwerkstoffe

Auf dem deutschen Baumarkt weniger üblich ist die Anwendung von Sandwichelementen mit Polystyrolschäumen als Kernwerkstoff. Aufgrund der geringen wirtschaftlichen Bedeutung wird diese Sandwich-Variante nicht weiter ausgeführt. Größeren Zuspruch finden derartige Elemente in Skandinavien und den Niederlanden.

3.4 Herstellung von Trapez-, Kassetten- und Wellprofilen

Basismaterial ist das Stahlband mit metallischem Überzug mit oder ohne zusätzliche organische Beschichtung, in Blechdicken von 0,50 bis 1,5 mm und mit Einlaufbreiten der Bänder von ca. 1100 bis ca. 1500 mm. Dabei werden die Bandbreiten von 1250 und 1500 mm als Standardbreiten genutzt. Der Querschnittsentwurf des Entwicklungsingenieurs wird heute durch Profilierung in kontinuierlich arbeitenden Rollformanlagen umgesetzt. Die Durchlaufgeschwindigkeit des Bandes beträgt bis ca. 75 m/min.

In den Rollformanlagen sind verschiedene Verformungsstationen in Form von Walzen oder einzelnen Scheiben hintereinander angeordnet. Die Profilierung wird von der Mitte des Bandes beginnend eingerollt. Dabei vertieft und verbreitert jede der Stationen das durch die vorgeschalteten Stationen hergestellte Verformungsbild des Querschnitts, bis die gewünschte Profilform erreicht ist (Bild 3-19).

Damit die organischen Beschichtungen während des Rollformens nicht beschädigt werden, stattet man die Oberfläche der Walzen mit einer glatten Verchromung aus, zusätzlich werden auch noch leichtflüchtige Schmiermittel beim Profilieren eingesetzt.

Die Profiltafeln werden auftragsbezogen hergestellt und mit vom planenden Ingenieur vorgegebenen Tafellängen auf die Baustelle geliefert. Eine Produktion auf Lager ist nicht üblich.

Die gewünschte Länge der Profiltafel wird entweder durch den Zuschnitt des Flachbleches vor dem Rollen oder durch das profilfolgende Abscheren der fertigen Profiltafel erzeugt.

Bild 3-19 Endstufe eines Rollprofilierers

Der fachgerechte Schnitt ist wesentlich für den kathodischen Schnittkantenschutz. Die Schnittkante sollte auf der Baustelle nicht nachgeschnitten werden. Wenn sich dieses nicht vermeiden läßt – z. B. bei Ausschnitten für Öffnungen – ist ein kaltschneidendes Werkzeug zu verwenden.

Bei Trapezprofilen der dritten Generation (s. Bild 2-7) wird zunächst durch einen Laminiervorgang das flache Blech im Bereich des späteren Obergurtes in Richtung der Erzeugenden gestreckt. Der Materialüberschuß an dieser Stelle wird dazu genutzt, die Querprofilierung mit einer Tiefe von ca. 10 mm plastisch einzuprägen. Die seitliche Stabilisierung der Querrippen erfolgt durch die beidseitige tiefe Begrenzungsprofilierung am Stegansatz.

Bei den Trapezprofilen der vierten Generation ist der Laminiervorgang nicht erforderlich. Die Profilierung ist mit ca. 1 mm Tiefe so flach, daß ein Strecken des Materials vor dem Prägen der Querlinierung im Obergut nicht erforderlich ist.

Das Verfahren zur Herstellung der Kassettenprofile gleicht dem der Herstellung von Trapezprofiltafeln. Auch Wellprofile werden heute nicht mehr gepreßt, sondern in Rollformanlagen kontinuierlich gerollt.

3.5 Herstellung von Sandwichelementen

Die Fertigung von Sandwich-Elementen geschieht heute fast ausnahmslos in kontinuierlich arbeitenden Sandwich-Anlagen (Bild 3-20).

Von zwei Haspelstationen werden zwei Stahlbänder abgezogen und in einem Profilierteil zur äußeren und inneren bzw. unteren und oberen Deckschicht des Sandwich-Elementes verformt (Flächen- und Randprofilierung). Die Deckschalen werden dann im Bereich des Portals vor dem Plattenband bis auf die Nenndicke des zu erzeugenden Sandwich-Elementes zusammengeführt.

Zur Herstellung des Schaumkerns werden die flüssigen Komponenten des Polyurethan-Hartschaums auf die untere Deckschale aufgetragen. Deckschalen mit Schaumauftrag werden sodann in das sogenannte mitlaufende Doppelplattenband von ca. 30 m Länge eingeführt. In diesem Bereich findet der Aufschäumprozeß des Schaums statt. Die entstehenden Schaumdrücke werden durch die obere und untere Plattenbandlage bis zum Aushärten des Schaums aufgenommen. Da der PUR-Schaum während des Aufschäumens eine Klebephase durchläuft, verbindet er sich kraftschlüssig mit den Deckschalen. Durch die dabei stattfindende exotherme Reaktion während der Polyurethanbildung wird das Element im Plattenband stark aufgeheizt, weswegen in der Regel eine Abkühlphase nachgeschaltet wird (Bild 3-20).

Bei der Herstellung von Sandwichelementen mit Mineralfaser-Kernen werden vor dem Portal die Innenseiten beider Deckschalen mit einem Kleber benetzt. Dessen Auftragsmenge muß aus brandschutztechnischen Gründen möglichst miminal gehalten werden und ist im Zulassungsbescheid geregelt. In den offenen Kleber werden die Mineralfaserlamellen so eingelegt, daß die Fasern steggerichtet (lotrecht zu den Deckschalenebenen) liegen.

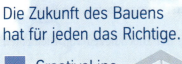

4 Tragverhalten der Bauelemente und Bemessungskonzepte

4.1 Allgemeines

Die hier betrachteten flächigen Bauelemente aus profilierten dünnen Blechen weisen in ihrem Tragverhalten gegenüber der herkömmlichen Stab- und Schalenstatik viele Besonderheiten auf. Obwohl es sich um Flächenelemente handelt, können die in Spannrichtung profilierten Bauelemente wegen der geringen Quersteifigkeit bei der Schnittgrößenermittlung für die Biegung als einachsige Balken betrachtet werden. Dagegen folgen die Widerstandsgrößen wegen der extremen Dünnwandigkeit der Querschnittsteile und der damit verbundenen lokalen Beulgefahr nicht der technischen Biegelehre nach *Bernoulli*.

Die Sandwichelemente weisen schon bei der Schnittgrößenermittlung eine Besonderheit auf. Für die extrem dehnsteifen Deckschichten ergibt sich über die vergleichsweise weiche Kernschicht ein elastischer Verbund. Die Schubverzerrungen im Schaumstoff oder in der Mineralfaser dürfen bei der Berechnung von Verformungen nicht vernachlässigt werden, auch nicht bei der Ermittlung statisch unbestimmter Größen.

Die ebenen Bauteile wirken am Gebäude auch als Scheibe. Dabei können sie Normalkräfte nur in Profilrichtung durchleiten. Wichtiger ist die Weiterleitung von Schubkräften in der Bauteilebene von Randträger zu Randträger. Diese Eigenschaft kann zur Aussteifung der Gebäude und zur Stabilisierung von Bauteilen herangezogen werden.

Die Bemessung der Bauelemente geschieht nach einer Vielzahl von Vorschriften. In diesen Vorschriften werden die Nachweise z. T. unterschiedlich bezeichnet. Im folgenden sollen die Bezeichnungen von DIN 18 800 Teil 1 [13] benutzt werden, soweit dieses sinnvoll und möglich ist. Die Zuordnung der Bezeichnungen in den einzelnen Vorschriften ist in der Tabelle 4-1 angegeben.

Bemerkungen zu den Nachweisen der einzelnen Vorschriften:

Zeile 1: DIN 18 800 Teil 1 gibt nur allgemeine Hinweise zu den Gebrauchstauglichkeitsnachweisen und verweist im übrigen auf die Fachnormen. Als Beispiele für Gebrauchstauglichkeitsnachweise werden Begrenzungen von Verformungen und Schwingungen angeführt. Unter der Bezeichnung Standsicherheit werden die Tragsicherheit und Lagesicherheit zusammengefaßt.

Zeile 2: Wenn nach DIN 18 807 Teil 3 die Tragsicherheit nur im Traglastzustand mit Reststützmomenten nachgewiesen ist, müssen zusätzlich Gebrauchstauglichkeitsnachweise nach dem Verfahren Elastisch–Elastisch geführt werden. Diese beschränken sich nicht auf Verformungsnachweise, sondern liefern eine Sicherheit gegen plastisches Beulen an Zwischenauflagern. In DIN 18 807 Teil 3 heißen sie Nachweise der Gebrauchssicherheit. Für alle Nachweise zusammen benutzt DIN 18 807 Teil 3 die Bezeichnung Festigkeitsnachweise.

Tabelle 4-1 Bezeichnungen der Nachweise in den benötigten Vorschriften

Zeile	Nachweise, Vorschrift	Tragsicherheit	Gebrauchstauglichkeit mit Kraftgrößen	Gebrauchstauglichkeit mit Verformungen	Sonstige Bezeichnungen	Näheres in den Abschnitten
1	DIN 18 800 Teil 1 [13]	Tragsicherheit		Gebrauchstauglichkeit	Lagesicherheit Standsicherheit	4.3.4.2
2	DIN 18 807 Teil 3 [16]	Tragsicherheit, Traglastzustand mit Reststützmoment	Gebrauchssicherheit	Begrenzung der Durchbiegungen	Festigkeitsnachweis	4.3.4.1
3	Anpassungsrichtlinie Stahlbau [14]	Tragsicherheit	Gebrauchstauglichkeit			4.3.4.3
4	Zulassungen für Kassettenprofile [87]	Tragsicherheit, Standsicherheit		Gebrauchstauglichkeit		4.4.3
5	DIN 18 807 Teil 3/A1 [18]	Tragsicherheit		Gebrauchstauglichkeit		4.4.3
6	Zulassung für Verbindungen [94]	Nachweis				4.7.1.2
7	Zulassungen für Sandwichelemente [91]	Standsicherheit, Tragfähigkeit	Gebrauchsfähigkeit	Verformungsbegrenzung		4.6.4
8	Zulassung für Verbindungen [95]	Statischer Nachweis, Schraubenkopfauslenkungen [1)]			[1)] Ermüdungssicherheit	4.7.2.4 4.7.2.3

Zeile 4: Ältere Zulassungen für Kassettenprofile benutzen für Tragsicherheit die Bezeichnung Standsicherheit. Gebrauchstauglichkeitsnachweise werden nur für Schubfelder gefordert.

Zeile 6: Die Zulassung für Verbindungen mit Kaltprofilen [94] spricht allgemein nur von Nachweisen. Die Nachweise für Zug- und Querkräfte in den Verbindungen sind Tragsicherheitsnachweise. Gebrauchstauglichkeitsnachweise werden darüber hinaus nicht gefordert.

Zeile 7: Die Tragsicherheit von Durchlaufträgern aus Sandwichelementen wird unter der Annahme von Momentengelenken an den Zwischenstützen nachgewiesen.

Mit den Gebrauchstauglichkeitsnachweisen nach dem Verfahren Elastisch–Elastisch wird ein bestimmter Sicherheitsabstand bis zum Entstehen dieser Knittergelenke gewährleistet. Für diese Nachweise benutzen die Zulassungen die Bezeichnungen wie in der Tabelle 4-1 angegeben. Verformungsbegrenzungen sind nur für Dachelemente mit ebenen oder schwach profilierten Deckschichten erforderlich.

Zeile 8: Die Begrenzung der Schraubenkopfauslenkungen in den Verbindungen der Sandwichelemente mit der Unterkonstruktion ist indirekt ein Ermüdungsnachweis. Er gehört also zur Tragsicherheit.

Nähere Angaben zu den Nachweisen enthalten die Abschnitte Bemessungskonzept für die einzelnen Bauelemente.

4.2 Wellprofile

Im Gegensatz zu den Trapezprofilen ist bei den genormten Wellblechen nach DIN 59 231 [26] die herkömmliche Biegelehre für Stäbe anwendbar. Durch die kontinuierliche Krümmung der Profilmittellinie ist bei Wellprofilen im Parameterbereich der Norm ein lokales Ausbeulen von Querschnittsteilen nicht zu beobachten. Querschnittswerte für diese Profile sind in der Norm enthalten. Neben der ausführlichen Beschreibung der Querschnittsgeometrie sind die Querschnittsfläche und das Widerstandsmoment angegeben. Außerdem sind zulässige gleichmäßig verteilte Belastungen für vorgegebene Stützweiten des Einfeldträgers aufgeführt. Die zulässige Spannung ist für diesen Fall 120 N/mm^2.

In neuerer Zeit werden nicht genormte Stahlwellprofile auch durch Versuche nach DIN 18 807 Teil 2 beurteilt. Dieses ist durch die Bauregelliste A Teil 2 unter Lfd. Nr. 2.27 baurechtlich abgesichert (siehe [66]). Die Eintragung der Stahlwellprofile in die Bauregelliste A Teil 1 unter Lfd. Nr. 4.9.18 für Profile mit rechnerisch ermittelter Tragfähigkeit nach DIN 18 807 Teil 1 ist dagegen sehr fragwürdig (siehe [66]). Die rechnerische Ermittlung der Tragfähigkeit für Trapezprofile beruht auf dem Prinzip der mittragenden Breiten von ebenen Querschnittsteilen. Letztere sind aber im kontinuierlich gekrümmten Querschnitt der Wellprofile nicht vorhanden.

4.3 Trapezprofile

4.3.1 Biegung mit Querkraft

Die ebenen Teilflächen der Trapezprofile sind wegen ihrer Dünnwandigkeit beulgefährdet (siehe *Schardt* [115]). Dies bedeutet, daß diese Profile, im Gegensatz zu Wellblechen, nur im unteren Spannungsbereich der Biegelehre nach *Bernoulli* folgen. Um die Trapezprofile wirtschaftlich einsetzen zu können, muß das Tragvermögen über den Zustand hinaus, bei dem sich lokal in Teilflächen Beulen ausbilden, ausgeschöpft werden.

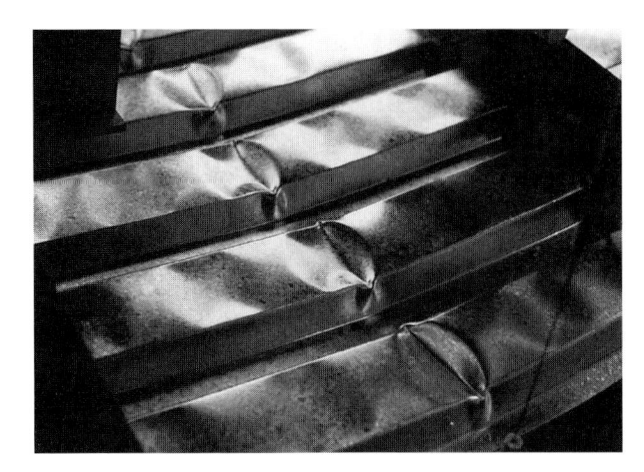

Bild 4-1 Unausgesteifte Trapezprofilobergurte nach dem Biegeversuch

Das Bild 4-1 zeigt ein Trapezprofil mit nicht ausgesteiften Obergurten nach dem Biegeversuch. An der Stelle der größten Biegespannungen sind die Kanten ausgeknickt und haben in den Obergurten und Stegen plastische Beulen verursacht. In den angrenzenden Bereichen der Obergurte sind elastische Beulen durch die bleibende Krümmung der Profiltafel „eingefroren".

Damit das Ausweichen der ebenen Teilflächen möglichst spät auftritt, werden diese durch Sicken und Versätze, also durch Längssteifen unterteilt. Ein Beispiel zeigt Bild 4-2 im Zustand mit elastischen Beulen. Die zugehörige Spannungsverteilung zeigt das Bild 4-2 a. Das Versagen des Querschnitts tritt ein, wenn in den Profilecken die Fließspannung erreicht wird.

Die Bilder 4-2 b und c zeigen Rechenmodelle, die mit konstanter Spannung und mitwirkenden Breiten arbeiten (s. Abschnitt 5.1). Da die Längssteifen ausknicken können, wird für sie mit reduzierter Spannung oder kleinerer Querschnittsfläche (reduzierter Dicke) gerechnet.

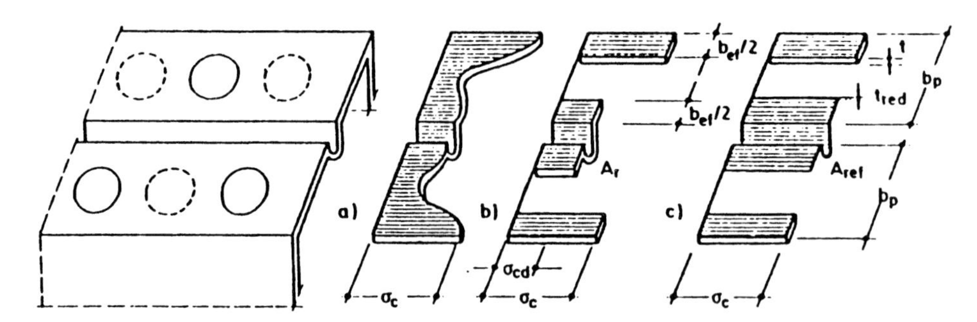

Bild 4-2 Trapezprofil-Obergurt unter Druckspannung mit elastischen Beulen

Die rechnerische Ermittlung der Tragfähigkeit ist eine gute Hilfe bei der Entwicklung optimaler Profilformen. Für die endgültige Ausschöpfung aller Tragreserven sind jedoch Traglastversuche an Originalbauelementen üblich (s. Abschnitt 5.1).

Eine weitere Besonderheit im Tragverhalten der Trapezprofile ist durch die Empfindlichkeit der dünnwandigen Profilstege gegenüber Auflagerkräften begründet. An Zwischenauflagern muß die Interaktion von Stützmoment und Auflagerkraft berücksichtigt werden (s. Bild 5-13).

4.3.2 Normalkräfte

Zugkräfte können Trapezprofile relativ unproblematisch aufnehmen. Schwierigkeiten bereitet u. U. die konzentrierte Einleitung mit Verbindungselementen.

Druckkräfte rufen in den ebenen Teilflächen ähnliche Verhältnisse hervor wie Biegedruckspannungen. In diesem Fall steht aber der gesamte Querschnitt unter Druckspannung. Die mitwirkenden Breiten zusammen ergeben einen mitwirkenden Querschnitt. Außerdem muß natürlich das Gesamtstab-Knicken berücksichtigt werden, welches von lokalen Instabilitäten beeinflußt wird. Die Berechnungsmethoden sind in DIN 18 807 angegeben.

4.3.3 Schubfelder

Werden mit Trapezprofilen Schubfelder ausgebildet und diese rechnerisch bei der Gebäudeaussteifung berücksichtigt, tragen sie wesentlich zur Tragsicherheit von Gebäuden bei. Das Tragverhalten von Trapezprofilflächen, die durch Schubkräfte in ihrer Ebene belastet werden, ist durch die Verformungen geprägt. Dabei sind sowohl die Verschiebungen der Obergurte der einzelnen Rippen, als auch die Winkeländerung des gesamten Schubfeldes von Bedeutung.

4.3.4 Bemessungskonzepte

4.3.4.1 Bemessungskonzept nach DIN 18 807 [16]

Im Teil 3 der DIN 18 807 werden allgemein Nachweise der Gebrauchs- und Tragsicherheit gefordert. Deutlich unterschieden wird zwischen den beiden Nachweisen aber nur für den Fall der Biegung. Die Gebrauchssicherheit soll in Übereinstimmung mit DIN 18 800 im folgenden Gebrauchstauglichkeit genannt werden.

Die Nachweise für Biegung und Normalkraft werden, wie auch in DIN 18 800, mit γ-fachen Einwirkungsgrößen geführt. Es gibt aber nur je einen globalen Sicherheitsbeiwert für Nachweise der Tragsicherheit und der Gebrauchstauglichkeit. Die mit den γ-fachen Einwirkungen ermittelten Schnittgrößen und Auflagerkräfte dürfen die aufnehmbaren Tragfähigkeitswerte nicht überschreiten. Die aufnehmbaren Tragfähigkeitswerte R_d sind für die einzelnen Profile in amtlich geprüften Tabellen zusammengestellt.

Der Nachweis würde mit den Bezeichnungen nach DIN 18 800 wie folgt aussehen:

$$\gamma \cdot S_k \leq R_d \tag{4-1}$$

Dabei steht S_k für die Summe der charakteristischen Einwirkungen.

Für die Tragsicherheit ist der Sicherheitsbeiwert $\gamma = 1{,}7$ und damit etwas größer als das Produkt $\gamma_F \cdot \gamma_M = 1{,}65$ nach den Abschnitten 7.2 und 7.3 von DIN 18 800 Teil 1. Wenn die Reststützmomente der Trapezprofile in Ansatz gebracht werden, ist die Bemessung mit dem Nachweisverfahren Plastisch–Plastisch vergleichbar.

Der Sicherheitsbeiwert für die Gebrauchstauglichkeit ist $\gamma = 1{,}3$. Diese Nachweise betreffen das Stegkrüppeln über den Zwischenstützen von Mehrfeldträgern, wenn die Tragsicherheit nur unter Ansatz von Reststützmomenten ausreichend ist. Sie werden in der Anpassungsrichtlinie [14] den Gebrauchstauglichkeitsnachweisen nach DIN 18 800 zugeordnet. In ihrer Bedeutung gehen sie aber etwas über diese hinaus, weil die Trapezprofile nach dem Stegkrüppeln dauerhaft geschädigt sind. Aus diesem Grund werden in der Anpassungsrichtlinie [14] die Teilsicherheitsbeiwerte γ_F für diese Gebrauchstauglichkeitsnachweise unter Berücksichtigung des hinzukommenden γ_M-Wertes gesondert festgelegt.

Als zusätzliche Gebrauchstauglichkeitsnachweise verlangt DIN 18 807 Teil 3 Abs. 3.3.4 Durchbiegungsbeschränkungen. Die Nachweise sind mit den einfachen Einwirkungen und den charakteristischen Werten der Steifigkeiten zu führen.

Die Grundlagen für die ersten Schubfeldberechnungen in den allgemeinen bauaufsichtlichen Zulassungen von 1971 legten *Steinhardt/Einsfeld* in [122]. Die heutige Form der Schubfeldbemessung wurde von *Schardt/Strehl* in [123] und [124] ausgearbeitet. Sie ist etwa seit 1973 in den deutschen Zulassungen verankert. Dieses Verfahren, das nach der Faltwerkstheorie für die vorhandenen Profilformen und Blechdicken zulässige Schubflüsse bestimmt, ist ohne Änderungen in die DIN 18 807 übernommen worden.

Die Nachweise werden deshalb mit den einfachen Einwirkungen in der Form

$$\text{vorh } S \leq \text{zul } R \tag{4-2}$$

geführt. Dabei stehen S und R für die Schubflüsse im betrachteten Schubfeldbereich.

Obwohl Schubfelder wesentlich zur Tragsicherheit von Gebäuden beitragen können, ist der Schubfeldnachweis für die Trapezprofile selbst kein Tragsicherheitsnachweis. Die Schubflüsse zul T_3 und zul T_2 ergeben sich aus Verformungsschranken. Der Schubfluß zul T_1 beinhaltet zwar ein Spannungskriterium, dennoch versagt bei weiterer Laststeigerung das Schubfeld nicht. Die vorgenannten Gebrauchstauglichkeitsnachweise sind immer gegenüber einem Tragsicherheitsnachweis für die Trapezprofile maßgebend. Daher kann letzterer entfallen.

Ein weiteres Berechnungsmodell für Trapezprofilschubfelder wurde von *Bryan/Davies* [126] ausgearbeitet. Dieses Modell, das auch das globale Schubbeulen und die Nachgiebigkeiten in den Verbindungen berücksichtigt, ist vorwiegend in den angelsächsischen und skandinavischen Ländern eingeführt. Ein Vergleich mit dem Modell nach *Schardt/Strehl* wird in [126] angestellt.

Die Tragsicherheit eines Schubfeldes ist in der Regel mit derjenigen der Verbindungen identisch. Dieses gilt sowohl für die Verbindungen der Trapezprofile miteinander, als auch für die mit der Unterkonstruktion. Die Umstellung der Verbindungselemente-Zulassung [94] auf das neue Bemessungskonzept ist mit dem Bescheid über die Änderung und Ergänzung vom 13. Juni 1997 geschehen. Die Umrechnung der immer noch tabellierten zulässigen Kräfte in charakteristische Widerstandsgrößen ist geplant.

4.3.4.2 Bemessungskonzept nach DIN 18 800 [13]

Das Bemessungskonzept nach DIN 18 800 Teil 1 soll hier nur insoweit dargestellt werden, als es für die Bemessung von Stahltrapezprofilen relevant ist.

Die Forderung

$$S_d \leq R_d \tag{4-3}$$

nach der die Beanspruchungen S_d die Beanspruchbarkeiten R_d nicht überschreiten dürfen, gilt auch schon in DIN 18 807. Der entscheidende Unterschied in DIN 18 800 liegt in den Teilsicherheitsbeiwerten, die es in DIN 18 807 nicht gibt. Mit ihnen werden die o. g. Bemessungswerte aus den charakteristischen Werten ermittelt.

Als charakteristische Werte der Einwirkungen F_k gelten die Werte der einschlägigen Normen über Lastannahmen. Die Bemessungswerte F_d der Einwirkungen sind die mit einem Teilsicherheitsbeiwert γ_F und gegebenenfalls mit einem Kombinationsbeiwert ψ multiplizierten charakteristischen Werte F_k der Einwirkungen:

$$F_d = \gamma_F \cdot \psi \, F_k \tag{4-4}$$

Den Kombinationsbeiwert $\psi < 1$ für das vergleichsweise seltene Zusammentreffen unterschiedlicher Einwirkungen könnte man bei der Trapezprofilbemessung für Einwirkungskombinationen mit „Wassersack" oder Schneeverwehungen verwenden (s. Abschnitte 6.4 und 6.5.1).

Bei den Tragsicherheitsnachweisen unterscheidet die DIN 18 800 die Teilsicherheitsbeiwerte $\gamma_F = 1{,}35$ für ständige Einwirkungen G und $\gamma_F = 1{,}5$ für veränderliche Einwirkungen Q.

Mit den Einwirkungskombinationen aus den Bemessungswerten G_d und Q_d berechnet man die Beanspruchungen S_d.

Die Bemessungswerte M_d der Widerstandsgrößen sind aus den charakteristischen Größen M_k der Widerstandsgrößen mittels Dividieren durch den Teilsicherheitsbeiwert γ_M zu berechnen:

$$M_d = M_k / \gamma_M \tag{4-5}$$

Der Übergang von den Bemessungswerten M_d der Widerstandsgrößen zu den Beanspruchbarkeiten R_d ist vom Einzelfall abhängig. Es kann z. B. mit der Fließspannung je nach Nachweisverfahren das elastische Grenzmoment oder das vollplastische Moment als Beanspruchbarkeit bestimmt werden.

Für den Tragsicherheitsnachweis bestimmt DIN 18 800 den Teilsicherheitsbeiwert allgemein mit $\gamma_M = 1{,}1$, wenn in anderen Fachnormen nichts anderes festgelegt ist.

4.3.4.3 Bemessungskonzept der Anpassungsrichtlinie [14]

Der Untertitel von [14] „Anpassungsrichtlinie zu DIN 18 800 Stahlbauten Teil 1 bis 4/11.90" bedeutet, daß Normen im Umfeld von DIN 18 800 Teile 1–4 dieser angepaßt werden, ohne daß für sie eine Neufassung erforderlich wird. In [98] „Stahlbaunormen – angepaßt" sind die entsprechenden Normen mit den Bestimmungen der Anpassungsrichtlinie an der jeweiligen Stelle abgedruckt.

Im Kapitel 4 „Anpassung der Fachnormen" sind unter Abschnitt 4.13 die Anpassungsbestimmungen für DIN 18 807 Teile 1–3 enthalten. Hier sollen nur die Festlegungen aus [14] besprochen werden, die sich auf die Bemessung der Stahltrapezprofile beziehen.

Grundsätzlich wird der globale Sicherheitsfaktor γ nach DIN 18 807 in Teilsicherheitsbeiwerte γ_F und γ_M aufgespalten und damit eine Anpassung an DIN 18 800 erreicht (s. Abschnitt 4.3.4.2). Der Nachweis (4-1) erhält also unter Beachtung von (4-3) mit den Teilsicherheitsbeiwerten die Form

$$\gamma_F \cdot S_k \leq R_k / \gamma_M \tag{4-6}$$

Die Anpassungsrichtlinie bestimmt, daß statt „aufnehmbare Tragfähigkeitswerte" R_d der Begriff „charakteristische Werte der Beanspruchbarkeiten" R_k einzusetzen ist. Aus formalen Gründen sei hier erwähnt, daß die Beanspruchbarkeiten in DIN 18 800 nur als Bemessungswerte definiert sind. Der Übergang von den charakteristischen Werten zu den Bemessungswerten ist nicht an beliebiger Stelle des Rechengangs vorgesehen. Im allgemeinen ist es im Fall linearer Zusammenhänge zwischen den Zustandsgrößen aber rechnerisch gleichgültig, wo die Teilsicherheitsbeiwerte eingefügt werden. Wenn dann Begriffe entstehen, die in DIN 18 800 nicht so existieren, gibt es trotzdem keine Unklarheiten. Dieser Sachverhalt wird auch in [97] benutzt und im Vorwort zur 2. Auflage verteidigt.

Die Kennzeichnung der Werte für Biege- und Normalkraftbeanspruchbarkeit als Bemessungswerte mit „d" geschah seinerzeit in DIN 18 807 wegen der Anwendung des globalen Sicherheitsbeiwerts. So konnte man formal $\gamma_M = 1{,}0$ auch für Tragsicherheitsnachweise vermeiden.

Im Sinne von DIN 18 800 sind die nach DIN 18 807 Teil 1 und 2 ermittelten Widerstandsgrößen aber charakteristische Werte, für die beim Übergang zu Bemessungswerten $\gamma_M = 1{,}1$ angewendet werden muß. Die rechnerische Ermittlung der Widerstandsgrößen nach DIN 18 807 Teil 1 enthält die Streckgrenze des Stahls mit dem charakteristischen Wert $f_{y,k}$. Die Widerstandsgrößen nach Teil 2 sind 5 %-Fraktilwerte der Versuchsergebnisse.

Tabelle 4-2 Zusammenstellung der Formelzeichen für charakteristische Widerstandsgrößen, deren Kennzeichnungen nach DIN 18 807 und nach Anpassungsrichtlinie [14] unterschiedlich sind

DIN 18 807 Text	DIN 18 807 Typenblätter	Anpassungs-richtlinie	Widerstandsgrößen
M_{dF}	M_{dF}	$M_{F,k}$	Feldmoment
R_A	$R_{A,T}$	$R_{A,T,k}$	Endauflagerkraft (Tragsicherheit)
R_A	$R_{A,G}$	$R_{A,G,k}$	Endauflagerkraft (Gebrauchstauglichkeit)
M_d, M_d^o	M_d^o	$M_{B,k}^o$	querkraftfreies Stützmoment
R_{dB}, R_B^o	–	$R_{B,k}^o$	momentenfreie Zwischenauflagerkraft
C	C	C_k	Interaktionsparameter
max M_B	max M_B	max $M_{B,k}$	maximales Stützmoment
max R_B	max R_B	max $R_{B,k}$	maximale Zwischenauflagerkraft
M_R	M_R	$M_{R,k}$	Reststützmoment
max M_R	max M_R	max $M_{R,k}$	maximales Reststützmoment
V_d	–	V_k	Querkraft
N_{dD}	–	$N_{D,k}$	Druckkraft
N_{dZ}	–	$N_{Z,k}$	Zugkraft

Die Kraftgrößen auf der Widerstandsseite nach DIN 18 807 müssen also mit „k" gekennzeichnet werden und zwar auch diejenigen, bei denen in der Norm das „d" fehlt (s. Tabelle 4-2). Rein geometrische Größen benötigen keine Kennzeichnung, da nach DIN 18 800 stets die Nennwerte eingesetzt werden. Die Streuungen werden bei zusammengesetzten Widerstandsgrößen den Werkstoffkennwerten zugeordnet.

Für die Schubfeldnachweise legt die Anpassungsrichtlinie [14] $\gamma_F = 1{,}0$ und $\gamma_M = 1{,}0$ fest. Das Nachweisverfahren bleibt also numerisch unverändert. Auf eine Umbenennung der Widerstandsgrößen zul T_i sollte man aus diesem Grund verzichten. Die Nachweisform (4-2) könnte formal umgeschrieben werden zu:

$$T_k \leq \text{zul } T_i \quad \text{mit } i = 1{,}2{,}3 \tag{4-7}$$

4.4 Kassettenprofile

4.4.1 Biegung mit Querkraft

Der kastenförmige Querschnitt einer Kassettenprofiltafel besteht aus dem breiten Untergurt (Boden), zwei Stegen und zwei schmalen Obergurten (s. Abschnitt 2.7). Die Obergurte sind an dem freien Längsrand nur durch ein Lippe versteift. Damit ist die Beulgefahr größer als bei Trapezprofilgurten, weil diese an beiden Seiten durch Stege gehalten sind. Die frei auslaufenden Gurte bei Trapezprofilen spielen wegen der Vielzahl der Rippen pro Tafel nur eine untergeordnete Rolle. Da die Obergurte der Kassettenprofile aber recht schmal sind, tragen sie in der Regel voll mit.

Entscheidender für das Tragverhalten auf Biegung ist das seitliche Ausweichen der Obergurte mit dem äußeren Teil der Stege. Dieser Gefahr begegnet man in der Praxis durch die Verbindungen der Obergurte mit der immer erforderlichen Außenschale. Diese Außenschalen bestehen in der Regel aus Trapezprofilen geringer Bauhöhe oder Wellprofilen. Ihre Schubsteifigkeit bzw. eine konstruktive Fixierung an den Enden verhindert das seitliche Ausweichen der Kassetten-Obergurte an den Verbindungsstellen. Wegen der Gefahr des Ausweichens zwischen den Verbindungen sind deren Abstände in Spannrichtung der Kassettenprofile ein wichtiger Konstruktions- und Bemessungsparameter.

Gerät der breite Untergurt der Kassettenprofile durch Biegung unter Druckspannungen, beult dieser in jedem Fall aus. Anders als bei Trapezprofilen können auch Längssteifen (Sicken und Versätze) nicht erzwingen, daß die gesamte Breite mitträgt. Da die Widerstandsgrößen ausschließlich durch Versuche ermittelt werden, ist dieses automatisch in den Ergebnissen enthalten. Auch bei Zugspannungen im breiten Untergurt entzieht sich dieser zum großen Teil der Mitwirkung.

Planmäßige Normalkraftbeanspruchungen sind bei Kassettenprofilen nicht zulässig.

4.4.2 Schubfelder

Das Tragverhalten eines Schubfeldes aus Kassettenprofilen wird bestimmt durch das Schubbeulen der breiten Untergurte der einzelnen Kassettenprofiltafeln und durch die Tragfähigkeit der Verbindungen der Kassettenprofile untereinander und mit der Unterkonstruktion. Globales Beulen des gesamten Schubfeldes tritt im realistischen Parameterbereich nicht auf. Diese Erkenntnisse wurden durch Versuche und theoretische Berechnungen an der Universität Karlsruhe gewonnen [134].

Die Versuche haben gezeigt, daß der maximale Schubfluß in den Schubfeldern immer durch das Versagen der Verbindungen begrenzt wird. Dieses tritt selbst dann ein, wenn die Verbindungen gegenüber der allgemeinen Baupraxis stark überbemessen sind.

Es treten zwar über die Sicken und Versätze hinweg deutliche elastische Schubbeulen im breiten Untergurt auf, ein Versagen des dann ausgebildeten Zugfeldes wird aber nicht erreicht. Da die Schubsteifigkeit einer Scheibe mit Randträgern infolge der Zugfeldtheorie nach Überschreiten des kritischen Schubflusses noch zunimmt, kann die Schubverformung in den breiten Untergurten bei der Ermittlung der Winkeländerung des Schubfeldes vernachlässigt werden.

4.4.3 Bemessungskonzepte

Weil die Kassettenprofile seit Mai 2001 (siehe [18]) in den Anwendungsbereich der DIN 18 807 gehören, gilt auch das dort beschriebene Bemessungskonzept für Biegung mit Querkraft unter Beachtung der Anpassungsrichtlinie (s. Abschnitte 4.3.4.1 und 4.3.4.3). Das Nachweisverfahren Plastisch–Plastisch unter Ansatz von Reststützmomenten ist aber nicht zulässig. Die planmäßige Beanspruchung der Kassettenprofile durch Normalkräfte ist ebenfalls ausgeschlossen.

Die Schubfeldbemessung unterscheidet sich deutlich von der für Trapezprofile. Sowohl in den allgemeinen bauaufsichtlichen Zulassungen mit einem Ausgabedatum nach 1993 als auch in der Normänderung A1 [18] zu DIN 18 807 ist ein Bemessungskonzept angegeben, welches mit charakteristischen Schubflüssen arbeitet. Auf der Widerstandsseite sind zwei charakteristische Schubflüsse rechnerisch zu ermitteln. Sie werden bestimmt durch die Tragfähigkeit der Verbindungen der Kassettenprofile untereinander einerseits und durch die Steifigkeit des breiten Untergurtes gegen Schubbeulen andererseits.

Die Schubfeldsteifigkeit des gesamten Schubfeldes wird allein durch die Nachgiebigkeit der Verbindungen zwischen den Kassettenprofilen bestimmt.

4.5 Stahlprofildecken

4.5.1 Allein tragende Trapezprofile

Die Trapezprofile sind das lastabtragende Bauelement bei diesem Deckenaufbau. DIN 18 807 Teil 3 regelt nur diesen Fall. Es wird unterschieden zwischen Decken ohne und mit ausreichender Lastquerverteilung. Decken mit sogenanntem trockenen Aufbau gelten in allen Fällen als Decken ohne ausreichende Querverteilung. Das Tragverhalten der Trapezprofile in diesen Decken wird dem in Dächern gleichgestellt. Einzellasten dürfen höchstens auf drei Rippen verteilt werden.

Trapezprofile in einer Decke mit ausreichender Querverteilung müssen nach DIN 18 807 grundsätzlich mit Beton mindestens der Betonfestigkeitsklasse B 15 nach DIN 1045, Juli 1988, ausbetoniert sein. Bei Beton nach neueren Normen muß dieser Wert entsprechend umgedeutet werden. Außerdem muß die Betonüberdeckung der Trapezprofilobergurte mindestens 50 mm betragen. Die Trapezprofile dürfen wegen der besseren Betonhaftung oberseitig nicht beschichtet sein. Im anderen Fall kann die ausreichende Querverteilung durch eine Bewehrung rechtwinklig zur Spannrichtung der Trapezprofile hergestellt werden. Ist eine ausreichende Querverteilung nachgewiesen, läßt DIN 18 807 eine günstigere Verteilung von Einzellasten zu und die Verkehrslast in Wohnräumen darf nach DIN 1055 Teil 3 abgemindert werden.

Für die Nachweise der Trapezprofile gelten die Regeln wie für Trapezprofile allein. Bei ausbetonierten Trapezprofilrippen ist sicher eine Erhöhung der charakteristischen Auflagerkräfte vorhanden. Diese darf aber ebensowenig wie die günstigere Interaktion von Biegemoment und Auflagerkraft an Zwischenauflagern rechnerisch berücksichtigt werden, weil bisher keine Untersuchungen darüber vorliegen.

4.5.2 Trapezprofile als verlorene Schalung

Werden Trapezprofile als verlorene Schalung eingesetzt, ist der einzige Lastfall der Frischbeton mit der vorgeschriebenen Betonierverkehrslast nach DIN 4421. Die Trapezprofile werden danach mit abgestuften Flächenlasten bemessen.

Zu beachten ist beim Betonieren die Empfindlichkeit der Trapezprofile gegen Einzellasten. Auf jeden Fall müssen die Grenzstützweiten für das Begehen durch Einzelpersonen eingehalten werden (s. Abschnitt 5.1.3.5). Wird der Beton auf den verlegten Trapezprofilen transportiert, muß für lastverteilende Maßnahmen gesorgt werden. Trotzdem ist der Transport von größeren Einheiten zu vermeiden.

Nach dem vollständigen Abbinden des Betons hat dieser alle Einwirkungen aus Eigen- und Verkehrslasten aufzunehmen. Die Tragwirkung der Trapezprofile wird dann nicht mehr berücksichtigt. Es gelten die Bemessungsregeln für Stahlbetondecken bzw. Stahlbetonrippendecken.

4.5.3 Verbundlose Additiv-Decke

Die beiden Einzeltragfähigkeiten des Trapezprofils und des Stahlbetons werden in konsequenter Anwendung des Traglastgedankens addiert. Die Gesamtlast wird den beiden übereinanderliegenden Bauteilen gemeinsam zugewiesen. Dieses Prinzip wurde erstmals 1984 von *H. Schmitt* vorgestellt (siehe [181]). Eine direkte Addition der Beanspruchbarkeiten der beiden Deckenbauteile ist natürlich nur zulässig, wenn die Lastverformungskurven zueinander passen. Trapezprofil und Stahlbetonplatte müssen dann entweder bei etwa gleicher Durchbiegung ihr Lastmaximum erreichen, oder dasjenige der beiden Bauteile, das sein Lastmaximum eher erreicht, muß duktil genug sein, um seinen Lastanteil bei weiterer Durchbiegung so lange zu tragen, bis auch das andere Bauteil sein Maximum erreicht. Daß sich die Tragfähigkeitsaddition einstellt, ist für jede Trapezprofilgeometrie konkret durch Traglastversuche nachzuweisen. Für ein eigens zu diesem Zweck hergestelltes „Stuttgarter Trapezprofil“ ist die Zulässigkeit der Tragfähigkeitsaddition im Forschungsbericht [182] dokumentiert.

Da die Stahltrapezprofile für Dächer und Wände aber für die Herstellung von solchen Decken aus konstruktiven Gründen nicht optimal sind, obwohl sie die o. g. Forderung wahrscheinlich auch erfüllen würden, ist der Einsatz von Additiv-Decken mit herkömmlichen Trapezprofilen nicht verbreitet. Eine Ausnahme bildet die in konstruktiven Details patentierte Hoesch Additiv Decke®. Das verwendete sehr breite einrippige Trapezprofil ist wirtschaftlich sowohl als Dachprofil als auch für die speziell von Hoesch entwickelte Deckenart einsetzbar. Die Entwicklung eines speziellen Deckenprofils hat sich als nicht wirtschaftlich erwiesen. Die Hoesch Additiv Decke® ist als Bauart mit dem Zulassungsbescheid [89] allgemein bauaufsichtlich zugelassen.

4.5.4 Stahlprofilverbunddecken

Wenn Trapezprofile und Beton durch geeignete konstruktive Maßnahmen schubfest miteinander verbunden werden, kann die Bemessung als zusammenwirkende Verbundplatte erfolgen. Die Trapezprofile können dann als Teil der Bewehrung angesehen werden. Solche Stahlprofilverbunddecken werden durch allgemeine bauaufsichtliche Zulassungen geregelt. Der Grund dafür ist die Notwendigkeit, die Nachgiebigkeit des Verbundes durch Versuche zu testen. In den meisten Fällen ist kein starrer Verbund vorhanden.

Die konstruktiven Maßnahmen für den Verbund zwischen Stahlblech und Beton sind sehr vielfältig und lassen sich in Flächenverbund und Endverankerung unterteilen. Die in der Praxis realisierten Systeme weisen fast immer eine Kombination der beiden Möglichkeiten auf.

Beim Flächenverbund unterscheidet man zwischen Reibungsverbund und mechanischen Verbundmitteln, wie Noppen oder Quersicken. Der Reibungsverbund ist nur bei hinterschnittenen Profilen (Schwalbenschwanz-Profile) nutzbar. Während bei normalen Trapezprofilen nach Überschreiten der Haftreibung, die sehr spröde und in stark schwankender Größe wirkt, das Blech sich praktisch komplett vom Beton lösen kann, tritt bei den Schwalbenschwanz-Profilen ein Klemmeffekt ein. Die Größe der verbleibenden Reibung wird durch Versuche ermittelt.

Die mechanischen Verbundmittel für den Flächenverbund werden meist bei der Herstellung der Profilbleche durch Einprägen von Noppen oder Sicken oder Einstanzen von Löchern erzeugt. Die Wirkungsweise ist stark abhängig von der Profilgeometrie und der Form der Vertiefungen. Die übertragbaren Schubkräfte müssen daher auch durch experimentelle Untersuchungen ermittelt werden.

Als Endverankerungen dienen in der Regel Kopfbolzendübel, die auch gleichzeitig den Trägerverbund herstellen. Werden die Kopfbolzendübel durch die Profilbleche aufgeschweißt, wirken sie direkt als Endanker. Im anderen Fall müssen die Verbindungen der Profilbleche mit den Trägern für die Kräfte aus der Endverankerung bemessen werden. Außerdem ist es möglich, durch Herunterdrücken der Profilblechrippen am Querrand der Profiltafeln eine Endverankerung zu erreichen. Gibt es außer der Endverankerung keinen weiteren flächig oder kontinuierlich wirkenden Verbund, wirkt das Profilblech wie ein Zugband. Im anderen Fall ähnelt das Verbundverhalten dem einer Betonstahlbewehrung mit Endhaken.

4.6 Sandwichelemente

4.6.1 Allgemeines

Die Sandwichelemente sind wie die Trapezprofile und Kassettenprofile flächige Bauelemente vorwiegend für Außenwände und Dächer. Die Bezeichnung Sandwich soll zum Ausdruck bringen, daß es sich um Verbundplatten aus mehreren miteinander verbundenen Schichten unterschiedlicher Eigenschaften handelt. Durch eine zweckmäßige Auswahl und Zusammensetzung der einzelnen Schichten können Verbundplatten mit hervorragenden statischen und bauphysikalischen Eigenschaften hergestellt werden. Die im Bauwesen vorwiegend verwendeten Sandwichelemente mit zwei Deckschichten aus Metall, hauptsächlich aus oberflächenveredeltem Stahlblech, und einer Kernschicht aus Polyurethan-Hartschaumstoff sind seit längerer Zeit allgemein bauaufsichtlich zugelassen [91]. Sandwichelemente mit anderen Deckschichten, z. B. Aluminium und Kernwerkstoffen, z. B. Mineralfaser (Beschreibung anderer Elemente s. Abschnitt 2.9) haben ähnliche statische und bauphysikalische Eigenschaften und sind in den meisten Fällen auch bauaufsichtlich zugelassen [91].

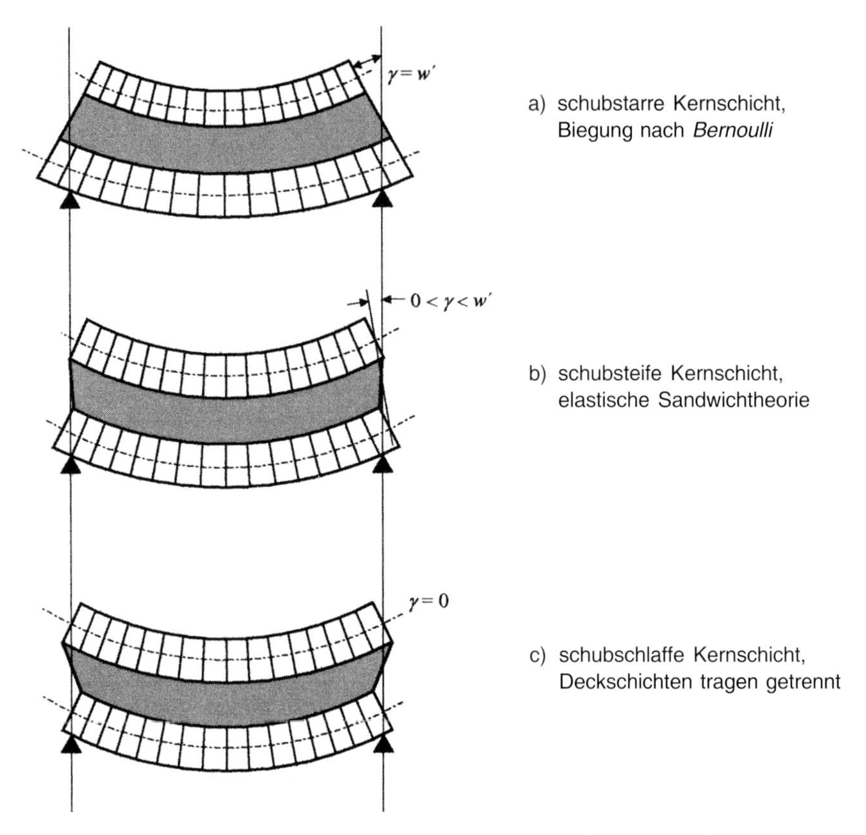

Bild 4-3 Tragverhalten von Sandwichelementen mit biegesteifen Deckschichten

Anders als bei den Bauelementen aus Stahlblech ist bei Sandwichelementen die Wärmedämmung integriert. Die zweite Aufgabe der Kernschicht ist die zug- und schubfeste Verbindung der Deckschichten. Dadurch entsteht das für Sandwichelemente charakteristische Tragverhalten. Die Deckschichten werden durch die Kernschicht ausgesteift und miteinander schubsteif verbunden. Die Schubsteifigkeit der Kernschicht ist aber in der Regel nicht so groß, daß die Schubverformungen bei der statischen Berechnung vernachlässigbar sind. Der *Steiner*-Anteil der Deckschichten am Gesamtträgheitsmoment des Sandwichelementes kommt dadurch nicht voll zur Wirkung. Die Biegesteifigkeit und Tragfähigkeit der Sandwichelemente ist aber trotzdem im Verhältnis zu ihrem Eigengewicht erstaunlich hoch.

Das prinzipielle Tragverhalten von Verbundträgern zeigt Bild 4-3. Das Bild 4-3 a zeigt die Verformung eines Biegeträgers mit schubstarren Schichten. Alle Querschnittsteile bleiben eben und rechtwinklig zur Biegelinie. Im Bild 4-3 b ist das Verhalten realer Sandwichelemente dargestellt. Es entstehen deutliche Schubverformungen in der Kernschicht. Der Gesamtquerschnitt ist nicht mehr eben und hat eine kleinere Neigung als die Biegelinie. Der Grenzfall, daß die Kernschicht der Schubverformung keinen Widerstand entgegensetzt, ist im Bild 4-3 c dargestellt. Die Kernschicht hält den Abstand der biegesteifen Deckschichten konstant. Sie tragen jede für sich getrennt einen Teil der Belastung. Bei Sandwichelementen mit nur einer biegesteifen Deckschicht ergibt sich das Verhalten analog für den Fall, daß man im Bild 4-3 jeweils eine der Deckschichten auf ihre Schwerlinie schrumpfen läßt. Diese hat danach keine eigene Biegesteifigkeit.

Obwohl die Sandwichelemente im Bauwesen mit einer Breite von meistens 1,00 m und mit vorwiegenden Dicken von 40 bis 100 mm ein plattenartiges Bauelement sind, werden sie als Sandwichbalken berechnet. Dieses ist gerechtfertigt, weil die Querdehnung in den Deckschichten durch die relativ geringe Schubsteifigkeit der Kernschicht nicht wesentlich behindert wird. Außerdem sind die Bauelemente in den meisten Fällen nur quer zur Längsrichtung aufgelagert und tragen deshalb die Lasten nur in diese Richtung ab. Eine Lastabtragung in Querrichtung über die Längsfugen hinweg ist konstruktiv praktisch ausgeschlossen.

Da die Kernschicht die beiden Deckschichten thermisch sehr gut trennt, stellen sich je nach Innen- und Außentemperatur am Gebäude unterschiedliche Deckschichttemperaturen ein. Gravierend sind diese Temperaturunterschiede, wenn die Sandwichelemente von der Sonne beschienen werden oder wenn sie die Außenwand eines Tiefkühlhauses bilden. Die Wärmedehnungsdifferenzen in den Deckschichten bewirken Krümmungen des Sandwichelementes und bei Behinderung dieser Verformungen auch Schnittgrößen und Spannungen. Der Zwängungsfall tritt bei Sandwichelementen mit biegesteifer Deckschicht schon bei äußerlich statisch bestimmter Lagerung auf, weil das Trägheitsmoment der Deckschicht eine Krümmung nicht ohne Spannungen zuläßt. Größere Spannungen entstehen durch Temperaturunterschiede in den Deckschichten bei statisch unbestimmten Systemen. Diese Zwängungsspannungen müssen auch bei Sandwichelementen mit biegeweichen Deckschichten berücksichtigt werden, im Kühlhausbau sind sie bemessungsbestimmend.

Eine weitere Besonderheit im Tragverhalten der Sandwichelemente wird durch das Kriechen des Kernschichtmaterials unter Einwirkung von Dauerlasten hervorgerufen. Kunststoffe zeigen allgemein die Eigenart, zusätzlich zur anfänglichen, rein elastischen Verformung auch bei konstanter Belastung mit fortschreitender Zeit ihre Verformung ständig zu vergrößern. Dieses gilt auch für den Klebstoffanteil in den Mineralfaserkernschichten. Da in der hier angewandten Sandwichtheorie die Kernschicht nur durch Schubspannungen beansprucht wird, muß nur reines Schubkriechen berücksichtigt werden. Dieses bewirkt bei Sandwichelementen mit biegesteifer Deckschicht schon bei statisch bestimmten Systemen eine Umlagerung der Teilschnittgrößen im Querschnitt. Bei statisch unbestimmten Systemen entsteht zusätzlich eine Änderung der Stützmomente und damit auch der Gesamtschnittgrößen entlang des ganzen Trägers. Letzteres ist auch bei Sandwichelementen mit ebenen Deckschichten der Fall.

Die Anwendung und Berechnung der Sandwichelemente ist in allgemeinen bauaufsichtlichen Zulassungen [91] geregelt.

4.6.2 Sandwichelemente mit ebenen oder schwach profilierten (biegeweichen) Deckschichten

Sandwichelemente mit zwei ebenen oder schwach profilierten Deckschichten nehmen das Biegemoment durch Normalkräfte in den Deckschichten und die Querkraft durch Schubspannungen in der Kernschicht und dessen Verbund mit den Deckschichten auf. Die Schubverzerrungen in der Kernschicht dürfen bei der Berechnung der Verformungen, auch bei denen zur Bestimmung der statisch unbestimmten Kraftgrößen, nicht vernachlässigt werden. Die Sandwichelemente versagen entweder durch Knittern (Stabilitätsversagen) der gedrückten, elastisch gebetteten Deckschicht oder durch Schubbruch der Kernschicht. Die Auflagerpressung ist ein zusätzliches Bemessungskriterium.

Das oben beschriebene Tragverhalten entsteht durch die geringe Dehnsteifigkeit der Kernschicht im Vergleich zu den Dehnsteifigkeiten der Deckschichten. Da andererseits die Deckschichten wegen ihrer geringen Dicke wie Membranen wirken, nehmen sie auch keine Querkräfte auf und sind so gegenüber der Kernschicht als schubweich anzusehen.

Damit die Kernschicht ihre beiden Hauptaufgaben, nämlich Schubübertragung und Stabilisierung der Deckschichten, voll übernehmen kann, müssen die Verbindungen zwischen Deckschichten und der Kernschicht ausreichend fest sein. Nach Möglichkeit soll die Schub- und Zugfestigkeit der Verbindungen diejenigen des Kernmaterials übertreffen, damit die Traglast der Sandwichelemente nicht durch die Güte der Verbindung bestimmt wird. Diese Forderung ist durch das Anschäumen der Deckschichten mit Polyurethanschaum praktisch immer erfüllt.

Durch die getrennte Aufnahme von Biegemoment und Querkraft von den Deckschichten und der Kernschicht, reicht es zur Bestimmung der Spannungen aus, diese Schnittgrößen zu kennen. Bei der Berechnung nach den üblichen Verfahren sind aber zur Ermittlung der Verformungsgrößen die Schubgleitungen der Kernschicht zu berücksichtigen. Genauer wird die Schnittgrößenermittlung in Abschnitt 7.3.2 beschrieben.

4.6.3 Sandwichelemente mit einer trapez-profilierten (biegesteifen) Deckschicht

Besteht eine der Deckschichten aus einem Trapezprofil, kommt zum oben beschriebenen Verbundquerschnitt ein biegesteifer Teilquerschnitt hinzu. Die Schnittgrößen verteilen sich in diesem Fall anders. Ein Teil des gesamten Biegemomentes und der gesamten Querkraft wird direkt von der profilierten Deckschicht durch Eigenbiegung aufgenommen, der verbleibende Rest aktiviert die Sandwichwirkung. Es entsteht zusätzlich zum Biegemoment in der profilierten Deckschicht eine Normalkraft, die mit der entgegengesetzt gleich großen in der ebenen Deckschicht ein Kräftepaar bildet. Dieses Kräftepaar ergibt, multipliziert mit dem Schwerpunktsabstand, das Sandwichmoment.

Der Querkraftanteil in der Kernschicht ruft eine gegenseitige Verschiebung der Deckschichten hervor, die bei den Berechnungen als Schubwinkel berücksichtigt werden muß. Dagegen kann der Trapezprofilquerschnitt als schubstarr angesehen werden. Dieses bedeutet, daß solche Sandwichelemente nur noch in einem Teil der Hypothese vom Ebenbleiben der Querschnitte nach *Bernoulli* folgen.

Durch die oben beschriebene gegenseitige Beeinflussung der Querschnittsteile mit unterschiedlichen Biege- und Schubsteifigkeiten müssen zur Beschreibung der Biegelinie zwei gekoppelte Differentialgleichungen für die Durchsenkung und den Schubwinkel aufgestellt werden. Die Lösungen enthalten nicht – wie in der technischen Biegelehre üblich – nur Polynome, sondern auch Exponentialfunktionen und sind entsprechend aufwendiger in der Anwendung. Die Schnittgrößenermittlung nach der linearen Sandwichtheorie wird im Abschnitt 7.3.3 genau beschrieben.

4.6.4 Bemessungskonzept

Die Bemessung der Sandwichelemente für Biegebeanspruchung ist in allgemeinen bauaufsichtlichen Zulassungen [91] festgelegt. Dort sind auch die Widerstandsgrößen in Form von Steifigkeiten und Bemessungsgrenzwerten angegeben. Die Schnittgrößen sind danach mit der linearen Sandwichtheorie zu ermitteln. Neben den Einwirkungen aus äußeren Lasten sind auch Zwängungen aus Temperaturunterschieden der Deckschichten und Schnittgrößenumlagerungen durch Schubkriechen des Kernschichtmaterials zu berücksichtigen.

Es wird unterschieden zwischen den Standsicherheits- und Gebrauchsfähigkeitsnachweisen. Im folgenden werden in Übereinstimmung mit DIN 18 800 die Bezeichnungen Tragsicherheits- und Gebrauchstauglichkeitsnachweis benutzt. Bei den Tragsicherheitsnachweisen wird unterstellt, daß sich vor Erreichen der Traglast an den Zwischenstützen von Mehrfeldträgern Momentengelenke gebildet haben. Diese entstehen durch Beulen oder Knittern der Deckschichten.

Die Tragsicherheitsnachweise werden also an einer Kette von Einfeldträgern geführt, auch wenn die Sandwichelemente als Durchlaufträger verlegt sind. Die Nachweise werden im allgemeinen mit Spannungen geführt. Das Bemessungskonzept sieht für diese Nachweise Teilsicherheitsbeiwerte vor. Die Spannungen aus den einfachen Einwirkungen werden mit unterschiedlichen Teilsicherheitsbeiwerten multipliziert. Es werden die äußeren Lasten aus Wind und Schnee stärker bewertet als Zwängungen aus Temperaturdifferenzen und Umlagerungen durch das Schubkriechen der Kernschicht. Auch gibt es gesonderte Beiwerte für die Lastfallkombinationen aus Wind und Temperaturdifferenzen im Sommer und im Winter.

Die Gebrauchstauglichkeitsnachweise sollen sicherstellen, daß die oben genannten Momentengelenke an den Zwischenstützen von Durchlaufträgern nicht entstehen. Es müssen also die Spannungen aus allen ungünstigen Einwirkungskombinationen am statisch unbestimmten System ermittelt werden. Die Teilsicherheitsbeiwerte auf der Einwirkungsseite sind dafür recht niedrig angesetzt.

Für die Widerstandsseite werden in den Zulassungen [91] unterschiedliche Werte für die Spannungen in Abhängigkeit von der Art des Nachweises, der Stelle in der Konstruktion, der Kernschichttemperatur im Einwirkungsfall und der Dauer der Belastung vorgeschrieben. Diese Bestimmungen sind nicht einheitlich dargestellt. Zum Teil sind unterschiedliche Spannungen für die verschiedenen Situationen direkt in Tabellen angegeben, oder es werden Abminderungsfaktoren oder Teilsicherheitsbeiwerte angegeben. Wenn nichts näheres bestimmt ist, sind die Widerstandsgrößen als Bemessungswerte aufzufassen.

Im Prinzip kann man die geforderten Nachweise wie üblich schreiben:

$$\gamma_F \cdot S_k \leq R_k / \gamma_M \tag{4-8}$$

mit

S_k Spannungen aus den einfachen Einwirkungen
R_k Spannungen der Widerstandsseite aus den Zulassungen [91]
$\gamma_F = 1{,}85$ für Spannungen aus äußeren Einwirkungen beim Tragsicherheitsnachweis
$\gamma_F = 1{,}3$ für Spannungen aus temperaturbedingten Zwängungen beim Tragsicherheitsnachweis
$\gamma_F = 1{,}3$ für Spannungsumlagerungen durch Schubkriechen beim Tragsicherheitsnachweis
$\gamma_F = 1{,}1$ für Spannungen beim Gebrauchstauglichkeitsnachweis
γ_M ist häufig 1,0, aber von vielen Einflüssen abhängig auch größer

Zum Teil werden auch Kombinationsbeiwerte $\psi < 1$ zugelassen. Anders als in DIN 18 800 reduziert der Wert ψ in den Zulassungen [91] aber nicht die gesamte Einwirkungskombination sondern nur eine Einwirkung. Er ist entweder in den Nachweisformeln angegeben oder im begleitenden Text ohne Formelzeichen genannt. Gleiches gilt für den Teilsicherheitsbeiwert γ_M, der in den Nachweisformeln auch η genannt wird. Die Besonderheiten der erforderlichen Nachweise werden in Abschnitt 8.3 ausführlich beschrieben.

4.6.5 Normalkraft

Die Tragwirkung mit einer Normalkraft ist für Sandwichelemente in den Zulassungen [91] nicht vorgesehen. Es ist aber möglich, den Sandwichelementen in gewissem Umfang die Aufnahme von Normalkräften zuzuweisen. Dabei sollte man aber bedenken, daß ein Stabilitätsversagen sowohl als Knittern der Deckschichten als auch durch Ausknicken des ganzen Bauteils schwerwiegendere Folgen haben kann als das Versagen eines Biegeträgers.

Rechnerisch kann man in den Deckschichten die Spannungen aus Normalkraft denen aus der Biegung überlagern. Auch die kritische Kraft für das Ausknicken des ganzen Bauteils unter Beachtung der Schubverformungen in der Kernschicht ist relativ einfach (siehe [140]). Verwendet man zum Beispiel Sandwichelemente als tragende Wände, haben sie möglicherweise recht hohe Normalkräfte als Dauerlast aufzunehmen. Man muß dann die zusätzlichen Schubverformungen durch Kriechen berücksichtigen. Abgesehen von den rechnerischen Schwierigkeiten, muß man sich in solchen Fällen fragen, wie zuverlässig die Angaben der Kriechbeiwerte in den Zulassungen [91] sind. Die Angaben sind aus Versuchen für eine bestimmte Lastdauer hochgerechnete Werte.

Aus den vorgenannten Gründen sind die Autoren der Ansicht, daß sich die Durchleitung von Normalkräften auf die Fälle beschränken sollte, bei denen diese Kräfte in der Bemessung eine untergeordnete Rolle spielen und keine Dauerlasten beteiligt sind. Dieses kann z. B. beim Weiterleiten von Windlasten zum nächsten Verband der Fall sein. Außer den o. g. Bedenken ergeben sich beim Einleiten größerer Normalkräfte in die dünnen Deckschichten konstruktive Schwierigkeiten.

4.6.6 Schubfeld

Der Einsatz von Schubfeldern aus Sandwichelementen ist in den Zulassungen [91] nicht geregelt. Der Grund dafür ist, daß bisher kein Antragsteller die Aufnahme der Schubfeldwirkung in die Zulassung beantragt hat. Daß Sandwichelemente als Schubfelder wirken können, ist schon 1994 in zwei Forschungsvorhaben berichtet worden (siehe [149, 150]). Übereinstimmend wird dort berichtet, daß die Sandwichelemente selbst sehr schubsteif sind. Ihre Verformungen können gegenüber denen der Verbindungen mit Unterkonstruktionen und in den Längsfugen vernachlässigt werden. In diesem Punkt unterscheiden sich Schubfelder aus Sandwichelementen von denen aus Trapezprofilen. Während bei den Trapezprofilen die Profilverformungen dominieren, sind die ebenen oder quasi-ebenen Deckschichten der Sandwichelemente sehr schubsteif (s. Bild 4-4). Auch Trapezprofile als Deckschicht von Sandwichelementen zeigen nicht die typischen Profilverformungen durch Schubkräfte, weil sie durch die Kernschicht ausreichend ausgesteift sind.

Ein globales Versagen der Sandwichelemente durch Schubkräfte konnte in den Versuchen nicht erzwungen werden. Auch lokales Schubbeulen der ebenen Deckschichten wurde nur durch einen so hohen Verbindungsaufwand mit der Unterkonstruktion erreicht, wie er in der Baupraxis nicht realisierbar ist. Es kann also davon ausgegangen werden, daß sowohl die Schubsteifigkeit als auch die Tragfähigkeit von Schubfeldern aus Sandwichelementen allein durch die Verbindungen bestimmt wird. Diesen Verbindungen muß also bei der Anwendung von Schubfeldern aus Sandwichelementen besondere Aufmerksamkeit geschenkt werden. Die Sandwichelemente müssen an allen Schubfeldrändern mit der Unterkonstruktion verschraubt werden. Verdeckte Klemmverbindungen sind nicht geeignet. Auch verdeckte Verschraubungen an den Längsrändern, die nur ein Element durchdringen und das Nachbarelement dadurch festklemmen, reichen nicht aus.

Größere Schubfelder aus Sandwichelementen benötigen Verbindungen der Elemente miteinander, also solche in den Längsfugen. Dieses ist bei Wandelementen konstruktiv meistens nicht vorgesehen. Auch bei Dachelementen werden diese Verbindungen wegen der erforderlichen Durchdringung der Dachhaut möglichst vermieden. Schubfelder mit verschieblichen Längsfugen haben i. a. eine zu kleine Schubsteifigkeit.

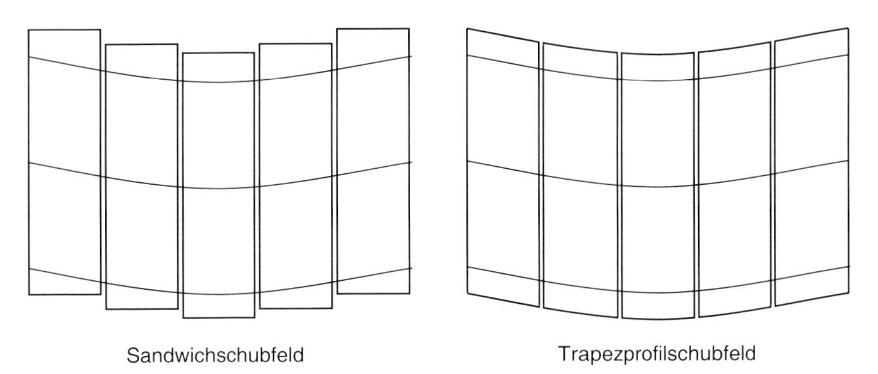

Bild 4-4 Verformungsverhalten von Schubfeldern

Fach-
literatur
auf
hohem
Niveau
Ernst & Sohn
A Wiley Company
www.ernst-und-sohn.de
© Foto: Fried. Krupp AG/Hoesch-Krupp.
0832208б_my

5 Widerstandsgrößen und Beanspruchbarkeiten

5.1 Trapezprofile

5.1.1 Allgemeines

Die DIN 18 807 beschreibt keine genormten Profile, sondern die Methoden zur Ermittlung der Beanspruchbarkeiten von Trapezprofilen, deren Formen in weiten Grenzen frei wählbar sind.

Als Widerstandsgrößen der Trapezprofile gelten i. a. querschnittsbezogene Werte. Diese Werte werden für Biegung mit Querkraft im Regelfall durch Bauteilversuche nach DIN 18 807 Teil 2 unter Anwendung der „Grundsätze für den Nachweis der Standsicherheit von Stahltrapezprofilen" [19], im Ausnahmefall auch durch Berechnung nach Teil 1, gewonnen. Es handelt sich um Beanspruchbarkeiten in Form von Biegemomenten, Auflagerkräften, Trägheitsmomenten und Grenzstützweiten für die Begehbarkeit. Die Werte für Normalkraftbeanspruchbarkeit werden nach Teil 1 berechnet, für Drucknormalkraft in Abhängigkeit von der Knicklänge. Bei den vorgenannten Werten handelt es sich um charakteristische Werte für die Widerstandsgrößen. Die Widerstandsgrößen können hier auch charakteristische Beanspruchbarkeiten genannt werden, weil in den Tragsicherheits- und Gebrauchstauglichkeitsnachweisen diese Werte direkt verwendet werden.

Nach DIN 18 800 sind zwar nur die Bemessungswerte der Widerstandsgrößen mit den Beanspruchbarkeiten vergleichbar, weil es dort keine charakteristischen Beanspruchbarkeiten gibt. Wenn die Anpassungsrichtlinie [14] von diesen charakteristischen Beanspruchbarkeiten spricht, liegt der Grund darin, daß es bei Trapezprofilen zwischen Widerstandsgrößen und Beanspruchbarkeiten keinen mechanischen Unterschied gibt. Im folgenden soll von Widerstandsgrößen gesprochen werden, wenn die charakteristischen Werte gemeint sind.

Die Widerstandsgrößen der Schubfelder werden nach *Schardt/Strehl* [123, 124] berechnet und sind zulässige Schubflüsse im herkömmlichen Sinne. Die zulässigen Kräfte für die Einleitung von Einzellasten in Richtung der Profilrippen sind aus Versuchen für bestimmte Profilgruppen gewonnen worden und in DIN 18 807 Teil 3 tabellarisch festgeschrieben.

Die Daten der einzelnen Stahltrapezprofile sind in Typenblättern zusammengestellt, die i. a. Bestandteil eines amtlich geprüften Typenentwurfs sind und somit als sichere Grundlage für die Bemessung herangezogen werden können. Werden zur Ermittlung der Widerstandsgrößen für Biegung von einer anerkannten Prüfanstalt Versuche durchgeführt, so stellt in neuerer Zeit diese ein allgemeines bauaufsichtliches Prüfzeugnis aus. Darin ist die Prüfung der rechnerischen Auswertung der Daten durch ein Prüfamt für Baustatik enthalten. Die Bilder 5-1 und 5-2 stellen die Typenblätter gemäß DIN 18 807 [16] dar. Die Daten sind auch unter Beachtung der Anpassungsrichtlinie [14] gültig. Im Typenblatt Bild 5-2 müssen nur die Formelzeichen der Widerstandsgrößen wie in Tabelle 4-2 umbenannt werden.

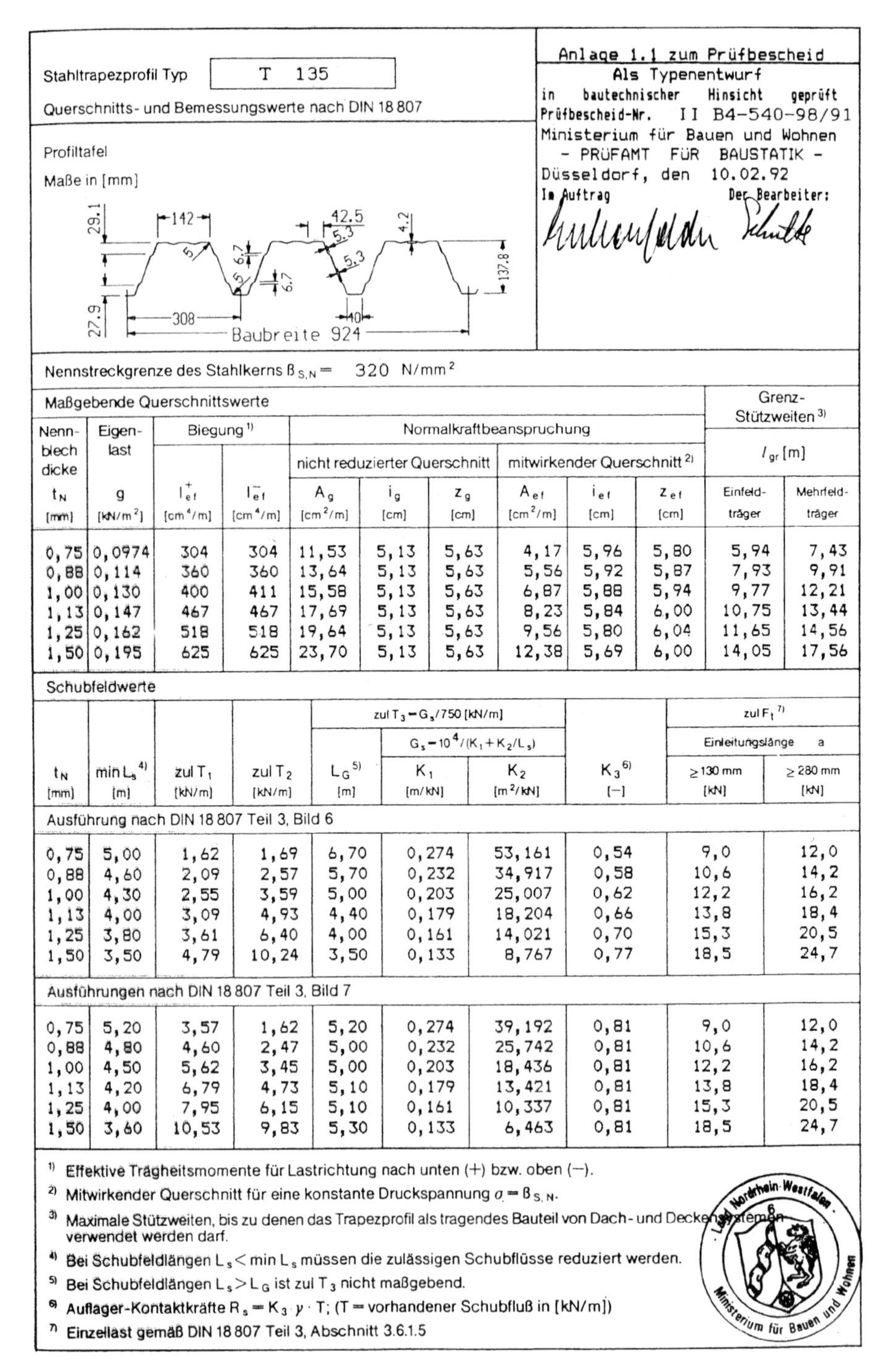

Stahltrapezprofil Typ | T 135

Querschnitts- und Bemessungswerte nach DIN 18 807

Anlage 1.1 zum Prüfbescheid
Als Typenentwurf
in bautechnischer Hinsicht geprüft
Prüfbescheid-Nr. II B4-540-98/91
Ministerium für Bauen und Wohnen
- PRÜFAMT FÜR BAUSTATIK -
Düsseldorf, den 10.02.92
Im Auftrag Der Bearbeiter:

Profiltafel

Maße in [mm]

Nennstreckgrenze des Stahlkerns $\beta_{S,N}$ = 320 N/mm²

Maßgebende Querschnittswerte

Nennblechdicke t_N [mm]	Eigenlast g [kN/m²]	Biegung[1] I^+_{ef} [cm⁴/m]	I^-_{ef} [cm⁴/m]	Normalkraftbeanspruchung, nicht reduzierter Querschnitt A_g [cm²/m]	i_g [cm]	z_g [cm]	mitwirkender Querschnitt[2] A_{ef} [cm²/m]	i_{ef} [cm]	z_{ef} [cm]	Grenz-Stützweiten[3] l_{gr} [m] Einfeldträger	Mehrfeldträger
0,75	0,0974	304	304	11,53	5,13	5,63	4,17	5,96	5,80	5,94	7,43
0,88	0,114	360	360	13,64	5,13	5,63	5,56	5,92	5,87	7,93	9,91
1,00	0,130	400	411	15,58	5,13	5,63	6,87	5,88	5,94	9,77	12,21
1,13	0,147	467	467	17,69	5,13	5,63	8,23	5,84	6,00	10,75	13,44
1,25	0,162	518	518	19,64	5,13	5,63	9,56	5,80	6,04	11,65	14,56
1,50	0,195	625	625	23,70	5,13	5,63	12,38	5,69	6,00	14,05	17,56

Schubfeldwerte

t_N [mm]	min L_s[4] [m]	zul T_1 [kN/m]	zul T_2 [kN/m]	zul $T_3 = G_s/750$ [kN/m]: L_G[5] [m]	$G_s = 10^4/(K_1 + K_2/L_s)$: K_1 [m/kN]	K_2 [m²/kN]	K_3[6] [–]	zul F_t[7], Einleitungslänge a ≥ 130 mm [kN]	≥ 280 mm [kN]
Ausführung nach DIN 18 807 Teil 3, Bild 6									
0,75	5,00	1,62	1,69	6,70	0,274	53,161	0,54	9,0	12,0
0,88	4,60	2,09	2,57	5,70	0,232	34,917	0,58	10,6	14,2
1,00	4,30	2,55	3,59	5,00	0,203	25,007	0,62	12,2	16,2
1,13	4,00	3,09	4,93	4,40	0,179	18,204	0,66	13,8	18,4
1,25	3,80	3,61	6,40	4,00	0,161	14,021	0,70	15,3	20,5
1,50	3,50	4,79	10,24	3,50	0,133	8,767	0,77	18,5	24,7
Ausführungen nach DIN 18 807 Teil 3, Bild 7									
0,75	5,20	3,57	1,62	5,20	0,274	39,192	0,81	9,0	12,0
0,88	4,80	4,60	2,47	5,00	0,232	25,742	0,81	10,6	14,2
1,00	4,50	5,62	3,45	5,00	0,203	18,436	0,81	12,2	16,2
1,13	4,20	6,79	4,73	5,10	0,179	13,421	0,81	13,8	18,4
1,25	4,00	7,95	6,15	5,10	0,161	10,337	0,81	15,3	20,5
1,50	3,60	10,53	9,83	5,30	0,133	6,463	0,81	18,5	24,7

1) Effektive Trägheitsmomente für Lastrichtung nach unten (+) bzw. oben (–).
2) Mitwirkender Querschnitt für eine konstante Druckspannung $\sigma = \beta_{S,N}$.
3) Maximale Stützweiten, bis zu denen das Trapezprofil als tragendes Bauteil von Dach- und Deckensystemen verwendet werden darf.
4) Bei Schubfeldlängen $L_s <$ min L_s müssen die zulässigen Schubflüsse reduziert werden.
5) Bei Schubfeldlängen $L_s > L_G$ ist zul T_3 nicht maßgebend.
6) Auflager-Kontaktkräfte $R_s = K_3 \cdot \gamma \cdot T$; (T = vorhandener Schubfluß in [kN/m])
7) Einzellast gemäß DIN 18 807 Teil 3, Abschnitt 3.6.1.5

Land Nordrhein-Westfalen Ministerium für Bauen und Wohnen

Bild 5-1 Beispiel für Querschnitts- und Schubfeldwerte eines Stahltrapezprofils nach DIN 18 807

Stahltrapezprofil Typ T 135

Querschnitts- und Bemessungswerte nach DIN 18 807

Anlage 1.2 zum Prüfbescheid
Als Typenentwurf
in bautechnischer Hinsicht geprüft
Prüfbescheid-Nr. II B4-540-98/91
Ministerium für Bauen und Wohnen
- PRÜFAMT FÜR BAUSTATIK -
Düsseldorf, den 10.02.92
Im Auftrag Der Bearbeiter:

Aufnehmbare Tragfähigkeitswerte für nach unten gerichtete und andrückende Flächen-Belastung [1]

Nennblechdicke	Feldmoment	Endauflagerkräfte		Elastisch aufnehmbare Schnittgrößen an Zwischenauflagern [5]				Reststützmomente [6] ($M_R = 0$ für $l \leq \min l$; $M_R = \frac{l - \min l}{\max l - \min l} \cdot \max M_R$; $M_R = \max M_R$ für $l \geq \max l$)		
		Tragfähigkeit	Gebrauchsfähigkeit	$\max M_B \geq M_B \leq M_d^0 - (R_B/C)^{\varepsilon}$		maximales Stützmoment	maximale Zwischenauflagerkraft			
t_N [mm]	M_{dF} [kNm/m]	$R_{A,T}$ [kN/m]	$R_{A,G}$ [kN/m]	M_d^0 [kNm/m]	C [ ]	$\max M_B$ [kNm/m]	$\max R_B$ [kN/m]	$\min l$ [m]	$\max l$ [m]	$\max M_R$ [kNm/m]
		[2) 3)] $b_A \geq$ 40 mm		[3)] Zwischenauflagerbreite $b_B =$ 60 mm; $\varepsilon =$ 2, $[C] = kN^{0,5}/m$						
0,75	9,71	8,93	8,93	8,98	7,11	7,35	17,70	4,36	5,13	2,81
0,88	11,90	12,80	12,80	12,10	8,63	10,10	24,80	4,03	4,81	3,81
1,00	14,00	16,40	16,40	14,90	9,83	12,60	31,30	3,72	4,51	4,74
1,13	17,00	21,90	21,90	17,40	12,20	15,30	40,70	3,51	4,31	6,16
1,25	19,70	26,90	26,90	19,70	14,10	17,80	49,40	3,31	4,12	7,48
1,50	23,80	32,50	32,50	23,80	15,60	21,50	59,60	3,12	3,90	9,03
		[2) 4)] $b_A \geq$ mm		[4)] Zwischenauflagerbreite $b_B \geq$ 160 mm; $\varepsilon =$ 2, $[C] = kN^{0,5}/m$						
0,75	9,71			10,60	9,61	9,21	24,20	4,37	5,29	3,25
0,88	11,90			13,80	12,20	12,30	34,10	3,89	4,83	4,63
1,00	14,00			16,80	14,30	15,10	43,20	3,44	4,41	5,91
1,13	17,00			19,60	16,70	18,00	53,10	3,40	4,38	7,25
1,25	19,70			22,80	18,40	20,60	62,50	3,37	4,35	8,48
1,50	23,80			27,50	20,40	24,90	75,40	3,30	4,32	10,23

Aufnehmbare Tragfähigkeitswerte für nach oben gerichtete und abhebende Flächen-Belastung [1) 6)]

Nennblechdicke	Feldmoment	Befestigung in jedem anliegenden Gurt					Befestigung in jedem 2. anliegenden Gurt				
		Endauflager	Zwischenauflager [5)], $\varepsilon =$ –				Endauflager	Zwischenauflager [5)], $\varepsilon =$ –			
t_N [mm]	M_{dF} [kNm/m]	R_A [kN/m]	M_d^0 [kNm/m]	C [ ]	$\max M_B$ [kNm/m]	$\max R_B$ [kN/m]	R_A [kN/m]	M_d^0 [kNm/m]	C [ ]	$\max M_B$ [kNm/m]	$\max R_B$ [kN/m]
0,75	9,20	15,60			10,80	25,90	7,80			5,40	13,00
0,88	12,30	18,00			13,90	31,70	9,00			6,95	15,90
1,00	15,10	20,30			16,80	37,10	10,20			8,40	18,60
1,13	17,60	25,10			18,90	44,00	12,60			9,45	22,00
1,25	19,90	29,60			20,90	50,30	14,80			10,45	25,20
1,50	24,00	35,70			25,20	60,70	17,90			12,60	30,40

1) An den Stellen von Linienlasten quer zur Spannrichtung und von Einzellasten ist der Nachweis nicht mit dem Feldmoment M_{dF}, sondern mit dem Stützmoment M_B für die entgegengesetzte Lastrichtung zu führen.

2) b_A = Endauflagerbreite. Bei einem Profiltafelüberstand ü ≧ 50 mm dürfen die R_A -Werte um 20 % erhöht werden.

3) Für kleinere Auflagerbreiten muß zwischen den angegebenen aufnehmbaren Tragfähigkeitswerten und denen bei 10 mm Auflagerbreite linear interpoliert werden. Für Auflagerbreiten kleiner als 10 mm, z.B. bei Rohren, darf maximal 10 mm eingesetzt werden.

4) Bei Auflagerbreiten, die zwischen den aufgeführten Auflagerbreiten liegen, dürfen die aufnehmbaren Tragfähigkeitswerte jeweils linear interpoliert werden.

5) Interaktionsbeziehung für M_B und R_B : $M_B = M_d^0 - (R_B/C)^{\varepsilon}$. Sind keine Werte für M_d^0 und C angegeben, ist $M_B = \max M_B$ zu setzen.

6) Sind keine Werte für Reststützmomente angegeben, ist beim Tragsicherheitsnachweis $M_R = 0$ zu setzen, oder ein Nachweis mit $\gamma = 1{,}7$ nach der Elastizitätstheorie zu führen. (l = kleinere der benachbarten Stützweiten)

Bild 5-2 Beispiel für aufnehmbare Tragfähigkeitswerte eines Stahltrapezprofils nach DIN 18 807

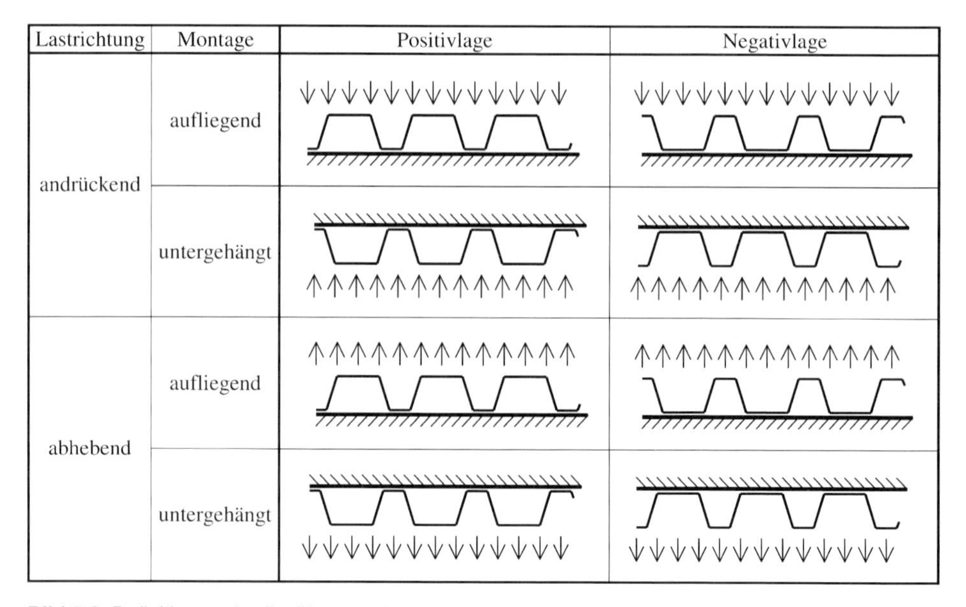

Bild 5-3 Definitionen der Profillage und der Belastungsrichtung

Es gibt die beiden oben beschriebenen Typenblätter jeweils für die Positiv- und Negativlage der Trapezprofile. In der Positivlage liegen die Trapezprofile auf dem Dach mit dem Längsstoß unten. Die Negativlage, also Längsstoß oben, muß für wasserführende Trapezprofile als Wetterhaut angeordnet werden, weil das Abdichten der Längsstöße gegen fließendes Wasser praktisch nicht möglich ist. Für die Trapezprofilwand wird die Lage der Trapezprofile von der Festlegung im Dach umgedeutet, indem man außen gleich oben setzt. Die Lage des Längsstoßes ist hier aber für die Wasserführung nicht entscheidend.

Außer der Lage der Trapezprofile ist für die Anwendung der Widerstandsgrößen auch die Richtung der Belastung wichtig, weil die Trapezprofile i. a. nicht symmetrisch sind. Die oben gegebene Definition von Positiv- und Negativlage in bezug auf das Gebäude wird eindeutiger, wenn sie auf die Unterkonstruktion bezogen wird. Bei der Positivlage liegen die Gurte, welche den Längsstoß bilden, an der Unterkonstruktion. Entsprechend ist bei der Negativlage der Längsstoß nicht mit der Unterkonstruktion verbunden. Mit dieser Definition lassen sich zwei Belastungsrichtungen eindeutig angeben. Die Querlasten drücken die Trapezprofile entweder an die Unterkonstruktion an oder wollen sie abheben. Weil es auch Dachkonstruktionen mit untergehängten Trapezprofilen und Wände mit außenliegender Tragkonstruktion gibt, sind die möglichen Fälle, die bei der Anwendung der Widerstandsgrößen zu beachten sind, in Bild 5-3 übersichtlich zusammengestellt.

Beispiele für die Typenblätter nach DIN 18 807 mit den alten Bezeichnungen sind in den Bildern 5-1 und 5-2 dargestellt. Mit diesen Typenblättern kann auch weiterhin gearbeitet werden, da nur die Bezeichnungen und nicht die Zahlenwerte umgestellt werden müssen. Die neuen Typenblätter, welche die Festlegungen der Anpassungsrichtlinie [14] berücksichtigen, sind in den Bildern 5-4 und 5-5 dargestellt. Im folgenden werden die neuen Bezeichnungen verwendet.

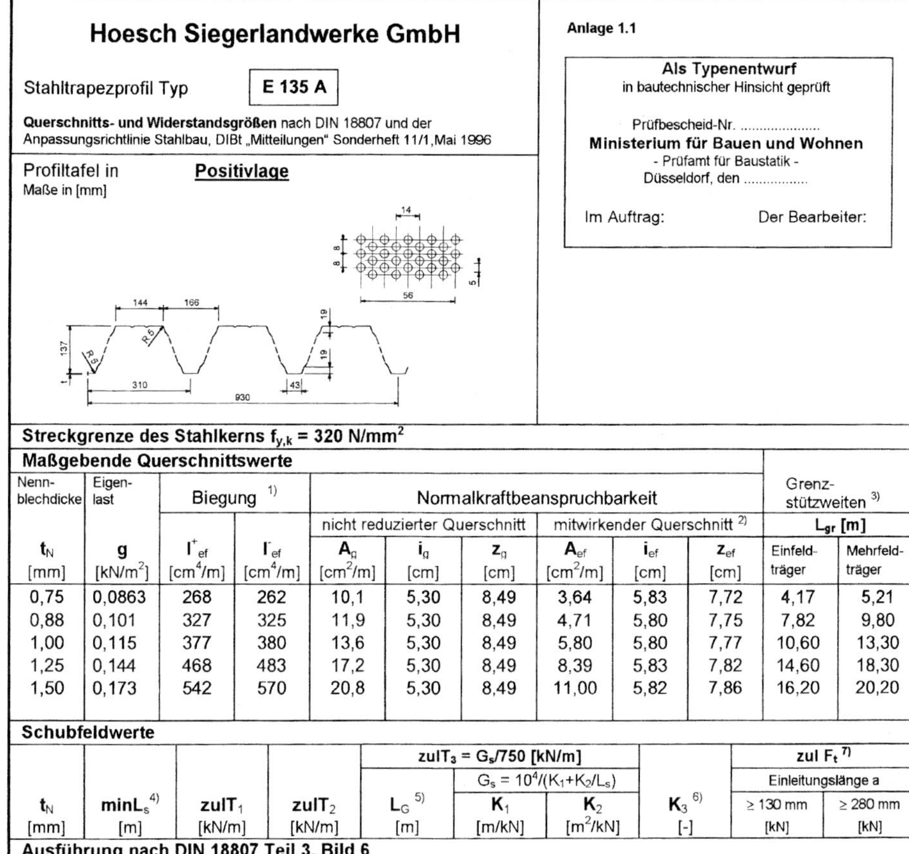

Hoesch Siegerlandwerke GmbH

Stahltrapezprofil Typ **E 135 A**

Querschnitts- und Widerstandsgrößen nach DIN 18807 und der Anpassungsrichtlinie Stahlbau, DIBt „Mitteilungen" Sonderheft 11/1, Mai 1996

Profiltafel in **Positivlage**
Maße in [mm]

Anlage 1.1

Als Typenentwurf
in bautechnischer Hinsicht geprüft

Prüfbescheid-Nr. ....
Ministerium für Bauen und Wohnen
- Prüfamt für Baustatik -
Düsseldorf, den ....

Im Auftrag: Der Bearbeiter:

Streckgrenze des Stahlkerns $f_{y,k}$ = 320 N/mm²

Maßgebende Querschnittswerte

Nenn-blechdicke	Eigen-last	Biegung [1)]		Normalkraftbeanspruchbarkeit						Grenz-stützweiten [3)]	
				nicht reduzierter Querschnitt			mitwirkender Querschnitt [2)]			L_{gr} [m]	
t_N [mm]	g [kN/m²]	I^+_{ef} [cm⁴/m]	I^-_{ef} [cm⁴/m]	A_g [cm²/m]	i_g [cm]	z_g [cm]	A_{ef} [cm²/m]	i_{ef} [cm]	z_{ef} [cm]	Einfeld-träger	Mehrfeld-träger
0,75	0,0863	268	262	10,1	5,30	8,49	3,64	5,83	7,72	4,17	5,21
0,88	0,101	327	325	11,9	5,30	8,49	4,71	5,80	7,75	7,82	9,80
1,00	0,115	377	380	13,6	5,30	8,49	5,80	5,80	7,77	10,60	13,30
1,25	0,144	468	483	17,2	5,30	8,49	8,39	5,83	7,82	14,60	18,30
1,50	0,173	542	570	20,8	5,30	8,49	11,00	5,82	7,86	16,20	20,20

Schubfeldwerte

				zulT_3 = G_s/750 [kN/m]				zul F_t [7)]	
					$G_s = 10^4/(K_1+K_2/L_s)$			Einleitungslänge a	
t_N [mm]	minL_s [4)] [m]	zulT_1 [kN/m]	zulT_2 [kN/m]	L_G [5)] [m]	K_1 [m/kN]	K_2 [m²/kN]	K_3 [6)] [-]	≥ 130 mm [kN]	≥ 280 mm [kN]
Ausführung nach DIN 18807 Teil 3, Bild 6									
0,75	5,10	1,53	1,66	6,66	0,311	56,00	0,51	6,32	8,38
0,88	4,70	1,97	2,52	5,66	0,262	36,80	0,55	7,48	9,91
1,00	4,40	2,41	3,52	4,96	0,229	26,30	0,59	8,54	11,30
1,25	3,90	3,41	6,28	3,97	0,182	14,80	0,66	10,80	14,30
1,50	3,60	4,52	10,00	3,30	0,151	9,24	0,73	13,00	17,20
Ausführung nach DIN 18807 Teil 3, Bild 7									
0,75	5,30	3,44	1,58	4,33	0,311	40,50	0,51	6,32	8,38
0,88	4,90	4,43	2,41	5,05	0,262	26,60	0,55	7,48	9,91
1,00	4,60	5,41	3,37	5,10	0,229	19,00	0,59	8,54	11,30
1,25	4,10	7,66	6,00	5,24	0,182	10,70	0,66	10,80	14,30
1,50	3,70	10,20	9,60	5,33	0,151	6,60	0,73	13,00	17,20

1) Effektive Trägheitsmomente für Lastrichtung nach unten (+) bzw. oben (-)
2) Mitwirkender Querschnitt für eine konstante Druckspannung $\sigma = f_{y,k}$
3) Maximale Stützweiten, bis zu denen das Trapezprofil als tragendes Bauteil von Dach- und Deckensystemen verwendet werden darf.
4) Bei Schubfeldlängen L_s < minL_s müssen die zulässigen Schubflüsse reduziert werden (s. Schwarze/Kech, Stahlbau 60 (1991), 65-76).
5) Bei Schubfeldlängen L_s > L_G ist zulT_3 nicht maßgebend.
6) Endauflager-Kontaktkräfte $R_{A,S,d} = K_3 \cdot \gamma_F \cdot T$; (T = vorhandener Schubfluß aus einfachen Einwirkungen in [kN/m])
7) Einzellast gemäß DIN 18807 Teil 3, Abschnitt 3.6.1.5

Bild 5-4 Typenblatt Querschnitts- und Schubfeldwerte, überarbeitet nach der Anpassungsrichtlinie Stahlbau [14]

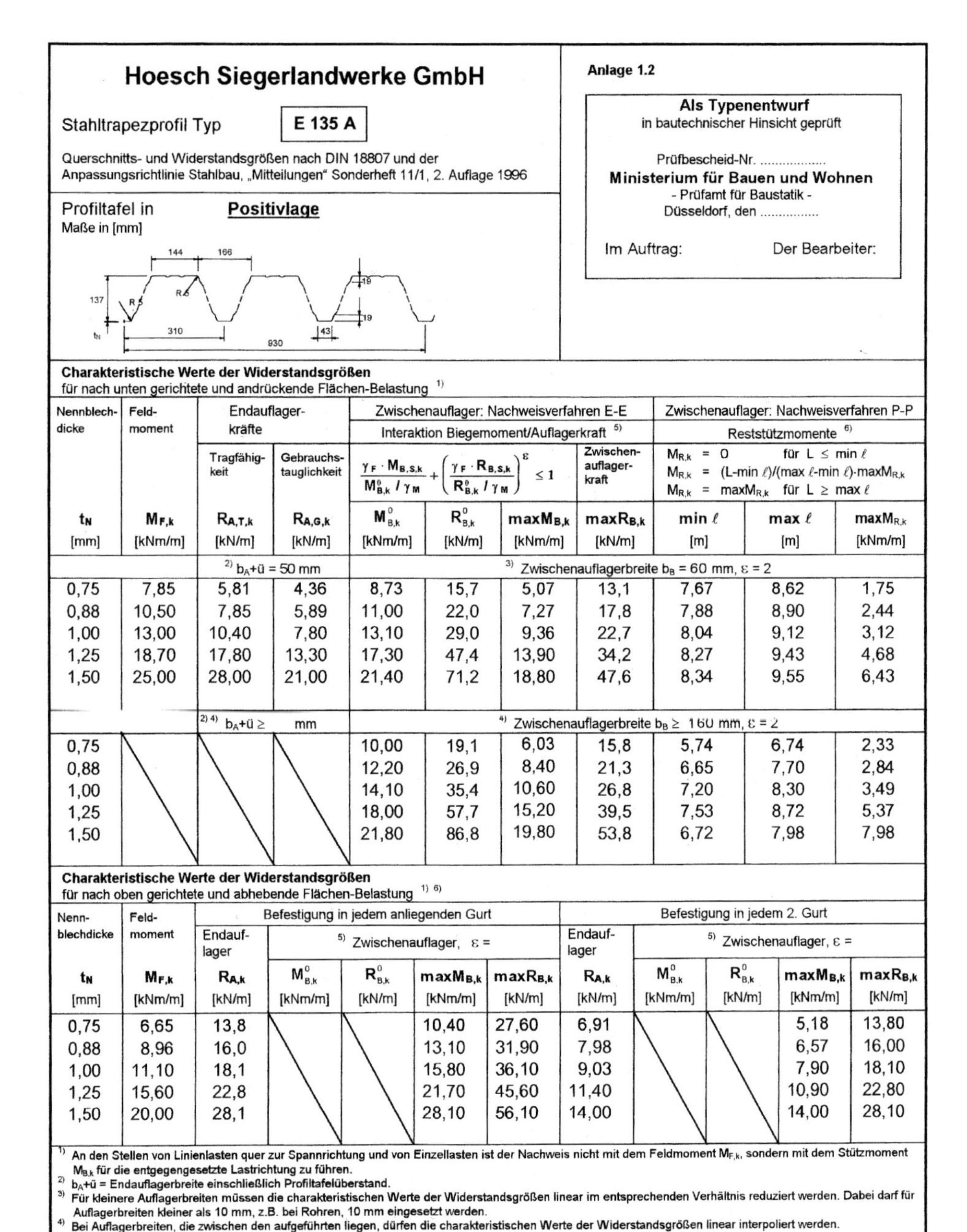

Hoesch Siegerlandwerke GmbH

Stahltrapezprofil Typ **E 135 A**

Querschnitts- und Widerstandsgrößen nach DIN 18807 und der Anpassungsrichtlinie Stahlbau, „Mitteilungen" Sonderheft 11/1, 2. Auflage 1996

Anlage 1.2

Als Typenentwurf
in bautechnischer Hinsicht geprüft

Prüfbescheid-Nr. ....
Ministerium für Bauen und Wohnen
- Prüfamt für Baustatik -
Düsseldorf, den ....

Im Auftrag: Der Bearbeiter:

Profiltafel in **Positivlage**
Maße in [mm]

Charakteristische Werte der Widerstandsgrößen
für nach unten gerichtete und andrückende Flächen-Belastung [1)]

Nennblechdicke	Feldmoment	Endauflagerkräfte		Zwischenauflager: Nachweisverfahren E-E				Zwischenauflager: Nachweisverfahren P-P		
				Interaktion Biegemoment/Auflagerkraft [5)]				Reststützmomente [6)]		
		Tragfähigkeit	Gebrauchstauglichkeit	$\frac{\gamma_F \cdot M_{B,S,k}}{M^0_{B,k} / \gamma_M} + \left(\frac{\gamma_F \cdot R_{B,S,k}}{R^0_{B,k} / \gamma_M}\right)^{\varepsilon} \leq 1$			Zwischenauflagerkraft	$M_{R,k} = 0$ für $L \leq \min \ell$; $M_{R,k} = (L-\min \ell)/(\max \ell-\min \ell) \cdot \max M_{R,k}$; $M_{R,k} = \max M_{R,k}$ für $L \geq \max \ell$		
t_N [mm]	$M_{F,k}$ [kNm/m]	$R_{A,T,k}$ [kN/m]	$R_{A,G,k}$ [kN/m]	$M^0_{B,k}$ [kNm/m]	$R^0_{B,k}$ [kN/m]	$\max M_{B,k}$ [kNm/m]	$\max R_{B,k}$ [kN/m]	$\min \ell$ [m]	$\max \ell$ [m]	$\max M_{R,k}$ [kNm/m]
		[2)] $b_A+ü = 50$ mm		[3)] Zwischenauflagerbreite $b_B = 60$ mm, $\varepsilon = 2$						
0,75	7,85	5,81	4,36	8,73	15,7	5,07	13,1	7,67	8,62	1,75
0,88	10,50	7,85	5,89	11,00	22,0	7,27	17,8	7,88	8,90	2,44
1,00	13,00	10,40	7,80	13,10	29,0	9,36	22,7	8,04	9,12	3,12
1,25	18,70	17,80	13,30	17,30	47,4	13,90	34,2	8,27	9,43	4,68
1,50	25,00	28,00	21,00	21,40	71,2	18,80	47,6	8,34	9,55	6,43
		[2) 4)] $b_A+ü \geq$ mm		[4)] Zwischenauflagerbreite $b_B \geq 160$ mm, $\varepsilon = 2$						
0,75				10,00	19,1	6,03	15,8	5,74	6,74	2,33
0,88				12,20	26,9	8,40	21,3	6,65	7,70	2,84
1,00				14,10	35,4	10,60	26,8	7,20	8,30	3,49
1,25				18,00	57,7	15,20	39,5	7,53	8,72	5,37
1,50				21,80	86,8	19,80	53,8	6,72	7,98	7,98

Charakteristische Werte der Widerstandsgrößen
für nach oben gerichtete und abhebende Flächen-Belastung [1) 6)]

Nennblechdicke	Feldmoment	Befestigung in jedem anliegenden Gurt					Befestigung in jedem 2. Gurt				
		Endauflager	[5)] Zwischenauflager, ε =				Endauflager	[5)] Zwischenauflager, ε =			
t_N [mm]	$M_{F,k}$ [kNm/m]	$R_{A,k}$ [kN/m]	$M^0_{B,k}$ [kNm/m]	$R^0_{B,k}$ [kN/m]	$\max M_{B,k}$ [kNm/m]	$\max R_{B,k}$ [kN/m]	$R_{A,k}$ [kN/m]	$M^0_{B,k}$ [kNm/m]	$R^0_{B,k}$ [kN/m]	$\max M_{B,k}$ [kNm/m]	$\max R_{B,k}$ [kN/m]
0,75	6,65	13,8			10,40	27,60	6,91			5,18	13,80
0,88	8,96	16,0			13,10	31,90	7,98			6,57	16,00
1,00	11,10	18,1			15,80	36,10	9,03			7,90	18,10
1,25	15,60	22,8			21,70	45,60	11,40			10,90	22,80
1,50	20,00	28,1			28,10	56,10	14,00			14,00	28,10

1) An den Stellen von Linienlasten quer zur Spannrichtung und von Einzellasten ist der Nachweis nicht mit dem Feldmoment $M_{F,k}$, sondern mit dem Stützmoment $M_{B,k}$ für die entgegengesetzte Lastrichtung zu führen.
2) $b_A+ü$ = Endauflagerbreite einschließlich Profiltafelüberstand.
3) Für kleinere Auflagerbreiten müssen die charakteristischen Werte der Widerstandsgrößen linear im entsprechenden Verhältnis reduziert werden. Dabei darf für Auflagerbreiten kleiner als 10 mm, z.B. bei Rohren, 10 mm eingesetzt werden.
4) Bei Auflagerbreiten, die zwischen den aufgeführten liegen, dürfen die charakteristischen Werte der Widerstandsgrößen linear interpoliert werden.
5) Interaktion wie oben dargestellt. Sind keine Werte für $M^0_{B,k}$ und $R^0_{B,k}$ gegeben, gilt nur $\gamma_F \cdot M_{B,S,k} \leq \max M_{B,k}/\gamma_M$ und $\gamma_F \cdot R_{B,S,k} \leq \max R_{B,k}/\gamma_M$
6) L = kleinere der benachbarten Stützweiten. Sind keine Werte für Reststützmomente angegeben, ist beim Tragsicherheitsnachweis $M_{R,k} = 0$ zu setzen oder der Nachweis nach dem Verfahren Elastisch-Elastisch zu führen.

Bild 5-5 Typenblatt charakteristische Werte der Widerstandsgrößen, überarbeitet nach der Anpassungsrichtlinie Stahlbau [14]

5.1.2 Rechnerische Widerstandsgrößen nach DIN 18 807 Teil 1

5.1.2.1 Allgemeines

Die sehr aufwendige rechnerische Ermittlung der Widerstandsgrößen nach DIN 18 807 Teil 1 ist im Einzelfall eines Bauvorhabens nicht erforderlich. Alle für den Einsatz der Serienbauteile benötigten Daten werden von den Herstellern der Trapezprofile in amtlich geprüfter Form zur Verfügung gestellt. Dazu werden die Werte i. d. R. nur zum Teil rechnerisch ermittelt, weil die volle Ausnutzung der bemessungsmaßgebenden Beanspruchbarkeiten nur durch Versuche möglich ist.

Da die Entwicklung einer neuen Trapezprofilform und die maschinellen Vorbereitungen zur Produktion einen längeren Zeitraum und einen erheblichen finanziellen Aufwand erfordern, ist die zusätzliche Versuchsdurchführung fast immer akzeptabel. Die Absicht, Trapezprofile an größere Bauvorhaben individuell anzupassen, ist bisher immer an maschinentechnischen Problemen gescheitert. Für solche Fälle wird also auch keine schnelle theoretische Berechnung der Trapezprofile benötigt. Aus diesen Gründen sollen hier nur die Prinzipe einiger Berechnungsmethoden und Besonderheiten, die sich auf die Bemessung auswirken, angesprochen werden.

Für den Gültigkeitsbereich der rechnerischen Bestimmung der Widerstandsgrößen gibt DIN 18 807 Teil 1 folgende Schranken:

- Nennblechdicke, Stahlkern plus Verzinkung $t_N \geq 0{,}6$ mm
- Stahlkerndicke $t_K = t_N - 0{,}04$ mm
- Schlankheit eines Druckgurtes $b_o / t_K < 500$
- Schlankheit eines Steges $s_w / t_K < 0{,}5 \cdot E / f_y$
- Stegneigung $50° \leq \varphi \leq 90°$
- Streckgrenze des Stahles $f_y \leq 350$ N/mm²

Die Schranke für die Streckgrenze ist durch die Anpassungsrichtlinie [14] hinzugefügt worden.

5.1.2.2 Biegung mit Querkraft

Zur Berücksichtigung des elastischen Ausweichens von ebenen Querschnittsteilen wird das Modell der mitwirkenden Breiten b_{ef} benutzt (s. Bilder 4-2 und 5-7). Bei voller Ausnutzung der Streckgrenze f_y im Versagensfall ergibt sich die mitwirkende Breite b_{ef} einer nicht ausgesteiften beidseitig frei drehbar gelagerten Teilfläche der Breite b_p nach der sog. *Winter*-Formel zu:

$$b_{ef} = 1{,}9 \cdot b_p \cdot (1 - 0{,}42 / \lambda_p) / \lambda_p \tag{5-1}$$

mit

$$\lambda_p = b_p / t \cdot \sqrt{f_y / E} \tag{5-2}$$

für $\lambda_p \leq 1{,}27$ ist $b_{ef} = b_p$

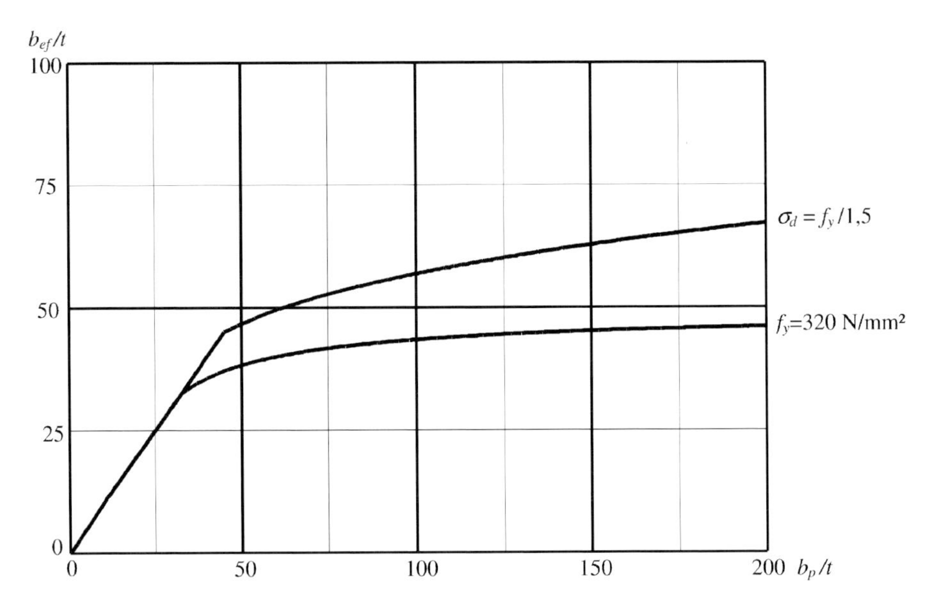

Bild 5-6 Mitwirkende Breiten in Abhängigkeit von der vorhandenen Breite eines ebenen unausgesteiften Trapezprofilgurtes

Es ergibt sich für die auf die Stahlkerndicke t_K bezogenen Breiten der in Bild 5-6 dargestellte Zusammenhang, wenn man für die Streckgrenze den gebräuchlichen Wert $f_y = 320$ N/mm^2 und den Elastizitätsmodul für Stahl $E = 2{,}1 \cdot 10^5$ N/mm^2 einsetzt.

Bei der Ermittlung des Trägheitsmomentes zur Berechnung von Durchbiegungen darf wegen der Anwendung im Gebrauchszustand statt der Streckgrenze f_y die vorhandene Spannung f_y / 1,5 in (5-2) eingesetzt werden. Außerdem gibt es bei der Ermittlung der mitwirkenden Breiten einige Korrekturfaktoren, weil die Durchbiegung eine integrale Größe über den Spannungsverlauf entlang der Stabachse ist. Selbst diese obere Kurve in Bild 5-6 zeigt, daß sich die mitwirkenden Breiten nicht beliebig mit zunehmender Gurtbreite vergrößern lassen. Die Obergurtbreiten der Trapezprofile mit einer Stahlkerndicke von etwa 0,7 mm sind zum Teil breiter als 100 mm. Hier wird die Notwendigkeit von aussteifenden Sicken ersichtlich.

Das Bild 5-7 zeigt einen Vergleich der Spannungsverteilungen an einem einfachen und einem gut ausgesteiften Profil. Weil bei dem einfachen Profil durch die großen nicht mitwirkenden Bereiche in der Druckzone sich die neutrale Faser nach unten verschiebt, ergibt sich ein weiterer Nachteil. Die plastischen Reserven im voll mitwirkenden Zugbereich können nicht ausgenutzt werden, weil die Fließspannung dort noch nicht erreicht ist, wenn der Druckbereich versagt. Dagegen kann man beim gut ausgesteiften Profil diese Reserve in Ansatz bringen, was DIN 18 807 Teil 1 auch ausdrücklich erlaubt.

Wegen der nicht mitwirkenden oder nur reduziert wirkenden Bereiche in den Stegen und des plastischen Bereiches in der Zugzone, die beide von der Lage der neutralen Faser

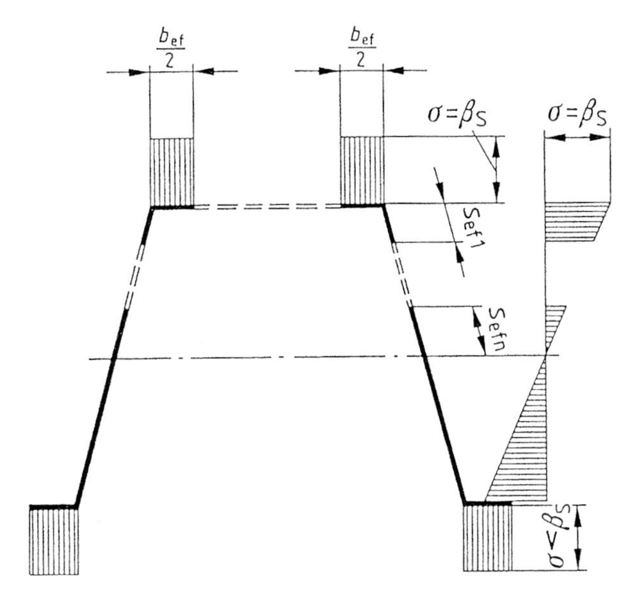

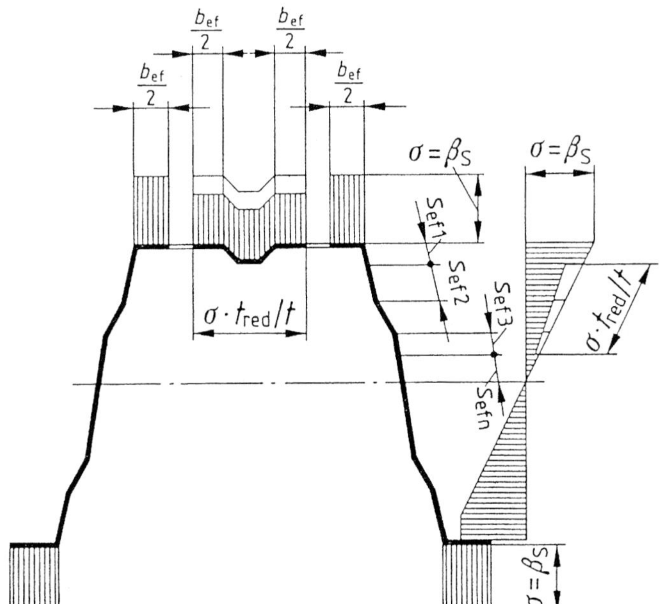

Bild 5-7 Rechnerische Spannungsverteilungen in Trapezprofilen

abhängen, ist in der Regel eine Iterationsrechnung erforderlich, bis für reine Biegung die Bedingung

$$\int_{(A)} \sigma \cdot \mathrm{d}A = 0 \tag{5-3}$$

erfüllt ist.

Die charakteristische Widerstandsgröße des Biegemomentes kann dann mit dem Ausdruck

$$M_\mathrm{k} = \int_{(A)} \sigma \cdot z \cdot \mathrm{d}A \tag{5-4}$$

bestimmt werden.

Mit den Spannungen des Gebrauchszustandes bestimmt man auf die gleiche Weise die mitwirkenden Breiten zur Berechnung des effektiven Trägheitsmomentes

$$I_\mathrm{ef} = \int_{(A)} z^2 \cdot \mathrm{d}A \tag{5-5}$$

Das Trägheitsmoment I_ef darf folglich nicht benutzt werden, um ein fiktives Widerstandsmoment für einen Spannungsnachweis zu berechnen.

Nach DIN 18 807 Teil 1 beträgt für Trapezprofile über Zwischenauflagern die charakteristische Auflagerkraft je Steg unter Berücksichtigung des Stegkrüppelns

$$\begin{aligned} R_\mathrm{B,k} &= 0{,}15 \cdot t^2 \cdot \sqrt{E \cdot f_\mathrm{y}} \cdot (1 - 0{,}1 \cdot \sqrt{r/t}) \\ &\quad \cdot (0{,}5 + \sqrt{0{,}02 \cdot b_\mathrm{B}/t}) \cdot (2{,}4 + [\varphi_\mathrm{m}/90]^2) \end{aligned} \tag{5-6}$$

mit

r Innenradius der Eckausrundungen ($r < 10\,t$)

b_B Zwischenauflagerbreite (10 mm $\leq b_\mathrm{B} \leq$ 200 mm), für vorhandene Auflagerbreiten $b_\mathrm{B} <$ 10 mm darf 10 mm eingesetzt werden, z. B. für Rohre

φ_m mittlere Stegneigung

Wenn die Stege in der Nähe der Druckkrafteinleitung durch Versätze ausgesteift sind, darf die Zwischenauflagerkraft $R_\mathrm{B,k}$ mit einem Faktor vergrößert werden, der von der Form der Versätze abhängt.

Als Zwischenauflager gilt ein Auflager dann, wenn das Trapezprofil mehr als das 1,5-fache der schrägen Steglänge übersteht. Im anderen Fall liegt ein Endauflager vor. Für die Endauflagerkraft $R_\mathrm{A,k}$ gilt:

$$R_\mathrm{A,k} = 0{,}6 \cdot R_\mathrm{B,k} \quad \text{für Überstand} > 50\ \text{mm} \tag{5-7}$$

$$R_\mathrm{A,k} = 0{,}5 \cdot R_\mathrm{B,k} \quad \text{für Überstand} \leq 50\ \text{mm} \tag{5-8}$$

Für die Berechnung der Größe $R_\mathrm{B,k}$ ist in diesem Fall die Endauflagerbreite b_A statt b_B in (5-6) einzusetzen.

Die so ermittelten charakteristischen Schnittgrößen Biegemoment und Auflagerkraft gelten nur, wenn die jeweils andere an derselben Stelle nicht vorhanden ist. Da dieses an einem Zwischenauflager in der Regel nicht der Fall ist, schreibt DIN 18 807 Teil 1 eine Interaktion zwischen Stützmoment und Zwischenauflagerkraft vor.

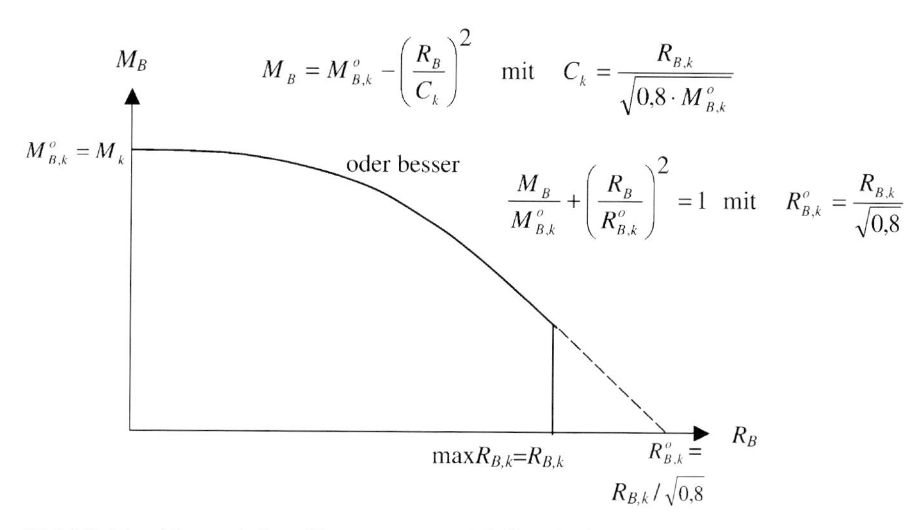

Bild 5-8 Interaktion zwischen Biegemoment und Auflagerkraft bei rechnerischer Ermittlung der Widerstandsgrößen

Bild 5-8 zeigt diese Interaktion mit den neuen Bezeichnungen nach der Anpassungsrichtlinie Stahlbau. Die Beziehung mit dem Interaktionsparameter C_k sollte man nicht mehr benutzen, weil die Umrechnung auf den Bemessungswert umständlich ist (s. Abschnitt 8.1). Der Zusammenhang ergibt sich mit den berechneten Werten $M^o_{B,k} = M_k$ nach (5-4) und $R_{B,k}$ nach (5-6) wie in folgenden Gleichungen:

$$M_B = M^o_{B,k} - \left(\frac{R_B}{C_k}\right)^2 \quad \text{mit} \quad C_k = \frac{R_{B,k}}{\sqrt{0,8 \cdot M^o_{B,k}}} \tag{5-9}$$

oder besser

$$\frac{M_B}{M^o_{B,k}} + \left(\frac{R_B}{R^o_{B,k}}\right)^2 = 1 \quad \text{mit} \quad R^o_{B,k} = \frac{R_{B,k}}{\sqrt{0,8}} \tag{5-10}$$

Die Funktionen (5-9) und (5-10) gelten nur im Bereich

$$R_B \leq R_{B,k} \tag{5-11}$$

Die Formeln stellen hier den prinzipiellen Zusammenhang zwischen den Schnittgrößen dar. Die Nachweisformen mit den Teilsicherheitsbeiwerten sind in Abschnitt 8.1 dargestellt.

Wird die Auflagerkraft an Zwischenstützen so eingeleitet, daß Stegkrüppeln nicht eintreten kann, also in Bezug auf die Stegquerrichtung als Zugkraft, so ist nach DIN 18 807 Teil 3 eine Momenten-Querkraft-Interaktion anzusetzen, wenn keine entsprechenden Ver-

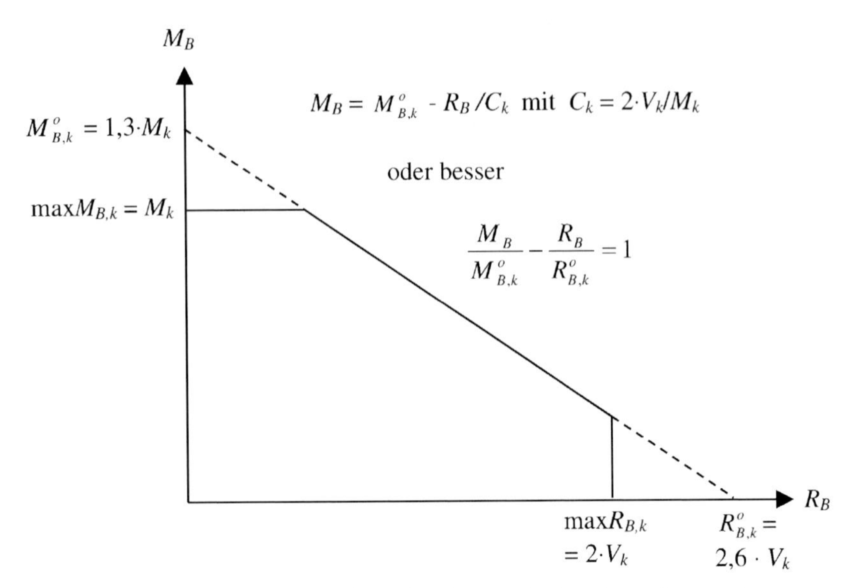

Bild 5-9 Transformierte *M-R*-Interaktion für abhebende Zwischenauflagerkraft bei rechnerischer Ermittlung der Widerstandsgrößen

suche durchgeführt wurden. Für die anzusetzende Querkraft V_k gibt DIN 18 807 Teil 1 ein Berechnungsverfahren an, in das die Schlankheit der Stege und deren Aussteifung eingeht.

Diese *M-V*-Interaktion lautet mit M_k nach (5-4):

$$\frac{M_B}{M_k} + \frac{V}{V_k} = 1{,}3 \tag{5-12}$$

mit den Gültigkeitsgrenzen

$$\frac{M_B}{M_k} \leq 1 \tag{5-13}$$

$$\frac{V}{V_k} \leq 1 \tag{5-14}$$

Damit zum einen die Typenblätter ein einheitliches Bild aufweisen und zum anderen die Nachweise nicht unterschiedlich geführt werden müssen, wird diese *M-V*-Interaktion mit den nachfolgend zusammengestellten Beziehungen in eine *M-R*-Interaktion überführt (s. Bild 5-9)

$$M^o_{B,k} = 1{,}3 \cdot M_k \tag{5-15}$$

$$C_k = 2 \cdot V_k / M_k \quad \text{oder} \quad R^o_{B,k} = 2{,}6 \cdot V_k \tag{5-16}$$

$$\max M_{\mathrm{B,k}} = M_{\mathrm{k}} \tag{5-17}$$

$$\max R_{\mathrm{B,k}} = 2 \cdot V_{\mathrm{k}} \tag{5-18}$$

Die Transformation setzt am Auflager eine antimetrische Querkraft voraus. Für die davon abweichenden Fälle der Praxis hat sich dieses als eine brauchbare Näherung erwiesen. Die gleiche Annahme wird bei der Bestimmung der M-R-Interaktion durch Versuche zugrundegelegt.

5.1.2.3 Charakteristische Normalkräfte

Greifen an Trapezprofilen Zugkräfte an, so wirkt außerhalb des Einleitungsbereichs der gesamte Querschnitt mit. Die charakteristische Zugkraft $N_{\mathrm{Z,k}}$ errechnet sich nach DIN 18 807 Teil 1, Abschnitt 4.2.4 zu:

$$N_{\mathrm{Z,k}} = A_{\mathrm{g}} \cdot f_{\mathrm{y,k}} \tag{5-19}$$

mit

A_{g} Fläche des nicht reduzierten Querschnitts
$f_{\mathrm{y,k}}$ Nennstreckgrenze nach Typenblatt Bild 5-4 bzw. Bild 5-1

Bei Druckkräften besteht in den ebenen Teilflächen der Trapezprofile, ähnlich wie in der Druckzone von Biegespannungen, die Gefahr des elastischen Beulens. In diesem Fall steht aber der gesamte Querschnitt unter Druckspannungen. Für die volle Ausnutzung des Trapezprofils unter Druckkraft sind also die mitwirkenden Breiten für den Fall zu bestimmen, daß in allen mitwirkenden Teilen die Fließspannung $f_{\mathrm{y,k}}$ herrscht. Es ergibt sich damit der effektive Querschnitt A_{ef}.

Die charakteristische Druckkraft $N_{\mathrm{D,k}}$ muß nach DIN 18 807 Teil 1, Abschnitt 4.2.8 mit den Tabellenwerten für Normalkraftbeanspruchung des Typenblattes nach Bild 5-4 bzw. Bild 5-1 berechnet werden. Der Abschnitt 4.2.8.1 der DIN 18 807 Teil 1 ist in der Anpassungsrichtlinie [14] präzisiert worden. Außerdem muß bei gleichzeitigem Vorhandensein von Gurt- und Stegaussteifungen (Regelfall bei hohen Profilen) die Veröffentlichung von *Baehre/Huck* [132] berücksichtigt werden.

Der kleinere Wert der beiden folgenden Ausdrücke ergibt die charakteristische Druckkraft.

$$N_{\mathrm{D,k}} \leq 0{,}8 \cdot \sigma_{\mathrm{elg}} \cdot A_{\mathrm{g}} \tag{5-20}$$

$$N_{\mathrm{D,k}} \leq \sigma_{\mathrm{cd}} \cdot A_{\mathrm{ef}} \tag{5-21}$$

Die Beziehung (5-20) begrenzt die Druckkraft für den Fall, daß der Querschnitt voll mitträgt, also daß keine elastischen Beulen auftreten. Die Knickspannung des nicht reduzierten Querschnitts beträgt

$$\sigma_{elg} = \frac{\pi^2 \cdot E}{(s_k / i_g)^2} \tag{5-22}$$

mit

E Elastizitätsmodul des Stahles
s_k Knicklänge (z. B. bei Durchlaufträgern max l)
i_g Trägheitsradius des nicht reduzierten Querschnitts

Da in die Bestimmung der Knickspannung die Knicklänge im Anwendungsfall eingeht, kann die charakteristische Druckkraft nicht in den Typenblättern tabelliert werden. Dieses ist auch ein Grund dafür, daß in DIN 18 807 Teil 2 zur Bestimmung der charakteristischen Normalkräfte keine Versuche vorgesehen sind.

Die Beziehung (5-21) gibt die charakteristische Druckkraft für den Fall an, daß sich ebene Querschnittsteile durch lokale Beulen der Mitwirkung entziehen. Die kritische Druckspannung für diesen Fall ergibt sich wie folgt:

$$\begin{aligned} \sigma_{cd} &= f_{y,k} && \text{für } \alpha \leq 0{,}30 \\ \sigma_{cd} &= (1{,}126 - 0{,}419 \cdot \alpha) \cdot f_{y,k} && \text{für } 0{,}30 < \alpha \leq 1{,}85 \\ \sigma_{cd} &= 1{,}2 \cdot f_{y,k} / \alpha^2 && \text{für } 1{,}85 < \alpha \end{aligned} \tag{5-23}$$

mit

$$\alpha = \frac{s_k}{\pi \cdot i_{ef}} \cdot \sqrt{\frac{f_{y,k}}{E}} \tag{5-24}$$

i_{ef} Trägheitsradius des mitwirkenden Querschnitts

Zur Bestimmung des effektiven Trägheitsradiuses i_{ef} ist das Trägheitsmoment mit denselben mitwirkenden Breiten wie bei der Berechnung der effektiven Querschnittsfläche A_{ef} zu berechnen. Dieses unterscheidet sich deutlich vom I_{ef} für Biegung und ist in den Typenblättern der Bilder 5-1 bzw. 5-4 nicht enthalten.

5.1.2.4 Charakteristische Widerstandsgrößen für perforierte Stahltrapezprofile

Einen Vorschlag zur Berechnung der Widerstandsgrößen von ganz oder teilweise gelochten Stahltrapezprofilen enthält der Eurocode 3 in der Vornorm ENV 1993-1-3: 1996, deutsche Fassung vom Mai 2002 [25]. Die dort aufgeführten Formeln zur Berechnung reduzierter Blechdicken für die gelochten Bereiche gehen auf eine Untersuchung von *Schardt/Bollinger* [125] zurück. Diese Abminderungen berücksichtigen die geringeren Dehn- und Biegesteifigkeiten der gelochten Blechstreifen, die mit Finite-Element-Berechnungen bestimmt wurden.

Die reduzierten Blechdicken kann man bei der Berechnung der mittragenden Breiten nach DIN 18 807 Teil 1 einsetzen. Zur Vereinfachung wird man den ganzen Gurt oder Steg mit der kleineren Dicke berücksichtigen, auch wenn nur ein Teilstreifen gelocht ist. Dieses

Verfahren liefert Ergebnisse auf der sicheren Seite. Zur besseren Erfassung der Tragfähigkeit ist es aber zu empfehlen, perforierte Trapezprofile durch Versuche nach DIN 18 807 Teil 2 zu beurteilen. Ausgenommen davon sind die Werte für die Normalkraft- und Schubfeldbeanspruchung, weil für diese Größen keine Versuche in DIN 18 807 Teil 2 vorgesehen sind. Die Normalkraftvorwerte können nach dem oben beschriebenen Verfahren berechnet werden. Die Berechnung der Schubfeldwerte für perforierte Trapezprofile ist in der Veröffentlichung von *Schardt/Strehl* [124] enthalten.

5.1.3 Versuche nach DIN 18 807 Teil 2

5.1.3.1 Versuchsvorbereitungen

Die Versuche sollen die charakteristischen Beanspruchbarkeiten für den praktischen Einsatz der Trapezprofile widerspiegeln. Für eine amtliche Typenprüfung müssen sie von einer Materialprüfanstalt, die über die notwendigen Einrichtungen und Mitarbeiter mit den entsprechenden Erfahrungen verfügt, durchgeführt werden. Die Ermittlung der charakteristischen Schnittgrößen und effektiven Steifigkeiten muß prüffähig protokolliert sein. Dazu gehört, daß während des Versuches ein Kraft-Verformungs-Diagramm mitgeschrieben wird. Ermittelt werden ausschließlich Widerstandsgrößen für Biegeträger, also Biegemomente, Auflagerkräfte, Trägheitsmomente und Grenzstützweiten für die Begehbarkeit. Diese Werte sind für den praktischen Einsatz der Trapezprofile die wichtigsten Bemessungsgrößen.

Als Versuchsstücke werden Originalprofile aus der Produktion verwendet. Die Maße der Profilform müssen innerhalb der Grenzabmessungen nach DIN 18 807 Teil 1 liegen. Die Streckgrenze des Materials darf nicht mehr als 25 % von der Nennstreckgrenze f_y abweichen, mit welcher die Trapezprofile verwendet werden sollen. Bei vereinfachenden Ersatzsystemen dürfen die statischen Bedingungen nicht günstiger sein als die im praktischen Einsatz.

Zur Vermeidung des seitlichen Ausweichens der Profiltafelränder dürfen Hilfskonstruktionen verwendet werden, weil im praktischen Einsatz sich die Tafeln in der Fläche gegenseitig abstützen und an den Rändern die Verbindung mit aussteifenden Randgliedern vorgeschrieben ist. Außerdem dürfen an Auflagern und Lasteinleitungsstellen Hilfsmittel verwendet werden, die das vorzeitige Versagen an diesen Stellen verhindern, wenn die Widerstandsgröße an anderer Stelle bestimmt werden soll.

Für die Anzahl der zu untersuchenden Nennblechdicken t_N legt DIN 18 807 Teil 2 fest, daß nur dann linear interpoliert werden darf, wenn die Differenz zwischen zwei geprüften Dicken nicht größer als 0,25 mm für $t_N \leq 1{,}0$ mm bzw. 0,5 mm für $t_N > 1{,}0$ mm ist. Extrapoliert werden darf nach oben linear und nach unten quadratisch durch den Nullpunkt. Die Anzahl der Versuche je Parameterkombination (Versuchsart, Stützweite und Nennblechdicke) muß nach Tabelle 5-1 gewählt werden.

Beim Versuch „Zwischenauflager" (s. Bild 5-12) müssen bei linearer Interaktionsbeziehung mindestens 2 Versuchsstützweiten L_E und bei quadratischer mindestens 3 je Blechdicke untersucht werden.

Tabelle 5-1 Mindestzahl der Versuche je Parameterkombination

Anzahl der untersuchten Nennblechdicken		Anzahl der Versuche
	≥ 3	≥ 2
für $t_N \geq 0{,}60$ mm	≥ 2	≥ 3
	≥ 1	≥ 4
für $t_N < 0{,}60$ mm		≥ 4

5.1.3.2 Versuch „Feld"

Der Versuch „Feld" dient zur Ermittlung des charakteristischen Biegemomentes $M_{F,k}$ im querkraftfreien Bereich und des effektiven Trägheitsmomentes I_{ef}. Als statisches System ist ein Einfeldträger mit 4 Einzellasten oder mit einer Gleichstreckenlast zu verwenden. Den üblichen Versuchsaufbau zeigt Bild 5-10.

Die Breite des Versuchskörpers beträgt in der Regel eine Tafelbreite. Die Einzellasten werden durch profilhohe Zwischenlagen und Querverteilungsträger in die untenliegenden Gurte eingeleitet. So wird der obenliegende gedrückte Gurt nicht durch Lasteinleitung zusätzlich beansprucht. An den Auflagern werden die Kräfte durch Unterfütterungen in die obenliegenden Gurte geleitet, damit die Stege an dieser Stelle nicht vorzeitig versagen. Die Versuche sind jeweils für die Positiv- und Negativlage der Trapezprofile durchzuführen. In der Negativlage sollte an den Längsrändern je eine halbe Rippe abgeschnitten werden, damit die Längsränder nicht in der Biegedruckzone liegen.

Die Versuchsstützweite L_F sollte etwa dem Haupteinsatzbereich des Trapezprofils entsprechen. Dieses kann z. B. die Stützweite sein, bei der eine Flächenlast von 1,20 kN/m^2 eine Durchbiegung von 1/300 der Stützweite ergibt. Für diese Ermittlung muß ein vorläufiges Trägheitsmoment geschätzt werden.

Das maximale Feldmoment ergibt sich bei der Lastanordnung nach Bild 5-10 zu

$$M_F = F_u \cdot L_F / 8 \qquad (5\text{-}25)$$

Dieses korrespondiert gut mit dem Feldmoment aus der in der Praxis vorherrschenden Gleichstreckenlast q.

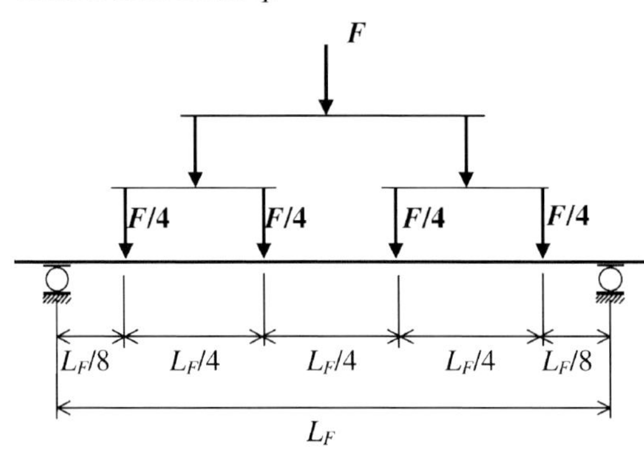

Bild 5-10 Statisches System für den Versuch „Feld"

$$M_F = q \cdot l^2 / 8 \quad \text{mit} \quad q = F_u / L_F \tag{5-26}$$

Außerdem muß natürlich auch der Anteil aus der Eigenlast des Trapezprofils und des Versuchsaufbaus berücksichtigt werden.

Das effektive Trägheitsmoment I_{ef} wird mit Hilfe der Teilkraft ΔF und der zugehörigen Teildurchbiegung Δf im linearen Bereich des Kraft-Verformungs-Diagramms errechnet. Nach [19] ist dabei die obere Grenze für ΔF die Hälfte der Versagenslast. Tritt in diesem Bereich schon eine gekrümmte Last-Verformungs-Linie auf, ist die Steigung der Sekanten zu wählen.

$$I_{ef} = \frac{5{,}125}{384} \cdot \frac{\Delta F \cdot L_F^3}{\Delta f \cdot E} \tag{5-27}$$

Auch hier ist die enge Verwandtschaft zur Gleichstreckenlast zu erkennen. Häufig ergibt sich bei gut ausgesteiften Profilen für I_{ef} der theoretische Wert des voll mittragenden Querschnittswerts. Tritt aus versuchstechnischen Gründen ein höherer Wert auf, muß er auf den theoretischen begrenzt werden.

Typische Versagensformen der obenliegenden gut ausgesteiften Gurte zeigt das Bild 5-11.

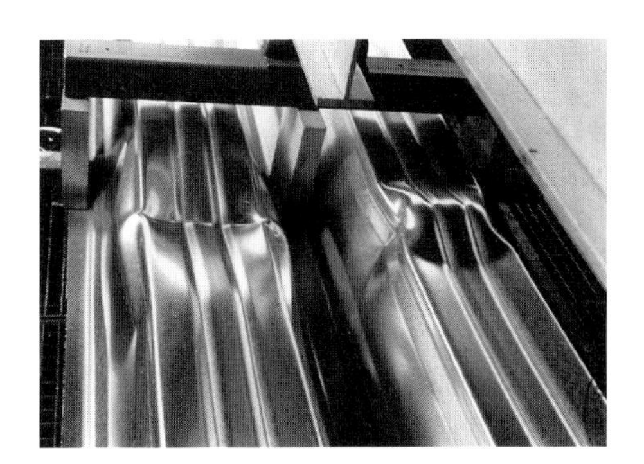

Bild 5-11 Versagenszone eines Prüfkörpers nach dem Einfeldträger-Biegeversuch

5.1.3.3 Versuch „Zwischenauflager" (Ersatzträgerversuch)

Der Ersatzträgerversuch soll die Verhältnisse im Bereich negativer Stützmomente bei Durchlaufträgern simulieren. Dabei ist zwischen der Positiv- und Negativlage der Trapezprofile und zwischen Druck- und Zugkrafteinleitung zu unterscheiden. Die Versuche sind folglich im Prinzip in vier Varianten durchzuführen. In der Praxis kommt man häufig mit weniger aus, weil die Interaktion von Stützmoment und Auflagerzugkraft, z. B. aus Windsog, nicht bemessungsmaßgebend ist. Eine Abschätzung auf der sicheren Seite mit den Ergebnissen aus den Versuchen mit der Druckkrafteinleitung ist dann ausreichend. Auch die halbierten Werte für die Befestigung in jedem zweiten Gurt bei Auflagerzugkraft reichen im Regelfall noch aus. Die Versuche Zugkrafteinleitung in jeden zweiten Gurt sind wegen der erforderlichen größeren Versuchskörperbreite sehr aufwendig.

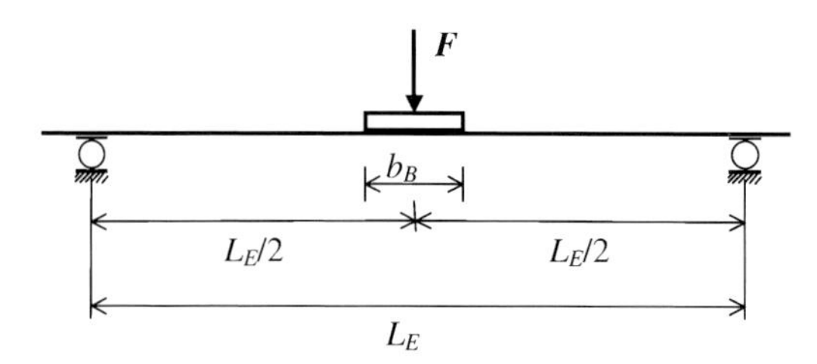

Bild 5-12 Ersatzträger für den Versuch „Zwischenauflager"

Ein weiterer Parameter für die Versuchsvielfalt ist die Lasteinleitungsbreite, im praktischen Einsatz also die Zwischenauflagerbreite. Im Regelfall werden zwei Breiten geprüft. Die kleinere beträgt 60 mm und die größere zwischen 120 und 160 mm. In seltenen Fällen werden auch Versuchswerte für $b_B = 0$ ermittelt. Im Versuch benutzt man z. B. die Kante eines gleichschenkeligen Winkelprofils als Auflager. Dieser Fall soll u. a. die Auflagerung der Trapezprofile auf Rohren oder Seilen simulieren. Auch zum Interpolieren für kleinere Breiten als 60 mm kann dieser Wert hilfreich sein.

Als statisches System dient ein Einfeldträger mit einer Einzellast in der Mitte (Bild 5-12). Aus praktischen Gründen wird die Einzellast am Versuchsstand von oben eingeleitet. Das Trapezprofil liegt also in umgekehrter Lage wie im praktischen Einsatz.

Die Ersatzträgerstützweite ergibt sich aus der Forderung, daß das Verhältnis δ_2 von Stützmoment zur Auflagerkraft des Zweifeldträgers mit gleichen Stützweiten dem entsprechenden Verhältnis δ_V im Versuch gleich sein soll.

$$\delta_2 = \frac{q\, l_2^2 / 8}{1{,}25\, q\, l_2} = \frac{l_2}{10} \tag{5-28}$$

$$\delta_V = \frac{F L_E / 4}{F} = \frac{L_E}{4} \tag{5-29}$$

$$L_E = 0{,}4 \cdot l_2 \tag{5-30}$$

Der Parameterbereich l_2 richtet sich nach dem Einsatzgebiet des Trapezprofils. Die maximale Versuchsstützweite max L_E begrenzt das Stützmoment mit max $M_{B,k}$ und die minimale Stützweite min L_E die Auflagerkraft mit max $R_{B,k}$ (siehe Bilder 5-14 bis 5-16). Die minimale Versuchstützweite soll mindestens

$$\min L_E \geq b_B + 4 \cdot h \tag{5-31}$$

sein, mit h als Höhe des Trapezprofils. Kürzere Versuchskörper sind keine echten Biegeträger mehr. Als Versuchskörper dient im Regelfall eine Rippe. Die Last wird bei der Simulation einer Druckkraft über die starre Lasteinleitungsplatte mit der Breite b_B in den obenliegenden Gurt geleitet. Für eine Zugkraft leitet man die Last über eine Verteilkonstruktion in die untenliegenden Gurte. Typische Versagensformen mit Druckkrafteinleitung unterschiedlicher Breiten zeigt das Bild 5-13.

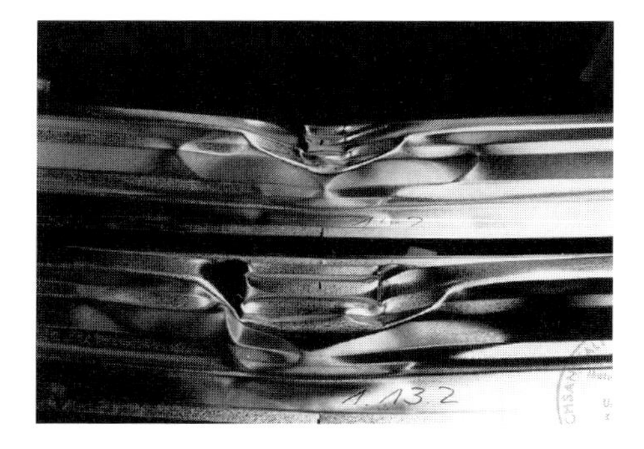

Bild 5-13 Versagenszonen nach Ersatzträgerversuchen mit unterschiedlichen Lasteinleitungsbreiten

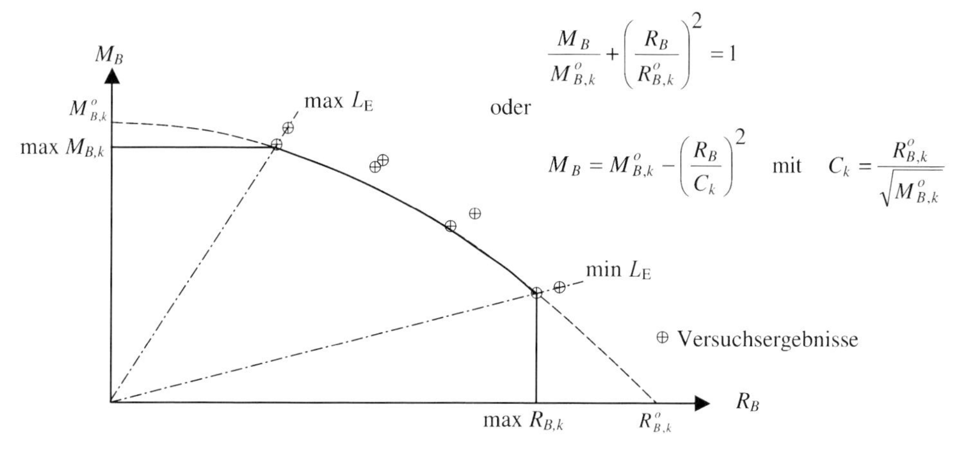

Bild 5-14 *M-R*-Interaktion mit quadratischem Zusammenhang

Der Regelfall für die Interaktion zwischen Stützmoment und Auflagerkraft ist der quadratische Zusammenhang (Bild 5-14). Die Interaktionsfunktion ist so zu wählen, daß kein charakteristisches Versuchsergebnis unter der Kurve liegt. Wegen der Auswertung der Versuchsergebnisse siehe Abschnitt 5.1.3.6. Die Interaktionsfunktion lautet:

$$\frac{M_{\mathrm{B}}}{M^{\mathrm{o}}_{\mathrm{B,k}}} + \left(\frac{R_{\mathrm{B}}}{R^{\mathrm{o}}_{\mathrm{B,k}}}\right)^2 = 1 \qquad (5\text{-}32)$$

oder

$$M_{\mathrm{B}} = M^{\mathrm{o}}_{\mathrm{B,k}} - \left(\frac{R_{\mathrm{B}}}{C_{\mathrm{k}}}\right)^2 \quad \text{mit} \quad C_{\mathrm{k}} = \frac{R^{\mathrm{o}}_{\mathrm{B,k}}}{\sqrt{M^{\mathrm{o}}_{\mathrm{B,k}}}} \qquad (5\text{-}33)$$

mit den Gültigkeitsgrenzen

$$M_{\mathrm{B}} \leq \max M_{\mathrm{B,k}} \qquad (5\text{-}34)$$

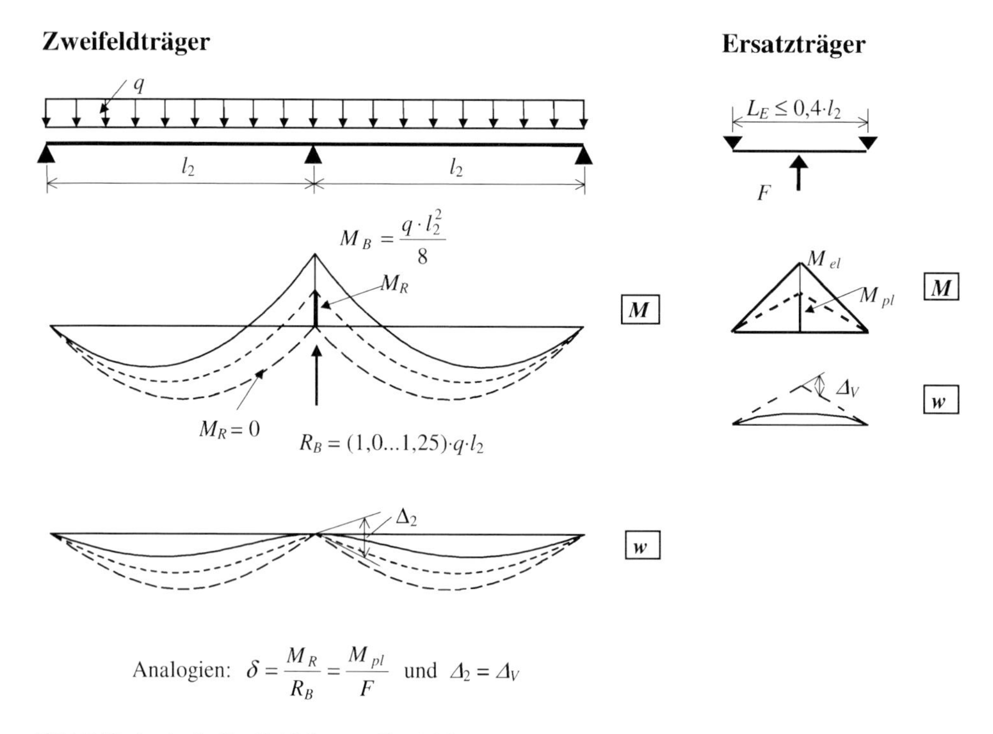

Bild 5-18 Analogie Zweifeldträger – Ersatzträger

Etwa gleiche Verhältnisse stellen sich an den Zwischenstützen von Durchlaufträgern ein, wenn durch eine Belastungssteigerung plastische Verformungen erzwungen werden. Das verbleibende Stützmoment wird Reststützmoment genannt. Es existiert also eine weitere Analogie zum Ersatzträger. Ein Beispiel mit dem Zweifeldträger ist in Bild 5-18 dargestellt.

Die Grundidee zur Bestimmung des Reststützmomentes ist von *Unger* in [121] beschrieben. Danach ist ein Reststützmoment gesucht, das sich nach dem lokalen Beulen an der Zwischenstütze einstellt, wenn nach einer weiteren Laststeigerung in einem Nachbarfeld Versagen auftritt. Dieser Zustand an der Zwischenstütze wird durch drei Größen beschrieben:

M_R Reststützmoment
R_B zugehörige Auflagerkraft
Δ Kontingenzwinkel, Winkel zwischen den Tangenten der Biegelinien zu beiden Seiten der Zwischenstütze

Statt der Auflagerkraft R_B benutzt man üblicherweise das Verhältnis von Stützmoment zu Auflagerkraft als Parameter δ

$$\delta = M_R / R_B \tag{5-40}$$

Für diese drei Größen gibt es am Durchlaufträger eine gegenseitige Abhängigkeit nach der Elastizitätstheorie, welche direkt neben der Zwischenstütze wieder gilt. Der Parameter δ_2 gehorcht jetzt aber nicht mehr der Formel (5-28), sondern muß wie folgt hergeleitet werden.

$$R_B = q \cdot l_2 + \frac{2 \cdot M_R}{l_2} \tag{5-41}$$

$$\delta_2 = \frac{l_2}{\frac{q\, l_2^2 / 8}{M_R} \cdot 8 + 2} \tag{5-42}$$

Die Beziehung (5-29) bleibt am statisch bestimmten Ersatzträger aber erhalten. Damit ergibt sich der Zusammenhang zwischen den Stützweiten des Zweifeldträgers und des Ersatzträgers wie folgt:

$$L_E = \frac{4}{\frac{q\, l_2^2 / 8}{M_R} \cdot 8 + 2} \cdot l_2 \tag{5-43}$$

Für $M_R < q\, l_2^2 / 8$ ist $L_E < 0{,}4 \cdot l_2$. Es kann also nicht von der Versuchsstützweite auf die zugehörige beim Zweifeldträger geschlossen werden.

Während zur Bestimmung der M-R-Interaktion nur der ansteigende Ast der Last-Verformungs-Kurve nach Bild 5-17 ausreicht, ist jetzt auch der abfallende Ast rechts von max F von Bedeutung. An einer solchen Stelle F sind die Versuchsergebnisse unter Beachtung der Darstellung im Bild 5-19 wie folgt auszuwerten:

$$M_V = F \cdot L_E / 4 \tag{5-44}$$

$$\Delta_V = 4 \cdot f_{pl} / L_E \tag{5-45}$$

mit f_{pl} nach Bild 5-17 und dem Parameter δ_V nach (5-29), der für den gesamten Versuch konstant ist.

Nun muß ein Zustand am Zweifeldträger mit einer Gleichstreckenlast gefunden werden, für den die Werte an der Zwischenstütze mit denen im Versuch übereinstimmen:

$$M_R = M_V \tag{5-46}$$

$$\Delta_2 = \Delta_V \tag{5-47}$$

$$\delta_2 = \delta_V \tag{5-48}$$

und gleichzeitig das Versagen im Feld auftritt.

$$\max M_F = M_{F,k} \tag{5-49}$$

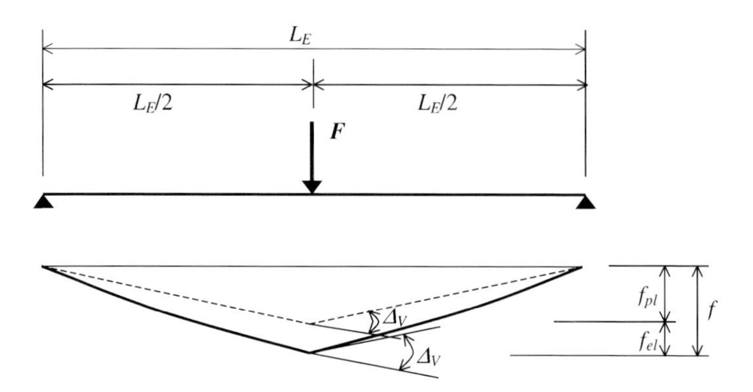

Bild 5-19 Verformungen am Ersatzträger

Dazu müssen zunächst die Zusammenhänge am Zweifeldträger berechnet werden. Es gilt das Gleichgewicht am Gesamtsystem und die elastische Biegelinie in den Feldern. Über der Zwischenstütze stellt sich dann der Kontingenzwinkel Δ_2 ein. Er ergibt sich wegen der Symmetrie als doppelte Summe der Endtangentenneigungen aus Streckenlast und Reststützmoment.

$$\Delta_2 = 2 \cdot \left(\frac{1}{24} \cdot \frac{q\, l_2^3}{EI_{\mathrm{ef}}} - \frac{1}{3} \cdot \frac{M_{\mathrm{R}} \cdot l_2}{EI_{\mathrm{ef}}} \right) \tag{5-50}$$

oder

$$\Delta_2 = \frac{2}{3} \cdot \frac{l_2}{EI_{\mathrm{ef}}} \left(\frac{q\, l_2^2}{8} - M_{\mathrm{R}} \right) \tag{5-51}$$

Der Wert M_{R} wird in der Regel positiv benutzt, obwohl das Reststützmoment ein negatives Stützmoment ist. Das Minuszeichen steht dann in der Formel.

Setzt man das maximale Feldmoment dem charakteristischen Wert $M_{\mathrm{F,k}}$ des Trapezprofils gleich, so ergibt sich

$$M_{\mathrm{F,k}} = \frac{q\, l_2^2}{8} - \frac{M_{\mathrm{R}}}{2} + \frac{M_{\mathrm{R}}^2}{2\, q\, l_2^2} \tag{5-52}$$

Aus (5-52) ergibt sich nach kurzer Berechnung

$$q = \frac{8 \cdot M_{\mathrm{F,k}}}{l_2^2} \cdot \rho \tag{5-53}$$

mit

$$\rho = \left(1 + \gamma/2 + \sqrt{1+\gamma}\right)/2 \tag{5-54}$$

und

$$\gamma = \frac{M_R}{M_{F,k}} \tag{5-55}$$

Der Faktor ρ gibt den Einfluß des Reststützmomentes auf die Belastung gegenüber der des Einfeldträgers an.

In (5-51) läßt sich mit (5-53) q eliminieren, das Ergebnis lautet:

$$\Delta_2 = \frac{2}{3} \cdot \frac{M_{F,k} \cdot l_2}{EI_{ef}} \cdot (\rho - \gamma) \tag{5-56}$$

Um diese Funktion mit einer Versuchskurve nach den Gleichungen (5-44) und (5-45) vergleichen zu können, ist es erforderlich, auch noch die Zweifeldträgerstützweite l_2 zu eliminieren. Statt dessen führt man den Parameter δ_2 nach (5-40) ein. Mit der Zwischenauflagerkraft R_B

$$R_B = q\, l_2 + 2 \cdot M_R / l_2 \tag{5-57}$$

ergibt sich die Zweifeldträgerstützweite l_2 mit den vorgenannten Abkürzungen ρ und γ zu:

$$l_2 = \delta_2 \cdot (8\, \rho / \gamma + 2) \tag{5-58}$$

Setzt man diesen Wert in (5-56) ein, erhält man eine Funktion $\Delta_2(M_R)$, die mit den Versuchsergebnissen (5-44) und (5-45) verglichen werden kann.

$$\Delta_2 = \frac{2}{3} \cdot \frac{M_{F,k}}{EI_{ef}} \cdot \delta_2 \cdot \left[1 + \frac{4}{\gamma} - 3 \cdot \gamma + \left(\frac{4}{\gamma} - 1\right) \cdot \sqrt{1+\gamma}\right] \tag{5-59}$$

Diese Funktion stimmt mit der in DIN 18 807 Teil 2 Abschnitt 7.4.3 überein, wenn man die hier verwendeten Abkürzungen ausschreibt und die neuen Bezeichnungen für die Schnittgrößen einführt.

$$\Delta_R = \frac{2}{3} \cdot \frac{M_{F,k}}{EI_{ef}} \cdot \frac{M_B}{R_B} \cdot \left[1 + 4 \cdot \frac{M_{F,k}}{M_{R,k}} - 3 \cdot \frac{M_{R,k}}{M_{F,k}} + \left(4 \cdot \frac{M_{F,k}}{M_{R,k}} - 1\right) \cdot \sqrt{1 + \frac{M_{R,k}}{M_{F,k}}}\right] \tag{5-60}$$

Die Funktion (5-59) läßt sich als Kurvenschar mit dem Parameter δ_2 in ein M_R-Δ-Koordinatensystem zeichnen (s. Bild 5-20). Aus dem Kraft-Verformungs-Diagramm (s. Bild 5-17) können für die Versuche entsprechende Kurven errechnet und auch in das M_R-Δ-Koordinatensystem gezeichnet werden. Die Parameterdarstellung dieser Versuchskurven ist in den Gleichungen (5-44) und (5-45) gegeben. Der zusätzliche Parameter δ_V nach (5-29) ist für jede Kurve konstant und muß im Lösungspunkt mit dem Wert δ_2 übereinstimmen.

Der Schnittpunkt einer Kurve (5-59) mit δ_2 für den Zweifeldträger und einer Kurve aus einem Versuch mit dem Parameter $\delta_V = \delta_2$ ist die gesuchte Lösung für das Reststützmoment. Die zugehörigen Werte erfüllen alle Bedingungen nach (5-46) bis (5-48), die in [121] gefordert werden. An den Zwischenstützen stimmen das Reststützmoment, die Auflagerkraft und der Kontingenzwinkel mit den Werten des Versuches überein. Gleichzeitig ist beim Zweifeldträger mit gleichmäßig verteilter Belastung wegen (5-52) das charakteristische Feldmoment des Trapezprofils erreicht.

In der Formel (5-60) wird I_{ef} als Trägheitsmoment für den Feldbereich eingesetzt. Auf eine Ermittlung eines Ersatzträgheitsmomentes zur Berücksichtigung des Bereiches negativer Biegemomente, wie in [121] vorgeschlagen, verzichtet DIN 18 807 wegen des geringen Einflusses.

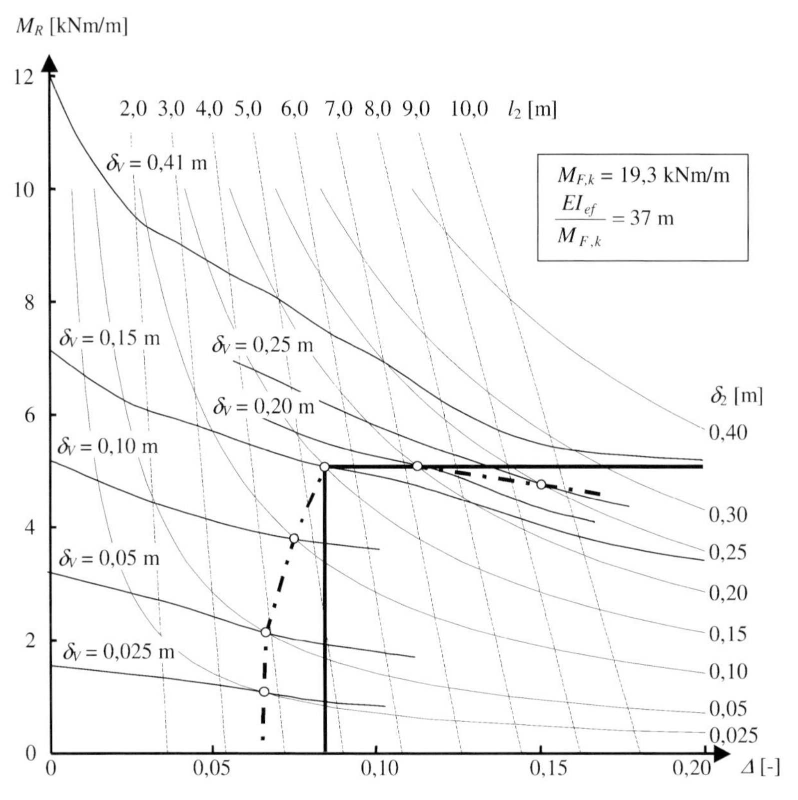

Bild 5-20 Grafische Lösung für das Reststützmoment

Im Bild 5-20 sind Lösungspunkte an einem Beispiel für verschiedene Werte δ_V eingetragen. Die so entstehende Lösungsfunktion $M_R(\Delta)$ ist im Bild 5-20 als Polygonzug durch die Lösungspunkte angedeutet. Für die praktische Anwendung ist es hilfreich, eine weitere Kurvenschar mit der Zweifeldträgerstützweite l_2 als Parameter in das M_R-Δ-Diagramm zu zeichnen. Dieses gelingt mit den Formeln (5-54) und (5-56)

$$\Delta = \frac{1}{3} \cdot \frac{M_{F,k} \cdot l_2}{EI_{ef}} \cdot \left(1 - \frac{3}{2} \cdot \gamma + \sqrt{1+\gamma}\right) \qquad (5\text{-}61)$$

Man erhält dadurch einen Überblick darüber, ob sich die Lösungspunkte noch im Anwendungsbereich des Trapezprofils befinden.

Die Versuchsparameter $\delta_V < 0{,}15$ m sind im Normalfall mit Ersatzträgerversuchen nicht zu realisieren. Die Versuchsstützweite ist so klein, daß die Balkenbiegetheorie nicht mehr gilt. Abhilfe können Kragarmversuche nach Bild 5-21 bringen. Für die abgebildete Geometrie gilt für die am Versuchsstück angreifenden Kräfte

$$F_{Kl} = F_{Kr} = F_K = F_{ges} \cdot \frac{b}{a + L_E/2 + b} \qquad (5\text{-}62)$$

$$F = F_{ges} \cdot \frac{a + L_E/2 - b}{a + L_E/2 + b} \qquad (5\text{-}63)$$

und für das Feldmoment

$$M_F = F \cdot \frac{L_E}{4} - F_K \cdot a \qquad (5\text{-}64)$$

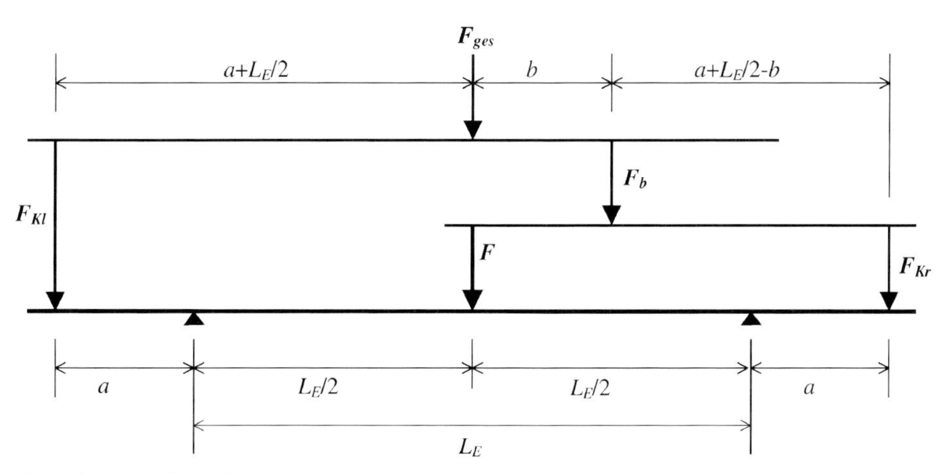

Bild 5-21 Kragträger-Versuch

Damit ergibt sich der Parameter δ_2 zu

$$\delta_2 = \frac{M_F}{F} = \frac{L_E}{4} - \frac{b \cdot a}{a + L_E / 2 - b} \tag{5-65}$$

Er kann mit $b = 0$ von $\delta_2 = L_E / 4$ für den normalen Ersatzträger bis zu $\delta_2 = 0$ mit

$$b = L_E \cdot \frac{a + L_E / 2}{4\,a + L_E} \tag{5-66}$$

variiert werden.

Wegen des erhöhten Versuchsaufwandes läßt DIN 18 807 Teil 2 eine Näherung zu. Für den Bereich unterhalb der kleinsten untersuchten normalen Ersatzträgerstützweite von $L_E \approx 0{,}60$ m wird der Kontingenzwinkel Δ_V und oberhalb das Reststützmoment M_R konstant gesetzt. Diese Näherung hat sich aufgrund zahlreicher Versuche als brauchbar erwiesen. Außerdem ergeben sich die Reststützmomente meistens zwischen 0 und 25 % der charakteristischen Feldmomente und haben damit nur geringen Einfluß auf die Bemessung.

Zum Auffinden des Reststützmomentes kann auch direkt im Kraft-Verformungs-Diagramm Bild 5-17 gearbeitet werden. Dazu transformiert man die Funktion (5-59) $\Delta_2(M_R)$ in die Koordinaten F und f_{pl} des Diagramms und zeichnet die neue Funktion in das schiefwinklige Koordinatensystem. Paßt man den Maßstab einer Rechnergrafik dem des Versuchsdiagramms an, so kann die Kurve direkt in dieses Diagramm übertragen werden. Wenn sich ein Schnittpunkt mit der Versuchskurve ergibt, ist die Lösung gefunden. Diese Methode hat den Vorteil, daß die umgerechnete Versuchskurve nicht abschnittsweise in das M_R-Δ-Diagramm übertragen werden muß. Sie ist aber in der Auswertung nicht so übersichtlich und soll deswegen hier nicht weiter verfolgt werden.

Für die praktische Anwendung, also für die Bemessung, ist es vorteilhaft, an einer Zwischenstütze das Reststützmoment in Abhängigkeit von den Stützweiten der benachbarten Felder zu kennen. Aus diesem Grund wird in DIN 18 807 für das Reststützmoment eine Funktion in Abhängigkeit von der kleineren Stützweite nach Bild 5-22 vorgeschrieben.

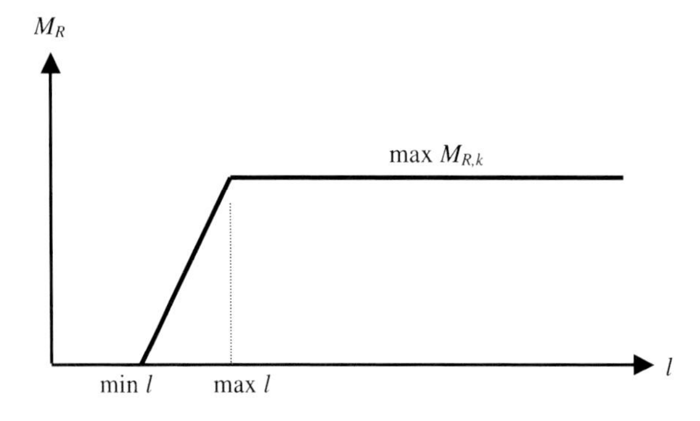

Bild 5-22 Reststützmoment in Abhängigkeit von der Stützweite bei Durchlaufträgern

Die Grenzen des linear ansteigenden Teils der Funktion entstehen nach der zuvor beschriebenen Näherung. Danach ergibt sich max l aus der Auswertung des Ersatzträgerversuches mit der kleinsten Stützweite als zugehörige Zweifeldträgerstützweite l_2. Berechnen läßt sich diese durch Auflösung der Gleichung (5-61) nach l_2.

$$\max l = 3 \cdot \frac{EI_{\mathrm{ef}}}{M_{\mathrm{F,k}}} \cdot \frac{\Delta^*}{1 - \frac{3}{2} \cdot \frac{M_{\mathrm{R}}^*}{M_{\mathrm{F,k}}} + \sqrt{1 + \frac{M_{\mathrm{R}}^*}{M_{\mathrm{F,k}}}}} \qquad (5\text{-}67)$$

mit

Δ^*	Kontingenzwinkel aus Ersatzträgerversuch mit kleinster Stützweite
$M_{\mathrm{R}}^* = \max M_{\mathrm{R}}$	Reststützmoment aus Ersatzträgerversuch mit kleinster Stützweite

Die untere Grenze ergibt sich, indem man in (5-67) $M_{\mathrm{R}}^* = 0$ setzt und Δ^* beibehält.

$$\min l = \frac{3}{2} \cdot \frac{EI_{\mathrm{ef}}}{M_{\mathrm{F,k}}} \cdot \Delta^* \qquad (5\text{-}68)$$

Damit ist nach DIN 18 807 das Reststützmoment an einer Zwischenstütze eines Durchlaufträgers mit l als kleinste Stützweite der benachbarten Felder für drei Bereiche festgelegt.

$$M_{\mathrm{R,k}} = 0 \qquad \text{für} \quad l < \min l \qquad (5\text{-}69)$$

$$M_{\mathrm{R,k}} = \frac{l - \min l}{\max l - \min l} \cdot \max M_{\mathrm{R,k}} \qquad (5\text{-}70)$$

$$M_{\mathrm{R,k}} = \max M_{\mathrm{R,k}} \qquad \text{für} \quad l > \max l \qquad (5\text{-}71)$$

Die Bestimmung der M-R-Interaktion und die Ermittlung der Reststützmomente mit dem Versuch „Durchlaufträger“ hat in der Praxis keine Bedeutung und soll hier nicht weiter besprochen werden.

5.1.3.4 Versuch „Endauflager“

Der Versuch „Endauflager“ dient dazu, das Verhalten des Trapezprofils am Querrand unter Lasteinleitung zu klären. Dabei muß wie beim Zwischenauflager zwischen Positiv- und Negativlage des Trapezprofils und zwischen Druck- und Zugkrafteinleitung unterschieden werden. Die Bemerkungen in Abschnitt 5.1.3.3 über die praktische Notwendigkeit aller Versuche gelten hier entsprechend. Die Befestigung in jedem zweiten Gurt ist am Endauflager kaum von Bedeutung, weil sie am Rand der Verlegefläche nach DIN 18 807 Teil 3 nicht zulässig und am Querstoß aus konstruktiven Gründen nicht zu empfehlen ist.

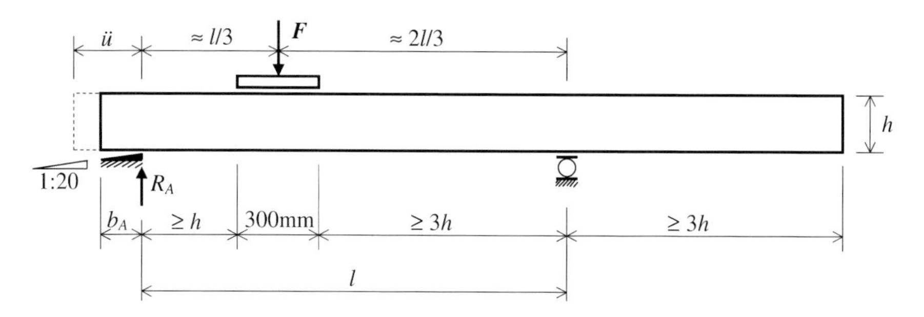

Bild 5-23 Versuchsanordnung für den Versuch „Endauflager"

Die Versuchsanordnung soll nach DIN 18 807 Teil 2 wie in Bild 5-23 gewählt werden. Die Neigung von 1 : 20 am Endauflager mit der Breite b_A soll die Endtangente des Biegeträgers simulieren. Wegen dieser Schneidenlagerung ist für das Versagen des Trapezprofils weniger die Auflagerbreite b_A, sondern viel mehr der Überstand *ü*, gemessen von der Innenkante des Auflagers, maßgebend. Der Zusammenhang mit der Definition des Überstandes in den Typenblättern nach Bild 5-5 ist wie folgt gegeben:

$$(b_A + ü)_{\text{Typenblatt}} = ü_{\text{Versuch}} \tag{5-72}$$

Ergibt sich bei der experimentellen Ermittlung der Endauflagerkraft für andrückende Einwirkung nach Überschreiten der elastischen Grenzlast und Auftreten von plastischen Verformungen eine zweite, höhere Lastspitze, so ist $R_{A,T,k} > R_{A,G,k}$. Der charakteristische Wert $R_{A,G,k}$ ist der elastische Grenzwert für den Gebrauchstauglichkeitsnachweis und $R_{A,T,k}$ der Versagenswert für den Tragsicherheitsnachweis. Ansonsten – insbesondere für abhebende Einwirkungen sowie bei der rechnerischen Ermittlung der charakteristischen Endauflagerkraft nach DIN 18 807 Teil 1 – sind beide Werte identisch. Deshalb ist im unteren Teil des Typenblattes für abhebende Lasten auch nur eine charakteristische Endauflagerkraft je Befestigungsart angegeben.

Die Versagensformen des Trapezprofils am Endauflager sind in Bild 5-24 dargestellt. Die zweite höhere Auflagerkraft entsteht u. U. durch ein weiteres Aufsetzen der verformten Stege. Diese Erscheinung ist aber nicht bei allen Profilen zu beobachten.

5.1.3.5 Versuch „Begehbarkeit"

Wegen einer nachträglichen Interpretation der Begehbarkeit von Stahltrapezprofilen seitens des Deutschen Institutes für Bautechnik, Berlin (siehe weiter unten) ist hier ein kurzer Rückblick erforderlich.

In den bauaufsichtlichen Zulassungen wurden die Stahltrapezprofile für die einzelnen Blechdicken durch Sternchen gekennzeichnet, wenn sie durch Einzelpersonen nicht ohne lastverteilende Beläge begangen werden durften. Dabei wurde durch die Anzahl der Sternchen die Begehbarkeit während der Montage und die nach der endgültigen Befestigung

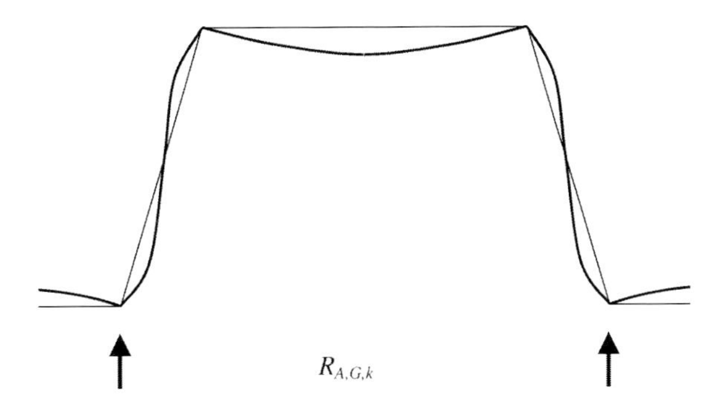

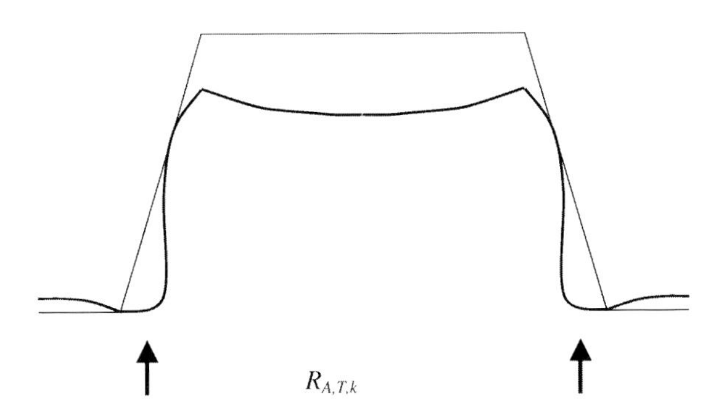

Bild 5-24 Versagensformen am Endauflager eines Trapezprofils

unterschieden. Das Entscheidungskriterium lieferten Einfeldträgerversuche mit einer Einzellast auf einer Rippe.

Die Stützweite wurde dabei so gewählt, daß für einen Einfeldträger unter einer angenommenen Belastung $q = 1{,}2$ kN/m^2 die maximale Durchbiegung $f_{max} = l / 300$ betrug. Wenn Profile in einer bestimmten Blechdicke diese Prüfungen nicht bestanden, wurden diese Blechdicken mit Sternchen gekennzeichnet und galten allgemein als nicht begehbar.

Stahltrapezprofile, die über eine größere Stützweite als die nach den o. g. Bedingungen für die Begehbarkeitsversuche ermittelte verlegt wurden, durften grundsätzlich nur über lastverteilende Beläge begangen werden.

Da die durch Sternchen gekennzeichneten Stahltrapezprofile bei kürzeren Stützweiten in der Praxis aber durchaus begehbar waren, ist dieses Konzept so nicht in die Norm übernommen worden, weil die Gefahr bestand, daß auch für große Stützweiten auf lastverteilende Beläge verzichtet wurde. Statt dessen ist mit denselben Versuchsbedingungen diejenige Stützweite zu bestimmen, die alle Forderungen nach der Tragfähigkeit unter einer Einzellast nach DIN 18 807 Teil 2, Tabelle 3 erfüllt.

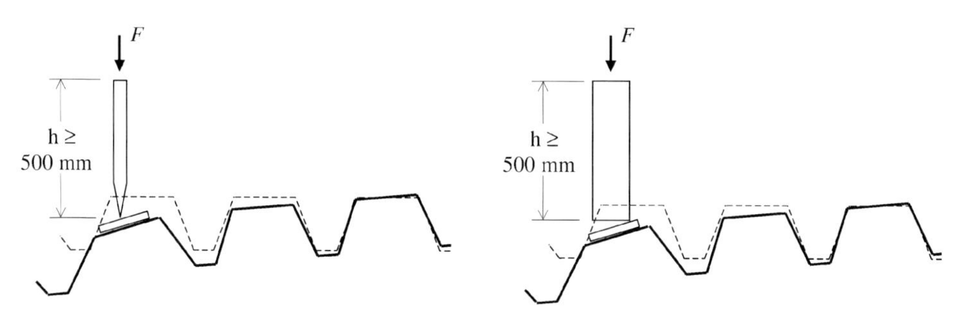

Bild 5-25 Lasteinleitung auf verformter Randrippe

Die Begehbarkeit des Trapezprofils während der Montage wird durch die Belastung einer Randrippe geprüft (s. Tabelle 5-2). Hilfskonstruktionen zur seitlichen Begrenzung sowie Verbindungen mit der Unterkonstruktion dürfen nicht angebracht werden. Um die Belastung richtungstreu zu halten, kann z. B. eine Hängevorrichtung mit Gewichten benutzt werden. Einfacher ist eine Druckkraft von oben mit einem Hydraulikzylinder. In diesem Fall muß ein Druckstab von mindestens 500 mm Länge zwischengeschaltet werden. Beim seitlichen Ausweichen der Randrippe bleibt die Kraft dann ausreichend lotrecht.

In der Versuchspraxis sind zwei verschiedene Druckstäbe angewendet worden (s. Bild 5-25). Die Methode mit der mittigen Lasteinleitung ergab höhere Werte. Sie gilt jetzt als Standardmethode, weil ein Monteur auf dem schrägen Obergurt der Randrippe normalerweise nicht auf der Sohlenkante stehen wird, wie es der breite Stempel simuliert.

Das Beurteilungskriterium von $F = 1{,}2$ kN ohne signifikante bleibende Verformungen (s. Tabelle 5-2) soll sicherstellen, daß keine beschädigten Profiltafeln in der Verlegefläche verbleiben. Es geht dabei weniger um die in der DIN 18 807 Teil 2 genannten 3 mm Verformung, sonder mehr um plastische Beulen oder Knicke. Dieses Kriterium wird bei herkömmlichen Stahltrapezprofilen mit einer Blechdicke von 0,75 mm und mehr praktisch nicht maßgebend.

Fast immer ist das zweite Kriterium mit $F = 1{,}5$ kN maßgebend. Die Randrippe versagt nach großen Verformungen, also mit guter Vorwarnung für den Monteur. Die Norm spricht vom schlagartigen Versagen im Versuch, wenn die Durchbiegung 1/100 der Stützweite noch nicht erreicht hatte.

Die Begehbarkeit des Trapezprofils nach der Montage wird durch die Belastung einer Rippe im Tafelinneren, also Mittenbelastung nach Tabelle 5-2 geprüft. Die Längsränder der Profiltafel dürfen in diesem Fall an den Auflagern und in den Drittelspunkten der Stützweite gegen seitliches Ausweichen gesichert werden. Diese Maßnahme simuliert die Verbindung der Trapezprofile mit den Auflagern und den Nachbartafeln in der Verlegefläche. Das Beurteilungskriterium von $F = 2{,}0$ kN beim Versagen berücksichtigt, daß Monteure für den weiteren Dachaufbau u. U. größere Lasten tragen.

Ein Absturz ist durch die geschlossene Verlegefläche praktisch nicht möglich. Deshalb ist es auch zulässig, nach den ersten Obergurtbeulen den Versuch weiter zu fahren, bis auf der durchhängenden Rippe $F = 2{,}0$ kN erreicht ist. Da dieses fast immer gelingt, wird in den meisten Fällen die Grenzstützweite durch die Randbelastung mit der Versagenslast von $F = 1{,}5$ kN festgelegt.

5.1.3.6 Statistische Auswertung der Versuchsergebnisse

Zur Bestimmung des charakteristischen Wertes S_k der Schnittgrößen (Biegemomente und Auflagerkräfte) aus den Versuchsergebnissen S_V ist eine statistische Auswertung vorgeschrieben. Dabei dürfen jeweils die Versuche mit gleichen Bedingungen zu einer Population n zusammengefaßt werden. Für die hier besprochenen Versuchsarten gehören zu einer Gruppe alle Versuche „Feld", die Versuche „Zwischenauflager" mit gleicher Blechdicke und gleicher Lasteinleitungsbreite und die Versuche „Endauflager" mit gleichem Überstand. Die Versuche „Begehbarkeit" brauchen nicht statistisch behandelt zu werden. Versuche mit Nennblechdicken $t_N < 0{,}60$ mm dürfen nicht mit Versuchen größerer Nennblechdicken zu einer Population zusammengefaßt werden.

Um die Abweichungen der Stahlkerndicken $t_{K,V}$ im Versuch von dem Stahlkern t_K der Nennblechdicken und der vorhandenen Streckgrenzen $f_{y,V}$ von der vorgesehenen Nennstreckgrenze $f_{y,k}$ zu eliminieren, sind die Versuchsergebnisse S_V wie folgt zu normieren:

$$\overline{S}_V = S_V \cdot \sqrt{\frac{f_{y,k}}{f_{y,V}}} \cdot \left[\frac{t_K}{t_{K,V}}\right]^{\beta} \tag{5-73}$$

mit

$\beta = 1$ für $t_K > t_{K,V}$
$\beta = 2$ für $t_K < t_{K,V}$

Bei der Bestimmung des Trägheitsmomentes ist eine Normierung mit der Streckgrenze nicht vorzunehmen. Für die Versuche „Begehbarkeit" ist die Normierung auf die Stützweite anzuwenden. Wenn eine Versagenslast höher als für das entsprechende Beurteilungskriterium nach Tabelle 5-2 vorliegt, darf die Normierung ganz oder auch zum Teil auf die Versagenslast angewendet werden. Da die Normierungen auf der sicheren Seite liegen, ist es ratsam, für die Versuche Material auszuwählen, das möglichst dicht an den Nennwerten liegt.

Weil hier Versuchsergebnisse mit unterschiedlichem Lastniveau, z. B. Versuche „Feld" mit unterschiedlichen Blechdicken, zu einer Population zusammengefaßt sind, werden die normierten Versuchsergebnisse zur statistischen Auswertung zunächst auf ihren Mittelwert bezogen. Der Mittelwert für m Versuche mit gleichen Parametern, also auch gleichem Lastniveau, ist

$$\overline{S}_{V,m} = \sum_{(m)} \overline{S}_V \,/\, m \tag{5-74}$$

Als Varianz für jede Population n ergibt sich mit bezogenen Versuchswerten

$$s^2 = \frac{\sum (S_V / S_{V,m})^2 - \frac{1}{n} \cdot (\sum \overline{S}_V / \overline{S}_{V,m})^2}{n-1} \tag{5-75}$$

Die charakteristischen Schnittgrößen berechnen sich zu

$$S_k = \overline{S}_{V,m} \cdot (1 - c \cdot s) \tag{5-76}$$

mit c nach Tabelle 5-3. S_k ist in Anlehnung an den einseitigen (unteren) 5 %-Fraktilwert nach einer angenommenen Normalverteilung der Versuchsergebnisse bestimmt.

Tabelle 5-3 *c*-Werte für die statistische Auswertung

n	3	4	5	6	8	10	12	20	∞
c	2,92	2,35	2,13	2,02	1,90	1,83	1,80	1,73	1,65

5.1.4 Widerstandsgrößen für Schubfeldbeanspruchung

Wie schon bei der Vorstellung der Bemessungskonzepte im Abschnitt 4.3.4.1 beschrieben, sind die zulässigen Schubflüsse keine charakteristischen Widerstandsgrößen im Sinne der Tragsicherheit. Die maßgebenden Schranken bei der rechnerischen Ermittlung der zulässigen Schubflüsse nach *Schardt/Strehl* [123] und [124] sind vielmehr Erfahrungswerte für die Gebrauchstauglichkeit und in DIN 18 807 Teil 1, Abschnitt 5, festgelegt. Von einer Kennzeichnung als charakteristische Werte oder Bemessungswerte sollte man wegen der Verwechslungsgefahr absehen. Die Anpassungsrichtlinie legt aus formalen Gründen $\gamma_F = 1$ und $\gamma_M = 1$ fest.

In den Typenblättern (s. Bilder 5-1 und 5-4) für die Positiv- und Negativlage sind Daten für je zwei Verbindungsarten der Trapezprofile mit den Randträgern am Querrand angegeben. Die „übliche Ausführung" nach DIN 18 807 Teil 3, Bild 6, beschreibt die Verbindung in der Mitte eines jeden anliegenden Gurtes (s. Bild 10-5). Die „Sonderausführung" nach DIN 18 807 Teil 3, Bild 7, gibt Beispiele für Verbindungen in der Nähe der beiden aufgehenden Stege. Für diesen Fall ist auch eine Verbindung mit einer Unterlegscheibe, welche die Breite des anliegenden Gurtes überdeckt, zulässig (s. Bild 10-5). Für Trapezprofil, die nach der Sonderausführung befestigt sind, gelten höhere zulässige Schubflüsse. Für die Dicke d der Unterlegscheibe gilt:

$$2{,}0 \text{ mm} \leq d \geq 2{,}7 \cdot t_N \cdot \sqrt[3]{\frac{b_u}{c_u}} \tag{5-77}$$

Hierin bedeuten:

t_N Nennblechdicke des Trapezprofils
b_u Untergurtbreite des Trapezprofils
c_u Breite der Unterlegscheibe in Längsrichtung des Trapezprofils gemessen oder deren Durchmesser

Die Werte in den Typenblättern werden im folgenden einzeln beschrieben, nicht alle sind Widerstandsgrößen. Die Schubfeldlänge min L_S gibt die Grenzlänge an, oberhalb welcher die in der Tabelle folgenden Schubfeldwerte gültig sind. Bei kürzeren Schubfeldern müssen die Werte reduziert bzw. vergrößert werden. Die Berechnungsvorschriften sind in den Formeln (5-84) bis (5-90) angegeben. Als Schubfeldlänge gilt in der Regel die Länge der Profiltafeln oder ein Teil davon, wenn nur dieser als Schubfeld befestigt ist. Den zweiten Fall sollte man aber aus konstruktiven Gründen vermeiden. Es können in dem nicht als Schubfeld befestigten Teil Verbindungen überlastet werden und große Verformungen an den Enden der Trapezprofile auftreten.

Der zulässige Schubfluß zul T_1 begrenzt die Spannung aus Querbiegemomenten (Blechbiegung) in den Ecken der Profilrippen am Tafelende auf die Streckgrenze $f_{y,k}$ (s. Bild 5-26 a).

Nach [124] ist

$$\text{zul}\, T_1 = \eta_1 \cdot f_{y,k} \cdot t_K \cdot \sqrt{\frac{t_K}{h}} \tag{5-78}$$

mit

t_K Stahlkerndicke
h Profilhöhe
η_1 Formbeiwert nach [124] und [123]

Die Formbeiwerte η_i werden bei *Schardt/Strehl* nach der Faltwerkstheorie berechnet. Sie ergeben sich aus den Lösungen der Differentialgleichungen mit den Übergangs- und Randbedingungen für die einzelnen Scheiben des Faltwerks, also die Gurte und Stege des Trapezprofils. In diese Lösungen gehen nur die geometrischen Werte des Trapezprofils ein. Dieses sind die Breiten der Gurte und Stege sowie der Neigungswinkel der Stege.

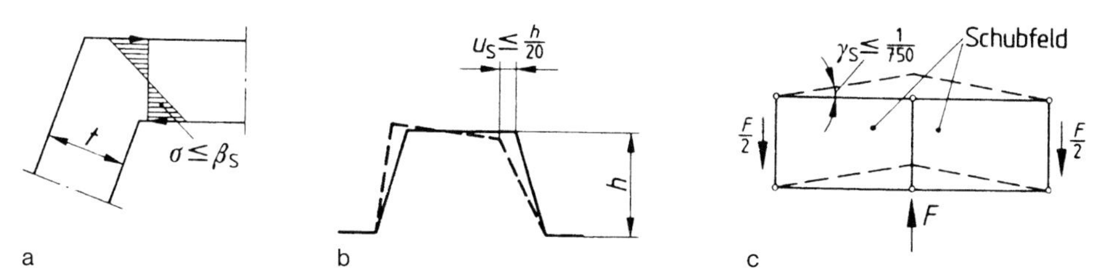

Bild 5-26 Kriterien für die Begrenzung der Beanspruchbarkeit von Schubfeldern
a) Spannungen aus Querbiegemomenten
b) Relativverschiebungen
c) Gesamtverformung

Die Bemessungsgrenze für den zulässigen Schubfluß zul T_2 ist die Relativverschiebung des Obergurtes gegen den Untergurt. Der Maximalwert stellt sich am Tafelende ein und darf bei bituminös verklebtem Dachaufbau 1/20 der Trapezprofilhöhe nicht überschreiten. Bei anderen Dächern kann zul T_2 unberücksichtigt bleiben (s. Bild 5-26 b).

$$\text{zul } T_2 = \eta_2 \cdot \frac{\Delta u}{h} \cdot E \cdot t_K \cdot \sqrt{\frac{t_K}{h}} \tag{5-79}$$

mit

$\frac{\Delta u}{h} = 1/20$ zulässige Relativverschiebung des Obergurtes nach DIN 18 807 Teil 1, Abschnitt 5
E Elastizitätsmodul des Stahles
η_2 Formbeiwert nach [124] und [123]

Der zulässige Schubfluß zul T_3 begrenzt den Gleitwinkel des entsprechenden Schubfeldbereichs auf $\gamma = 1/750$ (s. Bild 5-26 c).

$$\text{zul } T_3 = \gamma_{zul} \cdot G_S \tag{5-80}$$

mit

$\gamma_{zul} = 1/750$ zulässiger Gleitwinkel nach DIN 18 807 Teil 1, Abschnitt 5
G_S ideeller Schubmodul des Trapezprofils

Der zulässige Gleitwinkel wurde analog zur Winkeländerung eines quadratischen Feldes mit einer Zugdiagonalen errechnet. Die Diagonale wird dazu mit der zulässigen Spannung nach der alten Bemessungsmethode beansprucht.

Der ideelle Schubmodul G_S errechnet sich, wie in den Typenblättern angegeben, aus den Beiwerten K_1 und K_2. Er wächst mit der Schubfeldlänge und ist gleich dem Schubfluß, der den Gleitwinkel $\gamma = 1$ erzeugt.

$$G_S = \frac{G \cdot t_K}{m + \eta_3 \cdot \frac{h}{t_K} \cdot \sqrt{\frac{h}{t_K}} \cdot \frac{h}{L_S}} \tag{5-81}$$

mit

G Schubmodul des Stahles
m Abwicklungsfaktor, abgewickelte Blechbreite dividiert durch die Trapezprofilbreite
η_3 Formbeiwert nach [124] und [123]

Der Abwicklungsfaktor m beschreibt eine konstante Gleitung im gesamten Schubfeld, der Formbeiwert η_3 eine Randstörung am Querrand des Trapezprofils. Der zugehörige Gleitwinkel nimmt also mit der Schubfeldlänge ab. Für die praktische Anwendung sind diese beiden Faktoren weiter ausgewertet, so daß (5-81) folgende Form erhält

$$G_S = \frac{10^4}{K_1 + K_2 / L_S} \quad [\text{kN/m}] \tag{5-82}$$

Für Schubfeldlängen, die größer sind als der Tabellenwert L_G wird zul T_3 gegenüber zul T_1 und zul T_2 nicht maßgebend. Ist zul T_2 kleiner als zul T_1 und kann aus konstruktiven Gründen unberücksichtigt bleiben, ist die Überprüfung von zul T_3 auch bei größeren Schubfeldlängen erforderlich.

Eine durch den Schubfluß verursachte Stegbeanspruchung an den Enden der Profiltafeln errechnet sich mit dem Beiwert K_3

$$R_A = \pm K_3 \cdot \text{vorh } T \tag{5-83}$$

Der Beiwert K_3 wird nach [123] und [124] bestimmt. Für die übliche Befestigung ist er der Wurzel von t_K proportional, für die Sonderausführung ist er von t_K unabhängig. R_A ergibt sich als Endauflagerkraft pro Meter Profilbreite, wenn vorh T in Kraft pro Meter eingesetzt wird. Dieser Wert ist unter Beachtung der entsprechenden Teilsicherheitsbeiwerte mit den Endauflagerkräften aus Querlasten (Biegung) zu überlagern. Das gilt sowohl für Auflagerdruck- als auch für Auflagerzugkräfte.

Für den relativ seltenen Fall, daß die Schubfeldlänge L_S kleiner ist als der Tabellenwert min L_S, müssen die o. g. Schubfeldwerte nach folgender Vorschrift umgerechnet werden:

$$\text{zul } T_{1,\text{kurz}} = a_1 \cdot \text{zul } T_1 \tag{5-84}$$

$$\text{zul } T_{2,\text{kurz}} = a_1 \cdot \text{zul } T_2 \tag{5-85}$$

$$K_{1,\text{kurz}} = K_1 \tag{5-86}$$

$$K_{2,\text{kurz}} = a_2 \cdot K_2 \tag{5-87}$$

$$K_{3,\text{kurz}} = a_1 \cdot K_3 \tag{5-88}$$

mit

$$a_1 = 2 \cdot L_S / \min L_S - (L_S / \min L_S)^2 < 1 \tag{5-89}$$

$$a_2 = \min L_S / L_S > 1 \tag{5-90}$$

Für die Einleitung von Einzellasten in Schubfelder gibt es keine speziellen Widerstandsgrößen. Im allgemeinen sind Einzellasten parallel zur Schubfeldebene entweder über die Randträger oder mittels Lasteinleitungsträger, die einander gegenüberliegende Schubfeldrandträger miteinander verbinden, in das Schubfeld einzuleiten.

In Spannrichtung der Trapezprofilrippen dürfen Einzellasten auch direkt über angeschraubte Laschen in die Ober- oder Untergurte der Profiltafeln eingeleitet werden (siehe Konstruktionsatlas [138]). Die maximal zulässigen Einzellasten je Profilrippe zul F_t sind in Abhängigkeit von der Länge des geschraubten Bereichs in den Formblättern nach den Bildern 5-1 bzw. 5-4 angegeben. Sie sind aus der Tabelle 4 in DIN 18 807 Teil 3 mit zul F wie folgt berechnet.

$$\text{zul}\ F_t = \text{zul}\ F \cdot t_K \tag{5-91}$$

mit der Stahlkerndicke t_K

5.1.5 Drehbettung

Das Versagen von biegebeanspruchten Trägern durch Biegedrillknicken wird durch angrenzende Trapezprofile wesentlich behindert. Die Schubsteifigkeit der Trapezprofile reicht häufig für den Fall der gebundenen Drehachse des Biegeträgers aus. Zusätzlich behindern die angeschlossenen Trapezprofile die Verdrehung des Biegeträgers. Während bei der Aussteifung von Bindern die Drehbettung meist nur einen geringen Anteil ergibt, kann sie bei Pfetten neben der Schubbettung zur vollständigen Behinderung des Biegedrillknickens beitragen. Nach DIN 18 807 Teil 3, Abschnitt 3.3.3.8 gelten stählerne Träger mit I-förmigem Querschnitt bis 200 mm Höhe ohne Nachweis als hinreichend ausgesteift, wenn die Trapezprofile mit dem gedrückten Gurt verbunden sind.

Die resultierende Drehfedersteifigkeit, auch Drehbettung genannt, setzt sich aus drei Anteilen zusammen. Dieser Zusammenhang ist wie für hintereinander angeordnete Federn in DIN 18 800 Teil 2 angegeben

$$\frac{1}{c_{\vartheta,k}} = \frac{1}{c_{\vartheta M,k}} + \frac{1}{c_{\vartheta A,k}} + \frac{1}{c_{\vartheta P,k}} \tag{5-92}$$

darin bedeuten:

$c_{\vartheta,k}$ wirksame vorhandene Drehbettung
$c_{\vartheta M,k}$ Drehbettung durch die Biegesteifigkeit der abstützenden Trapezprofile
$c_{\vartheta A,k}$ Drehbettung aus der Verformung des Anschlusses der Trapezprofile an den Biegeträger
$c_{\vartheta P,k}$ Drehbettung aus der Profilverformung des Biegeträgers nach [108]

Die Biegesteifigkeit der Trapezprofile wird wie folgt berücksichtigt. Sie hat im Normalfall aber nur einen geringen Einfluß.

$$c_{\vartheta M,k} = k \cdot \frac{E \cdot I_{ef}}{a} \tag{5-93}$$

mit

$k = 2$ für Ein- und Zweifeldträger
$k = 4$ für Durchlaufträger mit drei oder mehr Feldern
$E \cdot I_{ef}$ Biegesteifigkeit der Trapezprofile
a Stützweite der Trapezprofile

Tabelle 5-4 Bezogene Anschlußsteifigkeiten für Trapezprofile aus Stahl

Zeile	Trapez-profillage	Schrauben im	Verbindungen in	Scheiben-durchmesser	$\bar{c}_{\vartheta A,k}$ [kNm/m]	max b_u [1)] [mm]
Auflast						
1	positiv	Untergurt	jeder Rippe	22 mm	5,2	40
2	positiv	Untergurt	jeder 2. Rippe	22 mm	3,1	40
3	negativ	Obergurt	jeder Rippe	Kalotte	10,0	40
4	negativ	Obergurt	jeder 2. Rippe	Kalotte	5,2	40
5	negativ	Untergurt	jeder Rippe	22 mm	3,1	120
6	negativ	Untergurt	jeder 2. Rippe	22 mm	2,0	120
Sog						
7	positiv	Untergurt	jeder Rippe	16 mm	2,6	40
8	positiv	Untergurt	jeder 2. Rippe	16 mm	1,7	40

[1)] max b_u: maximale Breite des anliegenden Gurtes der Trapezprofile

Die charakteristischen Werte für die bezogenen Anschlußsteifigkeiten $\bar{c}_{\vartheta A,k}$ sind in der Tabelle 5-4 verzeichnet. Sie sind aus DIN 18 800 Teil 2 Element 309 entnommen und gelten für Trapezprofile aus Stahl, die mit Schrauben $d \geq 6{,}3$ mm nach [94] auf Stahlträgern mit einer Gurtbreite von $b = 100$ mm befestigt sind. Die vorhandene Drehbettung berechnet sich für andere Obergurtbreiten vorh b des auszusteifenden Trägers wie folgt

$$c_{\vartheta A,k} = \bar{c}_{\vartheta A,k} \cdot \left(\frac{\text{vorh } b}{100}\right)^2 \qquad \text{für} \quad \frac{\text{vorh } b}{100} \leq 1{,}25 \tag{5-94}$$

$$c_{\vartheta A,k} = \bar{c}_{\vartheta A,k} \cdot \left(\frac{\text{vorh } b}{100}\right) \cdot 1{,}25 \qquad \text{für} \quad 1{,}25 \leq \frac{\text{vorh } b}{100} \leq 2{,}0 \tag{5-95}$$

Die o. g. Drehbettungswerte gehen auf Forschungsvorhaben von Prof. *Lindner* in Berlin zurück. In einem weiteren Vorhaben wurden die Werte für die Befestigung mit Setzbolzen und mit größerer Auflast untersucht. Über die Ergebnisse wird in [113] berichtet. Die Befestigung der Trapezprofile mit dem Setzbolzen ENP2-21L15 der Firma Hilti ist der mit Schrauben gleichwertig. Dieses Ergebnis kann aber nicht auf alle Setzbolzen übertragen werden.

Die Versuche mit unterschiedlichen Auflasten, Blechdicken der Trapezprofile und Obergurtbreiten der Biegeträger ergaben folgende Korrekturfaktoren zu den bezogenen Drehbettungswerten der Tabelle 5-4.

$$c_{\vartheta A,k} = k_b \cdot k_t \cdot k_A \cdot \bar{c}_{\vartheta A,k} \tag{5-96}$$

Der Korrekturfaktor für die Obergurtbreiten weicht etwas von denen in (5-94) und (5-95) ab

$$k_b = \left(\frac{\text{vorh } b}{100}\right)^2 \qquad \text{für } \frac{\text{vorh } b}{100} \leq 1{,}15 \tag{5-97}$$

$$k_b = \left(\frac{\text{vorh } b}{100}\right) \cdot 1{,}15 \qquad \text{für } 1{,}15 \leq \frac{\text{vorh } b}{100} \leq 1{,}60 \tag{5-98}$$

Der Korrekturfaktor für die Blechdicke unterscheidet sich je nach Lage der Trapezprofile

$$k_t = \frac{t_N}{0{,}75} \qquad \text{für die Positivlage} \tag{5-99}$$

$$k_t = \left(\frac{t_N}{0{,}75}\right)^{1{,}5} \qquad \text{für die Negativlage} \tag{5-100}$$

Der Korrekturfaktor bei größerer Auflast ist von der Blechdicke des Trapezprofils abhängig

$$k_A = 1{,}0 + 0{,}16 \cdot (A - 1{,}0) \qquad \text{für } t_N = 0{,}75 \text{ mm} \tag{5-101}$$

$$k_A = 1{,}0 + 0{,}095 \cdot (A - 1{,}0) \qquad \text{für } t_N = 1{,}00 \text{ mm} \tag{5-102}$$

mit

$A \leq 12{,}0$ kN/m Auflagerkraft

5.2 Kassettenprofile

5.2.1 Allgemeines

Die Widerstandsgrößen in den neueren Zulassungen [87] mit einem Ausgabedatum nach 1993 und die nach der A1-Änderung [18] zur DIN 18 807 sind charakteristische Werte und stimmen in den genannten Regelwerken überein. Die zulässigen Schnittgrößen der alten Zulassungen werden hier nicht mehr behandelt, weil die entsprechenden Zulassungen ihre Gültigkeitsdauer bereits überschritten haben.

Wie bei Trapezprofilen gelten auch für Kassettenprofile als Widerstandsgrößen querschnittsbezogene Werte. Diese Werte werden für Biegung mit Querkraft durch Bauteilversuche bestimmt. Die Regeln für die Durchführung und Auswertung der Versuche sind in den „Ergänzenden Prüfgrundsätzen für Stahlkassettenprofiltafeln" [20] des Deutsches Instituts für Bautechnik in Verbindung mit DIN 18 807 Teil 2 und der Anpassungsrichtlinie Stahlbau [14] festgeschrieben. Es handelt sich um dieselben Größen wie bei Trapezprofilen. Die Durchleitung von Normalkräften ist bei Kassettenprofilen nicht zulässig.

- Nennstreckgrenze $f_{y,k}$ = 320 N/mm²					Abstand der Befestigungen $a_1 \le 414$ mm [9]				
	Charakteristische Werte der Widerstandsgrößen bei nach unten gerichteter und andrückender Flächenlast [1]								
			Elastisch aufnehmbare Schnittgrößen an Zwischenauflagern [2]						
Nennblechdicke	Feldmoment	Endauflagerkraft			maximales Stützmoment	maximale Zwischenauflagerkraft			
t_N [mm]	$M_{F,k}$ [kNm/m]	$R_{A,k}$ [kN/m]	$M^0_{B,k}$ [kNm/m]	$R^0_{B,k}$ [kN/m]	max $M_{B,k}$ [kNm/m]	max $R_{B,k}$ [kN/m]			
		[3)5)] $b_A + ü = 40$ mm		[4)5)] Zwischenauflagerbreite b_B = 160 mm; ε = 2					
0,75	4,40	3,65	6,47	12,6	4,69	10,7			
0,88	6,58	5,89	8,50	17,9	6,42	15,7			
1,00	8,58	7,96	10,40	23,6	8,07	20,2			
1,13	10,40	9,31	13,10	31,4	10,50	27,0			
1,25	12,10	10,60	15,70	39,0	12,50	33,3			
1,50	14,60	12,80	18,90	46,9	15,20	40,3			
		[3)5)] $b_A + ü \ge 40$ mm		[5)] Zwischenauflagerbreite $b_B \ge 300$ mm; ε = 2					
0,75			7,76	15,6	4,93	12,2			
0,88			9,95	23,0	7,05	17,3			
1,00			12,00	29,9	9,04	22,1			
1,13			14,20	41,7	11,60	29,5			
1,25			16,20	52,9	13,90	36,3			
1,50			19,60	65,3	16,80	43,8			

Maßgebende Querschnittswerte					Grenzstützweiten [7]		Charakteristische Werte der Widerstandsgrößen bei nach oben gerichteter und abhebender Flächenlast [8]					
Nennblechdicke	Eigenlast	Trägheitsmomente [6]		Querschnittsfläche	I_{gr} Einfeldträger		Feldmoment	Endauflager	Zwischenauflager [2], ε = 1			
					während der Montage	nach der Montage						
t_N	g	$I^+_{ef,k}$	$I^-_{ef,k}$	A_g			$M_{F,k}$	$R_{A,k}$	$M^0_{B,k}$	$R^0_{B,k}$	max $M_{B,k}$	max $R_{B,k}$
[mm]	[kN/m²]	[cm⁴/m]	[cm⁴/m]	[cm²/m]	[m]	[m]	[kNm/m]	[kN/m]	[kNm/m]	[kN/m]	[kNm/m]	[kN/m]
0,75	0,0980	307	192	11,6			5,88	7,22	—	—	5,48	19,1
0,88	0,1150	359	237	13,7			7,64	10,20	7,86	828	7,77	29,3
1,00	0,1307	410	278	15,7			9,27	13,00	10,10	611	9,88	38,7
1,13	0,1476	465	319	17,8			11,50	17,10	13,30	405	12,60	46,3
1,25	0,1633	517	357	19,8			13,50	20,90	16,30	341	15,20	53,2
1,50	0,1960	624	431	23,9			16,30	25,20	19,70	412	18,40	64,2

1) An den Stellen von Linienlasten quer zur Spannrichtung und von Einzellasten ist der Nachweis nicht mit dem Feldmoment $M_{F,k}$ sondern mit dem Stützmoment $M_{B,K}$ für die entgegengesetzte Lastrichtung zu führen.

2) Interaktionsbeziehung für $M_{B,k}$ und $R_{B,k}$ nach DIN 18807-2:1987-06, Abschnitt 7.4.2, in Verbindung mit der Anpassungsrichtlinie Stahlbau.

3) $b_A + ü$ = Endauflagerbreite + Profiltafelüberstand

4) Für kleinere Zwischenauflagerbreiten b_B als angegeben müssen die charakteristischen Werte der Widerstandsgrößen linear im entsprechenden Verhältnis reduziert werden. Für $b_B < 10$ mm (z.B. bei Rohren) dürfen die Werte für $b_B = 10$ mm eingesetzt werden.

5) Bei Auflagerbreiten, die zwischen den aufgeführten Auflagerbreiten liegen, dürfen die aufnehmbaren Tragfähigkeitswerte jeweils linear interpoliert werden.

6) Effektive Trägheitsmomente für Lastrichtung nach unten (+) bzw. nach oben (-).

7) Maximale Stützweiten, bis zu denen die Kassettenprofiltafel ohne lastverteilende Maßnahmen begangen werden kann.

8) Verbindung mit der Unterkonstruktion in jedem anliegenden Gurt mit mindestens 2 Verbindungselementen.

9) Bei Wahl eines Verbindungselementeabstandes 414 mm < $a_1 \le 828$ mm sind die charakteristischen Werte $M_{F,k}$ des Feldmomentes bei nach unten gerichteter und andrückender Flächenlast und die charakteristischen Werte des Stützmomentes max $M_{B,k}$ bzw. $M^0_{B,k}$ bei nach oben gerichteter und abhebender Flächenlast auf 91% zu reduzieren.

THYSSEN BAUSYSTEME GMBH
Hagenstraße 2
46535 Dinslaken

Querschnitts- und charakteristische Widerstandswerte des Stahlkassettenprofils

K 140

Anlage 3.3
zur allgemeinen bauaufsichtlichen Zulassung Nr. Z-14.1-355
vom **13. Juli 1998**

Bild 5-27 Beispiel eines Typenblattes aus einer Stahlkassettenprofil-Zulassung

Nennstreckgrenze $f_{y,k}$ = 320 N/mm²						Abstand der Befestigungen $a_1 \leq$ 621 mm
	Charakteristische Werte der Widerstandsgrößen bei nach unten gerichteter und andrückender Flächenlast [1)]					
			Elastisch aufnehmbare Schnittgrößen an Zwischenauflagern [2)]			
Nenn-blech-dicke	Feld-moment	End-auflager-kraft			maximales Stütz-moment	maximale Zwischen-auflager-kraft
t_N [mm]	$M_{F,k}$ [kNm/m]	$R_{A,k}$ [kN/m]	$M^0_{B,k}$ [kNm/m]	$R^0_{B,k}$ [kN/m]	max $M_{B,k}$ [kNm/m]	max $R_{B,k}$ [kN/m]
	[3)5)] b_A + ü = 40 mm			[4)5)] Zwischenauflagerbreite b_B = 100 mm; ε = 1		
0,75	4,41	6,11	6,28	30,58	4,68	15,21
0,88	5,65	9,89	8,02	43,26	6,12	19,07
1,00	6,80	13,38	9,63	54,96	7,45	22,64
1,13	7,72	15,19	10,93	62,40	8,46	25,71
1,25	8,57	16,86	12,14	69,27	9,39	28,54
1,50	10,34	20,35	14,65	83,58	11,33	34,43
	[3)5)] b_A + ü ≥ 40 mm			[5)] Zwischenauflagerbreite b_B = 300 mm; ε = 1		
0,75			7,73	60,21	6,37	20,43
0,88			7,83	5229	7,18	26,30
1,00			7,92	10.000	7,92	31,72
1,13			8,99	11.354	8,99	36,02
1,25			9,98	12.604	9,98	39,98
1,50			12,04	15.208	12,04	48,24

Maßgebende Querschnittswerte					Grenzstützweiten [7)] L_{GB} Einfeldträger		Charakteristische Werte der Widerstandsgrößen bei nach oben gerichteter und abhebender Flächenlast [8)]					
Nenn-blech-dicke	Eigen-last	Trägheits-momente [6)]		Quer-schnitts-fläche	während der Montage	nach der Montage	Feld-moment	Endauf-lager	Zwischenauflager [2)], ε = 1			
t_N [mm]	g [kN/m²]	I^+_{ef} [cm⁴/m]	I^-_{ef} [cm⁴/m]	A_g [cm²/m]	[m]	[m]	$M_{F,k}$ [kNm/m]	$R_{A,k}$ [kN/m]	$M^0_{B,k}$ [kNm/m]	$R^0_{B,k}$ [kN/m]	max $M_{B,k}$ [kNm/m]	max $R_{B,k}$ [kN/m]
0,75	0,093	133	115	11,03			4,99	7,01	3,64	∞	3,64	17,52
0,88	0,109	173	123	13,05			6,56	9,76	5,06	∞	5,06	24,39
1,00	0,124	209	130	14,91			8,00	12,29	6,38	∞	6,38	30,73
1,13	0,140	237	148	16,93			9,08	13,96	7,24	∞	7,24	34,89
1,25	0,155	263	164	18,79			10,08	15,49	8,04	∞	8,04	38,73
1,50	0,186	318	198	22,67			12,17	18,70	9,70	∞	9,70	46,74

1) An den Stellen von Linienlasten quer zur Spannrichtung und von Einzellasten ist der Nachweis nicht mit dem Feldmoment $M_{F,k}$ sondern mit dem Stützmoment $M_{B,k}$ für die entgegengesetzte Lastrichtung zu führen.
2) Interaktionsbeziehung für $M_{B,k}$ und $R_{B,k}$ nach DIN 18807-2:1987-06, Abschnitt 7.4.2, in Verbindung mit der Anpassungsrichtlinie Stahlbau.
3) b_A + ü = Endauflagerbreite + Profilüberstand.
4) Für kleinere Zwischenauflagerbreiten b_B als angegeben müssen die charakteristischen Werte der Widerstandsgrößen linear im entsprechenden Verhältnis reduziert werden. Für b_B < 10 mm, z.B. bei Rohren, dürfen die Werte für b_B = 10 mm eingesetzt werden.
5) Bei Auflagerbreiten, die zwischen den aufgeführten Auflagerbreiten liegen, dürfen die aufnehmbaren Tragfähigkeitswerte jeweils linear interpoliert werden.
6) Effektive Trägheitsmomente für Lastrichtung nach unten (+) bzw. nach oben (-).
7) Maximale Stützweiten, bis zu denen die Kassettenprofiltafel ohne lastverteilende Maßnahmen begangen werden kann.
8) Verbindung mit der Unterkonstruktion in jedem anliegenden Gurt mit mindestens 2 Verbindungselementen.

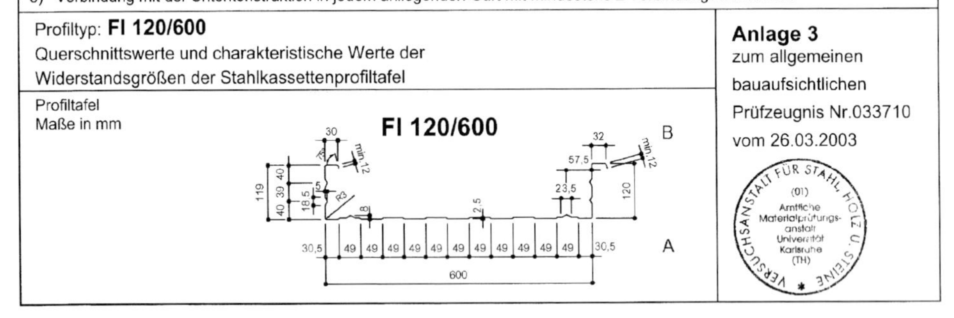

Bild 5-28 Typenblatt für Stahlkassettenprofile nach der A1-Änderung [18] zur DIN 18 807

Die Widerstandsgrößen sind in den Typenblättern (s. Bild 5-27) der Zulassungen oder in amtlich geprüften Typenblättern (s. Bild 5-28) enthalten. Nach Ablauf der Gültigkeitsdauer dieser Zulassungen werden sie nur noch in amtlich geprüften Typenblättern (s. Bild 5-28) veröffentlicht. Die Werte sind nur gültig, wenn die Verbindungen der Kassetten mit der stabilisierenden Außenschale bzw. mit Distanzprofilen den in den Typenblättern oben rechts angegebenen Abstand a_1 nicht überschreiten. Wird a_1 überschritten, müssen die charakteristischen Werte abgemindert werden. Dieses ist nur möglich, wenn ein entsprechender Hinweis auf den Typenblättern vorhanden ist, z. B. siehe Bild 5-27, Fußnote 9.

Die Berechnung der Widerstandsgrößen für Schubfelder ist in der A1-Änderung [18] festgeschrieben. In den Zulassungen ist diese Berechnung zum Teil in etwas anderer Darstellung und vereinfacht enthalten. Die Werte sind im Gegensatz zu denen bei Trapezprofilen charakteristische Widerstandsgrößen. Weitere Informationen zu Schubfeldern aus Kassettenprofilen findet man in [27, 133, 134].

5.2.2 Versuche nach den „Ergänzenden Prüfgrundsätzen" [20]

5.2.2.1 Versuchsvorbereitungen

Anders als bei Stahltrapezprofilen werden die Widerstandsgrößen für Biegung mit Querkraft bei Stahlkassettenprofilen ausschließlich durch Versuche bestimmt. In den „Ergänzenden Prüfgrundsätzen" [20] werden auf der Basis von DIN 18 807 Teil 2 die Besonderheiten bei der Durchführung und Auswertung von Tragfähigkeitsversuchen mit Kassettenprofilen beschrieben.

Die Kassettenprofile werden immer mit dem breiten Untergurt (Kassettenboden) an der Unterkonstruktion befestigt. Es wird also nicht zwischen Positiv- und Negativlage unterschieden. Die Einwirkungen können aber sowohl andrückende als auch abhebende Belastungen sein, für die unterschiedliche Widerstandsgrößen maßgebend sind.

Als Prüfkörperbreite darf die Breite zweier Kassetten gewählt werden (eine ganze Kassette und zwei halbe). Diese Versuche liefern Widerstandsgrößen für Kassetten im Mittenbereich von Verlegeflächen und für Randkassetten, bei denen der Randsteg gegen Verschiebungen in Stegrichtung (Durchbiegung) gehalten ist. Zur Beurteilung einer freitragenden Randkassette ist eine Einzelkassette zu prüfen. Auf Versuche mit Einzelkassetten darf verzichtet werden, wenn die Beanspruchbarkeit des freien Längsrandes auf maximal 80 % der Beanspruchbarkeit eines Einzelsteges des gekoppelten Längsstoßes begrenzt wird.

Die in der Anwendung immer vorhandene seitliche Aussteifung der schmalen Gurte muß im Versuch entweder durch die direkte Verbindung mit einer Profiltafel oder durch die Befestigung von Distanzprofilen für die indirekte Verbindung mit der Außenschale nachgebildet werden. Dabei sollte man im Versuch möglichst schwache Profile wählen, weil in der Anwendung nur gleiche oder steifere verwendet werden dürfen. Die direkt befestigten Profiltafeln dürfen an ihren Längsrändern nicht miteinander verbunden werden. Bei den

Versuchen mit Distanzprofilen darf keine Außenschale verwendet werden. Der Abstand der Verbindungen sollte im realistischen Bereich variiert werden, damit für die Anwendung interpoliert werden kann.

5.2.2.2 Versuch „Feld“

Das statische System und die Lastverteilung wird wie bei Versuchen mit Trapezprofilen gewählt. Zur Simulation der Last von außen (Winddruck) geschieht die Lasteinleitung in die anliegenden Gurte der Trapezprofile oder in die Kreuzungspunkte mit den Distanzprofilen. Damit die Lastverteilung dem Schema nach Bild 5-10 entspricht, sind meistens direkt über dem Versuchsstück weitere Verteilungsträger erforderlich. Zur Prüfung der Lastrichtung Windsog dreht man das Versuchsstück einfach um und verfährt wie bei Trapezprofilen.

Als Ergebnisse erhält man analog zu den Trapezprofilen jeweils einen Wert aus andrückender und abhebender Flächenlast für das Feldmoment $M_{F,k}$ und das effektive Trägheitsmoment I_{ef}.

5.2.2.3 Versuch „Zwischenauflager“ (Ersatzträgerversuch)

Bei diesen Versuchen ist zwischen der Druck- und Zugeinleitung der Zwischenauflagerkraft zu unterscheiden. Mit der Druckkrafteinleitung werden meistens zwei Auflagerbreiten geprüft, die in der Regel breiter sind als bei den Trapezprofilen. Bei der Zugkrafteinleitung darf die Verbindung mit dem Lasteinleitungsträger so verstärkt werden, daß man das Versagen des Kassettenprofils erreicht.

Die Auswertung ergibt analog zu den Trapezprofilen das querkraftfreie Biegemoment $M^{o}_{B,k}$, die momentenfreie Auflagerkraft $R^{o}_{B,k}$, das maximale Stützmoment max $M_{B,k}$ und die maximale Zwischenauflagerkraft max $R_{B,k}$. Eine Auswertung für Reststützmomente ist nicht vorgesehen. Die Tragsicherheitsnachweise sind nach der Elastizitätstheorie zu führen.

5.2.2.4 Versuch „Endauflager“

Auch hier muß zwischen Druck- und Zugkrafteinleitung unterschieden werden. Bei der Prüfung für Druckkrafteinleitung darf das seitliche Ausweichen der Kassettenstege nur durch die Außenschale oder die Distanzprofile behindert werden. Eine zusätzliche versuchstechnische Maßnahme ist nicht erlaubt. Als Auflagerkraft bei Zugeinleitung darf der Wert für Druckeinleitung als sichere Abschätzung verwendet werden.

Die Auswertung der Versuche ergibt jeweils einen Wert für Druck- und Zugeinleitung $R_{A,k}$. Eine Unterscheidung für den Tragsicherheits- und Gebrauchstauglichkeitsnachweis gibt es nicht.

5.2.2.5 Versuch „Begehbarkeit"

In den „Ergänzenden Prüfgrundsätzen" [20] werden zwar Versuche zur Beurteilung der Begehbarkeit während und nach der Montage beschrieben, es wird aber in einer Anmerkung auf folgendes hingewiesen. Kassettenprofiltafeln werden in der Regel als Wandelemente eingesetzt. Bei der Anwendung als Dachelemente gelten sie während der Montage und danach, solange eine aussteifende Außenschale nicht aufgebracht ist, ohne lastverteilende Maßnahmen als nicht begehbar.

Die Versuche zeigen, daß die Kassettenprofiltafeln bis zur Grenzstützweite zwar nicht versagen, aber sehr große Querschnittsverformungen aufweisen, die das Begehen sehr unsicher machen. Die Autoren empfehlen, auf die Begehbarkeitsversuche ganz zu verzichten und bei der Montage von Kassetten-Dachkonstruktionen grundsätzlich lastverteilende Maßnahmen vorzusehen.

5.2.3 Widerstandsgrößen für Schubfeldbeanspruchung

Die Schubfeldberechnungen für Kassettenkonstruktionen weichen von denen für Trapezprofile erheblich ab. In der A1-Änderung [18] zur DIN 18 807 Teil 3 wird das Verfahren vorgeschrieben. Es beruht auf einem Vorschlag von Prof. *Baehre* nach [134]. In der A1-Änderung werden die Formeln für zwei charakteristische Schubflüsse angegeben.

Der erste charakteristische Schubfluß $T_{\mathrm{R,k}}$ wird aus den charakteristischen Werten der Querkraft für die Verbindungen nach [94] im Längsstoß der Kassettenprofiltafeln berechnet (s. Abschnitt 5.4.1, Gleichung 5-139). Er dient also indirekt zum Nachweis der Verbindungen innerhalb des Schubfeldes. Die Verbindungen der Kassettenprofile mit den Randträgern müssen zusätzlich nachgewiesen werden.

$$T_{\mathrm{R,k}} = \frac{F_{\mathrm{Q,k}}}{L} \cdot \left(\frac{L}{e_{\mathrm{S}}} + 1 \right) + \frac{F_{\mathrm{Ql,k}}}{L} \left(\frac{L}{e_{\mathrm{Sl}}} + 1 \right) \tag{5-103}$$

Darin bedeuten:

L Schubfeldlänge (Länge der Kassettenprofiltafel)
$F_{\mathrm{Q,k}}$ charakteristischer Wert der Querkraft einer Verbindung in den Gurten nach (5-139)
$F_{\mathrm{Ql,k}}$ charakteristischer Wert der Querkraft einer Verbindung in den Stegen nach (5-139)
e_{S} Abstand der Verbindungen in den schmalen Gurten
e_{Sl} Abstand der Verbindungen in den Stegen

Ein weiterer charakteristischer Schubfluß ist indirekt in einer Nachweisformel enthalten. Er ist die kritische Schubkraft für das lokale Beulen im breiten, schwach profilierten Untergurt der Kassettenprofile.

$$T_{\mathrm{ki,k}} = \frac{E}{0,2 \cdot b^2} \cdot \sqrt[4]{I_{\mathrm{zG}} \cdot t_{\mathrm{N}}^9} \tag{5-104}$$

mit

E Elastizitätsmodul des Stahles
b Breite des profilierten Gurtes
I_{zG} Trägheitsmoment des profilierten Gurtes bezogen auf die lokale Schwerachse
t_N Nennblechdicke

Für das Trägheitsmoment wird zusätzlich gefordert $I_{zG} \geq 0{,}010\ \mathrm{mm}^4/\mathrm{mm}$. Diese Forderung geht wahrscheinlich auf den Vorschlag von Prof. *Baehre* zurück, das lokale Beulen des breiten Kassettengurtes durch eine Mindestforderung für dessen Trägheitsmoment zu verhindern. Dort wird das Trägheitsmoment so bestimmt, daß mit dem Schubfluß $T_{R,k}$ nach (5-103) das lokale Beulen ausgelöst wird. Die Forderung ist also von der Tragfähigkeit der Verbindungen der Kassetten untereinander abhängig. Die Auswertung für die Forderung in der A1-Änderung ist wahrscheinlich mit nicht realistischen Werten geschehen. Zumindest ist die o. g. Forderung schon dann erfüllt, wenn der unprofilierte breite Gurt eine Blechdicke von knapp 0,5 mm aufweist. Da für die Kassettenprofile eine Blechdicke von $t_N \geq 0{,}75$ mm vorgeschrieben ist, kann die Forderung für das Trägheitsmoment entfallen.

In der Berechnung der kritischen Schubkraft nach (5-104) müßte statt der Nennblechdicke t_N die Stahlkerndicke t_K verwendet werden. Da die Formel (5-104) aber eine Näherung ist, kann der kleine Unterschied hingenommen werden.

Für die Schubfeldsteifigkeit gibt die A1-Änderung den ideellen Schubmodul S wie folgt an

$$S = 2000 \cdot \left(\frac{L}{e_S} + \frac{L}{e_{SI}} \right) \cdot \frac{b}{B - b} \quad [\mathrm{kN/m}] \tag{5-105}$$

mit den Formelzeichen wie oben und

B Schubfeldbreite

Dieser dimensionsgebundene Ausdruck enthält nur Verformungsanteile aus den Verbindungen. Anders als bei den Trapezprofilen kann hier die Schubverformung der Kassettentafeln selbst vernachlässigt werden, weil keine Querschnittsverformung eintritt. Die Gleitungen in den breiten Gurten sind gering.

Der Schubwinkel des Schubfeldes ergibt sich mit dem ideellen Schubmodul nach (5-105) wie folgt

$$\gamma_S = \frac{T}{2 \cdot S} \tag{5-106}$$

mit

T Schubfluß aus den einfachen Einwirkungen

5.2.4 Drehbettung

Die Berechnung der Drehbettung durch Kassettenprofile ist identisch mit der für Trapezprofile nach Abschnitt 5.1.5. Wegen der eindeutig vorgeschriebenen Verbindungen der Kassettenprofile mit der Unterkonstruktion darf für die Anschlußsteifigkeit grundsätzlich $c_{\vartheta A,k}$ = 1,7 kNm/m eingesetzt werden. Die ausreichende Aussteifung von I-Trägern mit einer Höhe von ≤ 200 mm ohne Nachweis gilt nicht.

5.3 Sandwichelemente

5.3.1 Allgemeines

Die Widerstandsgrößen der Sandwichelemente werden im Zulassungsverfahren bestimmt und in den Zulassungen [91] festgeschrieben. Es handelt sich um charakteristische Spannungen und Steifigkeitswerte. Für die metallischen Deckschichten werden in der Regel genormte Bleche verwendet. Die Werkstoffkennwerte sind dadurch vorgegeben.

Die Werkstoffkennwerte der Kernschicht sind vom verwendeten Material und dem Herstellungsverfahren abhängig. Sie werden in der Regel an Materialproben aus den Sandwichelementen durch Versuche bestimmt. Für PUR-Hartschaum sind die erforderlichen Werkstoffprüfungen im Prüfprogramm [51] festgelegt. Für Mineralfaserkernschichten gelten leicht abgewandelte Versuche. Außerdem sind dort Bauteilversuche vorgeschrieben. Die Werkstoffe und Bauteile müssen im Rahmen eines Übereinstimmungsnachweises, bestehend aus der werkseigenen Produktionskontrolle und der Fremdüberwachung, laufend kontrolliert werden.

5.3.2 Werkstoffkennwerte der Kernschicht

Diese Werkstoffkennwerte unterteilen sich in solche, die direkt als Widerstandsgrößen oder zur Berechnung solcher verwendet werden und andere, die nur zur Güteüberwachung dienen. Zur Güteüberwachung werden neben den Widerstandsgrößen die Rohdichte, die Maßänderungen nach Warmlagerung, das Brandverhalten und die Werte für die Wärmedämmung herangezogen. Außerdem wird die Zugfestigkeit mit Deckschichten in Dickenrichtung gemessen. Das Versagen der Probe soll im Werkstoff und nicht an der Deckschicht auftreten. Dieses ist besonders bei Kernschichten aus Mineralfaser zu beachten. Eine gewisse Zugfestigkeit zwischen den Deckschichten und der Kernschicht ist zwar zur Aussteifung der Deckschichten erforderlich, sie geht aber nicht als Widerstandsgröße in die Bemessung ein. Dieses liegt daran, daß das Knittern der Deckschichten im Stabilitätsfall unmittelbar nach der Verzweigungslast auftritt.

Die entscheidenden Widerstandsgrößen für die Tragfähigkeit der Kernschicht sind die Schub- und Druckfestigkeit der Kernschicht (s. Tabelle 5-5). Die Schubfestigkeit ist von der Kernschichttemperatur und der Belastungsdauer abhängig. Sie wird im Labor an einem kurzen Sandwichbalken, der aus einem entsprechenden Bauteil herausgeschnitten wird,

Tabelle 5-5 Schaumstoffkennwerte, Beispiel aus den Zulassungen [91] Anlage B

Durchgehende Kerndicke [mm]	**40**	**60**	**80**	**100**
Elastizitätsmodul: E_S [N/mm²] • bei T = 20 °C • bei erhöhter Temperatur	 2,3 2,1	 4,3 3,9	 3,2 2,9	 4,0 3,6
Schubmodul: G_S [N/mm²] • bei T = 20 °C • bei erhöhter Temperatur	 4,2 3,8	 4,7 4,2	 4,1 3,7	 4,0 3,6
Schubfestigkeit: β_τ [N/mm²] • bei T = 20 °C • bei erhöhter Temperatur • für Langzeitbelastung	 0,12 0,11 0,05	 0,12 0,11 0,05	 0,12 0,11 0,05	 0,12 0,11 0,05
Druckfestigkeit: β_d [N/mm²]	0,08	0,10	0,11	0,10

im Biegeversuch durch Schubbruch bestimmt. Die Druckfestigkeit wird in Dickenrichtung als die Druckspannung festgesetzt, die sich bei 10 % Stauchung der Probe ergibt. Sie dient zum Nachweis der Auflagerpressungen.

Weitere bemessungsrelevante Materialkennwerte sind die Steifigkeitswerte Elastizitätsmodul und Schubmodul der Kernschicht. Sie sind von der Temperatur abhängig und auch unter Materialkennwerte in der Anlage B zu den Zulassungen [91] aufgeführt (s. Tabelle 5-5). Durch das Aufschäumen im kontinuierlichen Herstellungsverfahren sind diese Werte häufig auch von der Sandwichdicke abhängig. Bei Kernschichten aus Mineralfaser ist es zwingend erforderlich, daß die Fasern zwischen den Deckschichten aufrecht stehen, weil sonst keine ausreichenden Steifigkeiten erreichbar sind. Die Materialsteifigkeiten sind maßgebend für die elastische Bettung, also die Aussteifung, der Deckschichten (s. Abschnitt 5.3.3). Der Elastizitätsmodul wird in Dickenrichtung gemessen und ist das Mittel aus dem Druck- und Zugmodul, die sich in der Regel etwas unterschiedlich ergeben. Der Schubmodul wird aus dem Last-Verformungs-Diagramm des Biegeversuches mit dem o. g. kurzen Balken bestimmt. Er dient auch zur Bestimmung des Schubanteils bei Verformungsberechnungen.

5.3.3 Knitterspannungen

5.3.3.1 Bestimmung der Knitterspannungen mit Hilfe der Materialkennwerte

Setzt man für ebene Deckschichten eine Bettung auf einem isotropen, linear-elastischen und homogenen Halbraum voraus, so läßt sich die Verzweigungsspannung für den instabilen einachsigen Druckzustand relativ einfach berechnen, wenn die Steifigkeitsziffer für die Bettung bekannt ist. Ausführlich ist die Berechnung, auch mit abweichenden Annahmen, in [140] beschrieben.

Unter der Voraussetzung einer ausreichend dicken Kernschicht, was bei handelsüblichen Sandwichelementen zutrifft, ist nach [140] die Wellenlänge der gedrückten instabilen Deckschicht

$$a = \mu \cdot t_K \cdot \sqrt[6]{\frac{E_D^2}{G_S\ E_S}} \tag{5-107}$$

und die Knitterspannung

$$\sigma_k = \kappa \cdot \sqrt[3]{G_S\ E_S\ E_D} \tag{5-108}$$

mit den Abkürzungen

$$\mu = \frac{\pi}{2} \cdot \sqrt[6]{\frac{2\,(1+\nu_S)\,(3-4\,\nu_S)^2}{9\,(1-\nu_S)^2\,(1-\nu_D^2)^2}} \tag{5-109}$$

$$\kappa = \sqrt[3]{\frac{9\,(1-\nu_S)^2}{2\,(1+\nu_S)\,(3-4\,\nu_S)^2\,(1-\nu_D^2)}} \tag{5-110}$$

Die Materialkennwerte sind:

t_K Dicke der Deckschicht (Stahlkerndicke)
E_D Elastizitätsmodul der Deckschicht
ν_D Querdehnung der Deckschicht
G_S Schubmodul des Schaumstoffs
E_S Elastizitätsmodul des Schaumstoffs
ν_S Querdehnung des Schaumstoffs

Die Formeln setzen sowohl für die Deckschicht als auch für den Schaumstoff linear-elastische Werkstoffe mit folgendem Zusammenhang der Elastizitätskonstanten voraus.

$$E = 2 \cdot (1 + \nu) \cdot G \tag{5-111}$$

mit

$$0 \leq \nu \leq 0{,}5 \tag{5-112}$$

Für die Deckschichten aus Stahl kann man mit guter Näherung $\nu_D = 0{,}3$ setzen. Die an Materialproben bestimmten Modulwerte E_S und G_S in Richtung der Sandwichdicke zeigen häufig, daß für den Schaumstoff die Bedingung (5-112) nicht erfüllt ist. Das Material ist offensichtlich nicht isotrop, d. h. die Modulwerte der anderen Richtungen weichen von denen in Dickenrichtung ab. Messungen an entsprechenden Materialproben bestätigen dieses. Forschungsvorhaben und Veröffentlichungen (z. B. [146, 152, 153, 158, 159]) haben gezeigt, daß die Anisotropie keinen großen Einfluß auf die Knitterspannungen hat. Dieses gilt auch für die ganz offensichtlich anisotropen Kernschichten aus Mineralfasern. Rechnet man mit ν_S zwischen 0 und 0,3, so stellt man fest, daß auch die Querdehnung die Beiwerte μ und κ nicht wesentlich beeinflußt. Man kann für (5-107) und (5-108) näherungsweise schreiben:

Wellenlänge

$$a = 1{,}82 \cdot t_K \cdot \sqrt[6]{\frac{E_D^2}{G_S\, E_S}} \tag{5-113}$$

Knitterspannung

$$\sigma_k = 0{,}82 \cdot \sqrt[3]{G_S\, E_S\, E_D} \tag{5-114}$$

Häufig wird in der Literatur und in älteren Zulassungen die Knitterspannung auf der sicheren Seite unter Berücksichtigung von Imperfektionen mit dem Vorfaktor von 0,5 angegeben.

$$\sigma_k = 0{,}5 \cdot \sqrt[3]{G_S\, E_S\, E_D} \tag{5-115}$$

Es hat sich in der Praxis durch Bauteilversuche gezeigt, daß die Knitterspannungen häufig deutlich höher liegen. Der wesentliche Grund liegt in der Inhomogenität des Schaumstoffes. Die Modulwerte E_S und G_S sind in der Nähe der Deckschichten größer als die integralen Werte, die an den Materialproben gemessen werden. Dieses kann aus der Dichteverteilung des Schaumstoffes entlang der Dicke des Sandwichelementes geschlossen werden. Die größte Dichte tritt an der Deckschicht auf, die beim Produktionsprozeß unten liegt. Unter der oben liegenden Deckschicht ist die Dichte auch deutlich größer als der integrale Wert der gesamten Sandwichdicke. Außerdem trägt in vielen Fällen eine schwache Profilierung der Deckschichten zur Erhöhung der Knitterspannung bei. Im Zulassungsverfahren wurde deshalb eine Kalibrierung der Knitterformel (5-115) durch Bauteilversuche zugelassen.

Die Knitterspannungen oder Versagensspannungen von angeschäumten Trapezprofilen können auf der sicheren Seite nach dem Modell des seitlich gelenkig gelagerten und elastisch gebetteten Plattenstreifens berechnet werden. Meistens benötigt man nur die charakteristische Spannung im äußeren Gurt des Trapezprofils. Dieser Gurt ist in der Praxis häufig so schmal, daß für die verwendeten Blechdicken die volle Breite bis zur Fließgrenze der Druckspannung mitträgt. Ist dieses nicht der Fall, können zur optimalen Ausnutzung der Tragfähigkeit auch Bauteilversuche durchgeführt werden.

5.3.3.2 Kalibrierung der Knitterformel durch Bauteilversuche

Zur Anpassung an die wirklichen Verhältnisse ist im Zulassungsverfahren in die Knitterformel (5-115) ein zusätzlicher Faktor α eingeführt worden.

$$\sigma_k = 0{,}5 \cdot \alpha \cdot \sqrt[3]{G_S\, E_S\, E_D} \tag{5-116}$$

Der Faktor α wird durch Bauteilversuche bestimmt und beschränkt sich nach den Zulassungsrichtlinien auf schwach profilierte Deckschichten. Dieser durch Versuche bestimmte Vorwert setzt sich theoretisch aus zwei Faktoren zusammen.

$$\alpha = \alpha_{eben} \cdot \alpha_{prof} \tag{5-117}$$

Der Faktor α_{eben} gibt die Erhöhung der Knitterspannungen durch die oben beschriebene höhere Schaumstoffdichte unter den Deckschichten an. Um die beiden Effekte zu trennen, müßte man auch Bauteilversuche an Sandwichelementen mit ebenen Deckschichten durchführen und so den Faktor α_{eben} bestimmen. Da dieses in der Praxis aber meistens nicht geschieht, liegen die Knitterspannungen für ebene Deckschichten in den Zulassungen stark auf der sicheren Seite. Die Berechnung der Knitterspannungen für reale inhomogene Schaumstoffverteilung scheitert an der Schwierigkeit, den wirklichen Steifigkeitsverlauf entlang der Sandwichdicke zu messen.

Näherungsweise könnte man die Steigerung der Knitterspannung infolge schwacher Profilierung durch einen Vergleich des Trägheitsmomentes I_{prof} mit dem einer ebenen Deckschicht gleicher Dicke berechnen. Es ergibt sich danach der Erhöhungsfaktor zu:

$$\alpha_{prof} = \sqrt[3]{\frac{I_{prof}}{b\, t_K^3 / 12}} \tag{5-118}$$

In der Praxis hat sich gezeigt, daß dieser Faktor häufig zu groß ist. Der Grund liegt darin, daß die schwach profilierte Deckschicht bis zum Versagen nicht als solche wirkt, sondern zwischen den Aussteifungen beult. Forschungsvorhaben und Veröffentlichungen (z. B. [146, 152, 153, 158]) haben gezeigt, daß vor dem endgültigen Versagen Beulen in Teilfeldern auftreten.

In neueren Zulassungen [91] sind wegen der vielen Einflüsse nicht mehr die Knitterformel (5-116) und der Beiwert α angegeben, sondern eine oder mehrere Tabellen, welche direkt die Knitterspannungen für die unterschiedlichen Fälle enthalten (s. Tabelle 5-6).

In der Tabelle 5-6 ist zu erkennen, daß die Knitterspannungen für ebene Deckschichten deutlich niedriger sind als für die schwach profilierten. Nach einer Zulassungsbestimmung müssen die Knitterspannungen der schwach profilierten Deckschichten für Blechdicken abgemindert werden, wenn diese größer sind als die Versuchs-Blechdicke, mit welcher der Faktor α bestimmt wurde. Eine zusätzliche Tabelle in den Zulassungen [91] gibt diese Werte an (s. Tabelle 5-7). Die Werte in dieser Tabelle werden nach der Überlegung berechnet, daß der Zuwachs des Trägheitsmomentes durch die schwache Profilierung mit einer festen Versatztiefe s mit zunehmender Blechdicke abnimmt.

Setzt man eine symmetrische Linierung nach Bild 5-29 voraus und vernachlässigt die Stege, so ergibt sich das Trägheitsmoment der Deckschicht je Breiteneinheit näherungsweise zu

$$I_{prof} = \frac{t_K^3}{12} + t_K \cdot \frac{s^2}{4} = \frac{t_K^3}{12} \cdot \left[1 + 3\left(\frac{s}{t_K}\right)^2\right] \tag{5-119}$$

Tabelle 5-6 Knitterspannungen [N/mm²], Beispiel aus den Zulassungen [91] Anlage B

Deckschichttyp gemäß Anlage Blatt 1.01	**Bauteil-dicke [mm]**	**Bei Beanspruchung**		
		im Feld	an Zwischenstützen	
			andrückend	abhebend
E (Eben)	40 60 80 100	63 70 70 70	57 63 63 63	50 56 56 56
N (Nutung) L (Linierung)	40 60 80 100	137 129 124 106	123 116 112 95	110 103 99 85
Breiter Gurt des Trapezprofils	alle Dicken	190	–	190
Schmaler Gurt des Trapezprofils	alle Dicken	350	–	350

Tabelle 5-7 Abminderungsfaktoren der Knitterspannung, Beispiel aus den Zulassungen [91] Anlage B

t_N [mm]	0,40	0,55	0,63	0,75	0,88	1,00
Typ N + L	1	1	0,96	0,86	0,79	0,73

Linierung überhöht dargestelt

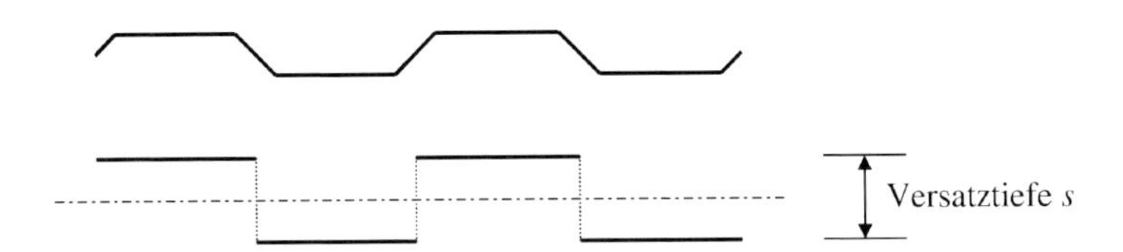

Idealisierung für die Berechnung

Bild 5-29 Prinzip einer schwachen Profilierung

Damit ergibt sich der Erhöhungsfaktor gegenüber dem ebenen Blech gleicher Dicke zu

$$\alpha_{\text{prof}} = \sqrt[3]{\frac{I_{\text{prof}}}{I_{\text{eben}}}} = \sqrt[3]{1 + 3\left(\frac{s}{t_K}\right)^2} \tag{5-120}$$

Der Abminderungsfaktor für größere Blechdicken ergibt sich zu

$$\alpha_t = \sqrt[3]{\frac{1 + 3 \cdot (s/t_K)^2}{1 + 3 \cdot (s/t_V)^2}} \quad \text{für} \quad t_K > t_V \tag{5-121}$$

wenn t_V die Versuchsblechdicke ist. Die Überlegung ist aber nur dann richtig, wenn das Trägheitsmoment der schwach profilierten Deckschicht voll zur Wirkung kommt. Dieses ist aber, wie oben schon erwähnt, bei den handelsüblichen Sandwichelementen nicht der Fall. Es stellen sich in den ebenen Teilflächen zwischen den Stegen, trotz der Aussteifung durch den Schaumstoff, kleinere mittragende Breiten ein, die um so größer werden, je dicker die Deckschicht ist. Dadurch wird u. U. die gleichmäßig verteilte Knitterspannung größer und nicht kleiner.

In der Tabelle 5-7 ist die Versuchsblechdicke offensichtlich $t_N = 0{,}55$ mm gewesen. Die Abminderungsfaktoren für größere Blechdicken liegen wahrscheinlich sehr auf der sicheren Seite, wenn überhaupt eine Abminderung erforderlich ist. Vielmehr ist zu vermuten, daß die Knitterspannung für die kleinere Blechdicke $t_N = 0{,}40$ mm abgemindert werden müßte.

Werden Bauteilversuche an Sandwichelementen mit trapezprofilierten Deckschichten durchgeführt, muß bei der Bestimmung der Versagensspannungen aus den Schnittgrößen die lineare Sandwichtheorie mit elastischem Verbund für biegesteife Deckschichten angewendet werden (s. Abschnitt 7.3.3).

5.3.3.3 Knitterspannungen an Zwischenstützen

Die Abhängigkeit der Knitterspannung von der eingeleiteten Auflagerkraft an Zwischenstützen ist noch nicht ausreichend erforscht. Da bei ebenen oder quasi-ebenen Deckschichten das Biegemoment allein von den Deckschichten und die Querkraft allein vom Schaumstoff aufgenommen wird, kann man zunächst vermuten, daß keine Interaktion besteht. Eine gewisse Beeinflussung der Knitterspannung durch die Auflagerkraft kann aber durch Eindrückung des Schaumstoffs am Auflager vorhanden sein. Rechenansätze dafür haben bisher nicht zu den gewünschten Ergebnissen geführt. Dieses ist auch nicht verwunderlich, wenn man die oben beschriebenen Schwierigkeiten bedenkt, die Knitterspannung selbst im ungestörten Bereich rechnerisch zu bestimmen.

Die Tabelle 5-6 gibt pauschal abgeminderte Knitterspannungen für die Stellen der Zwischenstützen an. Diese sind für Auflagerdruckkräfte um 10 % und für Auflagerzugkräfte um 20 % gegenüber denen im ungestörten Bereich reduziert. Die Werte sind mit Hilfe von Versuchen [155] bestimmt und für die üblichen Materialkennwerte ausgewertet worden. Die Abminderung der Knitterspannung für Auflagerdruckkräfte berücksichtigt etwa die Kräfte, mit denen die charakteristische Druckfestigkeit des Schaumstoffes erreicht wird (s. Abschnitt 5.3.2).

Die Abminderung der Knitterspannung für Auflagerzugkräfte berücksichtigt die Einleitung der zulässigen Zugkräfte von drei Schrauben pro Meter Sandwichbreite, in der Regel eine Sandwichtafel. Sind für die Einleitung der gesamten Auflagerzugkraft mehr Schrauben erforderlich, muß eine weitere Abminderung der Knitterspannung vorgenommen werden, die in den Zulassungen [91] wie folgt angegeben ist.

$$\sigma_{k,>3} = \frac{11-n}{8} \cdot \sigma_{k,\text{abhebend}} \qquad \text{mit} \quad n > 3 \qquad (5\text{-}122)$$

Die Formel (5-122) kann auch unter Berücksichtigung der Abminderung von 20 % gegenüber der Knitterspannung im Feld bei mehr Schrauben wie folgt geschrieben werden.

$$\sigma_{k,\geq 3} = [1 - (n-1)/10] \cdot \sigma_{k,\text{Feld}} \quad \text{mit} \quad n \geq 3 \tag{5-123}$$

Es ist auch möglich, den Einfluß von zwei und mehr Schrauben durch Versuche zu bestimmen. Die Formel (5-123) gilt dann für die darauf folgenden Schraubenzahlen. Mehr als 6 Schrauben pro Sandwichtafel (pro Meter) sollten aber nicht verwendet werden.

5.3.4 Langzeitfestigkeit und Kriechverhalten

Zur Beurteilung des Langzeitverhaltens des Schaumstoffes unter Dauerlasten werden im Zulassungsverfahren Langzeitversuche durchgeführt. Diese Versuche dienen zur Bestimmung des Kriechmoduls. Außerdem ist durch Versuche mit unterschiedlichen Belastungen festgestellt worden, daß die Schubfestigkeit mit der Zeit abnimmt. Das Prüfprogramm [51] schreibt zur Bestimmung der Zeitstandsfestigkeit auf Schub besondere Versuche am kurzen Balken vor. Die Ergebnisse sind in den Zulassungen [91] festgeschrieben (s. Tabelle 5-5).

Bei den Bemessungen nach den Spannungsumlagerungen durch Kriechen müssen die Schubspannungen aus den γ_F-fachen Einwirkungen den o. g. abgeminderten Spannungen gegenüber gestellt werden. Häufig werden diese Nachweise nicht maßgebend, weil durch das Schubkriechen des Schaumstoffs der Verbund nachgiebiger wird und dadurch die vorhandenen Schubspannungen kleiner werden.

Über das Kriechverhalten des PUR-Hartschaumstoffes ist in vielen Forschungsvorhaben und Veröffentlichungen gearbeitet worden (z. B. [140, 141, 146, 147]). Danach nimmt die Schubverformung auch bei konstanter Schubspannung mit der Zeit ständig zu. Es ist kein Endkriechmaß wie z. B. beim Beton zu erkennen. Folglich kann man sich den Schaumstoff wie ein *Maxwell*-Element denken (s. Bild 5-30).

Nimmt man die Feder linear elastisch an und für den Dämpfer eine Proportionalität zwischen Kriechgeschwindigkeit und Belastung, so hat das Materialgesetz, übertragen auf das Schubverhalten der Kernschicht, folgende Form.

$$\frac{d\tau}{dt} + \delta_o \cdot \tau = G_o \cdot \frac{d\gamma}{dt} \tag{5-124}$$

mit

δ_o Dämpferkonstante
G_o Schubmodul des Schaumstoffes

Dieser Zusammenhang läßt sich an den Versuchen in diskreten Zeitabständen messen. Für die Anwendung der Versuchsergebnisse ist es günstiger, anstelle der Zeit als neue Variable den Kriechmodul φ zu wählen.

$$\varphi = \delta_o \cdot t \tag{5-125}$$

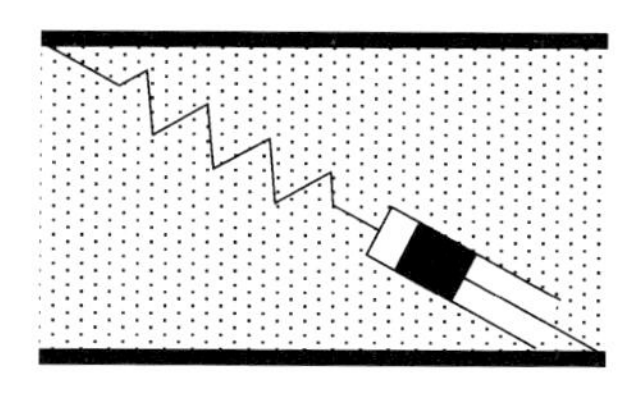

Der Schaumstoff verhält sich wie ein *Maxwell*-Element (Feder + Dämpfer)

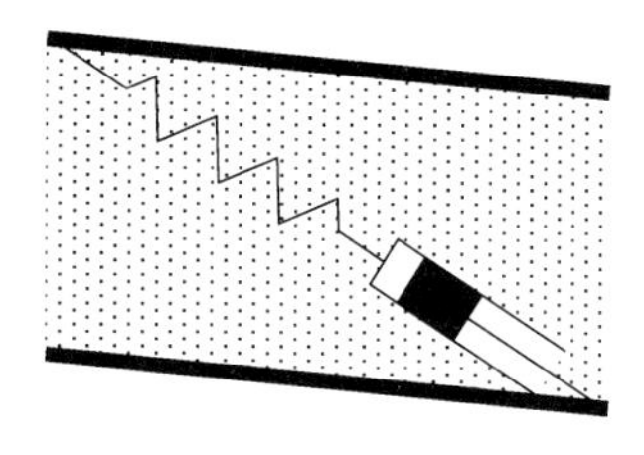

Elastische Schubverformung: die Feder ist gedehnt

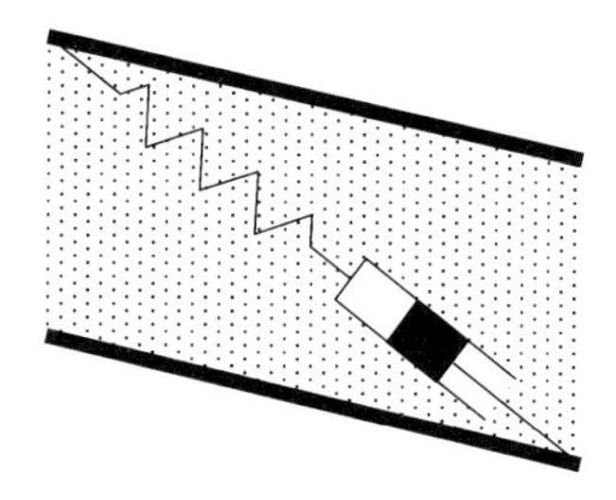

Schubkriechen: zusätzlich ist der Dämpfer ausgezogen

Bild 5-30 Schubkriechen des Kernwerkstoffes

In den Zulassungen [91] werden zwei Kriechmodule angegeben. Der Kriechmodul für Einwirkungen aus ständigen Lasten wird für die Einwirkungsdauer von 10^5 Stunden aus den Versuchsergebnissen hochgerechnet. Er beträgt in den Zulassungen [91] einheitlich

$$\varphi_{10^5} = 7,0 \tag{5-126}$$

Bei der Festlegung des Kriechmoduls für die Einwirkung aus Schnee geht man davon aus, daß sich die Kriechverformungen der einzelnen Schneeperioden nicht aufaddieren. Diese Annahme wird durch Langzeitversuche, bei denen man Entlastungsperioden einschiebt, bestätigt. Außerdem hat man festgestellt, daß höhere Temperaturen im Sommer das Rückkriechen beschleunigen. Der Kriechmodul für Schneebelastung ist in den Zulassungen [91] individuell festgelegt und wird aus den zugehörigen Versuchen für die Belastungsdauer von $2 \cdot 10^3$ Stunden bestimmt.

$$\varphi_{2 \cdot 10^3} \approx 1,5 \div 2,5 \tag{5-127}$$

Führt man (5-125) in (5-124) ein, so ergibt sich die einfache Differentialgleichung

$$\frac{d\tau}{d\varphi} + \tau = G_o \cdot \frac{d\gamma}{d\varphi} \tag{5-128}$$

die für die Anfangsbedingung

$$\tau(0) = G_o \cdot \gamma(0) \tag{5-129}$$

gelöst werden muß. Ist die Schubspannung über die Zeit konstant, also $\tau = \tau(0) = \tau_o$, dann ergibt sich aus (5-128) und (5-129) nach einfacher Integration

$$\gamma(\varphi) = (1 + \varphi) \cdot \frac{\tau_o}{G_o} = (1 + \varphi) \cdot \gamma(0) \tag{5-130}$$

Der Kriechmodul in (5-130) kann anschaulich gedeutet werden. Er gibt das Vielfache an, um das sich der Schubwinkel nach Ablauf der Zeit $t = \varphi / \delta_o$ (siehe (5-125)) bei konstanter Schubspannung gegenüber dem rein elastischen $\gamma(0)$ vergrößert hat.

Obwohl in der praktischen Anwendung die Dauerlasten meist konstant sind, ergeben sich beim Schubkriechen im Sandwichelement durch Schnittgrößenumlagerungen allgemein keine konstanten Schubspannungen. Eine Ausnahme ergibt sich bei Sandwichelementen mit biegeweichen Deckschichten für den Einfeldträger, weil hier keine Schnittgrößenumlagerungen möglich sind.

Trotz der mit der Zeit veränderlichen Schubspannungen wird in der Anlage A der Zulassungen [91] auch für die Umlagerung der Schnittgrößen eine Näherung der Form (5-130) zugelassen. Die Berechnung der Schnittgrößen nach Ablauf der Zeit t dürfen nach der linearen Sandwichtheorie mit dem zeitabhängigen Schubmodul berechnet werden.

$$G_t = \frac{G_o}{1 + \varphi_t} \quad \text{mit } \varphi_t \text{ nach (5-126) bzw. (5-127)} \tag{5-131}$$

Die Näherung gilt sowohl für die Umlagerung der Schnittgrößen innerhalb des Querschnitts bei Sandwichelementen mit biegesteifen Deckschichten, als auch allgemein bei statisch unbestimmten Systemen.

5.3.5 Widerstandsgrößen für Schubfeldbeanspruchung

Wie schon in Abschnitt 4.6.6 beschrieben, gibt es in den Zulassungen [91] keine Regelungen zum Einsatz der Sandwichelemente als Schubfelder. In den Forschungsvorhaben [149] und [150] wurde festgestellt, daß die üblichen Sandwichelemente selbst wie starre Scheiben wirken und im Anwendungsbereich nicht ihre Tragfähigkeit erreichen (s. Bild 4-4). Sowohl die Verformungen als auch die Tragfähigkeiten von Schubfeldern aus Sandwichelementen werden durch das Verhalten der Verbindungen bestimmt.

Zur Berechnung der zulässigen Querkräfte in den Verbindungen der Sandwichelemente mit der Unterkonstruktion kann die Zulassung [95] herangezogen werden. Sind im Schubfeld Verbindungen der Sandwichelemente untereinander vorhanden, ist die Zulassung [94] maßgebend, wenn die zu verbindenden Bleche direkt aneinander liegen und die Blechdickenkombination in den Tabellen vorhanden ist. Über das Verformungsverhalten der Verbindungen sagen beide Zulassungen aber nichts aus.

Weil zur Aussteifung von Biegeträgern die Schubsteifigkeit von ausschlaggebender Bedeutung ist, muß auch die Steifigkeit der Verbindungen bekannt sein. In den o. g. Forschungsvorhaben [149] und [150] ist das Verformungsverhalten der Verbindungen in besonderen Versuchen getestet worden. Da die Kraft-Verformungs-Diagramme stark nicht linear sind, kann man mindestens zwischen zwei Steifigkeiten unterscheiden. Die anfängliche Steigung der Kurve zeigt eine fast linear elastische Verformung und dient zur Bestimmung der Steifigkeit bei kleinen Verformungen, z. B. für die Stabilisierung von Biegeträgern. Die Steifigkeit zur Berechnung der Verformung des gesamten Schubfeldes aus äußeren Lasten, z. B. Wind, kann aus dem Diagramm bei der halben Maximallast entnommen werden.

Nach den Ausführungen in [149] und [150] kann für die Verbindungen der Sandwichelemente mit der Unterkonstruktion eine Federsteifigkeit c_{Rand} wie folgt angenommen werden.

$$c_{\mathrm{Rand}} = (2{,}0 \div 3{,}0) \cdot t_{\mathrm{K}} \quad [\mathrm{kN/mm}] \qquad (5\text{-}132)$$

Die Werte gelten für Deckschichten mit dem Blechdickenbereich von $t_{\mathrm{N}} = 0{,}50 \div 0{,}75$ mm, was für die üblichen Sandwichelemente zutrifft. Die Unterkonstruktion sollte dicker als 3 mm sein. Die verwendeten Schrauben hatten einen Nenndurchmesser von 6,3 mm. Verbindungen der Sandwichelemente untereinander (2 dünne Bleche) sind selten vorhanden und tragen nicht wesentlich zur Steifigkeit der Schubfelder bei. Im Bedarfsfall kann für den o. g. Blechdickenbereich mit $c_{\mathrm{V}} \approx 1{,}0$ kN/mm gerechnet werden.

5.3.6 Drehbettung

Ähnlich wie die Trapezprofile setzen auch Sandwichelemente dem Biegedrillknicken von Biegeträgern einen Drehbettungswiderstand entgegen. Dieses hat das Forschungsvorhaben [110] von Prof. *Lindner* in Berlin gezeigt. Wie in (5-92) wird auch bei der Aussteifung durch Sandwichelemente mit den drei Anteilen der Drehfedersteifigkeit gerechnet. Im Forschungsvorhaben [110] sind für die Anschlußsteifigkeit $c_{\vartheta\mathrm{A,k}}$ für Sandwich-Dachelemente Versuche durchgeführt worden. Die gefundenen Werte enthalten sowohl die Schaumstoffverformung über dem Auflager, als auch die Nachgiebigkeit der Verbindungen.

Für ein 75 mm dickes Dachelement sind die Werte etwa

$$c_{\vartheta\mathrm{A,k}} = 2{,}1 \text{ kNm/m} \quad \text{für die Befestigung an jedem 2. Obergurt} \qquad (5\text{-}133)$$

$$c_{\vartheta\mathrm{A,k}} = 1{,}8 \text{ kNm/m} \quad \text{für die Befestigung in jedem 2. Untergurt} \qquad (5\text{-}134)$$

und für ein 95 mm dickes Dachelement

$$c_{\vartheta\mathrm{A,k}} = 2{,}5 \text{ kNm/m} \quad \text{für die Befestigung an jedem 2. Obergurt} \qquad (5\text{-}135)$$

$$c_{\vartheta\mathrm{A,k}} = 2{,}3 \text{ kNm/m} \quad \text{für die Befestigung in jedem 2. Untergurt} \qquad (5\text{-}136)$$

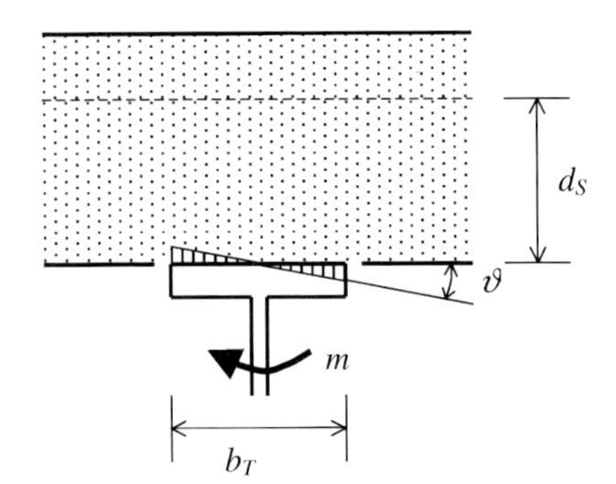

Bild 5-31 Modellbildung für die Berechnung der Drehbettung

Eine Umrechnung der Werte in Abhängigkeit von der Obergurtbreite des auszusteifenden Biegeträgers wie nach (5-94) und (5-95) sind in [110] nicht vorgesehen.

In [151] wird eine Berechnung der Anschlußsteifigkeit vorgeschlagen. Dabei wird auf der sicheren Seite angenommen, daß die anliegende Deckschicht neben dem Biegeträger durchgetrennt ist und sich die Dehnung im elastischen Schaumstoff nach Bild 5-31 einstellt. Die Steifigkeit ergibt sich danach zu

$$c_{\vartheta\text{A,k}} = \frac{E_\text{S} \cdot b_\text{T}^3}{12 \cdot d_\text{S}} \tag{5-137}$$

mit

E_S Druckmodul des Schaumstoffs
b_T Breite des Biegeträgers
d_S durchgehende Schaumstoffdicke des Sandwichelementes

Der Druckmodul des Schaumstoffes soll nach [151] für einen höheren Belastungsbereich mit einheitlich $E_\text{S} = 2{,}0$ N/mm^2 angenommen werden. Mit diesen Annahmen wird in [151] der Fall (5-133) bzw. (5-134) aus [110] nachgerechnet. Es ergibt sich der Wert

$$c_{\vartheta\text{A,k}} = \frac{2{,}0 \cdot 82^3}{12 \cdot 40} = 2297 \text{ Nmm/mm} = 2{,}30 \text{ kNm/m} \tag{5-138}$$

Ob die recht gute Übereinstimmung verallgemeinert werden kann, müssen weitere Untersuchungen zeigen. Hier können nur ein paar theoretische Überlegungen angemerkt werden. In der Formel (5-137) sind für den Widerstand gegen die Verdrehung auch Zugspannungen angesetzt (s. Bild 5-31). Diese können nur dann theoretisch angesetzt werden, wenn eine ausreichende Vorspannung aus einer Druckkraft vorhanden ist. Die Druckkraft kann aus der Belastung oder auch zum Teil aus der Verbindung des Sandwichelementes mit dem Auflager bestehen. Die Abhängigkeit der Steifigkeit $c_{\vartheta\text{A}}$ nach (5-137) von der Sandwichdicke in der Form $1 / d_\text{S}$ entsteht durch die Annahme, daß die Dehnung des Schaumstoffs über die Dicke konstant ist. Dieses trifft sicher für dickere Sandwichelemente nicht zu.

5.4 Verbindungen

5.4.1 Verbindungen für Trapezprofile und Kassettenprofile

Als Widerstandsgrößen und Beanspruchbarkeiten von Verbindungen gelten Zug- und Querkräfte, die den Relativverschiebungen der verbundenen Bauteile entgegenwirken. Sie werden durch Versuche nach dem Forschungsbericht von *Klee/Seeger* [65] bestimmt und sind von der Art, den Abmessungen und den Festigkeitseigenschaften der Verbindungselemente und der verbundenen Bauteile abhängig. Da sich die drei beteiligten Bauteile durch ihr Verhalten gegenseitig beeinflussen, ist es nicht möglich, für jedes Bauteil einzeln Widerstandsgrößen anzugeben. Es ist in gewissen Parameterbereichen erforderlich, die wirklichen Kombinationen zu prüfen. Dabei brauchen auszutestende Grenzwerte nicht überschritten werden (siehe [65]).

Eine Ausnahme bilden die Setzbolzen. Weil die Befestigung von Trapezprofilen mit Setzbolzen eine Stahlunterkonstruktion mit einer Dicke von ≥ 6 mm voraussetzt, wird keine Abhängigkeit der Widerstandsgrößen von dieser Materialdicke in den Tabellen angegeben. Für die Auszugskraft ist der kleinste Wert, der bei der Mindesteindringtiefe und u. U. einer großen Dicke der Unterkonstruktion entsteht, maßgebend.

Für Blindnieten und Schrauben enthält die allgemeine bauaufsichtliche Zulassung [94] Tabellen mit zulässigen Quer- und Zugkräften (siehe als Beispiel Bild 5-32). Die obere Kopfzeile gibt die Dicken des Bauteils II und die linke Spalte die Dicken des Bauteils I an. Für Setzbolzen wird statt der Kopfzeile für alle Verbindungen eine Dicke des Bauteils II von ≥ 6 mm gefordert. Das Bauteil I ist das Bauteil, welches am Kopf des Verbindungselementes anliegt, bei Blindnieten am Setzkopf. Im Fall der Befestigung der Trapezprofile auf der Unterkonstruktion ist das Bauteil II die Unterkonstruktion und in der Regel dicker als das Bauteil I. Verbindungen, bei denen von der Seite des dickeren Bauteils montiert wird, also Bauteil I dicker als Bauteil II ist, sind bautechnisch problematisch und sollten für planmäßig kraftübertragende Verbindungen vermieden werden. Sind dünne Bauteile konstruktiv miteinander verbunden, die keine für die Tragsicherheit erforderlichen Kräfte übertragen, gilt diese Aussage nicht.

Ein Sonderfall ist die Befestigung der Außenschale an den schmalen Gurten von Kassettenprofilen. Im Regelfall besteht bei diesen Verbindungen das Bauteil II aus zwei dünnen Blechen übereinander. Für diesen Fall wurden mit geeigneten Verbindungselementen besondere Versuche durchgeführt und die Ergebnisse in die Zulassung [94] aufgenommen (s. Bild 5-33).

Mit dem Bescheid über die Änderung und Ergänzung vom 13. Juni 1997 zur Zulassung [94] wurde das Bemessungskonzept auf Teilsicherheitsbeiwerte umgestellt. Die charakteristischen Widerstandsgrößen müssen danach aus den zulässigen Quer- und Zugkräften wie folgt berechnet werden

$$F_{Q,k} = 2{,}0 \cdot \text{zul}\, F_Q \qquad (5\text{-}139)$$

$$F_{Z,k} = 2{,}0 \cdot \text{zul}\, F_Z \qquad (5\text{-}140)$$

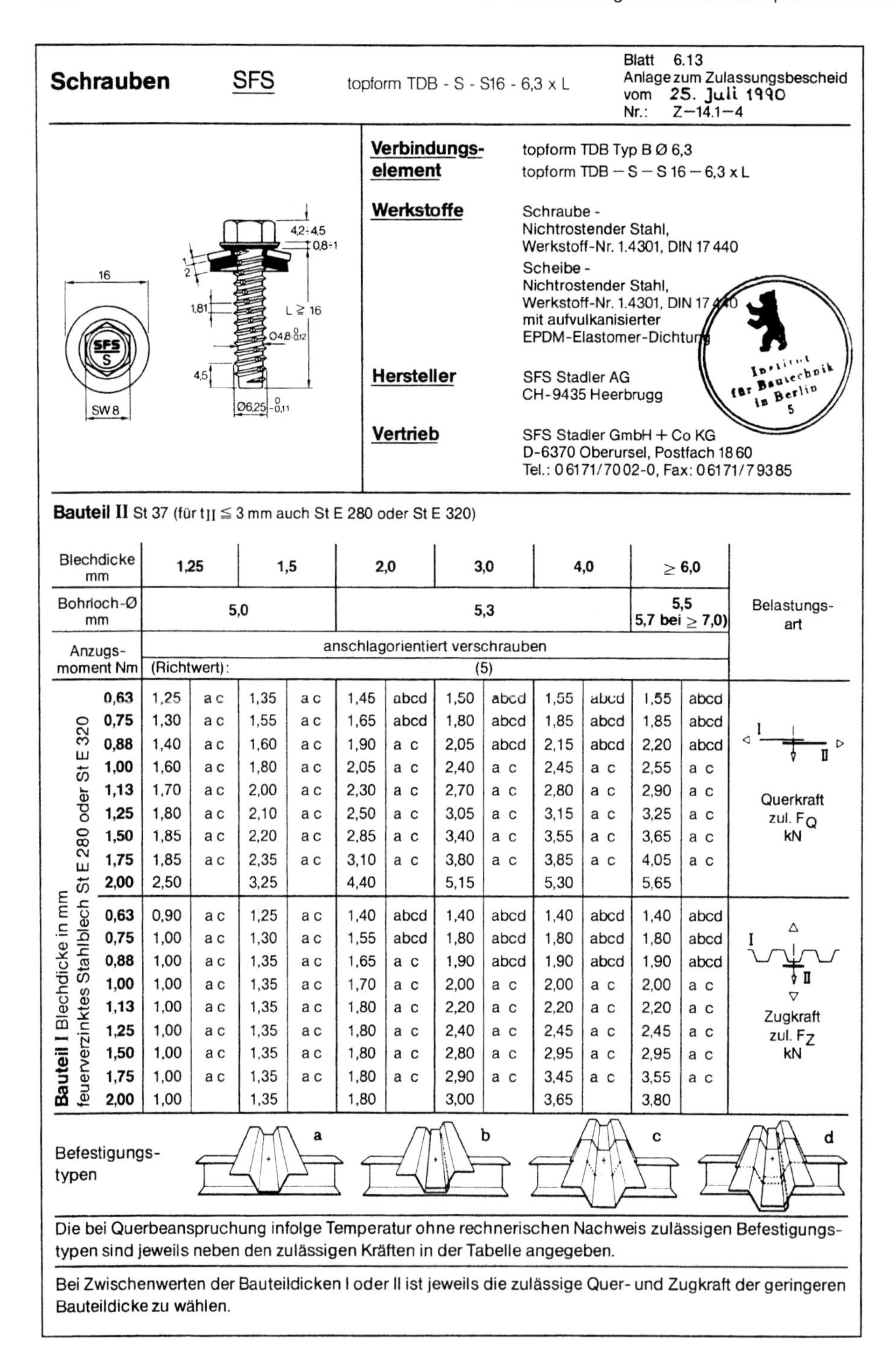

Schrauben SFS topform TDB - S - S16 - 6,3 x L

Blatt 6.13
Anlage zum Zulassungsbescheid
vom 25. Juli 1990
Nr.: Z–14.1–4

Verbindungs-element: topform TDB Typ B Ø 6,3; topform TDB – S – S 16 – 6,3 x L

Werkstoffe: Schraube - Nichtrostender Stahl, Werkstoff-Nr. 1.4301, DIN 17 440
Scheibe - Nichtrostender Stahl, Werkstoff-Nr. 1.4301, DIN 17 440 mit aufvulkanisierter EPDM-Elastomer-Dichtung

Hersteller: SFS Stadler AG, CH-9435 Heerbrugg

Vertrieb: SFS Stadler GmbH + Co KG, D-6370 Oberursel, Postfach 18 60, Tel.: 0 6171/7002-0, Fax: 0 6171/7 93 85

Bauteil II St 37 (für $t_{II} \leq 3$ mm auch St E 280 oder St E 320)

Blechdicke mm		1,25		1,5		2,0		3,0		4,0		≥ 6,0		Belastungsart
Bohrloch-Ø mm		5,0				5,3						5,5 (5,7 bei ≥ 7,0)		
Anzugsmoment Nm		anschlagorientiert verschrauben (Richtwert): (5)												
Bauteil I Blechdicke in mm, feuerverzinktes Stahlblech St E 280 oder St E 320	0,63	1,25	a c	1,35	a c	1,46	abcd	1,50	abcd	1,55	abcd	1,55	abcd	Querkraft zul. F_Q kN
	0,75	1,30	a c	1,55	a c	1,65	abcd	1,80	abcd	1,85	abcd	1,85	abcd	
	0,88	1,40	a c	1,60	a c	1,90	a c	2,05	abcd	2,15	abcd	2,20	abcd	
	1,00	1,60	a c	1,80	a c	2,05	a c	2,40	a c	2,45	a c	2,55	a c	
	1,13	1,70	a c	2,00	a c	2,30	a c	2,70	a c	2,80	a c	2,90	a c	
	1,25	1,80	a c	2,10	a c	2,50	a c	3,05	a c	3,15	a c	3,25	a c	
	1,50	1,85	a c	2,20	a c	2,85	a c	3,40	a c	3,55	a c	3,65	a c	
	1,75	1,85	a c	2,35	a c	3,10	a c	3,80	a c	3,85	a c	4,05	a c	
	2,00	2,50		3,25		4,40		5,15		5,30		5,65		
	0,63	0,90	a c	1,25	a c	1,40	abcd	1,40	abcd	1,40	abcd	1,40	abcd	Zugkraft zul. F_Z kN
	0,75	1,00	a c	1,30	a c	1,55	abcd	1,80	abcd	1,80	abcd	1,80	abcd	
	0,88	1,00	a c	1,35	a c	1,65	a c	1,90	abcd	1,90	abcd	1,90	abcd	
	1,00	1,00	a c	1,35	a c	1,70	a c	2,00	a c	2,00	a c	2,00	a c	
	1,13	1,00	a c	1,35	a c	1,80	a c	2,20	a c	2,20	a c	2,20	a c	
	1,25	1,00	a c	1,35	a c	1,80	a c	2,40	a c	2,45	a c	2,45	a c	
	1,50	1,00	a c	1,35	a c	1,80	a c	2,80	a c	2,95	a c	2,95	a c	
	1,75	1,00	a c	1,35	a c	1,80	a c	2,90	a c	3,45	a c	3,55	a c	
	2,00	1,00		1,35		1,80		3,00		3,65		3,80		

Befestigungstypen: a, b, c, d

Die bei Querbeanspruchung infolge Temperatur ohne rechnerischen Nachweis zulässigen Befestigungstypen sind jeweils neben den zulässigen Kräften in der Tabelle angegeben.

Bei Zwischenwerten der Bauteildicken I oder II ist jeweils die zulässige Quer- und Zugkraft der geringeren Bauteildicke zu wählen.

Bild 5-32 Beispiel einer Zulassungstabelle für eine gewindefurchende Schraube

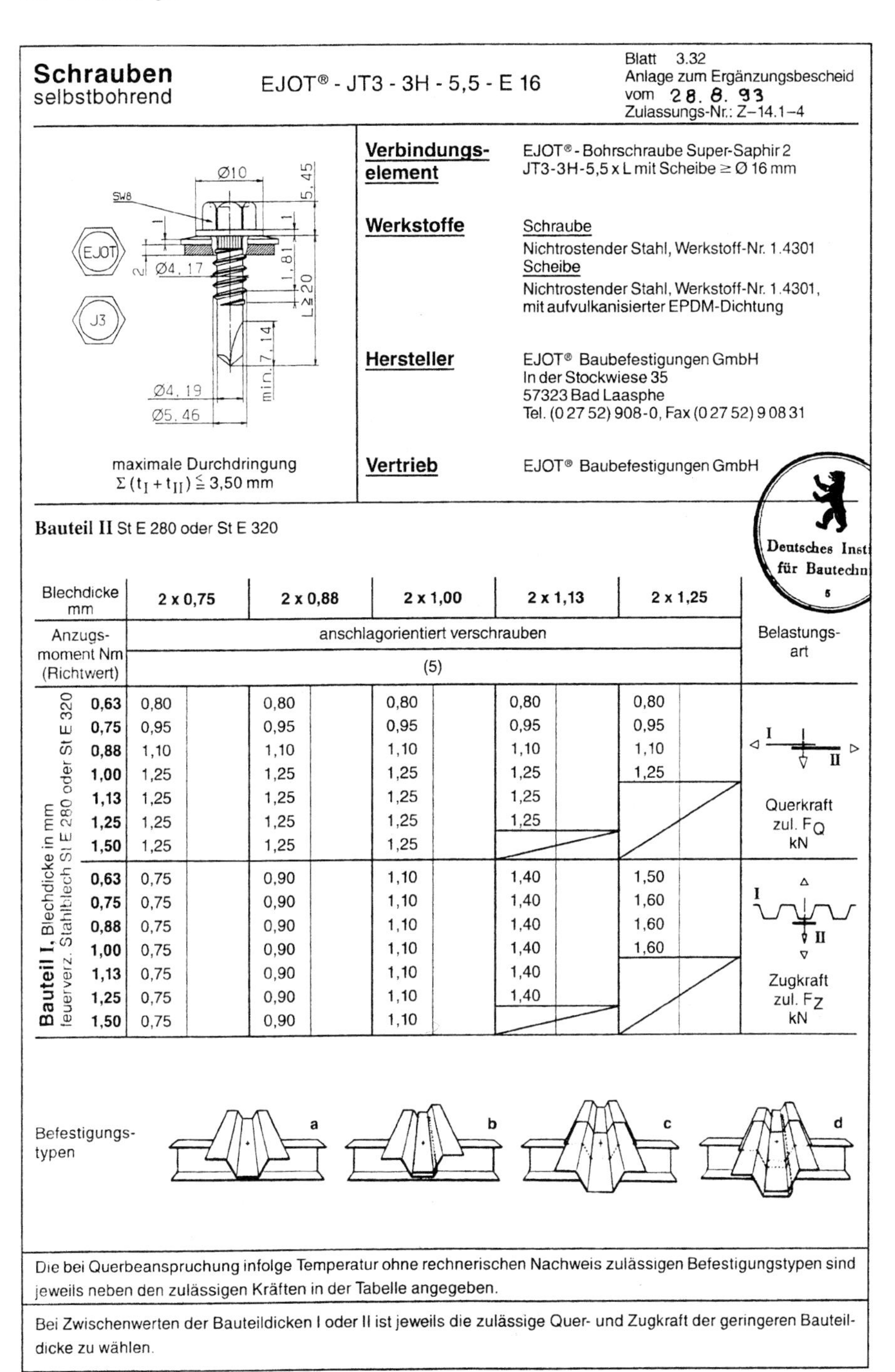

Schrauben
selbstbohrend

EJOT® - JT3 - 3H - 5,5 - E 16

Blatt 3.32
Anlage zum Ergänzungsbescheid
vom 28. 8. 93
Zulassungs-Nr.: Z–14.1–4

maximale Durchdringung
$\Sigma(t_I + t_{II}) \leqq 3{,}50$ mm

Verbindungs-element: EJOT® - Bohrschraube Super-Saphir 2 JT3-3H-5,5 x L mit Scheibe ≥ Ø 16 mm

Werkstoffe: Schraube — Nichtrostender Stahl, Werkstoff-Nr. 1.4301; Scheibe — Nichtrostender Stahl, Werkstoff-Nr. 1.4301, mit aufvulkanisierter EPDM-Dichtung

Hersteller: EJOT® Baubefestigungen GmbH, In der Stockwiese 35, 57323 Bad Laasphe, Tel. (0 27 52) 908-0, Fax (0 27 52) 9 08 31

Vertrieb: EJOT® Baubefestigungen GmbH

Bauteil II St E 280 oder St E 320

Bauteil I, Blechdicke in mm, feuerverz. Stahlblech St E 280 oder St E 320	Blechdicke mm	2 x 0,75	2 x 0,88	2 x 1,00	2 x 1,13	2 x 1,25	Belastungsart
	Anzugsmoment Nm (Richtwert)	anschlagorientiert verschrauben (5)					
	0,63	0,80	0,80	0,80	0,80	0,80	Querkraft zul. F_Q kN
	0,75	0,95	0,95	0,95	0,95	0,95	
	0,88	1,10	1,10	1,10	1,10	1,10	
	1,00	1,25	1,25	1,25	1,25	1,25	
	1,13	1,25	1,25	1,25	1,25		
	1,25	1,25	1,25	1,25	1,25		
	1,50	1,25	1,25	1,25			
	0,63	0,75	0,90	1,10	1,40	1,50	Zugkraft zul. F_Z kN
	0,75	0,75	0,90	1,10	1,40	1,60	
	0,88	0,75	0,90	1,10	1,40	1,60	
	1,00	0,75	0,90	1,10	1,40	1,60	
	1,13	0,75	0,90	1,10	1,40		
	1,25	0,75	0,90	1,10	1,40		
	1,50	0,75	0,90	1,10			

Befestigungstypen: a, b, c, d

Die bei Querbeanspruchung infolge Temperatur ohne rechnerischen Nachweis zulässigen Befestigungstypen sind jeweils neben den zulässigen Kräften in der Tabelle angegeben.

Bei Zwischenwerten der Bauteildicken I oder II ist jeweils die zulässige Quer- und Zugkraft der geringeren Bauteildicke zu wählen.

Bild 5-33 Beispiel einer Zulassungstabelle für eine Bohrschraube, Bauteil II besteht aus zwei Blechen übereinander

Diese Werte liegen auf der sicheren Seite, weil die zulässigen Kräfte nach [65] wie folgt bestimmt wurden

$$\text{zul}\, F = \min\left(\frac{F_{k,stat}}{\geq 2,0}, \frac{F_{k,dyn}}{1,3}\right) \tag{5-141}$$

mit

$F_{k,stat}$ charakteristische Kraft beim Versagen nach einmaliger Belastung
$F_{k,dyn}$ charakteristische Kraft beim Versagen nach 5000 Lastwechseln

Werden die charakteristischen Kräfte durch das vereinfachte Verfahren nach [65] nur mit statischen Versuchen bestimmt, sorgt der Sicherheitsbeiwert ≥ 2,0 dafür, daß der zweite Term in (5-141) auch eingehalten wird.

Die Bemessungswerte der Beanspruchbarkeiten errechnen sich aus den charakteristischen Widerstandsgrößen nach (5-139) und (5-140) zu

$$F_d = F_k / \gamma_M \tag{5-142}$$

mit $\gamma_M = 1,33$

Wird durch den exzentrischen Sitz des Verbindungselementes entweder im Bauteil I oder im Bauteil II die Verdrehung der Verbindung durch eine Zugkraft erzwungen, muß die charakteristische Zugkraft abgemindert werden, wenn das Bauteil I dünner als 1,25 mm ist. Die Zulassung [94] gibt die Abminderungsfaktoren für diese besonderen Anwendungsfälle auf der Anlage 2.02 an (s. Bild 5-34). Liegt eine Kombination der nachfolgend beschriebenen Fälle vor, so ist der kleinere Abminderungsfaktor maßgebend. Die Abminderungsfaktoren brauchen also nicht miteinander multipliziert zu werden.

Nach Zeile 2 der Anlage 2.02 beträgt der Abminderungsfaktor 0,9, wenn der an der Unterkonstruktion anliegende Trapezprofilgurt schmaler als 150 mm ist und das Verbindungselement mehr als ¼ der Gurtbreite von dessen Mitte entfernt ist. Planmäßig wird dieser Fall nur selten auftreten. Wenn einzelne Verbindungen unplanmäßig so ausgeführt worden sind und der Abminderungsfaktor in der Statik nicht berücksichtigt wurde, besteht aber keine Gefahr für die Tragsicherheit.

Ist der anliegende Trapezprofilgurt breiter als 150 mm und schmaler als 250 mm, gilt nach Zeile 3 ein Abminderungsfaktor von 0,5 unabhängig davon, wo das Verbindungselement sitzt. Dieser Fall könnte bei Trapezprofilen mit breiten Obergurten in Negativlage vorkommen. Solche Profile werden aber selten als wasserführende Schicht (Negativlage) oder an Wänden verwendet.

Die Zeile 4 der Zulassungsanlage 2.02 trifft regelmäßig für Kassettenprofile zu. Die Kassetten sind normalerweise breiter als 250 mm und müssen nach der A1-Änderung [18] zur DIN 18 807 mit mindestens je einem Verbindungselement in der Nähe der Stege befestigt werden. Diese Bestimmung stimmt mit der Forderung in der Zeile 4 nach mindestens zwei Verbindungselementen überein. Der Abminderungsfaktor beträgt 0,7, wenn das erste Verbindungselement nicht mehr als 75 mm vom Steg entfernt ist. Im anderen Fall ist der

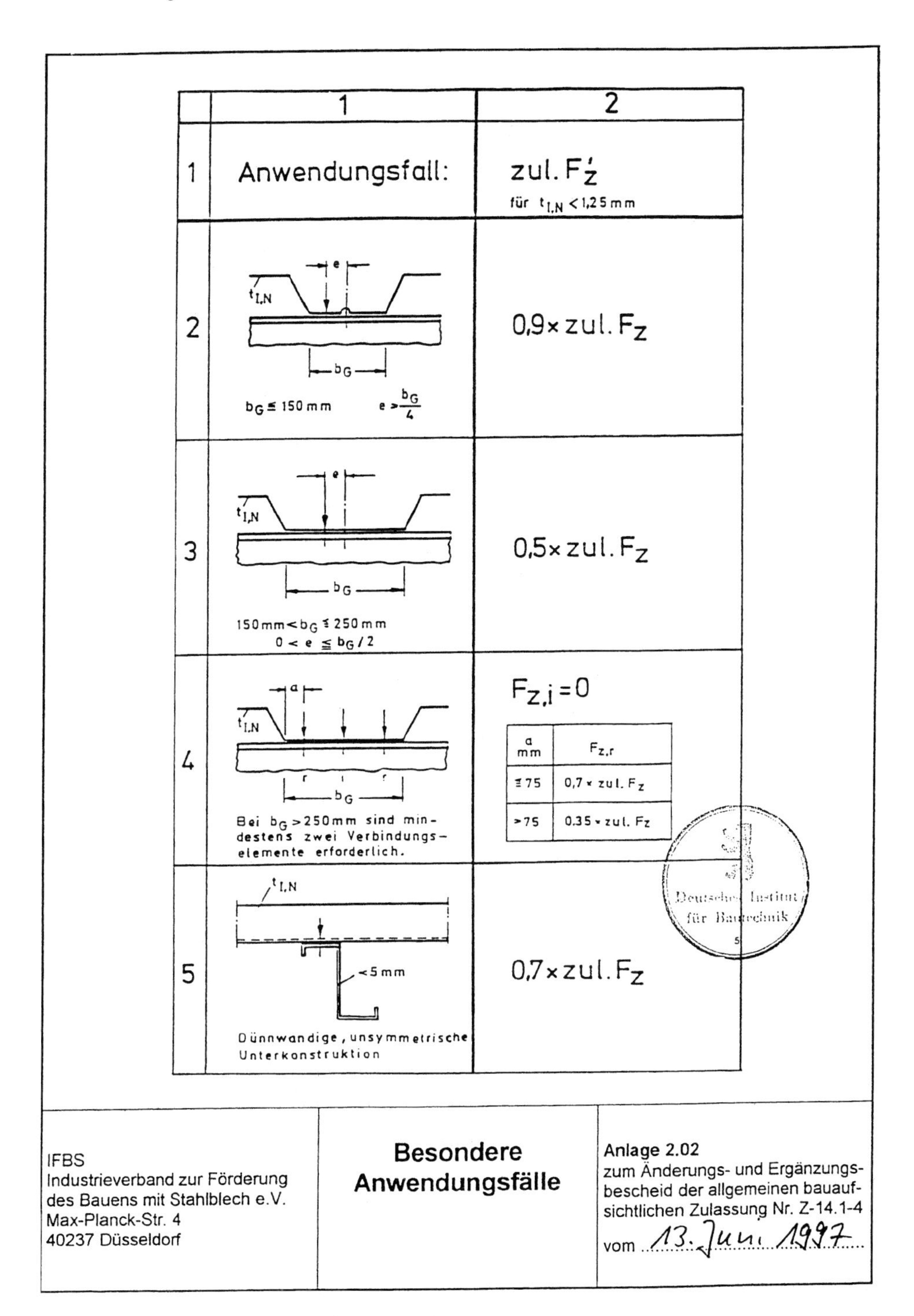

	1	2
1	Anwendungsfall:	zul. F'_Z für $t_{I,N} < 1{,}25$ mm
2	$b_G \leq 150$ mm $e > \frac{b_G}{4}$	$0{,}9 \times$ zul. F_Z
3	$150\,mm < b_G \leq 250$ mm $0 < e \leq b_G/2$	$0{,}5 \times$ zul. F_Z
4	Bei $b_G > 250$ mm sind mindestens zwei Verbindungselemente erforderlich.	$F_{Z,i} = 0$ (see inner table)
5	Dünnwandige, unsymmetrische Unterkonstruktion	$0{,}7 \times$ zul. F_Z

a mm	$F_{Z,r}$
≤ 75	0,7 × zul. F_Z
> 75	0.35 × zul. F_Z

IFBS
Industrieverband zur Förderung des Bauens mit Stahlblech e.V.
Max-Planck-Str. 4
40237 Düsseldorf

Besondere Anwendungsfälle

Anlage 2.02
zum Änderungs- und Ergänzungsbescheid der allgemeinen bauaufsichtlichen Zulassung Nr. Z-14.1-4
vom 13. Juni 1997

Bild 5-34 Besondere Anwendungsfälle bei Verbindungen

Abminderungsfaktor 0,35, was aber in den meisten Fällen vermieden werden kann und für Befestigung von Kassettenprofilen nicht erlaubt ist. Verbindungen zwischen den beiden äußeren nehmen keine Zugkraft auf. Sie werden u. U. aus konstruktiven Gründen verwendet. Wird die Kassettenwand als Schubfeld ausgebildet, sind nach [18] an jedem Endauflager zusätzlich 3 Verbindungen erforderlich (siehe hierzu auch Abschnitt 10.3.4). Diese nehmen nur Querkräfte auf.

Ist die Ausmittigkeit durch die Unterkonstruktion begründet, trifft Zeile 5 zu. Außer für die dort angegebenen Z-Profile gilt diese Zeile auch für entsprechende Verbindungen mit C- und Winkelprofilen. Der Abminderungsfaktor ist 0,7, wenn die Profile der Unterkonstruktion dünner als 5 mm sind. Dieses trifft meistens für kaltgeformte Profile zu.

Liegt Holz als Unterkonstruktion vor, müssen die zulässigen Kräfte der Verankerung in Holz berücksichtigt werden (s. Abschnitt 5.4.3). Zur Beurteilung der zulässigen Kräfte für das Bauteil I dürfen in den Tabellen nach Bild 5-32 die Werte der Kombination mit der größten Dicke des Bauteils II genommen werden.

Bei gleichzeitiger Wirkung von Zug- und Querkräften auf eine Verbindung sind nach der Zulassung [94] folgende reduzierte zulässige Kräfte zu bestimmen:

- für Schrauben und Blindniete

$$\text{zul } F_{Q,red} = \frac{\text{zul } F_Q}{1 + \frac{F_Z}{F_Q} \cdot \frac{\text{zul } F_Q}{\text{zul } F_Z}} \tag{5-143}$$

$$\text{zul } F_{Z,red} = \frac{\text{zul } F_Z}{1 + \frac{F_Q}{F_Z} \cdot \frac{\text{zul } F_Z}{\text{zul } F_Q}} \tag{5-144}$$

- für Setzbolzen

$$\text{zul } F_{Q,red} = \frac{\text{zul } F_Q}{\sqrt{1 + \left(\frac{F_Z}{F_Q} \cdot \frac{\text{zul } F_Q}{\text{zul } F_Z}\right)^2}} \tag{5-145}$$

$$\text{zul } F_{Z,red} = \frac{\text{zul } F_Z}{\sqrt{1 + \left(\frac{F_Q}{F_Z} \cdot \frac{\text{zul } F_Z}{\text{zul } F_Q}\right)^2}} \tag{5-146}$$

mit

F_Q vorhandene Querkraft aus einfachen Einwirkungen
F_Z vorhandene Zugkraft aus einfachen Einwirkungen

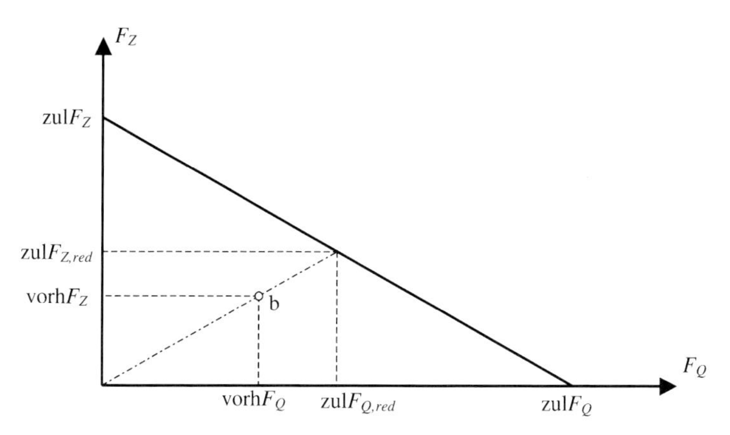

Bild 5-35 Lineare Zug-/Querkraft-Interaktion für Verbindungen

Da der Nenner nur aus Verhältnissen von Kräften besteht, können die Gleichungen (5-143) bis (5-146) auch für charakteristische Werte und Bemessungswerte verwendet werden. Die Formeln (5-143) und (5-144) sind nach Bild 5-35 für den Fall abgeleitet, daß die vorhandenen Kräfte proportional steigen. Für die Formeln (5-145) und (5-146) gilt das Gleiche, nur ist die Interaktionskurve keine Gerade sondern eine Ellipse. Die Proportionalität von Zug- und Querkraft ist wegen unterschiedlicher Einwirkungen mit verschiedenen Teilsicherheitsbeiwerten nicht in allen Fällen gegeben. Die Nachweise mit den o. g. reduzierten Widerstandsgrößen sind in den abweichenden Fällen zwar nicht falsch, sie geben aber auch keine anderen Informationen als die einfacheren Nachweise mit folgender Interaktion

$$\frac{F_{Q,d}}{F_{Q,k} / \gamma_M} + \frac{F_{Z,d}}{F_{Z,k} / \gamma_M} \leq 1 \tag{5-147}$$

bzw.

$$\left(\frac{F_{Q,d}}{F_{Q,k} / \gamma_M}\right)^2 + \left(\frac{F_{Z,d}}{F_{Z,k} / \gamma_M}\right)^2 \leq 1 \tag{5-148}$$

mit

$F_{Q,k}$ und $F_{Z,k}$ nach (5-139) und (5-140)
$\gamma_M = 1{,}33$

Die Nachweise (5-147) und (5-148) stellen sicher, daß der Bemessungspunkt b nach Bild 5-35 unter oder auf der Interaktionskurve liegt. Für den theoretischen Fall, daß der Bemessungspunkt b genau auf der Interaktionskurve liegt, sind die einfachen Interaktionen mit den Nachweisen mit reduzierten Widerstandsgrößen mathematisch identisch.

Die Angabe der Verbindungstypen hinter den zulässigen Kräften in den Tabellen dient zur Beurteilung der Flexibilität der Verbindungen bei Querbelastung aus temperaturbedingten

Zwängungen. Die vorgesehenen Verbindungstypen sind in Bild 6-4 dargestellt. Für die hinter den zulässigen Kräften aufgeführten Verbindungstypen ist im Versuch eine Verschiebung von 2 mm des Bauteils I gegenüber dem Bauteil II erzwungen worden, ohne daß die Verbindung versagte. Für diesen Fall wird unterstellt, daß die Verbindung auch im Anwendungsfall nicht durch temperaturbedingte Zwängungen geschädigt wird. Für die Größe der zulässigen Kraft ist der Verbindungstyp nicht von Bedeutung. Zur Anwendung der Verbindungstypen und Berücksichtigung der temperaturbedingten Zwängungskräfte siehe Abschnitt 6.7.2.

Wenn ein Verbindungstyp hinter einer zulässigen Kraft nicht angegeben ist, bedeutet dieses nicht, daß die vorliegende Verbindung in diesem Fall nicht verwendet werden darf. Im Versuch wurde nicht berücksichtigt, daß auch flexible Unterkonstruktionen zum Abbau von temperaturbedingten Zwängungskräften beitragen. Eine ausführliche Beschreibung der üblichen Bauweisen und die Wirkungen der temperaturbedingten Dehnungen auf die Verbindungen enthält [131]. Es wird dort festgestellt, daß in den meisten Fällen die Unterkonstruktion weich genug für den Abbau der Zwängungskräfte ist. Eine Fußnote in der Zulassung [94] weist auf [131] hin.

5.4.2 Verbindungen für Sandwichelemente

Die Widerstandsgrößen und Beanspruchbarkeiten von Verbindungen der Sandwichelemente mit der Unterkonstruktion sind Zug- und Querkräfte, die den Relativverschiebungen der verbundenen Bauteile entgegenwirken. Die charakteristischen Zug- und Querkräfte werden aus Versuchsergebnissen durch eine statistische Auswertung berechnet. Grundlage für diese Vorgehensweise ist der Vorschlag [65] von *Klee/Seeger* zur vereinfachten Ermittlung von zulässigen Kräften für Befestigungen von Stahltrapezprofilen. Weitere Besonderheiten sind in den ersten Gutachten für die allgemeine bauaufsichtliche Zulassung [95] für Verbindungselemente zur Verwendung bei Konstruktionen mit Sandwichelementen enthalten. Es handelt sich im wesentlichen um die Querkraftübertragung aus dem an der Unterkonstruktion anliegenden Deckblech. Dieses meist sehr dünne Blech wird in der Nähe des Schraubenloches nicht durch die Dichtscheibe und den Schraubenkopf ausgesteift, sondern nur durch den Schaumstoff des Sandwichelementes. Aus diesem Grunde werden die Versuche an Ausschnitten von Sandwichelementen durchgeführt, bei denen das Blech der Unterkonstruktion und die anliegende Deckschicht in die Prüfmaschine eingespannt sind.

Die zulässigen Kräfte in den Zulassungen [94] und [95] werden je nach Versagensart mit unterschiedlichen Sicherheitsfaktoren ermittelt. Diese Kräfte sind nicht die Beanspruchbarkeiten im Sinne von DIN 18 800, weil die verwendeten Sicherheitsfaktoren auch die Teilsicherheitsbeiwerte der Einwirkungsseite enthalten. Weitere Informationen über diese Zusammenhänge enthält Abschnitt 5.4.1.

Die Zulassung [94] für Verbindungen bei Stahltrapezprofilen darf für die Bemessung der Verbindungen auf Zugkraft auch bei Sandwichelementen verwendet werden, weil das Überknöpfen des Deckbleches und das Ausziehen des Verbindungselementes aus der Unterkonstruktion von der Bettung der Deckschicht unabhängig sind. Voraussetzung für die

Anwendung der Zulassung [94] ist aber, daß dort die entsprechende Blechdickenkombination von Deckblech und Unterkonstruktion angegeben ist. Außerdem muß die zulässige Schraubenkopfauslenkung (s. Abschnitt 4.7.2.3) aus anderer Quelle, z. B. Zulassungen [91], bekannt sein. Beides ist für die meisten Schrauben der Zulassung [94] nicht der Fall.

Günstiger ist die Verwendung spezieller Schrauben, die unter dem Kopf ein Stützgewinde für die äußere Deckschicht der Sandwichelemente haben. Dieses Gewinde stellt sicher, daß die äußere Deckschicht an die Dichtscheibe der Schraube gepreßt wird und die Verbindung dauerhaft dicht bleibt. Solche und übliche Schrauben sind in der Zulassung [95] zusammengefaßt, nach der die Bemessung der Verbindungen vollständig durchgeführt werden kann. Das Bild 5-36 zeigt ein Beispiel für ein Typenblatt aus dieser Zulassung.

Die Tabelle enthält für verschiedene Blechdickenkombinationen zulässige Quer- und Zugkräfte sowie zulässige Schraubenkopfauslenkungen. Die Kraftrichtungen und die zugehörigen Bauteildefinitionen sind im Bild 5-37 dargestellt.

Für die zulässige Querkraft ist die Blechdickenkombination des Bauteils II mit der Dicke der anliegenden Deckschicht des Bauteils I maßgebend. In einigen Typenblättern sind diese Werte zusätzlich von der Sandwichdicke d abhängig. Für die zulässige Zugkraft gilt die Blechdickenkombination aus der Unterkonstruktion und dem äußeren Deckblech mit der Dicke t_{N1}. Eine Abminderung der zulässigen Zugkräfte bei besonderen Anwendungsfällen wie in Bild 5-34 ist bei Sandwichelementen nur für dünnwandige und unsymmetrische Unterkonstruktionen erforderlich. Die Zulassung [95] gibt für diesen Fall in Übereinstimmung mit der Zeile 5 in Bild 5-34 die Reduzierung der zulässigen Zugkräfte auf 70 % an, wenn die Blechdicke der Unterkonstruktion $t_{II} < 5$ mm ist.

Die o. g. zulässigen Werte können wie die in der Zulassung [94] in charakteristische und Bemessungswerte nach (5-142) mit (5-139) und (5-140) überführt werden.

Eine Interaktion von Zug- und Querkraft muß nur berücksichtigt werden, wenn in mindestens einem Fall Versagen der Unterkonstruktion vorliegt. Dieses muß im Bedarfsfall am Verlauf der zulässigen Kräfte in Abhängigkeit der Blechdicken erkannt werden. In der Tabelle nach Bild 5-36 ist für die Querkraft die Unterkonstruktion nicht maßgebend. Die zulässigen Werte nehmen alle mit der Blechdicke t_{N2} deutlich zu, während die Zunahme mit der Dicke des Bauteils II nur gering ist, was durch die bessere Einspannung der Schraube begründet ist. Für Zugkräfte liegt z. B. im Fall aller Blechdickenkombinationen t_{N1} mit der Dicke $t_{II} = 1{,}5$ mm die Versagensart Herausziehen aus der Unterkonstruktion vor. Die Werte in dieser Spalte sind für alle Blechdicken des Bauteiles I gleich. Für den seltenen Fall, daß der Nachweis der Interaktion erforderlich ist, kann dieser nach den Formeln (5-143) oder (5-144) bzw. (5-147) geführt werden.

Mit dem Bescheid vom 13.11.2001 über die Änderung der Zulassung [95] wird der Gültigkeitsbereich auf Sandwichelemente mit Mineralfasern als Kernmaterial und auf Holz als Unterkonstruktion erweitert, soweit dieses in den Anlagen vermerkt ist. Das Nadelholz muß der Sortierklasse S 10 entsprechen. Die zulässigen Zug- und Querkräfte sind für die vermerkte Einschraubtiefe im Holz bereits in den Tabellen berücksichtigt oder sie sind formelmäßig auf der Anlage angegeben.

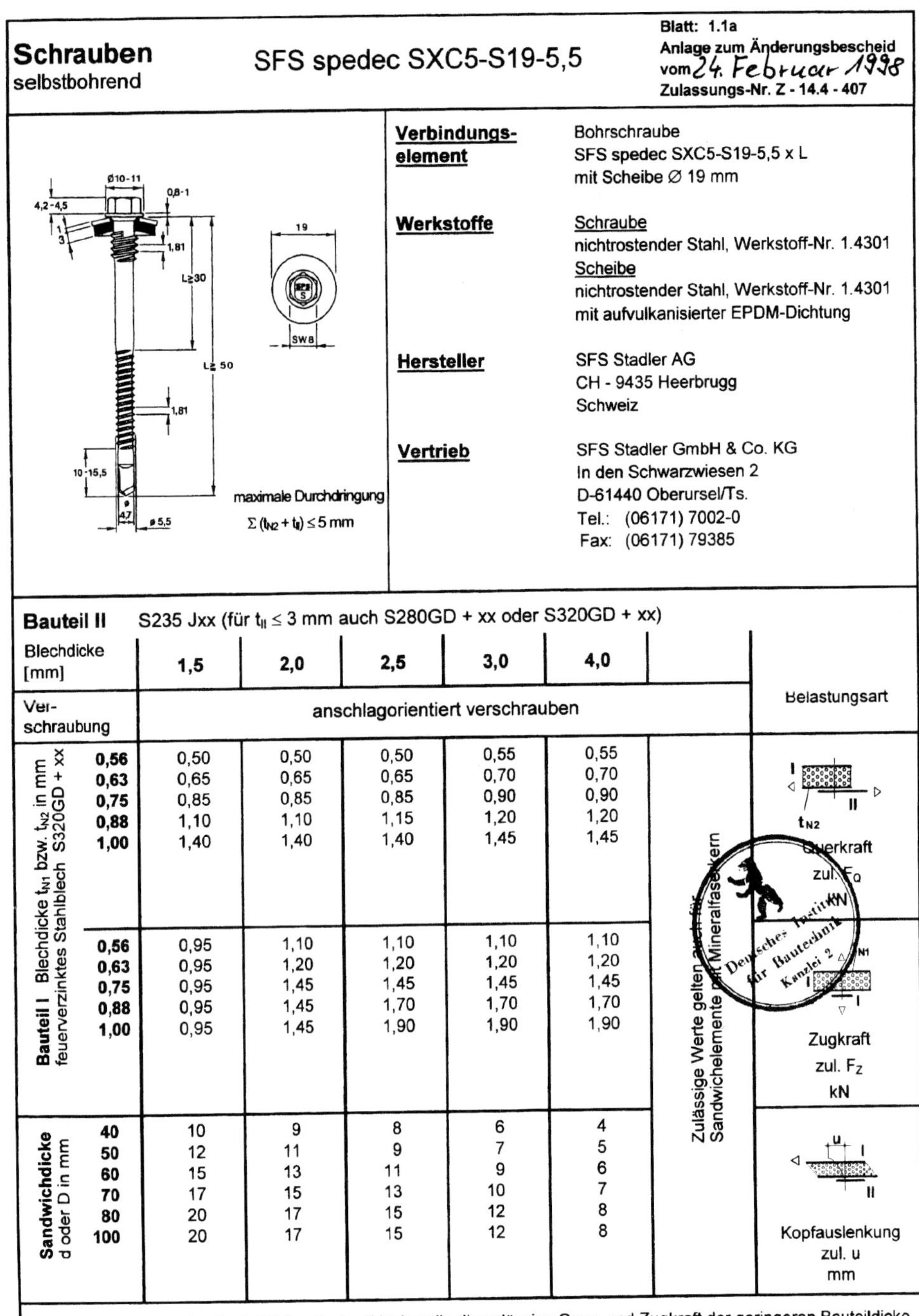

Schrauben selbstbohrend

SFS spedec SXC5-S19-5,5

Blatt: 1.1a
Anlage zum Änderungsbescheid vom 24. Februar 1998
Zulassungs-Nr. Z - 14.4 - 407

Verbindungs-element: Bohrschraube; SFS spedec SXC5-S19-5,5 x L; mit Scheibe ∅ 19 mm

Werkstoffe: Schraube: nichtrostender Stahl, Werkstoff-Nr. 1.4301; Scheibe: nichtrostender Stahl, Werkstoff-Nr. 1.4301 mit aufvulkanisierter EPDM-Dichtung

Hersteller: SFS Stadler AG, CH - 9435 Heerbrugg, Schweiz

Vertrieb: SFS Stadler GmbH & Co. KG, In den Schwarzwiesen 2, D-61440 Oberursel/Ts., Tel.: (06171) 7002-0, Fax: (06171) 79385

Bauteil II S235 Jxx (für $t_{II} \leq 3$ mm auch S280GD + xx oder S320GD + xx)

Blechdicke [mm]		1,5	2,0	2,5	3,0	4,0		Belastungsart
Verschraubung		anschlagorientiert verschrauben						
Bauteil I Blechdicke t_{N1} bzw. t_{N2} in mm, feuerverzinktes Stahlblech S320GD + xx	**0,56**	0,50	0,50	0,50	0,55	0,55	Zulässige Werte gelten auch für Sandwichelemente mit Mineralfaserkern	Querkraft zul. F_Q kN
	0,63	0,65	0,65	0,65	0,70	0,70		
	0,75	0,85	0,85	0,85	0,90	0,90		
	0,88	1,10	1,10	1,15	1,20	1,20		
	1,00	1,40	1,40	1,40	1,45	1,45		
	0,56	0,95	1,10	1,10	1,10	1,10		Zugkraft zul. F_Z kN
	0,63	0,95	1,20	1,20	1,20	1,20		
	0,75	0,95	1,45	1,45	1,45	1,45		
	0,88	0,95	1,45	1,70	1,70	1,70		
	1,00	0,95	1,45	1,90	1,90	1,90		
Sandwichdicke d oder D in mm	**40**	10	9	8	6	4		Kopfauslenkung zul. u mm
	50	12	11	9	7	5		
	60	15	13	11	9	6		
	70	17	15	13	10	7		
	80	20	17	15	12	8		
	100	20	17	15	12	8		

Bei Zwischenwerten der Bauteildicken I oder II ist jeweils die zulässige Quer- und Zugkraft der geringeren Bauteildicke zu wählen. Bei der Kopfauslenkung zul. u darf zwischen den einzelnen Werten interpoliert werden.

Bild 5-36 Beispiel eines Typenblattes der Zulassung [95]

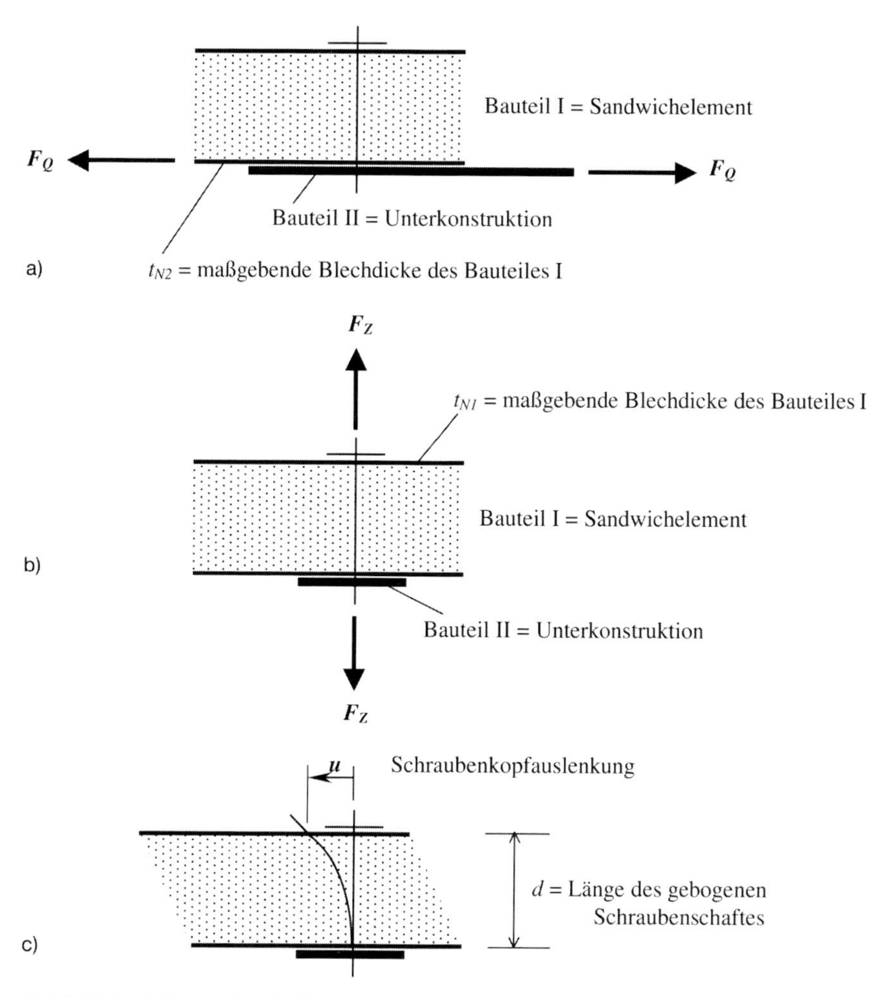

Bild 5-37 Definitionen für die Sandwichbefestigung

Der untere Bereich der Tabelle nach Bild 5-36 enthält die zulässigen Schraubenkopfauslenkungen. Diese Werte sind im eigentlichen Sinne keine Widerstandsgrößen, weil die Schrauben in der Schafthöhe, die der Sandwichdicke entspricht, keine wesentliche Querkraft aufnehmen können. Durch die gegenseitige Verschiebung der Deckschichten, welche vorwiegend durch Temperaturdifferenzen in diesen entsteht, werden die Schrauben an der Verankerungsstelle in der Unterkonstruktion verdreht und selbst verbogen. Um durch diesen Vorgang verursachte Schäden zu vermeiden, dürfen in der Anwendung die vorhandenen Schraubenkopfauslenkungen die zulässigen nicht überschreiten.

Im Prüfprogramm [51] sind zur Bestimmung der zulässigen Schraubenkopfauslenkungen zyklische Versuche vorgeschrieben. In einer weggesteuerten Prüfmaschine wird der Kopf der Schraube, die in ein Blech mit der Dicke der Unterkonstruktion eingeschraubt ist, nach einer Seite mit unterschiedlichen Auslenkungen und folgenden Zyklen hin und her bewegt.

20 000 Zyklen mit 4/7 · u
2 000 Zyklen mit 6/7 · u
100 Zyklen mit u

Darin ist u der maximale Wert, der als zulässige Schraubenkopfauslenkung so bestimmt wird, daß die Verbindung in einem anschließenden statischen Versuch im Mittel mindestens noch 80 % der zu erwartenden mittleren Tragfähigkeit der nicht gebogenen Schraube erreicht. Die eigenartige Berechnung der Auslenkungen für die ersten zwei Zyklen ist damit zu erklären, daß die vorhandene Schraubenkopfauslenkung in der Anwendung mit 70 °C Temperaturdifferenz zwischen den Deckschichten berechnet wird. Man geht davon aus, daß nicht bei jedem Sonnenschein die volle Temperaturdifferenz erreicht wird.

Als Parameter für die Versuche dienen die Unterkonstruktionsdicken und die Schaftlängen der Schrauben in Abhängigkeit von den Sandwichdicken. In der Tabelle nach Bild 5-36 ist deutlich zu erkennen, daß die Werte mit zunehmender Dicke der Unterkonstruktion abnehmen, was durch den höheren Einspanngrad bedingt ist. Dagegen nehmen die Werte mit zunehmender Sandwichdicke zu, weil eine längere Schraube bei gleicher Auslenkung nicht so stark beansprucht wird.

5.4.3 Rechnerische Ermittlung für Verbindungen mit Holz

5.4.3.1 Verbindungen für Trapezprofile und Kassettenprofile

In der Zulassung [94] für Verbindungselemente zur Verwendung bei Stahlblechen sind Blechschrauben mit Spitze aufgeführt, die sich auch zur Verwendung bei Verbindungen der Trapez- und Kassettenprofile mit einer Unterkonstruktion aus Holz eignen. Dieses ist auf den entsprechenden Typenblättern in der Zulassung besonders vermerkt. Im Text der Zulassung ist für die Berechnung solcher Verbindungen folgendes festgelegt:

Bei Unterkonstruktionen aus Holz dürfen zur Bestimmung der zulässigen Kräfte diese Schrauben so behandelt werden, als wären sie in DIN 1052 „Holzbauwerke, Teil 2: Mechanische Verbindungen, April 1988“ aufgeführt. Die zulässigen Werte für die Zugkräfte (Werte nach DIN 1052 für den Lastfall H) dürfen dabei um 50 % erhöht werden. Die so ermittelten Auszugs- und Querkraftwerte gelten nur, soweit die zulässigen Werte der Typentabellen in der Zulassung [94] nicht überschritten werden. Dabei dürfen die Werte für die Blechdickenkombination mit der größten aufgeführten Dicke des Bauteils II (Stahlunterkonstruktion) verwendet werden. So ist das Versagen einer dünnen Unterkonstruktion nicht maßgebend.

Für Schrauben mit einem Nenndurchmesser $d_S < 10$ mm ist nach DIN 1052 die zulässige Querkraft unabhängig vom Winkel zwischen der Kraft und der Faserrichtung des Holzes. Die Schrauben in der Zulassung [94] erfüllen diese Bedingung. Sie haben fast alle einen Durchmesser von $d_S = 6{,}5$ mm. Die Einschraubtiefe sollte mindestens $s = 50$ mm betragen. Diese entspricht dem Wert $8 \cdot d_S$ für den die folgende zulässige Querkraft eingesetzt werden darf.

$$\text{zul } F_Q = 1{,}25 \cdot 17 \cdot d_S^2 \quad [\text{N}] \tag{5-149}$$

mit

d_S Nenndurchmesser der Schraube [mm]

Für die o. g. Schrauben ergibt (5-149) etwa 900 N, was deutlich weniger ist, als der Wert aus den Typentabellen für die größte Dicke der Stahlunterkonstruktion. Sollte aus konstruktiven Gründen die Einschraubtiefe kleiner als $8 \cdot d_S$ sein müssen, so muß die zulässige Kraft im Verhältnis der beiden Werte heruntergerechnet werden. Eine kleinere Einschraubtiefe als $4 \cdot d_S$ darf nicht ausgeführt werden. Die Erhöhung der zulässigen Kraft für eine größere Einschraubtiefe ist nicht zulässig.

Sind mehrere Schrauben in einem Trapezprofiluntergurt erforderlich, müssen die Mindestabstände für Schrauben in Holz eingehalten werden. Diese betragen für die Schrauben untereinander und von den Rändern $5 \cdot d_S$. Vom beanspruchten Rand muß der Abstand in Faserrichtung $10 \cdot d_S$ betragen.

Die zulässige Kraft einer Holzschraube auf Herausziehen ergibt sich bei ordnungsgemäßer Vorbohrung nach folgender dimensionsgebundener Gleichung.

$$\text{zul } F_Z = 3 \cdot s_g \cdot d_S \cdot 1{,}5 \quad [\text{N}] \tag{5-150}$$

mit

s_g Einschraubtiefe des Gewindeteiles der Schraube [mm]
d_S Nenndurchmesser der Schraube [mm]
1,5 Erhöhung der Zugkraft um 50 % nach Zulassung [94]

Setzt man die o. g. Werte ein, so ergibt sich eine zulässige Zugkraft von 1,46 kN. Dieser Wert ist in den meisten Fällen höher als der für das Überknöpfen am Trapezprofil mit den häufig verwendeten unteren Blechdicken. Abweichend von 50 mm dürfen Einschraubtiefen zwischen $4 \cdot d_S$ und $12 \cdot d_S$ eingesetzt werden.

Bei gleichzeitiger Wirkung von Quer- und Zugkräften ist folgende Interaktion zu berücksichtigen.

$$\left(\frac{F_Q}{\text{zul } F_Q}\right)^2 + \left(\frac{F_Z}{\text{zul } F_Z}\right)^2 \leq 1 \tag{5-151}$$

Für den Fall, daß das Bauteil I (Trapezprofil) maßgebend ist, gilt die lineare Interaktion (5-147).

Sollen die Nachweise mit Teilsicherheitsbeiwerten geführt werden, kann man ohne Verlust an Sicherheit die Umrechnung der Zulassung [94] benutzen. Danach gilt

$$F_d = 2{,}0 \cdot \text{zul } F / \gamma_M \tag{5-152}$$

mit $\gamma_M = 1{,}33$

Es ergibt sich also ein Faktor von 2,0 / 1,33 = 1,50 für die Umrechnung vom charakteristischen Widerstandswert, was dem Teilsicherheitsbeiwert γ_F für veränderliche Einwirkungen entspricht.

5.4.3.2 Verbindungen für Sandwichelemente

Die Zulassung [95] beschreibt Schrauben für die Verbindungen von Sandwichelementen mit Unterkonstruktionen aus Holz. Die entsprechenden Typentabellen enthalten die zulässigen Werte für Querkräfte, Zugkräfte und Schraubenkopfauslenkungen im Zusammenhang mit Sandwichelementen.

Schrauben der Zulassung [94] dürfen nur mit Zugkräften beansprucht werden. Die zulässigen Kräfte für das Überknöpfen dünner Deckschichten und die zulässigen Schraubenkopfauslenkungen sind den Zulassungen [91] zu entnehmen. In vielen Zulassungen [91] sind die zulässigen Zugkräfte für das Überknöpfen bei gleicher Ausbildung des Schraubenkopfes und der Unterlegscheibe für die Befestigung auf Holz kleiner als die für Stahl. Diese Werte sind aus älteren Zulassungen übernommen und seinerzeit aus Abschätzungen auf der sicheren Seite entstanden. Es ist zu empfehlen mit Schrauben nach der Zulassung [95] und deren zulässigen Kräften zu arbeiten.

6 Einwirkungen

6.1 Allgemeines

Die hier beschriebenen Leichtbauteile Trapezprofile, Kassettenprofile, Wellprofile und Sandwichelemente dürfen nur durch vorwiegend ruhende Belastungen im Sinne von DIN 1055 Teil 3/06.71 Abschnitt 1.4 beansprucht werden. Durch die Anpassungsrichtlinie gelten neben den Bestimmungen von DIN 18 807 Teil 3 über Lastannahmen auch diejenigen von DIN 18 800 Teil 1 über Einwirkungen für Trapezprofile, Kassettenprofile und Wellelemente. Letztere Norm unterscheidet zwischen ständigen Einwirkungen G, veränderlichen Einwirkungen Q und außergewöhnlichen Einwirkungen F_A. Für Sandwichelemente gelten die Sonderbestimmungen der allgemeinen bauaufsichtlichen Zulassungen [91].

Während für die ständigen und veränderlichen Einwirkungen recht gute Festlegungen existieren, ist über außergewöhnliche in bezug auf Leichtbauteile bisher kaum gesprochen worden. Das Beispiel in DIN 18 800 Teil 1, Lasten aus Anprall von Fahrzeugen, kann für diese Bauelemente an Wänden sicher nicht als Lastfall betrachtet werden. Im Schadensfall müssen die Profiltafeln ausgetauscht werden, oder man nimmt bei kleineren Schäden diese als optischen Mangel hin.

6.2 Ständige Einwirkungen

Ständige Einwirkungen auf Dächer sind die Eigenlasten der Leichtbauteile (s. Typenblätter) und die des weiteren Dachaufbaus (s. DIN 1055 [68] Teil 1). Empfohlen wird allgemein ein Zuschlag für spätere Sanierungen der Dachabdichtung. Kiesschüttungen und abgehängte Installationen sollte man wegen der Unsicherheiten bei der Lastermittlung wie veränderliche Einwirkungen behandeln.

Die Eigenlast darf bei Wänden für die Bemessung der Bauelemente selbst unberücksichtigt bleiben. Die lästige Ermittlung der charakteristischen Widerstandsgrößen für die Normalkräfte entfällt dadurch. Bei der Bemessung von Kassettenprofilen in Wänden darf die Eigenlast der Außenschale bis zu einem charakteristischen Wert von 0,17 kN/m^2 unberücksichtigt bleiben. Für die Bemessung der Verbindungen gelten die Zulassungsbescheide [94] und [95]. Für Sonderlasten, wie Leuchtreklamen, Sonnenschutzvorrichtungen, Gerüstanker und ähnliches bestimmt DIN 18 807 Teil 3, daß diese beim Tragsicherheitsnachweis zu berücksichtigen sind, wenn solche Vorrichtungen ausnahmsweise an den Profiltafeln befestigt werden. Zu empfehlen ist, die Befestigung an der Tragkonstruktion vorzunehmen. Diese Empfehlung gilt auch für abgehängte Installationen unter Dächern. Bei Sandwichelementen ist die Befestigung an einer Deckschicht nicht dauerhaft möglich. Die Durchbohrung des ganzen Elementes ist aus Dichtheitsgründen meist nicht erwünscht.

6.3 Windlasten

6.3.1 Windlasten nach DIN 1055 Teil 4, Ausgabe 08.86

6.3.1.1 Winddruck

Die veränderlichen Einwirkungen aus Wind sind nach DIN 1055 Teil 4 [68] als statische Ersatzlast anzusetzen. Die Trapezprofiltafeln, Wellprofile und Sandwichelemente gelten im Sinne des dortigen Abschnittes 5.2.2 als Einzelbauteile. Es muß also der um 25 % erhöhte Winddruck sowohl von außen als auch von innen bei seitlich offenen Gebäuden angesetzt werden. Dieses gilt nicht für Stahlkassettenprofile, weil sie immer durch eine zusätzliche Schale ausgesteift sind. Die Erhöhung ist nicht erforderlich, wenn mit dem Winddruck auf der gesamten Wandfläche der Schubfluß in einer aussteifenden Fläche berechnet wird.

6.3.1.2 Windsog

Für die Einwirkungen aus Windsog bestimmt DIN 18 807 Teil 3, daß die erhöhten Windsogspitzen in den Rand- und Eckbereichen von Dach- und Wandflächen nur bei der Bemessung der Verbindungen von unmittelbar durch Wind belasteten Profiltafeln und nicht bei der für die Trapezprofile selbst berücksichtigt werden müssen. Diese Bestimmung aus den ehemaligen Zulassungen für Stahltrapezprofile wurde in die DIN 18 807 übernommen und geht auf Beschlüsse der Fachkommission Baunormung zurück.

Die Fachkommission ging dabei davon aus, daß es nur darauf ankomme, ein Abstürzen von einzelnen Teilen zu verhindern. Dieses ist bei ausreichender Verankerung für entsprechend verformungsfähige Baustoffe erfüllt, nicht aber für spröde Baustoffe. Ein Herausbrechen einzelner Teile aus den Stahltrapezprofiltafeln durch die erhöhten Windsogspitzen ist nicht zu erwarten. Die Weiterleitung dieser Kräfte braucht nur bis zur Aufnahme durch geeignete Konstruktionsteile nachgewiesen zu werden. Diese Bestimmung wird auch auf die anderen Leichtbauteile übertragen.

Die Berücksichtigung erhöhter Windsogspitzen ist nicht erforderlich, wenn mit dem Windsog auf der gesamten Wandfläche der Schubfluß in einer aussteifenden Fläche berechnet wird. Dieses gilt auch bei der Bemessung der Verbindungen für den Kraftanteil aus der Schubfeldwirkung.

6.3.1.3 Gleichzeitige Wirkung von Winddruck und Windsog bei seitlich offenen Gebäuden

Die gleichzeitige Wirkung von Winddruck und Windsog bei seitlich offenen Gebäuden erfordert für Leichtbauteile besondere Überlegungen. Bei einschaligen Dach- und Wandsystemen sind diese beiden Lasten zu addieren. Die Belastungen der einzelnen Schalen bei zweischaligen Konstruktionen sind vom Luftdruck zwischen den Schalen abhängig.

In den Erläuterungen zur DIN 1055 Teil 4 wird berichtet, daß für diese Fälle noch keine allgemeinen Angaben gemacht werden können. Es wird empfohlen, für hinterlüftete Fassaden und die diese tragenden Teile bei geschlossenen Gebäuden den vollen Winddruck bzw. Windsog anzusetzen. Das bedeutet, daß zwischen den Fassadenelementen und der massiven Wand der Ruhedruck angenommen wird.

Überträgt man diese Annahme auf zweischalige Trapezprofilwände und seitlich offene Gebäude, so ergibt sich, daß die Belastungen jeweils an der Schale angreifen, auf deren Seite sie in der Tabelle 14 der DIN 1055 Teil 4 aufgetragen sind. Beim statischen Nachweis ist selbstverständlich zu berücksichtigen, wenn konstruktiv bedingt eine Schale die Last auf die andere überträgt.

Die erhöhten Windsoglasten in den Rand- und Eckbereichen müssen bei der Bemessung der Verbindungen der Außenschale berücksichtigt werden. Es empfiehlt sich, auch die Verbindungen der Distanzkonstruktionen mit der Innenschale bzw. einer anderen Unterkonstruktion für diese Kräfte zu bemessen, obwohl diese Konstruktionsteile nicht unmittelbar durch Windkräfte beansprucht werden.

Obwohl inzwischen genauere Untersuchungen über Windeinwirkungen auf belüftete Fassadensysteme vorliegen [178], sollte man an der o. g. Empfehlung festhalten, den Windsog der äußeren und den inneren Überdruck bei seitlich offenen Gebäuden der inneren Schale zuzuordnen. Die großflächigen Trapezprofiltafeln lassen wahrscheinlich keine ausreichende Be- und Entlüftung des Zwischenraumes im Sinne von [178] zu.

Eine weitere Frage ist, ob die vollen Werte der erhöhten Windsogspitzen in den Rand- und Eckbereichen mit dem vollen inneren Überdruck bei seitlich offenen Gebäuden für die Bemessung der Verbindungen überlagert werden müssen. Obwohl natürlich beide Einwirkungen durch dasselbe Sturmereignis hervorgerufen werden, muß man doch die Frage nach der Gleichzeitigkeit stellen. Die Druckschwankungen in der bewegten Luft sind von Böen und Wirbelablösungen abhängig und so in jedem Zeitpunkt anders über das Gebäude verteilt. Eine Abminderung mit $\psi = 0{,}9$ scheint gerechtfertigt zu sein.

6.3.2 Windlasten nach anderen Vorgaben

6.3.2.1 Windlasten an Gebäuden mit Sonderformen

DIN 1055 Teil 4, August 1986, gibt außer dem geschwindigkeitsabhängigen Staudruck für die einzelnen Höhenstufen auch aerodynamische Beiwerte an, welche von der Form des angeströmten Gebäudes abhängig sind. Es wird unterschieden zwischen Kraftbeiwerten, die Windkräfte auf ganze Gebäude beschreiben, und Druckbeiwerten, die für die Berechnung des Luftdruckes auf Teilflächen der Gebäude anzuwenden sind. Während die Kraftbeiwerte hier nicht von Bedeutung sind, können die Druckbeiwerte für die Bemessung der Bauelemente entscheidend sein.

Der Einfluß der üblichen architektonischen Flächenstrukturierung prismatischer Baukörper gilt durch die Beiwertangaben in der o. g. Norm als erfaßt. Zu diesen Baukörpern gehören

Gebäude mit Sattel-, Pult- oder Flachdach und Rechteckgrundriß. Außerdem gibt es in der Norm Druckbeiwerte für aufrechtstehende kreiszylindrische Baukörper. Weichen Gebäudeformen von diesen einfachen Formen deutlich ab, können die Druckbeiwerte nicht angewendet werden. Solche Abweichungen findet man heute häufig bei architektonisch gestalteten Sondergebäuden wie Messe- und Veranstaltungshallen, Flughafengebäuden, Bahnhöfen, Freizeitparks usw.

Die Sonderformen entstehen durch schiefwinklige Grundrisse, geschwungene Außenwände und/oder gekrümmte Dächer. Aber auch schon bei weit ausladenden Dachüberständen in gebogener Form oder einer schwungvoll gestalteten Attika ist Vorsicht geboten. Es sind dann Gutachten von Fachleuten der Strömungsmechanik einzuholen, die in schwierigen Fällen Modellversuche im Windkanal erfordern. In den meisten Fällen werden diese Unterlagen von den Architekten oder Tragwerksplanern besorgt und den weiteren Gewerken zur Verfügung gestellt.

In ausgewählten Fällen können auch andere Vorschriften oder ausländische Normen angewendet werden. So enthalten z. B. die österreichische Windlastnorm und die TGL 32 274/07 der ehemaligen DDR Druckbeiwerte für Tonnendächer.

6.3.2.2 Staudruck und Sog infolge vorbeifahrender Züge

Bei Zugverkehr wirkt auf Bauwerke in Gleisnähe eine mit dem Zug wandernde aerodynamische Druck-Sog-Welle, die in der Vorschrift DS 804 [69] der Deutschen Bahn AG beschrieben ist. Die Regelungen sind der Vornorm ENV 1991-3 (Eurocode 1 Teil 3) Verkehrslast für Brücken [70] entnommen. Es ist also damit zu rechnen, daß diese Lastannahmen in Zukunft europaweit einheitlich sein werden.

Die aerodynamischen Einwirkungen dürfen als statische Ersatzlasten angesetzt werden. Sie gelten als charakteristische Werte der Einwirkungen für Nachweise mit Teilsicherheitsbeiwerten. Für vertikale Flächen parallel zum Gleis wird ein Druckbereich von 5 m Länge, gefolgt von einem Sogbereich gleicher Länge angenommen. Die Höhe der Bereiche beträgt maximal 5 m. Für horizontale Flächen über dem Zug werden Druck- und Sogbereiche auch von je 5 m Länge und einer Breite von maximal 2 m angesetzt.

Die Werte für Druck und Sog sind betragsmäßig gleich groß und vom Quadrat der Geschwindigkeit des Zuges sowie dem Abstand der Flächen vom Gleis abhängig. Sie sind in Diagrammen für verschiedene Zuggeschwindigkeiten angegeben. Die größten Werte sind für die Geschwindigkeit von 300 km/h eingetragen. Sie betragen für vertikale Flächen 1,8 kN/m^2 bei 2,30 m Abstand von der Gleismitte und 0,4 kN/m^2 bei 6,30 m Abstand. Für horizontale Flächen über dem Zug ist der Wert für die geringste Höhe von 5,00 m über der Gleisoberkante 2,5 kN/m^2 und für 9,00 m Höhe 0,55 kN/m^2. Für die Durchfahrt unterschiedlich gut profilierter Züge dürfen diese Werte mit verschiedenen Faktoren abgemindert werden. Eine Erhöhung für kleine Bauelemente ist auch vorgesehen.

Die Einwirkungen der Druck-Sog-Welle aus Zugverkehr sind mit denen aus Wind nach DIN 1055 Teil 4 zu überlagern. Nähere Einzelheiten müssen im Anwendungsfall der zitierten Literatur entnommen werden. Anwendung finden die Leichtbauelemente außer für Empfangsgebäude, Lager- und Wartungshallen in Gleisnähe auch für Bahnsteigsüberdachungen und Schallschutzwände.

6.3.2.3 Windlasten nach DIN 1055 Teil 4, Entwurf März 2001

Es ist zu erwarten, daß die Windlastannahmen in Zukunft nach der neuen DIN 1055 Teil 4 vorgenommen werden müssen. Der in der Überschrift genannte Entwurf wird aber noch aufgrund von Einsprüchen überarbeitet. Hier sollen aus diesem Entwurf nur die wichtigsten, speziell die Leichtbauweise betreffenden Änderungen gegenüber der Norm von 1986 erwähnt werden.

Die Unterteilung in Windlastzonen und die Abhängigkeit der Windgeschwindigkeiten von der Geländekategorie hat keinen prinzipiellen Einfluß auf die Nachweise der Bauelemente. Es muß nur mit anderen Lasten gerechnet werden. Dagegen dürften Bemessungstabellen mit vorgegebenen Windlasten (s. Abschnitt 9.2.4) nicht mehr sinnvoll sein, weil die Vielfalt der Lastansätze zu groß wird. Diese Tabellen können durch solche mit vorgegebenen Stützweiten und zulässigen Winddruck- und Windsoglasten ersetzt werden.

Der Zuschlag zum Winddruck von 25 % in der Norm von 1986 wird im neuen Entwurf durch unterschiedliche Druckbeiwerte für kleine Einzugsflächen berücksichtigt. Wie diese Bestimmung auf die Leichtbauteile zu übertragen ist, muß sicher von Fachleuten diskutiert werden. Außerdem sind nach dem Entwurf für den Nachweis der Standsicherheit der Gebäudehülle und ihrer Verankerungen die Winddrücke um 10 % zu erhöhen. In beiden Fällen sind die aerodynamischen Druckbeiwerte gemeint, die auch negative Werte annehmen können und damit den Sog beinhalten.

Der Entwurf zur neuen Norm teilt die Wand- und Dachflächen in Bereiche ein, die mit Großbuchstaben bezeichnet werden. Im Vergleich mit der Norm von 1986 kann man bestimmte Flächen als Rand- und Eckbereiche bezeichnen, die aber in ihren Abmessungen, abhängig von der Gebäudeform, mehr oder weniger von den alten Werten abweichen. Die hohen Sogbeiwerte dieser Bereiche sind mit denen in der Norm von 1986 vergleichbar. Die Erleichterung für die Leichtbauweise, daß diese erhöhten Sogspitzen nur für die Verbindungen mit der Unterkonstruktion, nicht aber für die Bauelemente selbst angesetzt werden müssen, kann folglich übertragen werden. Ob dieses uneingeschränkt möglich ist, muß die Erfahrung bei der Anwendung der neuen Norm ergeben und ggf. in einer zusätzlichen Richtlinie festgeschrieben werden.

6.4 Schneelasten

Die Einwirkungen aus Schnee sind nach DIN 1055 Teil 5 [68] anzunehmen. Im Normalfall ist die Regelschneelast s_0 als gleichmäßig verteilte Belastung über die gesamte Fläche maßgebend, weil meist Flachdächer mit nur geringer Neigung vorliegen.

Ob Schneeanhäufungen oder einseitige Schneelasten angenommen werden müssen, ist bei anderen Dachformen im Einzelfall zu entscheiden. Bei einfachen Dachversprüngen wird

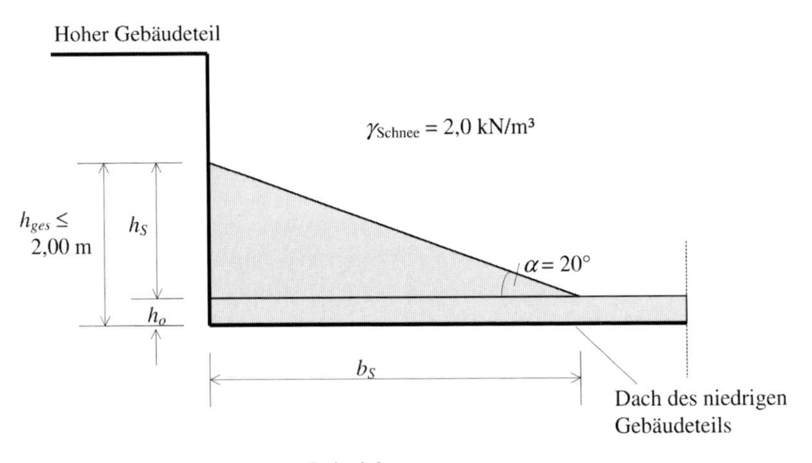

Geometrie:	Beispiel:
$h_o = s_o / \gamma_{Schnee}$	$s_o = 0{,}75$ kN/m²
	$h_o = 0{,}75/2{,}0 = 0{,}375$ m
$b_S = h_S/\tan\alpha$	$h_S = 2{,}0 - 0{,}375 = 1{,}625$ m
max $s_1 = 2{,}0 \cdot 2{,}0 = 4{,}0$ kN/m²	$b_S = 1{,}625/0{,}364 = 4{,}46$ m

Bild 6-1 Schneeanhäufung nach „Hamburger Bestimmungen", Januar 1982

häufig der sog. Hamburger Schneesack angesetzt (s. Bild 6-1). Diese Regelung wurde nach der Schneekatastrophe im Winter 1978/79 in Norddeutschland getroffen. Die Regelschneelast wurde damals zwar nicht ganz erreicht, aber durch starken Wind entstanden große Schneeverwehungen. Für stark gegliederte Dachlandschaften ist die TGL 32 274/05 [71] der ehemaligen DDR hilfreich, obwohl sie inzwischen außer Kraft gesetzt ist. Bei der Anwendung der TGL ist zu beachten, daß die Regelschneelast anders definiert ist als in DIN 1055 Teil 5.

Für den seltenen Sonderfall der Schneeanhäufungen ist es zumindest in der Schneelastzone I vertretbar, die strenge Durchbiegungsschranke von $f \leq l / 300$ für Dächer mit oberseitiger Abdichtung unbeachtet zu lassen.

6.5 Wasseransammlungen auf Dächern mit Abdichtung

6.5.1 „Wassersack"

Der Lastfall „Wassersack" ist nach DIN 18 807 Teil 3 in bestimmten Fällen bei der Bemessung zu berücksichtigen. Gemeint ist dort der Fall, daß die Trapezprofile in Gefällerichtung verlegt sind und sich bei geringem Gefälle in der Biegelinie Wasser ansammeln kann. Als Belastung ist danach die ständige Last und die Wasserlast infolge der Gesamtdurchbiegung der Trapezprofile anzunehmen. Dieser Fall wird im Folgenden genauer untersucht, mit dem Ergebnis, daß eine bemessungsrelevante Situation praktisch nicht vorkommt. Zusätzlich ist für diesen Fall zu bemerken, daß Trapezprofile, die in Richtung vom First zur Traufe verlegt sind, nur kleine Stützweiten zwischen den Pfetten aufweisen und deshalb nicht gefährdet sind.

In die folgenden Berechnungen sind die einfachen Einwirkungen eingesetzt. Dieses ist aus verschiedenen Gründen vertretbar. Die kritische Stützweite ergibt sich allein aus der Biegesteifigkeit der Trapezprofile und der Wasserlast in der Biegelinie. Damit gibt es keine Unsicherheit in der Lastannahme. Die hier betrachtete maximale Stützweite für minimale Belastung errechnet sich aus einer Durchbiegungsschranke. Die Durchbiegungsnachweise werden allgemein mit einfachen Belastungen geführt. Für den Stützweitenvergleich aus den Einwirkungskombinationen Eigenlast + Schnee mit Eigenlast + Wassersack wird angenommen, daß die Gesamtlast (Eigenlast + Schnee) etwa das Vierfache der Eigenlast ist. Da es nur auf dieses Verhältnis ankommt und der Wert 4 eine grobe Annahme ist, kann dieser auch für γ_F-fache Belastungen verwendet werden.

Die o. g. Belastung für den Lastfall „Wassersack“ ist

$$q(x) = \gamma\, b \cdot w(x) + q_o \tag{6-1}$$

mit

γ spezifisches Gewicht des Wassers: 10 kN/m³
b Breite der betrachteten Fläche, im Normalfall 1,0 m
q_o ständige Last

Nach der technischen Biegelehre ergibt sich die zugehörige Differentialgleichung

$$w'''' - \lambda^4 \cdot w = \frac{q_o}{EI_{ef}} \tag{6-2}$$

mit

$$\lambda^4 = \frac{\gamma\, b}{EI_{ef}} \tag{6-3}$$

und EI_{ef} effektive Biegesteifigkeit des Trapezprofils.

Die allgemeine Lösung der Biegelinie und die Ableitungen lauten:

$$w = C_1 \cos(\lambda x) + C_2 \sin(\lambda x) + C_3 \cosh(\lambda x) + C_4 \sinh(\lambda x) - q_o / \gamma\, b \tag{6-4}$$

$$w' = \lambda \cdot [-C_1 \sin(\lambda x) + C_2 \cos(\lambda x) + C_3 \sinh(\lambda x) + C_4 \cosh(\lambda x)] \tag{6-5}$$

$$w'' = \lambda^2 \cdot [-C_1 \cos(\lambda x) - C_2 \sin(\lambda x) + C_3 \cosh(\lambda x) + C_4 \sinh(\lambda x)] \tag{6-6}$$

$$w''' = \lambda^3 \cdot [C_1 \sin(\lambda x) - C_2 \cos(\lambda x) + C_3 \sinh(\lambda x) + C_4 \cosh(\lambda x)] \tag{6-7}$$

$$w'''' = \lambda^4 \cdot [C_1 \cos(\lambda x) + C_2 \sin(\lambda x) + C_3 \cosh(\lambda x) + C_4 \sinh(\lambda x)] \tag{6-8}$$

Der horizontale Einfeldträger hat die Randbedingungen

$$w(0) = w''(0) = 0 \tag{6-9}$$

$$w(l) = w''(l) = 0 \tag{6-10}$$

Wegen der Symmetrie der Biegelinie sind die ungeraden Ableitungen antimetrisch, also in Feldmitte gleich Null. Um die übrigen Werte dort zu berechnen, ist es einfacher statt (6-10) folgende Bedingungen zur Bestimmung der Konstanten zu benutzen

$$w'(l/2) = w'''(l/2) = 0 \tag{6-11}$$

Aus (6-9) und (6-11) ergibt sich für die Konstanten folgendes Gleichungssystem

$$C_1 + C_3 = q_o / \gamma b \tag{6-12}$$

$$-C_1 + C_3 = 0 \tag{6-13}$$

$$-C_1 \sin(\lambda l/2) + C_2 \cos(\lambda l/2) + C_3 \sinh(\lambda l/2) + C_4 \cosh(\lambda l/2) = 0 \tag{6-14}$$

$$C_1 \sin(\lambda l/2) - C_2 \cos(\lambda l/2) + C_3 \sinh(\lambda l/2) + C_4 \cosh(\lambda l/2) = 0 \tag{6-15}$$

Für den homogenen Fall, also $q_o = 0$, hat das Gleichungssystem eine nicht triviale Lösung mit den Bedingungen

$$C_1 = C_3 = 0 \tag{6-16}$$

$$C_4 = 0, \quad \text{wegen } \cosh(\lambda\, l/2) \neq 0 \tag{6-17}$$

$$C_2 \cos(\lambda\, l/2) = 0 \tag{6-18}$$

Aus der Bedingung (6-18) ergibt sich für $C_2 \neq 0$ der erste Eigenwert

$$\lambda\, l = \pi \tag{6-19}$$

Die kritische Stützweite ist also

$$l_{kr} = \pi \cdot \sqrt[4]{\frac{EI_{ef}}{\gamma b}} \tag{6-20}$$

Bei dieser Stützweite entsteht auch dann eine Biegelinie durch die Wasserlast, wenn keine Vorbelastung vorhanden ist. Wird ein solches System nicht im Tiefpunkt der Biegelinie entwässert, ergibt sich eine beliebig große Belastung, wenn nur genügend Wasser nachfließt. Die kritischen Stützweiten für Einfeldträger sind im Bild 6-2 in Abhängigkeit vom effektiven Trägheitsmoment aufgetragen.

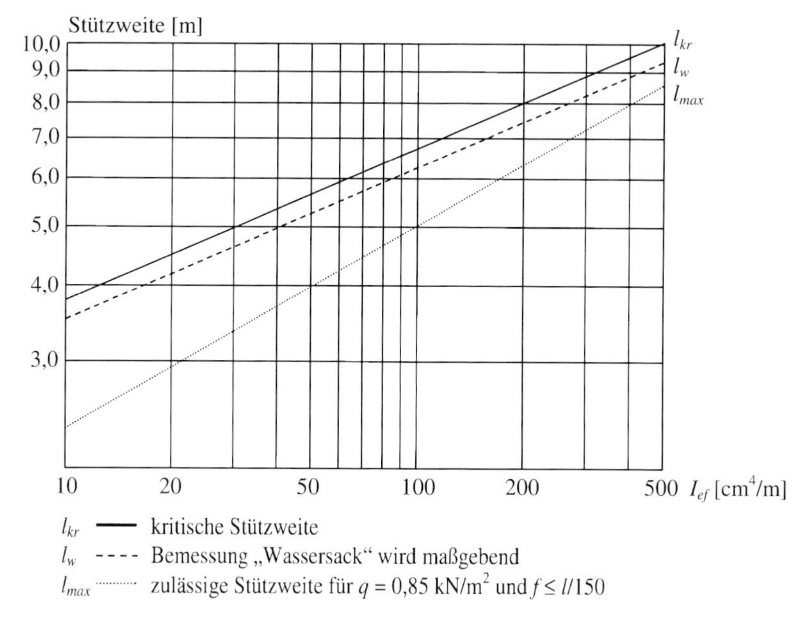

Bild 6-2 Stützweiten von Einfeldträgern bei „Wassersackbildung“

Die größten zulässigen Stützweiten ergeben sich für eine Schneebelastung von 0,75 kN/m² und eine Durchbiegungsbegrenzung von l / 150. Setzt man eine minimale Eigenlast von 0,10 kN/m² an, so ergibt sich eine minimale Gesamtlast von q = 0,85 kN/m². Die Bestimmungsgleichung für die Stützweite lautet mit diesen Vorgaben

$$\frac{l}{150} = \frac{5}{384} \cdot \frac{q \cdot l^4}{EI_{\text{ef}}} \tag{6-21}$$

Damit ergibt sich die größte Stützweite in Abhängigkeit von der Biegesteifigkeit nach (6-21), wenn sie nicht wegen der Tragsicherheitsnachweise kleiner sein muß.

$$l_{\max} = \sqrt[3]{\frac{384}{5 \cdot 150} \cdot \frac{EI_{\text{ef}}}{q}} \tag{6-22}$$

Diese Stützweiten $l_{\max}$ sind nach Bild 6-2 im gesamten Anwendungsbereich kleiner als die kritischen Stützweiten.

Betrachtet man die Wassersackbildung unter Berücksichtigung der ständigen Last q_o, so ergeben sich die Konstanten aus dem Gleichungssystem (6-12) bis (6-15) zu

$$C_1 = C_3 = \frac{q_o}{2\,\gamma\,b} \tag{6-23}$$

$$C_2 = C_1 \cdot \frac{\sin(\lambda\, l/2)}{\cos(\lambda\, l/2)} \tag{6-24}$$

$$C_4 = -C_1 \cdot \frac{\sinh(\lambda\, l/2)}{\cosh(\lambda\, l/2)} \tag{6-25}$$

Die zweite Ableitung der Biegelinie in Feldmitte ist damit

$$w''(l/2) = \frac{\lambda^2 q_o}{2\gamma b}\left[-\cos(\lambda\, l/2) - \frac{\sin(\lambda\, l/2)}{\cos(\lambda\, l/2)}\sin(\lambda\, l/2) + \cosh(\lambda\, l/2) - \frac{\sinh(\lambda\, l/2)}{\cosh(\lambda\, l/2)}\sinh(\lambda\, l/2)\right] \tag{6-26}$$

Mit dem Zusammenhang von Biegemoment und zweiter Ableitung der Biegelinie

$$M = -EI_{ef} \cdot w'' \tag{6-27}$$

und einiger Umformungen in (6-26) ergibt sich das Feldmoment zu:

$$M_F = \frac{q_o}{2\lambda^2}\left[\frac{1}{\cos(\lambda\, l/2)} - \frac{1}{\cosh(\lambda\, l/2)}\right] \tag{6-28}$$

Unter der Annahme, daß das Dach mindestens für die kleinste Schneelast von 0,75 kN/m^2 plus ständiger Last zu bemessen ist, ergibt sich die Gesamtlast etwa zu 4 q_o. Die Bemessung für den Lastfall Wassersack wird also erst maßgebend, wenn das Feldmoment aus dem Lastfall Schnee plus ständige Last überschritten wird. Der Grenzfall ist also:

$$\frac{q_o}{2\lambda^2}\cdot\left[\frac{1}{\cos(\lambda\, l/2)} - \frac{1}{\cosh(\lambda\, l/2)}\right] = \frac{4\, q_o \cdot l^2}{8} \tag{6-29}$$

oder

$$(\lambda\, l)^2 = \frac{1}{\cos(\lambda\, l/2)} - \frac{1}{\cosh(\lambda\, l/2)} \tag{6-30}$$

Die kleinste Lösung dieser Gleichung ist

$$\lambda\, l = 2{,}92 \tag{6-31}$$

Vergleicht man diesen Wert mit dem Eigenwert nach (6-19), so ergibt sich die Stützweite, für die der Lastfall Wassersack maßgebend wird, zu:

$$l_w = \frac{2{,}92}{\pi}\cdot l_{kr} = 0{,}93 \cdot l_{kr} \tag{6-32}$$

Nach Bild 6-2 ist auch diese Stützweite im gesamten Anwendungsbereich größer als die maximal zulässige Stützweite. Im Normalfall ist also eine Bemessung für den Lastfall „Wassersack“ nicht erforderlich.

Die kritische Stützweite von Mehrfeldträgern ist nur unwesentlich größer als bei Einfeldträgern, weil man den Fall des Wassersacks in nur einem Feld berücksichtigen muß. Bei sehr großen Stützweiten von Mehrfeldträgern muß der Konstrukteur auf eine exakte planmäßige Entwässerung und ausreichende Notüberläufe achten. Noch empfindlicher reagieren Gerberträger, die auf maximale Tragfähigkeit optimiert sind, wenn die Einläufe nicht in den Tiefpunkten angebracht sind.

6.5.2 Wasserstau

Nach mehreren Teileinstürzen von Stahltrapezprofildächern in der Vergangenheit stellt sich das Problem Wasseransammlungen in anderer Weise. Bei großflächigen Dächern mit Innenentwässerung läuft das Niederschlagswasser in den Kehlen zwischen den flach geneigten Flächen oder hinter der Attika am Längsrand der Dächer zusammen. Dieses Wasser soll dort durch Einläufe zwar abfließen, aber bei geringen Störungen entstehen schnell Wasserhöhen von 20 bis 30 cm und das hat den Einsturz des betroffenen Bereichs zur Folge.

Die Störungen können verschiedene Ursachen haben. Die naheliegendste Vermutung sind natürlich verstopfte Einläufe. Dann ist das Dach sowohl bei starken Schauern als auch bei lang andauerndem Regen gefährdet. Die Wartung der Einläufe muß besonders bei Saugentwässerungen regelmäßig erfolgen, weil es durch verunreinigte Einläufe schon Dacheinstürze gegeben hat. Die Erfahrung zeigt aber, daß Gewitterschauer die häufigste Ursache für Teileinstürze sind. Dieses deutet auf andere Ursachen hin. Die üblichen 300 $\ell/(\mathrm{s} \cdot \mathrm{ha})$ oder gar nur 150 $\ell/(\mathrm{s} \cdot \mathrm{ha})$ als maßgebende Regenspende für die Bemessung der Entwässerung sind für Gewitterschauer zu gering. Die Einläufe und die Grundstücksentwässerung sind im Ernstfall überfordert. Bei Saugentwässerungen kann es durch geringe Ungleichmäßigkeiten in den Entwässerungsrinnen oder durch planmäßig unterschiedliche Einzugsflächen für gleich große Einläufe zu unterschiedlichen Biegelinien in den Feldern kommen, so daß an mindestens einem Einlauf des Entwässerungsstranges Luft gesaugt wird. Damit wird die Leistungsfähigkeit des gesamten Stranges drastisch reduziert. Auch wenn die Grundstücksentwässerung oder gar der Abwasserkanal der Straße rückstauen, kann das eine Gefahr für das Dach bedeuten.

Die Höhe des Wasserstandes in den Kehlen einer mehrschiffigen Halle oder hinter der Attika am Rand des Daches errechnet sich nach folgender Formel, wenn keine Entwässerung stattfindet (s. Bild 6-3).

$$h_W = \sqrt{2 \cdot h_N \cdot \Delta h} \qquad (6\text{-}33)$$

mit

h_N Niederschlagshöhe
Δh Höhenunterschied zwischen Kehle und First
$\Delta h = \alpha \cdot \ell$ mit α = Dachneigung
ℓ = horizontaler Abstand Kehle – First

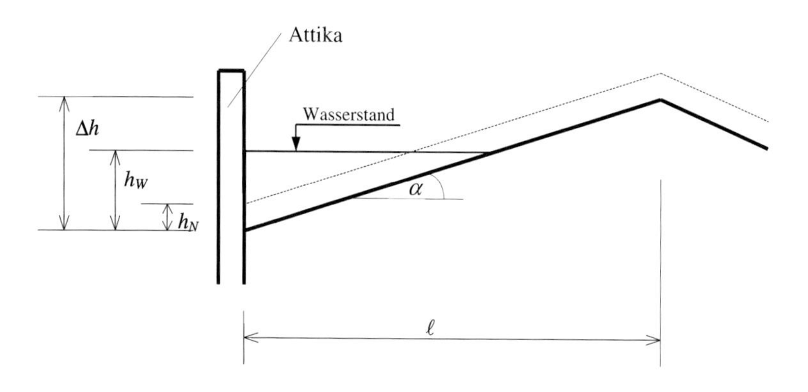

h_N: Niederschlagshöhe
Δh: Höhendifferenz zwischen First und Kehle
ℓ: horizontaler Abstand First - Kehle
α: Dachneigung
h_W: Höhe des Wasserstandes

$$h_W = \sqrt{2 \cdot h_N \cdot \Delta h} = \sqrt{2 \cdot h_N \cdot \alpha \cdot \ell}$$

Bild 6-3 Wasserstau hinter einer Attika oder in einer Kehle

Es ist zu erkennen, daß der Wasserstand nicht nur mit der Niederschlagshöhe, sondern auch mit der Höhendifferenz zwischen Kehle und First oder mit der Dachneigung und der Einzugsfläche zunimmt. Aus diesem Grunde müßte also empfohlen werden, möglichst flache Dächer zu bauen. Dieses ist aber aus anderen Gründen, z. B. Schmutzablagerungen durch austrocknende Wasserlachen, nicht erwünscht.

Es ist auch nicht sinnvoll, in gefährdeten Dachbereichen diese Wasseransammlungen als Lastfall anzusetzen. Ein Beispiel zeigt, daß ein Stahltrapezprofildach damit schnell überlastet ist. Eine 40 m breite Halle hat zwei 20 m breite schräge Flächen. Bei 3 % Dachneigung ist der Höhenunterschied zwischen First und Traufe hinter der Attika 600 mm. Ein kräftiger Gewitterschauer kann durchaus eine Niederschlagshöhe von 40 mm erreichen. Bei verstopften Einläufen würde ein Wasserstand von

$$h_W = \sqrt{2 \cdot 40 \cdot 600} = 219 \text{ mm} \tag{6-34}$$

entstehen. Dieses ist etwa das 3-fache der Schneelast in Zone I. Die Gefährdung der Trapezprofile unter den Wasseransammlungen nimmt bei großen Stützweiten durch das Anpassen des Wasserstandes an die Biegelinie der Trapezprofile noch zu.

Die kritische Stützweite für den Einfeldträger ist nach (6-20) die Stützweite, bei der das System auch ohne weitere Belastung durch ausreichend Wasser in der Biegelinie zum Einsturz kommt. Staut nun das Wasser höher als die Auflager, was sich in den Kehlen einstellt, so ist die Einsturzgefahr schon bei deutlich kleineren Stützweiten gegeben. Ein Näherungswert für das Feldmoment ergibt sich aus (6-28), wenn man die Funktionen in der Klammer in Potenzreihen entwickelt und auf einen Nenner bringt, zu:

$$M_F = \frac{q_o\, l^2}{8} \cdot \frac{1}{1 - (l / l_{kr})^4} \qquad (6\text{-}35)$$

Darin ist q_o die gleichmäßig verteilte Belastung, also die Eigenlast und die Wasserlast über der Auflagerlinie des horizontalen Trägers. Bei Gerberträgern liegt diese Näherung u. U. auf der unsicheren Seite. Im Zweifelsfall muß ein solches System mit einer Iterationsberechnung untersucht werden.

Das oben begonnene Beispiel soll die Zusammenhänge verdeutlichen:

Ein Stahltrapezprofil mit einem Trägheitsmoment von 450 cm^4/m hat eine Biegesteifigkeit EI_{ef} = 945 kNm^2/m und eine kritische Stützweite für den Einfeldträger von

$$l_{kr} = \pi \cdot \sqrt[4]{\frac{945}{10 \cdot 1}} \approx 9{,}80 \text{ m} \qquad (6\text{-}36)$$

Die kritische Stützweite für Mehrfeldträger ist nicht viel größer, weil man berücksichtigen muß, daß feldweise wechselnde Wasserlast möglich ist. Die Nachbarfelder biegen sich nach oben und lassen so einen Überstau oberhalb der Auflagerlinie im betrachteten Feld zu. Bei geringer aber realistischer planmäßiger Belastung ergibt sich für das aufgeführte Trapezprofil als Mehrfeldträger eine zulässige Stützweite von etwa 7,50 m. Der Überhöhungsfaktor für das Feldmoment errechnet sich zu:

$$\alpha = \frac{1}{1 - (7{,}50 / 9{,}80)^4} = 1{,}52 \qquad (6\text{-}37)$$

Zu der Überlastung des „geraden“ Trägers von 2,19 kN/m^2 aus 219 mm Wasser gegenüber 0,75 kN/m^2 Schnee kommt also noch der Faktor α hinzu. Die Überlastung beträgt

$$\nu = \frac{2{,}19}{0{,}75} \cdot 1{,}52 \approx 4{,}4!! \qquad (6\text{-}38)$$

Dieses zusammenlaufende Wasser als Einwirkung anzusetzen ist also nicht praktikabel, zumal die hier angenommenen Werte noch weit übertroffen werden können. Es muß konstruktiv eine zuverlässige Notentwässerung vorgesehen werden (Ausführungsdetails siehe Konstruktionsatlas [138]). Bei Abweichungen des statischen Systems von der Verlegeart Durchlaufträger, z. B. Gerbergelenkträger, sollten grundsätzlich Untersuchungen über die Auswirkungen eines Versagens des Entwässerungssystems gemacht werden.

6.6 Kiesschüttungen und abgehängte Installationen

Kiesschüttungen oder anderer Oberflächenschutz auf Flachdächern und abgehängte Installationen unter Trapezprofilen sollte man wegen der Unsicherheiten bei der Lastermittlung zu den veränderlichen Einwirkungen zählen und wegen des regelmäßigen Zusammentreffens mit der Schneelast zusammen als eine Einwirkung ansehen.

Ergeben sich aus den abgehängten Installationen größere Einzel- oder Linienlasten, ist es konstruktiv besser, diese an der Tragkonstruktion zu befestigen, auch wenn dann zusätzliche Zwischenkonstruktionen erforderlich werden (s. auch Abschnitt 6.2).

6.7 Zwängungen aus Temperatureinfluß auf Trapezprofilkonstruktionen

6.7.1 Trapezprofile

DIN 18 807 Teil 3 enthält im Abschnitt 3.1.6 folgende Bestimmung:

„Bei Bauteilen, die im Gebrauchszustand dem Einfluß unterschiedlicher Temperaturen ausgesetzt sein können, sind Temperaturdifferenzen zwischen der Einbautemperatur (etwa +10 °C) und den Grenzwerten von –20 °C und +80 °C dann zu berücksichtigen, wenn nicht durch konstruktive Maßmahnen Formänderungen ohne Behinderung ermöglicht und damit Zwängungsbeanspruchungen für die Verbindungselemente und Verankerungen praktisch ausgeschlossen werden können."

Nach dieser Bestimmung und Erfahrungen aus der Praxis sind Zwängungsspannungen in den Bauelementen selbst vernachlässigbar.

6.7.2 Verbindungen

Nach obiger Bestimmung aus DIN 18 807 Teil 3 sind temperaturbedingte Zwängungen bei der Bemessung der Verbindungen zu berücksichtigen, wenn diese nicht durch konstruktive Maßnahmen vermieden werden. Von der rechnerischen Berücksichtigung darf abgesehen werden, wenn die in den Anlagen des Zulassungsbescheides [94] für die einzelnen Verbindungen angegebenen Verbindungstypen eingehalten werden. In Bild 6-4 sind diese Verbindungstypen dargestellt. Es handelt sich um Verbindungen der Trapezprofile mit der Unterkonstruktion, die Zulassung [94] nennt sie deshalb Befestigungstypen.

Für diese Befestigungstypen ist bei ein-, zwei- und vierfacher Blechlage im Versuch eine Verschiebung von 2 mm gegenüber der Unterkonstruktion erzwungen worden, ohne daß die Verbindung versagte. Diese Flexibilität wird für den Abbau von Zwängungskräften als ausreichend betrachtet (s. auch Abschnitt 5.4.1). Die Anlagen in [94] enthalten für die einzelnen Verbindungselemente je Blechdickenkombination die zulässige Kraft und die zugelassenen Befestigungstypen für den Fall, daß nicht andere konstruktive Gegebenheiten Zwängungskräfte ausschließen. Ein Blick in die Anlagen zeigt, daß Verbindungen mit Blindnieten nicht in der Lage sind, das o. g. 2-mm-Kriterium zu erfüllen. Aber auch bei geschraubten Verbindungen sind für größere Blechdicken und mehrere Lagen der Trapezprofile die Befestigungstypen nicht mehr angegeben. Am widerstandsfähigsten sind Setzbolzen, weil diese gehärtet sind und eine mindestens 6 mm dicke Unterkonstruktion erfordern.

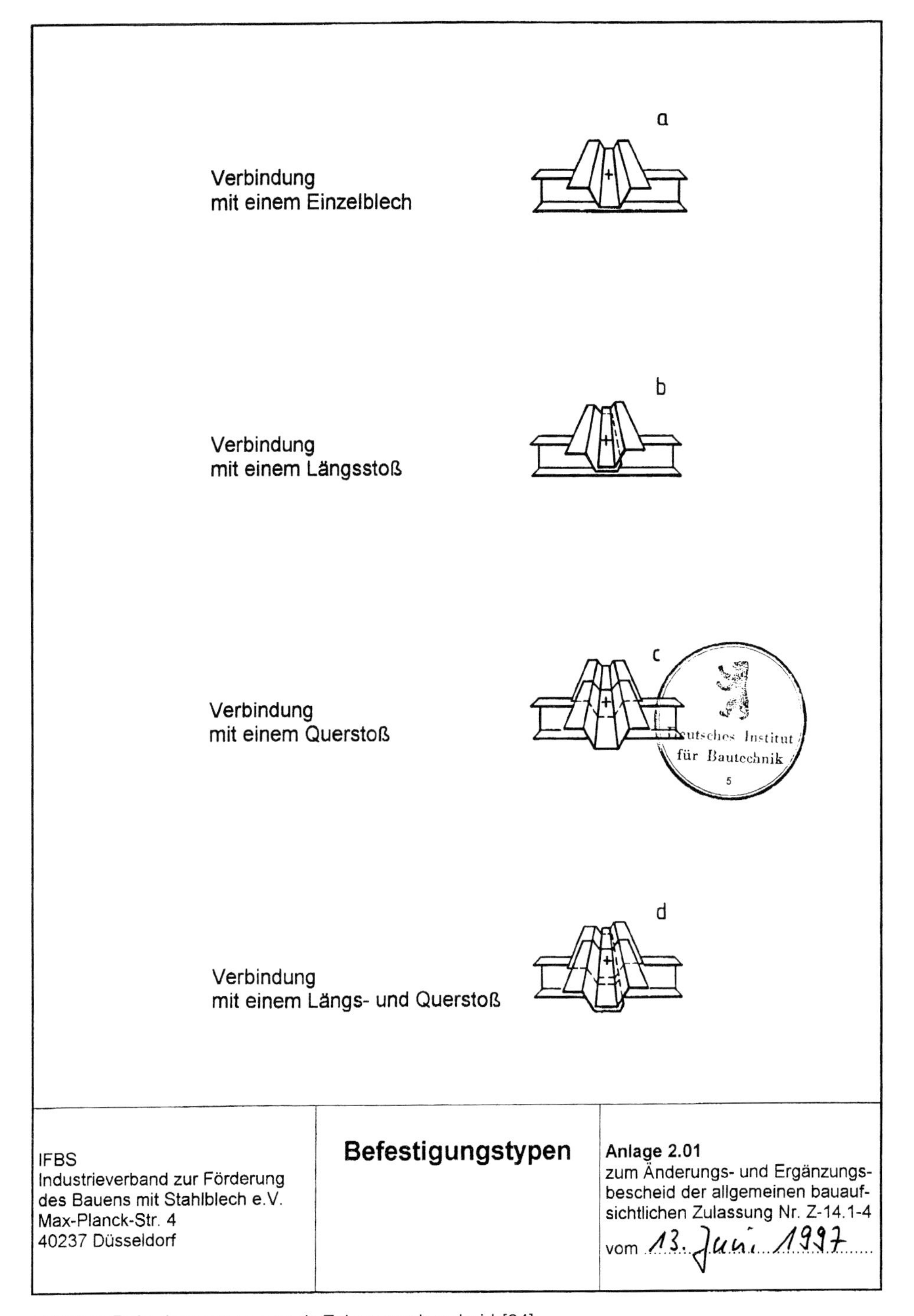

Bild 6-4 Befestigungstypen nach Zulassungsbescheid [94]

Darüber hinaus werden in [131] bewährte Konstruktionen beschrieben, bei denen Verbindungen nicht durch temperaturbedingte Zwängungen gefährdet sind. Eine Fußnote im Zulassungsbescheid [94] weist auf diese Veröffentlichung hin. In den meisten Fällen ist der Temperaturunterschied zwischen den Trapezprofilen und der Unterkonstruktion die Ursache für Zwängungskräfte in den Verbindungen. Bei gleichmäßiger Temperaturänderung in den Bauteilen entstehen nur geringe Zwängungskräfte, weil die Wärmeausdehnungskoeffizienten der Baustoffe Stahl, Beton, Stein und Holz zwischen $1{,}0 \cdot 10^{-5}$ und $1{,}2 \cdot 10^{-5}$ liegen. Dieses gilt nicht für Aluminium.

Die Frage nach der Größe der entstehenden Kräfte und damit nach der Gefahr von Schädigungen der betroffenen Verbindungen kann nicht pauschal beantwortet werden. Es treffen fast immer viele günstige Effekte zusammen, die Verformungen zulassen, ohne daß große Kräfte entstehen. Die üblichen Konstruktionen bleiben deshalb schadenfrei.

Nimmt man dagegen auf der sicheren Seite sehr steife Unterkonstruktionen an, so errechnet man für realistische Temperaturdifferenzen mit den einfachen statischen Ansätzen regelmäßig unzulässig hohe Kräfte für die Verbindungen. Die Berücksichtigung der Theorie 2. Ordnung, also das Gleichgewicht am ausgebogenen Trapezprofil, bringt keine deutliche Entlastung. Rechnet man geometrisch nicht linear, also mit der wirklichen Bogenlänge statt der Sehnenlänge, muß man leider auch feststellen, daß die Entlastung gering ist. Beide Effekte werden erst spürbar, wenn man größere Verformungen einsetzt, als sie in der Praxis vertretbar sind und beobachtet werden.

Bei dem Versuch realistische Zwängungskräfte in den Verbindungen zu berechnen, kann man sich also auf die lineare Theorie erster Ordnung beschränken. Es müssen aber alle Nachgiebigkeiten der Verbindungen selbst und der Unterkonstruktionen berücksichtigt werden. Diese Nachgiebigkeiten in den üblichen Konstruktionen sind der wesentliche Grund für die unschädlich kleinen Zwängungskräfte in den Verbindungen. Um diese Erscheinung zu erklären, werden in [131] die einzelnen Bauweisen mit Stahltrapezprofilen und Stahlkassettenprofilen getrennt beschrieben. Ein realistischer Lösungsansatz für die theoretische Berechnung wird ebenfalls dargestellt.

Konstruktiv sollte man beachten, daß Blindniete aus Aluminium nicht in außen liegenden Bauteilen eingesetzt werden, weil diese bei geringen Relativverschiebungen der verbundenen Bauelemente abscheren.

Außerdem dürfen die äußeren Profiltafeln von zweischaligen Dächern und vor allem bei hohen Wänden an den Querstößen nicht miteinander und auch nicht mit demselben Distanzprofil verbunden werden. Die Profiltafeln müssen sich also an den Querstößen gegeneinander verschieben können. Dieses gilt auch für begleitende Bauelemente, wie z. B. Eckverwahrungen. Auch bei Außenwandbekleidungen aus Stahltrapezprofilen muß man diese Konstruktionsprinzipien beachten (Ausführungsdetails siehe Konstruktionsatlas [138]). Besondere Sorgfalt ist an Gebäudekanten erforderlich, weil eine Wand von der Sonne beschienen sein kann und die angrenzende beschattet ist.

6.8 Zwängungen aus Temperatureinfluß auf Sandwichkonstruktionen

6.8.1 Sandwichelemente

Wie bei den Trapezprofilen werden auch bei Sandwichkonstruktionen die Zwängungen aus der Änderung der Temperatur gegenüber der Aufstelltemperatur als unbedeutend angesehen, wenn gewisse konstruktive Regeln beachtet werden. Dagegen spielen die Temperaturdifferenzen zwischen den Deckschichten eines Sandwichelementes eine außerordentlich wichtige Rolle. Diese Temperaturdifferenzen entstehen durch unterschiedliche Temperaturen der Luft außen und im Innern des Gebäudes. Im Sommer hat außerdem der Sonnenschein einen entscheidenden Einfluß auf die Temperatur der äußeren Deckschicht.

Durch die unterschiedlichen Temperaturen der Deckschichten dehnen sich diese unterschiedlich aus und verursachen dadurch eine Krümmung des Sandwichelementes. Wird diese Krümmung durch eine statisch unbestimmte Lagerung und/oder eine trapezprofilierte Deckschicht behindert, entstehen Zwängungsspannungen im Bauteil. Diese Spannungen können besonders bei statisch unbestimmter Lagerung die Größenordnung derjenigen aus der Windbelastung erreichen. Deswegen schreiben die Zulassungen [91] die Berücksichtigung dieser Spannungen bei statischen Nachweisen vor.

Für die Berechnung der Temperaturdifferenzen enthält die Anlage A zu den Zulassungen [91] Angaben über die anzusetzenden Temperaturen der inneren und äußeren Deckschichten. Die Temperatur der inneren Deckschichten wird mit der Lufttemperatur im Gebäude gleichgesetzt. Diese wird im Regelfall im Winter mit $T_i = 20$ °C und im Sommer mit $T_i = 25$ °C angenommen. Für Sonderhallen mit Klimatisierung, z. B. Reifehallen und Tiefkühlhäuser, ist T_i entsprechend der Betriebstemperatur in Innenraum anzusetzen.

Für die anzusetzenden Temperaturen der äußeren Deckschichten enthält die Anlage A zu den Zulassungen [91] eine Tabelle, die hier als Tabelle 6-1 abgedruckt ist. Die Unterscheidung der Temperaturannahmen zwischen Tragsicherheitsnachweis und Gebrauchstauglichkeitsnachweis ist für die Bemessung von entscheidender Bedeutung. Der Tragsicherheitsnachweis wird auch für statisch unbestimmte Systeme an einer Kette von

Tabelle 6-1 Deckschichttemperaturen an den Außenseiten der Gebäude

Jahreszeit	**Sonnen-einstrahlung**	**Tragsicher-heitsnachweis**	**Gebrauchstauglichkeitsnachweis**		
		Temperatur T_a	Farb-gruppe	Helligkeit [%]	Temperatur T_a
Winter		−20 °C	alle	90 ÷ 8	−20 °C
bei gleichzeitiger Schneeauflast		0 °C	alle	90 ÷ 8	0 °C
Sommer	direkt	+80 °C	I	90 ÷ 75	+ 55 °C
			II	74 ÷ 40	+ 65 °C
			III	39 ÷ 8	+ 80 °C
	indirekt	+40 °C	alle	90 ÷ 8	+ 40 °C

Einfeldträgern geführt. Es entstehen aus Zwängungen also keine Auflagerkräfte und folglich auch keine Biegemomente am Gesamtquerschnitt, sondern nur Teilmomente in Querschnitten mit einer biegesteifen Deckschicht. Dagegen entstehen beim Gebrauchstauglichkeitsnachweis am statisch unbestimmten System entschieden größere Biegemonemte. Deshalb wird für die Annahmen der Temperaturen bei direkter Sonneneinstrahlung nach den Farben der äußeren Deckschicht unterschieden. Die Helligkeit beschreibt den Reflexionsgrad der Farbe bezogen auf den von Magnesiumoxid, für den 100 % gilt. Die Hersteller der Sandwichelemente halten Tabellen bereit mit der Information, in welche Farbgruppe ihre lieferbaren Farben einzuordnen sind. In die Gruppe I gehören sehr helle, in die Gruppe II helle und in die Gruppe III dunkle Farben (s. Tabelle 6-2).

Die Temperaturannahme für den Winter gilt für mitteleuropäisches Klima. Die Temperatur der äußeren Deckschicht wird etwa mit der tiefsten Lufttemperatur gleichgesetzt. Dieses ist bei Gebäuden in anderen Klimazonen zu berücksichtigen. Auf Dächern wird unter der vollen Schneelast nur mit einer Temperatur von 0 °C gerechnet. Einerseits wirkt der Schnee in kalten Nächten als Wärmedämmung und andererseits fließt durch das Sandwichelement von innen etwas Wärme nach.

Nach den Erfahrungen gelten die Temperaturen bei direkter Sonneneinstrahlung nicht nur für mitteleuropäische Verhältnisse, sondern auch für fast alle wärmeren Klimazonen. Dieses überraschende Ergebnis erklärt sich dadurch, daß bei klarer Luft die Wärmestromdichte überall gleich ist und der Auftreffwinkel z. B. auf eine senkrechte Wand nicht bei hochstehender, sondern bei tiefstehender Sonne für die Wärmeübertragung günstiger ist. Etwas höhere Temperaturen sind in hochgelegenen Gebieten der warmen Klimazonen möglich. In größeren Höhen ist die untere, meist etwas dunstige Luftschicht der tiefgelegenen Gebiete nicht vorhanden. Wenn in der Höhe die Luft nicht so kalt ist, daß sie durch Thermik an der Wand die Oberfläche deutlich kühlt, ist eine stärkere Aufheizung der äußeren Deckschicht möglich. Im Zweifelsfall sollte man Versuche durchführen.

Unter indirekter Sonneneinstrahlung auf eine Wand wird der Fall einer vorgehängten, hinterlüfteten Fassade vor der Sandwichwand verstanden. Diese Konstruktion wird vorwiegend bei Tiefkühlhäusern angewendet.

Wie oben schon beschrieben, sind nicht die vorhandenen Temperaturen der einzelnen Deckschicht für die Größe der Zwängungen maßgebend, sondern die Temperaturdifferenz zwischen den Deckschichten. Diese errechnet sich nach den Zulassungen [91] wie folgt:

$$\Delta T = T_a - T_i \qquad (6\text{-}39)$$

Für die Einwirkungskombinationen im Winter ergibt sich also $\Delta T = -40$ °C. Auf Dächern mit gleichzeitiger Schneelast braucht nur mit $\Delta T = -20$ °C gerechnet zu werden. Im Sommer ist der Wert für den Tragsicherheitsnachweis $\Delta T = +55$ °C und für den Gebrauchstauglichkeitsnachweis je nach Farbgruppe $\Delta T = +(30 \div 55)$°C. Im Abschnitt 7.3 Beanspruchungen für Sandwichelemente ist aus Darstellungsgründen das Vorzeichen von ΔT entgegengesetzt gewählt worden, wenn man T_i (innen) in T_u (unten) und T_a (außen) in T_o (oben) umdeutet.

Tabelle 6-2 Zuordnung von Farbtönen zu den Farbgruppen

Farbgruppe	RAL CLASSIC	Farbton	Helligkeitswert
I	1013	Perlweiß	82
	1015	Hellelfenbein	81
	1016	Schwefelgelb	78
	1018	Zinkgelb	80
	6019	Weißgrün	76
	7035	Lichtgrau	75
	9001	Cremeweiß	84
	9002	Grauweiß	81
	9010	Reinweiß	93
II	1000	Grünbeige	72
	1001	Beige	68
	1002	Sandgelb	68
	1006	Maisgelb	63
	1007	Narzissengelb	57
	1020	Olivgelb	53
	1024	Ockergelb	57
	2000	Gelborange	51
	2001	Rotorange	40
	2003	Pastellorange	55
	2004	Reinorange	43
	5012	Lichtblau	43
	6011	Resedagrün	43
	6018	Gelbgrün	50
	7001	Silbergrau	52
	7002	Olivgrau	44
	7032	Kieselgrau	67
	8023	Orangebraun	40
	9006	Weißaluminium	62
III	2002	Blutorange	38
	3000	Feuerrot	31
	5002	Ultramarinblau	20
	5007	Brillantblau	33
	5009	Azurblau	28
	5010	Enzianblau	22
	6002	Laubgrün	29
	6005	Moosgrün	21
	6008	Braungrün	16
	6010	Grasgrün	37
	6020	Chromoxidgrün	23
	7013	Braungrau	27
	7015	Schiefergrau	28
	7016	Anthrazitgrau	21
	8004	Kupferbraun	33
	8007	Rehbraun	27
	8011	Nußbraun	22
	8014	Sepiabraun	19
	8016	Mahagonibraun	18
	8025	Blaßbraun	34

6.8.2 Verbindungen

Auf die Verbindungen der Sandwichelemente mit der Unterkonstruktion wirken außer den schon in Abschnitt 5.4.2 beschriebenen Schraubenkopfauslenkungen durch die Zwängungen aus Temperatureinfluß auch Auflagerzugkräfte bei statisch unbestimmten Systemen. An der Temperaturdifferenz ΔT nach (6-39) kann man die Krümmungsrichtung der Sandwichelemente erkennen. Weil die Deckschicht mit der höheren Temperatur länger ist als die kältere, will sich das Element zur wärmeren Seite durchbiegen.

Das bedeutet, daß im Winter, wenn die äußere Deckschicht kälter ist als die innere, die Endauflager von Durchlaufträgern Zugkräfte bekommen. Im Sommer entstehen abhebende Kräfte an den ersten Zwischenauflagern von Durchlaufträgern (s. Bild 7-32). Bei Trägern mit mehr als drei Feldern entstehen an den inneren Zwischenauflagern nur geringe Kräfte mit alternierenden Vorzeichen. Obwohl die Kräfte der Verbindungen am statisch unbestimmten System berechnet werden, ist von Tragsicherheitsnachweisen zu sprechen, weil ein Versagen der Verbindungen die Tragsicherheit gefährdet (s. Abschnitt 4.7.2.4).

6.8.3 Temperatureinfluß bei Tiefkühlhäusern

Bei Tiefkühlhäusern entstehen in den Deckschichten der Sandwichelemente wegen der sehr niedrigen Innentemperaturen von $T_i = -25$ °C und tiefer im Sommer sehr große Temperaturdifferenzen. Diese würden bei dunklen Farben $\Delta T = 105$ °C betragen. Auch bei sehr hellen Farben ist der Wert mit $\Delta T = 80$ °C für ein einschaliges Gebäude ohne zusätzliche konstruktive Maßnahmen immer noch zu hoch. Es besteht die Gefahr von Knitterfalten an den Außenseiten des Gebäudes.

Abhilfe kann eine vorgehängte, hinterlüftete Fassade, z. B. aus Trapezprofilen, bringen. Eine federnde Lagerung der Sandwichelemente mit Agraffen kann einen Teil der Zwängungen abbauen. Solche Konstruktionen müssen aber sehr geschickt gestaltet und berechnet werden (s. Abschnitt 8.7.5).

6.9 Einwirkungen aus Stabilisierungskräften

6.9.1 Schubfelder

Zur Stabilisierung von Gebäuden und einzelnen Konstruktionsteilen können Leichtbauteile herangezogen werden, wenn sie als Schubfelder ausgebildet sind. Sie wirken den Abtriebskräften aus Stützenschiefstellungen und ungewollten Ausmittigkeiten von lotrechten Lasten entgegen. Diese Kräfte sind nicht zu verwechseln mit den planmäßigen Schubkräften in Trapezprofilen, z. B. aus horizontalen Windlasten, bei der Aussteifung von Gebäudebereichen ohne Verbände. Schubfelder aus Leichtbauteilen behindern auch das seitliche Ausweichen der Druckgurte der Unterkonstruktion beim Biegedrillknicken.

Die Ausbildung und rechnerische Berücksichtigung von Schubfeldern ist für folgende Leichtbauteile geregelt:

- Stahltrapezprofile in DIN 18 807,
- Stahlkassettenprofile in DIN 18 807 mit der A1-Änderung [18],
- Sandwichelemente, Ergebnisse aus dem Forschungsvorhaben [149] (nicht amtlich).

Die Einwirkungen auf die Leichtbauteile und die Verbindungen errechnen sich nach der Theorie 2. Ordnung in Abhängigkeit von den anzusetzenden Vorverformungen und Imperfektionen. Diese Werte sind den Normen und Richtlinien für die jeweilige Bauweise zu entnehmen. Über die Berechnungsverfahren gibt es umfangreiche Literatur, z. B. [13] und [100] bis [105]. Ein neues Buch [105] gibt für die Stahlbaupraxis Anregungen und viele Beispiele zum Biegeknicken und Biegedrillknicken, auch unter Berücksichtigung der Schub- und Drehbettung durch Trapezprofile.

Zur Ermittlung der Abtriebskräfte aus Maßabweichungen des Systems bei der Ausführung und für unbeabsichtigte Ausmittigkeiten des Lastangriffes sind folgende Lotabweichungen ψ nach dem zutreffenden Regelwerk anzusetzen:

- im Stahlbau nach DIN 18 800 Teil 2, Abschnitt 2.3
- im Stahlleichtbau nach DASt Ri 016, Abschnitt 3.4.2

$$\psi = r_1 \cdot r_2 / 200 \qquad (6\text{-}40)$$

mit

$$r_1 = \sqrt{5/h} \quad \text{für } h \geq 5 \text{ m, sonst } r_1 = 1$$

$$r_2 = (1 + \sqrt{1/n})/2$$

mit

h Stiel- oder Stützenhöhe in [m], bei mehrgeschossigen Rahmen die Gebäudehöhe
n Anzahl der Stiele des Rahmens pro Stockwerk in der betrachteten Rahmenebene

Bei Anwendung des Berechnungsverfahrens „Elastisch–Elastisch" für die Unterkonstruktion brauchen nur 2/3 der Werte der Ersatzimperfektionen angesetzt zu werden.

Im Stahlbetonbau ist nach DIN 1045, Abschnitt 15.8.22

$$\psi = \frac{1}{200 \cdot \sqrt{h}} \qquad (6\text{-}41)$$

und im Holzbau nach DIN 1052 Teil 1, Abschnitt 9.6.4

$$\psi = \frac{1}{100 \cdot \sqrt{h}} \qquad (6\text{-}42)$$

anzusetzen.

Zur Bemessung von Aussteifungsscheiben für Biegeträger sowie Druckgurte von Fachwerkträgern aus Holz sind in der DIN 1052 Teil 1, Abschnitt 10.2 folgende Ansätze zur Ermitt-

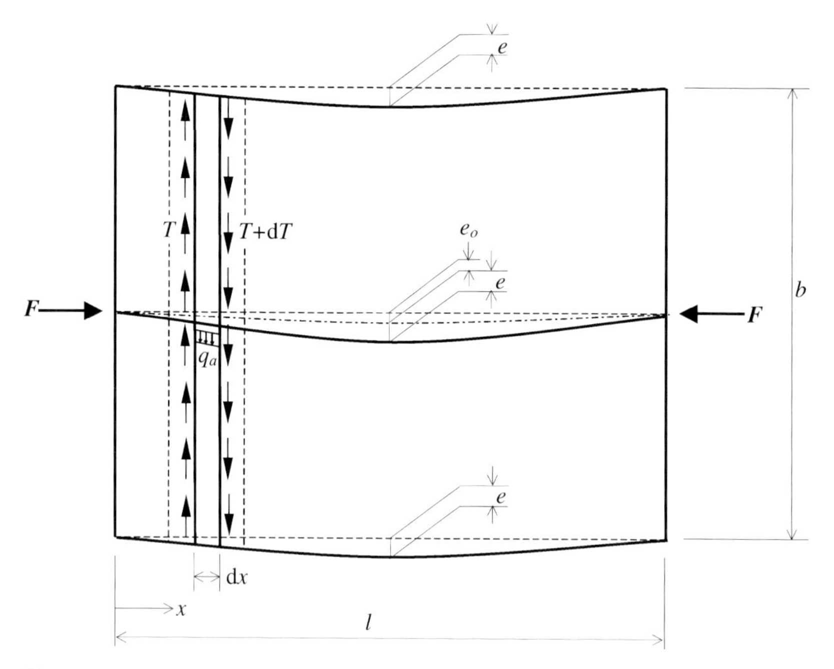

Bild 6-5 Beanspruchung der Stahltrapezprofilscheibe durch Abtriebskräfte der Unterkonstruktion

Setzt man (6-55) und (6-50) in (6-54) ein, so erhält man eine Bestimmungsgleichung für die zusätzliche Verformung e

$$e = \frac{1}{\frac{L_S\, G_S}{F} - 1} \cdot e_o \tag{6-56}$$

Eliminiert man mit (6-56) in (6-50) die zusätzliche Verformung e, so ergibt sich als Schubfeldbelastung

$$q_a = F \cdot (\pi / l)^2 \cdot e_o \cdot \frac{1}{1 - \frac{F}{L_S\, G_S}} \cdot \sin(\pi\, x / l) \tag{6-57}$$

Der maximale Schubfluß ergibt sich am Schubfeldrand aus dem Integral über die Abtriebskraft

$$\max T = \frac{1}{L_S} \int_0^{l/2} q_a \cdot \mathrm{d}x \tag{6-58}$$

zu

$$\max T = \pi \cdot \alpha \cdot \frac{e_o}{l} \cdot \frac{F}{L_S} \tag{6-59}$$

mit
$$\alpha = \frac{1}{1 - \frac{F}{L_S\, G_S}} \tag{6-60}$$

Der Wert α ergibt sich in ähnlicher Form wie bei Aussteifungen durch Fachwerkverbände und wird in der Literatur (z. B.[99]) allgemein Verformungsfaktor genannt. Werden mehr als ein Binder oder Träger durch ein Schubfeld ausgesteift, ist F durch $\Sigma\, F$ zu ersetzen.

Die oben durchgeführte Berechnung muß noch unter dem Gesichtspunkt der Tragsicherheit betrachtet werden. Die zulässigen Schubflüsse nach Abschnitt 5.1.4 sind aus Gebrauchstauglichkeitsgrenzen entstanden. Sie sind also keine durch γ_M dividierten Bruchwerte. Die Abtriebskräfte sind nach der Theorie 2. Ordnung unter γ_F-fachen Einwirkungen zu bestimmen. Sie sind also auch die γ_F-fachen Werte. Den Schubfeldwerten sind aber die einfachen Werte gegenüberzustellen.

Eine Möglichkeit, dieser Schwierigkeit zu begegnen, besteht darin, die Teilsicherheitsbeiwerte γ_F und γ_M nur im nichtlinearen Beiwert α einzuführen. Die Formeln (6-59) und (6-60) ändern sich damit für den Fall, daß mehrere Binder ausgesteift werden zu

$$\max T = \pi \cdot \alpha \cdot \frac{e_o}{l} \cdot \frac{\sum F_k}{L_S} \tag{6-61}$$

mit
$$\alpha = \frac{1}{1 - \frac{\gamma_F \cdot \sum F_k}{L_S\, G_S / \gamma_M}} \tag{6-62}$$

In den Gleichungen (6-61) und (6-62) bedeuten:

$\frac{e_o}{l}$ bezogene Vorverformung des Binders, u. U. einschl. der Verformungen des Schubfeldes aus Wind

$\Sigma\, F_k$ Summe aller einfachen Obergurtnormalkräfte, die das betrachtete Schubfeld belasten

L_S Schubfeldlänge

G_S ideeller Schubmodul des Schubfelds nach (5-82)

γ_F Teilsicherheitsbeiwert der Einwirkungsseite

γ_M Teilsicherheitsbeiwert der Steifigkeit nach DIN 18 800 Teil 1, Element 721

Damit ergibt sich der Schubfluß auf dem Niveau der einfachen Einwirkungen. Dieser ist aber mit dem nichtlinearen Einfluß der Theorie 2. Ordnung und γ_F-fachen Einwirkungen sowie $1/\gamma_M$-fachen Steifigkeiten überhöht. Auch wenn die Einwirkungen mit unterschiedlichen Teilsicherheitsbeiwerten in die Berechnung eingehen, kann dies im Verformungsfaktor einfach in der Form

$$\sum_{(i)} \gamma_{F,i} \cdot F_{k,i} \tag{6-63}$$

berücksichtigt werden. Die Werte ΣF_k und $\Sigma \gamma_{F,i} F_{k,i}$ müssen dann aber getrennt berechnet werden.

Ob dieses Vorgehen praktikabel ist, muß jedoch bezweifelt werden. In der Regel kann der Aufsteller der Trapezprofilstatik aus organisatorischen Gründen die Statik der Tragkonstruktion nicht nachvollziehen. Er ist auf die Angabe der Abtriebskräfte des anderen Aufstellers angewiesen. Diese Werte werden dann i. d. R. aus den γ_F-fachen Einwirkungen stammen und sind häufig nach anderen Verfahren auf der sicheren Seite abgeschätzt.

Wenn es die Bemessung des Schubfelds erfordert, muß man dann diese Abtriebskräfte mit einem mittleren Teilsicherheitsbeiwert zwischen 1,35 und 1,50 reduzieren (siehe hierzu [97], Seite 21 und 22).

Die Überleitung des Schubflusses in die Randträger ruft an den Trapezprofilenden Druck- und Zugkräfte in den Stegen der Trapezprofile hervor, die mit den Endauflagerkräften aus den Querlasten überlagert werden müssen. Die Ermittlung dieser Kräfte ist in Abschnitt 5.1.4 beschrieben. Die Formel (5-83) muß für den Tragsicherheitsnachweis wie folgt geschrieben werden

$$R_{A,d} = \pm \gamma_F \cdot K_3 \cdot \max T \tag{6-64}$$

Will man die Biegesteifigkeit der Obergurte der Binder nicht vernachlässigen, kann der Nenner von (6-62) um den Ausdruck $\Sigma EI (\pi / l)^2$ vergrößert werden. Außerdem kann berücksichtigt werden, daß die Gurtkraft F nicht über die ganze Länge des Druckbereiches konstant ist. *Petersen* [99] schlägt deshalb eine Korrektur im Nenner des Verformungsfaktors vor. Der insgesamt verbesserte Verformungsfaktor lautet dann:

$$\alpha = \frac{1}{1 - \frac{1}{2} \cdot \frac{\gamma_F \cdot \sum F_k}{L_S\, G_S / \gamma_M + \sum EI\,(\pi / l)^2 / \gamma_M}} \tag{6-65}$$

6.9.2 Drehbettung

Die Biegeträger werden von den anliegenden Trapezprofilen auch durch die Drehbettung stabilisiert. Für die Steifigkeit spielen die Verbindungen der Trapezprofile mit der Unterkonstruktion eine große Rolle. Der Biegemomentensprung in den Trapezprofilen ist im Allgemeinen vernachlässigbar. Auch über diese Wirkungsweise gibt es umfangreiche Literatur, z. B. [13] und [103] bis [113]. In DIN 18 800 Teil 2 sind exemplarisch Anschlußsteifigkeiten von Stahltrapezprofilen an Biegeträgern angegeben (s. Tabelle 5-4).

6.10 Einwirkungen auf Decken

6.10.1 Bauzustand

Unabhängig vom späteren Deckenaufbau und dem Tragverhalten der fertigen Decke müssen die Trapezprofile während und nach der Montage für Einzelpersonen begehbar sein (s. Abschnitte 5.1.3.5 und 8.1.4.4). Das Verfahren von Baumaterial darf nur mit lastverteilenden Maßnahmen vorgenommen werden. Lagern und Verfahren von größeren Lasten ist nicht zulässig.

Werden die Trapezprofile ausbetoniert, ist der Lastfall Frischbeton mit der vorgeschriebenen Betonierverkehrslast nach DIN 4421, Traggerüste zu berücksichtigen. Die Trapezprofile werden danach mit abgestuften Flächenlasten bemessen.

6.10.2 Ständige Einwirkungen

Die ständigen Einwirkungen bestehen aus den Eigenlasten des gesamten Deckenaufbaus. Diese bestehen aus denen der Trapezprofile selbst (siehe Typenblätter) und denen der weiteren Bauteile, die nach DIN 1055 Teil 1 oder Herstellerangaben zu ermitteln sind. Bei der Ermittlung des Betongewichtes sind die Trapezprofilrippen zu berücksichtigen. In einigen Fällen geben die Hersteller der Trapezprofile diese Werte an. Im anderen Fall reicht die Ermittlung mit der einfachen Trapezform, eine übertriebene Genauigkeit durch Berücksichtigung von Sicken und Versätzen ist nicht erforderlich.

6.10.3 Verkehrslasten

Die Bestimmung, daß Trapezprofile nur durch vorwiegend ruhende veränderliche Einwirkungen im Sinne von DIN 1055 Teil 3 beansprucht werden dürfen, gilt auch für Trapezprofildecken, bei denen die Trapezprofile alle Lasten allein tragen. Diese Belastungen sind auch nach DIN 1055 Teil 3 anzunehmen. Die Verkehrslast unter Wohnräumen darf bei ausreichender Querverteilung von 2,0 kN/m^2 auf 1,5 kN/m^2 abgemindert werden. Natürlich sind feldweise wechselnde Belastungen zu berücksichtigen. Eine ausreichende Querverteilung liegt bei ausbetonierten Trapezprofilen mit einer 50 mm dicken Betonüberdeckung vor (nähere Angaben siehe Abschnitt 4.5.1 und DIN 18 807 Teil 3).

Die Lastannahmen für Deckensysteme, bei denen der Beton allein, im Verbund oder in Addition mit den Trapezprofilen trägt, sind in den Betonnormen oder allgemeinen bauaufsichtlichen Zulassungen für Stahlprofildecken geregelt.

7 Beanspruchungen

7.1 Trapezprofile

7.1.1 Grundsätzliches zu den Beanspruchungen

Die Beanspruchungen errechnen sich aus den Kombinationen der Einwirkungen. DIN 18 800 Teil 1 unterscheidet zwischen Grundkombinationen und außergewöhnlichen Kombinationen, letztere sollen hier nicht betrachtet werden. Die Grundkombinationen werden in die beiden Fälle

- ständige Einwirkungen und alle ungünstig wirkenden veränderlichen Einwirkungen (Hauptkombinationen) und
- ständige Einwirkungen und jeweils eine der ungünstig wirkenden veränderlichen Einwirkungen (Nebenkombinationen)

unterteilt. Die Bezeichnungen Haupt- und Nebenkombinationen sind den Erläuterungen in [97] entnommen.

Im Regelfall werden sich bei den Beanspruchungen der Stahltrapezprofile die Haupt- und Nebenkombinationen nicht unterscheiden, weil es nur eine ungünstig wirkende veränderliche Einwirkung gibt. Ausnahmen werden in den folgenden Abschnitten besprochen.

7.1.2 Beanspruchungen beim Nachweis der Tragsicherheit

Die Biegebeanspruchungen für **Stahltrapezprofile auf Dächern** berechnen sich in der Regel nach der Elastizitätstheorie oder unter Berücksichtigung plastischer Verformungen an Zwischenstützen von Durchlaufträgern aus gleichmäßig verteilten Lasten. Für allseitig geschlossene Gebäude ergibt sich der Bemessungswert für **nach unten gerichtete Einwirkungen** zu

$$q_d = \gamma_{F,G} \cdot g + \gamma_{F,Q} \cdot (s + p_K + p_I) \qquad (7\text{-}1)$$

mit

$\gamma_{F,G} = 1{,}35$ und $\gamma_{F,Q} = 1{,}5$ nach Anpassungsrichtlinie [14] und DIN 18 800 Teil 1
g Eigenlasten der Trapezprofile und des weiteren Dachaufbaus
s Schneelast
p_K Kiesschüttung (falls vorhanden)
p_I abgehängte Installationen (falls vorhanden)

Von der Verwendung des Kombinationsbeiwertes ψ sollte man in diesem Fall absehen (s. Begründung in Abschnitt 6.6).

Mit den **nach oben gerichteten Einwirkungen** sind die Beanspruchungen nach der Elastizitätstheorie zu ermitteln. Der Bemessungswert der Einwirkungen ist

$$q_d = \gamma_{F,Q} \cdot w_S - \gamma_{F,G} \cdot g \tag{7-2}$$

mit

$\gamma_{F,Q} = 1{,}5$ und $\gamma_{F,G} = 1{,}0$ nach Anpassungsrichtlinie [14] und DIN 18 800 Teil 1
g Eigenlasten der Trapezprofile und des weiteren Dachaufbaus
w_S Windsog im Normalbereich
für die **Verbindungen** auch erhöhte Sogspitzen im Rand- und Eckbereich

Für seitlich offene Gebäude kommt je nach Windrichtung nach unten gerichtet ein innerer Windsog $w_{S,i}$ und nach oben gerichtet ein innerer Winddruck $w_{D,i}$ hinzu. Bei der Überlagerung von Schnee- und Windlasten ist Element A5 des Anhangs A zu DIN 18 800 Teil 1 zu beachten. Hier wird bestimmt, daß weiterhin DIN 1055 Teil 5, Abschnitt 5, gilt und das Maximum

$$p_{S+W} = \max\,(s + w\,/\,2;\; w + s\,/\,2) \tag{7-3}$$

als eine veränderliche Einwirkung anzusehen ist.

Für die nach **unten gerichteten Belastungen** ist also bei **seitlich offenen Gebäuden** analog (7-1) zu schreiben

$$q_d = \gamma_{F,G} \cdot g + \gamma_{F,Q} \cdot (p_{S+W} + p_K + p_I) \tag{7-4}$$

mit $w_{S,i}$ statt w in (7-3)

und für die **nach oben gerichteten Belastungen** analog zu (7-2)

$$q_d = \gamma_{F,Q} \cdot (w_S + w_{D,i}) - \gamma_{F,G} \cdot g \tag{7-5}$$

Wegen der sehr hoch angenommenen Windsogspitzen in den Rand- und Eckbereichen wird hier für die Bemessung der Verbindungen vorgeschlagen, den Kombinationsbeiwert ψ anzusetzen (s. auch entsprechende Begründung im Abschnitt 6.3.1.3). Es muß dann

$$q_d = \gamma_{F,Q} \cdot \psi \cdot (w_S + w_{D,i}) - \gamma_{F,G} \cdot g \tag{7-6}$$

mit $\psi = 0{,}9$

als Hauptkombination angesetzt werden und

$$q_d = \gamma_{F,Q} \cdot w_S - \gamma_{F,G} \cdot g \tag{7-7}$$

als Nebenkombination, weil im Rand- und Eckbereich immer $w_S > w_{D,i}$ ist.

Für die Nachweise der Endauflagerdruck- und -zugkräfte kommen noch Beanspruchungen aus der Schubfeldwirkung hinzu, wenn Trapezprofilschubfelder ausgebildet und rechnerisch berücksichtigt sind, siehe Gleichung (6-64) und für die Einwirkungskombinationen Abschnitt 7.1.7.

Beanspruchungen der **Trapezprofile** und **Verbindungen** bei **Außenwänden** entstehen im Regelfall durch Einwirkungen aus Wind. Für **geschlossene Gebäude** gelten die Bemessungslasten für Winddruck

$$q_d = \gamma_{F,Q} \cdot w_D \tag{7-8}$$

und Windsog

$$q_d = \gamma_{F,Q} \cdot w_S \tag{7-9}$$

sowie für **seitlich offene Gebäude**

$$q_d = \gamma_{F,Q} \cdot (w_D + w_{S,i}) \text{ bzw. } q_d = \gamma_{F,Q} \cdot (w_S + w_{D,i}) \tag{7-10}$$

Eine Zusammenfassung der Einwirkungskombinationen und der zugehörigen Teilsicherheitsbeiwerte γ_F für die Tragsicherheitsnachweise der Trapezprofile gibt Tabelle 7-1.

Ob die Eigenlast aus Trapezprofil und eventuell aus Wärmedämmung als Querkraft in den Verbindungen vernachlässigbar ist, muß im Einzelfall entschieden werden. Für den Randbereich der Wände bei seitlich offenen Gebäuden wird zur Bemessung der **Verbindungen** analog zu (7-6)

$$q_d = \gamma_{F,Q} \cdot \psi \cdot (w_S + w_{D,i}) \tag{7-11}$$

mit $\psi = 0{,}9$

vorgeschlagen.

Tabelle 7-1 Teilsicherheitsbeiwerte der Einwirkungskombinationen für Tragsicherheitsnachweise

Einwirkungen		**Eigenlast**	**Schnee**	**Wind**				**Kiesschüttung**	**Installationen**	**Gleichung**
Gebäudeart	Bauteil, Lastrichtung	g	s	Druck außen w_D	Sog außen w_S	Druck innen $w_{D,i}$	Sog innen $w_{S,i}$	p_K	p_l	Nr.
Geschlossene Gebäude	Dach ↓	1,35	1,5					1,5	1,5	(7-1)
	Dach ↑	(–)1,0			1,5					(7-2)
	Wand →∣			1,5						(7-8)
	Wand ←∣				1,5					(7-9)
Seitlich offene Gebäude	Dach ↓	1,35	1,5				½ · 1,5	1,5	1,5	(7-4)
	Dach ↓	1,35	½ · 1,5				1,5	1,5	1,5	(7-4)
	Dach ↑	(–)1,0			1,5	1,5				(7-5)
	Wand →∣ →			1,5			1,5			(7-10)
	Wand ←∣←				1,5	1,5				(7-10)

Die vorgenannten Einwirkungskombinationen gelten für einschalige Konstruktionen. Bei zweischaligen Dächern und Wänden mit gleichzeitigen Einwirkungen von außen und innen müssen die Überlegungen nach Abschnitt 6.3.1.3 beachtet werden. Man liegt i. a. auf der sicheren Seite, wenn man den äußeren Winddruck und -sog der Außenschale und den inneren Über- bzw. Unterdruck der Innenschale zuweist. Die Einwirkung nach (7-4) ist mit dem Index *a* für die Außenschale und *i* für die Innenschale wie folgt aufzuteilen

$$q_{d,a} = \gamma_{F,G} \cdot g_a + \gamma_{F,Q} \cdot (s + p_K) \tag{7-12}$$

$$q_{d,i} = \gamma_{F,G} \cdot g_i + \gamma_{F,Q} \cdot (w_{S,i} + p_I) \tag{7-13}$$

Analog ergibt sich statt (7-5)

$$q_{d,a} = \gamma_{F,Q} \cdot w_S - \gamma_{F,G} \cdot g_a \tag{7-14}$$

$$q_{d,i} = \gamma_{F,Q} \cdot w_{D,i} - \gamma_{F,G} \cdot g_i \tag{7-15}$$

Die Einwirkungen für die Außen- und Innenschalen von zweischaligen Wänden ergeben sich aus (7-10) eindeutig und brauchen hier nicht explizit wiederholt zu werden.

Wichtig ist in diesen Fällen die statische Verfolgung der Kräfte. Häufig werden die Kräfte aus den Einwirkungen auf die Außenschale bei Dächern über eine Distanzkonstruktion an die Innenschale weitergeleitet. Bei der Bemessung der Innenschale ist dann wieder die gesamte Einwirkungskombination maßgebend. Ob dabei mit Linienlasten aus der Distanzkonstruktion gerechnet werden muß, ist im Einzelfall zu entscheiden. Bei zweischaligen Wänden werden für die Außenschalen Distanzprofile häufig nur an den Stellen der Wandriegel vorgesehen. Die Innenschale bekommt dadurch also keine Biegung. Zu den Beanspruchungen der Kassettenwände siehe Abschnitt 7.2.

7.1.3 Beanspruchungen beim Nachweis der Gebrauchstauglichkeit

Die **Biegebeanspruchungen** für **Stahltrapezprofildächer** berechnen sich nach der Elastizitätstheorie in der Regel aus gleichmäßig verteilten Lasten. Wurde der Tragsicherheitsnachweis für die nach unten gerichteten Einwirkungen unter Ansatz von Reststützmomenten (Nachweisverfahren Plastisch–Plastisch) geführt, so ist ein zusätzlicher Gebrauchstauglichkeitsnachweis Elastisch–Elastisch zu führen. Die resultierenden Belastungen ergeben sich aus den Gleichungen (7-1) und (7-4), jedoch mit den Teilsicherheitsbeiwerten

$$\gamma_{F,G} = 1{,}0 \text{ und } \gamma_{F,Q} = 1{,}15 \tag{7-16}$$

nach Anpassungsrichtlinie [14]. Sollten Tragsicherheitsnachweise für **Stahltrapezprofilwände** für andrückende Belastungen auch nach dem Verfahren Plastisch–Plastisch geführt worden sein, gilt obige Aussage analog.

Die Nachweise der **Durchbiegungsschranken** fordert DIN 18 807 Teil 3 für **Dächer** unter Vollast (ständige + veränderliche Einwirkungen). Es sind hier alle Einwirkungskombinationen (7-1) bis (7-5) ohne Berücksichtigung der Windsogspitzen in den Rand- und Eckbereichen mit den Teilsicherheitsbeiwerten

$$\gamma_{F,Q} = 1{,}0 \text{ und } \gamma_{F,G} = 1{,}0 \qquad (7\text{-}17)$$

nach Anpassungsrichtlinie [14] anzusetzen. In der Regel wird es reichen, wenn man die Durchbiegung für die Kombination (7-1) untersucht.

Für **Stahltrapezprofilwände** wird eine Durchbiegungsschranke unter Windlast gefordert. Es muß also in Abhängigkeit der Situation die maßgebende Belastung aus (7-8) bis (7-10) jedoch mit $\gamma_{F,Q} = 1{,}0$ untersucht werden.

Für die Zuordnung der Einwirkungen bei zweischaligen Konstruktionen gelten die Überlegungen des Abschnittes 7.1.2 analog.

7.1.4 Ermittlung der elastischen Schnittgrößen aus Biegung

Obwohl die Stahltrapezprofile flächige Bauelemente sind, tragen sie die Lasten nur in der Richtung der Profilrippen ab. Die Biegesteifigkeit quer zu den Profilrippen ist so gering, daß die Lastabtragung in dieser Richtung keine Rolle spielt.

Die Schnittgrößen, Auflagerkräfte und Durchbiegungen können also wie am Biegebalken ermittelt werden. Die Schubverformungen sind sowohl bei der Ermittlung der statisch Unbestimmten als auch bei der Berechnung der Durchbiegungen vernachlässigbar.

Da die Spannungen nicht linear über den Querschnitt verteilt und auch nicht proportional zu den Schnittgrößen sind, ist die Ermittlung der Schnittgrößen an statisch unbestimmten Systemen nach üblichen Verfahren nicht ganz korrekt. Sie gilt aber als gute Näherung und liegt i. a. auf der sicheren Seite.

Wegen der Querverteilung von Einzellasten siehe Abschnitt 8.4.

7.1.5 Ermittlung der Schnittgrößen unter Berücksichtigung von plastischen Verformungen

Nach dem Überschreiten des elastisch aufnehmbaren (charakteristischen) Stützmomentes an einer oder mehreren Zwischenstützen eines Durchlaufträgers stellt sich ein weiterer Gleichgewichtszustand mit kleineren Stützmomenten, den Reststützmomenten, ein. Voraussetzung dafür ist, das in keinem Nachbarfeld durch die Zunahme der Feldmomente das charakteristische Feldmoment erreicht wird.

Bei weiterer Laststeigerung nehmen die Reststützmomente durch Vergrößerung der plastischen Beulen im Auflagerbereich ab und dadurch die Feldmomente überproportional zu. Für den Grenzfall, daß in einem Nachbarfeld das charakteristische Feldmoment erreicht ist, geben die Typenblätter nach Bild 5-2 bzw. 5-5 die Rechenwerte für das charakteristische Reststützmoment an (s. a. Abschnitt 5.1.3.3).

Der Bemessungswert für das Reststützmoment $M_{R,d}$ ergibt sich, wenn man in (5-69) bis (5-71) max $M_{R,k}$ durch γ_M teilt.

$$M_{R,d} = 0 \qquad \text{für} \quad l < \min l \tag{7-18}$$

$$M_{R,d} = \frac{l - \min l}{\max l - \min l} \cdot \max M_{R,k} / \gamma_M \tag{7-19}$$

$$M_{R,d} = \max M_{R,k} / \gamma_M \qquad \text{für} \quad l > \max l \tag{7-20}$$

Darin sind max $M_{R,k}$, min l und max l Tabellenwerte und l ist die kürzere der beiden benachbarten Stützweiten.

Unter Ansatz dieser lastunabhängigen Reststützmomente ergeben sich nach den Gleichgewichtsbedingungen die übrigen Schnittgrößen und Auflagerkräfte für die γ_F-fachen Lasten (s. Bild 7-1).

Bild 7-1 zeigt beispielhaft einen Dreifeldträger mit ungleichen Stützweiten $l_3 < l_1 < l_2$. Das Reststützmoment $M_{R1,d}$ ergibt sich nach den Formeln (7-18) bis (7-20) als Funktion der Stützweite l_1 und $M_{R2,d}$ als Funktion von l_3. Wenn diese Reststützmomente bekannt sind, ergeben sich die Schnittgrößen für die Bemessung aus Gleichgewichtsbedingungen wie folgt, wenn die Reststützmomente als positive Werte eingesetzt werden.

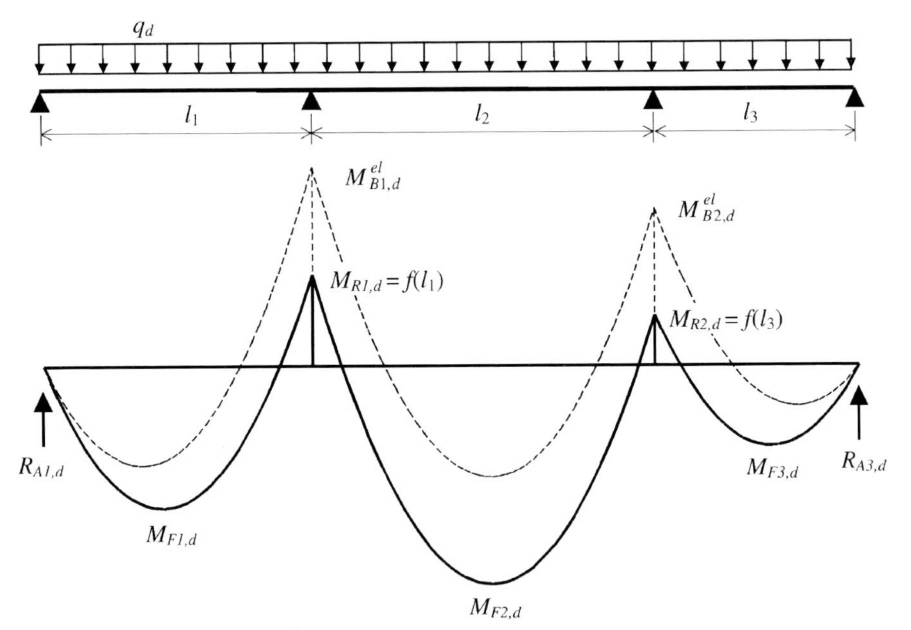

Bild 7-1 Durchlaufträger mit Reststützmomenten

Endfelder:

$$R_{A1,d} = \frac{q_d \cdot l_1}{2} - \frac{M_{R1,d}}{l_1} \tag{7-21}$$

$$M_{F1,d} = \frac{R_{A1,d}^2}{2 \cdot q_d} \tag{7-22}$$

$$R_{A3,d} = \frac{q_d \cdot l_3}{2} - \frac{M_{R2,d}}{l_3} \tag{7-23}$$

$$M_{F3,d} = \frac{R_{A3,d}^2}{2 \cdot q_d} \tag{7-24}$$

Mittelfeld:

$$V_{2,l} = \frac{q_d \cdot l_2}{2} - \frac{M_{R2,d} - M_{R1,d}}{l_2} \tag{7-25}$$

$$M_{F2,d} = \frac{V_{2,l}^2}{2 \cdot q_d} - M_{R1,d} \approx \frac{q_d \cdot l_2^2}{8} - \frac{M_{R1,d} + M_{R2,d}}{2} \tag{7-26}$$

Für den häufigsten Fall eines Durchlaufträgers mit gleichen Stützweiten und gleichen Trapezprofilen in allen Feldern reicht es aus, die Auflagerkraft $R_{A,d}$ und das Feldmoment $M_{F,d}$ für ein Endfeld zu berechnen, weil diese Größen für die Bemessung maßgebend werden.

Mit einem Stabwerksprogramm ist die obige Berechnung möglich, wenn man in den Durchlaufträger an den Zwischenstützen Momentengelenke einfügt und die Reststützmomente als Stabendmomente ansetzt.

Sind keine Angaben für Reststützmomente in den Tabellen enthalten und soll bei der Bemessung trotzdem der Zustand nach dem Überschreiten der charakteristischen Stützmomente berücksichtigt werden, müssen die Reststützmomente zu Null angenommen werden. Der Durchlaufträger zerfällt dann in eine Kette von Einfeldträgern.

Eine Erhöhung des Reststützmoments im Sinne von DIN 18 800 Teil 1, Element 759, ist nicht erforderlich, da hierdurch nur die Auflagerkraft an der Zwischenstütze selbst erhöht wird. Ein Nachweis für diesen plastischen Bereich ist aber nicht erforderlich.

7.1.6 Normalkraftbeanspruchungen

Trapezprofile sind in der Lage, Belastungen in Richtung der Profilrippen von Auflager zu Auflager weiterzuleiten. Ein solcher Fall tritt z. B. auf, wenn die Windkräfte auf eine Giebelwand bis zu einem Schubfeld, das nicht unmittelbar an die Giebelwand anschließt, weitergeleitet werden müssen. Die Abtragung von Dachlasten durch Normalkraftbeanspruchung von Trapezprofilen an den Wänden ist im Anwendungsbereich der DIN 18 807 Teil 3 ausgeschlossen.

Wird die Längsbelastung gleichmäßig verteilt, also in jede Rippe der Trapezprofile eingeleitet und auch so wieder abgegeben, liegt als Schnittgröße eine konstante Normalkraft vor. Zusätzlich entsteht ein Biegemoment, wenn die Lasten nicht an der Stelle der Querschnittsschwerlinie eingeleitet werden. Dieses ist der Regelfall, weil die Anschlüsse an den Unter- oder Obergurten vorgenommen werden.

Werden größere Einzellasten aus Wandstielen in eine Rippe eingeleitet, stellt sich bei der Überlagerung mit den Schnittgrößen aus der Biegebelastung die Frage nach der Lastausbreitung. DIN 18 807 gibt hierfür keine Anhaltspunkte. Obwohl die Trapezprofile eine große Schubfeldsteifigkeit aufweisen, ist die genaue Lastausbreitung wegen der geringen Quer-Dehnsteifigkeit nicht bekannt. Bei üblichen Konstruktionen ist die Zusatzbeanspruchung im Feld durch Einzellasten am Rand aber gering und beim Feldmoment genügend Reserve vorhanden.

Werden Einzellasten direkt in ein Schubfeld unter Beachtung der Maximalwerte zul F_t gemäß Typenblatt nach Bild 5-1 bzw. 5-4 oder DIN 18 807 Teil 3, Abschnitt 3.6.1.5, eingeleitet, so ist ein Nachweis für die Normalkraft und das Versatzmoment nicht erforderlich.

7.1.7 Ermittlung der Schubflüsse

7.1.7.1 Grundsätzliches

Als Schubfeldbeanspruchung gilt der Schubfluß, welcher parallel und quer zu den Trapezprofilrippen in gleicher Größe wirkt. Einwirkungen, die Schubflüsse hervorrufen, sind in der Regel horizontale Windlasten und Abtriebskräfte aus Stabilitätsbetrachtungen.

Nach dem Bemessungskonzept für Schubfelder (siehe (4-2) und (4-7)) sind die Schubflüsse mit den einfachen Einwirkungen zu bestimmen. Die Schubflüsse aus den einfachen Windlasten zur Aussteifung von Gelenkvierecken sind recht leicht zu ermitteln, wie im folgenden gezeigt wird. Die Erhöhung des Winddruckes um 25 % für Einzelbauteile und der Ansatz von erhöhten Windsogspitzen in Rand- und Eckbereichen ist dabei nicht erforderlich. Auch dann nicht, wenn aus dem Schubfluß die Beanspruchung der Verbindungen ermittelt wird.

Die Abtriebskräfte werden in der Regel nach der Theorie 2. Ordnung oder vergleichbaren Abschätzungen ermittelt (s. Abschnitt 6.9.1). Da diese Verfahren die γ_F-fachen Einwirkungen voraussetzen, sind auch die Abtriebskräfte Bemessungswerte. Weil die einzelnen Einwirkungen, z. B. Eigenlasten aus verschiedenen Konstruktionsteilen, Windlasten, Schneelasten und andere vorwiegend ruhende Verkehrslasten, mit unterschiedlichen Teilsicherheitsbeiwerten multipliziert sein können und die maßgebende Einwirkungskombination auch noch einen Kombinationsbeiwert enthalten kann, ist die Rückrechnung der Abtriebskräfte auf das Niveau der charakteristischen Einwirkungen, aber unter Beachtung des erhöhten Verformungsfaktors, nicht immer eindeutig möglich. Häufig wird es aber ausreichend genau sein, einen mittleren γ_F-Wert für die Rückrechnung zu schätzen (s. hierzu [97] Seite 21 und 22).

Eine relativ einfache und widerspruchsfreie Ermittlung der Schubflüsse auch bei statisch unbestimmten Schubfeldsystemen gelingt mit folgenden Annahmen:

a) Die Trapezprofile haben eine definierte Schubsteifigkeit.
b) Die Dehnsteifigkeit der Trapezprofiltafeln ist in Rippenrichtung unendlich groß und quer dazu Null.
c) Die Randträger sind biegeweich, unendlich dehnsteif und gelenkig miteinander verbunden.
d) Der Schubfluß ist im lastfreien Bereich konstant. Diese Aussage ist wegen der Annahmen über die Dehnsteifigkeiten der Trapezprofile und Randträger als Gleichgewichtsbedingung für die Verbindungen wichtig.

7.1.7.2 Statisch bestimmt gelagertes Schubfeld

Das Prinzip der Berechnung eines Schubfeldes zeigt Bild 7-2 anhand eines Kragarms als einfachstes statisches System.

Die Auflagerkräfte berechnen sich aus den drei Gleichgewichtsbedingungen in der Ebene:

$$\Sigma V = 0 \quad \rightarrow \quad B_v = F \tag{7-27}$$

$$\Sigma M_{(B)} = 0 \quad \rightarrow \quad A_h = F \cdot l / h \tag{7-28}$$

$$\Sigma H = 0 \quad \rightarrow \quad B_h = A_h \tag{7-29}$$

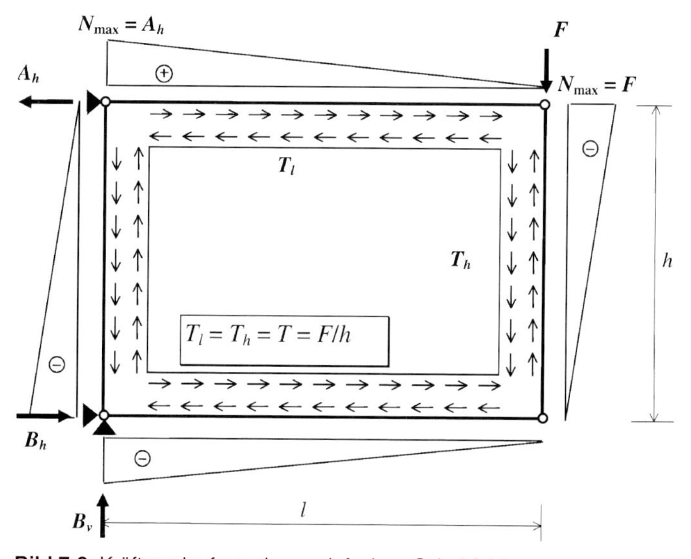

Bild 7-2 Kräfteverlauf an einem einfachen Schubfeld

Für die Schubflüsse ergibt sich aus der Gleichgewichtsbedingung der Momente

$$\Sigma M_{(B)} = 0 \quad \rightarrow \quad T_l \cdot l \cdot h - T_h \cdot h \cdot l = 0 \quad \rightarrow \quad T_l = T_h = T = \text{const.} \tag{7-30}$$

Bei angenommener gleichmäßiger Verteilung des Schubflusses folgt:

$$T = F / h = A_h / l = B_h / l = B_v / h \tag{7-31}$$

Die Normalkräfte in den Randträgern ergeben sich durch Summieren des Schubflusses entlang der Stabachse x unter Beachtung der jeweiligen Anfangsbedingung

$$N = \int T \cdot dx = N_o + T \cdot x \tag{7-32}$$

Für die Ermittlung des Schubflusses T im Trapezprofil und der Normalkräfte N in den Randträgern der Richtung l nach Bild 7-2 kann man das Schubfeld als Biegeträger auffassen. Die Querkraft Q ergibt den in der Richtung h konstanten Schubfluß und das Biegemoment M ergibt die Zug- und Druckkräfte im oberen und unteren Randträger als Kräftepaar.

Der häufigste Fall ist ein Schubfeld, das sich zwischen zwei ausgesteiften Wänden als Einfeldträger spannt. Im Bild 7-3 ist zu erkennen, daß sich der Schubfluß zu

$$T = \frac{Q}{b} \tag{7-33}$$

und die Normalkräfte im oberen und unteren Randträger zu

$$N = \pm \frac{M}{b} \tag{7-34}$$

ergeben.

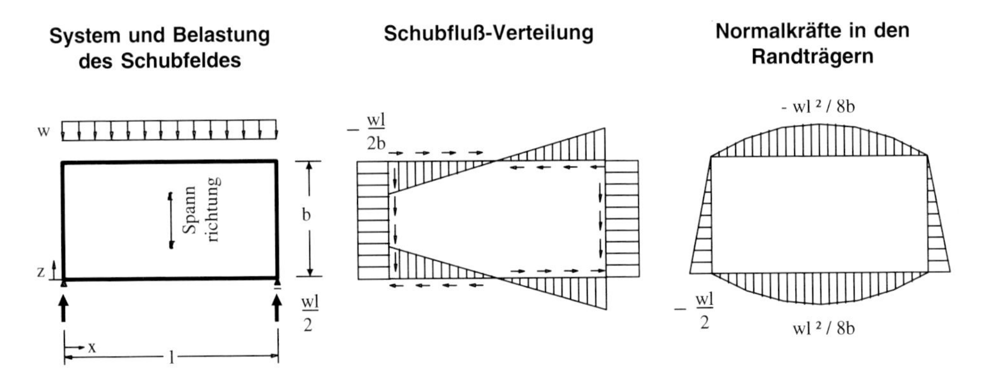

Bild 7-3 Schnittgrößenermittlung für ein Schubfeld mit kontinuierlicher Lasteinleitung

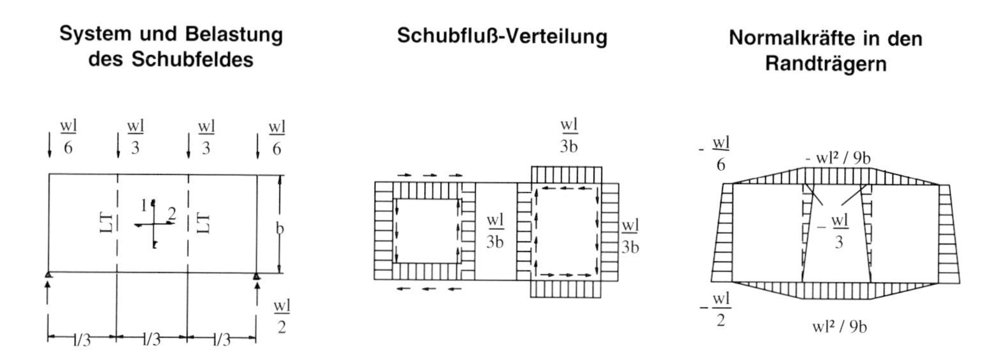

Bild 7-4 Schnittgrößenermittlung für ein Schubfeld mit Lasteinleitungsträgern

Bei dieser Betrachtungsweise ist es unerheblich, ob die Trapezprofile in Richtung z oder x gespannt sind. Nur die Lasteinleitung ist quer zu den Trapezprofilrippen nicht möglich. Häufig wird man mit Einzellasten rechnen müssen, weil diese durch die Wandkonstruktion mit Wandstielen vorgegeben sind (s. Bild 7-4). Auch in diesem Fall ist die Analogie zum Biegeträger gegeben.

Die Normalkraft in einem Randträger der Richtung z erhält man, indem man durch einen Schnitt den Randträger vom Schubfeld trennt und unter Ansatz des konstanten Schubflusses das Kräftegleichgewicht in Richtung des Randträgers bildet.

Wenn die Konzentration der Windlast auf mehrere Einzellasten nicht durch die Wandkonstruktion eindeutig vorgegeben ist, kann man in guter Näherung die statisch bestimmte Aufteilung wie in Bild 7-4 wählen. Nicht in jedem Fall sind für die Einzellasteinleitung Lasteinleitungsträger erforderlich. Sind die Trapezprofile nach Bild 7-4 in Richtung 1 verlegt und die Einzellasten nicht größer als zul F_t in den Typenblättern nach Bild 5-1 bzw. 5-4, so kann auf die Lasteinleitungsträger verzichtet werden, wenn entsprechende Einleitungskonstruktionen vorhanden sind (siehe Konstruktionsatlas [138]). Eine Verteilung auf zwei Rippen ist erforderlich, wenn die Einzellast zwischen diesen angreift.

Wird die Windlast gleichmäßig verteilt in den Randträger geleitet, so ist dieser ein Durchlaufträger mit den Lasteinleitungsträgern als elastische Zwischenstützen. Die Stützensenkungen, verursacht durch die Schubfeldverformung, bauen die Stützmomente im Randträger ab und damit auch die erhöhten Zwischenauflagerkräfte.

7.1.7.3 Statisch unbestimmt gelagertes Schubfeld

Im Bild 7-5 ist ein Trapezprofilbereich dargestellt, der sich auf drei Verbandsebenen oder Rahmen abstützt. Zur Berechnung nach dem Kraftgrößenverfahren zerteilt man das Schubfeld an der Zwischenstütze und wählt als statisch Unbestimmte das Stützmoment in der Form eines Kräftepaares X_1.

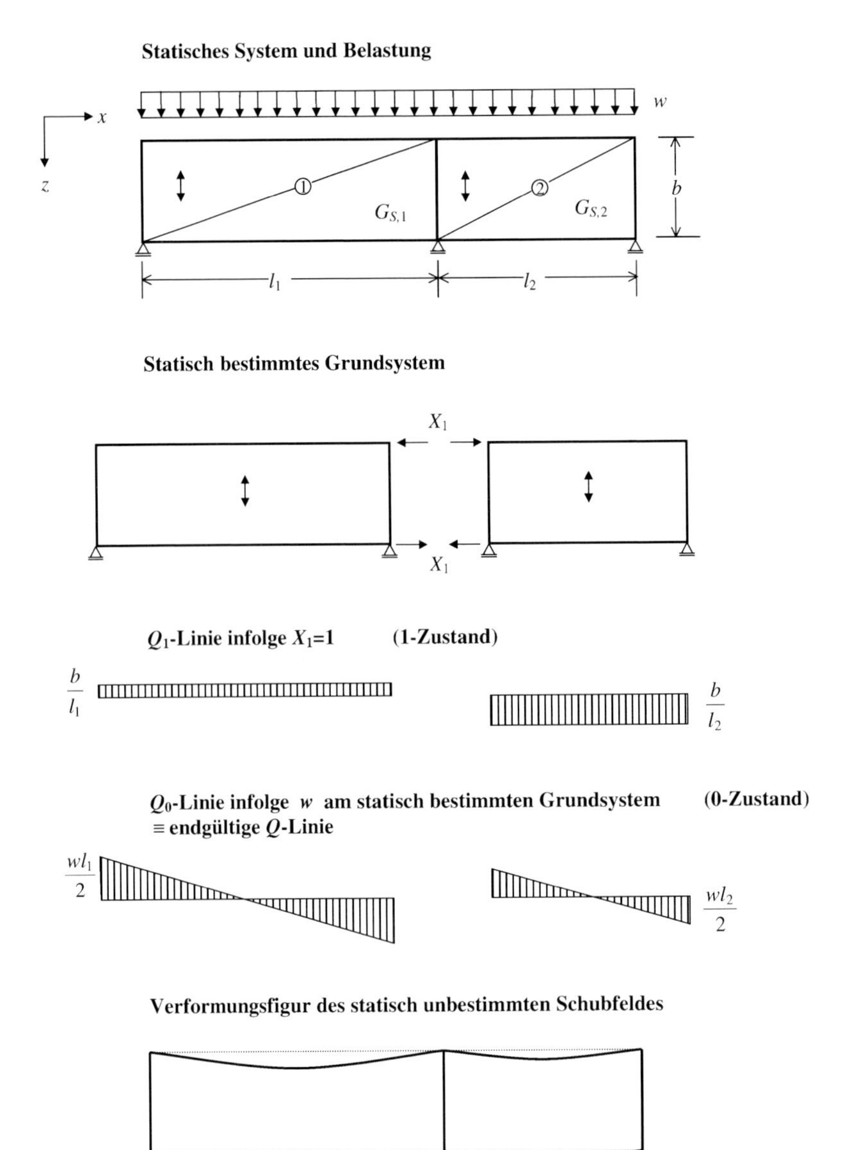

Bild 7-5 Schnittgrößenermittlung für ein statisch unbestimmt gelagertes Schubfeld

Nach der Voraussetzung, daß die Randträger der Biegung keinen Widerstand entgegen setzen und dehnstarr sind, erstrecken sich die Arbeitsintegrale zur Bestimmung der Verformungsgrößen nur über die Schubflüsse in den Schubfeldern. Die Verformungsgröße des Lastspannungszustandes (0-Zustand) ergibt sich mit G_S als ideeller Schubmodul nach (5-82) zu:

$$\delta_{1L} = \int_0^b \left[\int_0^{l_1} \frac{T_{1,1}\, T_{L,1}}{G_{S,1}} \mathrm{d}x + \int_0^{l_2} \frac{T_{1,2}\, T_{L,2}}{G_{S,2}} \mathrm{d}x \right] \mathrm{d}z \tag{7-35}$$

Da der Schubfluß entlang der Koordinate z konstant ist, ergibt die Integration über z den Wert b. Mit der Beziehung (7-33) vereinfacht sich (7-35) zu:

$$\delta_{1L} = \int_0^{l_1} \frac{Q_{1,1}\, Q_{L,1}}{b\, G_{S,1}} \mathrm{d}x + \int_0^{l_2} \frac{Q_{1,2}\, Q_{L,2}}{b\, G_{S,2}} \mathrm{d}x \tag{7-36}$$

Da der Eigenspannungszustand (1-Zustand) feldweise konstante Querkräfte aufweist, lassen sich folgende Konstanten aus den Integralen herausziehen

$$\delta_{1L} = \frac{Q_{1,1}}{b\, G_{S,1}} \int_0^{l_1} Q_{L,1}\, \mathrm{d}x + \frac{Q_{1,2}}{b\, G_{S,2}} \int_0^{l_2} Q_{L,2}\, \mathrm{d}x \tag{7-37}$$

Die Auswertung der bestimmten Integrale $0 \ldots l_i$ über die Querkraft des Lastspannungszustandes (0-Zustand) ergibt die Differenz der Biegemomente an den Rändern der betrachteten Bereiche

$$\overline{\delta}_{1L,i} = \left[M_{L,i} \right]_0^{l_i} = M_{L,i}(l_i) - M_{L,i}(0) \equiv 0 \tag{7-38}$$

Folglich ist

$$X_1 = \frac{\delta_{1L}}{\delta_{11}} = 0 \tag{7-39}$$

Damit gilt ganz allgemein, daß sich Schubfelder, die über mehrere Felder durchlaufen, wie eine Kette von Einfeldträgern verhalten. Im Beispiel auf Bild 7-5 ist dieses wegen der antimetrischen Verteilung der Querkräfte im Lastspannungszustand (0-Zustand) auch ohne Berechnung klar.

Die im Bild 7-5 dargestellte Schubfeldverformung verletzt keine Verträglichkeitsbedingung, weil ein Sprung im Gleitwinkel keine Materialzerstörung hervorruft. Der Knick in den Randträgern ist wegen der vorausgesetzten Biegeweichheit zulässig. Außerdem dürfen nach DIN 18 807 Teil 3 die Knotenpunkte von Rand- und Lasteinleitungsträgern als Gelenke angenommen werden.

Die oben dargestellte Näherungsberechnung von statisch unbestimmt gelagerten Schubfeldern ist sicher im Regelfall ausreichend genau. Bei einer genaueren Berechnung unter Berücksichtigung der Arbeitsanteile in den Randträgern müssen dann auch die entsprechenden Anteile aus den Verformungen der Wandverbände oder Hallenrahmen in der Form von Stützensenkungen für das Schubfeld berücksichtigt werden. Die Norm verlangt aber keines von beiden.

7.1.7.4 Allgemein statisch unbestimmte Schubfeldsysteme

Außer der statisch unbestimmten Lagerung können Schubfeldsysteme auch innerlich statisch unbestimmt sein. Um dieses festzustellen, kann man analog zum Fachwerk das Abzählkriterium anwenden. Dabei kann man sich das Trapezprofil durch eine Diagonale ersetzt denken. Wegen der Möglichkeit, eine Einzellast in Richtung der Profilrippen direkt in ein Schubfeld einzuleiten, entsteht eine zusätzliche Unbekannte, wenn die Randträger aneinanderstoßender Schubfelder ein „T" bilden. Im statischen System nach Bild 7-6 ist dieses für den rechten Randträger des Feldes 2 der Fall.

Das Abzählkriterium lautet:

$$n = a + s + b + f - 2\,k \tag{7-40}$$

n Anzahl der statisch Unbestimmten
a Anzahl der Auflagerreaktionen
s Anzahl der Randträger zwischen den Knoten
b Anzahl der Scheiben
f Anzahl der Einzellasten, die durch Randträger in ein Schubfeld eingeleitet werden (T-Knoten)
k Anzahl der Knoten von Randträgern

Im Beispiel nach Bild 7-6 ergibt das Abzählkriterium

$$n = 4 + 8 + 2 + 1 - 2 \cdot 7 = 1 \tag{7-41}$$

also einfach statisch unbestimmt.

Zur Berechnung von allgemein statisch unbestimmten Schubfeldern läßt sich recht einfach das Kraftgrößenverfahren anwenden. Um ein statisch bestimmtes Hauptsystem zu erhalten, können Auflagerreaktionen, der Schubfluß von ganzen Schubfeldern oder auch Kräfte in Knotenpunkten zwischen Schubfeldern als statisch Überzählige gewählt werden. Bei der Wahl der Überzähligen muß darauf geachtet werden, daß für den Lastspannungszustand (0-Zustand) und alle Eigenspannungszustände (i-Zustände) das Gleichgewicht erfüllt werden kann. Dieses ist zwar selbstverständlich, aber bei verschachtelten Schubfeldsystemen nicht unbedingt sofort zu erkennen.

Diese Analogie zum Fachwerk setzt voraus, daß die Schubfelder nur an den Knoten der Randträger Kräfte übertragen. Das trifft immer dann zu, wenn die äußeren Lasten auch nur an Knotenpunkten eingeleitet werden.

Werden Lasten in Richtung der Trapezprofilrippen (s. Abschnitt 5.1.4) direkt in ein Schubfeld eingeleitet, so wird dem Randträger eine Verformungslinie eingeprägt. Nach den Voraussetzungen des Abschnittes 7.1.7.1 erhält der gegenüberliegende Randträger dieselbe Verformung. Ein Beispiel für die Verformungsfigur bei gleichmäßig verteilt angreifender Belastung in Richtung der Profilrippen ist im Bild 7-5 dargestellt.

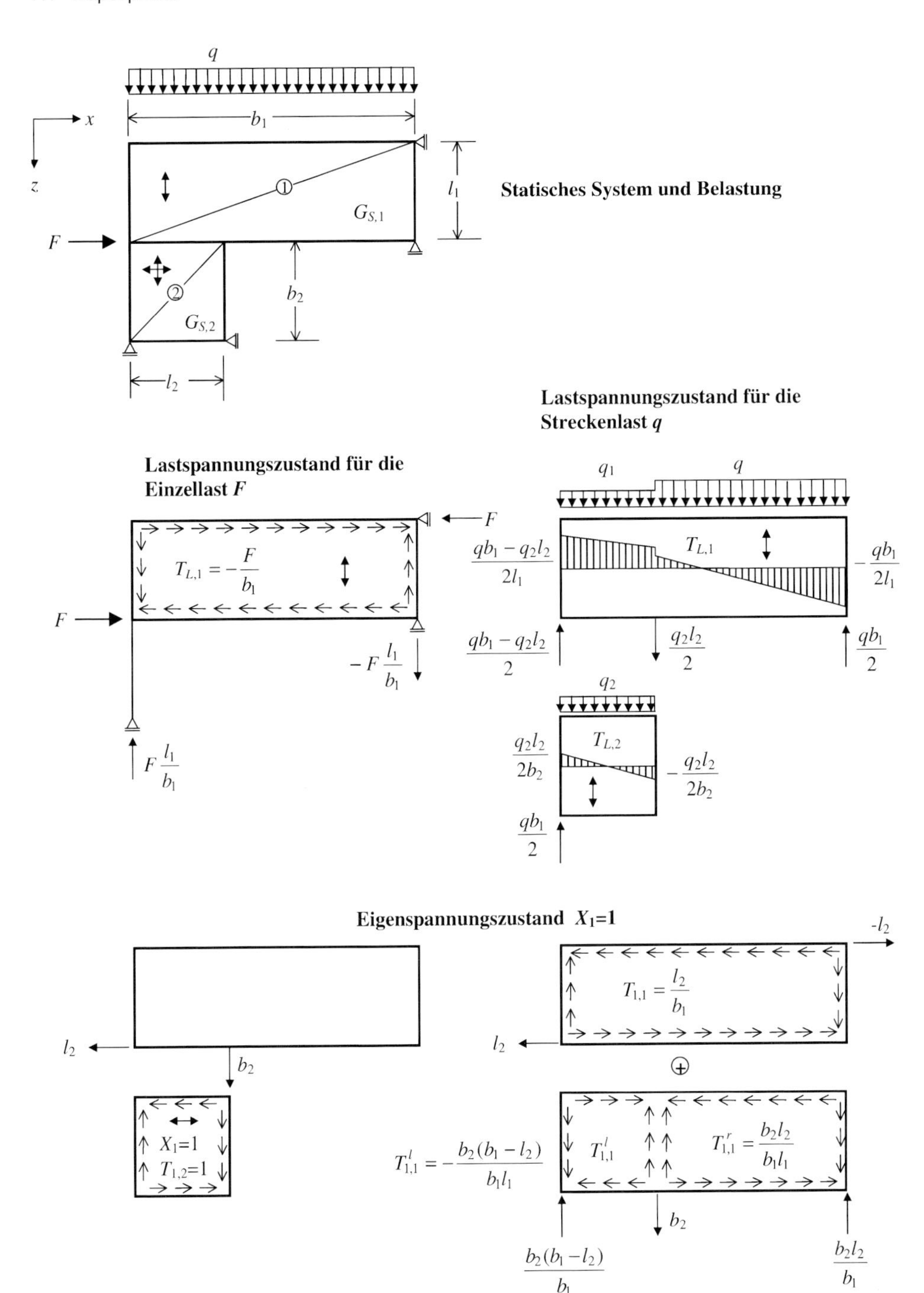

Bild 7-6 Allgemein statisch unbestimmtes Schubfeldsystem

Sind nun mehrere Schubfelder in Profilrippenrichtung über jeweils einen gemeinsamen Randträger miteinander verbunden, so entsteht durch die Randbelastung dieselbe Verformung in allen Schubfeldern. Im Beispiel nach Bild 7-6 ist dieses für die Felder 1 und 2 im angrenzenden Bereich der Fall, wenn das Feld 2 in z-Richtung gespannt ist. Wenn das Feld 2 in x-Richtung gespannt ist, kann vom gekoppelten Randträger keine Belastung eingeleitet werden, weil das Trapezprofil quer zu den Rippen keine Steifigkeit aufweist. Das Feld 1 bekommt dann auch im Bereich des Feldes 2 die volle Last q.

Für die Aufteilung einer kontinuierlich eingeleiteten Randbelastung $q(x)$ auf die einzelnen Schubfelder macht man sich die gemeinsame Verformung zu Nutze. Analog zu (6-52) und (6-54) gilt für jedes Schubfeld i:

$$q_i(x) = L_{S,i}\, G_{S,i} \cdot \varphi'(x) \tag{7-42}$$

mit

$\varphi(x)$ Schubwinkel an der Stelle x

$L_{S,i}\, G_{S,i}$ Schubsteifigkeit des Feldes i

Die gesamte Belastung ist

$$q(x) = \sum q_i(x) = \varphi'(x) \cdot \sum L_{S,i}\, G_{S,i} \tag{7-43}$$

Eliminiert man $\varphi'(x)$ in (7-42) mittels (7-43), ergibt sich

$$q_i(x) = \frac{L_{S,i}\, G_{S,i}}{\sum L_{S,k}\, G_{S,k}} \cdot q(x) \tag{7-44}$$

Die Belastung wird also im Verhältnis der Schubfeldsteifigkeiten aufgeteilt. Die Aufteilung einer Einzellast ergibt sich analog, wenn man an der Stelle x $\Delta\varphi$ statt φ' setzt und die Gleichgewichtsbedingung

$$F_i = L_{S,i} \cdot \Delta T_i \tag{7-45}$$

benutzt.

$$F_i = \frac{L_{S,i}\, G_{S,i}}{\sum L_{S,k}\, G_{S,k}} \cdot F \tag{7-46}$$

Die Forderung, daß die Änderung des Schubwinkels $\varphi'(x)$ für alle gekoppelten Schubfelder gleich sein muß, reicht für die gesamte Verträglichkeit zwischen jeweils zwei Randträgerknoten aus.

Diese Lastaufteilung kann man in den Berechnungen des Lastspannungszustandes (0-Zustand) berücksichtigen (s. Bild 7-6) und benötigt deshalb keine weiteren statisch Unbestimmten.

Zur Berechnung der Koeffizienten für das Gleichungssystem bildet man die Arbeitsintegrale über alle Schubfelder. Analog zu (7-35) ergeben sich die δ-Werte für n Schubfelder zu:

$$\delta_{ik} = \sum_{m=1}^{n} \int_0^{b_m} \int_0^{l_m} \frac{T_{i,m}\, T_{k,m}}{G_{S,m}}\, dx\, dz \tag{7-47}$$

Entsprechendes gilt für den Lastspannungszustand (0-Zustand):

$$\delta_{iL} = \sum_{m=1}^{n} \int_0^{b_m} \int_0^{l_m} \frac{T_{i,m}\, T_{L,m}}{G_{S,m}}\, dx\, dz \tag{7-48}$$

Die Auswertung der Doppelintegrale ist meistens sehr einfach. Die Schubflüsse T_i und T_k der Eigenspannungszustände (i-Zustände) sind immer über Teilbereiche, meistens sogar über die ganze Fläche eines Schubfeldes konstant. Die δ_{ik}-Werte ergeben sich aus (7-47) für r Teilbereiche des ganzen Schubfeldsystems.

$$\delta_{ik} = \sum_{m=1}^{r} \frac{T_{i,m}\, T_{k,m}}{G_{S,m}} \cdot l_m \cdot b_m \tag{7-49}$$

Für die Schubflüsse des Lastspannungszustandes (0-Zustand) gilt häufig das gleiche wie oben. Die Formel (7-49) ist dann für δ_{iL} analog anzuwenden. Wird eine gleichmäßig verteilte Belastung kontinuierlich in ein Schubfeld eingeleitet, so entsteht in der Richtung z (quer zu den Profilrippen) ein linear veränderlicher Schubfluß. In der anderen Richtung ist der Schubfluß definitionsgemäß konstant. Wirkt am linken Rand des Bereiches m der Schubfluß T^l und am rechten T^r, ergibt sich der δ-Wert für diesen Bereich zu:

$$\delta_{iL,m} = \frac{T_{i,m} \cdot (T^l_{L,m} + T^r_{L,m})/2}{G_{S,m}} \cdot l_m \cdot b_m \tag{7-50}$$

Ein allgemeinerer Fall dürfte kaum vorkommen. Die Integration läßt sich aber auch dann auf eine Volumenberechnung über einer Teilfläche zurückführen.

Die weitere Berechnung unterscheidet sich formal nicht vom Kraftgrößenverfahren für Stabwerke. Die endgültigen Schubflüsse ergeben sich durch die Überlagerung des Lastspannungszustandes (0-Zustandes) mit den Eigenspannungszuständen (i-Zustände).

Im Beispiel nach Bild 7-6 ist der Schubfluß im Feld 2 als statisch unbestimmte Größe gewählt. Dieses ist für den Lastfall F unproblematisch. Beim Lastfall q muß bei der Spannrichtung z im Feld 2 q_2 als Lastspannungszustand angesetzt werden. Der gesamte Lastspannungszustand für die Streckenlast q im Bild 7-6 ist zwar im Gleichgewicht, es existiert aber ein Verformungswiderspruch am T-Knoten. Aus diesem Grunde ist ein Eigenspannungszustand zu überlagern. Ob dazu eine Kraft im T-Knoten oder der Schubfluß im Feld 2 gewählt wird, ist nicht von Bedeutung. Im Bild 7-6 ist zu erkennen, daß sich die beiden Zustände nur durch einen konstanten Faktor unterscheiden.

Das Beispiel nach Bild 7-6 soll nun für den Lastfall F allgemein berechnet werden:

Der δ_{iL}-Wert ergibt sich aus der Überlagerung des Lastspannungszustandes mit dem Eigenspannungszustand $X_1 = 1$. Der Eigenspannungszustand ist zur besseren Übersichtlichkeit in zwei Teile aufgeteilt.

$$G_{S,1}\,\delta_{L1} = T_{L,1}\,T_{1,1}\cdot l_1\,b_1 + T_{L,1}\,[T_{1,1}^{l}\cdot l_2 + T_{1,1}^{r}\cdot(b_1 - l_2)]\cdot l_1 \tag{7-51}$$

Der Ausdruck in den eckigen Klammern ergibt sich aus dem gleichen Grund wie in (7-38) zu Null. Ausgewertet ergibt (7-51)

$$G_{S,1}\,\delta_{L1} = -F\cdot\frac{l_1\,l_2}{b_1} \tag{7-52}$$

Die Überlagerung des Eigenspannungszustandes mit sich selbst ergibt

$$\begin{aligned} G_{S,1}\,\delta_{11} &= T_{1,1}^{2}\cdot l_1\,b_1 + T_{1,1}\,[T_{1,1}^{l}\cdot l_2 + T_{1,1}^{r}\cdot(b_1 - l_2)]\cdot l_1 \\ &\quad + (T_{1,1}^{l})^2\cdot l_1\,l_2 + (T_{1,1}^{r})^2\cdot l_1\,(b_1 - l_2) + \frac{G_{S,1}}{G_{S,2}}\cdot l_2\,b_2 \end{aligned} \tag{7-53}$$

Der Inhalt der eckigen Klammern ergibt wieder Null. Das Ergebnis lautet:

$$G_{S,1}\,\delta_{11} = \frac{l_1^2\,l_2^2 + l_2\,b_2^2(b_1 - l_2)}{b_1\,l_1} + \frac{G_{S,1}}{G_{S,2}}\,l_2\,b_2 \tag{7-54}$$

Für die statisch unbestimmte Größe X_1 ergibt sich

$$X_1 = -\frac{\delta_{L1}}{\delta_{11}} = F\,\frac{l_1^2\,l_2}{l_1^2\,l_2^2 + l_2\,b_2^2(b_1 - l_2) + \frac{G_{S,1}}{G_{S,2}}\,l_1\,l_2\,b_1\,b_2} \tag{7-55}$$

Um die Ergebnisse einfach darstellen zu können, seien folgende einfache Werte angenommen

$$l_1 = l_2 = b_2 = l; \quad b_1 = 3\,l; \quad G_{S,1} = G_{S,2} = G_S \tag{7-56}$$

Die Endergebnisse sind in Bild 7-7 dargestellt. Zur Berechnung dient der Wert X_1

$$X_1 = \frac{3\cdot F}{18\cdot l} \tag{7-57}$$

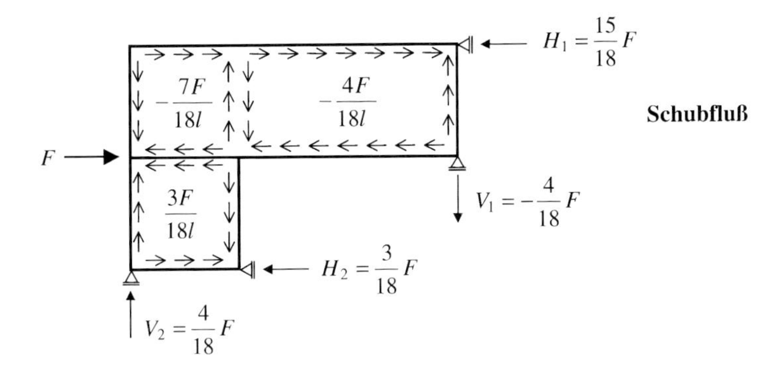

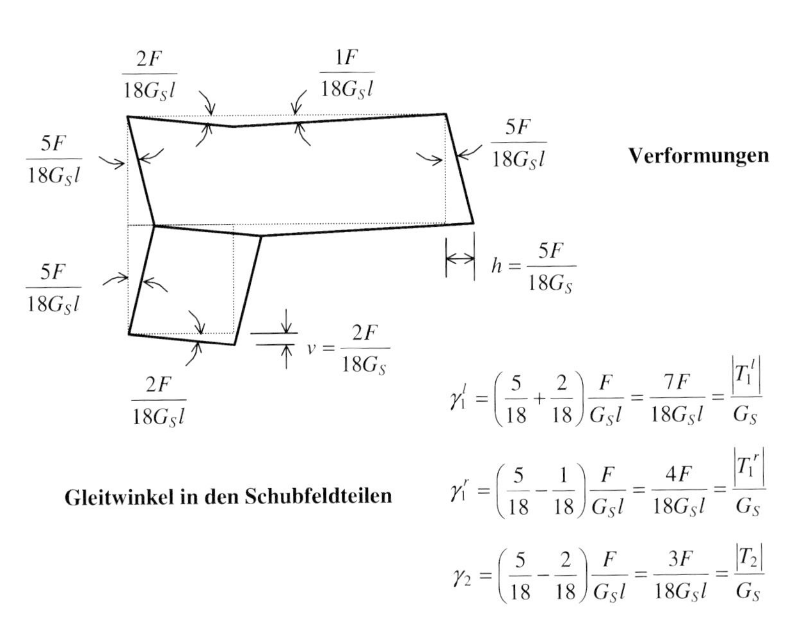

Bild 7-7 Beispiel für die Belastung F nach Bild 7-6

Die Schubflüsse berechnen sich wie folgt

$$T_1^l = T_{L,1} + X_1 \cdot (T_{1,1} + T_{1,1}^l) = -\frac{7\,F}{18\,l} \tag{7-58}$$

$$T_1^r = T_{L,1} + X_1 \cdot (T_{1,1} + T_{1,1}^r) = -\frac{4\,F}{18\,l} \tag{7-59}$$

$$T_2 = X_1 = \frac{3\,F}{18\,l} \tag{7-60}$$

Die Auflagerkräfte ergeben sich aus den Randträgerkräften, die durch Aufsummieren der Schubflüsse entlang der Stabachsen entstehen.

$$H_1 = -T_1^l \cdot l - T_1^r \cdot 2\,l = \frac{15}{18} F \tag{7-61}$$

$$V_1 = T_1^r \cdot l = -\frac{4}{18} F \tag{7-62}$$

$$H_2 = T_2 \cdot l = \frac{3}{18} F \tag{7-63}$$

$$V_2 = -T_1^l\, l - T_2\, l = \frac{4}{18} F \tag{7-64}$$

Alternativ ist es auch möglich, die Auflagerkräfte durch Addition der Auflagerkräfte des Lastspannungszustandes und des X_1-fachen Eigenspannungszustandes zu bestimmen. Dazu müssen die Auflagerkräfte aller Zustände korrekt berechnet sein.

Zur Kontrolle der Verträglichkeitsbedingungen sollen hier die Verschiebungen und alle Gleitwinkel berechnet werden. Die Berechnung der Verschiebungen wird mit dem Reduktionssatz durchgeführt. Für die Horizontalverschiebung h in Richtung F wird im Lastspannungszustand $F = 1$ gesetzt und der Schubfluß mit dem des Endergebnisses nach Bild 7-7 überlagert.

$$h = \frac{1}{b_1}\left(\frac{7\,F}{18\,l} \cdot l_2 + \frac{4\,F}{18\,l} \cdot (b_1 - l_2)\right) \cdot \frac{l_1}{G_{S,1}} = \frac{1}{3}\left(\frac{7}{18} + \frac{4 \cdot 2}{18}\right)\frac{F}{G_S} = \frac{5\,F}{18\,G_S} \tag{7-65}$$

Für die Vertikalverschiebung wird im Lastspannungszustand an der Stelle des T-Knotens eine Last „1" nach unten angesetzt. Der Schubfluß stimmt mit dem zweiten Teil des Feldes 1 im Eigenspannungszustand nach Bild 7-6 überein, wenn die Last b_2 gleich 1 gesetzt wird. Die Überlagerung mit dem Endergebnis nach Bild 7-7 ergibt

$$\begin{aligned} v &= \left(\frac{b_1 - l_2}{b_1\, l_1} \cdot \frac{7\,F}{18\,l} \cdot l_2 - \frac{l_2}{b_1\, l_1} \cdot \frac{4\,F}{18\,l} \cdot (b_1 - l_2)\right) \cdot \frac{l_1}{G_{S,1}} \\ &= \left(\frac{2}{3} \cdot \frac{7}{18} - \frac{1}{3} \cdot \frac{4}{18} \cdot 2\right) \cdot \frac{F}{G_S} = \frac{2\,F}{18\,G_S} \end{aligned} \tag{7-66}$$

Die Drehwinkel der Feldseiten ergeben sich nun aus der Geometrie des Grundrisses (s. Bild 7-7). Die Gleitwinkel in den Feldern sind die Summen bzw. Differenzen der Drehwinkel. Sie sind in Bild 7-7 ausgerechnet und proportional zu den Schubflüssen der Feldabschnitte. In der Praxis reicht es aus, den maximalen Gleitwinkel zu berechnen.

$$\max \gamma = \max\left(\frac{|T|}{G_S}\right) \tag{7-67}$$

7.2 Kassettenprofile

7.2.1 Allgemeines

Wegen des fast ausschließlichen Einsatzes der Kassettenprofile in Wänden, sollen hier nur die Beanspruchungen aus Einwirkungen auf Wände besprochen werden. Es handelt sich im Normalfall um Windeinwirkungen (s. Abschnitt 6.3). Die Eigenlasten der Leichtbauteile und der Wärmedämmung dürfen unter bestimmten Bedingungen bei den Nachweisen unberücksichtigt bleiben.

Die eingebauten Stahlkassettenprofile sind für Winddruck im Sinne von DIN 1055 Teil 4, Abschnitt 5.2.2 keine Einzelbauteile, weil sie immer durch eine zusätzliche Außenschale ausgesteift sind. Für die gleichzeitige Wirkung von Winddruck und Windsog bei seitlich offenen Gebäuden gilt Abschnitt 6.3.1.3 entsprechend.

7.2.2 Ermittlung der elastischen Schnittgrößen aus Biegung

Für Beanspruchungen beim Nachweis der Tragsicherheit gelten für die Kombinationen der Einwirkungen und für die Teilsicherheitsbeiwerte die Ausführungen im Abschnitt 7.1.2 soweit sie die Wände betreffen. Für den Gebrauchstauglichkeitsnachweis wird die Durchbiegung unter den einfachen Windlasten nach der Elastizitätstheorie mit dem effektiven Trägheitsmoment I_{ef} berechnet.

Die Schnittgrößen sind grundsätzlich nach der Elastizitätstheorie zu ermitteln. Dabei kann in der Fläche sowohl Winddruck als auch Windsog unabhängig von der Krafteinleitung über die Außenschale als gleichmäßig verteilt angesetzt werden.

Für die Randbereiche sind u. U. besondere Überlegungen erforderlich. Dieses gilt vorwiegend, wenn die Außenschale als Attika oder aus anderen Gründen am Rand übersteht. Im Normalfall ist aber keine übertriebene Genauigkeit erforderlich. Selbst wenn der freitragende Randsteg einer Kassette nur mit 80 % beansprucht werden darf (s. Abschnitt 5.2.2.1), ist dieses wegen der Durchlaufwirkung und weiterer Lastumlagerungsmöglichkeiten ohne Nachweis erfüllt.

Die Lastumlagerungen stellen sich durch unterschiedliche Steifigkeiten im elastischen Bereich ein. Der Ansatz von Reststützmomenten ist bei Kassettenprofilen nicht vorgesehen, auch nicht das Nachweisverfahren mit $M_R = 0$. Das planmäßige Durchleiten von Normalkräften in Kassettenprofilen ist auch nicht erlaubt.

7.2.3 Ermittlung der Schubflüsse

Im Gegensatz zu den Schubfeldberechnungen für Trapezprofile wird bei Kassettenprofilen zwischen den Nachweisen der Tragsicherheit und Gebrauchstauglichkeit unterschieden. Die Schubflüsse für die Tragsicherheit müssen mit γ_F-fachen Einwirkungen nach DIN 18 800 berechnet werden. Für horizontale Windlasten mit $\gamma_F = 1{,}5$ können die erhöhten Windsog-

mit

$B_S = E_D \cdot I_S$ Biegesteifigkeit des Sandwichbalkens
E_D Elastizitätsmodul der Deckschichten

Das Trägheitsmoment I_S des Sandwichbalkens ergibt sich allein aus den *Steiner*-Anteilen der Deckschichten, weil die Eigenträgheitsmomente vernachlässigbar sind.

$$I_S = \frac{A_o \cdot A_u}{A_o + A_u} \cdot a^2 \tag{7-69}$$

mit

$A_{o,u}$ Querschnittsflächen der Deckschichten
a Schwerpunktsabstand der Deckschichten (s. Bild 7-8)

Sandwichelement mit biegeweicher Deckschicht

Bild 7-9 Verformungslinien und Querschnittsverhalten am Sandwichträger
a) Biegeverformung
b) Querkraftverformung

Bei den Querkraftverformungen bleiben die Querschnitte, wie in Bild 7-9 b dargestellt, senkrecht, wenn die Randbedingungen dieses zulassen. Die Differentialgleichung der Verformungslinie ergibt sich aus dem Zusammenhang von Querkraft und Schubwinkel.

$$w'_Q = \frac{Q}{S_K} = \gamma_Q \tag{7-70}$$

mit S_K Schubsteifigkeit der Kernschicht

$$S_K = G_K \cdot A_K \tag{7-71}$$

mit

G_K Schubmodul der Kernschicht
A_K Querschnittsfläche der Kernschicht

Die Addition beider Verformungslinien ergibt die Differentialgleichung für die Gesamtverformung w. Aus

$$w = w_M + w_Q \tag{7-72}$$

folgt

$$w'' = w''_M + w''_Q = -\frac{M}{B_S} + \frac{Q'}{S_K} \tag{7-73}$$

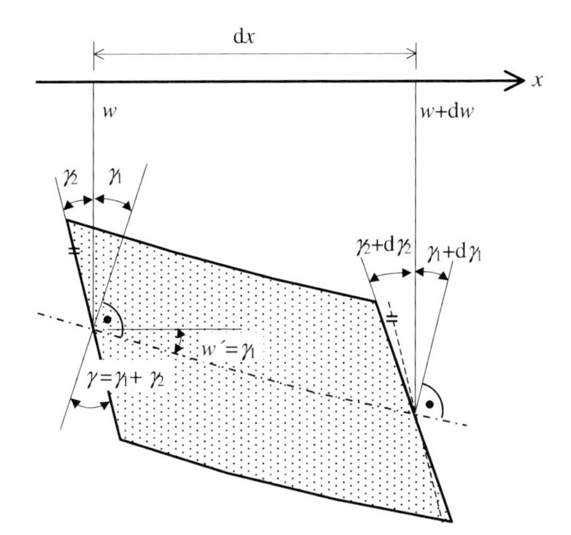

Bild 7-10 Verformungen am Balkenelement mit biegeweichen Deckschichten

Außerdem ergibt sich der Verformungszusammenhang mit der Querkraft

$$\gamma = \frac{Q}{S_K} \tag{7-74}$$

mit γ Winkelabweichung des Querschnitts zur Normalen auf der Verformungslinie

Der Zusammenhang der Verformungslinie w mit dem Gleitwinkel γ ist durch (7-73) und (7-74) über die Querkraft Q gegeben.

Stellt man die Gesamtverformung an einem Balkenelement dar, so ergeben sich die in Bild 7-10 dargestellten Winkel.

Die Änderung der Querschnittsneigung γ_2 beschreibt die Krümmung an der Stelle x, die dem Biegemoment proportional ist. Diese Querschnittsneigung ist nicht mit der Ableitung der Verformungslinie identisch. Die Gleichheit gilt nur, wenn die Querschnitte senkrecht zur verformten Mittellinie bleiben. Hier enthält die Verformungslinie auch Anteile aus der Gleitung infolge der Querkraft. Nach Bild 7-10 lassen sich zwei Kraft-Verformungs-Beziehungen aufstellen. Die vereinfachte Darstellung soll der Übersichtlichkeit dienen. Auf die genauere Herleitung der Beziehungen mit der Streichung der Anteile kleinerer Größenordnung für $\Delta x \rightarrow 0$ sei hier verzichtet.

$$\frac{d\gamma_2}{dx} = \gamma_2' = \frac{M}{B_S} \tag{7-75}$$

$$\gamma_1 + \gamma_2 = \frac{Q}{S_K} \tag{7-76}$$

Eliminiert man γ_2, so ergibt sich

$$\gamma_1' + \frac{M}{B_S} = \frac{Q'}{S_K} \tag{7-77}$$

mit $\gamma_1 = w'$ (s. Bild 7-10) lautet die Differentialgleichung der Verformungslinie

$$w'' = -\frac{M}{B_S} + \frac{Q'}{S_K} \tag{7-78}$$

und der Querkraft-Verformungs-Zusammenhang nach (7-76)

$$\gamma = \frac{Q}{S_K} \tag{7-79}$$

Diese beiden Gleichungen stimmen mit (7-73) und (7-74) überein, die aus den Teilverformungen hergeleitet wurden. In der Praxis ist es häufig günstiger mit den Gleichungen für die Teilverformungen (7-68) und (7-70) zu rechnen.

Durch eine Temperaturdifferenz zwischen den Deckschichten entsteht ein weiterer Krümmungsanteil, der in (7-78) berücksichtigt werden muß. Aus der Geometrie in Bild 7-11 ergibt sich die Längendifferenz der Deckschichtabschnitte zu

$$\Delta s_u - \Delta s_o = (r + a_u) \cdot \Delta\varphi - (r - a_o) \cdot \Delta\varphi = (a_u + a_o) \cdot \Delta\varphi = d_k \cdot \Delta\varphi \tag{7-80}$$

Aus der Temperaturdifferenz ist der Längenunterschied der Deckschichtabschnitte

$$\Delta s_u - \Delta s_o = \alpha_T \cdot (T_u - T_o) \cdot \Delta s = \alpha_T \cdot (T_u - T_o) \cdot r \cdot \Delta\varphi \tag{7-81}$$

Durch Gleichsetzen von (7-80) und (7-81) ergibt sich die gesuchte Krümmung

$$\rho_T = \frac{1}{r} = \frac{\alpha_T \cdot (T_u - T_o)}{d_K} = -w''(\Delta T) \tag{7-82}$$

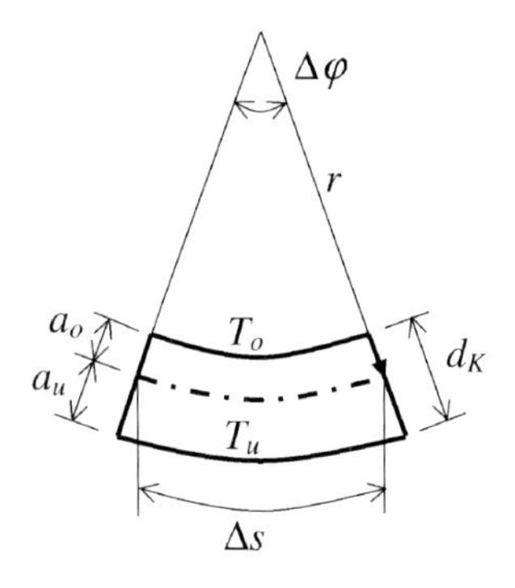

Bild 7-11 Elementkrümmung durch Temperaturdifferenz

Die vollständige Differentialgleichung der Verformungslinie lautet unter Berücksichtigung von (7-78)

$$w'' = -\frac{M}{B_S} + \frac{Q'}{S_K} - \frac{\alpha_T \cdot (T_u - T_o)}{d_K} \tag{7-83}$$

Zur Berechnung der Stützmomente von Durchlaufträgern ist es aber nicht erforderlich, die Differentialgleichungen mit ihren Rand- und Übergangsbedingungen zu lösen. Es ist einfacher, das Kraftgrößenverfahren anzuwenden. Dabei werden die Verformungsgrößen δ_{ik} wie gewohnt nach dem Arbeitssatz bestimmt, mit dem Unterschied, daß die Verformungsanteile aus Querkraft berücksichtigt werden.

Zu Verdeutlichung und Erinnerung sei das Kraftgrößenverfahren für den Durchlaufträger mit Gleichstreckenlast im Bild 7-12 dargestellt.

Die Arbeitsintegrale für das Kraftgrößenverfahren sind über die ganze Länge L des Durchlaufträgers zu erstrecken und lauten für die Eigenspannungszustände:

$$\delta_{i,k} = \delta^M_{i,k} + \delta^Q_{i,k} = \int_{(L)} \frac{\bar{M}_i \, \bar{M}_k}{B_S} \, ds + \int_{(L)} \frac{\bar{Q}_i \, \bar{Q}_k}{S_K} \, ds \tag{7-84}$$

Der allgemein erforderliche Korrekturfaktor κ für das Querkraftintegral ist querschnittsabhängig und im Fall für die hier behandelten Sandwichelemente gleich 1. Dieses liegt an der konstanten Schubspannung im Querschnitt (s. Bild 7-8).

Nach Bild 7-12 ist die Überlagerung eines Eigenspannungszustandes mit sich selbst, also für die Indizes $i = k$, über zwei Bereiche und für zwei benachbarte Zustände, also mit $i \neq k$, über je einen Bereich durchzuführen. Die Ergebnisse für $i = k$ sind:

$$\delta^M_{i,i} = \frac{1}{3\,B_S} \cdot (\ell_i + \ell_{i+1}), \quad \delta^Q_{i,i} = \frac{1}{S_K} \cdot \left(\frac{1}{\ell_i} + \frac{1}{\ell_{i+1}}\right) \tag{7-85}$$

Faßt man diese beiden Verdrehungen zusammen und multipliziert sie mit der Biegesteifigkeit B_S, so erhält man

$$B_S \cdot \delta_{i,i} = \frac{1}{3} \cdot \left[(1 + 3\,\beta_i) \cdot \ell_i + (1 + 3\,\beta_{i+1}) \cdot \ell_{i+1}\right] \tag{7-86}$$

mit $\beta_i = \dfrac{B_S}{S_K \cdot \ell_i^2}$

Für die Überlagerung benachbarter Bereiche ergibt sich:

$$\delta^M_{i,i-1} = \frac{1}{6\,B_S} \cdot \ell_i, \quad \delta^Q_{i,i-1} = -\frac{1}{S_K} \cdot \frac{1}{\ell_i} \tag{7-87}$$

Lastspannungszustand

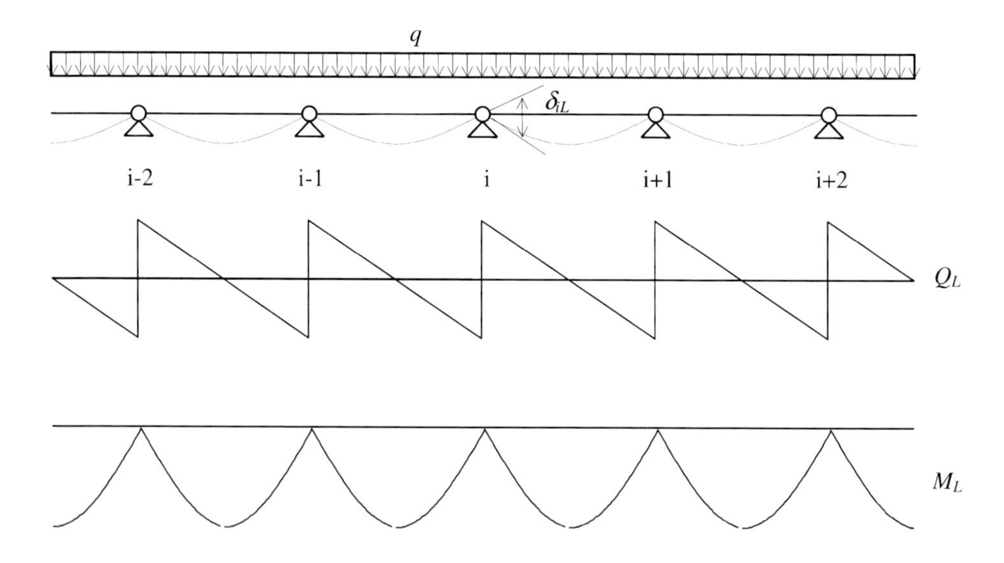

Eigenspannungszustände

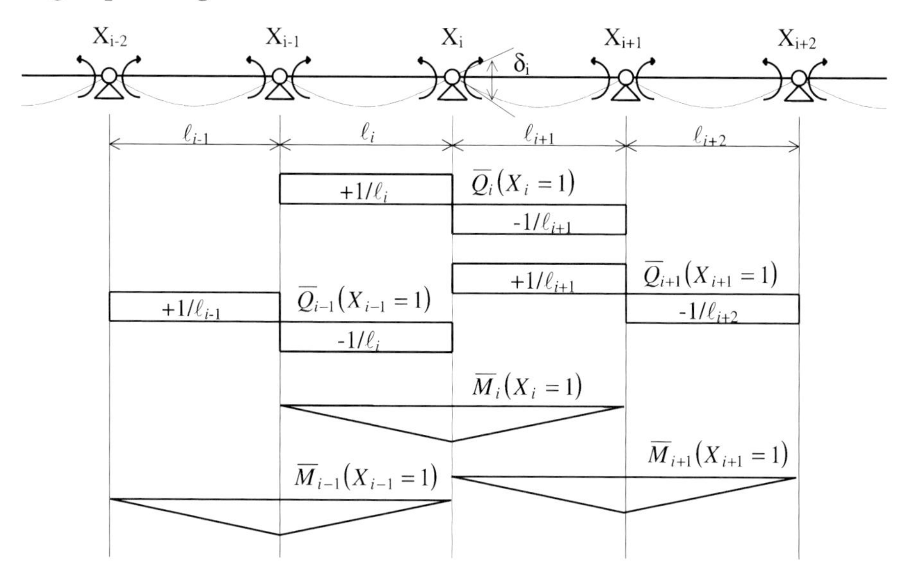

Bild 7-12 Durchlaufträger mit Gleichstreckenlast

$$\delta^{M}_{i,i+1} = \frac{1}{6\,B_S} \cdot \ell_{i+1}\,, \quad \delta^{Q}_{i,i+1} = -\frac{1}{S_K} \cdot \frac{1}{\ell_{i+1}} \tag{7-88}$$

Zusammengefaßt und mit B_S multipliziert erhält man:

$$B_S \cdot \delta_{i,i-1} = \frac{1}{6} \cdot (1 - 6\,\beta_i) \cdot \ell_i \tag{7-89}$$

$$B_S \cdot \delta_{i,i+1} = \frac{1}{6} \cdot (1 - 6\,\beta_{i+1}) \cdot \ell_{i+1} \tag{7-90}$$

Für den Lastspannungszustand lauten die Arbeitsintegrale wie folgt:

$$\delta_{i,L} = \delta^{M}_{i,L} + \delta^{Q}_{i,L} + \delta^{T}_{i,L} = \int_{(L)} \frac{\bar{M}_i\,M_L}{B_S}\,ds + \int_{(L)} \frac{\bar{Q}_i\,Q_L}{S_K}\,ds + \int_{(L)} \bar{M}_i\,\rho_T\,ds \tag{7-91}$$

Die Auswertungen ergeben:

$$\delta^{M}_{i,L} = \frac{1}{3\,B_S} \cdot \left(\frac{q\,\ell_i^2}{8} \cdot \ell_i + \frac{q\,\ell_{i+1}^2}{8} \cdot \ell_{i+1} \right) \tag{7-92}$$

$$\delta^{Q}_{i,L} \equiv 0 \tag{7-93}$$

$$\delta^{T}_{i,L} = \frac{1}{2} \cdot \frac{\alpha_T\,(T_u - T_o)}{d_K} \cdot (\ell_i + \ell_{i+1}) \tag{7-94}$$

Das überraschende Ergebnis, daß die Verformungsgröße aus der Querkraft gleich Null ist, ist aus dem Arbeitsintegral allgemein ersichtlich. Das Integral erstreckt sich über die Querkraft am Einfeldträger, multipliziert mit einer Konstanten. Integriert man die Querkraft entlang der Stabachse, so erhält man das Biegemoment am rechten Rand, welches beim Einfeldträger Null ist. Dieses ist etwas ausführlicher bei der Berechnung von Schubfeldern im Abschnitt 7.1.7.3 erklärt.

Die Verformungsgröße für den Lastfall Temperatur erhält man aus dem Integral über dem Produkt aus dem Biegemoment des Eigenspannungszustandes mit der konstanten Krümmung aus der Temperaturdifferenz.

Durch Zusammenfassen und Multiplizieren mit B_S ergibt sich die Verformungsgröße des Lastspannungszustandes.

$$B_S \cdot \delta_{i,L} = \frac{q}{24}\,(\ell_i^3 + \ell_{i+1}^3) + \frac{\alpha_T\,(T_u - T_o)}{2 \cdot d_K} \cdot B_S \cdot (\ell_i + \ell_{i+1}) \tag{7-95}$$

Mit den vorgenannten Verformungen läßt sich nun die übliche *Clapeyron*'sche Gleichung

$$\delta_{i,i-1} \cdot X_{i-1} + \delta_{i,i} \cdot X_i + \delta_{i,i+1} \cdot X_{i+1} + \delta_{i,L} = 0 \tag{7-96}$$

anschreiben. Kürzt man die Biegesteifigkeit B_S heraus und multipliziert die Gleichung mit 6, ergibt sich die bekannte Form der 3-Momenten-Gleichung.

$$\begin{aligned} &(1-6\,\beta_i)\cdot \ell_i \cdot X_{i-1} + 2\cdot\left[(1+3\,\beta_i)\cdot \ell_i + (1+3\,\beta_{i+1})\cdot \ell_{i+1}\right]\cdot X_i \\ &+(1-6\,\beta_{i+1})\cdot \ell_{i+1}\cdot X_{i+1} = \\ &-\frac{q}{4}(\ell_i^3+\ell_{i+1}^3) - 3\,B_S\cdot\frac{\alpha_T\,(T_u-T_o)}{d_K}\cdot(\ell_i+\ell_{i+1}) \end{aligned} \tag{7-97}$$

Zur Verdeutlichung soll hier (7-97) für einen Zweifeldträger mit gleichen Stützweiten ausgewertet werden. Durch $\ell_i = \ell_{i+1} = \ell$ ist auch $\beta_i = \beta_{i+1} = \beta$. Das Gleichungssystem besteht nur aus einer Gleichung für $X_1 = X$.

$$2\cdot(1+3\,\beta)\cdot 2\,\ell\cdot X = -\frac{q}{4}\cdot 2\,\ell^3 - 3\,B_S\cdot\frac{\alpha_T\,(T_u-T_o)}{d_K}\cdot 2\,\ell \tag{7-98}$$

Aufgelöst nach X ergibt sich das gesuchte Stützmoment zu

$$M_{St} = -\frac{q\,\ell^2}{8}\cdot\frac{1}{1+3\,\beta} - \frac{\alpha_T\,(T_u-T_o)}{d_K}\cdot\frac{3\,B_S}{2\,(1+3\,\beta)} \tag{7-99}$$

Für den schubstarren Träger geht $S_K \rightarrow \infty$ und folglich $\beta \rightarrow 0$. Damit ergibt sich aus (7-99) das bekannte Stützmoment der üblichen Statik für den Zweifeldträger. Mit abnehmender Schubsteifigkeit wird β größer und dadurch das Stützmoment kleiner. Der schubschlaffe Querschnitt ist praktisch nicht möglich, weil dann die Deckschichten nicht mehr verbunden sind und diese selbst keine Biegesteifigkeit haben. Dagegen läßt eine sehr große Dehnsteifigkeit der Deckschichten die Sandwichbiegesteifigkeit und damit β auch sehr groß werden. Vernachlässigt man die Dehnung der Deckschichten ganz, wird das Stützmoment zu Null (s. Abschnitt 7.1.7.3).

Für den seltenen Fall, daß außer den Stützmomenten auch die Schnittgrößen und Verformungen entlang der Stabachse benötigt werden, können diese am Einfeldträger mit Randmomenten berechnet werden. Die anzusetzenden Randmomente sind die Stützmomente des Durchlaufträgers.

Nach Bild 7-13 ergeben sich folgende Schnittgrößen und Verformungen.

$$Q = \frac{q\,\ell}{2}(1-2\,\xi) - \frac{M_l}{\ell} + \frac{M_r}{\ell} \quad \text{mit} \quad \xi = \frac{x}{\ell} \tag{7-100}$$

$$M = \frac{q\,\ell^2}{2}(\xi-\xi^2) + M_l\,(1-\xi) + M_r\,\xi \tag{7-101}$$

$$\begin{aligned} B_S\cdot w' = {} & \frac{q\,\ell^3}{24}\left[1-6\,\xi^2+4\,\xi^3+12\,\beta\,(1-2\,\xi)\right] \\ & + \frac{M_l\cdot\ell}{6}(2-6\,\xi+3\,\xi^2) + \frac{M_r\cdot\ell}{6}(1-3\,\xi^2) \end{aligned} \tag{7-102}$$

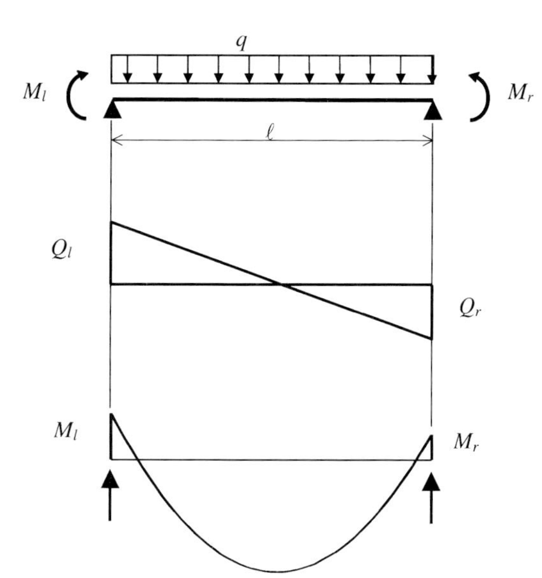

Bild 7-13 Einfeldträger mit Gleichstreckenlast und Randmomenten

$$B_S \cdot w = \frac{q\,\ell^4}{24}\left[\xi - 2\,\xi^3 + \xi^4 + 12\,\beta\,(\xi - \xi^2)\right] + \frac{M_l \cdot \ell^2}{6}(2\,\xi - 3\,\xi^2 + \xi^3) + \frac{M_r \cdot \ell^2}{6}(\xi - \xi^3) \tag{7-103}$$

mit $\beta = \dfrac{B_S}{S_K\,\ell^2}$

Um die Querschnittsendverdrehungen mit den Ergebnissen aus den Arbeitsintegralen vergleichen zu können, sei auch die Querschnittsverdrehung γ_2 berechnet. Aus Bild 7-10 ergibt sich

$$\gamma_2 = \gamma - w' = \frac{Q}{S_K} - w' \tag{7-104}$$

oder mit der Biegesteifigkeit B_S multipliziert

$$B_S \cdot \gamma_2 = \beta \cdot Q \cdot \ell^2 - B_S \cdot w' \tag{7-105}$$

Durch Einsetzen von (7-100) und (7-102) ergibt sich:

$$B_S \cdot \gamma_2 = -\frac{q\,\ell^3}{24}(1 - 6\,\xi^2 + 4\,\xi^3) - \frac{M_l \cdot \ell}{6}(2 - 6\,\xi + 3\,\xi^2 + 6\,\beta) - \frac{M_r \cdot \ell}{6}(1 - 3\,\xi^2 - 6\,\beta) \tag{7-106}$$

Die Randwerte für $\xi = 0$ und $\xi = 1$ sind:

$$B_S \cdot \gamma_2(0) = -\frac{q\,\ell^3}{24} - \frac{M_l \cdot \ell}{3}(1 + 3\,\beta) - \frac{M_r \cdot \ell}{6}(1 - 6\,\beta) \tag{7-107}$$

$$B_S \cdot \gamma_2(1) = +\frac{q\,\ell^3}{24} + \frac{M_r \cdot \ell}{3}(1 + 3\,\beta) + \frac{M_l \cdot \ell}{6}(1 - 6\,\beta) \tag{7-108}$$

Betrachtet man den rechten Rand $\xi = 1$ des Einfeldträgers und setzt $M_l = M_r = 1$, so sind die einzelnen Summanden in (7-108) jeweils die Teile für ℓ_i in den δ-Werten. Der erste Summand ist dem ersten Teil aus (7-95) gleich. Der zweite Summand entspricht dem ersten Teil aus (7-86) und ist die Verdrehung des Querschnitts am Angriffspunkt des Momentes. Der letzte Summand ist der Wert von (7-89) für die Verdrehung, wenn das Moment am gegenüberliegenden Rand angreift.

7.3.2.2 Berechnung der Spannungen

Allgemein werden die Querschnittswerte und die Schnittgrößen auf 1 m Breite der Sandwichelemente bezogen. Bei der Angabe der entsprechenden Größe wird deshalb auch häufig in der Einheit der Zusatz pro Meter [.../m] benutzt. Bei der Berechnung der Spannungen ist es lediglich erforderlich, eine einheitliche Breite b_e zu verwenden. Die Querschnittswerte ergeben sich mit den Bezeichnungen nach Bild 7-8 wie folgt:

Querschnittsflächen:

Deckschichten: $A_{o,u} = t_{o,u} \cdot b_e$ (7-109)

Kernschicht: $A_K = d_K \cdot b_e \approx a \cdot b_e$ (7-110)

Trägheitsmoment des Sandwichelementes wie in (7-69):

$$I_S = \frac{A_o \cdot A_u}{A_o + A_u} \cdot a^2 \tag{7-111}$$

Widerstandsmomente:

$$W_{o,u} = \frac{I_S}{a_{o,u}} \tag{7-112}$$

Die Spannungen ergeben sich nach Bild 7-8 mit den üblichen Regeln.

Die Deckschichten bekommen nur Normalspannungen:

$$\sigma_{o,u} = \mp\frac{N}{A_{o,u}} = \mp\frac{M}{a \cdot A_{o,u}} \tag{7-113}$$

oder mit den Widerstandsmomenten nach (7-112)

$$\sigma_{o,u} = \mp \frac{M}{W_{o,u}} \tag{7-114}$$

Die Kernschicht wird nur durch eine Schubspannung beansprucht:

$$\tau = \frac{Q}{A_K} \tag{7-115}$$

7.3.3 Sandwichelemente mit biegesteifen Deckschichten

7.3.3.1 Schnittgrößen-Verschiebungs-Beziehungen

Durch die Verknüpfungen der Schnittgrößen nach Bild 7-14 mit den Verformungen nach Bild 7-16 entsteht ein Differentialgleichungssystem, welches die lineare Sandwichtheorie für Sandwichelemente mit biegesteifen Deckschichten beschreibt. Im Bild 7-14 ist ein Sandwichelement mit einer biegesteifen und einer biegeweichen Deckschicht dargestellt. Zwei biegesteife Deckschichten sind bei den handelsüblichen Sandwichelementen nicht vorhanden. Die folgende Theorie gilt aber auch für Elemente mit zwei biegesteifen Deckschichten, weil für beide Deckschichten das Biegemoment proportional zur zweiten Ableitung der Verformungslinie ist. Das Deckschichtmoment M_D teilt sich im Verhältnis der Biegesteifigkeiten der Deckschichten in M_o und M_u auf. Die genauere Herleitung für diesen Fall und für andere Sandwichformen sind in [140] beschrieben.

Zur Verdeutlichung der Maße in Bild 7-14 stellt Bild 7-15 einen Querschnittsabschnitt aus einem Sandwichelement dar. Die Breite b_R ist die Rippenbreite des Trapezprofils. Die Blechdicken sind für die Berechnung der Spannungen zwar wichtig, bei der Ermittlung der geometrischen Größen kann aber mit den Abständen der Schwerlinien gerechnet werden. Die Kernschicht hat die fiktive Dicke a, sie erstreckt sich also zwischen den Schwerlinien der Deckschichten. Wie in Bild 7-16 zu erkennen ist, entsteht dadurch eine Verletzung der Kompatibilität zwischen Trapezprofil und Kernschicht. Da die handelsüblichen Sandwichelemente nur mit relativ kleinen Trapezprofilen hergestellt werden, ist diese Näherung vertretbar. Nur aus zeichentechnischen Gründen ist in Bild 7-16 das Trapezprofil unten dargestellt.

Weil für die Bemessung die Spannungen nach Bild 7-14 berechnet werden müssen, ist es erforderlich, die Teilschnittgrößen für die biegesteife Deckschicht (Index D) und den Sandwichverbund (Index S) zu ermitteln. Die Schubspannung der Deckschicht geht nicht in die Bemessung ein. Die Teilschnittgrößen sind mit den Verformungsgrößen nach Bild 7-16 verknüpft.

Analog zur Herleitung bei Sandwichelementen mit biegeweichen Deckschichten ist das Sandwichmoment auch hier proportional zur Krümmung des Elementes.

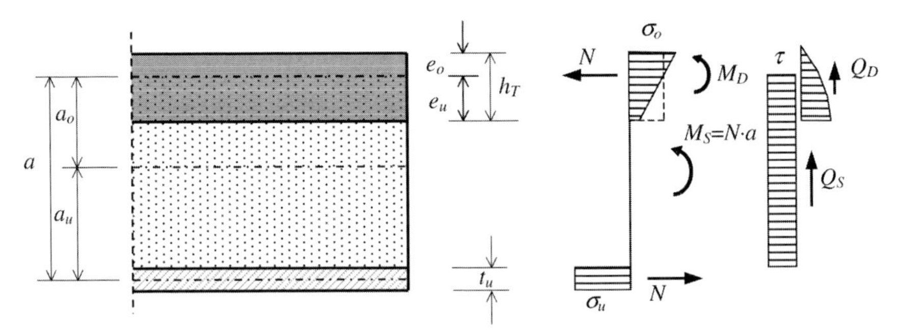

Bild 7-14 Unverformtes Element mit einer biegesteifen Deckschicht

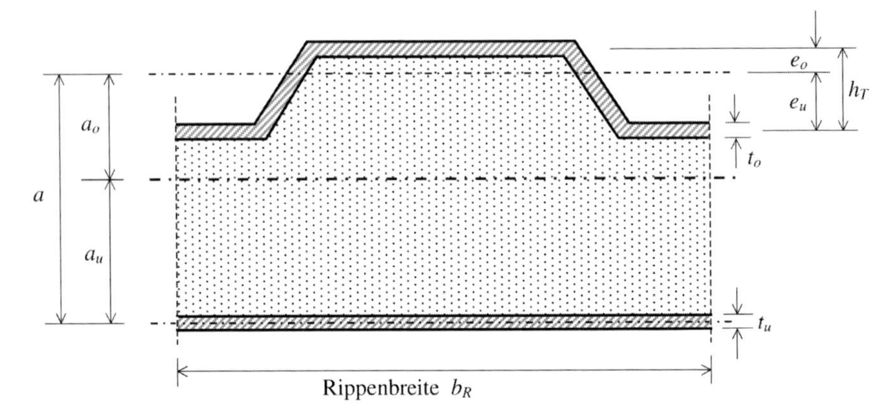

Bild 7-15 Querschnitt eines Sandwichelements mit trapezprofilierter Deckschicht

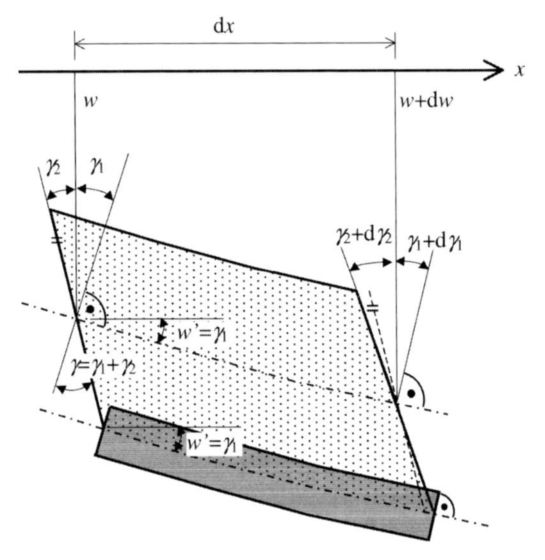

Bild 7-16 Verformungen am Balkenelement mit einer biegesteifen Deckschicht

$$M_S = B_S \cdot (\gamma_2' - \vartheta) = B_S \cdot (\gamma' - w'' - \vartheta) \tag{7-116}$$

Das Deckschichtmoment ist wegen der Annahme des schubstarren Trapezprofils proportional zur zweiten Ableitung der Verformungslinie.

$$M_D = -B_D \cdot w'' \tag{7-117}$$

Die Sandwichquerkraft ist proportional zum Gleitwinkel der Kernschicht

$$Q_S = S_K \cdot \gamma \tag{7-118}$$

und die Querkraft der biegesteifen Deckschicht – wie herkömmlich – proportional zur dritten Ableitung der Verformungslinie.

$$Q_D = -B_D \cdot w''' \tag{7-119}$$

In obigen Gleichungen gelten folgende Bezeichnungen:

B_S	*Steiner*-Anteile der Biegesteifigkeit des Verbundquerschnitts
B_D	Eigenbiegesteifigkeit des Trapezprofils (biegesteife Deckschicht)
S_K	Schubsteifigkeit der Kernschicht
M_S	Biegemoment aus dem Membranspannungszustand der Deckschichten (Sandwichmoment)
M_D	Biegemoment des Trapezprofils
Q_S	Querkraft in der Kernschicht
Q_D	Querkraft im Trapezprofil
w	Gesamtverformung
$\gamma_1 = w'$	Verdrehung des Trapezprofil-Querschnitts
γ	Schubwinkel der Kernschicht (Abweichung von der Normalen zu Verformungslinie)
γ_2	Verdrehung der Verbindung der Deckschicht-Schwerlinien
ϑ	Krümmung des Sandwichelements durch die Temperaturdifferenz der Deckschichten wie in (7-82)

$$\vartheta = \frac{\alpha_T \cdot (T_u - T_o)}{a} \tag{7-120}$$

Für die weitere Berechnung ist es übersichtlicher, die Teilschnittgrößen und Biegesteifigkeiten zusammenzufassen. Mit den Lösungen der Verformungsgrößen können die Teilschnittgrößen nach (7-116) bis (7-119) nachträglich berechnet werden.

$$M = M_S + M_D; \quad Q = Q_S + Q_D; \quad B = B_S + B_D \tag{7-121}$$

Durch die Addition der Gleichungen (7-116) und (7-117) bzw. (7-118) und (7-119) entstehen die beiden folgenden Differentialgleichungen.

$$S_K \cdot \gamma - B_D \cdot w''' = Q \tag{7-122}$$

$$B_S \cdot (\gamma' - \vartheta) - B \cdot w'' = M \tag{7-123}$$

Nach der Elimination von γ mit Benutzung der Beziehung $Q' = -q$ erhält man eine inhomogene Differentialgleichung 4. Ordnung.

$$w'''' - \left(\frac{\lambda}{\ell}\right)^2 w'' = \left(\frac{\lambda}{\ell}\right)^2 \frac{M}{B} + \frac{1+\alpha}{\alpha} \cdot \frac{q}{B} + \left(\frac{\lambda}{\ell}\right)^2 \frac{\vartheta}{1+\alpha} \tag{7-124}$$

mit den Abkürzungen

$$\alpha = \frac{B_D}{B_S}; \quad \beta = \frac{B_S}{S_K\, \ell^2}; \quad \lambda^2 = \frac{1+\alpha}{\alpha\,\beta} \tag{7-125}$$

7.3.3.2 Allgemeine Lösungen der Differentialgleichungen

Die allgemeine Lösung des homogenen Teils der Differentialgleichung (7-124) lautet:

$$w_h = C_1 \cdot e^{-\lambda x/\ell} + C_2^* \cdot e^{\lambda x/\ell} + C_3 \cdot x + C_4 \tag{7-126}$$

Für eine numerisch stabile Lösung ist es günstig, den mit x stark anwachsenden zweiten Term in eine Funktion mit negativem Exponenten umzuschreiben.

$$w_h = C_1 \cdot e^{-\lambda x/\ell} + C_2 \cdot e^{-\lambda \bar{x}/\ell} + C_3 \cdot x + C_4 \tag{7-127}$$

mit $\bar{x} = \ell - x$ und $C_2 = C_2^* \cdot e^{\lambda}$

Die rechten Seiten der Gleichungen (7-122) und (7-123) kann man – bis auf die Randwerte bei statisch unbestimmten Systemen – feldweise aus den Gleichgewichtsbedingungen bestimmen. Die Schnittgrößen lassen sich aus Bild 7-13 herleiten.

$$M = \frac{q\,\ell^2}{2}\left(\frac{x}{\ell} - \frac{x^2}{\ell^2}\right) + M_l\left(1 - \frac{x}{\ell}\right) + M_r\,\frac{x}{\ell} \tag{7-128}$$

$$Q = \frac{q\,\ell}{2}\left(1 - 2\,\frac{x}{\ell}\right) - \frac{M_l}{\ell} + \frac{M_r}{\ell} \tag{7-129}$$

Durch einen Potenzreihenansatz für die Partikularlösung w_p und den Koeffizientenvergleich nach dem Einsetzen der Funktion (7-128) für M in die Gleichung (7-124) erhält man

$$\begin{aligned} w_p = -\frac{1}{B}\Bigg[& -M_l\,\ell^2\left(\frac{x^3}{6\,\ell^3} - \frac{x^2}{2\,\ell^2}\right) + M_r\,\ell^2\,\frac{x^3}{6\,\ell^3} \\ & + \frac{q\,\ell^4}{24}\left(-\frac{x^4}{\ell^4} + 2\,\frac{x^3}{\ell^3} + \frac{12}{\lambda^2\,\alpha}\cdot\frac{x^2}{\ell^2}\right)\Bigg] - \frac{\vartheta\cdot\ell^2}{1+\alpha}\cdot\frac{x^2}{2\,\ell^2} \end{aligned} \tag{7-130}$$

Die allgemeine Lösung der Differentialgleichung (7-124) ergibt sich durch Addition der Lösungen des homogenen Teils (7-127) und der Partikularlösung (7-130). Sie ist für die weitere Berechnung bis zur dritten Ableitung erforderlich und wird im folgenden mit den dimensionslosen Variablen ξ und $\overline{\xi}$ geschrieben.

$$\xi = \frac{x}{\ell} \quad \text{und} \quad \overline{\xi} = \frac{\overline{x}}{\ell} = 1 - \frac{x}{\ell} \tag{7-131}$$

$$\begin{aligned} w = {} & C_1 \cdot e^{-\lambda\xi} + C_2 \cdot e^{-\lambda\overline{\xi}} + C_3\, \ell\, \xi + C_4 - \frac{1}{B}\left[-M_1\, \ell^2 \left(\frac{\xi^3}{6} - \frac{\xi^2}{2}\right)\right. \\ & \left. + M_r\, \ell^2 \frac{\xi^3}{6} + \frac{q\,\ell^4}{24}\left(-\xi^4 + 2\,\xi^3 + \frac{12}{\lambda^2\,\alpha} \cdot \xi^2\right)\right] - \frac{\vartheta \cdot \ell^2}{1+\alpha} \cdot \frac{\xi^2}{2} \end{aligned} \tag{7-132}$$

$$\begin{aligned} w' = {} & -\frac{\lambda}{\ell} C_1 \cdot e^{-\lambda\xi} + \frac{\lambda}{\ell} C_2 \cdot e^{-\lambda\overline{\xi}} + C_3 - \frac{1}{B}\left[-M_1\, \ell \left(\frac{\xi^2}{2} - \xi\right)\right. \\ & \left. + M_r\, \ell \frac{\xi^2}{2} + \frac{q\,\ell^3}{24}\left(-4\,\xi^3 + 6\,\xi^2 + \frac{24}{\lambda^2\,\alpha} \cdot \xi\right)\right] - \frac{\vartheta \cdot \ell}{1+\alpha} \cdot \xi \end{aligned} \tag{7-133}$$

$$\begin{aligned} w'' = {} & \left(\frac{\lambda}{\ell}\right)^2 C_1 \cdot e^{-\lambda\xi} + \left(\frac{\lambda}{\ell}\right)^2 C_2 \cdot e^{-\lambda\overline{\xi}} - \frac{1}{B} \\ & \left[-M_1\,(\xi - 1) + M_r\, \xi + \frac{q\,\ell^2}{24}\left(-12\,\xi^2 + 12\,\xi + \frac{24}{\lambda^2\,\alpha}\right)\right] - \frac{\vartheta}{1+\alpha} \end{aligned} \tag{7-134}$$

$$\begin{aligned} w''' = {} & -\left(\frac{\lambda}{\ell}\right)^3 C_1 \cdot e^{-\lambda\xi} + \left(\frac{\lambda}{\ell}\right)^3 C_2 \cdot e^{-\lambda\overline{\xi}} \\ & -\frac{1}{B}\left[-\frac{M_1}{\ell} + \frac{M_r}{\ell} + \frac{q\,\ell}{2}(-2\,\xi + 1)\right] \end{aligned} \tag{7-135}$$

Die 4. Ableitung sei hier zur Information und Anschauung angeschrieben.

$$w'''' = \left(\frac{\lambda}{\ell}\right)^4 C_1 \cdot e^{-\lambda\xi} + \left(\frac{\lambda}{\ell}\right)^4 C_2 \cdot e^{-\lambda\overline{\xi}} + \frac{q}{B} \tag{7-136}$$

Wegen der normalen Biegetheorie ist für das Trapezprofil die 4. Ableitung der Biegelinie proportional zur Querbelastung. In Gleichung (7-136) ist diese die Summe aus der Belastung für den gesamten Sandwichbalken und der Kontaktkräfte zwischen dem Trapezprofil und der Kernschicht.

Die allgemeine Lösung für den Schubwinkel γ erhält man durch Einsetzen von w''' und dem Ausdruck (7-129) für die Querkraft in die Gleichung (7-122).

$$\begin{aligned}\gamma &= (1+\alpha)\cdot\left(-\frac{\lambda}{\ell}C_1\cdot e^{-\lambda\xi}+\frac{\lambda}{\ell}C_2\cdot e^{-\lambda\bar{\xi}}\right)\\ &+\frac{1+\alpha}{\lambda^2\,\alpha}\cdot\frac{1}{B}\left[-M_l\,\ell+M_r\,\ell+\frac{q\,\ell^3}{2}(-2\,\xi+1)\right]\end{aligned} \qquad (7\text{-}137)$$

$$\gamma' = (1+\alpha)\cdot\left[\left(\frac{\lambda}{\ell}\right)^2 C_1\cdot e^{-\lambda\xi}+\left(\frac{\lambda}{\ell}\right)^2 C_2\cdot e^{-\lambda\bar{\xi}}\right]-\frac{1+\alpha}{\lambda^2\,\alpha}\cdot\frac{q\,\ell^2}{B} \qquad (7\text{-}138)$$

Für die Bestimmung der Integrationskonstanten C_1 bis C_4 und der Randmomente M_l und M_r benutzt man die Rand- und Übergangsbedingungen des folgenden Abschnitts.

7.3.3.3 Rand- und Übergangsbedingungen

Die Rand- und Übergangsbedingungen für die üblichen Fälle sind in der Tabelle 7-2 zusammengestellt. Die weiteren für mehr theoretische Fälle können [140] entnommen werden. Zum Beispiel kommt der scheinbar wichtige Fall der Randeinspannung bei Sandwichelementen praktisch nicht vor.

Weil die allgemeine Lösung (7-132) sechs Konstanten (C_1 bis C_4, M_l, M_r) enthält, sind an jedem Rand drei Randbedingungen erforderlich. An den Zwischenstellen müssen sechs Übergangsbedingungen erfüllt werden, weil dort zwei Integrationsbereiche zusammentreffen.

Tabelle 7-2 Rand- und Übergangsbedingungen

Freies Stabende F	**Drehbar aufliegendes Stabende**	**Zwischenauflager** i i+1	**Lastsprung im Feld** F q_i q_{i+1} i i+1
$w'' = 0\ (M_D = 0)$ $M = 0$ $Q + F = 0$	$w = 0$ $w'' = 0\ (M_D = 0)$ $M = 0$	$w_i = 0$ $w_{i+1} = 0$ $w_i' - w_{i+1}' = 0$ $w_i'' - w_{i+1}'' = 0$ $\gamma_i - \gamma_{i+1} = 0$ $M_i - M_{i+1} = 0$	$w_i - w_{i+1} = 0$ $w_i' - w_{i+1}' = 0$ $w_i'' - w_{i+1}'' = 0$ $\gamma_i - \gamma_{i+1} = 0$ $M_i - M_{i+1} = 0$ $Q_i - Q_{i+1} - F = 0$

7.3.3.4 Lineares Gleichungssystem

Soll ein Sandwichträger mit allen Verformungs- und Schnittgrößen berechnet werden, teilt man ihn in Bereiche ein, in denen die unbekannten Funktionen und die benötigten Ableitungen stetig sind. Diese Bereiche sind in der Regel die Felder von Durchlaufträgern. An den Stellen von Belastungssprüngen müssen die Felder nochmals unterteilt werden. Die Lösungen der Differentialgleichungen gelten mit bereichsweise unterschiedlichen Integrationskonstanten, die durch die Rand- und Übergangsbedingungen bestimmt werden müssen.

Es sei aber hier darauf hingewiesen, daß in der Regel für die Bemessung von Sandwichelementen diese relativ aufwendige Berechnung nicht erforderlich ist. Meistens genügt die Ermittlung der Teilschnittgrößen an den Zwischenstützen von Durchlaufträgern, was nach Abschnitt 7.3.3.5 wesentlich einfacher ist.

Zur übersichtlichen numerischen Behandlung der Beziehungen (7-128), (7-129), (7-132) bis (7-135), (7-137) und (7-138) wird ab hier die Matrizenschreibweise benutzt. Die Spaltenmatrix $\boldsymbol{Z}$ der Zustandsgrößen ergibt sich als Produkt aus der Funktionsmatrix $\boldsymbol{F}$ und der Spaltenmatrix $\boldsymbol{K}$ der Integrationskonstanten, vergrößert um die Spaltenmatrix $\boldsymbol{L}$ der Belastungen.

$$\boldsymbol{Z} = \boldsymbol{F} \cdot \boldsymbol{K} + \boldsymbol{L} \tag{7-139}$$

Diese Matrizengleichung ist in Tabelle 7-3 für den Bereich i in voller Länge ausgeschrieben. Zur Berechnung eines beliebigen Sandwichträgers formuliert man die Rand- und Übergangsbedingungen und erzeugt damit das lineare Gleichungssystem

$$\boldsymbol{A} \cdot \boldsymbol{X} + \boldsymbol{R} = \boldsymbol{0} \tag{7-140}$$

Der Lösungsvektor $\boldsymbol{X}$ besteht aus der Aneinanderreihung der Spaltenmatrizen $\boldsymbol{K}_i$ der Integrationskonstanten mit $i = 1$ bis n, wenn n die Anzahl der Bereiche ist. Die Koeffizientenmatrix $\boldsymbol{A}$ setzt sich aus den Funktionsmatrizen $\boldsymbol{F}_i$ für die in Frage kommenden Randwerte der einzelnen Bereiche zusammen. Die Spaltenmatrix $\boldsymbol{R}$ enthält die korrespondierenden Randwerte der Spaltenmatrix $\boldsymbol{L}_i$ aus den Belastungen.

Für das Gleichungssystem (7-140) gewinnt man für einen Durchlaufträger die ersten drei Gleichungen mit den drei Randbedingungen am linken Rand des Trägers. Je sechs weitere Gleichungen erzeugt man mit sechs Übergangsbedingungen an den Zwischenstützen bzw. den Stellen von Lastsprüngen. Die letzten drei Gleichungen ergeben sich aus den drei Randbedingungen am rechten Trägerrand. Das Gleichungssystem für einen Einfeldträger ohne Lastsprünge besteht nur aus den ersten und letzten drei Gleichungen.

Es sei noch angemerkt, daß die Funktionsmatrix $\boldsymbol{F}$ mit acht Zeilen und sechs Spalten zwei linear abhängige Zeilen enthält, da die Schnittgrößen Linearkombinationen der Verformungsgrößen sind. In der numerischen Behandlung zeigt sich, daß diese Überbestimmtheit zweckmäßig ist, weil sich die Rand- und Übergangsbedingungen einfacher formulieren lassen und nach der Lösung alle Teilschnittgrößen nach (7-116) bis (7-119) leicht be-

Tabelle 7-3 Matrizengleichung für die Zustandsgrößen im Bereich i

$$\mathbf{Z}_i = \mathbf{F}_i \times \mathbf{K}_i + \mathbf{L}_i$$

Z_i	F_i						K_i	L_i
w_i	$e^{-\lambda_i \xi}$	$e^{-\lambda_i \bar{\xi}}$	$\ell_i\,\xi$	1	$\frac{\ell_i^2}{B}\left(\frac{\xi^3}{6}-\frac{\xi^2}{2}\right)$	$-\frac{\ell_i^2\,\xi^3}{6\,B}$		$\frac{q_i\,\ell_i^4}{24\,B}\left(\xi^4-2\,\xi^3-\frac{12\,\xi^2}{\alpha\,\lambda_i^2}\right)-\frac{\vartheta\,\ell_i^2\,\xi^2}{2\,(1+\alpha)}$
w_i'	$-\frac{\lambda_i}{\ell_i}e^{-\lambda_i \xi}$	$\frac{\lambda_i}{\ell_i}e^{-\lambda_i \bar{\xi}}$	1	0	$\frac{\ell_i}{B}\left(\frac{\xi^2}{2}-\xi\right)$	$-\frac{\ell_i\,\xi^2}{2\,B}$	$C_{1,i}$	$\frac{q_i\,\ell_i^3}{24\,B}\left(4\,\xi^3-6\,\xi^2-\frac{24\,\xi}{\alpha\,\lambda_i^2}\right)-\frac{\vartheta\,\ell_i\,\xi}{1+\alpha}$
w_i''	$\left(\frac{\lambda_i}{\ell_i}\right)^2 e^{-\lambda_i \xi}$	$\left(\frac{\lambda_i}{\ell_i}\right)^2 e^{-\lambda_i \bar{\xi}}$	0	0	$\frac{1}{B}(\xi-1)$	$-\frac{\xi}{B}$	$C_{2,i}$	$\frac{q_i\,\ell_i^2}{24\,B}\left(12\,\xi^2-12\,\xi-\frac{24}{\alpha\,\lambda_i^2}\right)-\frac{\vartheta}{1+\alpha}$
w_i'''	$-\left(\frac{\lambda_i}{\ell_i}\right)^3 e^{-\lambda_i \xi}$	$\left(\frac{\lambda_i}{\ell_i}\right)^3 e^{-\lambda_i \bar{\xi}}$	0	0	$\frac{1}{B\,\ell_i}$	$-\frac{1}{B\,\ell_i}$	$C_{3,i}$	$\frac{q_i\,\ell_i}{24\,B}(24\,\xi-12)$
γ_i	$-(1+\alpha)\cdot\frac{\lambda_i}{\ell_i}e^{-\lambda_i \xi}$	$(1+\alpha)\cdot\frac{\lambda_i}{\ell_i}e^{-\lambda_i \bar{\xi}}$	0	0	$-\frac{\ell_i}{B}\frac{1+\alpha}{\alpha\,\lambda_i^2}$	$\frac{\ell_i}{B}\frac{1+\alpha}{\alpha\,\lambda_i^2}$	$C_{4,i}$	$-\frac{q_i\,\ell_i^3}{2\,B}\frac{1+\alpha}{\alpha\,\lambda_i^2}(2\,\xi-1)$
γ_i'	$(1+\alpha)\cdot\left(\frac{\lambda_i}{\ell_i}\right)^2 e^{-\lambda_i \xi}$	$(1+\alpha)\cdot\left(\frac{\lambda_i}{\ell_i}\right)^2 e^{-\lambda_i \bar{\xi}}$	0	0	0	0	$M_{l,i}$	$-\frac{q_i\,\ell_i^2}{B}\frac{1+\alpha}{\alpha\,\lambda_i^2}$
M_i	0	0	0	0	$-\xi+1$	ξ	$M_{r,i}$	$-\frac{q_i\,\ell_i^2}{2}(\xi^2-\xi)$
Q_i	0	0	0	0	$-\frac{1}{\ell_i}$	$\frac{1}{\ell_i}$		$-\frac{q_i\,\ell_i}{2}(2\,\xi-1)$

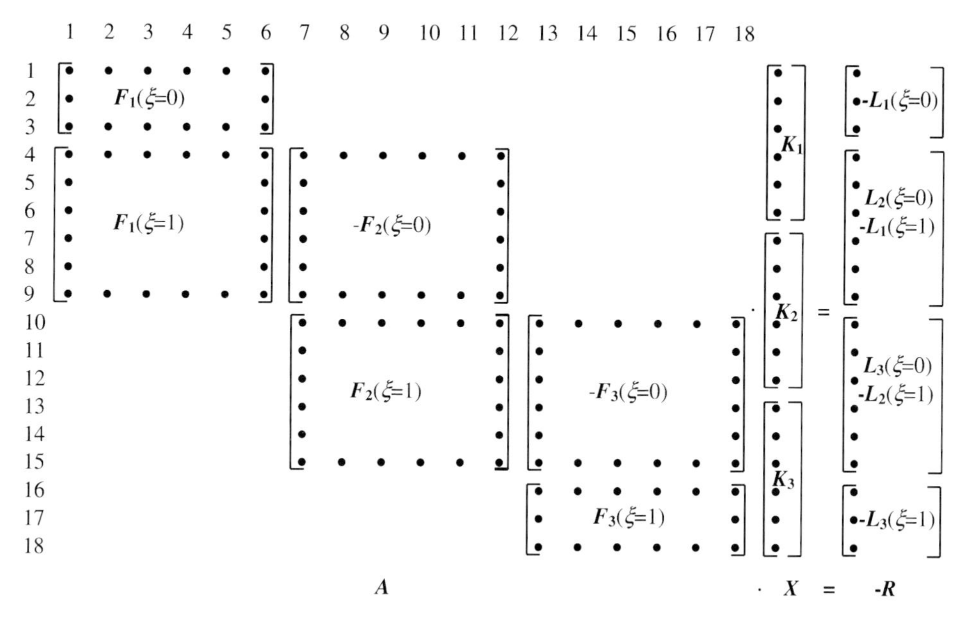

Bild 7-17 Gleichungssystem für einen Träger mit drei Bereichen

stimmbar sind. In der Koeffizientenmatrix $\boldsymbol{A}$ nach (7-140) dürfen natürlich keine linear abhängigen Zeilen oder Spalten formuliert werden.

Bild 7-17 stellt ein Gleichungssystem für einen Träger mit drei Bereichen dar. Wenn keine Belastungssprünge vorhanden sind, ist dieses z. B. ein Dreifeldträger. Die Lösung des Systems erhält man gemäß (7-140) nach folgender Matrizengleichung.

$$\boldsymbol{X} = \boldsymbol{A}^{-1} \cdot (-\boldsymbol{R}) \tag{7-141}$$

Da dieses Gleichungssystem sehr viele Variablen hat, ist eine Handrechnung kaum möglich. Für die elektronische Berechnung bieten die Programmsprachen entweder die Matrizenfunktionen oder fertige Unterprogramme an.

7.3.3.5 Sechs-Momenten-Gleichungen

Der Tragsicherheitsnachweis wird an einer Kette von Einfeldträgern geführt, auch wenn die Sandwichelemente als Durchlaufträger verlegt sind. Eine aufwendige Ermittlung der Stützmomente und in der Folge aller Schnittgrößen ist also nicht erforderlich. Für den Gebrauchstauglichkeitsnachweis ist nur der Spannungsnachweis an den Zwischenstützen gefordert. Es reicht also aus, die Teilschnittgrößen an diesen Stellen zu berechnen.

Hier soll deshalb ein Kraftgrößenverfahren analog zu den *Clapeyron*'schen Gleichungen hergeleitet werden. Als statisch bestimmtes Hauptsystem wird eine Kette von Einfeldträgern gewählt, die durch Aufschneiden der Sandwichelemente an den Zwischenstützen

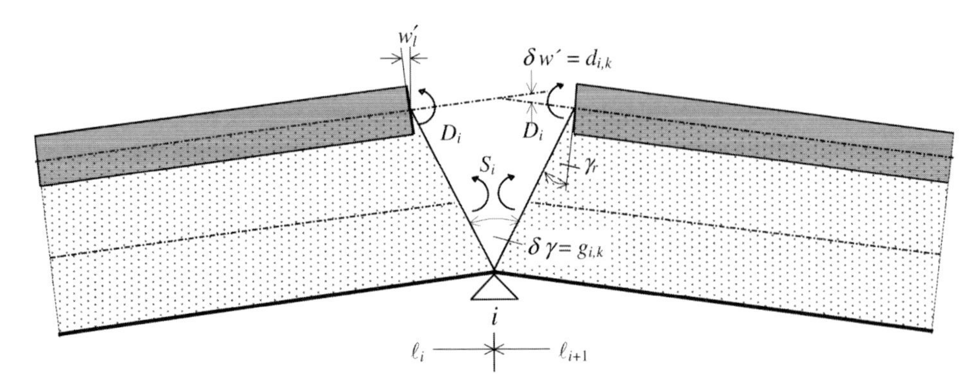

Bild 7-18 Verformungs- und Schnittgrößen am aufgeschnittenen Sandwichelement

entsteht. Es werden dadurch jeweils zwei statisch überzählige Biegemomente vorerst zu Null. Diese Biegemomente sind das Deckschichtmoment M_D und das Sandwichmoment M_S. Es stehen dafür auch zwei Verträglichkeitsbedingungen zur Verfügung.

$$w_l' - w_r' = 0 \tag{7-142}$$

$$\gamma_l - \gamma_r = 0 \tag{7-143}$$

Die Bezeichnungen für Verformungs- und Schnittgrößen sind hier wie in Abschnitt 7.3.3.1 gewählt. Die Bedingung (7-142) stellt sicher, daß in der biegesteifen Deckschicht kein Knick auftritt und (7-143) verhindert ein Auseinanderklaffen der Deckschichten. Schematisch ist dieses in Bild 7-18 dargestellt.

Die Einflüsse der Eigenspannungszustände, also der Stützmomente in den Deckschichten und dem Sandwichteil, auf die Verformungsgrößen nach (7-142) und (7-143) reichen, wie beim homogenen Träger, hier auch nur über jeweils zwei Felder. Das Prinzip ist wie in Bild 7-12, nur daß hier die Arbeitsintegrale mit den Teilschnittgrößen bestimmt werden müßten. Weil die Teilschnittgrößen nicht allein mit den Gleichgewichtsbedingungen bestimmt werden können, sondern über die Differentialgleichung der Verformungslinie ermittelt werden müssen, ist die Anwendung der Arbeitsintegrale ein Umweg. Der Lösungsweg der Differentialgleichung liefert automatisch die Randverdrehungen und die Kernschichtgleitungen an diesen Stellen mit.

Die beiden allgemeinen Verträglichkeitsbedingungen (7-142) und (7-143) lassen sich für den Träger an der Zwischenstütze i in folgender Form aufstellen.

$$\begin{aligned} &d_{i,Di-1} \cdot D_{i-1} + d_{i,Si-1} \cdot S_{i-1} + d_{i,Di} \cdot D_i \\ &+ d_{i,Si} \cdot S_i + d_{i,Di+1} \cdot D_{i+1} + d_{i,Si+1} \cdot S_{i+1} + d_{i,L} = 0 \end{aligned} \tag{7-144}$$

$$\begin{aligned} &g_{i,Di-1} \cdot D_{i-1} + g_{i,Si-1} \cdot S_{i-1} + g_{i,Di} \cdot D_i \\ &+ g_{i,Si} \cdot S_i + g_{i,Di+1} \cdot D_{i+1} + g_{i,Si+1} \cdot S_{i+1} + g_{i,L} = 0 \end{aligned} \tag{7-145}$$

Darin bedeuten:

D_i Deckschichtmoment an der Zwischenstütze i
S_i Sandwichmoment an der Zwischenstütze i
$d_{i,Dk}$ gegenseitige Verdrehung der Deckschichten an der Zwischenstütze i infolge eines Deckschichtmomentes $D_k = 1$ an der Zwischenstütze k
$d_{i,Sk}$ gegenseitige Verdrehung der Deckschichten an der Zwischenstütze i infolge eines Sandwichmomentes $S_k = 1$ an der Zwischenstütze k
$d_{i,L}$ gegenseitige Verdrehung der Deckschichten an der Zwischenstütze i infolge der Belastung
$g_{i,Dk}$ gegenseitiger Schubwinkel der Sandwichenden an der Zwischenstütze i infolge eines Deckschichtmomentes $D_k = 1$ an der Zwischenstütze k
$g_{i,Sk}$ gegenseitiger Schubwinkel der Sandwichenden an der Zwischenstütze i infolge eines Sandwichmomentes $S_k = 1$ an der Zwischenstütze k
$g_{i,L}$ gegenseitiger Schubwinkel der Sandwichenden an der Zwischenstütze i infolge der Belastung

Die Verformungsgrößen werden am statisch bestimmten Hauptsystem berechnet. Der erste Index einer Verformungsgröße gibt den Ort der Verformung an, also in den Gleichungen (7-144) und (7-145) die Zwischenstütze *i*. Die an zweiter Stelle stehende Indexkombination beschreibt die Ursache für die Verformung und ihre Angriffsstelle. So bedeutet der Index $_{Dk}$ Deckschichtmoment $D_k = 1$ und $_{Sk}$ Sandwichmoment $S_k = 1$ an der Zwischenstütze *k*. Der Index *L* gibt die Belastung als Ursache an. Zur Vermeidung zu vieler Indizes werden die Stützmomente nicht mit M_D und M_S bezeichnet, sondern mit *D* und *S* (s. Bild 7-19).

Zur Bestimmung der Verformungsgrößen *d* und *g* wird das Differentialgleichungssystem (7-122) und (7-123) herangezogen. Die allgemeine Lösung wird aus formalen Gründen nicht wie in (7-126) mit Exponentialfunktionen für die ersten zwei Fundamentallösungen angeschrieben, sondern mit deren Linearkombinationen Hyperbelkosinus cosh und Hyperbelsinus sinh.

Für die vier Randmomente als Eigenspannungszustände nach Bild 7-19 ergeben sich die allgemeinen Lösungen für die Verformungslinie und den Schubwinkel analog zu (7-132) und (7-137).

$$w = C_1 \cdot \cosh \lambda \xi + C_2 \cdot \sinh \lambda \xi + C_3 \, \ell \, \xi + C_4 - \frac{\ell^2}{B} \left[-(D_l + S_l) \cdot \left(\frac{\xi^3}{6} - \frac{\xi^2}{2} \right) + (D_r + S_r) \frac{\xi^3}{6} \right] \quad (7\text{-}146)$$

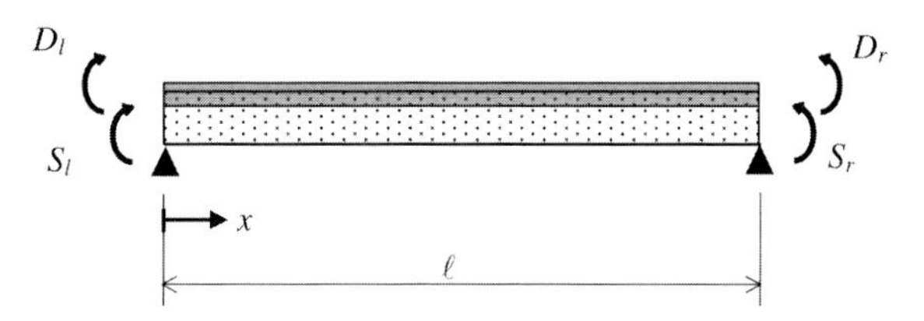

Bild 7-19 Eigenspannungszustände

$$\gamma = (1+\alpha)\cdot\left(\frac{\lambda}{\ell}C_1\cdot\sinh\lambda\,\xi + \frac{\lambda}{\ell}C_2\cdot\cosh\lambda\,\xi\right) + \frac{1+\alpha}{\lambda^2\,\alpha}\cdot\frac{\ell}{B}\left[-(D_\mathrm{l}+S_\mathrm{l})+(D_\mathrm{r}+S_\mathrm{r})\right] \tag{7-147}$$

Die vier Konstanten werden mit folgenden Randbedingungen bestimmt:

$$w(0) = 0 \qquad w(1) = 0 \tag{7-148}$$

$$w''(0) = -\frac{1}{B_\mathrm{D}}D_\mathrm{l} \qquad w''(1) = -\frac{1}{B_\mathrm{D}}D_\mathrm{r} \tag{7-149}$$

Die beiden Randbedingungen

$$\gamma'(0) - w''(0) = \frac{1}{B_\mathrm{S}}S_\mathrm{l} \qquad \gamma'(1) - w''(1) = \frac{1}{B_\mathrm{S}}S_\mathrm{r} \tag{7-150}$$

sind wegen des Zusammenhangs der Verformungen w und γ über die Differentialgleichungen mit den Gesamtschnittgrößen M und Q automatisch erfüllt.

Alle Verformungsgrößen in (7-144) und (7-145) lassen sich aus den Randwerten der beiden Funktionen $w'(\xi)$ und $\gamma(\xi)$ herleiten. Es genügt, die Werte für $\xi = 0$ zu kennen, weil die entsprechenden Werte an der anderen Seite entgegengesetzt gleich sind.

$$w'(0) = \frac{\ell}{B}\left[\left(\frac{1}{3}+\frac{C}{\alpha}\right)\cdot D_\mathrm{l} + \left(\frac{1}{3}-C\right)\cdot S_\mathrm{l} + \left(\frac{1}{6}+\frac{H}{\alpha}\right)\cdot D_\mathrm{r} + \left(\frac{1}{6}-H\right)\cdot S_\mathrm{r}\right] \tag{7-151}$$

$$\gamma(0) = (1+\alpha)\frac{\ell}{B}\left[\frac{C}{\alpha}\cdot D_\mathrm{l} - C^\alpha\cdot S_\mathrm{l} + \frac{H}{\alpha}\cdot D_\mathrm{r} + H^\alpha\cdot S_\mathrm{r}\right] \tag{7-152}$$

mit den Abkürzungen C, H, C^α, H^α nach Tabelle 7-4.

Für die Lastspannungszustände geht man analog vor. Dabei sind die Randmomente Null und die Belastung geht in die Partikularlösung der Differentialgleichung ein. Die wichtigsten Belastungsfälle werden hier als fertige Formeln angegeben.

Gleichmäßig verteilte Belastung nach Bild 7-20 a):

$$w'_\mathrm{q}(0) = \frac{q\,\ell^3}{B}\left(\frac{1}{24}+\frac{R}{\alpha}\right) \tag{7-153}$$

$$\gamma_\mathrm{q}(0) = \frac{q\,\ell^3}{B}\frac{1+\alpha}{\alpha}R \tag{7-154}$$

mit R nach Tabelle 7-4.

Tabelle 7-4 Abkürzungen zur Berechnung der Verformungsgrößen

Abkürzungen	C_i	C_i^α	H_i
genau	$\frac{1}{\lambda_i}\left(\frac{\cosh\lambda_i}{\sinh\lambda_i}-\frac{1}{\lambda_i}\right)$	$\frac{1}{\lambda_i}\left(\frac{\cosh\lambda_i}{\sinh\lambda_i}+\frac{1}{\alpha\,\lambda_i}\right)$	$\frac{1}{\lambda_i}\left(\frac{1}{\lambda_i}-\frac{1}{\sinh\lambda_i}\right)$
Näherung für $\lambda_i > 6$	$\frac{1}{\lambda_i}\left(1-\frac{1}{\lambda_i}\right)$	$\frac{1}{\lambda_i}\left(1+\frac{1}{\alpha\,\lambda_i}\right)$	$\frac{1}{\lambda_i^2}$
Abkürzungen	H_i^α	R_i	$\bar{R}_i$
genau	$\frac{1}{\lambda_i}\left(\frac{1}{\alpha\,\lambda_i}+\frac{1}{\sinh\lambda_i}\right)$	$\frac{1}{\lambda_i^2}\left(\frac{1}{2}-\frac{\cosh\lambda_i-1}{\lambda_i\sinh\lambda_i}\right)$	$\frac{\cosh\lambda_i-1}{\lambda_i\sinh\lambda_i}$
Näherung für $\lambda_i > 6$	$\frac{1}{\alpha\,\lambda_i^2}$	$\frac{1}{\lambda_i^2}\left(\frac{1}{2}-\frac{1}{\lambda_i}\right)$	$\frac{1}{\lambda_i}$

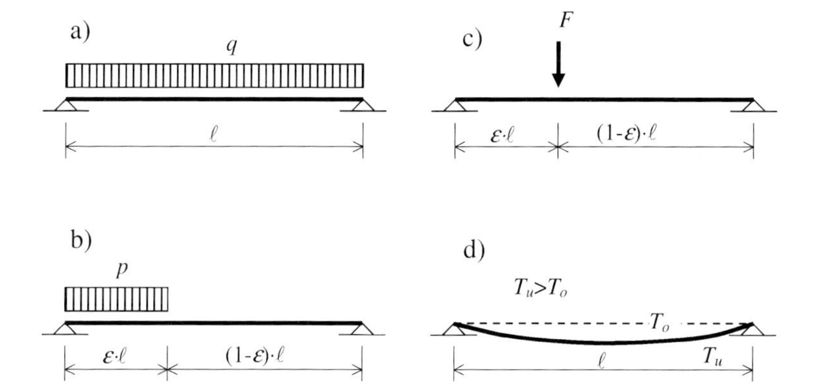

Bild 7-20 Lastspannungszustände

Bereichsweise verteilte Last nach Bild 7-20 b):

- für den belasteten Rand

$$w_p'(0) = \frac{p\,\ell^3}{B}\left\{\frac{\varepsilon^2}{24}(4-4\,\varepsilon+\varepsilon^2) + \frac{1}{\alpha\,\lambda^2}\left[\varepsilon\left(1-\frac{\varepsilon}{2}\right)-\frac{\cosh\lambda-\cosh(1-\varepsilon)\,\lambda}{\lambda\sinh\lambda}\right]\right\} \quad (7\text{-}155)$$

$$\gamma_p(0) = \frac{p\,\ell^3}{B}\,\frac{1+\alpha}{\alpha\,\lambda^2}\left[\varepsilon\left(1-\frac{\varepsilon}{2}\right)-\frac{\cosh\lambda-\cosh(1-\varepsilon)\,\lambda}{\lambda\sinh\lambda}\right] \quad (7\text{-}156)$$

- für den lastfreien Rand

$$w'_{\mathrm{p}}(\ell) = \frac{p\ell^3}{B}\left\{\frac{\varepsilon^2}{24}(2-\varepsilon^2) + \frac{1}{\alpha\lambda^2}\left[\frac{\varepsilon^2}{2} - \frac{\cosh\varepsilon\lambda - 1}{\lambda\sinh\lambda}\right]\right\} \tag{7-157}$$

$$\gamma_{\mathrm{p}}(\ell) = \frac{p\,\ell^3}{B}\,\frac{1+\alpha}{\alpha\lambda^2}\left[\frac{\varepsilon^2}{2} - \frac{\cosh\varepsilon\lambda - 1}{\lambda\sinh\lambda}\right] \tag{7-158}$$

Weitere Bereiche mit verteilter Belastung können leicht durch Überlagerung verschiedener Fälle nach Bild 7-20 b auch mit negativer Belastung simuliert werden.

Einzellast nach Bild 7-20 c):

$$w'_{\mathrm{F}}(0) = \frac{F\,\ell^2}{B}\left[\frac{\varepsilon}{6}(1-\varepsilon)(2-\varepsilon) + \frac{1}{\alpha\lambda^2}\left(1-\varepsilon-\frac{\sinh(1-\varepsilon)\lambda}{\sinh\lambda}\right)\right] \tag{7-159}$$

$$\gamma_{\mathrm{F}}(0) = \frac{F\,\ell^2}{B}\,\frac{1+\alpha}{\alpha\lambda^2}\left(1-\varepsilon-\frac{\sinh(1-\varepsilon)\lambda}{\sinh\lambda}\right) \tag{7-160}$$

Die Verdrehungen am rechten Rand sind leicht durch Vertauschung der Teile ε und $(1-\varepsilon)$ zu gewinnen.

Temperaturdifferenz zwischen den Deckschichten nach Bild 7-20 d):

$$w'_{\vartheta}(0) = \frac{\vartheta\,\ell}{1+\alpha}\left(\frac{1}{2} - \bar{R}\right) \tag{7-161}$$

$$\gamma_{\vartheta}(0) = -\vartheta\,\ell\cdot\bar{R} \tag{7-162}$$

mit ϑ nach (7-120)

Die Kompatibilitätsbedingungen für ein beliebiges statisch unbestimmtes System lassen sich in Matrizenschreibweise sehr einfach formulieren.

$$\boldsymbol{\delta}\cdot\boldsymbol{x} + \boldsymbol{\delta}_{\mathrm{L}} = \boldsymbol{0} \tag{7-163}$$

mit

$\boldsymbol{\delta}$ Koeffizientenmatrix aus den Verformungsgrößen der Eigenspannungszustände
$\boldsymbol{\delta}_{\mathrm{L}}$ Spaltenmatrix aus den Verformungsgrößen der Lastspannungszustände
$\boldsymbol{x}$ Lösungsvektor für die statisch unbestimmten Kraftgrößen

Für den hier behandelten Fall eines Sandwichträgers über n Felder ergibt sich der Lösungsvektor der Unbekannten wie folgt:

$$\boldsymbol{x} = \begin{bmatrix} D_1 \\ S_1 \\ \dots \\ \dots \\ D_i \\ S_i \\ \dots \\ \dots \\ D_{n-1} \\ S_{n-1} \end{bmatrix} = \begin{bmatrix} x_1 \\ x_2 \\ \dots \\ \dots \\ x_{2i-1} \\ x_{2i} \\ \dots \\ \dots \\ x_{2(n-1)-1} \\ x_{2(n-1)} \end{bmatrix} \qquad (7\text{-}164)$$

Die zugehörige Koeffizientenmatrix erhält man aus den Gleichungen (7-151) und (7-152), indem man die zum jeweiligen Koeffizienten gehörende Unbekannte gleich 1 setzt und alle anderen 0. Dabei ist zu beachten, daß diese Werte die Verdrehungen an einem Trägerrand darstellen. Für die Eigenspannungszustände D_i und S_i und für den Lastspannungszustand müssen die Verdrehungen links und rechts der Stütze i anschaulich zusammengezählt werden. Das ist bei vorzeichenrichtiger Berechnung die Differenz der beiden Werte.

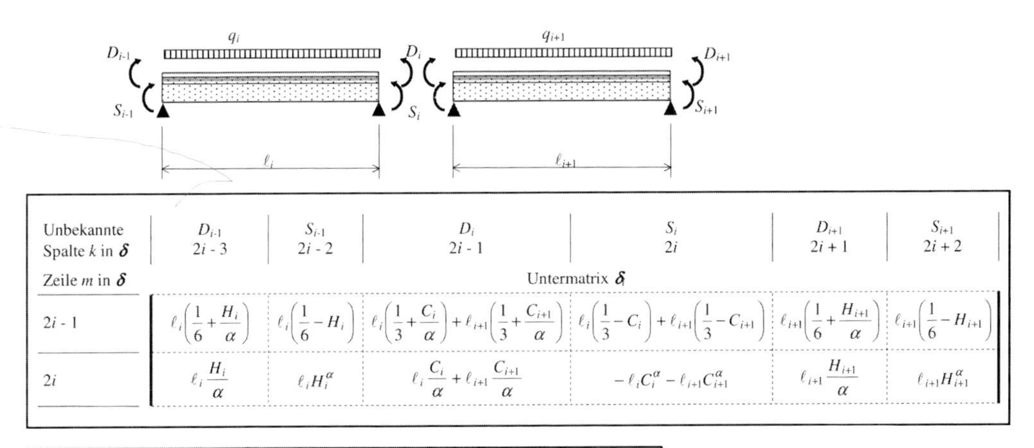

Unbekannte	D_{i-1}	S_{i-1}	D_i	S_i	D_{i+1}	S_{i+1}
Spalte k in $\boldsymbol{\delta}$	$2i-3$	$2i-2$	$2i-1$	$2i$	$2i+1$	$2i+2$
Zeile m in $\boldsymbol{\delta}$	Untermatrix $\boldsymbol{\delta}_i$					
$2i-1$	$\ell_i\left(\frac{1}{6}+\frac{H_i}{\alpha}\right)$	$\ell_i\left(\frac{1}{6}-H_i\right)$	$\ell_i\left(\frac{1}{3}+\frac{C_i}{\alpha}\right)+\ell_{i+1}\left(\frac{1}{3}+\frac{C_{i+1}}{\alpha}\right)$	$\ell_i\left(\frac{1}{3}-C_i\right)+\ell_{i+1}\left(\frac{1}{3}-C_{i+1}\right)$	$\ell_{i+1}\left(\frac{1}{6}+\frac{H_{i+1}}{\alpha}\right)$	$\ell_{i+1}\left(\frac{1}{6}-H_{i+1}\right)$
$2i$	$\ell_i\frac{H_i}{\alpha}$	$\ell_i H_i^\alpha$	$\ell_i\frac{C_i}{\alpha}+\ell_{i+1}\frac{C_{i+1}}{\alpha}$	$-\ell_i C_i^\alpha-\ell_{i+1}C_{i+1}^\alpha$	$\ell_{i+1}\frac{H_{i+1}}{\alpha}$	$\ell_{i+1}H_{i+1}^\alpha$

Lastfall	gleichmäßig verteilte Belastung	Temperaturdifferenz
Zeile m in $\boldsymbol{\delta}$	Untermatrizen $\boldsymbol{\delta}_{L,i}$	
$2i-1$	$q_i\ell_i^3\left(\frac{1}{24}+\frac{R_i}{\alpha}\right)+q_{i+1}\ell_{i+1}^3\left(\frac{1}{24}+\frac{R_{i+1}}{\alpha}\right)$	$\frac{\vartheta B}{1+\alpha}\left(\ell_i\lambda_i^2R_i+\ell_{i+1}\lambda_{i+1}^2R_{i+1}\right)$
$2i$	$q_i\ell_i^3\frac{R_i}{\alpha}+q_{i+1}\ell_{i+1}^3\frac{R_{i+1}}{\alpha}$	$-\frac{\vartheta B}{1+\alpha}\left(\ell_i\overline{R}_i+\ell_{i+1}\overline{R}_{i+1}\right)$

Bild 7-21 Koeffizienten und Beispiele für Belastungsglieder an der Stütze i

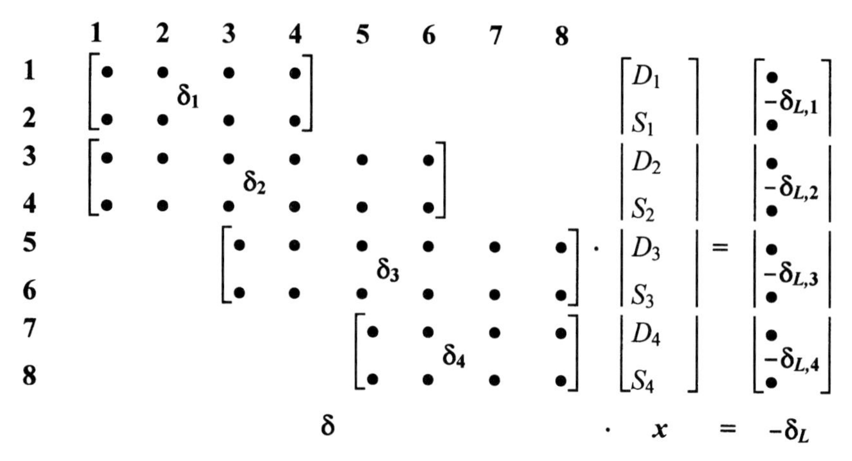

Bild 7-22 Aufbau des Gleichungssystems (7-163) für fünf Felder

Die Untermatrizen $\boldsymbol{\delta}_i$ und $\boldsymbol{\delta}_{L,i}$ für die Stütze i sind im Bild 7-21 übersichtlich zusammengefaßt. Die konstanten Faktoren B und $(1 + \alpha)$ sind herausgekürzt worden, weil Querschnittsänderungen entlang der Stabachse auch feldweise praktisch nicht vorkommen. Der Lösungsvektor $\boldsymbol{x}$ enthält nach der Auflösung des Gleichungssystems die Deckschicht- und Sandwichstützmomente in der Form (7-164).

Damit ist die Berechnung eines durchlaufenden Sandwichträgers auf das Lösen eines linearen Gleichungssystems mit $2\,(n - 1)$ Unbekannten zurückgeführt, wenn n die Anzahl der Felder ist. Der Aufbau eines Gleichungssystems für einen Durchlaufträger mit fünf Feldern ist in Bild 7-22 dargestellt. Der Aufbau dieses Gleichungssystems setzt voraus, daß der Durchlaufträger an beiden Enden frei drehbar gelagert ist.

Bei einer festen Einspannung müssen für die Einspannmomente M_D und M_S an jedem eingespanntem Rand zwei Gleichungen mit den einseitigen Verformungsgrößen in der Koeffizientenmatrix und mit den Werten Null auf der rechten Seite hinzugefügt werden. Da dieser Fall in der Praxis nicht vorkommt, soll er hier nicht genauer beschrieben werden.

Ein anderer Sonderfall der Trägerenden mit Kragarmen ist dagegen in der Praxis wichtig. Da das Kragmoment des Gesamtquerschnitts aus dem Gleichgewicht bestimmt werden kann, ist an der Stütze unter dem Kragarm nur die Aufteilung dieses Momentes in Deckschicht- und Sandwichmoment unbekannt. Es würde also ausreichen, den Querschnitt so aufzuschneiden, daß nur eines der beiden Momente als statisch Überzählige bestimmt werden muß. Um das Aufbauschema des Gleichungssystems nach Bild 7-22 beizubehalten und die bisherigen Verformungsgrößen verwenden zu können, soll hier ein anderer Weg beschritten werden.

Zur Bestimmung der Verformungsgrößen am statisch bestimmten Hauptsystem wird am Ende des Kragarms ein fiktives Auflager angenommen (s. Bild 7-23). Diese Verformungsgrößen werden wie bisher berechnet. Eine der beiden Verträglichkeitsbedingungen kann

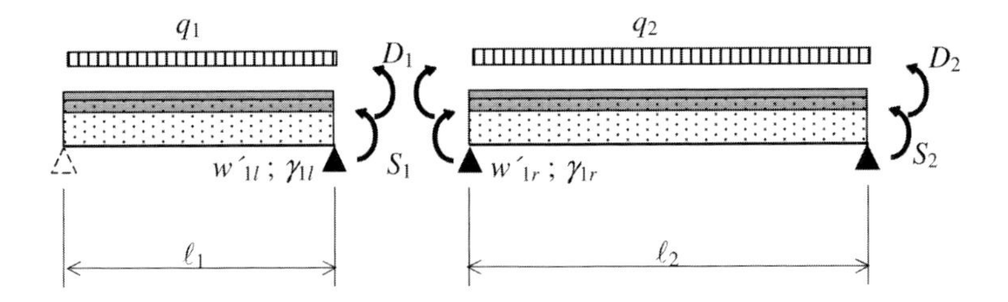

Bild 7-23 Fiktives Auflager am Ende eines Kragarmes

ohne Beeinflussung der Schnittgrößen durch eine Starrkörperdrehung des Kragarms befriedigt werden. Statt dessen muß die Gleichgewichtsbedingung

$$D_1 + S_1 - M_K = 0 \tag{7-165}$$

mit M_K = Kragmoment des Gesamtquerschnitts

erfüllt werden. Nimmt man für die Starrkörperdrehung den beliebigen Winkel

$$\varphi = w'_{1l} - w'_{1r} \tag{7-166}$$

an, so bleibt für die statisch unbestimmte Berechnung die folgende Verträglichkeitsbedingung.

$$\gamma_{1l} - \gamma_{1r} = 0 \tag{7-167}$$

Dieses ist die zweite der Sechs-Momenten-Gleichungen für die Stütze 1. Die ersten zwei Gleichungen im System lauten also für den Fall, daß sich links ein Kragarm befindet, wie folgt.

$$D_1 + S_1 = M_K \tag{7-168}$$

$$g_{1,D1} \cdot D_1 + g_{1,S1} \cdot S_1 + g_{1,D2} \cdot D_2 + g_{1,S2} \cdot S_2 = -g_{1,L} \tag{7-169}$$

Die Bedingung (7-168) stellt sicher, daß die fiktive Auflagerkraft unter dem Kragarm Null ist und (7-169) verhindert eine Klaffung der Deckschichten an der Stütze. Wenn sich ein Kragarm rechts befindet und die Kragarme als Felder mitgezählt werden, lauten die letzten beiden Gleichungen wie folgt.

$$D_{n-1} + S_{n-1} = M_K \tag{7-170}$$

$$g_{n-1,Dn-2} \cdot D_{n-2} + g_{n-1,Sn-2} \cdot S_{n-2} + g_{n-1,Dn-1} \cdot D_{n-1} + g_{n-1,Sn-1} \cdot S_{n-1} = -g_{n-1,L} \tag{7-171}$$

Ein Schema des Gleichungssystems für einen Dreifeldträger mit zwei Kragarmen zeigt Bild 7-24.

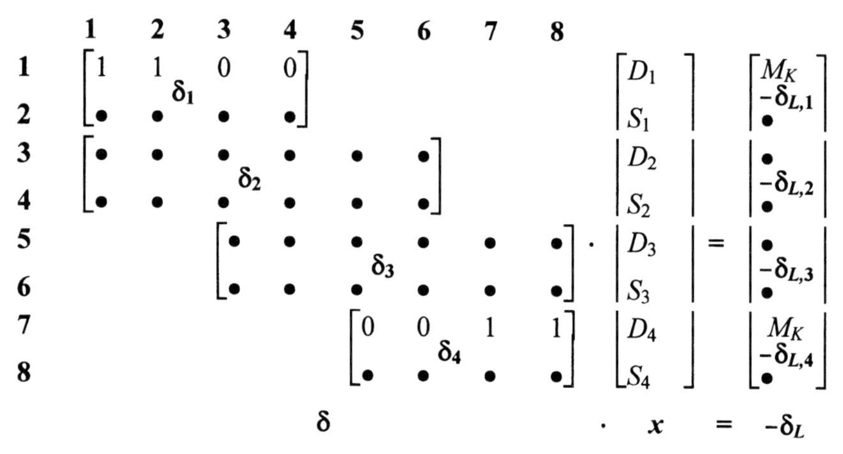

Bild 7-24 Gleichungssystem eines Dreifeldträgers mit zwei Kragarmen

Zur Berechnung eines Zweifeldträgers ohne Kragarme ist die Lösung eines Gleichungssystems mit nur zwei Unbekannten erforderlich. Für den Dreifeldträger hat das Gleichungssystem vier Unbekannte. Die Berechnung ist also nicht sehr aufwendig, wenn man bedenkt, daß die Koeffizientenmatrix bezogen auf die doppelte Hauptdiagonale symmetrisch ist und viele Koeffizienten bei konstanten Stützweiten gleich sind.

Es bietet sich natürlich an, nach dem Verfahren der Sechs-Momenten-Gleichungen ein Computerprogramm zu schreiben. In diesem Fall ist es interessant zu wissen, für welche Querschnitte dieses Programm zuverlässige Ergebnisse liefert. Aus diesem Grund sollen hier einige Grenzwertbetrachtungen durchgeführt werden.

Die Lösungen werden wesentlich durch den Parameter λ nach (7-125) beeinflußt. Ausführlicher geschrieben lautet der Wert

$$\lambda^2 = \frac{1+\alpha}{\alpha} \cdot \frac{S_K \, \ell^2}{B_S} \tag{7-172}$$

Diese Größe ist also von der Schubsteifigkeit und den Biegesteifigkeiten abhängig. Für den Fall der biegeweichen Deckschichten (s. Abschnitt 7.3.2) geht α gegen Null und λ unabhängig von der Schubsteifigkeit gegen unendlich. Der Ausdruck

$$\alpha \, \lambda^2 = (1+\alpha) \cdot \frac{S_K \, \ell^2}{B_S} \tag{7-173}$$

behält für $\alpha \to 0$ den endlichen Wert

$$\frac{S_K \, \ell^2}{B_S} = \frac{1}{\beta} \tag{7-174}$$

Wegen der Biegeweichheit der Deckschichten ist an den Zwischenstützen zwar ein Knick, aber keine Klaffung der Deckschichten zulässig. Folglich wird aus den Verträglichkeitsbedingungen (7-142) und (7-143) eine Bedingung der Form

$$(w_l' - \gamma_l) - (w_r' - \gamma_r) = 0 \tag{7-175}$$

Streicht man im Gleichungssystem (7-163) alle Spalten der Deckschichtmomente und subtrahiert gemäß der Bedingung (7-175) die Zeile (2 *i*) von der Zeile (2 *i* – 1), so ergibt sich die neue Gleichung für die Stütze *i*.

$$\begin{aligned} &\ell_i \left(\frac{1}{6} - \beta_i \right) \cdot S_{i-1} + \left[\ell_i \left(\frac{1}{3} + \beta_i \right) + \ell_{i+1} \left(\frac{1}{3} + \beta_{i+1} \right) \right] \cdot S_i + \\ &\ell_{i+1} \left(\frac{1}{6} - \beta_{i+1} \right) \cdot S_{i+1} + \frac{1}{24} (q_i \, \ell_i^3 + q_{i+1} \, \ell_{i+1}^3) + \frac{1}{2} \vartheta \, B_S \, (\ell_i + \ell_{i+1}) = 0 \end{aligned} \tag{7-176}$$

Dieses ist die allgemeine Drei-Momenten-Gleichung für den durchlaufenden Sandwichträger mit biegeweichen Deckschichten. Sie stimmt mit (7-97) überein, wenn sie mit 6 multipliziert wird. Setzt man zusätzlich $\beta = 0$ für beliebig große Schubsteifigkeit, wird aus (7-176) die allgemeine Drei-Momenten-Gleichung ohne Berücksichtigung der Schubverformungen.

Nimmt man diese Reduzierung des Gleichungssystems nicht vor, sondern rechnet das System mit sehr kleinen Werten α numerisch durch, so ergeben sich zwar sehr kleine Deckschichtstützmomente, aber wegen des geringen Widerstandsmomentes der Deckschichten sehr große Biegespannungen. Dieser Effekt tritt durch eine sehr starke Krümmung des Sandwichelementes über dem theoretischen Schneidenlager auf. Beschränkt man sich in solchen Fällen auf die Ermittlung der Membranspannungen aus dem Sandwichmoment, so trifft man die wirklichen Spannungen sehr genau. Unter Beachtung dieser Einschränkung, die nur in unmittelbarer Nähe des Auflagers gemacht werden muß, liefern die Gleichungssysteme (7-140) und (7-163) auch für Sandwichelemente mit dünnen ebenen Deckschichten genaue Ergebnisse.

Nimmt man eine sehr kleine Schubsteifigkeit an, so geht bei endlichem α der Wert λ gegen Null. Zur weiteren Behandlung der Sechs-Momenten-Gleichungen benötigt man folgende Grenzwerte, deren Herleitung hier übergangen wird.

$$\lim_{\lambda \to 0} C = \frac{1}{3} \qquad \lim_{\lambda \to 0} H = \frac{1}{6} \qquad \lim_{\lambda \to 0} R = \frac{1}{24} \tag{7-177}$$

Die Werte für C^α und H^α gehen über alle Grenzen. Damit liefert die Gleichung (7-144) die allgemeine Drei-Momenten-Gleichung für die Deckschicht, die allein die Belastung übernimmt. Es existiert also kein Verbund, und Zwängungen durch Temperaturunterschiede treten nicht auf.

Nimmt man das Gegenteil, also eine sehr große Schubsteifigkeit an, ergeben sich bei endlichen Werten α für λ so große Werte, daß folgende Näherungen verwendet werden können.

$$\frac{1}{\sinh\lambda} \ll \frac{1}{\lambda} \qquad \frac{\cosh\lambda}{\sinh\lambda} \approx 1 \tag{7-178}$$

Diese Näherung gilt für $\lambda > 6$, wenn man einen Fehler von 3 % zuläßt. Diese Bedingung ist in der Praxis sehr häufig erfüllt. Die entsprechenden Näherungen für die Beiwerte der Koeffizienten sind in der Tabelle 7-4 angegeben.

Für völlige Schubstarrheit $\lambda \to \infty$ entsteht aus der Gleichung (7-144) die Drei-Momenten-Gleichung für das Gesamtmoment

$$M_\mathrm{i} = D_\mathrm{i} + S_\mathrm{i} \tag{7-179}$$

Die Gleichung (7-145) ergibt den Zusammenhang

$$\frac{1}{\alpha} D_\mathrm{i} = S_\mathrm{i} \qquad \text{oder} \qquad \frac{B_\mathrm{S}}{B_\mathrm{D}} = \frac{S_\mathrm{i}}{D_\mathrm{i}} \tag{7-180}$$

Die inneren Biegemomente verhalten sich zueinander so wie die Biegesteifigkeiten der zugehörigen Querschnittsteile. Diese einfache Berechnung mit starrem Verbund ist aber in den allgemeinen praktischen Fällen nicht genau genug.

7.3.3.6 Andere Verfahren

Die bisherigen Abhandlungen sollen dem Ingenieur, der mit den herkömmlichen Verfahren der statisch unbestimmten Berechnungen vertraut ist und nur über kleine Rechner verfügt, Möglichkeiten geben, auf dem Bekannten aufbauend Sandwichberechnungen durchzuführen. Es darf daraus aber nicht geschlossen werden, daß die Lösungen in allen Punkten der herkömmlichen Stabstatik entsprechen (s. Abschnitt 7.3.4). Selbstverständlich können die Differentialgleichungen auch mit anderen, mehr numerischen Verfahren gelöst werden, z. B. mit dem Differenzenverfahren, wie es von *Berner* in [141] beschrieben ist. Auch die Erarbeitung von Übergangsmatrizen ist mit Erfolg anwendbar (siehe [148]).

Fast jedem Ingenieur stehen heute ausreichend leistungsfähige Rechner mit komfortablen Statikprogrammen zu Verfügung. Programme für Sandwichelemente sind aber selten. Es ist möglich mit herkömmlicher Stabstatik Sandwichelemente zu simulieren. Voraussetzung dafür ist ein Stabwerksprogramm, welches bei der statisch unbestimmten Berechnung Querkraftverformungen berücksichtigen kann. Für die Anwendung eines solchen Programms teilt man den Sandwichquerschnitt in zwei Teile auf. Ein Stab ist schubstarr und hat die Biegesteifigkeit B_D des Trapezprofils. Der zweite Stab hat die Biegesteifigkeit B_S des Sandwichteils und die Schubsteifigkeit S_K der Kernschicht. Beide Stäbe liegen parallel und werden in engen Abständen miteinander verbunden. Die Verbindung muß dafür sorgen, daß die Verformungslinien gleich sind und Querkräfte übertragen werden können. Biegemomente dürfen nicht übertragen werden. Die Stäbe für sich laufen aber an den Verbindungsstellen biegesteif durch. Die Simulation ist symbolisch in Bild 7-25 dargestellt.

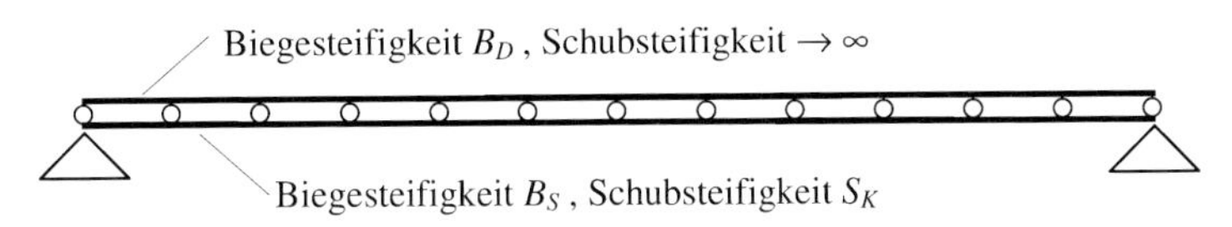

Bild 7-25 Simulation eines Sandwichelementes mit biegesteifer Deckschicht für ein Stabwerksprogramm

Die Simulation mit einem Fachwerksprogramm ist auch möglich. Man generiert einen parallelgurtigen Träger, dessen einer Gurt durchlaufend biegesteif ist. Die Dehn- und Biegesteifigkeit dieses Gurtes muß mit den Werten des Trapezprofils übereinstimmen. Der andere Gurt enthält an den Knotenpunkten Gelenke und hat die Dehnsteifigkeit der ebenen Deckschicht. Die Zwischenstäbe müssen so gewählt werden, daß sie die Schubsteifigkeit der Kernschicht repräsentieren.

7.3.3.7 Berechnung der Spannungen

Die Querschnittswerte zur Berechnung der Spannungen können auf herkömmliche Weise nach Bild 7-15 berechnet werden. Dabei kann der Trapezprofilquerschnitt als voll mittragend angesehen werden. Sollte kurz vor dem Versagen Beulen eines breiten Gurtes maßgebend sein, wird dieses in den Zulassungen [91] durch die Angabe der charakteristischen Spannung berücksichtigt. Die Querschnittswerte aus den Typenblättern der Trapezprofile sind u. U. zu klein.

Die Werte nach Bild 7-15 sollten für einen Meter Sandwichbreite berechnet werden, weil sie dann mit den meistens auch auf einen Meter Belastungsbreite bezogenen Schnittgrößen korrespondieren. Es wird i. a. mit folgenden Querschnittswerten gerechnet:

- Querschnittsflächen

Deckschichten: $$A_u = t_u \cdot b_e \tag{7-181}$$

$$A_o = t_o \cdot L_a \cdot \frac{b_e}{b_R} \tag{7-182}$$

mit

b_e Einheitsbreite, meistens 1 m
b_R Rippenbreite des Trapezprofils
L_a abgewickelte Blechbreite einer Rippe

Kernschicht: $$A_K = a \cdot b_e \tag{7-183}$$

mit a Abstand der Schwerlinien der Deckschichten

Das Trägheitsmoment I_D des Trapezprofils wird wie das eines Polygonzuges entlang der Mittellinie des Bleches bestimmt. Das Eigenmoment der parallel zur Schwerachse liegenden Blechteile kann vernachlässigt werden.

- Trägheitsmomente

Deckschicht: $$I_D = I_R \cdot \frac{b_e}{b_R} \tag{7-184}$$

mit I_R Trägheitsmoment einer Rippe

Sandwichteil: $$I_S = \frac{A_o \cdot A_u}{A_o + A_u} \cdot a^2 \tag{7-185}$$

- Widerstandsmomente

Deckschicht: $$W_{Do,u} = \frac{I_D}{e_{o,u}} \tag{7-186}$$

Sandwichteil: $$W_{So,u} = \frac{I_S}{a_{o,u}} \tag{7-187}$$

Die Spannungen werden gemäß Bild 7-14 nach üblichen Regeln berechnet.

Obere, biegesteife Deckschicht oberer Rand:

$$\sigma_o = -\frac{N}{A_o} - \frac{M_D}{W_{Do}} \tag{7-188}$$

oder mit dem Widerstandsmoment nach (7-187)

$$\sigma_o = -\frac{M_S}{W_{So}} - \frac{M_D}{W_{Do}} \tag{7-189}$$

Der erste Ausdruck in den beiden Formeln ergibt eine konstante Normalspannung im Trapezprofil und der zweite die zusätzliche Biegespannung für den oberen Rand. Die Stelle der maximalen Spannung muß im Zweifel durch Abfragen gesucht werden, weil die Biegemomente M_S und M_D nicht unbedingt an derselben Stelle maximal sind. Dieses gilt besonders an Zwischenstützen und unter Einzellasten (s. Bilder 7-28 und 7-29). Im allgemeinen dürfte es aber genau genug sein, die Spannung an der Stelle des maximalen Gesamtmomentes zu berechnen.

Die Spannung am unteren Rand des Trapezprofils sei hier nur wegen der Vollständigkeit genannt, sie wird für die Bemessung i. a. nicht benötigt. Eine Ausnahme könnte für breite, nicht ausgesteifte Untergurte entstehen, wenn die Knitterspannung deutlich unter der Streckgrenze liegt.

Obere, biegesteife Deckschicht unterer Rand:

$$\sigma_{o(u)} = -\frac{N}{A_o} + \frac{M_D}{W_{Du}} \quad \text{oder} \quad \sigma_{o(u)} = -\frac{M_S}{W_{So}} + \frac{M_D}{W_{Du}} \tag{7-190}$$

Die untere, biegeweiche Deckschicht bekommt nur eine Normalspannung:

$$\sigma_{\mathrm{u}} = \frac{N}{A_{\mathrm{u}}} = \frac{M_{\mathrm{S}}}{a \cdot A_{\mathrm{u}}} \quad \text{oder} \quad \sigma_{\mathrm{u}} = \frac{M_{\mathrm{S}}}{W_{\mathrm{Su}}} \tag{7-191}$$

Die Kernschicht wird nur durch eine Schubspannung beansprucht

$$\tau = \frac{Q_{\mathrm{S}}}{A_{\mathrm{K}}} \tag{7-192}$$

Die Stelle der maximalen Querkraft in der Kernschicht für den Gebrauchstauglichkeitsnachweis muß durch Abfragen gesucht werden (s. a. Abschnitt 7.3.4.2 mit den Bildern 7-28 und 7-29). Die Schubspannung in der biegesteifen Deckschicht aus der Schnittgröße Q_{D} wird bei der Bemessung nicht berücksichtigt, weil das Trapezprofil gegen Querkraft relativ unempfindlich ist.

7.3.4 Besonderheiten der Schnittgrößenverteilung

7.3.4.1 Einfeldträger

Bei statisch bestimmt gelagerten Sandwichelementen weisen die Schnittgrößen aus äußeren Belastungen keine Besonderheiten auf, wenn man von der ausreichend beschriebenen Aufteilung in Deckschicht- und Sandwichanteil bei einer biegesteifen Deckschicht absieht.

Die Temperaturdifferenz zwischen den Deckschichten bei Sandwichelementen mit einer biegesteifen Deckschicht ruft einen Spannungszustand hervor, der in Bild 7-26 dargestellt ist. Die inneren Momente sind entgegengesetzt gleich, weil kein äußeres Moment angreift. Im Bild 7-26 ist die untere ebene Deckschicht wärmer und dadurch länger als das obere Trapezprofil. Es entsteht eine Krümmung des Elementes, gegen die das Trapezprofil Widerstand leistet. Die Ausdehnung der unteren Deckschicht wird also behindert und als Folge entstehen Druckspannungen. Weil die Summe der Normalkräfte Null sein muß, entsteht in der biegesteifen Deckschicht ein Zugspannungszustand mit der gleichen Resultierenden N. Dieser Membranspannungszustand wird von Biegespannungen überlagert, die das Momentengleichgewicht im Gesamtquerschnitt herstellen. Der sich einstellende Endzustand ruft in den äußeren Fasern der Deckschichten Spannungen gleichen Vorzeichens hervor.

Der in Bild 7-26 dargestellte Fall tritt im Winter auf. Er erzeugt in beiden Randfasern Druckspannungen. Im Sommer ist die äußere Deckschicht wärmer, es entstehen in beiden Randfasern Zugspannungen. Weil die Spannungen aus äußeren Lasten in den Randfasern unterschiedliche Vorzeichen aufweisen, ist bei der Überlagerung der Lastfälle für die obere und untere Deckschicht jeweils die Temperaturdifferenz mit entgegengesetzten Vorzeichen maßgebend.

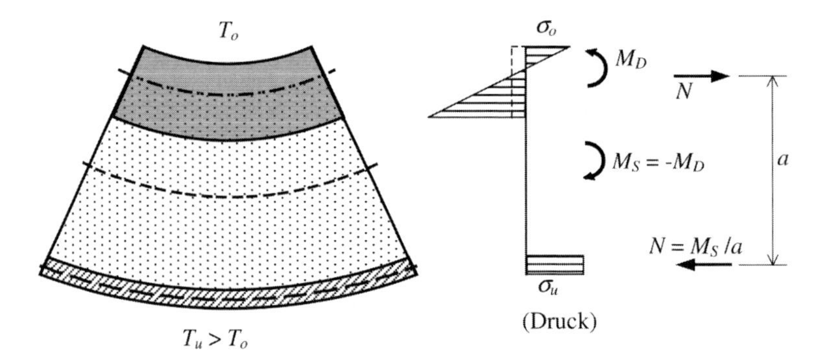

Bild 7-26 Spannungen durch Temperaturdifferenz am Einfeldträger

7.3.4.2 Durchlaufträger

Die oben beschriebenen Momente aus Temperaturdifferenzen im Sandwichquerschnitt werden bei Durchlaufträgern durch größere Momente überlagert, die durch Auflagerkräfte entstehen, welche ihrerseits gegen die Krümmung wirken. Diese Momente entstehen auch bei Sandwichelementen mit biegeweichen Deckschichten. Der in Abschnitt 7.3.4.1 beschriebene Vorzeicheneffekt tritt an bemessungsrelevanten Stellen nicht auf.

Der Schnittgrößenverlauf für Sandwichelemente mit ebenen Deckschichten zeigt bei Durchlaufträgern, bis auf den Effekt der kleineren Stützmomente, keine Besonderheiten. Die Querkräfte werden durch die Kernschicht und die Biegemomente durch Membranspannungen in den Deckschichten aufgenommen. Wenn die Biegesteifigkeit des Sandwichelementes stark dominiert, also die Schubsteifigkeit relativ klein ist, sind die Stützmomente deutlich kleiner als bei schubstarren Trägern. Ein Beispiel ist in Bild 7-27 dargestellt.

In der Verformungslinie ist eindrucksvoll zu erkennen, daß die Schubverformungen dominieren. An der Stütze und unter der Einzellast entstehen Knicke. Diese sind wegen der biegeweichen Deckschichten zulässig und entstehen durch die links und rechts der Stelle unterschiedlichen Gleitungen aus dem Sprung in der Querkraft. Da die Gleitungen proportional zur Querkraft sind und die Verformungslinie sich aus dem Integral der Verdrehungen ergibt, ist die Verformungslinie bis auf die Randwerte der Momentenlinie ähnlich. Die Kurven im Bild 7-27 wurden für ein Sandwichelement mit quasi-ebenen Deckschichten berechnet. Die Biege- und Schubsteifigkeiten haben die Werte $B_D = 0{,}1$ kNm^2, $B_S = 420$ kNm^2 und $S_K = 100$ kN. Ein Programm für biegesteife Deckschichten hat diese Werte numerisch noch bearbeiten können.

Für Sandwichelemente mit einer biegesteifen Deckschicht interessiert nicht nur der Verlauf des Gesamtmomentes, sondern auch dessen Aufteilung. Bei den Querkräften benötigt man für die Bemessung den Anteil in der Kernschicht. Ein Beispiel für alle Schnittgrößenverläufe zeigt das Bild 7-28. Die angesetzten Sandwichdaten sind $B_D = 36{,}3$ kNm^2, $B_S = 189{,}7$ kNm^2 und $S_K = 207{,}4$ kN. Diese Daten entsprechen einem üblichen Dachelement.

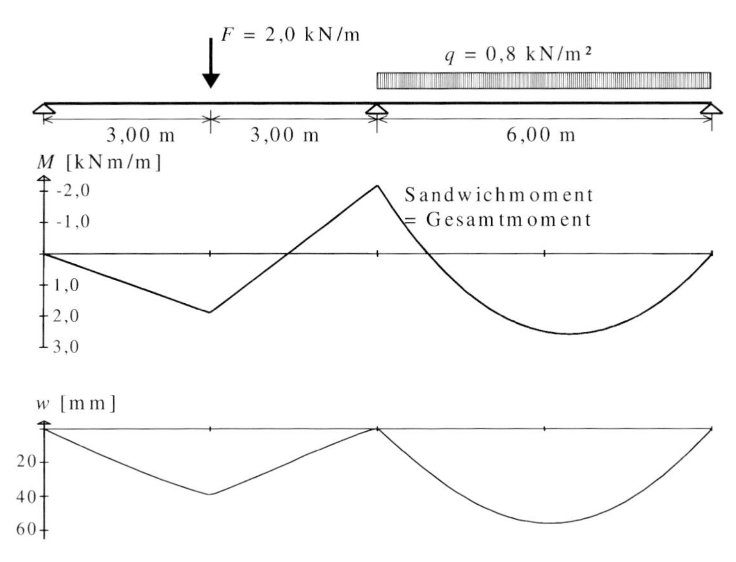

Bild 7-27 Momenten- und Verformungslinie eines Sandwichelementes mit biegeweichen Deckschichten und geringer Schubsteifigkeit

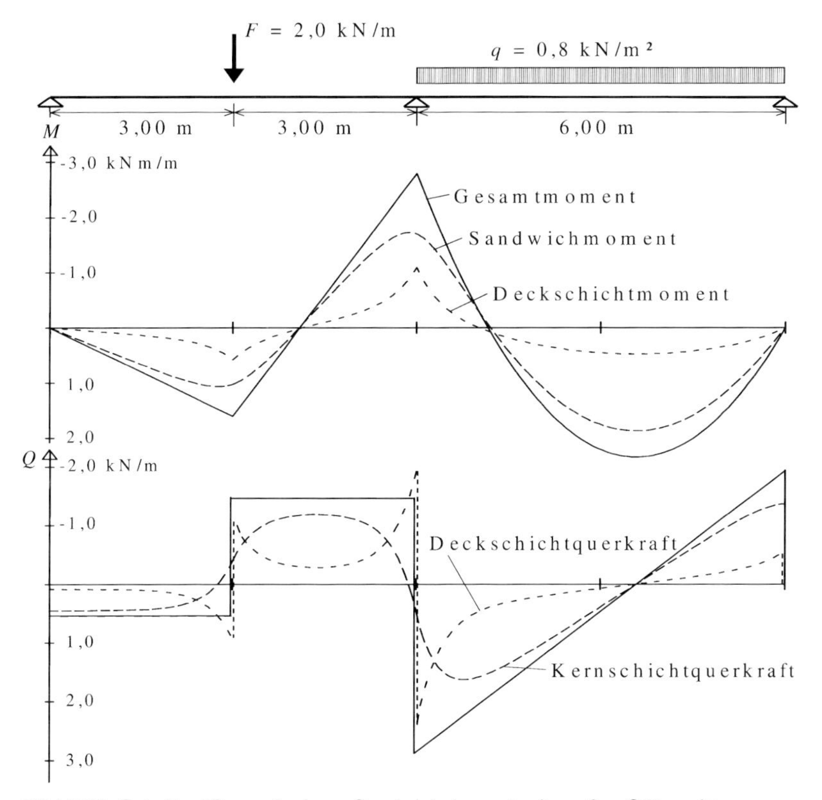

Bild 7-28 Schnittgrößenverlauf am Sandwichelement mit großer Stützweite

Die Parameter, welche den Schnittgrößenverlauf im wesentlichen beeinflussen, ergeben sich zu:

$$\alpha = \frac{B_D}{B_S} = \frac{36,3}{189,7} = 0,191 \text{ und } \beta = \frac{B_S}{S_K \cdot \ell^2} = \frac{189,7}{207,4 \cdot 6,00^2} = 0,0254 \quad (7\text{-}193)$$

Man erkennt auf Bild 7-28, daß die Aufteilung der Schnittgrößen nicht allein eine Funktion der Querschnittswerte ist, sondern daß sie auch von der Stützweite abhängt und entlang der Stabachse variiert. Im vorliegenden Fall beeinflußt auch noch ein β-Wert entsprechend (7-193) für die halbe Stützweite des Feldes unter der Einzellast den Schnittgrößenverlauf.

Zum Vergleich zeigt Bild 7-29 einen Träger aus demselben Sandwichelement mit kürzerer Stützweite. Der Steuerparameter β lautet nun:

$$\beta = \frac{B_S}{S_K \cdot \ell^2} = \frac{189,7}{207,4 \cdot 3,00^2} = 0,1016 \quad (7\text{-}194)$$

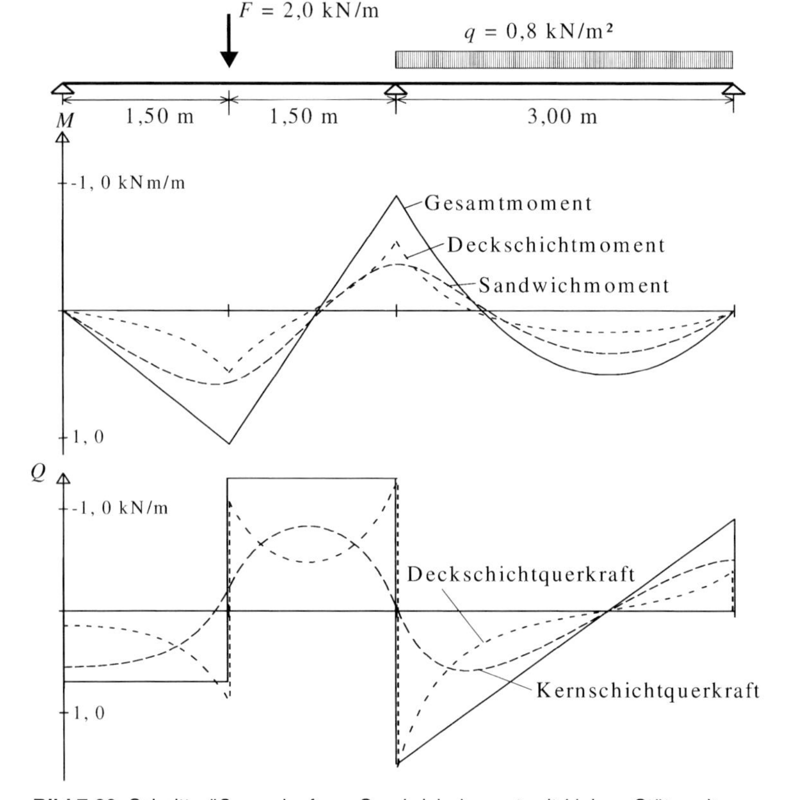

Bild 7-29 Schnittgrößenverlauf am Sandwichelement mit kleiner Stützweite

Auffallend ist, daß im Fall der großen Stützweite das Sandwichmoment an der Zwischenstütze größer und im Fall der kleinen Stützweite kleiner ist als das Deckschichtmoment. Der Grund dafür ist der Einfluß der Schubsteifigkeit multipliziert mit dem Quadrat der Stützweite. Dieses Produkt steuert den Parameter β und nicht nur die querschnittsabhängige Schubsteifigkeit allein. Die wirksame Schubsteifigkeit des Trägers nimmt mit der Stützweite zu. Sie ist also bei der kleinen Stützweite geringer, und die Momente verlagern sich mehr auf die biegesteife Deckschicht (s. a. Bild 7-31).

Überraschend ist auch das Verhalten der Querkraft an den Stellen von Einzellasten und Zwischenauflagern. Der Querkraftsprung wird von der Deckschicht allein aufgenommen. Die mechanische Erklärung dafür ist der oben beschriebene Knick in der Verformungslinie bei einem Querkraftsprung in der Kernschicht. Dieser Knick wird von der biegesteifen und schubstarren Deckschicht nicht zugelassen. Die Querkraft muß in der Kernschicht also stetig sein. Bei einem Zweifeldträger mit gleichen Stützweiten und symmetrischer Belastung ist an der Zwischenstütze die antimetrische Querkraft in der Kernschicht gleich Null. In den vorliegenden Beispielen nimmt sie an der Zwischenstütze kleine Werte an, die den Querkraftsprung in der Deckschicht gegenüber dem der Gesamtquerkraft verschieben, weil links und rechts neben der Stütze jeweils die Summe aus Deckschicht- und Kernquerkraft die Gesamtquerkraft ergeben muß.

Für den Nachweis der Schubspannungen in der Kernschicht kann also nicht die Querkraft an den Zwischenstützen herangezogen werden. Statt dessen müßte die maximale Querkraft am Gesamtträger gesucht werden. Dieses ist aber in der Regel nicht erforderlich, weil der Schubspannungsnachweis an einer Kette von Einfeldträgern mit einem höheren Teilsicherheitsbeiwert auf der Einwirkungsseite maßgebend wird.

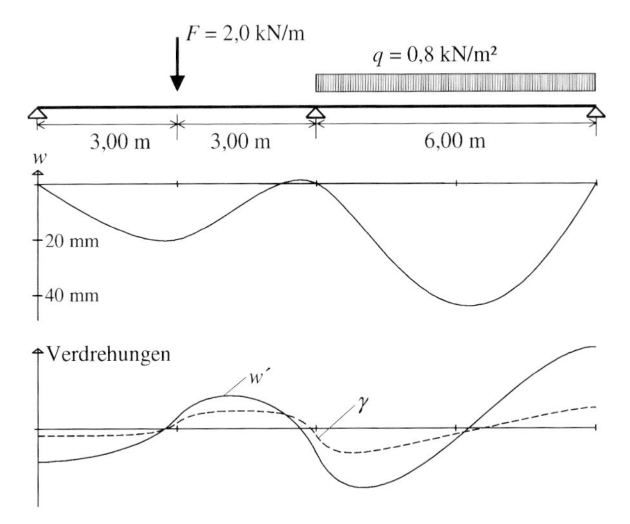

Bild 7-30 Verformungen am Sandwichelement mit biegesteifer Deckschicht

Die Verformungen von Durchlaufträgern mit einer biegesteifen Deckschicht müssen in der Regel nicht nachgewiesen werden. Zur Anschauung seien sie hier im Bild 7-30 dargestellt. Die Verformungslinie hat anschaulich keine Besonderheiten. Genauer betrachtet hat sie aber nicht genau die Form einer herkömmlichen Biegelinie, weil sie Anteile aus Schubverformungen enthält. Dieses geht aus der Darstellung der Verdrehungen im Bild 7-30 hervor. Die Ableitung der Verformungslinie w' ist nur die Verdrehung des Querschnitts der biegesteifen Deckschicht. Die Verdrehung des Sandwichteils gegenüber der Normalen auf der Verformungslinie wird durch den Winkel γ beschrieben. Im Bild 7-30 sieht man deutliche Abweichungen im Verlauf der beiden Winkel.

Für den Nachweis der Gebrauchstauglichkeit ist das Stützmoment von Durchlaufträgern die wichtigste Größe. Wie schon erwähnt, ist auch dessen Aufteilung in Sandwich- und Deckschichtmoment von großer Bedeutung. Im Bild 7-31 ist in Abhängigkeit vom entscheidenden Parameter β der Verlauf aller drei Momente für einen Zweifeldträger mit Gleichstreckenlast dargestellt. Die Abszisse ist logarithmisch geteilt, um den Anwendungsbereich darstellen zu können. Werte für $\beta > 1$ sind aber selten.

Der linke Rand des Diagramms repräsentiert recht schubsteife Träger aus Sandwichelementen. Die kleinen β-Werte können dabei durch eine große Schubsteifigkeit im Querschnitt und/oder eine große Stützweite des Trägers bedingt sein. Das Gesamtmoment hat hier fast den Wert $q\,\ell^2 / 8$ bzw. den bezogenen Wert 1. Der lange Träger verhält sich also wie ein schubstarrer Balken. Die Aufteilung des Gesamtmomentes geschieht im Verhältnis der Biegesteifigkeiten der Querschnittsteile. Im Diagramm ist dieses Verhältnis $\alpha = B_D / B_S = 0{,}1$ gesetzt.

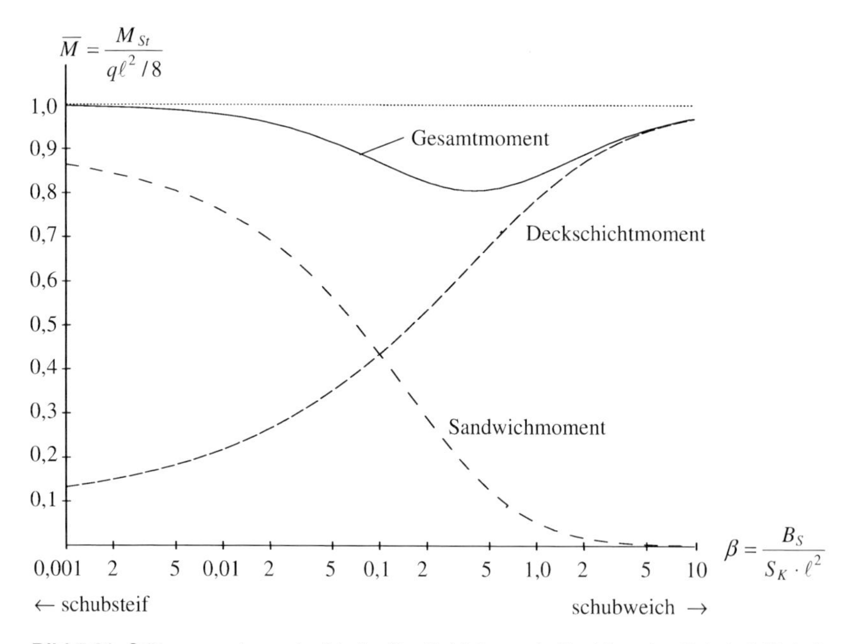

Bild 7-31 Stützmomentenverlauf beim Zweifeldträger als Funktion der Schubsteifigkeit

Mit abnehmender Schubsteifigkeit nimmt auch das Gesamtstützmoment ab. Dieses ist auf die größer werdenden Schubverformungen zurückzuführen. Gleichzeitig verlagert sich die Aufnahme dieses Momentes immer mehr zur Deckschicht. Wird dadurch das Deckschichtmoment dominant, verhält sich der Träger wieder wie ein sehr schubsteifer Balken. Das bezogene Stützmoment geht wieder gegen 1 und wird dann fast von der Deckschicht allein aufgenommen. Während bei sehr langen Trägern praktisch immer die innere dünne Deckschicht auf Druck versagt, kann dieses bei sehr kurzen Trägern mit entsprechend großer Belastung auch schon mal die biegesteife Deckschicht auf Zug sein.

Das Diagramm im Bild 7-31 gibt auch anschaulich Aufschluß über das Verhalten eines durchlaufenden Sandwichträgers beim Schubkriechen. Nach den Zulassungen [91] wird ein entsprechender Nachweis in bestimmten Fällen gefordert und die Berechnung als Näherung mit einem abgeminderten Schubmodul zugelassen. Für die Abminderung wird der Schubmodul je nach Lastfall durch $(1 + \varphi) = 3$ bis 8 geteilt. Im Diagramm bedeutet dieses, daß sich die Stelle für die Ablesung der Momente auf der Abszisse um dieselben Faktoren nach rechts verschiebt. Das Gesamtmoment wird also in den meisten Fällen etwas kleiner, das Sandwichmoment wird deutlich kleiner und das Deckschichtmoment deutlich größer.

Beim Spannungsnachweis entsteht also immer eine Entlastung der gedrückten biegeweichen Deckschicht. Die Biegespannung im Trapezprofil steigt dagegen an. Da das Trapezprofil in den meisten Fällen aber vor dem Kriechen nicht bemessungsmaßgebend ist, gibt es hier für den Spannungsanstieg Reserven. Sollte im Ausnahmefall doch die äußere Zugspannung im Trapezprofil nach dem Kriechen maßgebend werden, kann man die Frage stellen, ob man ein lokales Fließen des Trapezprofilgurtes zuläßt, oder die Verringerung der Stützweite fordern muß. Die Verringerung der Stützweite fällt u. U. recht deutlich aus, weil dadurch der Parameter β größer wird und das bezogene Deckschichtmoment noch weiter ansteigt. Natürlich steigt das vorhandene Deckschichtmoment durch die Verkürzung der Stützweite nicht an, aber es sinkt nicht in dem Maße wie bei einem herkömmlichen Träger.

7.4 Verbindungen

7.4.1 Verbindungen von Trapezprofilen und Kassettenprofilen

Die Beanspruchungen der Verbindungen bestehen in bezug auf die Verbindungselemente aus Zugkräften F_Z und Querkräften F_Q. Diese Kräfte entstehen hauptsächlich durch die Einwirkungen aus Windsog und Schubfeldwirkung. Aber auch Eigenlasten und Stabilisierungskräfte können Anteile zu diesen Kräften liefern. Wegen der Zwängungskräfte aus Temperatureinfluß siehe Abschnitt 6.7.2.

Im allgemeinen berechnet man die Beanspruchungen der Verbindungen aus den Auflagerreaktionen der Trapez- und Kassettenprofile, indem man die Auflagerreaktionen in kN/m mit dem Abstand der Verbindungen multipliziert. Dieses bedeutet für die Zugkräfte in der Regel

$$F_{Z,d} = R_{A,d} \cdot b_R / n \qquad (7\text{-}195)$$

mit

$R_{A,d}$ Auflagerkraft aus Windsog und u. U. die Auflagerkraft nach (5-83) am Querrand eines Schubfeldes mit γ_F nach DIN 18 800
b_R Rippenbreite des Trapezprofils
n Anzahl der Verbindungen pro Rippe

Bei der Einwirkung Windsog sind die erhöhten Sogkräfte in den Rand- und Eckbereichen von Dächern und den vertikalen Randbereichen der Wände nach DIN 1055 Teil 4 [68] zu beachten. Für diesen Fall müssen die Auflagerkräfte gesondert berechnet werden, weil die erhöhten Sogkräfte bei der Bemessung der Trapezprofile unberücksichtigt bleiben.

Der zusätzliche Auflagerkraftanteil am Querrand eines Schubfeldes ergibt sich hier analog zu (5-83) als

$$R_{A,d} = K_3 \cdot T_d \tag{7-196}$$

mit

K_3 aus den Typenblättern (z. B. Bild 5-1 bzw. 5-4)
T_d Schubfluß nach (7-199)

Die Erhöhung des Winddruckes um 25 % für Einzelbauteile und der Ansatz von erhöhten Windsogspitzen in Rand- und Eckbereichen ist bei der Ermittlung von T_d nicht erforderlich.

Die Querkräfte in den Verbindungen entstehen normalerweise durch die Schubfeldwirkung und ergeben sich am Querrand der Profiltafeln zu

$$F_{Q,d} = T_d \cdot b_R / n \tag{7-197}$$

und am Längsrand

$$F_{Q,d} = T_d \cdot e_l \tag{7-198}$$

mit

T_d Schubfluß im Trapezprofil
e_l Abstand der Verbindungen am Längsrand der Trapezprofiltafel

Für Beanspruchungen der Verbindungen aus Schubfeldwirkung ist der Bemessungswert zu ermitteln. Dieser ergibt sich z. B. wie folgt:

$$T_d = \gamma_F \cdot T_W + T_{St,d} \tag{7-199}$$

mit

T_W Schubfluß aus der Schubfeldberechnung mit der einfachen Windlast
$T_{St,d}$ Schubfluß aus Stabilisierungskräften

In den Ecken eines Schubfeldes wirkt die resultierende Querkraft aus beiden Richtungen auf die Verbindungen. Da aber nur die halben Einflußlängen anzurechnen sind, wird diese nicht maßgebend. Wirken aus anderen Gründen in den Verbindungen Scherkräfte quer zum Schubfluß, z. B. aus Lasteinleitungen oder Abtriebskräften aus Biegedrillknicken (s. Abschnitt 6.9.1 Formeln (6-43), (6-44) und (6-57)), ergibt sich die resultierende Querkraft aus der geometrischen Addition zu

$$F_{Q,d} = \sqrt{F_{Q,x,d}^2 + F_{Q,y,d}^2} \tag{7-200}$$

Wirken an einer Verbindung Quer- und Zugkraft gleichzeitig, gilt für Blindniete und Schrauben die lineare Interaktion

$$\frac{F_{Q,d}}{F_{Q,k} / \gamma_M} + \frac{F_{Z,d}}{F_{Z,k} / \gamma_M} \leq 1 \tag{7-201}$$

und für Setzbolzen eine quadratische

$$\left(\frac{F_{Q,d}}{F_{Q,k} / \gamma_M} \right)^2 + \left(\frac{F_{Z,d}}{F_{Z,k} / \gamma_M} \right)^2 \leq 1 \tag{7-202}$$

Diese Interaktionen sind den (umständlichen) Formulierungen in der Zulassung [94] gleichwertig (s. Abschnitt 5.4.1).

7.4.2 Verbindungen in der Sandwichbauweise

Die Beanspruchungen der durchgeschraubten Verbindungen der Sandwichelemente mit der Unterkonstruktion bestehen aus Zug- und Querkräften für die Verbindungselemente. Die Zugkräfte greifen am Kopf und die Querkräfte an der Einspannstelle der Verbindungselemente an. Querkräfte am Schraubenkopf können wegen des relativ langen Schraubenschaftes praktisch nicht aufgenommen werden. Temperaturbedingte Längenänderungen der äußeren Sandwichdeckschicht verbiegen den Schraubenschaft und dürfen bestimmte Werte nicht überschreiten.

Im allgemeinen werden die Sandwichelemente von außen an der Tragkonstruktion befestigt. Auflagerzugkräfte entstehen dann durch Windsog. In diesem Fall sind die erhöhten Sogkräfte in den Rand- und Eckbereichen von Dächern und den vertikalen Randbereichen der Wände nach DIN 1055 Teil 4 [68] zu beachten. Die Auflagerkräfte müssen gesondert nach der linearen Sandwichtheorie (s. Abschnitt 7.3) berechnet werden, weil die erhöhten Sogkräfte bei der Bemessung der Sandwichelemente unberücksichtigt bleiben. Die Auflagerkräfte dürfen auf die Verbindungselemente gleichmäßig verteilt werden, auch wenn diese durch die Abmessungen der Sandwichelemente nicht genau gleiche Abstände haben.

8 Nachweise

8.1 Trapezprofile

8.1.1 Allgemeines

Die Spannungen in Trapezprofilen sind im allgemeinen nicht linear über den Querschnitt verteilt und auch nicht proportional zur Belastung. Aus diesen Gründen werden für die Bemessung der Stahltrapezprofile keine Spannungsnachweise geführt. Die Nachweise geschehen auf der Basis von Schnittgrößen, Auflagerkräften und Verformungen.

DIN 18 807 fordert die Nachweise der Gebrauchs- und Tragsicherheit und zusätzlich Durchbiegungsbeschränkungen. Der Gebrauchssicherheitsnachweis hat etwas mehr Gewicht als ein Gebrauchstauglichkeitsnachweis im Sinne von DIN 18 800, weil nach einmaliger Lastüberschreitung das Trapezprofil dauerhaft geschädigt ist. Dieser Nachweis wird in der Anpassungsrichtlinie [14] trotzdem Gebrauchstauglichkeitsnachweis genannt, aber mit $\gamma_{F,M} > 1{,}0$ gefordert. Ein zusätzlicher Gebrauchstauglichkeitsnachweis ist die Durchbiegungsbeschränkung unter den einfachen Einwirkungen.

Schubfeldnachweise werden mit den zulässigen Schubflüssen in den Trapezprofilen und den vorhandenen Schubflüssen aus den einfachen Einwirkungen geführt. Sie sind im engeren Sinne Gebrauchstauglichkeitsnachweise, aber für die Standsicherheit von Gebäuden von großer Bedeutung (s. Abschnitt 4.3.4.1). Aus diesem Grunde werden die Schubfeldnachweise in dem gesonderten Abschnitt 8.1.5 behandelt.

Zum Vergleich der alten Nachweise nach DIN 18 807 mit denen bei Berücksichtigung der Anpassungsrichtlinie [14] sei hier die allgemeine Form mit Bemessungsgrößen

$$S_d \leq R_d \tag{8-1}$$

in folgende Form mit den charakteristischen Werten umgeschrieben

$$\gamma_{F,G} \cdot S_{G,k} + \gamma_{F,Q} \cdot S_{Q,k} \leq R_k / \gamma_M \tag{8-2}$$

Die Teilsicherheitsbeiwerte für die Tragsicherheit sind

$\gamma_{F,G}$ = 1,35 für ständige Einwirkungen,
$\gamma_{F,G}$ = 1,00 für ständige Einwirkungen, die Beanspruchungen verringern,
$\gamma_{F,Q}$ = 1,50 für veränderliche Einwirkungen und
γ_M = 1,10 für die Widerstandsgrößen

und für die Gebrauchstauglichkeit in bezug auf Kraftgrößen

$\gamma_{F,G}$ = 1,00 für ständige Einwirkungen,
$\gamma_{F,Q}$ = 1,15 für veränderliche Einwirkungen und
γ_M = 1,10 für die Widerstandsgrößen.

Ohne weitere Rechnung ist klar, daß der Nachweis (8-2) mit dem Produkt $\gamma_F \cdot \gamma_M$ auf der Einwirkungsseite zum gleichen Ergebnis führt:

$$1{,}35 \cdot 1{,}1 \cdot S_{G,k} + 1{,}5 \cdot 1{,}1 \cdot S_{Q,k} \leq R_k \tag{8-3}$$

und

$$1{,}00 \cdot 1{,}1 \cdot S_{G,k} + 1{,}15 \cdot 1{,}1 \cdot S_{Q,k} \leq R_k \tag{8-4}$$

Ausgewertet ergibt die Einwirkungsseite

$$1{,}485 \cdot S_{G,k} + 1{,}65 \cdot S_{Q,k} < 1{,}7 \cdot (S_{G,k} + S_{Q,k}) \tag{8-5}$$

und

$$1{,}10 \cdot S_{G,k} + 1{,}265 \cdot S_{Q,k} < 1{,}3 \cdot (S_{G,k} + S_{Q,k}) \tag{8-6}$$

Sie ist damit etwas kleiner als beim Nachweis nach DIN 18 807, wie sie in (8-5) und (8-6) rechts steht (siehe auch Tabelle 8-1).

Die alten Nachweise liegen also stets auf der sicheren Seite.

Dieses gilt nicht für die Einwirkung Windsog auf ein Trapezprofildach, wenn die Bestimmung von DIN 18 807 Teil 3 im Abschnitt 3.1.4 „Zur Aufnahme der abhebenden Kräfte dürfen 90 % der Dacheigenlast berücksichtigt werden" wie folgt interpretiert wurde:

$$S_d = 1{,}7 \cdot (S_{Q,k} - 0{,}9 \cdot S_{G,k}) \tag{8-7}$$

Die richtige Interpretation im Sinne von DIN 18 800 Teil 1 ist

$$S_d = 1{,}7 \cdot S_{Q,k} - 0{,}9 \cdot S_{G,k} > 1{,}65 \cdot S_{Q,k} - 1{,}1 \cdot S_{G,k} \tag{8-8}$$

Bei diesem Ansatz liegen die alten Nachweise auf der sicheren Seite.

Tabelle 8-1 Allgemeines Nachweisformat und Teilsicherheitsbeiwerte

Nachweise	**Einwirkungen**		**Wider-stände**	**Vergleiche**
	ständige	veränderliche		
$\gamma_{F,G} \cdot S_{G,k} + \gamma_{F,Q} \cdot S_{Q,k} \leq R_k / \gamma_M$	$\gamma_{F,G}$	$\gamma_{F,Q}$	γ_M	max $(\gamma_F \cdot \gamma_M) \leq \gamma_{alt}$
Tragsicherheit (z. B. Schnee)	1,35	1,5	1,1	1,65 < 1,7
Tragsicherheit (z. B. Windsog)	(–)1,0	1,5	1,1	s. (8-7) und (8-8)
Gebrauchstauglichkeit	1,0	1,15	1,1	1,265 < 1,3
Durchbiegung	1,0	1,0	1,0	1,0 = 1,0
Schubfeld	1,0	1,0	1,0	1,0 = 1,0

8.1.2 Tragsicherheitsnachweise

8.1.2.1 Biegebeanspruchung

DIN 18 807 Teil 3 läßt für den Tragsicherheitsnachweis sowohl das Verfahren im rein elastischen Zustand (Elastisch–Elastisch) als auch den Ansatz von Reststützmomenten, das Verfahren Plastisch–Plastisch zu. Der globale Sicherheitsbeiwert ist $\gamma = 1{,}7$. In der Anpassungsrichtlinie [14] werden auch weiterhin beide Nachweise zugelassen und die Teilsicherheitsbeiwerte für die Beanspruchungen nach DIN 18 800 Teil 1, Abschnitt 7.2.2 vorgeschrieben.

Da nicht von vornherein klar ist, ob sich für ein Durchlaufträgersystem im rein elastischen Zustand oder im Traglastzustand mit plastischen Beulen an den Zwischenstützen die größere Bemessungslast ergibt, ist es zweckmäßig, zunächst die Schnittgrößen und Auflagerkräfte mit den γ_F-fachen Einwirkungen nach der Elastizitätslehre zu bestimmen (s. Abschnitt 7.1.4) und sie den Bemessungswerten der Widerstandsgrößen (Beanspruchbarkeiten s. Abschnitt 5.1) gegenüber zu stellen. Diese Nachweise sind für statisch bestimmte Systeme oder Teilsysteme sowieso erforderlich.

Hier soll nun konkret beschrieben werden, wie die Nachweise mit der Gegenüberstellung von Beanspruchungen und Beanspruchbarkeiten in unterschiedlicher Art und Weise durchgeführt werden können.

Die Gegenüberstellung (4-6) wird hier in der Form

$$S_d \leq R_k / \gamma_M \tag{8-9}$$

für die Tragsicherheits- und Gebrauchstauglichkeitsnachweise benutzt. Die charakteristischen Widerstandsgrößen R_k sind in den Typenblättern (s. Bilder 5-1, 5-2, 5-4 und 5-5) vorhanden.

Bei den Tragsicherheitsnachweisen nach dem Verfahren Elastisch–Elastisch sind je Einwirkungskombination (s. Abschnitt 7.1.2) folgende Bedingungen einzuhalten:

Feldmomente: $$M_{F,S,d} \leq M_{F,k} / \gamma_M \tag{8-10}$$

Endauflagerkräfte: $$R_{A,S,d} \leq R_{A,G,k} / \gamma_M \tag{8-11}$$

Stützmomente: $$M_{B,S,d} \leq \max M_{B,k} / \gamma_M \tag{8-12}$$

Zwischenauflagerkraft: $$R_{B,S,d} \leq \max R_{B,k} / \gamma_M \tag{8-13}$$

Interaktion: $$\frac{M_{B,S,d}}{M^{o}_{B,k} / \gamma_M} + \left(\frac{R_{B,S,d}}{R^{o}_{B,k} / \gamma_M} \right)^{\varepsilon} \leq 1 \tag{8-14}$$

oder

$$M_{B,S,d} \leq M^{o}_{B,k} / \gamma_M - \left(\frac{R_{B,S,d}}{C_k / \gamma_\varepsilon} \right)^{\varepsilon} \qquad (8\text{-}15)$$

mit

$\gamma_\varepsilon = 1$ für $\varepsilon = 1$
$\gamma_\varepsilon = \sqrt{\gamma_M}$ für $\varepsilon = 2$

Die Teilsicherheitsbeiwerte für diese Nachweise sind

$\gamma_{F,G}$ = 1,35 für ständige Einwirkungen
$\gamma_{F,G}$ = 1,00 für ständige Einwirkungen, die Beanspruchungen verringern
$\gamma_{F,Q}$ = 1,50 für veränderliche Einwirkungen und
γ_M = 1,1

Wegen des Nachweisverfahrens Elastisch–Elastisch ist der elastische Grenzwert $R_{A,G,k}$ der Endauflagerkraft einzusetzen (s. Abschnitt 5.1.3.4).

In den o. g. Bedingungen sind die Momente und Auflagerkräfte sowohl auf der Einwirkungsseite (durch den Index *S* gekennzeichnet) als auch auf der Widerstandsseite ohne Vorzeichen, also als Beträge einzusetzen.

Ist bei andrückender Belastung mindestens eine Bedingung an den Zwischenauflagern nicht erfüllt, kann der Tragsicherheitsnachweis nach dem Verfahren Plastisch–Plastisch geführt werden. Dieses Verfahren geht davon aus, daß nach Überschreiten des charakteristischen Stützmomentes sich an den Zwischenstützen von Durchlaufträgern durch plastisches Beulen des Querschnittes jeweils ein kleineres Stützmoment, das Reststützmoment, einstellt. Im Nachweisverfahren berechnet sich das Reststützmoment in Abhängigkeit der Stützweite der benachbarten Felder nach (7-18) bis (7-20). Einzusetzen ist die kleinere der beiden angrenzenden Stützweiten.

Durch den Ansatz der Reststützmomente nach (7-18) bis (7-20)

$$0 \leq M_{R,d}(l) \leq \max M_{R,d} \qquad (8\text{-}16)$$

ist der Durchlaufträger zum statisch bestimmten Träger geworden und kann allein mit den Gleichgewichtsbedingungen vollständig berechnet werden. Der Fall $M_R = 0$ beschreibt in diesem Verfahren eine Kette von Einfeldträgern und stellt sich häufig bei relativ kleinen Stützweiten mit entsprechend hoher Belastung ein. Mit einem Statik-Programm simuliert man dieses Verfahren einfach dadurch, daß man an den Zwischenauflagern in den Träger Momentengelenke einfügt und hier die Reststützmomente als Belastung ansetzt.

Für den Tragsicherheitsnachweis Plastisch–Plastisch benötigt man als Beanspruchungen nur noch die Endauflagerkräfte und Feldmomente (siehe (7-21) bis (7-24))

$$R_{A,S,d} = \frac{q_d \cdot l}{2} - \frac{M_{R,d}}{l} \qquad (8\text{-}17)$$

mit $M_{R,d} = M_{R,k} / \gamma_M$ nach (7-18) bis (7-20), als Betrag eingesetzt.

$$M_{F,S,d} = \frac{R_{A,S,d}^2}{2 \cdot q_d} \tag{8-18}$$

für ein Endfeld.

Die Feldmomente in Mittelfeldern werden nur benötigt, wenn ein Durchlaufträger mit unterschiedlichen Stützweiten vorliegt, oder Trapezprofile mit verschiedenen Blechdicken an den Zwischenauflagern durch biegesteife Stöße miteinander verbunden sind. Allgemein gilt dann für ein Mittelfeld (siehe (7-25) und (7-26)):

$$V_1 = \frac{q_d \cdot l}{2} - \frac{M_{R,d}^r - M_{R,d}^l}{l} \tag{8-19}$$

$$M_{F,S,d} = \frac{V_1^2}{2 \cdot q_d} - M_{R,d}^l \tag{8-20}$$

oder

$$M_{F,S,d} \approx \frac{q_d \cdot l^2}{8} - \frac{M_{R,d}^r + M_{R,d}^l}{2} \tag{8-21}$$

Mit diesen Beanspruchungen sind folgende Bedingungen einzuhalten:

$$R_{A,S,d} \leq R_{A,T,k} / \gamma_M \tag{8-22}$$

$$M_{F,S,d} \leq M_{F,k} / \gamma_M \tag{8-23}$$

mit $\gamma_M = 1{,}1$

In diesem Fall darf beim Nachweis (8-22) für die Endauflagerkraft der endgültige Versagenswert $R_{A,T,k}$ eingesetzt werden.

Im Bild 8-1 ist das Nachweisverfahren mit den $\gamma_F \cdot \gamma_M$-fachen Einwirkungen dargestellt. Die Schnittgrößen für das Verfahren P–P sind eingerahmt.

Im Anschluß an den Tragsicherheitsnachweis Plastisch–Plastisch ist ein Gebrauchstauglichkeitsnachweis Elastisch–Elastisch mit den Teilsicherheitsbeiwerten nach der Anpassungsrichtlinie [14] an den Auflagern erforderlich. Diese Nachweise werden in Abschnitt 8.1.3.1 beschrieben.

Das Zusammenwirken von Biegemoment und Auflagerkraft soll wegen der unterschiedlichen Darstellungen in (8-14) und (8-15) genauer untersucht werden. Nach DIN 18 807 gilt folgende Interaktion

$$M_{B,d} = M_{B,d}^o - \left(\frac{R_{B,S,d}}{C_d} \right)^{\varepsilon} \tag{8-24}$$

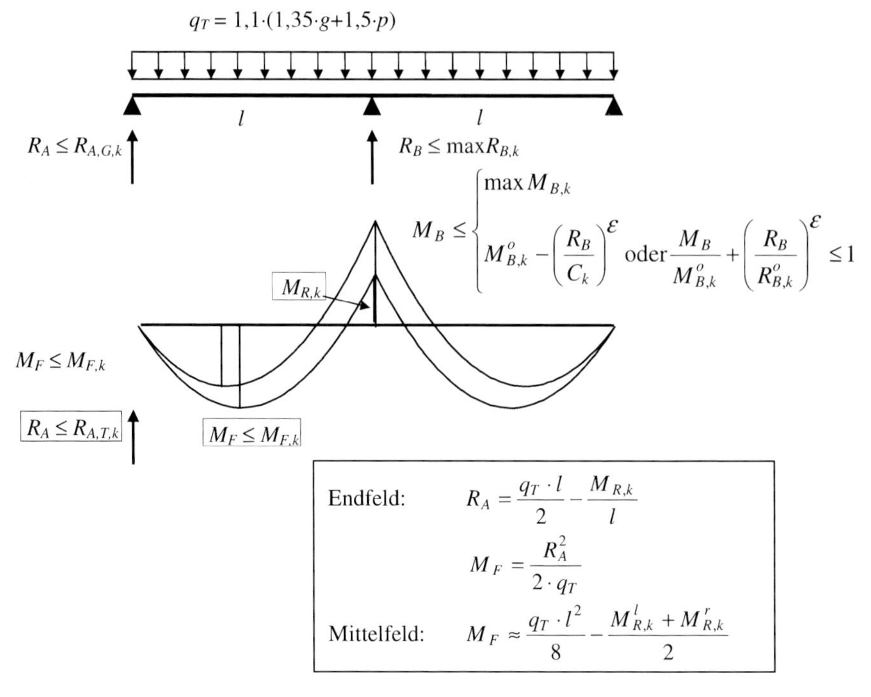

Bild 8-1 Tragsicherheitsnachweise für Biegung

mit den Gültigkeitsgrenzen:

$$M_{\mathrm{B,d}} \le \max M_{\mathrm{B,d}} \tag{8-25}$$

$$R_{\mathrm{B,S,d}} \le \max R_{\mathrm{B,d}} \tag{8-26}$$

wobei hier die neuen Bezeichnungen gewählt sind.

Es bedeuten:

$M_{\mathrm{B,d}}$ Beanspruchbarkeit auf Biegung an der Zwischenstütze
max $M_{\mathrm{B,d}}$ maximale Beanspruchbarkeit auf Biegung an der Zwischenstütze
$M^{\mathrm{o}}_{\mathrm{B,d}}$ Beanspruchbarkeit auf Biegung, wenn die Auflagerkraft gleich Null ist
ε Formbeiwert für die Interaktionskurve.
Für die Versuchsauswertungen kann $\varepsilon = 1$ oder $\varepsilon = 2$ gewählt werden.
C_{d} aus Beanspruchbarkeiten abgeleiteter Interaktionsparameter

$$C_{\mathrm{d}} = R^{\mathrm{o}}_{\mathrm{B,d}} / M^{\mathrm{o}}_{\mathrm{B,d}} \quad \text{für } \varepsilon = 1 \tag{8-27}$$

$$C_{\mathrm{d}} = R^{\mathrm{o}}_{\mathrm{B,d}} / \sqrt{M^{\mathrm{o}}_{\mathrm{B,d}}} \quad \text{für } \varepsilon = 2 \tag{8-28}$$

mit

$R^{\mathrm{o}}_{\mathrm{B,d}}$ Beanspruchbarkeit für die Auflagerkraft, wenn das Biegemoment gleich Null ist max $R_{B,d}$ maximale Beanspruchbarkeit für die Auflagerkraft

$R_{B,S,d}$ Bemessungswert der Auflagerkraft, verursacht durch die γ_F-fachen Einwirkungen. Der Index „S" kennzeichnet die Auflagerkraft als Beanspruchung. Auf diese Kennzeichnung wird auch häufig verzichtet

In der Anpassungsrichtlinie [14] ist festgelegt, daß die Beanspruchbarkeiten aus den charakteristischen Widerstandsgrößen durch Division mit $\gamma_M = 1{,}1$ zu berechnen sind. Das bedeutet für den Interaktionsparameter C

für $\varepsilon = 1$

$$C_d = \frac{R^o_{B,k} / \gamma_M}{M^o_{B,k} / \gamma_M} = \frac{R^o_{B,k}}{M^o_{B,k}} = C_k \tag{8-29}$$

also keine Änderung von C gemäß DIN 18 807 und

für $\varepsilon = 2$

$$C_d = \frac{R^o_{B,k} / \gamma_M}{\sqrt{M^o_{B,k} / \gamma_M}} = \frac{R^o_{B,k}}{\sqrt{M^o_{B,k}}} \cdot \frac{1}{\sqrt{\gamma_M}} = C_k \frac{1}{\sqrt{\gamma_M}} \tag{8-30}$$

also eine nichtlineare Umrechnung mit γ_M.

Zusammenfassend kann man schreiben

$$C_d = C_k / \gamma_M^{(1-1/\varepsilon)} \tag{8-31}$$

Mit diesen Umrechnungen lautet dann der Nachweis

$$M_{B,S,d} \leq M^o_{B,k} / \gamma_M - \left(\frac{R_{B,S,d}}{C_k / \gamma_M^{(1-1/\varepsilon)}} \right)^{\varepsilon} \tag{8-32}$$

Die ursprünglich als Vereinfachung gedachte Einführung des Parameters C erweist sich jetzt als störend. Der Nachweis mit direkter Interaktion der charakteristischen Widerstandsgrößen

$$\frac{M_{B,S,d}}{M^o_{B,k} / \gamma_M} + \left(\frac{R_{B,S,d}}{R^o_{B,k} / \gamma_M} \right)^{\varepsilon} \leq 1 \tag{8-33}$$

ist einfacher.

Diese Möglichkeit ist in der Anpassungsrichtlinie [14] auch vorgesehen. Für diesen Fall müßten in den Typenblättern (Bild 5-2) die Werte C_k in $R^o_{B,k}$ analog zu (8-27) und (8-28) umgeschrieben werden. Zumindest sollte bei der Erstellung neuer Typenblätter (Bild 5-5) die Benutzung des Parameters $C = C_k$ unterbleiben. Über die einfachste Möglichkeit der Bemessung mit dem Produkt $\gamma_F \cdot \gamma_M$ auf der Einwirkungsseite wird weiter unten berichtet.

Die Beanspruchbarkeit auf Biegung an der Zwischenstütze ergibt sich mit den Tabellenwerten $M^o_{B,k}$ und $R^o_{B,k}$ analog zu (8-24) wie folgt:

$$M_{B,d} = M^o_{B,d} \cdot \left[1 - \left(\frac{R_{B,S,d}}{R^o_{B,d}}\right)^\varepsilon\right] \tag{8-34}$$

mit

$$M^o_{B,d} = M^o_{B,k} / \gamma_M$$
$$R^o_{B,d} = R^o_{B,k} / \gamma_M$$

und den Gültigkeitsgrenzen (8-25) und (8-26).

Die beiden Nachweise (8-32) und (8-33) der Interaktion sind zwar gleichwertig, aber nicht numerisch identisch. Der Nachweis (8-33) gibt den Abstand zu 1 für den Fall an, daß das Stützmoment und die Auflagerkraft proportional zueinander steigen. Dieses ist bei Durchlaufträgern mit gleichmäßig verteilter Belastung der Fall.

Der Nachweis (8-32) ergibt die Reserve für das Stützmoment bei festgehaltener Auflagerkraft. Die Auslastung ist in diesem Fall also kleiner. Im Grenzfall der vollen Auslastung sind beide Nachweise gleich. Rechnerisch kann man den Zusammenhang mit vereinfachten Formelzeichen wie folgt zeigen. Der Nachweis (8-32) lautet in Quotientenform

$$\frac{M}{M^o - (R/C)^\varepsilon} = d_c \leq 1 \tag{8-35}$$

Mit $C = R^o / (M^o)^{1/\varepsilon}$ ergibt sich

$$\frac{M}{M^o} \cdot \frac{1}{1 - (R/R^o)^\varepsilon} = d_c \tag{8-36}$$

oder

$$\frac{M}{M^o} + d_c \cdot \left(\frac{R}{R^o}\right)^\varepsilon = d_c \leq 1 \tag{8-37}$$

Verglichen mit der Interaktion (8-33)

$$\frac{M}{M^o} + \left(\frac{R}{R^o}\right)^\varepsilon = d \leq 1 \tag{8-38}$$

ergibt sich also $d_c \leq d$. Numerisch ist dieser Zusammenhang in den Beispielen des Abschnitts 9.1.1.1 zu erkennen. Im Fall $d = 1$ ist auch $d_c = 1$, und (8-37) ist mit (8-38) identisch. Ist der Nachweis nicht erfüllt, sind beide Werte $d > 1$ und $d_c > d$.

Der Fall, daß die Widerstandsgrößen rechnerisch nach DIN 18 807 Teil 1 bestimmt worden sind, ist in Abschnitt 5.1.2.2 durch die Formeln (5-9) bis (5-11) dargestellt. Wird die Auflagerkraft an Zwischenstützen so eingeleitet, daß Stegkrüppeln nicht eintreten kann, also in Bezug auf die Stegquerrichtung als Zugkraft, so ist nach DIN 18 807 Teil 3 eine Momenten-Querkraft-Interaktion anzusetzen, wenn keine entsprechenden Versuche durchgeführt wurden. Dieser Fall ist ebenfalls in Abschnitt 5.1.2.2 beschrieben. Wenn beide Fälle korrekt nach den dortigen Vorschlägen in die Typenblätter eingearbeitet worden sind, entstehen für die Nachweise keine Besonderheiten.

Um klar zu stellen, daß die Nachweise mit dem Produkt der Teilsicherheitsbeiwerte $\gamma_F\,\gamma_M$ auf der Einwirkungsseite sowohl bei der Interaktion von Biegemoment und Zwischenauflagerkraft als auch beim Ansatz von Reststützmomenten korrekt sind, werden hier folgende Überlegungen angestellt.

Für die Interaktion an Zwischenstützen sind zwei alternative Nachweisformeln in (8-32) und (8-33) schon genannt. Darin werden das Stützmoment $M_{B,S,d}$ und die Auflagerkraft $R_{B,S,d}$ aus der Einwirkungskombination

$$\gamma_{F,G} \cdot G_k + \gamma_{F,Q} \cdot Q_k \tag{8-39}$$

berechnet. Hier soll verkürzt, aber ohne Einschränkung der Allgemeingültigkeit, geschrieben werden:

$$M_{B,S,d} = \gamma_F \cdot M_{B,S,k} \tag{8-40}$$

$$R_{B,S,d} = \gamma_F \cdot R_{B,S,k} \tag{8-41}$$

Damit ergibt sich die Formel (8-32) zu

$$\gamma_F \cdot M_{B,S,k} \leq M^o_{B,k} / \gamma_M - \left(\frac{\gamma_F \cdot R_{B,S,k}}{C_k / \gamma_M^{(1-1/\varepsilon)}} \right)^{\varepsilon} \tag{8-42}$$

Multipliziert man (8-42) mit γ_M, so entsteht

$$\gamma_F \cdot \gamma_M \cdot M_{B,S,k} \leq M^o_{B,k} - \left(\frac{\gamma_F \cdot \gamma_M \cdot R_{B,S,k}}{C_k} \right)^{\varepsilon} \tag{8-43}$$

Man erkennt leicht, daß in (8-43) alle charakteristischen Größen aus den Einwirkungen mit dem Produkt $\gamma_F \cdot \gamma_M$ behaftet sind und die charakteristischen Widerstandsgrößen ohne Teilsicherheitsbeiwert eingehen. Der Interaktionsnachweis kann also auf diese Weise mit den alten Werten der Typenblätter geführt werden.

Entsprechendes gilt, wenn neuere Typenblätter nicht den Interaktionsparameter C, sondern die charakteristische Auflagerkraft $R^o_{B,k}$ enthalten. Dies geht aus der Nachweisformel (8-33) direkt hervor.

Ist mindestens eine der Ungleichungen (8-12) bis (8-14) oder (8-15) an einer Zwischenstütze eines Durchlaufträgers nicht erfüllt, so darf an allen Zwischenstützen der Bemessungswert der Reststützmomente $M_{R,d} = M_{R,k} / \gamma_M$ entsprechend (7-18) bis (7-20) angesetzt werden. Für den Zustand mit Reststützmomenten sind die Werte $M_{F,S,d}$ und $R_{A,S,d}$ unter γ_F-fachen Belastungen neu zu berechnen.

Endfelder:

$$R_{A,S,d} = \frac{\gamma_F \cdot q \cdot l}{2} - \frac{M_{R,k} / \gamma_M}{l} \tag{8-44}$$

$$M_{F,S,d} = \frac{R^2_{A,S,d}}{2 \cdot \gamma_F \cdot q} \tag{8-45}$$

Mittelfelder:

$$M_{F,S,d} \approx \frac{\gamma_F \cdot q \cdot l^2}{8} - \frac{(M^l_{R,k} + M^r_{R,k}) / \gamma_M}{2} \tag{8-46}$$

mit der Abkürzung

$$\gamma_F \cdot q = \gamma_{F,G} \cdot g + \gamma_{F,Q} \cdot p \tag{8-47}$$

Die erforderlichen Nachweise lauten nun

$$M_{F,S,d} \leq M_{F,d} \tag{8-48}$$

$$R_{A,S,d} \leq R_{A,T,d} \tag{8-49}$$

Wenn der Tragsicherheitsnachweis unter Ansatz des Reststützmoments geführt wird, ist dieser auch mit dem Produkt $\gamma_F \cdot \gamma_M$ auf der Einwirkungsseite korrekt. In diesem Fall sind nur die Nachweise der Endauflagerkraft und des Feldmoments erforderlich. Die beiden Werte ergeben sich für das Endfeld eines Durchlaufträgers mit dem Reststützmoment $M_{R,k}$ über der ersten Zwischenstütze nach (8-44) und (8-45).

Aus (8-45) wird nach kurzer Rechnung unter Anwendung von (8-44)

$$M_{F,S,d} = \frac{\gamma_F \cdot q \cdot l^2}{8} - \frac{M_{R,k}}{\gamma_M} + \frac{(M_{R,k} / \gamma_M)^2}{2 \cdot l^2 \cdot \gamma_F \cdot q} \tag{8-50}$$

Die Nachweisgleichungen lauten

$$\frac{\gamma_F \cdot q \cdot l}{2} - \frac{M_{R,k} / \gamma_M}{l} \leq \frac{R_{A,T,k}}{\gamma_M} \tag{8-51}$$

und

$$\frac{\gamma_F \cdot q \cdot l^2}{8} - \frac{M_{R,k}}{\gamma_M} + \frac{(M_{R,k} / \gamma_M)^2}{2 \cdot l^2 \cdot \gamma_F \cdot q} \leq \frac{M_{F,k}}{\gamma_M} \tag{8-52}$$

Multipliziert man beide Seiten mit γ_M, ergeben sich

$$\frac{\gamma_F \cdot \gamma_M \cdot q \cdot l}{2} - \frac{M_{R,k}}{l} \leq R_{A,T,k} \tag{8-53}$$

und

$$\frac{\gamma_F \cdot \gamma_M \cdot q \cdot l^2}{8} - M_{R,k} + \frac{M_{R,k}^2}{2 \cdot l^2 \cdot \gamma_F \cdot \gamma_M \cdot q} \leq M_{F,k} \tag{8-54}$$

Auch in diesem Fall sind nur die Einwirkungen mit dem Produkt $\gamma_F \cdot \gamma_M$ behaftet. Die Widerstandsgrößen sind die charakteristischen aus den Typenblättern.

Es ist also im Rahmen des Sicherheitskonzeptes korrekt, die Nachweise mit der fiktiven Belastung

$$\overline{q} = \gamma_M \cdot (\gamma_{F,G} \cdot g + \gamma_{F,Q} \cdot p) \tag{8-55}$$

und den Tabellenwerten der vorhandenen Typenblätter zu führen.

8.1.2.2 Biegebeanspruchung mit Normalkraft

Der Tragsicherheitsnachweis muß mit γ_F und γ_M am elastischen System geführt werden. Ein Gebrauchstauglichkeitsnachweis für die Schnittgrößen ist danach nicht mehr erforderlich. Die Ausnutzung der Reststützmomente nach dem Überschreiten der charakteristischen Schnittgrößen im elastischen Bereich an Zwischenauflagern von Durchlaufträgern ist in diesem Fall nicht möglich.

Wirken an einem Querschnitt ein Biegemoment und eine Normalkraft gleichzeitig, so sind folgende Interaktionsbedingungen einzuhalten:

- für eine Zugkraft

$$\frac{N_{Z,S,d}}{N_{Z,d}} + \frac{M_{S,d}}{M_d} \leq 1 \tag{8-56}$$

- für eine Druckkraft

$$\frac{N_{D,S,d}}{N_{D,d}} \cdot \left[1 + 0,5 \cdot \alpha \cdot \left(1 - \frac{N_{D,S,d}}{N_{D,d}}\right)\right] + \frac{M_{S,d}}{M_d} \leq 1 \tag{8-57}$$

Hierin bedeuten:

$N_{Z,S,d}$ Zugkraft für γ_F-fache Belastung
$N_{D,S,d}$ Druckkraft für γ_F-fache Belastung
$M_{S,d}$ Biegemoment für γ_F-fache Belastung, u. U. unter Berücksichtigung eines Versatzmomentes, wenn die Normalkraft nicht in die Schwerachse des mitwirkenden Querschnitts eingeleitet wird.
$N_{Z,d}$ $= N_{Z,k} / \gamma_M$ Widerstandsgröße der Zugkraft nach (5-19)
$N_{D,d}$ $= N_{D,k} / \gamma_M$ Widerstandsgröße der Druckkraft, nach (5-20) und (5-21)
α nach (5-24), jedoch nicht größer als 1,0
M_d $M_{F,d}$ oder $M_{B,d}$ Beanspruchbarkeit auf Biegung gegebenenfalls unter Berücksichtigung der Interaktion mit der zugehörigen Auflagerkraft in Anlehnung an (8-32) und (8-34)

$$M_{B,d} = M^o_{B,k} / \gamma_M - \left(\frac{R_{B,S,d}}{C_k / \gamma_M^{(1-1/\varepsilon)}} \right)^{\varepsilon} \tag{8-58}$$

oder

$$M_{B,d} = M^o_{B,k} / \gamma_M \cdot \left[1 - \left(\frac{R_{B,S,d}}{R^o_{B,k} / \gamma_M} \right)^{\varepsilon} \right] \tag{8-59}$$

Die Vorzeichen der Schnittgrößen aus den γ_F-fachen Einwirkungen und die der zugehörigen Widerstandsgrößen sind immer gleich anzusetzen, so daß der Quotient aus beiden positiv ist.

Die Quotientenform der Nachweise läßt ohne weitere Umrechnung erkennen, daß auch hier auf der Einwirkungsseite (Zähler) mit dem Produkt $\gamma_F \cdot \gamma_M$ gerechnet werden kann.

Der seltene Fall, daß an einem Querschnitt eine Normalkraft allein wirkt, ist mit $M_{S,d} = 0$ in den Ungleichungen (8-56) und (8-57) enthalten.

8.1.3 Gebrauchstauglichkeitsnachweise

8.1.3.1 Schnittgrößen und Auflagerkräfte

Die Nachweise sind zur Vermeidung von lokalen plastischen Beulen im Anschluß an das Tragsicherheitsverfahren Plastisch–Plastisch erforderlich. Sie werden mit den Schnittgrößen und Auflagerkräften nach der Elastizitätslehre mit kleineren γ_F-fachen Belastungen geführt. Es muß gelten:

- am Endauflager:

  Endauflagerkraft: $R_{A,S,d} \le R_{A,G,k} / \gamma_M$ (8-60)

- am Zwischenauflager:

Stützmoment: $M_{\mathrm{B,S,d}} \leq \max M_{\mathrm{B,k}} / \gamma_{\mathrm{M}}$ (8-61)

Zwischenauflagerkraft: $R_{\mathrm{B,S,d}} \leq \max R_{\mathrm{B,k}} / \gamma_{\mathrm{M}}$ (8-62)

Interaktion:
$$\frac{M_{\mathrm{B,S,d}}}{M^{\mathrm{o}}_{\mathrm{B,k}} / \gamma_{\mathrm{M}}} + \left(\frac{R_{\mathrm{B,S,d}}}{R^{\mathrm{o}}_{\mathrm{B,k}} / \gamma_{\mathrm{M}}} \right)^{\varepsilon} \leq 1 \qquad (8\text{-}63)$$

oder

$$M_{\mathrm{B,S,d}} \leq M^{\mathrm{o}}_{\mathrm{B,k}} / \gamma_{\mathrm{M}} - \left(\frac{R_{\mathrm{B,S,d}}}{C_{\mathrm{k}} / \gamma_{\varepsilon}} \right)^{\varepsilon} \qquad (8\text{-}64)$$

mit

$\gamma_{\varepsilon} = 1$ für $\varepsilon = 1$
$\gamma_{\varepsilon} = \sqrt{\gamma_{\mathrm{M}}}$ für $\varepsilon = 2$

Für diese Nachweise gilt für die Teilsicherheitsbeiwerte

$\gamma_{\mathrm{F,G}}$ = 1,00 für ständige Einwirkungen
$\gamma_{\mathrm{F,Q}}$ = 1,15 für veränderliche Einwirkungen und
γ_{M} = 1,10 für die Widerstandsgrößen

Ein Beispiel für die Gebrauchstauglichkeitsnachweise mit dem Produkt $\gamma_{\mathrm{F}} \cdot \gamma_{\mathrm{M}}$ auf der Einwirkungsseite für Schnittgrößen und Auflagerkräfte ist in Bild 8-2 dargestellt. Sind die Ungleichungen (8-11) bis (8-15) mit höheren γ_{F}-Werten schon erfüllt, sind diese Nachweise natürlich nicht mehr erforderlich.

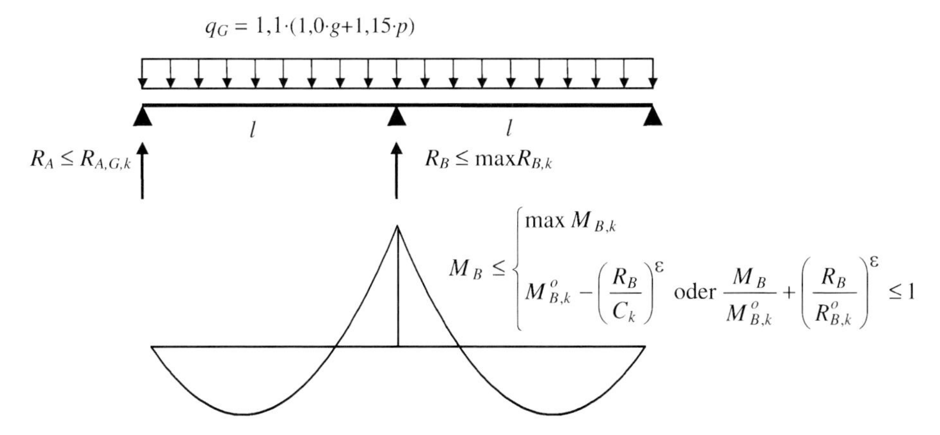

Bild 8-2 Gebrauchstauglichkeitsnachweise für Schnittgrößen und Auflagerkräfte

8.1.3.2 Durchbiegungsnachweise

Die Nachweise der Durchbiegungsbeschränkung sind Gebrauchstauglichkeitsnachweise im Sinne von DIN 18 800 Teil 1 Elemente 715 und 722. Nach DIN 18 807 Teil 3 werden diese Nachweise mit den einfachen Einwirkungen und den charakteristischen Werten der Steifigkeiten geführt. Die Anpassungsrichtlinie [14] sagt über diese Nachweise nichts aus. Es gelten also die Bestimmungen von DIN 18 807 Teil 3, welche denen in DIN 18 800 Teil 1 nicht widersprechen.

Allgemein gilt für die Durchbiegungsbeschränkung

$$f_{\max} \leq l / D \qquad (8\text{-}65)$$

Die Durchbiegung wird nach der Elastizitätslehre mit den effektiven Trägheitsmomenten nach Abschnitt 5.1 berechnet. In (8-65) ist l die Stützweite des betrachteten Feldes und D ein Durchbiegungsmaß, das je nach Anwendungsbereich der Trapezprofile unterschiedlich ist. Bei Dächern wird die Durchbiegung unter Vollast auf allen Feldern für die Trapezprofile berechnet. Sie muß nach DIN 18 807 Teil 3 mit $D = 300$ für Dächer mit oberseitiger Abdichtung (Warmdächer) und mit $D = 150$ für Dächer mit oberseitiger Deckung und für die Deckung aus Trapezprofilen selbst begrenzt werden. Auch für Trapezprofilwände gilt die Durchbiegungsbeschränkung unter Vollast mit $D = 150$.

Obwohl die DIN 18 807 entsprechend (8-65) den Nachweis für die maximale Durchbiegung fordert, ist es praktisch genau genug, die Durchbiegung in Feldmitte zu berechnen, weil Sicherheitsfragen dadurch nicht berührt werden. Bei Kragarmen sind die Verhältnisse etwa vergleichbar, wenn man die Durchbiegung am Kragarmende auf die doppelte Kragarmlänge bezieht. Die DIN 18 807 beschreibt diesen Fall nicht separat.

8.1.4 Besonderheiten bei der Bemessung auf Biegung

8.1.4.1 Interpolation der Widerstandsgrößen für Zwischenwerte der Blechdicken

Die Interpolation der Widerstandsgrößen für Zwischenwerte von Blechdicken, die in den Typenblättern nicht aufgeführt sind, ist in der DIN 18 807 nicht generell geregelt. Zur Begründung ist zu sagen, daß die Berechnung der Widerstandsgrößen nach DIN 18 807 Teil 1 für jede Zwischenblechdicke möglich ist. Für den einzelnen Anwendungsfall ist dieses aber zu aufwendig, zumal die Berechnung bauaufsichtlich geprüft werden muß. Für die Interpolation zwischen Versuchswerten gibt DIN 18 807 Teil 2 ein Verfahren an (s. Abschnitt 5.1.3.1 und Bild 8-3).

Danach muß unterhalb der kleinsten Versuchsblechdicke t_1 quadratisch extrapoliert werden.

$$S(t) = S_1 \cdot (t / t_1)^2 \qquad \text{für } t < t_1 \qquad (8\text{-}66)$$

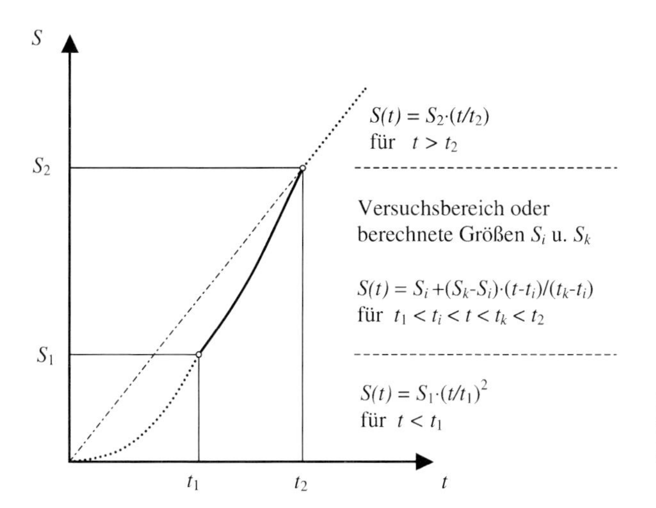

Bild 8-3 Abhängigkeit der Widerstandsgrößen von der Blechdicke

Innerhalb des Versuchsbereichs gilt die lineare Interpolation

$$S(t) = S_i + (S_k - S_i) \cdot \frac{t - t_i}{t_k - t_i} \qquad \text{für } t_1 \leq t_i < t < t_k \leq t_2 \qquad (8\text{-}67)$$

mit folgenden zulässigen Differenzen zwischen den geprüften Blechdicken t_i und t_k.

$$t_k - t_i \leq 0{,}25 \text{ mm} \qquad \text{für } t \leq 1{,}0 \text{ mm} \qquad (8\text{-}68)$$

$$t_k - t_i \leq 0{,}50 \text{ mm} \qquad \text{für } t > 1{,}0 \text{ mm} \qquad (8\text{-}69)$$

Oberhalb der größten Versuchsblechdicke wird linear extrapoliert.

$$S(t) = S_2 \cdot (t / t_2) \qquad \text{für } t > t_2 \qquad (8\text{-}70)$$

Es ist nichts dagegen einzuwenden, wenn diese Umrechnungen auch für berechnete Widerstandsgrößen nach DIN 18 807 Teil 1 angewendet werden. In allen Fällen muß aber der zulässige Blechdickenbereich beachtet werden. Die geringste Nennblechdicke für die Bestimmung der Widerstandsgrößen durch Berechnung nach DIN 18 807 Teil 1 ist $t_N = 0{,}60$ mm und für Versuche nach DIN 18 807 Teil 2 $t_N = 0{,}50$ mm. Folglich ist auch keine Extrapolation für kleinere Blechdicken zulässig.

Korrekterweise muß in den Formeln (8-66) bis (8-70) für t die Kernblechdicke t_K eingesetzt werden. Es entsteht bei üblichen Blechdicken aber kein großer Fehler, wenn mit der Nennblechdicke t_N gerechnet wird.

8.1.4.2 Interpolation der Widerstandsgrößen für Zwischenwerte der Auflagerbreiten

Weichen die vorhandenen Auflagerbreiten von denen in den Typenblättern nach Bild 5-2 bzw. Bild 5-5 ab, so müssen die von der Auflagerbreite abhängigen charakteristischen Widerstandsgrößen entsprechend umgerechnet werden. Dieses trifft für die Auflagerkräfte und die Interaktion an den Zwischenauflagern zu.

Allgemein gilt die lineare Interpolation

$$S_z = S_i + (S_k - S_i) \cdot \frac{b_z - b_i}{b_k - b_i} \tag{8-71}$$

im Bereich der Auflagerbreiten

$$b_i < b_z < b_k \tag{8-72}$$

mit

b_i, b_k Auflagerbreiten nach Typenblatt
b_z Zwischenwert
S_i, S_k charakteristische Widerstandsgrößen für b_i und b_k
S_z interpolierter Zwischenwert

Ist die vorhandene Auflagerbreite b_z kleiner als die kleinste im Typenblatt aufgeführte, so ist in (8-71) b_i und S_i gleich Null zu setzen. Dann darf aber bei sehr kleinen Auflagerbreiten, z. B. bei Rohren, $b_z = 10$ mm gesetzt werden.

Für die Ausbildung der Endauflager gilt, daß die Trapezprofile mindestens 40 mm über die Innenkante des Endauflagers hinausreichen müssen.

Bei der Bestimmung der charakteristischen Endauflagerkräfte ist zwischen denen nach DIN 18 807 Teil 1 berechneten und denen nach Teil 2 durch Versuche bestimmten Werten zu unterscheiden. Ist in den Spalten „Endauflagerkräfte" der Typenblätter nach Bild 5-2 bzw. Bild 5-5 „$b_A = a$ mm" eingetragen, so wurden die charakteristischen Endauflagerkräfte nach Teil 1 berechnet. In diesem Fall darf für $b_{A,z} < a$ nicht die oben angegebene Interpolation mit $S_i = 0$ angewendet werden. Es muß vielmehr die charakteristische Endauflagerkraft nach Teil 1 neu berechnet werden. Die oben erwähnte Bestimmung für die Ausbildung des Endauflagers bleibt davon unberührt.

Ist über den Spalten „Endauflagerkräfte" der Typenblätter nach Bild 5-2 bzw. Bild 5-5 „$b_A + ü = a$ mm" eingetragen, so wurden die aufnehmbaren Endauflagerkräfte nach DIN 18 807 Teil 2 durch Versuche ermittelt. In diesem Fall ist die charakteristische Endauflagerkraft von der Auflagerbreite unabhängig. Es kommt ausschließlich auf das Maß von der Innenkante des Endauflagers bis zum Trapezprofilende an. Für die Interpolation müssen also die Werte $b = b_A + ü$ gesetzt werden, wobei $b_A + ü < 40$ mm aus konstruktiven Gründen nicht zulässig ist.

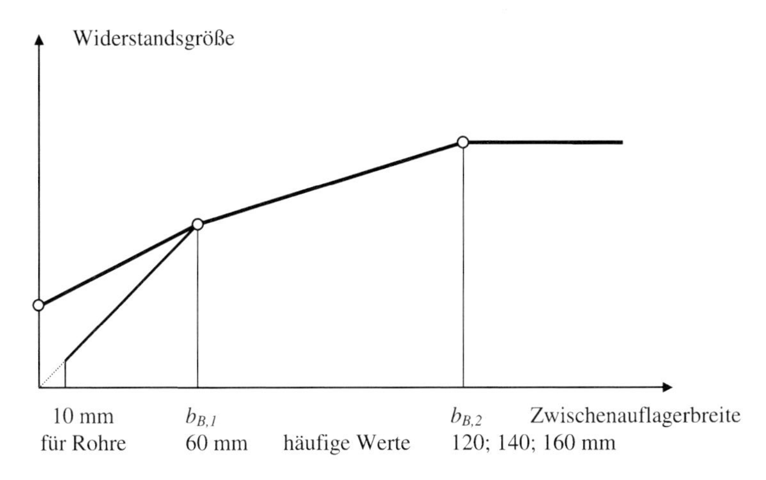

○ tabellarisch verzeichnete Werte, für $b_B = 0$ nur von wenigen Profilen bekannt

Bild 8-4 Interpolationen für die Widerstandsgrößen an Zwischenauflagern

An den Zwischenauflagern kann die Interpolation (8-71) nicht auf den Interaktionsparameter C_k (alt C) angewendet werden. In diesem Fall muß für beide Auflagerbreiten b_i und b_k die Interaktion nach (8-24) ausgewertet und zwischen den so bestimmten Bemessungswerten der Stützmomente interpoliert werden. Gleiches gilt auch für die Interaktion mit $R^o_{B,d}$ nach (8-34), wenn die Formbeiwerte ε der Interaktion für die Auflagerbreiten nicht übereinstimmen. Auch bei der Bestimmung der Reststützmomente muß die Interpolation (8-71) auf die ausgewerteten Reststützmomente angewendet werden und nicht auf die Tabellenwerte.

Sind charakteristische Widerstandsgrößen für die Zwischenauflager aus Versuchsergebnissen für $b_i = 0$ oder Schneidenlagerung angegeben, so müssen diese bei Auflagern aus Rohren direkt verwendet werden und dürfen nicht für $b_z = 10$ mm hochgerechnet werden. Eine Extrapolation der charakteristischen Widerstandsgrößen für Auflagerbreiten, die größer sind als die größte auf den Typenblättern, ist nicht zulässig.

Die zulässigen Interpolationen für die Widerstandsgrößen an Zwischenauflagern sind in Bild 8-4 dargestellt.

8.1.4.3 Linienlasten oder Einzellasten im Feld

Greifen im Feld Linienlasten quer zur Spannrichtung oder Einzellasten an, so ist an diesen Stellen der Nachweis nicht mit dem Feldmoment, sondern mit einem Stützmoment anderer Lastrichtung oder Profillage unter Beachtung der Interaktion zwischen Krafteinleitung und Biegemoment zu führen. Dieser Fall tritt bei Dächern selten auf. Die Nachweise für Trapezprofildecken und die Querverteilung von Einzellasten werden in Abschnitt 8.4 behandelt.

Für den Fall, daß eine Linienlast auf dem Dach nach unten wirkt, ist die Interaktion nach dem Typenblatt für die entgegengesetzte Profillage aus dem Bereich für nach unten gerichtete und andrückende Flächen-Belastung zu verwenden. Ist die Linienlast unter dem Dach an die Trapezprofile angehängt, gilt das Typenblatt für die vorhandene Profillage, aber der Bereich für nach oben gerichtete und abhebende Flächen-Belastung.

Nach oben gerichtete Linienlasten dürften kaum vorkommen. Im Ausnahmefall sind in den Fällen nach Bild 5-3 die Auflagerkräfte sinnvoll zu ergänzen und damit der anzuwendende Tabellenbereich zu bestimmen. Theoretisch ist es auch möglich, z. B. bei kleiner Linienlast in Auflagernähe, daß das Vorzeichen des resultierenden Biegemomentes und die Richtung der Linienlast zu keinem Tabellenbereich paßt. Für diese Fälle kann man auf der sicheren Seite entweder den Tabellenbereich für entgegengesetztes Vorzeichen des Biegemomentes oder bei einer Zugkraft den Bereich für Druckkrafteinleitung verwenden. Da an solchen Stellen die Trapezprofile meist nicht voll ausgelastet sind, ist eine Abschätzung auf der sicheren Seite kein Nachteil.

8.1.4.4 Begehbarkeit

Der Nachweis der Begehbarkeit der Trapezprofiltafeln für Einzelpersonen während und nach der Montage wird durch die Einhaltung der Grenzstützweiten geführt. Die Grenzstützweiten werden durch Versuche mit einer Einzellast auf einer Rippe einer Trapezprofiltafel als Einfeldträger nach DIN 18 807 Teil 2 geführt (s. Abschnitt 5.1.3.5). Sie sind in den Typenblättern nach Bild 5-1 bzw. 5-4 für Ein- und Mehrfeldträger verzeichnet.

Die Einhaltung der Grenzstützweiten ist nach DIN 18 807 Teil 3, Abschnitt 4.1.5, nur für Trapezprofile als tragende Schale von Dach- und Deckensystemen erforderlich. Werden Trapezprofile als wasserführende Schicht in zweischaligen Dächern verlegt, dürfen die Stützweiten größer sein. Weil in diesem Fall für die Monteure keine Absturzgefahr besteht, überläßt die Bauaufsicht die Sorgfalt für die ordnungsgemäße Verlegung der Profile der ausführenden Firma. Die Autoren empfehlen, auch in diesem Fall die Grenzstützweite einzuhalten. Im Ausnahmefall werden die Monteure lastverteilende Bohlen verwenden, um Trittbeulen zu vermeiden.

Da die Regelungen bei Aluminiumtrapezprofilen und Stahlkassettenprofilen auch für tragende Schalen eine Begehung über lastverteilende Beläge zulassen, hat das Deutsche Institut für Bautechnik, Berlin auf Anfrage des IFBS im Schreiben vom 1. März 1999 auszugsweise wie folgt geantwortet: „Bei Stahltrapezprofilen mit Stützweiten, für die die Begehbarkeit nicht experimentell nachgewiesen wurde, besteht neben der Möglichkeit eines rechnerischen Nachweises (vgl. DIN 18 807-1, Abschnitt 6) selbstverständlich auch die Möglichkeit der Begehung unter Anwendung lastverteilender Maßnahmen. Bauaufsichtlich sind lastverteilende Maßnahmen dem Nachweis der Grenzstützweite äquivalent“.

In den DIBt Mitteilungen 1/2002 ist im amtlichen Teil [15] eine „Änderung und Ergänzung der Anpassungsrichtlinie Stahlbau – Ausgabe Dezember 2001“ abgedruckt. Der Abschnitt 3 „Ergänzung der Festlegungen zur Fachnorm DIN 18 807-3: 1987-06 – Trapezprofile im Hochbau; Stahltrapezprofile“ enthält zum Abschnitt 4.1.5 „Begehbarkeit; maximale Stützweiten“ dieser Fachnorm folgende zusätzliche Festlegung:

„Diese Anforderung gilt nicht, wenn die Trapezprofile mit lastverteilenden Maßnahmen (z. B. Holzbohlen) begangen werden. Bei Verwendung von Trapezprofilen für Stützweiten, für die der Nachweis der Begehbarkeit nicht erbracht wurde, ist in die Verlegepläne ein entsprechender Hinweis aufzunehmen."

Die Autoren sind der Ansicht, daß die Anwendung von Stahltrapezprofilen als tragende Bauelemente von Dach- und Deckensystemen über die Grenzstützweite hinaus, was die o. g. zusätzliche Festlegung erlaubt, nur die Ausnahme sein sollte. Diese Ausnahme sollte sich auf kleine Trapezprofile mit kurzen Stützweiten bei strenger bauaufsichtlicher Kontrolle der lastverteilenden Maßnahmen beschränken. Solche Dächer dürfen auch für Inspektionen und Wartungsarbeiten nur über Laufstege begangen werden.

8.1.5 Schubfeldnachweise

Nach DIN 18 807 Teil 3 kann der Schubfluß in den Trapezprofilen unabhängig von den sonstigen Beanspruchungen aufgenommen werden. Für den Gebrauchszustand, also wenn alle Beanspruchungen der Trapezprofile elastisch aufgenommen werden, trifft diese Aussage sicher zu. Obwohl die Nachweise für Schubfelder für den Gebrauchszustand ausgelegt sind, kann abgestützt auf experimentelle Untersuchungen [137] davon ausgegangen werden, daß im Grenzzustand der Tragfähigkeit auch bei Ansatz von Reststützmomenten für die Biegebemessung eine ausreichende Tragsicherheit für die kombinierte Beanspruchung eingehalten ist. Bei der Bemessung der Endauflagerkräfte ist eine Überlagerung der Wirkungen aus Querlasten und Schubfeld erforderlich (s. u.).

Stahltrapezprofile dürfen nach DIN 18 807 Teil 3 nur in Dach- und Deckenkonstruktionen als Schubfelder rechnerisch berücksichtigt werden. Im Einführungserlaß zu DIN 18 807 Teile 1 bis 3 von 1990 ist die Möglichkeit, Stahltrapezprofil-Schubfelder auszubilden, auch auf Wandbereiche ausgedehnt worden.

Die Beanspruchungen der Schubfelder, also die Ermittlungen der Schubflüsse, sind in Abschnitt 7.1.7 beschrieben. Zur Ermittlung der Einwirkungen aus Stabilisierungskräften sei hier auf den Abschnitt 6.9.1 sowie auf die dort angegebene Literatur verwiesen.

Der Nachweis für die Trapezprofile lautet:

$$T_W + T_{St,d} / \gamma_F \leq \text{zul } T_i \qquad i = 1; 2; 3 \tag{8-73}$$

mit

T_W	Schubfluß aus einfachen Einwirkungen, z. B. Wind
T_{St}	Schubfluß aus Stabilisierungskräften
γ_F	Teilsicherheitsbeiwert, mit dem die Stabilisierungskräfte ermittelt wurden, u. U. ist ein mittlerer Wert zu wählen (s. Abschnitt 6.9.1)
zul T_1	zulässiger Schubfluß aus Typenblatt (z. B. Bild 5-4)
zul T_2	zulässiger Schubfluß aus Typenblatt (z. B. Bild 5-4), nur bei Dächern mit bituminös verklebtem Dachaufbau zu beachten

zul $T_3 = G_S / 750$:
zulässiger Schubfluß zur Begrenzung des Schubfeld-Gleitwinkels (8-74)

$G_S = 10^4 / (K_1 + K_2 / L_S)$: ideeller Schubmodul (8-75)

K_1 und K_2 nach Typenblatt (z. B. Bild 5-4)

L_S: Schubfeldlänge (Profiltafellänge)

zul T_3 wird gegenüber dem Minimum von zul T_1 und zul T_2 nicht maßgebend, wenn L_S größer ist als die Grenzlänge L_G aus dem Typenblatt (s. Abschnitt 5.1.4).

Bei diesen Nachweisen besteht keine Interaktion zur Biegung und Normalkraftbeanspruchung.

An den Endauflagern der Profiltafeln ist eine Überlagerung der Auflagerkräfte aus Querlasten und zusätzlichen Stegbeanspruchungen aus Schubfeldwirkung erforderlich. Der Bemessungswert für die Auflagerkraft aus den Stegbeanspruchungen ergibt sich nach (5-83) und (6-64)

$$R_{A,Sch,d} = \pm K_3 \cdot (\gamma_F \cdot T_W + T_{St,d}) \quad (8\text{-}76)$$

K_3 nach Typenblatt (z. B. Bild 5-4)

Der Nachweis lautet:

$$R_{A,q,d} + R_{A,Sch,d} \leq R_{A,k} / \gamma_M \quad (8\text{-}77)$$

mit

$R_{A,q,d}$ Bemessungswert der Endauflagerkraft aus Querlasten
$R_{A,k}$ charakteristische Endauflagerkraft, als Druckkraft je nach Nachweisverfahren $R_{A,T,k}$ oder $R_{A,G,k}$ und als Zugkraft $R_{A,k}$ mit der Befestigung in jedem anliegenden Gurt

Die oben verwendeten zulässigen Schubflüsse und Beiwerte sind nur gültig, wenn die Schubfeldlänge L_S größer ist als die im Typenblatt angegebene Länge min L_S. Im anderen Fall, $L_S <$ min L_S, müssen die Widerstandsgrößen nach (5-84) bis (5-90) reduziert bzw. erhöht werden.

Die aus den Schubfeldern resultierenden Normalkräfte in den Randträgern müssen mit den Regeln der betroffenen Gewerke nachgewiesen werden, u. U. überlagert mit Beanspruchungen aus anderen Einwirkungen. Wegen der sehr wichtigen Nachweise der Verbindungen der Profiltafeln untereinander und mit der Unterkonstruktion siehe Abschnitt 8.5.

Sollen Einzellasten, z. B. aus Wandstielen in ein Schubfeld eingeleitet werden, so muß zwischen den Richtungen quer und längs zu den Profilrippen unterschieden werden. Quer zu den Profilrippen können Einzellasten nur mittels Lasteinleitungsträgern, die einander gegenüberliegende Schubfeldrandträger miteinander verbinden, in das Schubfeld eingeleitet werden. Diese Lasteinleitungsträger müssen ausreichend mit allen querliegenden Profilrippen verbunden werden.

In Spannrichtung der Trapezprofilrippen dürfen Einzellasten auch direkt über angeschraubte Laschen in die Ober- oder Untergurte der Profiltafeln eingeleitet werden (siehe Konstruktionsatlas [138]). Die maximal zulässigen Einzellasten je Profilrippe zul F_t sind in Abhängigkeit von der Länge des geschraubten Bereichs in den Formblättern nach Bild 5-1 bzw. Bild 5-4 angegeben. Außer dem Nachweis

$$F_d / \gamma_F \leq \text{zul } F_t \qquad (8\text{-}78)$$

ist nur der Nachweis für die Verbindungen zu führen.

Werden die Windlasten gleichmäßig verteilt von der Wand an den Randträger des Schubfeldes im Dach abgegeben, so können diese bei ausreichenden Verbindungen direkt am Ende der Profilrippen in das Schubfeld eingeleitet werden. Laufen die Profilrippen parallel zum Randträger, muß dieser die Lasten über Biegung zumindest von Lasteinleitungsträger zu Lasteinleitungsträger aufnehmen.

8.2 Kassettenwände

8.2.1 Biegung mit Querkraft

Wegen des fast ausschließlichen Einsatzes der Kassettenprofile in Wänden, beschränkt sich dieser Abschnitt auf die Nachweise der Leichtbauteile in Außenwänden. Diese Nachweise gliedern sich in drei Gruppen, nämlich in die der Außenschale, der Kassettenprofile und der Verbindungen. Die Anordnung der Verbindungen ist eng mit den Nachweisen der Leichtbauteile verbunden.

Die Außenschale besteht in den meisten Fällen aus kleinen Trapezprofilen, die vertikal, also quer zu den Kassettenprofilen an deren Obergurten anliegen. Die Stützweiten sind für andrückende Belastung (Winddruck) dadurch so klein, daß Nachweise für diesen Fall nicht erforderlich sind. Für Windsog ergeben sich die Stützweiten der Trapezprofile durch den Abstand der Verbindungen mit den Kassettenprofilen. Bei einer versetzten Anordnung der Verbindungen kann der Lastfall Windsog zu einer realistischen Bemessungsgröße werden. Es gelten dann die Regeln des Abschnittes 8.1.

Die Verbindungen zwischen der Außenschale und den Kassettenprofilen müssen so angeordnet sein, daß einerseits die Kassettenobergurte seitlich ausreichend gehalten sind und andererseits die Außenschale für den Lastfall Windsog ausreichend bemessen werden kann. Ein Beispiel für ein Verbindungsschema zeigt Bild 8-5. Außerdem müssen die konstruktiven Vorgaben der DIN 18 807 Teil 3 für Verbindungen beachtet werden. Die maximalen Abstände der Verbindungen für die seitliche Stützung der Kassettenobergurte sind auf den Typenblättern nach Bild 5-27 oder Bild 5-28 oben rechts angegeben. Die Nachweise für die Verbindungen sind in Abschnitt 8.5 beschrieben.

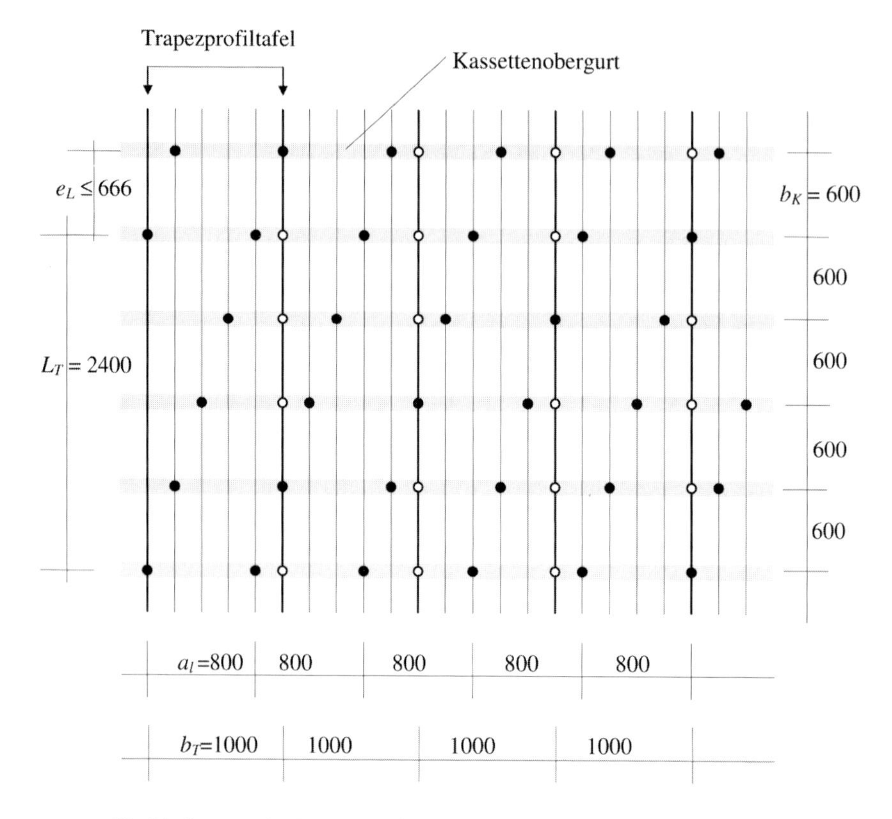

• = Verbindungen der Trapezprofile mit den Kassetten

○ = Verbindungen der Trapezprofile in den Längsstößen
($e_L \leq 666$ mm nach DIN 18 807 Teil 3)

b_K = Baubreite der Kassetten

b_T = Baubreite der Trapezprofiltafeln

a_l = Abstand der Verbindungen auf den Gurten der Kassetten
(Maximalwert ist in der Kassetten-Zulassung festgelegt)

L_T = Stützweite der Trapezprofile für Windsog
(Maximalwert ergibt sich aus der Statik)

Bild 8-5 Beispiel eines Verbindungsschemas für Kassettenwände

Die Widerstandsgrößen für Biegung mit Querkraft für Kassettenprofile wurden in Abschnitt 5.2.2 beschrieben. Für die Beanspruchungen gelten die Ausführungen in den Abschnitten 7.2.2 bzw. 7.1.2 und 7.1.4, soweit letztere Wände betreffen, für Kassettenprofile analog.

Bei der Einwirkung Winddruck muß die Erhöhung um 25 % für Einzelbauteile nicht angesetzt werden.

Die Tragsicherheitsnachweise lauten analog zu denen bei Trapezprofilen für die einzelnen Beanspruchungen mit $\gamma_M = 1{,}1$ wie folgt:

Feldmomente: $$M_{F,S,d} \leq M_{F,k} / \gamma_M \tag{8-79}$$

Endauflagerkräfte: $$R_{A,S,d} \leq R_{A,k} / \gamma_M \tag{8-80}$$

Stützmomente: $$M_{B,S,d} \leq \max M_{B,k} / \gamma_M \tag{8-81}$$

Zwischenauflagerkraft: $$R_{B,S,d} \leq \max R_{B,k} / \gamma_M \tag{8-82}$$

Interaktion: $$\frac{M_{B,S,d}}{M_{B,k}^{o} / \gamma_M} + \left(\frac{R_{B,S,d}}{R_{B,k}^{o} / \gamma_M} \right)^{\varepsilon} \leq 1 \tag{8-83}$$

Eine Interaktion mit dem Parameter C_k wie in (8-15) ist in den Zulassungen [87] und in der A1-Änderung [18] nicht mehr vorgesehen. Wenn in den Typenblättern keine Werte für $M_{B,k}^{o}$ und $R_{B,k}^{o}$ angegeben sind, kann der Nachweis (8-83) entfallen. Die Nachweise (8-81) und (8-82) sind dann für den Zwischenstützenbereich ausreichend.

Die o. g. Bedingungen gelten sowohl für andrückende (Winddruck) als auch für abhebende (Windsog) Einwirkungen. Die Beanspruchungen sind grundsätzlich nach der Elastizitätslehre für Biegeträger zu bestimmen (s. Abschnitt 7.2.2). Das Nachweisverfahren Plastisch–Plastisch ist nicht zugelassen. Die Durchleitung von Normalkräften ist bei Kassettenprofilen auch nach dem Verfahren Elastisch–Elastisch nicht zulässig.

Voraussetzung für die Gültigkeit der charakteristischen Werte der Widerstandsgrößen ist die Einhaltung des maximalen Abstandes a_l der Verbindungen mit der stabilisierenden Außenschale entlang der schmalen Obergurte der Kassettenprofile. Dieser Abstand ist auf den Typenblättern meistens oben rechts angegeben (s. Bilder 5-27 und 5-28). Wird a_l überschritten, müssen die charakteristischen Werte abgemindert werden. Dieses ist nur möglich, wenn ein entsprechender Hinweis auf den Typenblättern vorhanden ist (s. Bild 5-27, Fußnote 9). Eine allgemeine Regel gibt es für diesen Fall nicht. Ein Beispiel für ein Verbindungsschema der Außenschale (Trapezprofile) mit den Kassettenprofilen zeigt Bild 8-5.

Für den Nachweis der Gebrauchstauglichkeit reicht es aus, die Durchbiegungsschranke $f \leq l / 150$ einzuhalten. Die Durchbiegung wird mit den einfachen Windlasten für den Mittenbereich der Wände und den effektiven Trägheitsmomenten I_{ef} aus den Typenblättern berechnet.

8.2.2 Schubfelder

Die Zulassungen [87] und die A1-Änderung [18] lassen zwar Schubfelder in Wänden zur Abtragung von horizontalen Windlasten und zur Stabilisierung von Gebäuden zu, jedoch sollte man aus zwei Gründen von der rechnerischen Berücksichtigung absehen.

Die Montage einer Halle ist ohne Verbände in den Wänden praktisch nicht möglich. Der Aufwand für Montageverbände bis zur endgültigen Fertigstellung der Wandflächen ist meist nicht geringer als der für planmäßige Verbände. Außerdem besteht Gefahr für die Standsicherheit der ganzen Halle, wenn nachträglich Änderungen an den Wandflächen, z. B. Einbau von großen Toren, vorgenommen werden.

Die trotzdem vorhandene Schubfeldwirkung der Kassettenwandkonstruktion reicht aber i. a. aus, die Eigenlast der Wandfläche an die Stützen weiterzuleiten. Ein Nachweis ist nur für die Verbindungen erforderlich, wenn die Eigenlasten der Außenschale, Wärmedämmung und evtl. Distanzprofile zusammen den Bemessungswert von $g_d = 0{,}23$ kN/m^2 nicht überschreiten.

Soll aus architektonischen Gründen bei Sondergebäuden auf Wandverbände verzichtet werden, sind die Schubfelder sehr sorgfältig auszuführen und wie folgt zu bemessen.

Für den Tragsicherheitsnachweis gilt:

$$T_d \leq T_{R,k} / \gamma_M \tag{8-84}$$

mit

$T_{R,k}$ nach (5-103)
$\gamma_M = 1{,}33$

und

$$T_d \leq T_{ki,k} / \gamma_M \tag{8-85}$$

mit

$T_{ki,k}$ nach (5-104)
$\gamma_M = 1{,}33$

Der Nachweis (8-84) ist ein indirekter Verbindungsnachweis. Mit dem Nachweis (8-85) wird das elastische Schubbeulen des Kassettenbodens verhindert. Die charakteristischen Werte für die Widerstandsgrößen der Verbindungen in (5-103) werden aus den zulässigen Werten der allgemeinen bauaufsichtlichen Zulassung [94] wie folgt berechnet:

$$F_{Q,k} = 2 \cdot \text{zul } F_Q \tag{8-86}$$

Der Gebrauchstauglichkeitsnachweis beschränkt den Gleitwinkel des Schubfeldes.

$$\gamma_S = \frac{T}{2 \cdot S} \leq \frac{1}{750} \tag{8-87}$$

mit

T Schubfluß aus den einfachen Einwirkungen
S Schubfeldsteifigkeit nach (5-105)

8.3 Sandwichelemente

8.3.1 Allgemeines

Im Prinzip kann man die geforderten Nachweise wie üblich schreiben:

$$\gamma_F \cdot S_k \leq R_k / \gamma_M \tag{8-88}$$

mit

S_k Spannungen aus den einfachen Einwirkungen
R_k Spannungen der Widerstandsseite aus den Zulassungen [91]
$\gamma_F = 1{,}85$ für Spannungen aus äußeren Einwirkungen beim Tragsicherheitsnachweis
$\gamma_F = 1{,}3$ für Spannungen aus temperaturbedingten Zwängungen beim Tragsicherheitsnachweis
$\gamma_F = 1{,}3$ für Spannungsumlagerungen durch Schubkriechen beim Tragsicherheitsnachweis
$\gamma_F = 1{,}1$ für Spannungen beim Gebrauchstauglichkeitsnachweis
γ_M ist häufig 1,0, aber von vielen Einflüssen abhängig, bei einigen Bemessungsgrenzwerten auch größer

Kombinationsbeiwerte $\psi < 1$ werden zum Teil auch zugelassen. Anders als in DIN 18 800 reduziert der Wert ψ in den Zulassungen [91] aber nicht die gesamte Einwirkungskombination, sondern nur eine Einwirkung. Er ist entweder in den Nachweisformeln angegeben oder im begleitenden Text ohne Formelzeichen genannt. Gleiches gilt für den Teilsicherheitsbeiwert γ_M, der in den Nachweisformeln auch η genannt wird. Im folgenden werden die Formelzeichen im wesentlichen aus den Zulassungen [91] benutzt, auch wenn sie nicht dem neuesten Stand entsprechen. Der Bezug zur Zulassung, die in jedem Anwendungsfall beachtet werden muß, ist dadurch einfacher.

Die Bezeichnungen in den Zulassungen [91] für die Nachweise der Standsicherheit und Gebrauchsfähigkeit sollen aber im folgenden denen der DIN 18 800 angepaßt und Tragsicherheit bzw. Gebrauchstauglichkeit genannt werden.

Wegen der erforderlichen Berücksichtigung des Schubkriechens in der Kernschicht ist es im folgenden zweckmäßig zwischen Wänden und Dächern zu unterscheiden, weil langzeitig wirkende Lasten nur Dächer auf Biegung beanspruchen. Diese sind dort die Eigenlast und der Schnee.

8.3.2 Wände aus Sandwichelementen

8.3.2.1 Tragsicherheitsnachweise

Die Tragsicherheitsnachweise werden auch bei Mehrfeldträgern für Einfeldträger geführt. An den Zwischenstützen wird angenommen, daß sich vor dem endgültigen Versagen des

Trägers Momentengelenke bilden, die durch das plastische Beulen oder Knittern einer oder beider Deckschichten entstehen. Reststützmomente wie bei den Trapezprofilen dürfen nicht angesetzt werden.

Bei den Deckschichten wird für die Druckspannungen gefordert

$$1{,}85 \cdot \psi \cdot \sigma_L + 1{,}3 \cdot \sigma_T \leq \sigma_k / \gamma_M \tag{8-89}$$

mit

σ_L Druckspannung aus äußeren Lasten, hier Winddruck oder Windsog
σ_T Druckspannung aus der Temperaturdifferenz der Deckschichten
σ_k Knitterspannung z. B. nach Tabelle 5-6
γ_M noch zu berechnender Teilsicherheitsbeiwert
ψ Kombinationsbeiwert für Wind und Temperatur im Sommer

Die vorhandenen Druckspannungen sind nach Abschnitt 7.3 zu berechnen. Temperaturdifferenzen zwischen den Deckschichten rufen nur Spannungen hervor, wenn eine biegesteife Deckschicht vorhanden ist. Bei der Überlagerung der Spannungen ist die Besonderheit nach Bild 7-26 zu beachten.

Die Knitterspannungen nach Tabelle 5-6 sind charakteristische Spannungen für den Gebrauchstauglichkeitsnachweis. Sie müssen für den Tragsicherheitsnachweis abgemindert werden. Die Abminderungsfaktoren werden in den Zulassungen [91] individuell festgelegt. Für ebene oder schwach profilierte Deckschichten ist dieser Faktor in den meisten Fällen 0,94, so daß sich

$$\gamma_{M,Winter} = 1 / 0{,}94 = 1{,}064 \tag{8-90}$$

ergibt. Dieser Wert gilt nur für die Lastfälle im Winter, weil die Knitterspannung für erhöhte Schaumstofftemperatur noch weiter abgemindert werden muß. Im Sommer gilt

$$\gamma_{M,Sommer} = 1 / 0{,}94 / 0{,}94 = 1{,}132 \tag{8-91}$$

Die Werte 0,94 gehen auf die Knitterformel (5-116) zurück, in der die Schaumstoffsteifigkeiten sowohl für den Tragsicherheitsnachweis als auch für erhöhte Temperatur jeweils durch 1,1 dividiert werden mußten. In neueren Zulassungen ist die Abminderung für erhöhte Temperatur auch anders festgelegt, insbesondere für Kernschichten aus Mineralfasern. Eine weitere Abminderung der Knitterspannungen für größere Blechdicken ist erforderlich, wenn in der Anlage B der entsprechenden Zulassung Angaben analog zu Tabelle 5-7 enthalten sind.

Die Versagensspannungen für trapezprofilierte Deckschichten auf Druck sind ebenfalls in der jeweiligen Zulassung angegeben (s. Tabelle 5-6). Für ausreichend ausgesteifte oder schmale Gurte wird hier die Streckgrenze des Stahles erreicht, im anderen Fall entsprechend weniger. Die Spannungen gelten als abgesichert und müssen nicht abgemindert werden. Es gilt also für alle Fälle $\gamma_M = 1$.

Der Kombinationsbeiwert ψ gilt für die Einwirkung durch Wind, wenn dieser mit dem Einwirkungsfall Temperatur im Sommer kombiniert wird. Mit diesem Wert

$$\psi_{\text{Wind,Sommer}} = 0{,}6 \tag{8-92}$$

wird berücksichtigt, daß nicht zugleich der größte anzunehmende Wind und voller Sonnenschein auftritt. Natürlich muß auch für den Sommer der Lastfall Wind in voller Stärke für sich allein angesetzt werden. Dieser ergibt im Tragsicherheitsnachweis in der Regel höhere Spannungen, weil in einer trapezprofilierten Deckschicht die Spannungen durch eine Temperaturdifferenz beim Einfeldträger relativ gering sind.

Für Zugspannungen in den Deckschichten wird folgender Nachweis gefordert.

$$1{,}85 \cdot \psi \cdot \sigma_L + 1{,}3 \cdot \sigma_T \leq \beta_s \tag{8-93}$$

mit β_s Streckgrenze des Stahles

Für die Lastfallkombinationen gilt das Gleiche wie für die Druckspannungen. Die Nachweise (8-93) werden in der Regel nicht maßgebend, weil die Streckgrenze deutlich höher ist als die Knitterspannungen.

Für die Schubspannungen in der Kernschicht ist ein analoger Nachweis erforderlich.

$$1{,}85 \cdot \psi \cdot \tau_L + 1{,}3 \cdot \tau_T \leq \beta_\tau / \gamma_M \tag{8-94}$$

mit β_τ Schubfestigkeit der Kernschicht bei der Temperatur im Einwirkungsfall

In den Zulassungen wird γ_M als Teilsicherheitsbeiwert η_τ genannt und ist in den meisten Fällen

$$\gamma_M = \eta_\tau = 1{,}1 \div 1{,}2 \tag{8-95}$$

Auch hier gilt, daß Spannungen aus Temperaturdifferenzen nur bei Sandwichelementen mit einer biegesteifen Deckschicht entstehen. Bei der Überlagerung dieser Schubspannungen gibt es Schwierigkeiten mit den Vorzeichen, weil diese nicht anschaulich klar sind.

Definiert man die Querkraft am linken Rand eines Einfeldträges als positiv, wenn eine äußere Last nach unten wirkt und folglich die Auflagerkraft nach oben, so gilt für die Schubspannungen folgendes. Eine Schubspannung mit gleichem Vorzeichen wie die vorgenannte Querkraft entsteht im Temperaturfall Sommer. Anschaulich läßt sich dieses mit dem Bild 7-26 erklären. In diesem Fall krümmt sich das Element entgegengesetzt wie dargestellt. Das Trapezprofil will diese Krümmung verhindern und erzeugt so ein Kräftepaar *N*, das in der unteren Deckschicht Zug und in der oberen Deckschicht Druck in Form von Membranspannungen erzeugt. Diese Kräfte sind mit denen im oben genannten Lastfall vorzeichengleich. Sie verzerren die Kernschicht in dieselbe Richtung und rufen Schubspannungen gleichen Vorzeichens hervor.

Tabelle 8-2 Teilsicherheitsbeiwerte für Nachweise der Sandwichwand nach Zulassungen [91]

Bauteil			Nachweise	Einwirkungen									Widerstand			Bemerkungen
				Eigenlast	Schnee	Winddruck[1]	Windsog[2]	ψ Wind Sommer	ΔT Sommer	ΔT Winter	ΔT Schnee	ψ[5] Temperatur	char. Spannung	γ_M[4] warm	γ_M[4] kalt	[1] einschließlich Unterdruck innen [2] einschließlich Überdruck innen [3] Einwirkungen ungünstig kombinieren [4] in der Zulassung auch anders geregelt [5] für Kühlhäuser $\psi = 1{,}0$
Wand	eben	Tragsicherheit	Druck außen			1,85							σ_k	1,132		Knittern im Feld
			Zug innen			1,85							β_s	1,0		Fließen im Feld
			Zug außen				1,85						β_s	1,0		Fließen im Feld
			Druck innen				1,85						σ_k	1,132		Knittern im Feld
			Kernschicht			1,85							$\beta_{\tau,warm}$	η_τ		Schub am Auflager
			Auflager			1,85							β_d	η_d		Kernschichtdruck am Auflager
		Gebrauch	Zug außen			1,1				1,1		0,9	β_s		1,0	Fließen an der Stütze
			Druck innen			1,1				1,1		0,9	σ_k		1,0	Knittern an der Stütze, aufliegend
			Druck außen				1,1	0,6	1,1			0,9	σ_k	1,064		Knittern an der Stütze, abhebend
			Zug innen				1,1	0,6	1,1			0,9	β_s	1,0		Fließen an der Stütze
			Kernschicht[3]			1,4	1,4	0,6	1,4	1,4			β_τ	1,0	1,0	Schub Kernschicht kalt bzw. warm
			Auflager[3]			1,4		0,6	1,4	1,4			β_d	1,0	1,0	Kernschichtdruck am Auflager
	profiliert	Tragsicherheit	Druck außen			1,85				1,3			σ_k		1,0	Druck Trapezprofil im Feld
			Zug innen			1,85		0,6	1,3				β_s	1,0		Fließen im Feld
			Zug außen				1,85	0,6	1,3				β_s	1,0		Fließen Trapezprofil im Feld
			Druck innen				1,85			1,3			σ_k		1,064	Knittern im Feld
			Kernschicht[3]			1,85	1,85	0,6	1,3	1,3			β_τ	η_τ		Schub am Auflager kalt bzw. warm
			Auflager			1,85							β_d	η_d		Kernschichtdruck am Auflager
		Gebrauch	Zug außen			1,1				1,1		0,9	β_s		1,0	Fließen Trapezprofil an der Stütze
			Druck innen			1,1				1,1		0,9	σ_k		1,0	Knittern an der Stütze, aufliegend
			Druck außen				1,1	0,6	1,1			0,9	σ_k	1,0		Druck Trapezprofil an der Stütze
			Zug innen				1,1	0,6	1,1			0,9	β_s	1,0		Fließen an der Stütze
			Kernschicht[3]			1,4	1,4	0,6	1,4	1,4			β_τ	1,0	1,0	Schub Kernschicht kalt bzw. warm
			Auflager[3]			1,4		0,6	1,4	1,4			β_d	1,0	1,0	Kernschichtdruck am Auflager

Zum Nachweis der Kernschichtpressungen an den Auflagern wird in den Zulassungen verlangt:

$$1{,}85 \cdot A_L \leq A_u \tag{8-96}$$

mit $A_u = F_A \cdot \beta_d / \gamma_M$

Darin bedeuten:

A_L Auflagerkraft aus äußeren Lasten
A_u charakteristische Auflagerkraft des Sandwichelementes
F_A Auflagerfläche
β_d Druckfestigkeit der Kernschicht

In älteren Zulassungen sind für A_u auch noch die charakteristischen Auflagerkräfte für die verwendeten Trapezprofile angegeben. Für den seltenen Fall, daß das Trapezprofil an der Unterkonstruktion anliegt, sollte der Nachweis mit diesem Wert geführt werden. Es hat sich gezeigt, daß dieser Wert nicht maßgebend wird und die Kernschichtpressung die maßgebende Größe ist. Aus diesem Grund kann man den Nachweis (8-96) auch in einen Spannungsnachweis umschreiben.

$$1{,}85 \cdot A_L / F_A \leq \beta_d / \gamma_M \tag{8-97}$$

In den Zulassungen wird γ_M als Teilsicherheitsbeiwert η_d genannt und ist in den meisten Fällen

$$\gamma_M = \eta_d = 1{,}1 \div 1{,}2 \tag{8-98}$$

Diese Nachweise werden nur bei sehr kleinen Stützweiten und entsprechend hohen Belastungen maßgebend.

8.3.2.2 Gebrauchstauglichkeitsnachweise

Die Gebrauchstauglichkeitsnachweise sollen sicherstellen, daß die im Tragsicherheitsnachweis angenommenen Momentengelenke an den Zwischenstützen von Durchlaufträgern nicht entstehen. Es müssen also die Spannungen aus allen ungünstigen Einwirkungskombinationen am statisch unbestimmten System ermittelt werden (s. Abschnitt 7.3). Die Teilsicherheitsbeiwerte auf der Einwirkungsseite sind dafür recht niedrig angesetzt. Im allgemeinen reicht es aus, Spannungsnachweise an den Zwischenstützen zu führen. In den Feldern sind die Bemessungsspannungen bei höheren Teilsicherheitsbeiwerten im Tragsicherheitsnachweis und ohne Stützmomente deutlich höher.

Die Deckschichten sind gegen Knittern und Fließen wie folgt abzusichern:

$$1{,}1 \cdot (\psi_L \cdot \sigma_L + \psi_T \cdot \sigma_T) \leq \sigma_k \tag{8-99}$$

$$1{,}1 \cdot (\psi_L \cdot \sigma_L + \psi_T \cdot \sigma_T) \leq \beta_s \tag{8-100}$$

mit

$\psi_T = 1{,}0$	für Kühlhäuser
$\psi_T = 0{,}9$	für sonstige Gebäude
$\psi_L = \psi_{Wind,Sommer} = 0{,}6$	wie in (8-92)

Für die Knitterspannung in ebenen oder schwach profilierten Deckschichten sind die abgeminderten Werte für die Beanspruchung an Zwischenstützen infolge von andrückenden oder abhebenden Auflagerkräften maßgebend (s. Tabelle 5-6). Weil die Spannungen aus den Temperaturdifferenzen zwischen den Deckschichten fast so große Werte wie die aus den Windlasten annehmen, ist der Gebrauchstauglichkeitsnachweis (8-99) für Durchlaufträger häufig maßgebend für die Bemessung. Die Stützweiten ergeben sich oft deutlich kleiner als für Einfeldträger. Dieser Effekt wird verstärkt durch die zusätzliche Abminderung der Knitterspannung, wenn für die Aufnahme der abhebenden Auflagerkraft mehr als drei Schrauben erforderlich sind (s. Abschnitt 5.3.3.3 mit den Formeln (5-122) und (5-123)).

Für die Schubbeanspruchungen ist nachzuweisen:

$$1{,}4 \cdot (\psi_L \cdot \tau_L + \tau_T) \leq \beta_\tau \tag{8-101}$$

Bei Sandwichelementen mit biegeweichen Deckschichten tritt bei vorzeichenrichtiger Überlagerung die maximale Schubspannung an der Zwischenstütze auf. In Sandwichelementen mit einer biegesteifen Deckschicht muß das Maximum neben den Zwischenstützen gesucht werden (s. Bild 7-28). Für die charakteristische Schubspannung β_τ ist je nach Überlagerung mit den Zwängungen aus Temperatur im Winter oder im Sommer der Wert nach Tabelle 5-5 für normale oder erhöhte Temperatur einzusetzen.

Für die Auflagerdruckkräfte wird gefordert:

$$1{,}4 \cdot (\psi_L \cdot A_L + A_T) \,/\, F_A \leq \beta_d \tag{8-102}$$

mit

A_L	Auflagerkraft aus Windlast
A_T	Auflagerkraft aus Temperaturdifferenz (s. Bild 7-32)
F_A	Auflagerfläche
β_d	charakteristische Druckspannung der Kernschicht, z. B. nach Tabelle 5-5
$\psi_L = \psi_{Wind,Sommer} = 0{,}6$	wie in (8-92)

Der etwas erhöhte Teilsicherheitsbeiwert $\gamma_F = 1{,}4$ soll die Zwischenauflagerkraft so begrenzen, daß die Interaktion von Auflagerkraft und Druckspannung in der Deckschicht durch die pauschale Abminderung der Knitterspannung nach Tabelle 5-6 ihre Gültigkeit behält. Dieses gilt auch für den Nachweis (8-101) der Schubspannungen.

Die anzusetzenden Teilsicherheitsbeiwerte und Kombinationsbeiwerte sind in der Tabelle 8-2 zusammengefaßt. Die Zeilen dieser Tabelle beschreiben die Bemessungsstelle. Sie enthalten u. U. aber mehrere Lastfallkombinationen, die sinnvoll aus den angesprochenen Einwirkungen gebildet werden müssen.

8.3.3 Dächer aus Sandwichelementen

8.3.3.1 Tragsicherheitsnachweise

Im Prinzip sind die Tragsicherheitsnachweise für Dächer im Zeitpunkt des Belastungsbeginns mit denen für Wände mit einer biegesteifen Deckschicht gleich. Bei den Einwirkungen dominiert bei Flachdächern die Schneelast. Diese muß mit der geringen Eigenlast der Sandwichelemente und bei seitlich offenen Gebäuden mit dem inneren Unterdruck zusammengefaßt werden. Eine Spannungserhöhung durch die Temperaturdifferenz unter Schnee entsteht nur in der äußeren, profilierten Deckschicht.

Für den Lastfall Windsog, also der Lastrichtung nach oben, darf die Eigenlast nur einfach eingesetzt werden, was in den Zulassungen nicht besonders erwähnt ist. Durch Temperaturdifferenzen der Deckschichten entsteht eine Spannungserhöhung in der äußeren Deckschicht im Sommer und in der inneren Deckschicht im Winter.

Spannungsumlagerungen durch das Schubkriechen der Kernschicht müssen in besonderen Nachweisen berücksichtigt werden. Für die Deckschichten müssen daraus folgende Spannungserhöhungen den Spannungen zu Belastungsbeginn mit einem geringeren Teilsicherheitsbeiwert überlagert werden.

$$1{,}85 \cdot (\sigma_{g,0} + \sigma_p + \sigma_{S,0}) + 1{,}3 \cdot \sigma_{T,0} + 1{,}3 \cdot (\Delta\sigma_g + \Delta\sigma_S) \le \sigma_k \qquad (8\text{-}103\text{ a})$$

$$1{,}85 \cdot (\sigma_{g,0} + \sigma_p + \sigma_{S,0}) \le \beta_S \qquad (8\text{-}103\text{ b})$$

mit

$\sigma_{g,0}$ Spannungen aus ständigen Lasten zum Zeitpunkt 0 (meist nur Eigenlast)
σ_p Spannungen aus kurzzeitig wirkenden Lasten, z. B. Unterdruck im Gebäude durch Wind
$\sigma_{S,0}$ Spannungen aus der Schneelast zum Zeitpunkt 0
$\sigma_{T,0}$ Zwängungsspannungen aus Temperaturdifferenzen
$\Delta\sigma_g = \sigma_{g,t} - \sigma_{g,0}$ Spannungsumlagerung infolge ständiger Lasten
$\Delta\sigma_S = \sigma_{S,t} - \sigma_{S,0}$ Spannungsumlagerung infolge der Schneelast

Die Spannungsumlagerungen werden näherungsweise aus der Differenz der Spannungen zu den Zeitpunkten *t* und 0 berechnet. Diese Spannungen ergeben sich aus Sandwichberechnungen mit unterschiedlichen Schubmodulen (s. Abschnitt 5.3.4). Die Spannungen zum Zeitpunkt *t* werden mit einem abgeminderten Schubmodul berechnet.

$$G_t = \frac{G_0}{1 + \varphi_t} \qquad (8\text{-}104)$$

mit

$\varphi_t = 7{,}0$ für Eigenlast
$\varphi_t = 1{,}5 \div 2{,}5$ für Schneelast, je nach Zulassung

Tabelle 8-3 Teilsicherheitsbeiwerte für Nachweise des Sandwichdaches nach Zulassungen [91]

Bauteil	Nachweise			Einwirkungen									Widerstand			Bemerkungen
				Eigenlast	Schnee	Unterdruck[1]	Windsog[2]	ψ Wind Sommer	ΔT Sommer	ΔT Winter	ΔT Schnee	ψ Temperatur	char. Spannung	γ_M [4] warm	γ_M [4] kalt	[1] Unterdruck innen bei seitlich offenen Gebäuden, kombiniert mit Schnee siehe (7-3) [2] einschließlich Überdruck innen [3] Einwirkungen ungünstig kombinieren [4] in der Zulassung auch anders geregelt
Dach profiliert	Belastungs-Beginn	Tragsicherheit	Druck außen	1,85	1,85	1,85					1,3		σ_k		1,0	Knittern im Feld
			Zug innen	1,85	1,85	1,85							β_s		1,0	Fließen im Feld
			Zug außen	1,0			1,85	0,6	1,3				β_s	1,0		Fließen im Feld
			Druck innen	1,0			1,85			1,3			σ_k		1,064	Knittern im Feld
			Kernschicht[3]	1,85	1,85	1,85							β_τ		η_τ	Schub am Auflager
			Auflager	1,85	1,85	1,85							β_d		η_d	Kernschichtdruck am Auflager
		Gebrauch	Zug außen	1,1	1,1	1,1					1,1	0,9	β_s		1,0	Fließen Trapezprofil an der Stütze
			Druck innen	1,1	1,1	1,1					1,1	0,9	σ_k		1,0	Knittern an der Stütze, aufliegend
			Druck außen	1,0			1,1	0,6	1,1			0,9	σ_k	1,0		Druck Trapezprofil an der Stütze
			Zug innen	1,0			1,1	0,6	1,1			0,9	β_s	1,0		Fließen an der Stütze
			Kernschicht[3]	1,4	1,4	1,4					1,4		β_τ		1,0	Schub Kernschicht kalt bzw. warm
			Auflager[3]	1,4	1,4	1,4					1,4		β_d		1,0	Kernschichtdruck am Auflager
	Langzeit-Belastung	Tragsicherheit	Druck außen	1,3	1,3								σ_k		1,0	Druck Trapezprofil im Feld
			Zug innen													Spannung im Feld wird reduziert
			Zug außen													Keine langzeitigen Lasten
			Druck innen													Keine langzeitigen Lasten
			Kernschicht[3]	1,3	1,3								$\beta_{\tau,Zeit}$		1,0	Schub am Auflager langzeitig
			Auflager													Keine Änderung der Auflagerkraft
		Gebrauch	Zug außen	1,1	1,1								β_s		1,0	Fließen Trapezprofil an der Stütze
			Druck innen													Spannung an der Stütze wird reduziert
			Druck außen													Keine langzeitigen Lasten
			Zug innen													Keine langzeitigen Lasten
			Kernschicht[3]	1,4	1,4								$\beta_{\tau,Zeit}$		1,0	Schub in der Kernschicht langzeitig
			Auflager[3]	1,4	1,4								β_d		1,0	Kernschichtdruck am Auflager

Wegen der unterschiedlichen Kriechbeiwerte φ_t müssen die beiden Lastfälle getrennt berechnet werden. Eine Spannungserhöhung gegenüber dem Zeitpunkt 0 ergibt sich beim Tragsicherheitsnachweis, also für den Einfeldträger mit nach unten wirkenden Lasten, am oberen Rand des Trapezprofils. Das Kriechen in der Kernschicht bewirkt ein Nachlassen des Verbundes und verlagert so die Aufnahme des Biegemomentes mehr zum Trapezprofil. Die Spannung in der unteren Deckschicht nimmt ab. Der Nachweis (8-103 a) muß also nur für die obere Deckschicht geführt werden. Für den Nachweis der unteren Deckschicht sind nur die Spannungen nach (8-103 b) anzusetzen (siehe auch Tabelle 8-3).

Die Zwängungsspannungen aus stationären Temperaturdifferenzen werden während des Kriechens allgemein abgebaut, weil der weicher werdende Verbund kleinere Zwängungen hervorruft. Die Spannungsminderung darf aber nicht berücksichtigt werden, weil es möglich ist, daß das Gebäude nach einer längeren ungenutzten Zeit mit Schneelast plötzlich beheizt wird.

Für die Schubspannungen ist folgender Nachweis vorgesehen:

$$\frac{1{,}85 \cdot \tau_p + 1{,}3 \cdot \tau_{T,0}}{\beta_{\tau,0}} + \frac{1{,}85 \cdot (\tau_{g,0} + \tau_{S,0}) + 1{,}3 \cdot (\Delta\tau_g + \Delta\tau_S)}{\beta_{\tau,t}} \leq 1 \qquad (8\text{-}105)$$

mit

$\beta_{\tau,0}$ Schubfestigkeit zu Beginn der Belastung
$\beta_{\tau,t}$ Schubfestigkeit nach Langzeitbelastung (s. Tabelle 5-5)

Für die Indizes der Schubspannungen gilt das gleiche wie für die der Normalspannungen in (8-103). Mit dem Schubkriechen ist allgemein eine Abnahme der Schubspannungen in der Kernschicht verbunden. Der Nachweis (8-105) ist trotzdem erforderlich, weil die Schubfestigkeit unter langzeitig wirkenden Lasten abnimmt. Die Spannungsumlagerungswerte $\Delta\tau$ haben also in diesem Fall das entgegengesetzte Vorzeichen wie die Anfangsspannungen aus Eigenlast und Schnee.

Die anzusetzenden Teilsicherheitsbeiwerte sind in der Tabelle 8-3 zusammengefaßt. Der untere Teil der Tabelle enthält nur die Werte für die Spannungsumlagerungen, also nur die für die Δ-Anteile der Spannungen in den Nachweisen (8-103) und (8-105).

8.3.3.2 Gebrauchstauglichkeitsnachweise

Im Prinzip gilt für die Gebrauchstauglichkeitsnachweise im Dach das gleiche wie für die in der Wand mit einer trapezprofilierten Deckschicht. Die Schneebelastung ist hier dominant und wird nicht mit der Temperaturdifferenz für den Winter, sondern mit der abgeminderten unter dem Schnee kombiniert (s. Tabelle 6-1). Zusätzlich muß der Lastfall mit Windsog im Sommer untersucht werden. Er wird nur bei sehr hohen oder seitlich offenen Gebäuden maßgebend.

Die Gebrauchstauglichkeit unter langzeitig wirkender Last muß nach den Zulassungen nur untersucht werden, wenn die trapezprofilierte Deckschicht bemessungsmaßgebend ist. Das Diagramm im Bild 7-31 gibt anschaulich Aufschluß über das Verhalten des Stützmomentes eines durchlaufenden Sandwichträgers beim Schubkriechen. Nach der oben beschriebenen Näherungsberechnung wird der Schubmodul wie in (8-104) abgemindert. Im Diagramm bedeutet dieses, daß sich die Stelle für die Ablesung der Momente auf der Abszisse um den Faktor $(1 + \varphi_t)$ nach rechts verschiebt. Das Gesamtmoment wird also in den meisten Fällen etwas kleiner, das Sandwichmoment wird deutlich kleiner und das Deckschichtmoment deutlich größer. Beim Spannungsnachweis bedeutet dieses also immer eine Entlastung der gedrückten biegeweichen Deckschicht. Die Biegespannung im Trapezprofil steigt dagegen an. Dieser Spannungsnachweis ist in der Zulassung nicht explizit angegeben, er könnte folgendermaßen lauten.

$$1{,}1 \cdot (\sigma_{g,t} + \sigma_p + \sigma_{S,t} + \sigma_{T,0}) \leq \beta_S \qquad (8\text{-}106)$$

Da das Trapezprofil in den meisten Fällen vor dem Kriechen nicht bemessungsmaßgebend ist, gibt es hier für den Spannungsanstieg Reserven. Sollte im Ausnahmefall doch die äußere Zugspannung im Trapezprofil nach dem Kriechen maßgebend werden, ist in den meisten Fällen eine deutliche Verringerung der Stützweite erforderlich, weil dadurch der Parameter β größer wird und der Anteil des Deckschichtmomentes noch weiter ansteigt. Natürlich steigt das vorhandene Deckschichtmoment durch die Verkürzung der Stützweite nicht an, aber es sinkt nicht in dem Maße wie bei einem herkömmlichen Träger.

Da ein Gebrauchstauglichkeitsnachweis für langzeitig wirkende Lasten erst in neueren Zulassungen gefordert wird, muß man sich die Frage stellen, ob bisher Schäden an Durchlaufträgern bekannt geworden sind, die durch Schubkriechen verursacht wurden. Das ist eher nicht zu vermuten, weil bei einer Überschreitung des Nachweises (8-106) lokales Fließen im Obergurt des Trapezprofils auftritt, welches den Stützbereich wieder entlastet. Eine drastische Reduzierung der Stützweite ist folglich nicht gerechtfertigt.

Auch die logischen Folgenachweise für die Schubspannungen in der Kernschicht und die Auflagerkräfte, wie sie in der Tabelle 8-3 verzeichnet sind, werden sicher nicht maßgebend. Die Schubspannungen nehmen durch das Kriechen deutlich ab und sind im Tragsicherheitsnachweis mit einem höheren Teilsicherheitsbeiwert bereits nachgewiesen. Die Endauflagerkraft nimmt durch das Absinken des Stützmomentes nur unwesentlich zu und ist auch im Tragsicherheitsnachweis maßgebend.

In den Zulassungen werden Verformungsbegrenzungen nicht allgemein gefordert. Die Hersteller der Sandwichelemente haben für Einfeldträger solche in unterschiedlicher Weise in ihre Bemessungstabellen eingearbeitet. Üblich ist $\ell / 150$ für jede einzelne Einwirkung und $\ell / 100$ für die erforderlichen Einwirkungskombinationen. Vorgeschrieben ist eine Verformungsbegrenzung für Dachelemente mit ebenen oder schwach profilierten Deckschichten. Diese Sandwichelemente finden aber in Deutschland im allgemeinen keine Anwendung als Dach. Für den Ausnahmefall lautet die Schranke wie folgt.

$$f_t = f_{M,g} + f_{Q,g} \cdot (1 + \varphi_{t,g}) + f_{M,S} + f_{Q,S} \cdot (1 + \varphi_{t,S}) \leq \frac{\ell}{100} \qquad (8\text{-}107)$$

mit

$f_{M,...}$ Verformungsanteil aus Biegemomenten nach (7-72)
$f_{Q,...}$ Verformungsanteil aus Querkraft nach (7-72) zum Zeitpunkt 0

$\varphi_{t,g}$ Kriechbeiwert für die Eigenlast nach (8-104)
$\varphi_{t,S}$ Kriechbeiwert für die Schneelast nach (8-104), siehe Zulassung

Die Verformungsbegrenzung wird also für die langzeitig wirkenden Lasten Eigenlast und Schnee unter Berücksichtigung des Schubkriechens gefordert.

8.4 Trapezprofildecken

8.4.1 Allgemeines

Die Bemessungsregeln in DIN 18 807 gelten nur für Trapezprofile, wenn diese in Decken alle Lasten allein tragen. Für Bemessungen von Deckensystemen bei denen der Beton allein, im Verbund oder in Addition mit den Trapezprofilen trägt, gelten die Betonnormen oder die allgemeinen bauaufsichtlichen Zulassungen für Stahlprofildecken.

Im Betonierzustand müssen die Trapezprofile für den Lastfall Frischbeton plus abgestufte Betonierverkehrslast nach DIN 4421, Traggerüste, wie im Abschnitt 8.1 bemessen werden. Der Tragsicherheitsnachweis sollte für den elastischen Zustand geführt werden. Ein Gebrauchstauglichkeitsnachweis im Sinne von Abschnitt 8.1.3.1 ist dann nicht erforderlich.

Auch Durchbiegungsbegrenzungen für den Betonierzustand sind entbehrlich, wenn nicht an die Untersicht der Decke besondere Anforderungen gestellt werden. Im anderen Fall sind u. U. auch die Auswirkungen von Zwischenunterstützungen zu beachten.

8.4.2 Trapezprofildecken mit trockenem Aufbau

Trapezprofildecken mit trockenem Aufbau gehören nach DIN 18 807 Teil 3 zu den Decken ohne ausreichende Querverteilung. Unter Wohnräumen müssen sie nach DIN 1055 Teil 3 mit einer gleichmäßig verteilten Verkehrslast von 2,0 kN/m^2 bemessen werden. Sollen leichte Trennwände pauschal berücksichtigt werden, darf mit den in DIN 1055 Teil 3 genannten Zuschlägen zur gleichmäßig verteilten Verkehrslast gerechnet werden.

Müssen Linienlasten quer zur Spannrichtung der Trapezprofile aufgenommen werden, so ist die Interaktion zwischen dem Biegemoment und der eingeleiteten Last zu berücksichtigen (s. Abschnitt 8.1.4.3). Die Lasteinleitungsbreite kann unter Berücksichtigung von Zwischenschichten sinnvoll angenommen werden.

Einzellasten dürfen rechnerisch nur auf drei Rippen verteilt werden, wenn sie über der mittleren angreifen (siehe DIN 18 807 Teil 3, Bild 1 und Tabelle 1). Die Formeln der ersten Zeile in Tabelle 1 geben den Anteil in % der Einzellast an, der auf jede Rippe entfällt. Die Auswertung der Formeln zeigt, daß die Nachbarrippen am meisten mittragen, wenn die Einzellast in Feldmitte angreift. Außerdem ist die Querverteilung von der Rippenbreite der Trapezprofile abhängig. Die Anwendung der Formeln setzt normale Rippenbreiten voraus. Eine obere Schranke ergibt sich rechnerisch zu $b_R = 440$ mm. Für größere Rippenbreiten erhält die belastete Rippe mehr als 100 % der Einzellast, wenn diese in Feldmitte steht. Bei Rippenbreiten $b_R < 106$ mm sind die Nachbarrippen stärker beansprucht als die direkt belastete Mittelrippe. Beide Schranken werden von tragenden Trapezprofilen in Dach- und Deckenkonstruktionen praktisch nicht erreicht.

Wird eine Einzellast zwischen zwei Rippen eingeleitet, ist jeder Lastanteil nur zu einer Seite nach den Formeln der zweiten Zeile in Tabelle 1 der DIN 18 807 Teil 3 quer zu verteilen. Die o. g. Schranken sind dann $b_R < 400$ mm und $b_R > 66$ mm.

Zusätzlich zu den Tragsicherheitsnachweisen schreibt DIN 18 807 Teil 3 für Decken mit nicht voll ausbetonierten Rippen und Stützweiten von $l > 3{,}0$ m die Durchbiegungsschranke von $f \leq l / 500$ vor. Die Durchbiegung wird im betrachteten Feld nur unter der Verkehrslast berechnet. Alle weiteren Felder sind unbelastet, auch die Eigenlast der Decke bleibt unberücksichtigt. Im allgemeinen sind die Eigenlasten von Decken mit trockenem Aufbau recht klein.

8.4.3 Ausbetonierte Trapezprofildecken

In Teil 3 der DIN 18 807 wird zwischen Decken mit ausreichender Querverteilung und solchen, bei denen diese nicht nachgewiesen ist, unterschieden. In jedem Fall tragen die Trapezprofile alle Lasten allein. Wenn eine ausreichende Querverteilung nicht nachgewiesen ist, gelten die Aussagen des Abschnittes 8.4.2 analog.

Die konstruktiven Voraussetzungen für eine ausreichende Querverteilung sind in DIN 18 807 Teil 3 und in dem vorliegenden Abschnitt 4.5.1 beschrieben. Eine Einzellast wird bis zur Oberkante der Trapezprofile auf eine Fläche mit den Kantenlängen b_L der Aufstandsfläche der Last plus zwei mal der Gesamtdicke der Zwischenschichten, also unter 45°, verteilt (s. Bild 8-6).

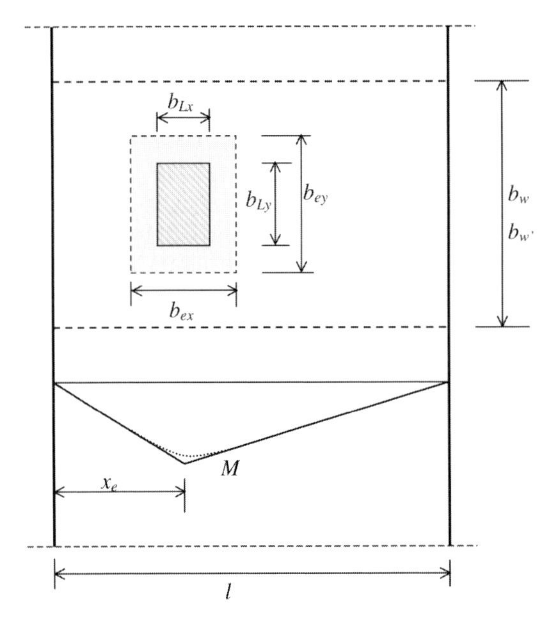

Bild 8-6 Verteilung einer Einzellast auf einer Trapezprofildecke mit ausreichender Querverteilung

$$b_{ey,x} = b_{Ly,x} + 2 \cdot (s_L + d) \tag{8-108}$$

mit

y Richtung quer zur Spannrichtung der Trapezprofile
x Spannrichtung der Trapezprofile
b_L Lastaufstandsbreite
s_L lastverteilende Deckschicht (z. B. Estrich)
d Dicke der durchlaufenden Betonüberdeckung

Die Querverteilungsbreiten b_w und $b_{w'}$ für die Berechnung der Schnittgrößen ergeben sich nach DIN 18 807 Teil 3, Tabelle 2, wenn $b_e = b_{ey}$ gesetzt wird.

$$\bar{M} = \frac{M}{b_w} \tag{8-109}$$

$$\bar{Q} = \frac{Q}{b_{w'}} \tag{8-110}$$

mit

M maximales Balkenbiegemoment
Q Balkenquerkraft an der betrachteten Stelle
$\bar{M}$ Biegemoment je m Trapezprofilbreite
$\bar{Q}$ Querkraft je m Trapezprofilbreite

Die Beschreibung der Schnittgrößen in DIN 18 807 Teil 3 ist mißverständlich. DIN 1045, Januar 1972, auf die sich die Querverteilung der Tabelle 2 in DIN 18 807 Teil 3 bezieht, beschreibt in Abschnitt 20.1.4 das Biegemoment M in (8-109) als maximales Balkenbiegemoment aus der auf die Länge b_{ex} gleichmäßig verteilten Einzellast (s. Bild 8-6). Die im Betonbau übliche Ausrundung der Momente über Auflagern oder unter Lasteinleitungen gilt für Trapezprofile nicht uneingeschränkt. So ist die Interaktion von Stützmoment und Auflagerkraft nicht für die Ausrundung des Stützmomentes über der Auflagerbreite kalibriert. Da hier für die Bemessung diese Interaktion anzuwenden ist (s. Abschnitt 8.1.4.3), sollte man für das vorhandene Biegemoment den Wert aus einer Einzellast an der Stelle x_e einsetzen (s. Bild 8-6). Im Einzelfall stellt sich natürlich die Frage, bei welcher Verteilungsbreite gilt die Interaktion noch und wann beginnt eine bereichsweise gleichmäßig verteilte Flächenlast. Mit Blick auf die üblicherweise in den Typenblättern verzeichneten maximalen Auflagerbreiten von $b_B = 160$ mm, muß diese Entscheidung dem Statiker überlassen bleiben.

Für Geschoßdecken aus Trapezprofilen schreibt DIN 18 807 Teil 3 Durchbiegungsbeschränkungen nur für Spannweiten größer als 3,00 m vor. Die Durchbiegungen werden nur für den Lastfall Verkehrslast im untersuchten Feld berechnet. Die Eigenlast der Decke bleibt unberücksichtigt. Die Beschränkung beträgt für Decken mit voll ausbetonierten Profilrippen $f \leq l / 300$. Obwohl bei diesen Decken die Eigenlast nicht gering ist, bleibt sie unberücksichtigt, weil der Beton beim Betonieren an der Oberseite gerade abgezogen wird. Bei besonderen Anforderungen an die Untersicht ist im Einzelfall zu entscheiden.

8.5 Verbindungen von Trapez- und Kassettenprofilen

8.5.1 Verbindungen allgemein

DIN 18 807 enthält außer zahlreichen konstruktiven Regeln für Verbindungen die Bestimmung, daß für die Verbindungselemente die maßgebenden Normen oder bauaufsichtlichen Zulassungen gelten. Im Regelfall werden für die Verbindungen der Trapezprofile untereinander, mit anderen dünnwandigen Konstruktionsteilen und mit der Unterkonstruktion die Verbindungselemente nach der allgemeinen bauaufsichtlichen Zulassung [94] verwendet. Diese Zulassung unterscheidet Blindniete, gewindeformende Schrauben, Bohrschrauben und Setzbolzen. Anwendungsbereiche und konstruktive Hinweise enthält der Konstruktionsatlas [138].

Für die statische Berechnung der Verbindungen sind die zulässigen Quer- und Zugkräfte je Verbindungselement tabellarisch in der Zulassung [94] angegeben (s. Bild 5-32 oder Bild 5-33). Diese Kräfte sind von der Materialdicke der zu verbindenden Bauteile abhängig. Das Bauteil I liegt am Kopf des Verbindungselementes an (bei Blindnieten am Setzkopf) und ist meistens das Bauelement. Bauteil II ist i.d.R. die Unterkonstruktion. Bei Holz als Unterkonstruktion sind zusätzlich die Bestimmungen von DIN 1052 [72] zu beachten (s. Abschnitt 5.4.3).

Für exzentrische Befestigungen und Verbindungen in breiten Gurten gibt die Zulassung [94] in der Anlage 2.02 (s. Bild 5-34) Abminderungen der zulässigen Zugkräfte an. Der dort angegebene Fall 4 trifft regelmäßig für die Verbindungen der Kassettenprofile mit der Unterkonstruktion zu. Der Fall 5 ist auch für die häufig verwendeten C-Profile maßgebend.

Im Bescheid vom 13. Juni 1997 über die Änderung und Ergänzung der Zulassung [94] ist ein Verfahren zur Umstellung der Bemessung auf das Konzept nach DIN 18 800 mit Teilsicherheitsbeiwerten vorgeschrieben. Die geforderten Nachweise sind Tragsicherheitsnachweise der folgenden Form:

$$F_{\mathrm{d}} \leq F_{\mathrm{k}} / \gamma_{\mathrm{M}} \qquad (8\text{-}111)$$

mit

$$F_{\mathrm{k}} = 2{,}0 \cdot \mathrm{zul}\, F \qquad (8\text{-}112)$$

$$\gamma_{\mathrm{M}} = 1{,}33$$

Der Vergleich mit den früheren Nachweisen mit zulässigen Kräften ergibt, daß das Sicherheitsniveau für die veränderlichen Einwirkungen wegen

$$\gamma_{\mathrm{F}} \cdot \gamma_{\mathrm{M}} = 1{,}5 \cdot 1{,}33 = 2{,}0 \qquad (8\text{-}113)$$

gleich geblieben ist. Weitere Nachweise für die Gebrauchstauglichkeit sind nicht vorgesehen.

Die Bedingungen (8-111) und (8-112) gelten sowohl für die Querkraft

$$F_{\mathrm{Q,d}} \leq F_{\mathrm{Q,k}} / \gamma_{\mathrm{M}} \qquad (8\text{-}114)$$

als auch für die Zugkraft

$$F_{Z,d} \leq F_{Z,k} / \gamma_M \tag{8-115}$$

Wirken an einer Verbindung Quer- und Zugkraft gleichzeitig, gilt für Blindniete und Schrauben die lineare Interaktion

$$\frac{F_{Q,d}}{F_{Q,k} / \gamma_M} + \frac{F_{Z,d}}{F_{Z,k} / \gamma_M} \leq 1 \tag{8-116}$$

und für Setzbolzen eine quadratische

$$\left(\frac{F_{Q,d}}{F_{Q,k} / \gamma_M}\right)^2 + \left(\frac{F_{Z,d}}{F_{Z,k} / \gamma_M}\right)^2 \leq 1 \tag{8-117}$$

Diese Interaktionen sind den (umständlichen) Formulierungen in der Zulassung [94] gleichwertig (s. Abschnitt 5.4.1).

Die Bemessungswerte der Kräfte auf der Einwirkungsseite werden i. a. nach der Elastizitätstheorie berechnet (s. Abschnitt 7.4.1). Die Verbindungen sollten an den Kraftlinien möglichst gleichmäßig verteilt sein, also etwa gleiche Abstände haben. In der Summe müssen sie die vorhandenen Kräfte übertragen können.

Bei der Einwirkung Windsog sind die erhöhten Sogkräfte in den Rand- und Eckbereichen von Dächern und den vertikalen Randbereichen der Wände nach DIN 1055 Teil 4 [68] zu beachten, wenn es sich um die Verbindungen der direkt durch Windsog belasteten Bauteile handelt.

Für Beanspruchungen der Verbindungen aus Schubfeldwirkung ist der Bemessungswert zu ermitteln. Zwängungskräfte aus temperaturbedingten Dehnungen brauchen in der Regel nicht angesetzt zu werden (s. Abschnitt 6.7.2).

8.5.2 Besonderheiten bei Kassettenwänden

An den Kassettenwänden unterscheidet man drei Verbindungsgruppen:

1. Verbindungen der Kassettenprofile mit der Unterkonstruktion.
2. Verbindungen der Außenschale mit den Kassettenprofilen.
3. Verbindungen der Kassettenprofile untereinander in den Stegen.

Die Verbindungen der letzten Gruppe sind konstruktiv in Abständen von höchstens 800 bis 1000 mm vorgeschrieben. Bei Schubfeldern dürfen sie zur Übertragung des Schubflusses zwischen den Kassettenprofilen mit herangezogen werden.

Die Verbindungen der ersten Gruppe müssen die Auflagerkräfte der Kassettenprofile aus den nach außen gerichteten Windkräften und aus der Eigenlast der Wandflächen an die

Unterkonstruktion übertragen. Bei den Windkräften müssen die erhöhten Sogspitzen in den vertikalen Randbereichen der Wände berücksichtigt werden. Dieses erfordert einen zusätzlichen Rechengang, weil bei der Bemessung der Kassettenprofile selbst diese Spitzen nicht angesetzt werden müssen. Bei seitlich offenen Gebäuden muß außerdem der innere Überdruck addiert werden (s. a. Abschnitt 7.1.2).

Die Verbindungen sind mit mindestens zwei Schrauben oder Setzbolzen pro Kassettenprofiltafel und Auflager in der Nähe der Kassettenstege vorgeschrieben. Der Tragsicherheitsnachweis muß mit den Interaktionen (8-116) oder (8-117) von Zugkraft (Windlast) und Querkraft (Eigenlast und u. U. Schubfeld) geführt werden. Für die charakteristischen Zugkräfte der Widerstandsseite ist der reduzierte Wert nach Zeile 4 der Anlage 2.02 aus der Zulassung [94] einzusetzen (s. Bild 5-34). Es gilt die Reduktion:

$$F_{Z,k,red} = 0{,}7 \cdot F_{Z,k} \quad \text{für } a \leq 75 \text{ mm} \tag{8-118}$$

weil der Abstand zwischen Verbindungselement und Kassettensteg mit $a \leq 75$ mm vorgeschrieben ist.

Die Verbindungen der zweiten Gruppe haben zwei Aufgaben zu erfüllen. Erstens muß durch sie das seitliche Ausweichen der Kassettenobergurte verhindert werden und zweitens leiten sie die Windsogkräfte an die Kassettenprofile weiter. Die erste Aufgabe ist erfüllt, wenn entlang der Kassettenobergurte der maximale Abstand a_l eingehalten wird (s. Bild 5-27 oben rechts). Ein weiterer Nachweis ist nicht erforderlich.

Für die zweite Aufgabe ist in den vertikalen Randbereichen der Wände meist ein engerer Abstand der Verbindungen in der Spannrichtung der Außenschale erforderlich als in mittleren Bereichen, weil die erhöhten Sogspitzen berücksichtigt werden müssen. Die Abstände dürfen die maximale Stützweite der Außenschale (z. B. Trapezprofile) unter Windsog nicht überschreiten. Bei der Bestimmung dieser Stützweiten brauchen die erhöhten Sogspitzen im Randbereich aber nicht angesetzt zu werden.

Zusätzlich sind die Trapezprofile in den Längsstößen mindestens alle 666 mm miteinander zu verbinden. Wenn diese Verbindungen zusammen mit den Kassettenobergurten vorgenommen werden, können sie auch die Aufgaben der Verbindungen Außenschale und Kassettenprofile mit übernehmen. Die charakteristischen Zugkräfte der Verbindungen der Außenschale mit den Kassettenprofilen müssen nach Zeile 5 der Anlage 2.02 aus der Zulassung [94] (s. Bild 5-34) auch mit 0,7 reduziert werden:

$$F_{Z,k,red} = 0{,}7 \cdot F_{Z,k} \tag{8-119}$$

Ein mögliches Verbindungsschema, welches alle Anforderungen erfüllt, zeigt Bild 8-5. Am Ende der Trapezprofiltafeln muß jeder anliegende Trapezprofilgurt mit dem Kassettenprofilobergurt oder mit einem Randträger verbunden werden.

Der Nachweis der Verbindungen wird für Zugkräfte nach der Bedingung (8-115) geführt. Eine Interaktion mit Querkräften aus der Eigenlast der Außenschale ist wegen der zahlreichen Verbindungen mit entsprechend kleinen Querkräften in der Regel nicht erforderlich.

Bei der Ermittlung der Zugkräfte ist es sicher genau genug, Einzugsflächen für die Windsogkräfte je Verbindung festzulegen und auf fragwürdige statisch unbestimmte Berechnungen zu verzichten.

Die charakteristischen Zugkräfte der Widerstandsseite sind den Tabellen der Zulassung [94] zu entnehmen. Dabei ist zu beachten, daß das Bauteil II meistens aus zwei Blechen gleicher Dicke besteht, weil sich die Obergurte der Kassettenprofile überlappen. Für diesen Fall gibt es spezielle Tabellen in der Zulassung [94] (s. Bild 5-33). Die Werte einer Verbindung für das Bauteil II mit doppelter Blechdicke der Kassettenprofile dürfen hier nicht eingesetzt werden.

Im Rahmen der Energieeinsparungsverordnung (EnEV) [64] ist es erforderlich, die Wärmebrücken effizient zu reduzieren. Bei Kassettenwänden entstehen ohne zusätzliche Maßnahmen starke Wärmebrücken an den Berührungsflächen zwischen den Obergurten und der Außenschale. Die üblichen recht steifen 1 cm dicken Trennstreifen reduzieren diese Wärmebrücken nur ungenügend. Eine dickere, gut wärmedämmende weiche Zwischenschicht hat konstruktive und statische Schwierigkeiten zur Folge.

Die Firma Grünzweig + Hartmann, Ludwigshafen, hat ein Kassetten-Wandsystem zum Patent angemeldet, welches auch allgemein bauaufsichtlich zugelassen worden ist [90]. Der Abstand von 40 mm zwischen den Obergurten der Kassettenprofile und der Außenschale wird durch eine spezielle Distanzschraube konstant gehalten. Die zulässigen Zugkräfte für diese Schraube sind in der Zulassung [90] angegeben. Querkräfte dürfen den Verbindungen nicht zugewiesen werden. Die Eigenlast der Außenschale muß also an Festpunkten von der Unterkonstruktion aufgenommen werden. Die seitliche Aussteifung der Kassettenobergurte ist gegenüber der Verbindung mit der anliegenden Außenschale geschwächt. Versuche mit relativ hohen Kassettenprofilen haben ergeben, daß die Abminderung der relevanten Tragfähigkeitswerte von 16 % allgemein auf der sicheren Seite liegt. Dieser Wert ist in der Zulassung [90] vorgeschrieben.

8.6 Verbindungen in der Sandwichbauweise

8.6.1 Allgemeines

In den Zulassungen [91] sind nur allgemeine Nachweise für Verbindungen der Sandwichelemente mit Unterkonstruktion angegeben, wenn diese durchgeschraubt und auf Zug beansprucht sind. Für die Widerstandsgrößen können die Zulassungen [94] und [95] für Verbindungselemente herangezogen werden. Die geforderten Nachweise sind im Sinne von DIN 18 800 Tragsicherheitsnachweise. Zusätzliche Gebrauchstauglichkeitsnachweise sind nicht vorgesehen.

Die Nachweise für Sonderbefestigungen, z. B. von außen nicht sichtbare Ausführungen, sind in den Zulassungen individuell geregelt und werden hier nicht weiter behandelt.

8.6.2 Zugkraft

Für den Nachweis der Auflagerzugkräfte schreiben die Zulassungen [91] folgendes vor:

$$2{,}0 \cdot \psi \cdot A_{\mathrm{L}} + 1{,}3 \cdot A_{\mathrm{T}} \leq F_{\mathrm{u}} \quad (8\text{-}120)$$

$$2{,}0 \cdot A_{\mathrm{L}} \leq F_{\mathrm{u}} \quad (8\text{-}121)$$

$$2{,}0 \cdot A_{\mathrm{T}} \leq F_{\mathrm{u}} \quad (8\text{-}122)$$

mit

A_{L}	Zugkraft infolge äußerer Lasten, in der Regel Windsog
A_{T}	Zugkraft infolge der Temperaturdifferenz zwischen den Deckschichten
$\psi = \psi_{\mathrm{Wind,Sommer}} = 0{,}6$	Kombinationsbeiwert für Windlast bei Sommertemperatur
F_{u}	charakteristische Auflagerzugkraft aus den zulässigen Schraubenkräften

Weil die Abminderung der Windlast in Kombination mit den Zwängungen aus Temperatur im Sommer in den Zulassungen [91] allgemein gilt, darf sie auch beim Nachweis der Verbindungen angewendet werden. Zusätzlich sind aber die Einwirkungen Wind und Temperatur für sich allein ohne Abminderung nachzuweisen.

Die charakteristische Auflagerzugkraft ergibt sich aus den zulässigen Schraubenkräften der Zulassungen für die Verbindungselemente wie folgt:

$$F_{\mathrm{u}} = 2{,}0 \cdot \mathrm{zul}\, F_{\mathrm{Z}} \cdot n \quad (8\text{-}123)$$

mit

zul F_{Z}	zulässige Zugkraft pro Schraube nach [91] und [94] oder [95]
n	Anzahl der Schrauben pro Bemessungsbreite, in der Regel 1 m

Die zulässigen Schraubenkräfte aus der Zulassung [94], Verbindungen für Trapezprofile, können nur verwendet werden, wenn für die Verbindungen die vorhandene Blechdickenkombination verzeichnet ist und in der Zulassung [91] für dieselbe Schraube zulässige Schraubenkopfauslenkungen angegeben sind. Für dünne Blechdicken des Bauteils I (Deckschicht des Sandwichelementes) und für Befestigungen auf Holz geben die Zulassungen [91] u. U. besondere zulässige Zugkräfte an. Die Zulassung [95], Verbindungen für Sandwichelemente, erfüllt in der Regel beide Voraussetzungen.

Werden bei der Bemessung für die Auflagerzugkraft mehr als drei Schrauben pro Meter erforderlich, hat dieses Auswirkungen auf die Knitterspannungen der ebenen oder schwach profilierten Deckschichten (s. Abschnitt 5.3.3.3 mit den Formeln (5-122) und (5-123)). Die Knitterspannung der Deckschicht unter den Schrauben ergibt sich mit der abgeminderten Knitterspannung an einer Zwischenstütze für abhebende Kräfte nach Tabelle 5-6 zu:

$$\sigma_{k,n>3} = \frac{11-n}{8} \cdot \sigma_{k,abhebend} \tag{8-124}$$

Dieser Zusammenhang macht bei der Bemessung Schwierigkeiten, wenn man die maximale Stützweite sucht. Die Suche nach dem maßgebenden Bemessungswert aus der Knitterspannung oder der Schraubenanzahl ist in Bild 8-7 dargestellt.

Es ist folgender Algorithmus denkbar. Nach der Berechnung der möglichen Stützweite mit der Knitterspannung für 3 Schrauben berechne man diejenige mit der Auflagerkraft für 3 Schrauben. Liegt die Stützweite für die Auflagerkraft unter der für die Knitterspannung, wird der Vorgang für 4 Schrauben wiederholt. Dieses führe man so lange fort, bis die mögliche Stützweite für die Auflagerkraft über der für die abgeminderte Knitterspannung liegt. Im Bild 8-7 wird dieser Vorgang durch die vertikalen Pfeile angedeutet. Die zulässige Stützweite ist dann das Maximum der unteren Werte für die beiden letzten Schraubenzahlen. Im Beispiel nach Bild 8-7 ist dieses die Stützweite für die Knitterspannung mit 5 Schrauben. Läge der Kreis für 4 Schrauben über der gestrichelten Linie, wäre dieser maßgebend und die zulässige Stützweite ergäbe sich etwas größer.

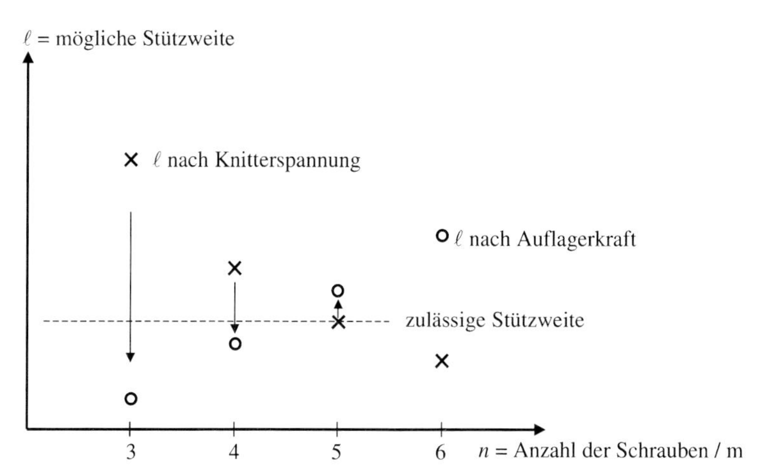

Bild 8-7 Zulässige Stützweite als Funktion der Knitterspannung und Schraubenanzahl

8.6.3 Querkraft

Die Querkräfte in den Verbindungen werden von der unteren Deckschicht an die Unterkonstruktion übertragen. Da an dieser Stelle das Blech nicht durch die Unterlegscheibe und den Schraubenkopf ausgesteift ist, dürfen die zulässigen Werte aus der Zulassung [94] für Verbindungen mit Trapezprofilen nicht angewendet werden. In diesem Fall muß die Zulassung [95] für Verbindungen mit Sandwichelementen herangezogen werden.

Eine bedeutende Beanspruchung in Form der Querkraft für die Verbindungen entsteht durch Schubfeldwirkungen. Weil in den Zulassungen [91] Schubfelder aus Sandwichelementen nicht geregelt sind, gibt es auch keine Vorschriften für die Querkraftbemessung der Verbindungen. Die Zulassung [95] fordert nur, daß die vorhandenen Kräfte nicht größer sein dürfen als die zulässigen Scherkräfte zul F_Q. Analog zu (8-121) kann man hier auch schreiben,

$$2{,}0 \cdot F_Q \leq 2{,}0 \cdot \text{zul } F_Q \qquad (8\text{-}125)$$

weil Zwängungen aus Temperatur nicht auftreten.

Überträgt man die Umstellung auf die Bemessung mit Teilsicherheitsbeiwerten der Zulassung [94] auf diesen Fall, so ergibt sich

$$\gamma_F \cdot F_{Q,k} \leq 2{,}0 \cdot \text{zul } F_Q / 1{,}33 \qquad (8\text{-}126)$$

Mit $\gamma_F = 1{,}5$ für veränderliche Einwirkungen ist dieser Nachweis mit (8-125) identisch (s. a. Abschnitt 8.5).

8.6.4 Interaktion

Die Interaktion von Zug- und Querkraft liegt nur bei Schubfeldern vor. Die geringen Querkräfte aus der Eigenlast der Sandwichelemente an der Wand rechtfertigen in der Regel keine Berücksichtigung. Wegen der unterschiedlichen Angriffspunkte von Zug- und Querkraft im Sandwichelement ist die Berücksichtigung der Interaktion nur erforderlich, wenn mindestens für eine Wirkung das Versagen in der Unterkonstruktion oder der Schraube maßgebend ist. Dieses muß im Bedarfsfall am Verlauf der zulässigen Kräfte in Abhängigkeit der Blechdickenkombinationen erkannt werden. Ein Beispiel einer Typentabelle aus der Zulassung [95] ist in Bild 5-36 dargestellt und eine nähere Beschreibung der Vorgehensweise enthält Abschnitt 5.4.2.

Die Interaktion kann analog zu (8-116) vorgenommen werden. Die umständlichen Formeln der Zulassung [95] müssen nicht ausgewertet werden. Sie ergeben im Grenzfall dasselbe Ergebnis.

8.6.5 Schraubenkopfauslenkung

Die Zulassungen [91] beziehen sich bei den Schraubenkopfauslenkungen auf die neueren Festlegungen in den ECCS-Empfehlungen, Anhang C [52]. Hier ist gefordert, daß die vorhandene Schraubenkopfauslenkung u_T kleiner sein muß als die zulässige.

$$u_T = \frac{\alpha_T \cdot \Delta T \cdot \ell}{2} \leq \text{zul } u \qquad (8\text{-}127)$$

mit

α_T linearer Wärmeausdehnungskoeffizient (für Stahl $1{,}2 \cdot 10^{-5}$)
ΔT Temperaturdifferenz = 70 °C
ℓ Stützweite des größten Feldes
zul u Schraubenkopfauslenkung nach den Zulassungen [91] oder [95]

Die nach dieser Formel berechnete Schraubenkopfauslenkung ist für Sandwichelemente mit biegeweichen Deckschichten die wirklich vorhandene Verschiebung am Ende eines Einfeldträgers. Bei Sandwichelementen mit einer biegesteifen Deckschicht liegt dieser Wert etwas auf der sicheren Seite.

Bei Durchlaufträgern ist (8-127) mechanisch nicht sinnvoll zu deuten, wird aber der Erfahrung gerecht, daß die Schraubenkopfauslenkung in der Praxis keine wirkliche Bedeutung hat. Der Nachweis wird in der Regel nicht maßgebend (siehe auch [156]). Bei sehr großen Flächen aus Sandwichelementen sollte man konstruktiv dafür sorgen, daß zwischen den Sandwichtafeln in Längsrichtung Bewegungen möglich sind.

8.7 Nachweise für Sonderkonstruktionen

8.7.1 Biegesteifer Stoß von Trapezprofilen

Die konstruktive Ausbildung von biegesteifen Stößen bei Trapezprofilen ist nach DIN 18 807 Teil 3 in Bild 4 vorgeschrieben (s. a. Abschnitt 10.4.2). Die zugehörigen statischen Systeme sind in Bild 8-8 mit den angreifenden positiven Schnittgrößen dargestellt. Es wird unterstellt, daß die Kräfte zwischen den Profiltafeln nur über die Verbindungselemente geleitet werden. Der Kontakt zwischen den Profiltafeln bleibt unberücksichtigt.

Für die Ausbildung 1 im Bild 8-8 a ergibt sich die Kraft F_2 aus der Gleichgewichtsbedingung, Summe der Momente am unteren Teil um den Punkt 1 (Auflagerpunkt) gleich Null.

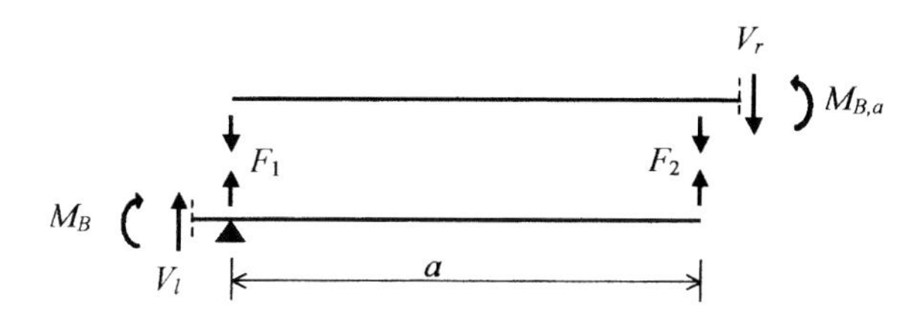

a) Ausbildung 1: Überkragendes Ende der Profiltafeln liegt unten

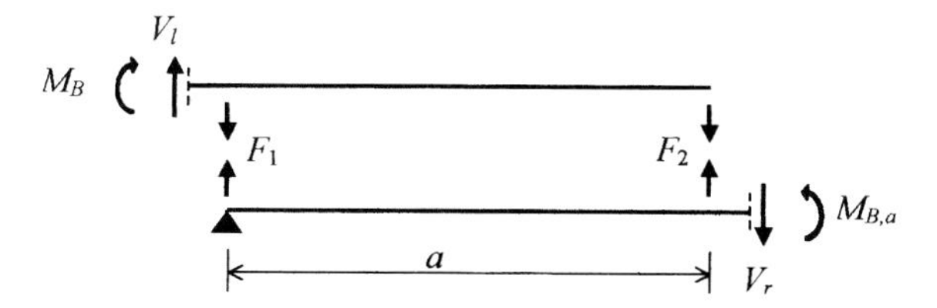

b) Ausbildung 2: Überkragendes Ende der Profiltafeln liegt oben

Bild 8-8 Statische Systeme beim biegesteifen Stoß

8.7.2 Kleine, auswechselungsfreie Öffnungen in Dächern

Nach DIN 18 807 Teil 3 dürfen Öffnungen (z. B. für Dachentwässerungen oder Lüftungsrohre) bis zu einer Größe von 300 × 300 mm ohne Auswechselungen ausgeführt werden, wenn bestimmte konstruktive und statische Bedingungen eingehalten sind. Die konstruktiven Bedingungen sind im Abschnitt 10 beschrieben. Die Norm verlangt u. a. die „Abdeckung der Öffnung mit einem Abdeckblech“, gemeint ist die Einfassung an der Oberseite der Öffnung mit einem Verstärkungsblech.

In statischer Hinsicht wird gefordert, daß nur Flächenlasten wirken und der statische Nachweis mit der α-fachen Dachlast geführt wird. Die Werte α sind in der Norm in Abhängigkeit von der Lage und der Größe der Öffnung durch ein Diagramm angegeben (Bild 8-9). Auf welchen Bereich und auf welches statische System sich der Nachweis beziehen soll, legt die Norm nicht fest.

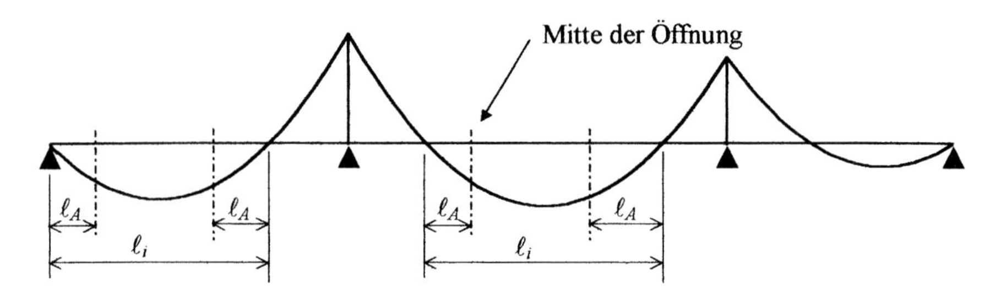

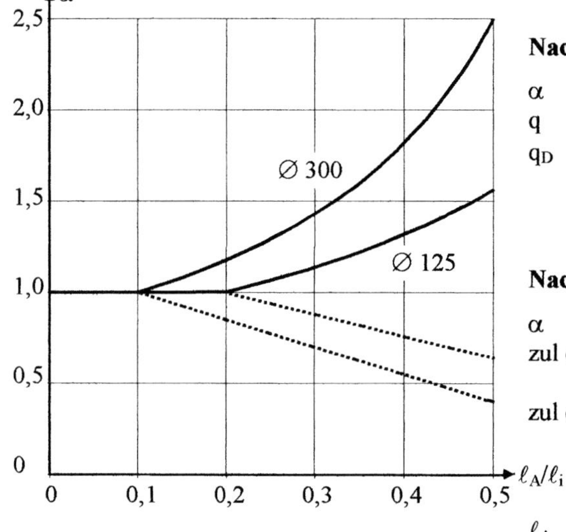

Nach DIN 18 807 Teil 3, Bild 15

α Faktor q_D/q
q Dachlast (einschl. Profileigenlast)
q_D α-fache Dachlast

Nach Normenentwurf vom Dez. 1979

α = zul q_D/zul q
zul q_D = zulässige Auflast im Bereich des Durchbruchs
zul q = zulässige Auflast ohne Öffnung

ℓ_A Abstand der Öffnungsmitte vom Momentennullpunkt
ℓ_i ideelle Stützweite, Abstand der Momentennullpunkte

Bild 8-9 Alpha-Werte für kleine Öffnungen

Um die α-Werte deuten zu können, muß man deren Entstehung betrachten. Im Normenentwurf vom Dez. 1979 heißt die obige Bestimmung für den statischen Nachweis „Abminderung der zulässigen Auflast nach Bild 5.8.3.2“. Das angesprochene Bild enthält ein Diagramm für die α-Werte, welches hier im Bild 8-9 im unteren Teil dargestellt ist. Danach wird die zulässige Belastung im Bereich der Öffnung gegenüber der im ungestörten Bereich mit α abgemindert. Die Abminderungsfaktoren sind für den Bereich der Feldmomente als Geradengleichungen wie folgt angegeben:

$$\alpha_{alt} = 1{,}0 - 1{,}2 \cdot (\ell_A / \ell_i - 0{,}2) \quad \text{für Öffnungen von } 125 \times 125 \text{ mm} \tag{8-136}$$

$$\alpha_{alt} = 1{,}0 - 1{,}5 \cdot (\ell_A / \ell_i - 0{,}1) \quad \text{für Öffnungen von } 300 \times 300 \text{ mm} \tag{8-137}$$

jedoch $\alpha_{alt} \leq 1{,}0$

mit

ℓ_A Abstand der Öffnungsmitte vom Momentennullpunkt
ℓ_i ideelle Stützweite, Abstand der Momentennullpunkte

Befindet sich eine Öffnung in der Mitte des Bereichs der Feldmomente, also an der Stelle des maximalen Momentes, ergeben sich die Abminderungsfaktoren zu

$$\min \alpha_{alt} = 0{,}64 \quad \text{für Öffnungen von } 125 \times 125 \text{ mm} \tag{8-138}$$

$$\min \alpha_{alt} = 0{,}4 \quad \text{für Öffnungen von } 300 \times 300 \text{ mm} \tag{8-139}$$

Die Abminderung kann entfallen, wenn die Öffnung so dicht am Momentennullpunkt liegt, daß das Moment an dieser Stelle nicht größer ist, als das abgeminderte in der Mitte.

$$M_A \leq \min \alpha_{alt} \cdot M_F = 0{,}64 \cdot q\, \ell_i^2 / 8 \quad \text{für Öffnungen von } 125 \times 125 \text{ mm} \tag{8-140}$$

$$M_A = \frac{q\,\ell_i^2}{2} \cdot \left(\frac{\ell_A}{\ell_i} - \frac{\ell_A^2}{\ell_i^2} \right) = 0{,}64 \cdot \frac{q\,\ell_i^2}{8} \tag{8-141}$$

Die Lösung lautet

$$\ell_A / \ell_i = 0{,}2 \quad \text{für Öffnungen von } 125 \times 125 \text{ mm} \tag{8-142}$$

$$\ell_A / \ell_i = 0{,}113 \approx 0{,}1 \quad \text{für Öffnungen von } 300 \times 300 \text{ mm} \tag{8-143}$$

Im Diagramm wird zwischen den Stellen nach (8-138) bzw. (8-139) und nach (8-142) bzw. (8-143) linear interpoliert, was gemessen am Momentenverlauf etwas auf der unsicheren Seite liegt.

Die zulässige Belastung im ungestörten Bereich ist im Normenentwurf nicht näher definiert. Vernünftigerweise berechnet man sie aus dem vorhandenen Feldmoment im Vergleich zum zulässigen Feldmoment.

$$\text{zul } q = \frac{\text{zul } M_\text{F}}{\beta \cdot \ell^2} = \frac{8 \cdot \text{zul } M_\text{F}}{\ell_\text{i}^2} \tag{8-144}$$

mit

$\beta = 0{,}125$ für Einfeldträger
$\beta = 0{,}0703$ für Zweifeldträger mit gleichen Stützweiten
$\beta = 0{,}080$ für Dreifeldträger mit gleichen Stützweiten

Diese zulässige Belastung ergibt sich in den meisten Fällen deutlich größer als diejenige für den gesamten Träger. Für die Bemessung des Trägers ist nur in seltenen Fällen das Feldmoment maßgebend. Der Einfeldträger wird meistens durch die Durchbiegungsbeschränkung und die Mehrfeldträger werden von den Stützmomenten bestimmt. Für diese Fälle kann die Forderung

$$\text{zul } q_\text{D} = \alpha \cdot \text{zul } q \leq \text{vorh } q \tag{8-145}$$

häufig erfüllt werden.

Die α-Werte in der endgültigen Fassung der DIN 18 807 Teil 3 sind die Kehrwerte von α_alt. Es gilt also $\alpha_\text{neu} \geq 1$. Trotzdem steht in der Bildunterschrift von Bild 15 der Norm „Abminderungsfaktor". Da nun der Nachweis mit α-facher Dachlast q gefordert wird, muß man den obigen Gedankengang umdeuten.

$$\alpha_\text{neu} \cdot \frac{q\,\ell_\text{i}^2}{8} \leq \text{zul } M_\text{F} \tag{8-146}$$

oder mit Teilsicherheitsbeiwerten

$$\alpha_\text{neu} \cdot \frac{\gamma_\text{F} \cdot q\,\ell_\text{i}^2}{8} \leq M_\text{F,k} / \gamma_\text{M} \tag{8-147}$$

mit

$$\alpha_\text{neu} = \frac{1}{\alpha_\text{alt}} = \frac{1}{1{,}24 - 1{,}2 \cdot \ell_\text{A} / \ell_\text{i}} \quad \text{für Öffnungen von } 125 \times 125 \text{ mm}$$

$$\alpha_\text{neu} = \frac{1}{\alpha_\text{alt}} = \frac{1}{1{,}15 - 1{,}5 \cdot \ell_\text{A} / \ell_\text{i}} \quad \text{für Öffnungen von } 300 \times 300 \text{ mm}$$

Gemessen an der Momentenlinie im Bereich ℓ_i liegt auch dieser Nachweis etwas auf der unsicheren Seite.

Den o. g. Schwierigkeiten geht man aus dem Wege, wenn man an der Stelle der Öffnung mit dem dortigen Biegemoment den Nachweis mit den 0,64- bzw. 0,4-fachen Widerstandswerten führt (s. Gleichung (8-138) bzw. (8-139)). Dabei reicht in der Regel der Nachweis mit den Biegemomenten aus, auch im Bereich der negativen Momente.

8.7.3 Dachöffnungen mit Auswechselungen

Die Konstruktion und die grundsätzlichen statischen Überlegungen für Dachöffnungen mit Auswechselungen sind im Abschnitt 10.5.3.1 mit den Bildern 10-16 bis 10-19 dargestellt. Zum besseren Verständnis sei hier das statisch unbestimmte System nach Bild 10-19 genauer untersucht.

Es wird angenommen, daß eine Öffnung im Feld *i* einer beliebig langen Trapezprofillage vorhanden ist (s. Bild 8-10). In der Praxis werden meistens nur Zwei- oder Dreifeldträger verlegt. Diese sind als Sonderfall in der folgenden Betrachtung enthalten. Werden die Trapezprofile über den Zwischenauflagern biegesteif miteinander verbunden, gelten sie als Durchlaufträger über entsprechend viele Felder mit feldweise unterschiedlicher Biegesteifigkeit, wenn die Blechdicke wechselt. Im Überlappungsbereich wird die Biegesteifigkeit des Feldes, in das die Überlappung hineinreicht, angenommen.

Um die Verhältnisse an der Aussparung auf das ebene statische System nach Bild 8-10 abzubilden, wird angenommen, daß die Querwechsel biegestarr sind und die Auflagerkräfte an die Längswechsel ohne wesentliche Verformungen der Verbindungen abgegeben werden können. Dadurch ist die Einzugsbreite für einen Längswechsel der halbe Schwerpunktsabstand der Längswechsel. Dieses gilt sowohl für die Kräfte als auch für die Biegesteifigkeit des Dachstreifens aus den Trapezprofilen. Der Abstand der Längswechsel ist systembedingt bis zu einer Rippenbreite der Trapezprofile größer als die Nennweite der Lichtkuppel.

Für die Einwirkungen gilt:

$$q = q_d \cdot L_B / 2 \qquad (8\text{-}148)$$

mit

q Streckenlast in kN/m auf dem Trapezprofilstreifen der halben Öffnungsbreite
q_d Flächenlast in kN/m^2 des ungestörten Daches
L_B Schwerpunktsabstand der Längswechsel (s. Bild 10-17)

$$F_{i-1} = F_i = Q_{LK} / 4 \qquad (8\text{-}149)$$

mit Q_{LK} Gesamtlast aus der Lichtkuppel

Abhängig von der Steifigkeit und Größe der Lichtkuppel ist es auch möglich, einen Teil ihrer Lasten als Streckenlast direkt dem Längswechsel zuzuweisen. Die Berechnung wird dadurch aufwendiger aber kaum genauer.

Die Schnittgrößenverteilung ist von den Biegesteifigkeiten der Bauelemente abhängig. Diese sind auch mit Sorgfalt nur annähernd zu bestimmen. Das Trägheitsmoment des Trapezprofilstreifens ergibt sich zu:

$$I_T = I_{ef} \cdot L_B / 2 \qquad (8\text{-}150)$$

mit I_{ef} Trägheitsmoment in cm^4/m des Trapezprofils von 1 m Breite

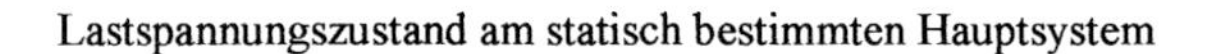

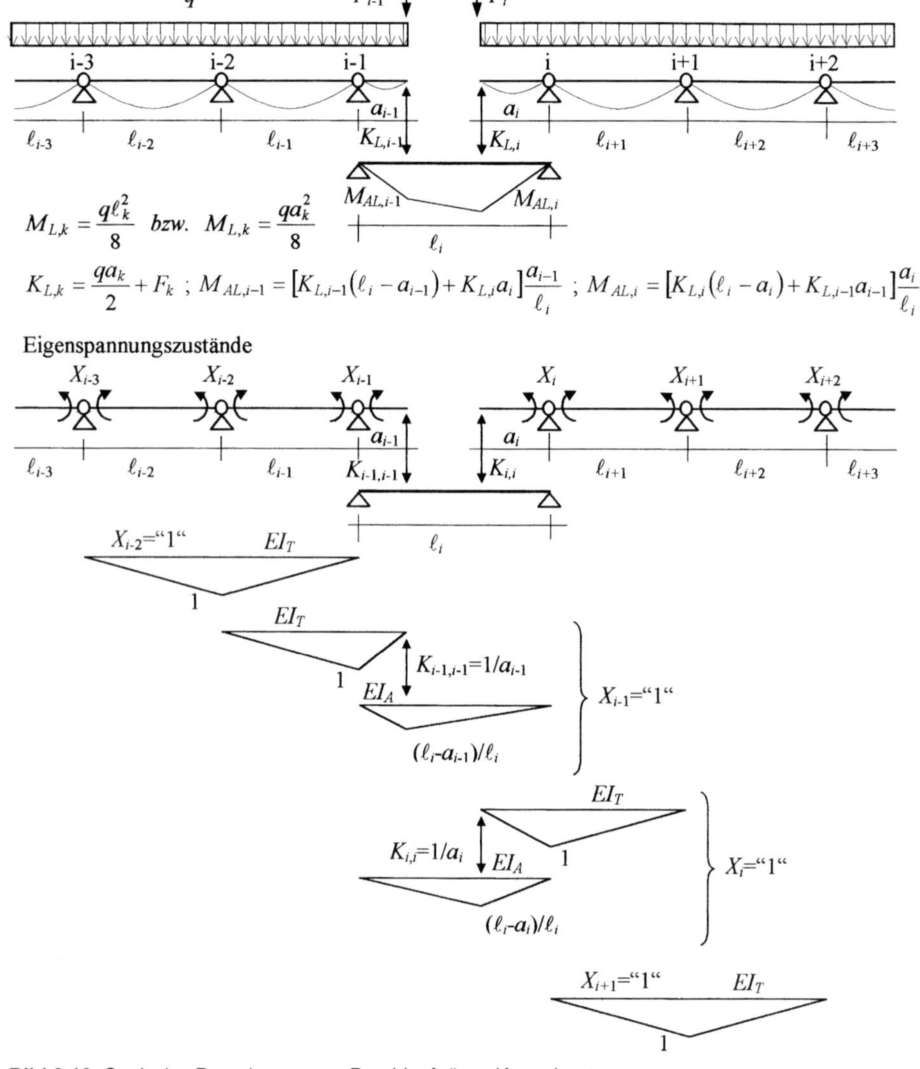

Bild 8-10 Statische Berechnung am Durchlaufträger-Koppelsystem

Das Trägheitsmoment I_A des Längswechsels muß nach den Richtlinien für das verwendete Profil bestimmt werden. Für häufig verwendete Profile aus abgekantetem Stahlblech ist die DASt-Richtlinie 016 [27] anzuwenden. Dabei ist zu beachten, ob der Druckgurt einen freien Rand hat oder nicht und ob dieser gerade ausläuft oder durch eine Abkantung ausgesteift ist. Wenn der Längswechsel in kurzen Abständen mit dem parallel liegenden Trapezprofil verbunden ist, kann es gerechtfertigt sein, das Trägheitsmoment einer Trapezprofilrippe zu addieren. Die Berücksichtigung der Nachgiebigkeit der Verbindungen steigert die Genauigkeit dieser Annahme wahrscheinlich nicht.

Für die statisch unbestimmte Berechnung des Durchlaufträger-Koppelsystems ist es möglich, für das Kraftgrößenverfahren wie üblich die Stützmomente als statisch überzählige Schnittgrößen einzuführen. Das zugehörige statisch bestimmte Hauptsystem ist im Bild 8-10 dargestellt. Im Feld i mit der Öffnung stützen sich die abgetrennten Kragarme der Trapezprofile an der einen Seite auf dem Auflager und an der anderen Seite auf dem Längswechsel ab. Sie werden dadurch in diesem System zu Einfeldträgern.

Mit diesen Annahmen lassen sich der Lastspannungszustand und die Eigenspannungszustände leicht berechnen (s. Bild 8-10). Die zugehörigen Verformungsgrößen δ_{ik} berechnet man wie üblich durch Überlagerung der Momentenflächen. Die Werte ergeben sich nach kurzen Zwischenrechnungen wie folgt:

Für die Stützen außerhalb des Öffnungsbereiches mit den Indizes $k \leq i-2$ und $k \geq i+1$ gilt:

$$\delta_{k,k-1} = \frac{1}{6\,EI_{\mathrm{T}}} \cdot \ell_k \qquad (8\text{-}151)$$

$$\delta_{k,k} = \frac{1}{3\,EI_{\mathrm{T}}} \cdot (\ell_k + \ell_{k+1}) \qquad (8\text{-}152)$$

$$\delta_{k,k+1} = \frac{1}{6\,EI_{\mathrm{T}}} \cdot \ell_{k+1} \qquad (8\text{-}153)$$

$$\delta_{\mathrm{L},k} = \frac{q}{24\,EI_{\mathrm{T}}} \cdot (\ell_k^3 + \ell_{k+1}^3) \qquad (8\text{-}154)$$

Für die Stützen links und rechts der Öffnung ergibt sich:

$$\delta_{i-1,i-1} = \frac{1}{3\,EI_{\mathrm{T}}} \cdot (\ell_{i-1} + a_{i-1}) + \frac{1}{3\,EI_{\mathrm{A}}} \cdot \frac{(\ell_i - a_{i-1})^2}{\ell_i} \qquad (8\text{-}155)$$

$$\delta_{i,i} = \frac{1}{3\,EI_{\mathrm{T}}} \cdot (a_i + \ell_{i+1}) + \frac{1}{3\,EI_{\mathrm{A}}} \cdot \frac{(\ell_i - a_i)^2}{\ell_i} \qquad (8\text{-}156)$$

$$\delta_{i-1,i} = \delta_{i,i-1} = \frac{1}{6\,EI_{\mathrm{A}}} \cdot \frac{\ell_i^2 - a_{i-1}^2 - a_i^2}{\ell_i} \qquad (8\text{-}157)$$

$$\begin{aligned}\delta_{\mathrm{L},i-1} = {} & \frac{q}{24\,EI_{\mathrm{T}}} \cdot (\ell_{i-1}^3 + a_{i-1}^3) + \frac{K_{\mathrm{L},i-1}}{3\,EI_{\mathrm{A}}} \cdot (\ell_i - a_{i-1})^2 \frac{a_{i-1}}{\ell_i} \\ & + \frac{K_{\mathrm{L},i}}{6\,EI_{\mathrm{A}}} \cdot (\ell_i^2 - a_{i-1}^2 - a_i^2) \frac{a_i}{\ell_i}\end{aligned} \qquad (8\text{-}158)$$

$$\delta_{L,i} = \frac{q}{24\,EI_T} \cdot (a_i^3 + \ell_{i+1}^3) + \frac{K_{L,i}}{3\,EI_A} \cdot (\ell_i - a_i)^2 \frac{a_i}{\ell_i} + \frac{K_{L,i-1}}{6\,EI_A} \cdot (\ell_i^2 - a_{i-1}^2 - a_i^2) \frac{a_{i-1}}{\ell_i} \qquad (8\text{-}159)$$

Man erkennt, daß sich das Gleichungssystem wie üblich nach *Clapeyron* aufbaut. Lediglich die δ-Werte mit den Indizes $i-1$ und i bekommen Zusatzterme aus dem Längswechsel und statt der Stützweiten müssen an den entsprechenden Stellen die Kragarmlängen der Trapezprofile eingesetzt werden.

Die Auflösung des Gleichungssystems weist also keine Besonderheiten auf. Die Bestimmung der endgültigen Schnittgrößen geschieht dann durch Addition des Lastspannungszustandes mit den X_k-fachen Eigenspannungszuständen.

Bei den Nachweisen der Trapezprofile ist zu beachten, daß sich die Schnittgrößen nicht auf 1 m, sondern auf die Breite $L_B / 2$ beziehen. Um die gewohnten Nachweise mit den Widerstandsgrößen aus den Typenblättern beizubehalten, sollte man die vorhandenen Schnittgrößen durch $L_B / 2$ teilen.

In der Praxis wird sich das oben dargestellte Durchlaufträger-Koppelsystem mit jedem guten Stabwerksprogramm generieren lassen. Man muß dann nur für die einzelnen Bauelemente nach obigem Muster die richtigen Steifigkeiten und Belastungen eingeben. Bei der Interpretation der Ergebnisse muß die Breite des Trapezprofilstreifens beachtet werden.

8.7.4 Öffnungen in Schubfeldern

Im Normalfall reicht es bei größeren Dachflächen von Industriehallen aus, einzelne Bereiche als Schubfelder auszubilden und rechnerisch für die Aussteifung des Gebäudes zu berücksichtigen, wenn keine Verbände im Dach vorhanden sind. Die übrigen Felder sind durch weniger Verbindungen mit der Unterkonstruktion und der Profiltafeln untereinander schubweicher und erhalten dadurch geringere Schubkräfte. Dachöffnungen zur Belichtung, Belüftung und zum Rauchabzug im Brandfall sind in Feldern mit rechnerischer Schubfeldwirkung grundsätzlich zu vermeiden.

In Ausnahmefällen müssen die Schubkräfte durch konstruktive Maßnahmen umgeleitet werden. Dazu kann man theoretisch verschiedene statische Modelle entwickeln, von denen hier zwei dargestellt werden sollen.

Bild 8-11 zeigt gelenkig verbundene Auswechselungen mit den auftretenden Schnittgrößen aus dem unterbrochenen Schubfluß eines Schubfeldes. Angenommen wurde unveränderter Schubfluß, der aus Symmetriegründen eindeutig in die Wechsel geleitet wird. Die Normalkräfte des Längswechsels wirken als Kräftepaar auf die Randträger des Schubfeldes. Die dadurch hervorgerufene Biegung im Randträger muß bei der Bemessung berücksichtigt werden. Sie ist im Bild 8-11 nicht dargestellt.

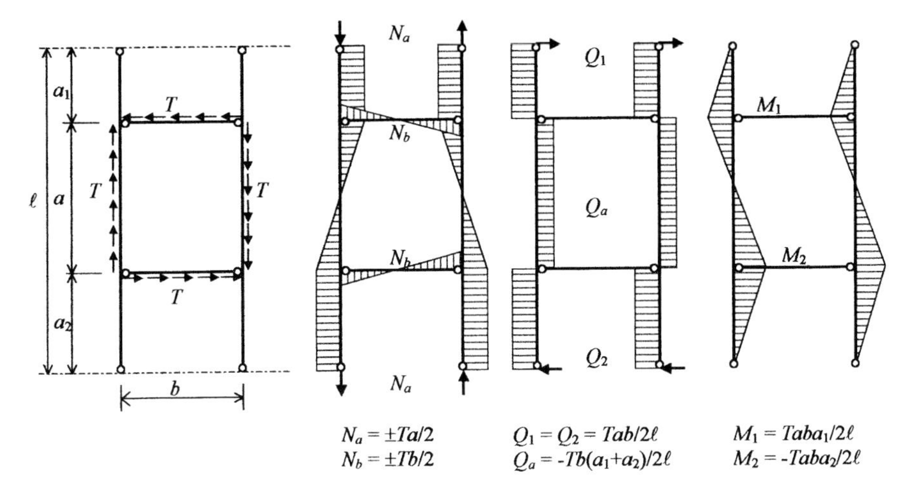

Bild 8-11 Auswechselungen mit gelenkigen Anschlüssen

Eine korrektere statische Behandlung des Systems Schubfeld mit Auswechselungen ergibt sich durch die Aufteilung der gesamten Fläche in mehrere gekoppelte Schubfelder entlang der Längs- und Querwechsel. Es entsteht dann ein mehrfach statisch unbestimmtes System, in dessen Berechnung die unterschiedlichen Schubsteifigkeiten und die Biegesteifigkeit der Längswechsel eingehen.

Die Schubsteifigkeit eines Trapezprofils ist nach den Typenblättern von der Schubfeldlänge bei vorgegebener Befestigung auf der Unterkonstruktion abhängig. Im vorliegenden Fall ist das Ende des Trapezprofils an der Lichtkuppel mit einem Formteil eingefaßt. Die Verschiebung der Ober- und Untergurte gegeneinander ist dadurch behindert, was die Schubsteifigkeit stark erhöht. Diese Werte sind in der Praxis nicht bekannt. Außerdem ist die Kopplung der Schubfelder quer zu den Profilrippen praktisch nicht vorhanden.

Aus vorgenannten Gründen wird eine aufwendige statisch unbestimmte Berechnung kaum genauer sein als die oben angenommene Schnittgrößenverteilung. Im Sinne einer Traglastberechnung ist die darauf beruhende Bemessung ausreichend. Bei der Bemessung der Wechsel und der Verbindungen muß berücksichtigt werden, daß der Schubfluß für die Bemessung der Trapezprofile aus den einfachen Einwirkungen bestimmt wird.

Die zweite theoretische Möglichkeit für ein statisches System ist ein biegesteifer Rahmen um die Öffnung. Im Bild 8-12 sind die einwirkenden Schubflüsse und die aus Symmetriegründen folgenden Schnittgrößen im Rahmen dargestellt. Auch hier ist die Verträglichkeit der Verformungen nicht sichergestellt. Da die berechenbare Gesamtverformung des Schubfeldes nur für den Viergelenkrahmen gilt, nicht aber für die Gleitung im Innern des Schubfeldes, ist auch hier eine statisch unbestimmte Berechnung mit Unwägbarkeiten behaftet. Es gelten die oben angestellten Betrachtungen entsprechend.

Eine weitere Frage ist, ob die theoretischen Modelle konstruktiv realisierbar sind. Dieses muß im Anwendungsfall beurteilt werden, insbesondere bei den Anschlüssen am Haupttragwerk.

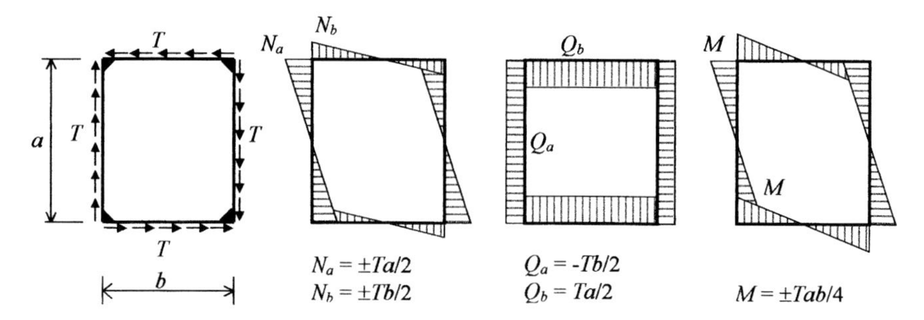

Bild 8-12 Biegesteifer Rahmen

8.7.5 Agraffenlagerung von Kühlhausfassaden

Um die Spannungen aus Temperaturdifferenzen in den Deckschichten der dicken Wandelemente in vertretbaren Grenzen zu halten, sind bei einschaligen Kühlhausfassaden Sonderkonstruktionen erforderlich. Dieses gilt besonders für Tiefkühlhäuser mit Innentemperaturen von –20 °C und tiefer. Eine mögliche Lösung ist die sogenannte Agraffenlagerung, bei der sich die Wand an den Zwischenstützen für ein begrenztes Maß kraftfrei nach außen bewegen kann (siehe Konstruktionsatlas [138]).

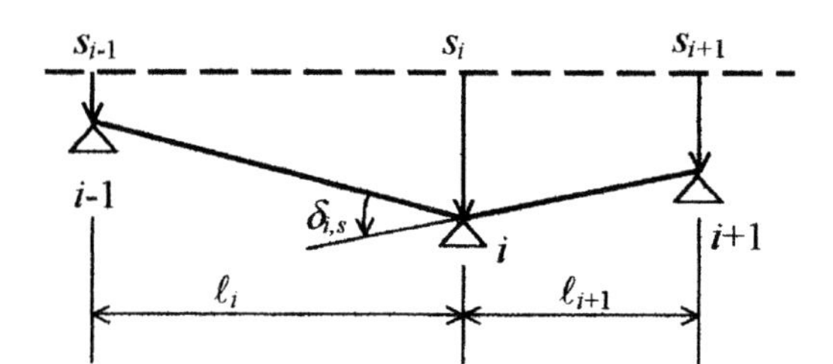

Bild 8-13 Stützensenkungen am Durchlaufträger

Für die statische Berechnung derart gelagerter Wände kann auf dem statisch unbestimmten Berechnungsverfahren des Abschnittes 7.3.2 aufgebaut werden. Die allgemeine 3-Momenten-Gleichung (7-97) muß dazu um die gegenseitigen Verdrehungen aus den Stützensenkungen erweitert werden. Die Zusammenhänge sind in Bild 8-13 dargestellt.

$$\begin{aligned}\delta_{i,s} &= -(s_i - s_{i-1}) \cdot \frac{1}{\ell_i} - (s_i - s_{i+1}) \cdot \frac{1}{\ell_{i+1}} \\ &= s_{i-1} \cdot \frac{1}{\ell_i} - s_i \cdot \left(\frac{1}{\ell_i} + \frac{1}{\ell_{i+1}}\right) + s_{i+1} \cdot \frac{1}{\ell_{i+1}}\end{aligned} \tag{8-160}$$

Für die Verschiebungen an den Stützen muß folgendes gefordert werden

$$s_i \leq 0 \tag{8-161}$$

und für die Endauflager

$$s_0 = s_n = 0 \tag{8-162}$$

In Matrizenschreibweise läßt sich das Gleichungssystem für die Stützmomente damit wie folgt schreiben.

$$\boldsymbol{\delta}_{i,k} \cdot \boldsymbol{X}_k + \boldsymbol{\delta}^s_{i,k} \cdot s_k + \boldsymbol{\delta}^q_i + \boldsymbol{\delta}^T_i = \boldsymbol{0} \tag{8-163}$$

$$\delta^s_{i,i-1} = \frac{1}{\ell_i} \qquad \delta^s_{i,i} = -\left(\frac{1}{\ell_i} + \frac{1}{\ell_{i+1}}\right) \qquad \delta^s_{i,i+1} = \frac{1}{\ell_{i+1}} \tag{8-164}$$

Alle anderen δ^s-Werte sind Null.

Für das weitere Vorgehen gibt es zwei Möglichkeiten. Bei der ersten gibt man die Verschiebungen s vor und berechnet damit aus (8-163) die Stützmomente. Die Arbeitsanteile aus den Stützensenkungen gehören dabei zum Lastvektor.

Die zweite Möglichkeit besteht darin, die Verschiebungen so zu bestimmen, daß die charakteristischen Stützmomente nicht überschritten werden. Dazu setzt man zunächst alle Stützensenkungen gleich Null und berechnet für diesen Zustand nach der 3-Momenten-Gleichung (7-97) die Stützmomente.

$$s_k = 0 \;\Rightarrow\; M_{B,k} = X_k \tag{8-165}$$

Im zweiten Schritt setzt man die zu großen Stützmomente auf die charakteristischen char. M_B zurück. Der Index k für charakteristisch kann hier nicht verwendet werden, weil er als Zählvariable dient.

$$M_{B,k} = \text{Min}\,(X_k;\ \text{char.}\ M_B)$$

Beim Minimum muß auf die Vorzeichen der Stützmomente geachtet werden. Gemeint ist hier das Minimum der Beträge. In der Regel sind die Stützmomente für den kritischen Lastfall Windsog und Temperaturdifferenz im Sommer positiv.

Im dritten Schritt löst man die Gleichung (8-163) nach den Verschiebungen s auf.

$$\text{erf}\ s_k = -(\delta^s_{i,k})^{-1} \cdot (\delta_{i,k} \cdot M_{B,k} + \delta^q_i + \delta^T_i) \tag{8-166}$$

Ob dieses Verfahren bei beliebigen statisch unbestimmten Systemen brauchbare Ergebnisse liefert, muß etwas bezweifelt werden. Im Ernstfall muß man die Verschiebungen von Hand nachbessern und das Gleichungssystem (8-163) erneut lösen. Für Zwei- und Dreifeldträger mit gleichen Stützweiten ergeben sich bestimmt realistische Werte. Ob diese auch konstruktiv vernünftig sind, muß gesondert beurteilt werden.

Als Beispiel soll hier die Wand eines Tiefkühlhauses untersucht werden. Die Sandwichwand ist 200 mm dick und als Zweifeldträger mit je 5,00 m Stützweite verlegt.

- Bauteil: Sandwichelemente mit leicht profilierten Deckschichten.

Wanddicke:	$d = 200$ mm	
Blechdicke:	$t_N = 0{,}63$ mm	$t_K = 0{,}59$ mm
Knitterspannung:	$\sigma_k = 100$ N/mm^2	
Schubmodul:	$G_S = 4{,}00$ N/mm^2	

Trägheitsmoment:	$I_S = 0{,}059 \cdot 100 \cdot 20^2 / 2 = 1180$ cm^4/m
Biegesteifigkeit:	$B_S = 2{,}1 \cdot 10^{+5} \cdot 10^6 / 10^3 \cdot 1180 \cdot 10^{-8} = 2478$ kNm^2/m
Schubsteifigkeit:	$S_K = 4{,}00 \cdot 10^{-3} \cdot 200 \cdot 1000 = 800$ kN/m

- Statisches System: Zweifeldträger $\ell = 5{,}00$ m
- Einwirkungen: Windsog $w_s = -0{,}25$ kN/m^2
(der höhere Wert über 8 m wird vernachlässigt)

Temperaturdifferenz: $\Delta T = -100$ °C

- Vorwert: $$\beta = \frac{B_S}{S_K \cdot \ell^2} = \frac{2478}{800 \cdot 5{,}00^2} = 0{,}124$$

Nach (7-98) ergeben sich die $6 \cdot B_S / \ell$ fachen δ-Werte zu

$$\delta_{1,1} = 4 \cdot (1 + 3 \cdot 0{,}124) = 5{,}488$$

$$\delta_1^q = -0{,}25 \cdot 5{,}00^2 / 2 = -3{,}125$$

$$\delta_1^T = -100 \cdot 1{,}2 \cdot 10^{-5} \cdot 3 \cdot 2478 \cdot 2 / 0{,}200 = -89{,}2$$

und nach (8-164) der wie oben multiplizierte Wert für die Verschiebung

$$\delta_{1,1}^s = -2 / 5{,}00 \cdot 6 \cdot 2478 / 5{,}00 = -1189$$

Ohne Verschiebung ist das Stützmoment

$$M_B = -(-3{,}125 - 89{,}2) / 5{,}488 = 16{,}82 \text{ kNm/m}$$

Das charakteristische Moment für die Bemessung ist

$$\text{char. } M_B = \sigma_k \cdot t_K \cdot b \cdot d = 100 \cdot 0{,}59 \cdot 1000 \cdot 0{,}200 \cdot 10^{-3} = 11{,}8 \text{ kNm/m}$$

Der Bemessungswert des vorhandenen Momentes ist mit

$$M_{B,d} = 1{,}1 \cdot 16{,}82 = 18{,}5 \text{ kNm/m} > 11{,}8 \text{ kNm/m}$$

größer als der charakteristische aus der Knitterspannung.

Die erforderliche Verschiebung ist also nach (8-166) mit den 1,1-fachen Einwirkungen

$$\begin{aligned}\text{erf } s &= -\frac{\delta_{1,1}\cdot \text{char. } M_{\text{B}} + 1{,}1\cdot(\delta_1^{\text{q}} + \delta_1^{\text{T}})}{\delta_{1,1}^{\text{s}}}\\ &= -\frac{5{,}488\cdot 11{,}8 - 1{,}1\cdot(3{,}125 + 89{,}2)}{-1189} = -0{,}0309 \text{ m}\\ \text{erf } s &\approx 31 \text{ mm}\end{aligned}$$

Wenn diese Verschiebung an der Zwischenstütze konstruktiv durch die Agraffenlagerung vorgesehen wird, ist ein großer Teil der Verformung durch die Temperaturdifferenz kraftfrei kompensiert. Die Verformung am langen Einfeldträger wäre

$$s = \frac{\alpha_{\text{T}}\cdot \Delta T\cdot \ell^2}{d\cdot 8} = \frac{1{,}2\cdot 10^{-5}\cdot 100\cdot 10{,}00^2}{0{,}200\cdot 8} = 0{,}075 \text{ m} = 75 \text{ mm}$$

Der Lastfall Windsog im Winter ergibt eine Verformung nach außen, wenn die Temperaturen ausgeglichen sind. Dieses kann auftreten, wenn die Außentemperatur –20 °C beträgt oder das Kühlhaus außer Betrieb ist.

$$\begin{aligned}s_{\text{w}} &= \frac{5}{384}\cdot\frac{0{,}25\cdot 10{,}00^4}{2478} + \frac{1}{8}\cdot\frac{0{,}25\cdot 10{,}00^2}{800}\\ &= 0{,}0131 + 0{,}0039 = 0{,}017 \text{ m} = 17 \text{ mm}\end{aligned}$$

Dieses bedeutet, daß die Wand als Einfeldträger wirkt. Das maximale Feldmoment durch Windsog ist

$$M_{\text{F}} = 1{,}1\cdot\frac{0{,}25\cdot 10{,}00^2}{8} = 3{,}44 \text{ kNm/m} < 11{,}8$$

Für den Lastfall Winddruck mit $w_{\text{d}} = 0{,}50$ kN/m^2 und einer Temperaturdifferenz, die einen kraftfreien Zustand am Zwischenauflager erzeugt, ist das Feldmoment $M_{\text{F}} = 6{,}88$ kNm/m, also auch kleiner als das charakteristische Moment der Sandwichelemente.

Damit ist die Bemessung für die Schnittgrößen in Ordnung. Die freie Beweglichkeit der Wand von 31 mm ist auf die große Länge von 10 m bezogen 1/322, also auch im Rahmen der üblichen Werte.

9 Beispielberechnungen und Bemessungshilfen

9.1 Beispielberechnungen

9.1.1 Trapezprofildach

9.1.1.1 Nachweise für vertikale Lasten

Für die folgenden Bemessungsbeispiele sind die charakteristischen Werte der Widerstandsgrößen des Trapezprofils T 135 den Typenblättern der Bilder 5-1 und 5-2 entnommen. Die Stützweiten und Belastungen sind so gewählt, daß der Tragsicherheitsnachweis für den Dreifeldträger nach dem Verfahren Elastisch–Elastisch gelingt und für den Zweifeldträger das Verfahren Plastisch–Plastisch erforderlich ist.

Gewähltes Profil: T 135

Nennblechdicke: $t_N = 0{,}75$ mm
Zwischenauflagerbreite: $b_B \geq 160$ mm
Formparameter der Interaktion: $\varepsilon = 2$
Effektives Trägheitsmoment: $I_{ef} = 304$ cm^4/m
Grenzstützweite für Mehrfeldträger: $\ell_{gr} = 7{,}43$ m

Zusammenstellung weiterer Profildaten siehe Tabelle 9-1.

Statische Systeme

Dreifeldträger: $\ell_1 = \ell_2 = \ell_3 = 6{,}50$ m
Zweifeldträger: $\ell_1 = \ell_2 = 6{,}50$ m

Belastungen

Eigenlast: $g = 0{,}35$ kN/m^2
Schneelast: $s = 0{,}85$ kN/m^2

Tabelle 9-1 Zusammenstellung der Profildaten mit den alten und neuen Bezeichnungen

alte Bezeichnung	M_{dF}	$R_{A,T}$	$R_{A,G}$	M_d^o	C	–	max M_B	max R_B	min ℓ	max ℓ	max M_R
neue Bezeichnung	$M_{F,k}$	$R_{A,T,k}$	$R_{A,G,k}$	$M_{B,k}^o$	C_k	$R_{B,k}^o$ [1]	max $M_{B,k}$	max $R_{B,k}$	min ℓ	max ℓ	max $M_{R,k}$
Einheiten	kNm/m	kN/m	kN/m	kNm/m	$\sqrt{kN}$/m	kN/m	kNm/m	kN/m	m	m	kNm/m
charakt. Werte	9,71	8,93	8,93	10,60	9,61	31,3	9,21	24,20	4,37	5,29	3,25
Faktor (γ_M)	1/1,1	1/1,1	1/1,1	1/1,1	$1/\sqrt{1{,}1}$	1/1,1	1/1,1	1/1,1	–	–	1/1,1
Bemessungswerte	**8,83**	**8,12**	**8,12**	**9,64**	**9,16**	**28,5**	**8,37**	**22,0**	**4,37**	**5,29**	**2,95**
Bezeichnung	$M_{F,d}$	$R_{A,T,d}$	$R_{A,G,d}$	$M_{B,d}^o$	C_d	$R_{B,d}^o$	max $M_{B,d}$	max $R_{B,d}$	min ℓ	max ℓ	max $M_{R,d}$

[1] $R_{B,k}^o = C_k \cdot \sqrt{M_{B,k}^o}$

Bemessungswerte

Für die Tragsicherheit: $q_{T,d} = 1{,}35 \cdot 0{,}35 + 1{,}50 \cdot 0{,}85 = 1{,}75$ kN/m²
Für die Gebrauchstauglichkeit: $q_{G,d} = 1{,}00 \cdot 0{,}35 + 1{,}15 \cdot 0{,}85 = 1{,}33$ kN/m²
Für die Durchbiegungsbeschr.: $q_D = 0{,}35 + 0{,}85 = 1{,}20$ kN/m²

Schnittgrößen siehe Tabelle 9-2.

Tabelle 9-2 Zusammenstellung der Schnittgrößen nach der Elastizitätstheorie

Statische Systeme	**Dreifeldträger**			**Zweifeldträger**		
Belastung [kN/m²]	$\alpha_{S,3}$	$q_{T,d} = 1{,}75$	$q_{G,d} = 1{,}33$	$\alpha_{S,2}$	$q_{T,d} = 1{,}75$	$q_{G,d} = 1{,}33$
$M_{F,S,d} = \alpha_{F,i} \cdot q \cdot \ell^2$	0,080	5,92	4,50	0,0703	5,20	3,95
$R_{A,S,d} = \alpha_{A,i} \cdot q \cdot \ell$	0,400	4,55	3,46	0,375	4,27	3,24
$R_{B,S,d} = \alpha_{B,i} \cdot q \cdot \ell$	1,100	12,5	9,51	1,250	14,2	10,8
$M_{B,S,d} = \alpha_{M,i} \cdot q \cdot \ell^2$	0,100	7,39	5,62	0,125	9,24	7,02

Nachweise mit Bemessungswerten

- **Dreifeldträger: Tragsicherheit**

nach Bedingung

$M_{F,S,d} / M_{F,d} = 5{,}92 / 8{,}83 < 1$ (8-10)

$R_{A,S,d} / R_{A,T,d} = 4{,}55 / 8{,}12 < 1$ (8-11)

$R_{B,S,d} / \max R_{B,d} = 12{,}5 / 22{,}0 < 1$ (8-13)

$M_{B,S,d} / \max M_{B,d} = 7{,}39 / 8{,}37 < 1$ (8-12)

$M_{B,d} = 9{,}64 - (12{,}5 / 9{,}16)^2 = 7{,}78$ (8-24)

$M_{B,S,d} / M_{B,d} = 7{,}39 / 7{,}78 = 0{,}95 < 1$ (8-15)

oder

$M_{B,S,d} / M^o_{B,d} + (R_{B,S,d} / R^o_{B,d})^2 = 7{,}39 / 9{,}64 + (12{,}5 / 28{,}5)^2 = 0{,}96 < 1$ (8-14)

- **Dreifeldträger: Gebrauchstauglichkeit**

Da die Tragsicherheitsnachweise Elastisch–Elastisch erfüllt sind, ist hier nur noch der Durchbiegungsnachweis erforderlich.

$$\max f \approx \frac{1}{145} \cdot \frac{1{,}20 \cdot 6{,}50^4}{2{,}1 \cdot 10^5 \cdot 304} \cdot 10^8 = 23{,}1 \text{ mm}$$

Der Wert $\ell / 300 = 6500 / 300 = 21{,}7$ mm ist etwas überschritten.

- **Zweifeldträger: Tragsicherheit Elastisch–Elastisch**

$M_{F,S,d} / M_{F,d} = 5{,}20 / 8{,}83 < 1$

$R_{A,S,d} / R_{A,T,d} = 4{,}27 / 8{,}12 < 1$

$R_{B,S,d} / \max R_{B,d} = 14{,}2 / 22{,}0 < 1$

$M_{B,S,d} / \max M_{B,d} = 9{,}24 / 8{,}37 > 1!!$

$M_{B,d} = 9{,}64 - (14{,}2 / 9{,}16)^2 = 7{,}24$

$M_{B,S,d} / M_{B,d} = 9{,}24 / 7{,}24 = 1{,}28 > 1!!$

oder

$M_{B,S,d} / M^o_{B,d} + (R_{B,S,d} / R^o_{B,d})^2 = 9{,}24 / 9{,}64 + (14{,}2 / 28{,}5)^2 = 1{,}21 > 1!!$

Nachweisverfahren Plastisch–Plastisch

Reststützmoment

$\ell = 6{,}50 \text{ m} > 5{,}29 \text{ m} = \max \ell$ nach Beziehung

$M_{R,d} = 2{,}95 \text{ kNm/m} = \max M_{R,d}$ (8-16)

Neue Schnittgrößen

$R_{A,S,d} = 1{,}75 \cdot 6{,}50 / 2 - 2{,}95 / 6{,}50 = 5{,}23 \text{ kN/m}$ (8-17)

$M_{F,S,d} = 5{,}23^2 / 2 / 1{,}75 = 7{,}82 \text{ kNm/m}$ (8-18)

Nachweise

$R_{A,S,d} / R_{A,T,d} = 5{,}23 / 8{,}12 < 1$ (8-22)

$M_{F,S,d} / M_{F,d} = 7{,}82 / 8{,}83 < 1$ (8-23)

- **Zweifeldträger: Gebrauchstauglichkeit**

$R_{A,S,d} / R_{A,G,d} = 3{,}24 / 8{,}12 < 1$

$R_{B,S,d} / \max R_{B,d} = 10{,}8 / 22{,}0 < 1$

$M_{B,S,d} / \max M_{B,d} = 7{,}02 / 8{,}37 < 1$

$M_{B,d} = 9{,}64 - (10{,}8 / 9{,}16)^2 = 8{,}25$

$M_{B,S,d} / M_{B,d} = 7{,}02 / 8{,}25 = 0{,}85 < 1$

oder

$M_{B,S,d} / M^o_{B,d} + (R_{B,S,d} / R^o_{B,d})^2 = 7{,}02 / 9{,}64 + (10{,}8 / 28{,}5)^2 = 0{,}87 < 1$

$$\max f \approx \frac{1}{185} \cdot \frac{1{,}20 \cdot 6{,}50^4}{2{,}1 \cdot 10^5 \cdot 304} \cdot 10^8 = 18{,}1 < \frac{6500}{300} = 21{,}7 \text{ mm}$$

Als Alternative:

Nachweise mit den $\gamma_F \cdot \gamma_M$-fachen Einwirkungen

Die Nachweise sind mit den $\gamma_F \cdot \gamma_M$-fachen Belastungen und den **charakteristischen Werten** aus den Typenblättern zu führen.

Belastungen

Für die Tragsicherheit: $q_T = 1{,}1 \cdot 1{,}75 = 1{,}93\ \text{kN/m}^2$
Für die Gebrauchstauglichkeit: $q_G = 1{,}1 \cdot 1{,}33 = 1{,}46\ \text{kN/m}^2$
Für die Durchbiegungsbeschränkung: $q_D = 0{,}35 + 0{,}85 = 1{,}20\ \text{kN/m}^2$

Die Nachweisart kann wie vorstehend gewählt werden, oder man fügt die charakteristischen Widerstandsgrößen mit dem <-Zeichen direkt an die Ermittlung der vorhandenen Beanspruchungen an.

9.1.1.2 Nachweise für ein Schubfeld

Die Zwei- und Dreifeldträger der Beispielberechnung nach Abschnitt 9.1.1.1 bilden ein Hallendach mit den Abmessungen nach Bild 9-1. Die beiden äußeren Zweifeldträger sind als Schubfelder ausgebildet. Jedes Schubfeld hat die Windlast einer Giebelwand und ggf. die Abtriebskräfte zur Aussteifung der Binder aus der halben Dachfläche aufzunehmen. Beide Lasten müssen vom Statiker, der die Hallenkonstruktion berechnet hat, angegeben werden. Sie sind hier zur Vereinfachung als eine Last $q_{H,d}$ zusammengefaßt. Dieses ist für die Bemessung der Trapezprofile und deren Verbindungen zulässig, aber nicht für die weitere Verfolgung der Kräfte in der Hallenkonstruktion.

Belastungen

Bemessungslast: $q_{H,d} = 2{,}60\ \text{kN/m}$
Einfache Last: $q_{H,k} \approx 2{,}60 / 1{,}45 \approx 1{,}80\ \text{kN/m}$

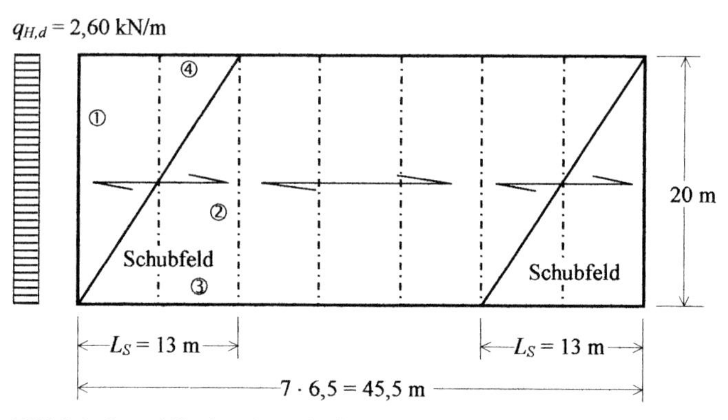

Bild 9-1 Grundriß einer Lagerhalle

Die Rückrechnung auf die einfache Last ist erforderlich, weil in den Nachweisen die Schubflüsse aus diesen Lasten den zulässigen Schubflüssen der Trapezprofile gegenübergestellt werden müssen (s. Abschnitte 6.9.1 und 7.1.7.1 sowie [97], Seite 21 und 22).

Statisches System und Schnittgrößen

Jedes der beiden Schubfelder wirkt wie ein Biegeträger mit horizontaler Belastung. Die maßgebenden Schnittgrößen sind:

$$\max Q_d = 2{,}60 \cdot 20{,}0 / 2 = 26{,}0 \text{ kN}$$

$$\max Q_k = 1{,}80 \cdot 20{,}0 / 2 = 18{,}0 \text{ kN}$$

$$\max M_d = 2{,}60 \cdot 20{,}0^2 / 8 = 130 \text{ kNm}$$

Das Bemessungsmoment wird von den beiden Binderobergurten ① und ②, die als Randträger des Schubfeldes wirken, durch Normalkräfte aufgenommen.

$$\max N_{G,d} = \pm\, 130 / 13{,}0 = \pm\, 10{,}0 \text{ kN}$$

Die Querkraft wirkt als Schubfluß im Trapezprofil.

$$\max T_d = 26{,}0 / 13{,}0 = 2{,}00 \text{ kN/m}$$

$$\max T_k = 18{,}0 / 13{,}0 = 1{,}39 \text{ kN/m}$$

In die Längsrandträger ③ und ④ wird dieser Schubfluß durch die Verbindungen fast kontinuierlich eingeleitet. Je nachdem, wo der Kraftanteil aus Wind in die Längswände (Verbandsfelder) eingeleitet wird, ergeben sich unterschiedliche Normalkräfte in den Längsrandträgern. Der Kraftanteil aus den Abtriebskräften der Binderobergurte wird jeweils am Knoten von Binder und Längsrandträger in den Binder zurückgeführt. Im vorliegenden Fall liegt man auf der sicheren Seite, wenn man im Längsrandträger als maximale Normalkraft

$$\max N_{L,d} = 26{,}0 \text{ kN}$$

ansetzt.

Nachweise für das Trapezprofil T 135, $t_N = 0{,}75$ mm

Die Schubfeldwerte werden dem Typenblatt nach Bild 5-1 für den Fall der üblichen Ausführung (DIN 18 807 Teil 3, Bild 6) entnommen.

Schubfeldlänge: $L_S = 2 \cdot 6{,}50 = 13{,}0 \text{ m} > 5{,}00 \text{ m} = \min L_S$

Es ist also keine Umrechnung der Schubfeldwerte für kurze Schubfelder nach den Formeln (5-84) bis (5-90) erforderlich.

Querkraft aus Schubfeld:

$$F_{QS,d} = 2{,}00 \cdot 0{,}308 = 0{,}62 \text{ kN}$$

Querkraft aus Lasteinleitung:

$$F_{QL,d} = 2{,}60 \cdot 0{,}308 = 0{,}80 \text{ kN}$$

Resultierende Querkraft:

$$F_{Q,d} = \sqrt{0{,}62^2 + 0{,}80^2} = 1{,}02 \text{ kN}$$

Nachweis:

$$1{,}04 / 2{,}71 + 1{,}02 / 2{,}78 = 0{,}751 < 1$$

9.1.2 Kassettenwand

Annahmen zum Gebäude

Seitlich offene Halle:

Länge $b = 78$ m
Breite $a = 30$ m
Höhe $h = 20$ m

Systemabstand der Stützen in den Wänden: $\ell = 6{,}00$ m

Parameter für die Einwirkungen aus Wind:

$h / a = 20 / 30 > 0{,}5$

Randbereich: $b_R = 2{,}00$ m, weil $a / 8 = 30 / 8 > 2{,}00$ m

Einwirkungen aus Wind siehe Tabelle 9-3.

Tabelle 9-3 Einwirkungen aus Wind: Bemessungswerte w_d

Belastungs-richtung	**Bauteil**	**Druckbeiwerte** c_p		**Summe** $\Sigma \lvert c_p \rvert$	**Belastung** $w_d = 1{,}5 \cdot \Sigma\lvert c_p\rvert \cdot q$ [kN/m²]	
		außen	innen		$q = 0{,}50$ kN/m²	$q = 0{,}80$ kN/m²
andrückend	Kassetten	0,8	–0,5	1,3	0,975	1,56
abhebend	Kassetten	–0,7	0,8	1,5	1,125	1,80
	2,0 m Rand	–2,0	0,8	2,8	2,10	3,36
	Trapezprofile	–0,7		0,7	0,525	0,84
	2,0 m Rand	–2,0		2,0	1,50	2,40

Annahmen zu den statischen Systemen und den Bauteilen

Tragschale

Gewählt: Stahlkassettenprofile K 140 (s. Bild 5-27)
Kassettenhöhe: 140 mm; Systembreite: 600 mm
Blechdicken; t_N = 0,88 mm bis 8 m Höhe; t_N = 1,00 mm über 8 m Höhe

Statisches System: Einfeldträger ℓ = 6,00 m

Außenschale

Gewählt: Stahltrapezprofil E 35
t_N = 0,75 mm; Rippenbreite b_R = 207 mm

Statische Systeme:

Für die andrückende Belastung werden die Trapezprofile alle 600 mm gestützt (Abstand der Kassettenstege). Auf Nachweise kann man deshalb verzichten.

Die Trapezprofile werden entlang der Kassettenstege in jeder 3. Rippe, also im Abstand von $a_1 = 3 \cdot 207 = 621$ mm mit den Kassettenprofilen verbunden. Nach Bild 8-5 entsteht dann eine Stützweite für das Trapezprofil von $L_T = 3 \cdot 600 = 1800$ mm als Mehrfeldträger.

Die vorhandenen Schnittgrößen und Auflagerkräfte sind in Tabelle 9-4 und die Widerstandsgrößen in Tabelle 9-5 zusammengefaßt.

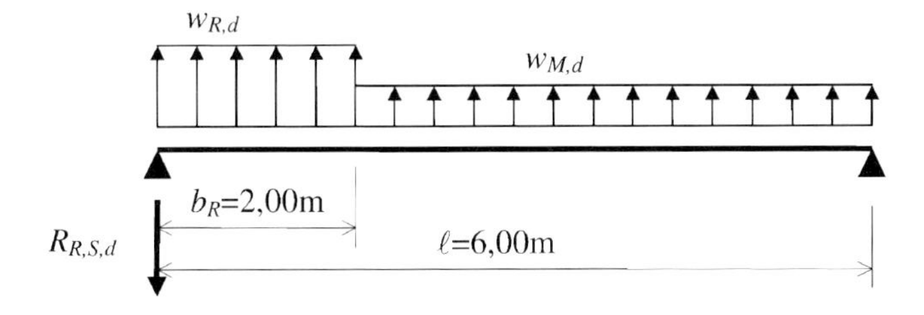

$$R_{R,S,d} = w_{M,d} \cdot 6{,}00/2 + (w_{R,d} - w_{M,d}) \cdot 2{,}00 \cdot 5{,}00/6{,}00$$

Bild 9-2 Windsog-Belastung der Kassettenprofile im Randbereich der Wand

Tabelle 9-4 Schnittgrößen und Auflagerkräfte der Kassetten- und Trapezprofile

Bauteil	Lastrichtung	andrückend		abhebend	
	Höhe über Gelände	0...8 m	> 8...20 m	0...8 m	> 8...20 m
Kassetten	$M_{F,S,d} = w_d \cdot \ell^2/8$	4,39	7,02	5,06	8,10
	$R_{A,S,d} = w_d \cdot \ell/2$	2,93	4,68	3,38	5,40
am Rand	$R_{R,S,d}$ (s. Bild 9-2)			5,01	8,01
Trapezprofile	$M_{B,S,d} \approx w_d \cdot L_T^2/10$			0,17	0,27
	$R_{B,S,d} \approx 1{,}10 \cdot w_d \cdot L_T$			1,04	1,66

Tabelle 9-5 Widerstandsgrößen

Bauteil	**Kassettenprofile K 140** t_N = 0,88 mm				**Kassettenprofile K 140** t_N = 1,00 mm				**Trapezprofile E 35**	
Lastrichtung	andrückend		abhebend		andrückend		abhebend		abhebend[1]	
Bezeichnung	$M_{F,k}$	$R_{A,k}$	$M_{F,k}$	$R_{A,k}$	$M_{F,k}$	$R_{A,k}$	$M_{F,k}$	$R_{A,k}$	max $M_{B,k}$	max $R_{B,k}$
Einheiten	kNm/m	kN/m	kNm/m	kN/m	kNm/m	kN/m	kNm/m	kN/m	kNm/m	kN/m
char. Werte	6,58	5,89	7,64	10,20	8,58	7,96	9,27	13,00	1,62	10,00
Faktor 1 / γ_M	1 / 1,1	1 / 1,1	1 / 1,1	1 / 1,1	1 / 1,1	1 / 1,1	1 / 1,1	1 / 1,1	1 / 1,1	1 / 1,1
Bemessungsw.	**5,98**	**5,35**	**6,95**	**9,27**	**7,80**	**7,24**	**8,43**	**11,82**	**1,47**	**9,09**
Bezeichnung	$M_{F,d}$	$R_{A,d}$	$M_{F,d}$	$R_{A,d}$	$M_{F,d}$	$R_{A,d}$	$M_{F,d}$	$R_{A,d}$	max $M_{B,d}$	max $R_{B,d}$

[1] Für die Trapezprofile gelten die Werte für die Befestigung in jedem anliegenden Gurt. Die Verbindungen nach Bild 8-5 liegen nur nicht direkt nebeneinander.

Nachweise mit Bemessungswerten

Kassettenprofile K 140, t_N = 0,88 mm; andrückende Belastung, Höhe bis 8 m

Abgemindertes Feldmoment der Kassettenprofile wegen $a_1 > 414$ mm (s. Bild 5-27, Fußnote 9)

$M_{F,d,a} = 0{,}91 \cdot 5{,}98 = 5{,}44$ kNm/m — nach Beziehungen

$M_{F,S,d} / M_{F,d,a} = 4{,}39 / 5{,}44 < 1$ — (8-79)

$R_{A,S,d} / R_{A,d} = 2{,}93 / 5{,}35 < 1$ — (8-80)

Kassettenprofile K 140, t_N = 1,00 mm; andrückende Belastung, Höhe über 8 m

$M_{F,d,a} = 0{,}91 \cdot 7{,}80 = 7{,}10$ kNm/m

$M_{F,S,d} / M_{F,d,a} = 7{,}02 / 7{,}10 < 1$

$R_{A,S,d} / R_{A,d} = 4{,}68 / 7{,}24 < 1$

Kassettenprofile K 140, t_N = 0,88 mm; abhebende Belastung, Höhe bis 8 m

$M_{F,S,d} / M_{F,d} = 5{,}06 / 6{,}95 < 1$

$R_{A,S,d} / R_{A,d} = 3{,}38 / 9{,}27 < 1$

Kassettenprofile K 140, t_N = 1,00 mm; abhebende Belastung, Höhe über 8 m

$M_{F,S,d} / M_{F,d} = 8{,}10 / 8{,}43 < 1$

$R_{A,S,d} / R_{A,d} = 8{,}01 / 11{,}82 < 1$

Trapezprofile E 35, $t_N = 0{,}75$ mm; abhebende Belastung, Höhe über 8 m

$$M_{B,S,d} \,/\, \max M_{B,d} = 0{,}27 \,/\, 1{,}47 \ll 1$$

$$R_{B,S,d} \,/\, \max R_{B,d} = 1{,}66 \,/\, 9{,}09 \ll 1$$

Wegen der starken Überdimensionierung kann man auf weitere Nachweise verzichten. Die Blechdicke $t_N = 0{,}63$ mm ist auch ausreichend, aber nach den Kassetten-Zulassungen [87] nicht zulässig.

Nachweise der Verbindungen: Kassettenprofile mit der Unterkonstruktion aus Stahl $t \geq 6$ mm

Gewählt: HILTI-Setzbolzen ENP 2-21 L15 nach Anlage 9.3 a der Zulassung [94]

$$\text{zul } F_Z = 3{,}60 \text{ kN für } t_N = 0{,}88 \text{ mm des Bauteils I}$$

$$\text{zul } F_Z = 4{,}00 \text{ kN für } t_N = 1{,}00 \text{ mm des Bauteils I}$$

Je Kassettenprofil werden 2 Setzbolzen (in Stegnähe, Abstand ≤ 75 mm) gesetzt.

Nachweis mit dem kleinsten Widerstand und der größten Beanspruchung

$$F_{Z,k} = 2{,}0 \cdot \text{zul } F_Z = 2{,}0 \cdot 3{,}60 = 7{,}20 \text{ kN} \qquad \text{nach Gleichung (5-140)}$$

$$F_{Z,k,red} = 0{,}7 \cdot F_{Z,k} = 0{,}7 \cdot 7{,}20 = 5{,}04 \text{ kN} \qquad \text{nach Bild 5-34, Fall 4}$$

$$R_{Z,d} = 2 \cdot F_{Z,k,red} \,/\, \gamma_M \,/\, b_K = 2 \cdot 5{,}04 \,/\, 1{,}33 \,/\, 0{,}60 = 12{,}6 \text{ kN/m}$$

$$R_{R,S,d} \,/\, R_{Z,d} = 12{,}6 \,/\, 18{,}0 < 1$$

Es sind also keine weiteren Nachweise erforderlich.

Nachweise der Verbindungen: Trapezprofile mit den Kassettenprofilen

Gewählt: EJOT® Bohrschraube JT3–3H–5,5–E16 nach Bild 5-33

$$\text{zul } F_Z = 0{,}90 \text{ kN für } t_{N,I} = 0{,}75 \text{ mm und } t_{N,II} = 2 \cdot 0{,}88 \text{ mm}$$

$$F_{Z,d} = 2{,}0 \cdot \text{zul } F_Z \,/\, \gamma_M = 2{,}0 \cdot 0{,}90 \,/\, 1{,}33 = 1{,}35 \text{ kN}$$

$$F_{Z,d,red} = 0{,}7 \cdot F_{Z,d} = 0{,}7 \cdot 1{,}35 = 0{,}95 \text{ kN} \qquad \text{nach Bild 5-34, Fall 5}$$

Die Beanspruchung für eine Verbindung ergibt sich in ausreichender Näherung aus den Einwirkungen auf die Einzugsfläche für diese Verbindung. Diese Teilfläche ist nach Bild 8-5 das Produkt aus der Stützweite L_T des Trapezprofils und der Rippenbreite b_R oder aus dem

Abstand der Verbindungen entlang der Kassettenstege a_1 und der Kassettenbreite b_K. In jedem Fall ist

$$A_V = n \cdot b_K \cdot b_R$$

mit

n Verbindungen entlang eines Kassettensteges in jedem n-ten anliegenden Trapezprofilgurt

Im Beispiel ist

$$A_V = 3 \cdot 0{,}600 \cdot 0{,}207 = 0{,}373 \text{ m}^2$$

Die maximale Beanspruchung einer Verbindung ergibt sich im Randbereich der Wand über 8 m Höhe:

$$F_{Z,S,d} = 0{,}373 \cdot 2{,}40 = 0{,}895 \text{ kN}$$

Nachweis:

$$F_{Z,S,d} / F_{Z,d,red} = 0{,}895 / 0{,}95 < 1$$

Damit sind die o. g. Verbindungsabstände für die gesamte Wandfläche ausreichend. Zusätzliche konstruktive Verbindungen werden im Konstruktionsatlas [138] beschrieben.

9.1.3 Sandwichwand mit schwach profilierten Deckschichten

9.1.3.1 Bauteil und Widerstandsgrößen

Bauteil: **Hoesch-isowand LL 60** nach allgemeiner bauaufsichtlicher Zulassung vom 26.04.2000

Werkstoffkennwerte:

Deckschichten aus Stahl	E-Modul		$= 2{,}10 \cdot 10^5$ N/mm²
	Streckgrenze		$= 320$ N/mm²
	Wärmeausdehnungskoeffizient		$= 1{,}20 \cdot 10^{-5}$ 1/°C
Schaumstoff	bei normaler Temperatur	E-Modul	$= 5{,}10$ N/mm²
		G-Modul	$= 4{,}80$ N/mm²
	bei erhöhter Temperatur	E-Modul	$= 4{,}20$ N/mm²
		G-Modul	$= 4{,}00$ N/mm²

Querschnittswerte: Berechnet mit $t_k = 0{,}55 - 0{,}04 = 0{,}51$ mm, $d_K = 60 - 2 \cdot 0{,}55 = 58{,}9$ mm

Gesamtdicke	d	=	60	mm
Nenndicke der Deckschichten	t_N	=	0,55	mm
Trägheitsmoment	I_S	=	90,1	cm⁴/m

Biegesteifigkeit	B_S =	189,3	kNm^2/m
Widerstandsmomente	$W_{o,u}$ =	30,3	cm^3/m
Querschnitt Kernschicht	A_K =	589	cm^2/m
Schubsteifigkeit kalt	$S_{K,k}$ =	283	kN/m
Schubsteifigkeit warm	$S_{K,w}$ =	236	kN/m

Bemessungsgrenzwerte: Abminderungen siehe Abschnitte 5.3.3.3 und 8.3.2.1.

Abminderungen der Knitterspannungen hier für den Tragsicherheitsnachweis mit 0,94 und für erhöhte Temperatur mit 0,83.

Deckschichten auf Druck (Knitterspannungen):		außen	innen	
• Tragsicherheitsnachweis im Feld	σ_k =	103	103	N/mm^2
• Gebrauchstauglichkeitsnachweis im Feld				
bei normaler Temperatur	σ_k =	132	132	N/mm^2
bei erhöhter Temperatur	σ_k =	110	110	N/mm^2
• Gebrauchstauglichkeitsnachweis am Auflager				
bei normaler Temperatur	σ_k =	106	119	N/mm^2
bei erhöhter Temperatur	σ_k =	88	99	N/mm^2

Die Knitterspannungen der äußeren Deckschicht müssen am Auflager mit dem Wert $(11 - n) / 8$ für $n > 3$ Schrauben/m reduziert werden.

Deckschichten auf Zug $\beta_S = 320\ N/mm^2$

Kernschicht: für den Tragsicherheitsnachweis ist $\gamma_M = 1{,}1$

• Tragsicherheitsnachweis:	Schubfestigkeit kalt	$\beta_\tau = 0{,}118\ N/mm^2$
	Schubfestigkeit warm	$\beta_\tau = 0{,}100\ N/mm^2$
	Druckfestigkeit	$\beta_d = 0{,}118\ N/mm^2$
• Gebrauchstauglichkeitsnachweis:	Schubfestigkeit kalt	$\beta_\tau = 0{,}13\ N/mm^2$
	Schubfestigkeit warm	$\beta_\tau = 0{,}11\ N/mm^2$
	Druckfestigkeit	$\beta = 0{,}13\ N/mm^2$

Zulässige Zugkraft einer Schraube bei direkter Befestigung nach Zulassungen [91]:

$$\text{zul } F_Z = 1{,}00 \text{ kN}$$

9.1.3.2 Statisches System und Belastung

Statisches System:	Dreifeldträger mit $\ell_1 = \ell_2 = \ell_3 = \ell = 4{,}00$ m
Auflagerbreiten:	Endauflager $b_A \geq 40$ mm, Zwischenauflager $b_B \geq 60$ mm
Winddruck:	im 1. und 2. Feld: $w_d = 0{,}8 \cdot 1{,}25 \cdot 0{,}5 = 0{,}5\ kN/m^2$
	im 3. Feld: $w_d = 0{,}8 \cdot 1{,}25 \cdot 0{,}8 = 0{,}8\ kN/m^2$

Windsog: im 1. und 2. Feld: $w_s = 0{,}5 \cdot 0{,}5 = 0{,}25$ kN/m²
im 3. Feld: $w_s = 0{,}5 \cdot 0{,}8 = 0{,}40$ kN/m²

Randbereich: im 1. und 2. Feld: $w_s = 2{,}0 \cdot 0{,}5 = 1{,}00$ kN/m²
im 3. Feld: $w_s = 2{,}0 \cdot 0{,}8 = 1{,}60$ kN/m²

Temperaturdifferenz: im Sommer: $\Delta T = -55$ °C (Farbgruppe III)
im Winter: $\Delta T = 40$ °C

9.1.3.3 Tragsicherheitsnachweise

Der Dreifeldträger wird als Kette von Einfeldträgern berechnet. Maßgebend ist das Feld 3 mit der größten Belastung. Es gelten die Widerstandsgrößen für erhöhte Temperatur.

Lastfall Winddruck

Schnittgrößen:

Feldmoment: $$M_F = \frac{0{,}8 \cdot 4{,}00^2}{8} = 1{,}60 \text{ kNm/m}$$

Endauflagerkraft: $$R_A = \frac{0{,}8 \cdot 4{,}00}{2} = 1{,}60 \text{ kN/m}$$

Zwischenauflagerkraft: $$R_B = \frac{(0{,}5 + 0{,}8) \cdot 4{,}00}{2} = 2{,}60 \text{ kN/m}$$

Nachweise mit 1,85-fachen Spannungen

Druckspannung im Feld: $$\sigma_d = 1{,}85 \cdot \frac{1{,}60 \cdot 10^6}{30{,}3 \cdot 10^3} = 98 \text{ N/mm}^2 < 103$$

Schubspannung im Schaumstoff: $$\tau_K = 1{,}85 \cdot \frac{1{,}60 \cdot 10^3}{589 \cdot 10^2} = 0{,}050 \text{ N/mm}^2 < 0{,}100$$

Druckspannung Endauflager: $$p = 1{,}85 \cdot \frac{1{,}60}{40} = 0{,}074 \text{ N/mm}^2 < 0{,}118 \text{ N/mm}^2$$

Druckspannung Zwischenauflager: $$p = 1{,}85 \cdot \frac{2{,}60}{60} = 0{,}080 \text{ N/mm}^2 < 0{,}118 \text{ N/mm}^2$$

Lastfall Windsog

Weil das Sandwichelement symmetrisch ist, wird dieser Fall mit niedriger Belastung nicht maßgebend.

9.1.3.4 Gebrauchstauglichkeitsnachweise

Die statisch unbestimmte Berechnung wird nach dem Kraftgrößenverfahren (s. Abschnitt 7.3.2) durchgeführt. Für die Verformungsanteile aus der Querkraft wird der Gleitmodul des Schaumstoffs im Winter bei Normaltemperatur und im Sommer bei erhöhter Temperatur angenommen.

Die allgemeine 3-Momenten-Gleichung (7-97) kann hier wegen der konstanten Stützweiten vereinfacht werden.

$$(1 - 6\,\beta) \cdot X_{i-1} + 4 \cdot (1 + 3\,\beta) \cdot X_i + (1 - 6\,\beta) \cdot X_{i+1}$$
$$= -\frac{(q_i + q_{i+1})\,\ell^2}{4} - 6\,\vartheta\,B_S$$

Für den o. g. Dreifeldträger ergibt sich daraus folgendes Gleichungssystem:

$$4 \cdot (1 + 3\,\beta) \cdot X_1 + (1 - 6\,\beta) \cdot X_2 = R_1$$

$$(1 - 6\,\beta) \cdot X_1 + 4 \cdot (1 + 3\,\beta) \cdot X_2 = R_2$$

Kennwert für den Winter (Schubsteifigkeit bei normaler Temperatur):

$$\beta_W = \frac{B_S}{S_K\,\ell^2} = \frac{189,3}{283 \cdot 4,00^2} = 0,0418$$

Kennwert für den Sommer (Schubsteifigkeit bei erhöhter Temperatur):

$$\beta_S = \frac{B_S}{S_K\,\ell^2} = \frac{189,3}{236 \cdot 4,00^2} = 0,0501$$

Die δ-Werte ergeben sich numerisch zu:

	Winter	Sommer
$\delta_{i,k} = (1 - 6\,\beta) =$	0,75	0,70
$\delta_{i,i} = 4 \cdot (1 + 3\,\beta) =$	4,50	4,60

- Lastfall Winddruck:

$$\delta_{1,q} = \frac{(q_1 + q_2)\,\ell^2}{4} = \frac{(0,5 + 0,5) \cdot 4,00^2}{4} = 4,00 \text{ kNm/m}$$

$$\delta_{2,q} = \frac{(q_2 + q_3)\,\ell^2}{4} = \frac{(0,5 + 0,8) \cdot 4,00^2}{4} = 5,20 \text{ kN/m}$$

- Lastfall Windsog:

$$\delta_{1,q} = -4{,}00 / 2 = -2{,}00 \text{ kNm/m}$$

$$\delta_{2,q} = -5{,}20 / 2 = -2{,}60 \text{ kNm/m}$$

- Lastfall Temperatur im Winter:

$$\delta_{1,T} = \delta_{2,T} = 6 \cdot \frac{1{,}2 \cdot 10^{-5} \cdot 40}{0{,}060 - 0{,}00055} \cdot 189{,}3 = 9{,}17 \text{ kNm/m}$$

- Lastfall Temperatur im Sommer:

$$\delta_{1,T} = \delta_{2,T} = 9{,}17 \cdot (-55 / 40) = -12{,}61 \text{ kNm/m}$$

Lastfall Winddruck im Winter

Gleichungssystem:

	Wind	Temperatur
$4{,}50\,X_1 + 0{,}75\,X_2 =$	–4,00	–9,17
$0{,}75\,X_1 + 4{,}50\,X_2 =$	–5,20	–9,17

Determinanten:

$$D = 4{,}50 \cdot 4{,}50 - 0{,}75 \cdot 0{,}75 = 19{,}69$$

$$D_{1q} = -4{,}00 \cdot 4{,}50 + 5{,}20 \cdot 0{,}75 = -14{,}10$$

$$D_{2q} = -4{,}50 \cdot 5{,}20 + 0{,}75 \cdot 4{,}00 = -20{,}40$$

$$D_{1T} = D_{2T} = -9{,}17 \cdot 4{,}50 + 9{,}17 \cdot 0{,}75 = -34{,}39$$

Schnittgrößen:

- Biegemomente:

$$X_{1q} = M_{B,1q} = -14{,}10 / 19{,}69 = -0{,}716 \text{ kNm/m}$$

$$X_{2q} = M_{B,2q} = -20{,}40 / 19{,}69 = -1{,}036 \text{ kNm/m}$$

$$X_{1T} = X_{2T} = M_{B,T} = -34{,}39 / 19{,}69 = -1{,}747 \text{ kNm/m}$$

- Querkräfte:

$$\max Q_q = 0{,}8 \cdot 4{,}00 / 2 + 1{,}036 / 4{,}00 = 1{,}86 \text{ kN/m}$$

$$\max Q_T = 1{,}747 / 4{,}00 = 0{,}437 \text{ kN/m}$$

- Auflagerkräfte:

$$\max R_{Aq} = 0{,}8 \cdot 4{,}00 / 2 - 1{,}036 / 4{,}00 = 1{,}34 \text{ kN/m}$$

$$\min R_{AT} = -1{,}747 / 4{,}00 = -0{,}437 \text{ kN/m}$$

$$\max R_{Bq} = (0{,}5 + 0{,}8) \cdot 4{,}00 / 2 + (2 \cdot 1{,}036 - 0{,}716) / 4{,}00 = 2{,}94 \text{ kN/m}$$

$$\max R_{BT} = 1{,}747 / 4{,}00 = 0{,}437 \text{ kN/m}$$

Nachweise mit 1,1-fachen Spannungen

Druckspannung an der Stütze innen: nach (8-99)

ohne Überlagerung: $$\sigma_d = 1{,}1 \cdot \frac{1{,}747 \cdot 10^6}{30{,}3 \cdot 10^3} = 63{,}4 \text{ N/mm}^2 < 119$$

mit Überlagerung: $$\sigma_d = 1{,}1 \cdot \frac{(1{,}036 + 0{,}9 \cdot 1{,}747) \cdot 10^6}{30{,}3 \cdot 10^3} = 94{,}7 \text{ N/mm}^2 < 119$$

Schubspannung: nach (8-101)

$$\tau = 1{,}4 \cdot \frac{(1{,}86 + 0{,}437) \cdot 10^3}{589 \cdot 10^2} = 0{,}055 \text{ N/mm}^2 < 0{,}13$$

Druck am Zwischenauflager: nach (8-102)

$$p = 1{,}4 \cdot \frac{(2{,}94 + 0{,}437)}{60} = 0{,}079 \text{ N/mm}^2 < 0{,}13$$

Lastfall Windsog im Sommer

Gleichungssystem:

	Wind	Temperatur
$4{,}60\, X_1 + 0{,}70\, X_2 =$	2,00	12,61
$0{,}70\, X_1 + 4{,}60\, X_2 =$	2,60	12,61

Determinanten:

$$D = 4{,}60 \cdot 4{,}60 - 0{,}70 \cdot 0{,}70 = 20{,}67$$

$$D_{1q} = 2{,}00 \cdot 4{,}60 - 2{,}60 \cdot 0{,}70 = 7{,}38$$

$$D_{2q} = 4{,}60 \cdot 2{,}60 - 0{,}70 \cdot 2{,}00 = 10{,}56$$

$$D_{1T} = D_{2T} = 12{,}61 \cdot 4{,}60 - 12{,}61 \cdot 0{,}70 = 49{,}18$$

Schnittgrößen:

- Biegemomente:

$X_{1q} = M_{B,1q} = 7{,}38 / 20{,}67 = 0{,}357$ kNm/m

$X_{2q} = M_{B,2q} = 10{,}56 / 20{,}67 = 0{,}511$ kNm/m

$X_{1T} = X_{2T} = M_{B,T} = 49{,}18 / 20{,}67 = 2{,}379$ kNm/m

- Querkräfte:

$\max Q_q = 0{,}4 \cdot 4{,}00 / 2 + 0{,}511 / 4{,}00 = 0{,}928$ kN/m

$\max Q_T = 2{,}379 / 4{,}00 = 0{,}595$ kN/m

- Auflagerkräfte:

$\min R_{Aq} = -0{,}4 \cdot 4{,}00 / 2 + 0{,}511 / 4{,}00 = -0{,}672$ kN/m

$\max R_{AT} = 2{,}379 / 4{,}00 = 0{,}595$ kN/m

$\min R_{Bq} = -(0{,}25 + 0{,}4) \cdot 4{,}00 / 2 - (2 \cdot 0{,}511 - 0{,}357) / 4{,}00 = -1{,}466$ kN/m

$\min R_{BT} = -2{,}379 / 4{,}00 = -0{,}595$ kN/m

Nachweise mit 1,1-fachen Spannungen

Druckspannung an der Stütze außen: nach (8-99)

ohne Überlagerung: $$\sigma_d = 1{,}1 \cdot \frac{2{,}379 \cdot 10^6}{30{,}3 \cdot 10^3} = 86{,}4 \text{ N/mm}^2 < 88$$

mit Überlagerung: $$\sigma_d = 1{,}1 \cdot \frac{(0{,}6 \cdot 0{,}511 + 0{,}9 \cdot 2{,}379) \cdot 10^6}{30{,}3 \cdot 10^3} = 88{,}9 \text{ N/m} \approx 88$$

Schubspannung: nach (8-101)

Ohne Abminderung überlagert ist ausreichend.

$$\tau = 1{,}4 \cdot \frac{(0{,}928 + 0{,}595) \cdot 10^3}{589 \cdot 10^2} = 0{,}036 \text{ N/mm}^2 < 0{,}11$$

9.1.3.5 Nachweise der Verbindungen

Auflagerzugkraft nach (8-120) bis (8-122):

Charakteristische Widerstandsgröße für zwei Schrauben pro Meter:

$$F_u = 2{,}0 \cdot 1{,}0 \cdot 2 = 4{,}00 \text{ kN/m}$$

ohne Überlagerung: $R_B = 2{,}0 \cdot 1{,}466 = 2{,}932$ kN/m $< 4{,}00$

mit Überlagerung: $R_B = 2{,}0 \cdot 0{,}6 \cdot 1{,}466 + 1{,}3 \cdot 0{,}595 = 2{,}533$ kN/m $< 4{,}00$

Weil hier für die größte Auflagerkraft zwei Schrauben pro Meter ausreichen, sind für den ganzen mittleren Bereich der Wand an jedem Auflager zwei Schrauben pro Sandwichelement ausreichend, die konstruktiv auch erforderlich sind.

Der 2 m breite Randbereich muß mit zusätzlichen Schrauben befestigt werden. Die Tabelle 9-6 zeigt eine Zusammenstellung der Bemessung. In der Tabelle sind die Zugkräfte in kN/m positiv angegeben.

Tabelle 9-6 Auflagerkräfte und erforderliche Schraubenanzahl für den Randbereich der Wand

System	**Einfeldträger**	**Dreifeldträger**			**max R_d**	**Schrauben**
Lastfall	Windsog	Windsog	Sommer	Winter	kN/m	erf. n
Auflager 1	2,00	1,64	–0,60	0,44	4,00	2
Auflager 2	4,00	4,21	0,60	–0,44	8,42	5
Auflager 3	5,20	5,86	0,60	–0,44	11,72	6
Auflager 4	3,20	2,69	–0,60	0,44	6,40	4

Die maximale Bemessungsgröße ergibt sich nach (8-120) bis (8-122) wie folgt

$$\max R_d = \text{Max}\,(2{,}0 \cdot R_{Sog};\ 2{,}0 \cdot R_T;\ 2{,}0 \cdot R_{Sog} + 1{,}3 \cdot R_{T,Winter};\ 2{,}0 \cdot 0{,}6 \cdot R_{Sog} + 1{,}3 \cdot R_{T,Sommer})$$

Für die Werte R_{Sog} ohne Überlagerung mit den Zwängungskräften aus Temperaturdifferenzen gilt das Maximum von Ein- und Dreifeldträger. Die Überlagerung mit den Zwängungskräften ergibt sich nur mit den Werten R_{Sog} des Dreifeldträgers.

Die charakteristische Zugkraft für eine Schraube beträgt nach (8-123)

$$F_Z = 2{,}0 \cdot \text{zul}\ F_Z = 2{,}0 \cdot 1{,}00 = 2{,}00 \text{ kN}$$

Für das Zwischenauflager 3 sind damit 6 Schrauben pro Meter erforderlich. Die Knitterspannung ist an dieser Stelle nach (5-122)

$$\sigma_k = \frac{11 - 6}{8} \cdot 100 = 62{,}5 \text{ N/mm}^2$$

Dieser Wert ist kleiner als die 1,1-fache Druckspannung von 88,9 N/mm^2 an dieser Stelle für den Lastfall Windsog im Sommer. Die Sandwichwand ist folglich im Randbereich nicht mit den vorgegebenen Stützweiten ausführbar. Es müssen Zwischenriegel eingebaut werden.

9.1.4 Sandwichdach

9.1.4.1 Bauteil und Widerstandsgrößen

Bauteil: **Hoesch-isodach TL 75** nach allgemeiner bauaufsichtlicher Zulassung vom 26.04.2000

Werkstoffkennwerte:

Deckschichten aus Stahl	E-Modul	= 2,10 · 10^5 N/mm^2
	Streckgrenze	= 320 N/mm^2
	Wärmeausdehnungskoeffizient	= 1,20 · 10^{-5} 1/°C
Schaumstoff	bei normaler Temperatur	E-Modul = 5,10 N/mm^2
		G-Modul = 4,80 N/mm^2
	bei erhöhter Temperatur	E-Modul = 4,20 N/mm^2
		G-Modul = 4,00 N/mm^2
	Kriechbeiwerte für Schubverformungen	
		für Eigenlast: $\varphi_E = 7{,}0$
		für Schneelast: $\varphi_S = 1{,}5$

Querschnittswerte:			Verbund		Deckschichten außen	Deckschichten innen	
Gesamtdicke	d	=	75	mm			
Schwerpunktsabstand	a	=	47,6	mm			
Nenndicke der Deckschichten	t_N	=			0,63	0,55	mm
Trägheitsmomente	I	=	64,8		10,8		cm^4/m
Biegesteifigkeiten	B	=	136,0		22,7		kNm^2/m
Widerstandsmomente außen	W_o	=	31,1		4,0		cm^3/m
Widerstandsmoment innen	W_u	=	24,2	cm^3/m			
Querschnitt Kernschicht	A_K	=	475	cm^2/m			
Schubsteifigkeit kalt	$S_{K,k}$	=	228	kN/m			
Schubsteifigkeit warm	$S_{K,w}$	=	190	kN/m			
Schubsteifigkeit für Eigenlast	$S_{K,E}$	=	28,5	kN/m			
Schubsteifigkeit für Schneelast	$S_{K,S}$	=	91	kN/m			

Bemessungsgrenzwerte: Abminderungen siehe Abschnitte 5.3.3.3 und 8.3.2.1.

Abminderungen der Knitterspannungen für den Tragsicherheitsnachweis mit 0,94 und für erhöhte Temperatur mit 0,83.

Deckschichten auf Druck (Knitterspannungen):		außen	innen	
• Tragsicherheitsnachweis im Feld				
bei normaler Temperatur	σ_k =	320	124	N/mm^2
bei erhöhter Temperatur	σ_k =	320	103	N/mm^2
• Gebrauchstauglichkeitsnachweis im Feld				
bei normaler Temperatur	σ_k =	320	132	N/mm^2
bei erhöhter Temperatur	σ_k =	320	110	N/mm^2
• Gebrauchstauglichkeitsnachweis am Auflager				
bei normaler Temperatur	σ_k =	320	119	N/mm^2
bei erhöhter Temperatur	σ_k =	320	99	N/mm^2

Deckschichten auf Zug: $\beta_S = 320\ N/mm^2$

Kernschicht: für den Tragsicherheitsnachweis ist $\gamma_M = 1{,}1$

• Tragsicherheitsnachweis:	Schubfestigkeit kalt	$\beta_\tau = 0{,}118\ N/mm^2$
	Schubfestigkeit warm	$\beta_\tau = 0{,}100\ N/mm^2$
	Schubfestigkeit für Langzeitbelastung	$\beta_\tau = 0{,}070\ N/mm^2$
	Druckfestigkeit	$\beta_d = 0{,}118\ N/mm^2$
• Gebrauchstauglichkeitsnachweis:	Schubfestigkeit kalt	$\beta_\tau = 0{,}13\ N/mm^2$
	Schubfestigkeit warm	$\beta_\tau = 0{,}11\ N/mm^2$
	Druckfestigkeit	$\beta_d = 0{,}13\ N/mm^2$

Zulässige Zugkraft einer Schraube bei direkter Befestigung nach Zulassungen [91]:

$$\text{zul } F_Z = 1{,}40\ kN$$

9.1.4.2 Statisches System und Belastung

Statisches System:	Dreifeldträger mit $\ell_1 = \ell_2 = \ell_3 = \ell = 4{,}25$ m
Auflagerbreiten:	Endauflager $b_A \geq 40$ mm, Zwischenauflager $b_B \geq 60$ mm
Eigenlast:	$g = 0{,}126\ kN/m^2$
Schneelast:	$s = 0{,}75\ kN/m^2$
Windsog:	$w_s = 0{,}6 \cdot 0{,}8 = 0{,}48\ kN/m^2$
– Randbereich:	$w_s = 1{,}0 \cdot 0{,}8 = 0{,}80\ kN/m^2$
– Eckbereich:	$w_s = 2{,}0 \cdot 0{,}8 = 1{,}60\ kN/m^2$

Temperaturdifferenz:	im Sommer:	$\Delta T = -55$ °C (Farbgruppe III)
	im Winter:	$\Delta T = 40$ °C
	im Winter unter Schnee:	$\Delta T = 20$ °C

9.1.4.3 Tragsicherheitsnachweise

Der Dreifeldträger wird als Kette von Einfeldträgern berechnet. Die Schnittgrößen sollen zunächst mit der allgemeinen Lösung der Differentialgleichung für die Verformungslinie nach (7-132) bis (7-138) berechnet werden. Durch die Bedingungen am linken Rand und in der Mitte des Trägers ergibt sich für die vier Konstanten folgendes Gleichungssystem:

$$w(0) = 0 = C_1 + e^{-\lambda} \cdot C_2 + C_4$$

$$w''(0) = 0 = \left(\frac{\lambda}{\ell}\right)^2 \cdot C_1 + \left(\frac{\lambda}{\ell}\right)^2 e^{-\lambda} \cdot C_2 - \frac{q\,\ell^2}{B\,\lambda^2\,\alpha} - \frac{\vartheta}{1+\alpha}$$

$$w'(1/2) = 0 = -\frac{\lambda}{\ell} e^{-\lambda/2} \cdot C_1 + \frac{\lambda}{\ell} e^{-\lambda/2} \cdot C_2 + C_3 - \frac{q\,\ell^3}{24\,B} \cdot \left(1 + \frac{12}{\lambda^2\,\alpha}\right) - \frac{\vartheta\,\ell}{2\,(1+\alpha)}$$

$$w'''(1/2) = 0 = -\left(\frac{\lambda}{\ell}\right)^3 e^{-\lambda/2} \cdot C_1 + \left(\frac{\lambda}{\ell}\right)^3 e^{-\lambda/2} \cdot C_2$$

Die Auflösung ergibt:

$$C_1 = C_2 = \frac{\ell^2}{\lambda^2\,(1 + e^{-\lambda})} \cdot \left(\frac{q\,\ell^2}{B\,\lambda^2\,\alpha} + \frac{\vartheta}{1+\alpha}\right)$$

$$C_3 = \frac{q\,\ell^3}{24\,B} \cdot \left(1 + \frac{12}{\lambda^2\,\alpha}\right) + \frac{\vartheta\,\ell}{2\,(1+\alpha)}$$

$$C_4 = -\left(\frac{\ell}{\lambda}\right)^2 \cdot \left(\frac{q\,\ell^2}{B\,\lambda^2\,\alpha} + \frac{\vartheta}{1+\alpha}\right)$$

Zur Berechnung des Feldmoments der Deckschicht wird die zweite Ableitung der Verformungslinie in der Feldmitte benötigt.

$$w''(1/2) = \frac{2 \cdot e^{-\lambda/2}}{1 + e^{-\lambda}} \cdot \left(\frac{q\,\ell^2}{B\,\lambda^2\,\alpha} + \frac{\vartheta}{1+\alpha}\right) - \frac{q\,\ell^2}{B} \cdot \left(\frac{1}{8} + \frac{1}{\lambda^2\,\alpha}\right) - \frac{\vartheta}{1+\alpha}$$

Der Vorfaktor kann umgeformt werden.

$$\frac{2 \cdot e^{-\lambda/2}}{1 + e^{-\lambda}} \cdot \frac{e^{\lambda/2}}{e^{\lambda/2}} = \frac{2}{e^{\lambda/2} + e^{-\lambda/2}} = \frac{1}{\cosh(\lambda/2)}$$

Faßt man damit $w''(1/2)$ zusammen und benutzt den Zusammenhang (7-117), so ergibt sich das Feldmoment der Deckschicht zu:

$$M_D = q\,\ell^2 \cdot \frac{B_D}{B} \cdot \left(\frac{1}{8} + \frac{1}{\lambda^2\,\alpha} \cdot \frac{\cosh(\lambda/2)-1}{\cosh(\lambda/2)} \right) + \frac{B_D \cdot \vartheta}{1+\alpha} \cdot \frac{\cosh(\lambda/2)-1}{\cosh(\lambda/2)}$$

oder

$$M_D = \frac{q\,\ell^2}{8} \cdot \frac{\alpha}{1+\alpha} \cdot \left(1 + \frac{8}{\lambda^2\,\alpha} \cdot \frac{\cosh(\lambda/2)-1}{\cosh(\lambda/2)} \right) + \frac{\alpha \cdot B_S \cdot \vartheta}{1+\alpha} \cdot \frac{\cosh(\lambda/2)-1}{\cosh(\lambda/2)}$$

was mit den entsprechenden Formeln in Abschnitt 9.4.3.2 übereinstimmt. Die Sandwichmomente ergeben sich aus den Gleichgewichtsbedingungen.

$$M_{S,q} = \frac{q\,\ell^2}{8} - M_{D,q} \qquad M_{S,\vartheta} = -M_{D,\vartheta}$$

Zur Bestimmung der Querkraft im Schaumstoff benötigt man nach (7-118) den Gleitwinkel der Kernschicht an der Stelle 0. Dieser ergibt sich nach (7-137) mit $C_1 = C_2$ wie oben zu:

$$\gamma(0) = (1+\alpha) \cdot \frac{\ell}{\lambda} \cdot \frac{e^{-\lambda}-1}{e^{-\lambda}+1} \cdot \left(\frac{q\,\ell^2}{B\,\lambda^2\,\alpha} + \frac{\vartheta}{1+\alpha} \right) + \frac{q\,\ell^3}{2} \cdot \frac{1+\alpha}{B\,\lambda^2\,\alpha}$$

Mit der Umformung

$$\frac{e^{-\lambda}-1}{e^{-\lambda}+1} \cdot \frac{e^{\lambda/2}}{e^{\lambda/2}} = \frac{e^{-\lambda/2}-e^{\lambda/2}}{e^{-\lambda/2}+e^{\lambda/2}} = -\tanh(\lambda/2)$$

ergibt sich der Gleitwinkel zu:

$$\gamma(0) = \frac{q\,\ell^3(1+\alpha)}{2 \cdot B\,\lambda^2\,\alpha} \cdot \left[1 - 2\,\lambda \cdot \tanh(\lambda/2)\right] - \vartheta \cdot \frac{\ell}{\lambda} \cdot \tanh(\lambda/2)$$

Die Querkraft Q_S lautet nach einigen Umformungen wie folgt

$$Q_S = \frac{q\,\ell}{2\,(1+\alpha)} \cdot \left(1 - \frac{2 \cdot \tanh(\lambda/2)}{\lambda} \right) - \vartheta \cdot \frac{\alpha \cdot B_S}{\ell\,(1+\alpha)} \cdot \lambda \cdot \tanh(\lambda/2)$$

und stimmt so mit den entsprechenden Formeln im Abschnitt 9.4.3.2 überein.

Vorwerte zur Berechnung der Schnittgrößen nach (7-125):

$$\alpha = \frac{22{,}7}{136} = 0{,}167 \qquad 1+\alpha = 1{,}167 \qquad \frac{\alpha}{1+\alpha} = 0{,}143$$

	Beginn der Belastung kalt	warm	nach dem Kriechen Schnee	Eigenlast
$\beta = \dfrac{136}{228 \cdot 4{,}25^2} =$	0,0330	0,0396	0,0827	0,264
$\lambda^2 = \dfrac{1 + 0{,}167}{0{,}167 \cdot 0{,}033} =$	212	176	84,5	26,5
$\lambda =$	14,6	13,3	9,19	5,14
$\lambda / 2 =$	7,28	6,63	4,60	2,57
$\cosh(\lambda / 2) =$	725	379	49,7	6,57
$\dfrac{\cosh(\lambda/2) - 1}{\cosh(\lambda/2)} =$	1,0	1,0	0,98	0,848
$\tanh(\lambda / 2) =$	1,0	1,0	1,0	0,988

Temperaturdifferenz nach (7-120): $\vartheta \cdot B_S = \dfrac{1{,}2 \cdot 10^{-5} \cdot \Delta T \cdot 136}{0{,}0476} = 0{,}0343 \cdot \Delta T$

ΔT	40	–55	20	°C
$\vartheta \cdot B_S =$	1,371	–1,886	0,686	kNm/m
$M_{D,\vartheta} =$	0,196	–0,270	0,0981	kNm/m
$M_{S,\vartheta} =$	–0,196	0,270	–0,0981	kNm/m
$Q_{S,\vartheta} =$	–0,673	0,844	–0,337	kN/m

Eigenlast: $g \cdot \ell / 2 = 0{,}126 \cdot 4{,}25 / 2 = 0{,}268$ kN/m $\qquad g \cdot \ell^2 / 8 = 0{,}284$ kNm/m

	Beginn der Belastung kalt	warm	nach dem Kriechen Schnee	Eigenlast	
$M_{D,g} =$	0,0498	0,0517		0,1029	kNm/m
$M_{S,g} =$	0,2342	0,2323		0,1811	kNm/m
$Q_{S,g} =$	0,198	0,195		0,141	kN/m
$R_{A,g} =$	0,268				kN/m
$R_{B,g} =$	0,536				kN/m

Schneelast: $s \cdot \ell / 2 = 0,75 \cdot 4,25 / 2 = 1,594$ kN/m $\quad s \cdot \ell^2 / 8 = 1,693$ kNm/m

	Beginn der Belastung		nach dem Kriechen		
	kalt	warm	Schnee	Eigenlast	
$M_{D,s} =$	0,297		0,377		kNm/m
$M_{S,s} =$	1,396		1,316		kNm/m
$Q_{S,s} =$	1,179		1,069		kN/m
$R_{A,s} =$	1,594				kN/m
$R_{B,s} =$	3,188				kN/m

Windsog: $w_s \cdot \ell / 2 = 0,48 \cdot 4,25 / 2 = 1,02$ kN/m $\quad w_s \cdot \ell^2 / 8 = 1,08$ kNm/m

$M_{D,w}$	–0,190	–0,197	kNm/m
$M_{S,w} =$	–0,892	–0,883	kNm/m
$Q_{S,w} =$	–0,754	–0,743	kN/m
$R_{A,w} =$	–1,02		kN/m
$R_{B,w} =$	–2,04		kN/m

Spannungsnachweise im Feld

Beginn der Belastung:

Druck außen: Eigenlast + Schnee und $\Delta T = 20$ °C

$$\sigma_d = 1,85 \cdot \left(\frac{(0,2342 + 1,396) \cdot 10^6}{31,1 \cdot 10^3} + \frac{(0,0498 + 0,297) \cdot 10^6}{4,0 \cdot 10^3} \right) + 1,3 \cdot \left(\frac{-0,0981 \cdot 10^6}{31,1 \cdot 10^3} + \frac{0,0981 \cdot 10^6}{4,0 \cdot 10^3} \right) = 285 < 320 \text{ N/mm}^2$$

Zug innen: Eigenlast + Schnee, ΔT verringert die Spannung

$$\sigma_z = 1,85 \cdot \frac{(0,2342 + 1,396) \cdot 10^6}{24,2 \cdot 10^3} = 125 < 320 \text{ N/mm}^2$$

Schubspannung im Schaumstoff: Eigenlast + Schnee, ΔT verringert die Spannung

$$\tau = 1,85 \cdot \frac{(0,198 + 1,179) \cdot 10^3}{475 \cdot 10^2} = 0,0536 < 0,118 \text{ N/mm}^2$$

Auflagerpressung am Zwischenauflager:

$$p = 1,85 \cdot \frac{0,536 + 3,188}{60} = 0,115 < 0,118 \text{ N/mm}^2$$

Nach dem Schubkriechen:

Druck außen: Eigenlast + Schnee und $\Delta T = 20$ °C

Nach der Nachweisformel (8-103 a) sind die ersten beiden Summanden mit denen zu Beginn der Belastung gleich. Die Spannungsdifferenzen müssen aus den Differenzen der Momente nach dem Kriechen und zu Beginn der Belastung berechnet werden.

$$\Delta M_{D,g} = 0,1029 - 0,0498 = 0,0531 \text{ kNm/m}$$

$$\Delta M_{S,g} = 0,1811 - 0,2342 = -0,0531 \text{ kNm/m}$$

$$\Delta M_{D,s} = 0,377 - 0,297 = 0,080 \text{ kNm/m}$$

$$\Delta M_{S,s} = 1,316 - 1,396 = -0,080 \text{ kNm/m}$$

Diese Differenzen müssen natürlich paarweise entgegengesetzt gleich sein, weil am statisch bestimmten System das Gesamtmoment konstant ist.

$$\Delta\sigma = 1,3 \cdot \left(\frac{-(0,0531 + 0,080) \cdot 10^6}{31,1 \cdot 10^3} + \frac{(0,0531 + 0,080) \cdot 10^6}{4,0 \cdot 10^3} \right)$$
$$= 37,7 \text{ N/mm}^2$$

$$\sigma_d = 285 + 38 = 323 \approx 320 \text{ N/mm}^2$$

Die Zugspannungen innen werden verringert.

Der Schubspannungsnachweis muß nach (8-105) geführt werden. Die Querkraft- und Schubspannungsdifferenzen ergeben sich wie folgt:

$$\Delta Q_{S,g} = 0,141 - 0,198 = -0,057 \text{ kN/m}$$

$$\Delta Q_{S,s} = 1,069 - 1,179 = -0,110 \text{ kN/m}$$

$$\Delta\tau = -\frac{(0,057 + 0,110) \cdot 10^3}{475 \cdot 10^2} = -0,0035 \text{ N/mm}^2$$

Mit dem Wert zum Lastbeginn lautet der Nachweis:

$$\frac{0,0536 - 1,3 \cdot 0,0035}{0,070} = 0,70 < 1$$

Weil die Belastung aus Windsog dem Betrage nach deutlich kleiner ist als die Schneelast, kann nur die Druckspannung der inneren Deckschicht maßgebend werden. Die Eigenlast wird nur mit dem einfachen Wert als entlastend eingesetzt. Die Temperaturdifferenz im Winter wirkt ungünstig.

Druck innen: Windsog – Eigenlast und $\Delta T = 40$ °C

$$\sigma_d = \frac{(1{,}85 \cdot 0{,}892 - 0{,}2342 + 1{,}3 \cdot 0{,}196) \cdot 10^6}{24{,}2 \cdot 10^3} = 69{,}1 < 124 \text{ N/mm}^2$$

Weil in diesem Fall die Temperaturdifferenz im Winter auch auf die Schubspannung ungünstig wirkt, soll auch diese hier kontrolliert werden.

$$\tau = \frac{(1{,}85 \cdot 0{,}754 - 0{,}198 + 1{,}3 \cdot 0{,}673) \cdot 10^3}{475 \cdot 10^2} = 0{,}0436 < 0{,}118 \text{ N/mm}^2$$

Damit sind alle wesentlichen Tragsicherheitsnachweise geführt. Andere Einwirkungskombinationen ergeben keine ungünstigeren Werte.

9.1.4.4 Gebrauchstauglichkeitsnachweise

Die Stützmomente sollen hier exemplarisch mit den Sechs-Momenten-Gleichungen berechnet werden. Die Berechnung ist relativ einfach möglich, weil die Stützmomente wegen der Symmetrie des Dreifeldträgers an beiden Stützen gleich sind. Man kann das Gleichungssystem also auf zwei Unbekannte reduzieren. Die beiden benötigten Gleichungen lauten nach (7-144) und (7-145) in Verbindung mit Bild 7-21 wie folgt:

$$2\,\ell\left(\frac{1}{3}+\frac{C}{\alpha}\right)D_1 + 2\,\ell\left(\frac{1}{3}-C\right)S_1 + \ell\left(\frac{1}{6}+\frac{H}{\alpha}\right)D_2 + \ell\left(\frac{1}{6}-H\right)S_2$$
$$+\,2\,q\,\ell^3\left(\frac{1}{24}+\frac{R}{\alpha}\right) + 2\,\ell\cdot\frac{\vartheta\,B}{1+\alpha}\cdot\lambda^2\,R = 0$$

$$2\,\ell\cdot\frac{C}{\alpha}\cdot D_1 - 2\,\ell\,C^{\alpha}\cdot S_1 + \ell\cdot\frac{H}{\alpha}\cdot D_2 + \ell\,H^{\alpha}\cdot S_2$$
$$+\,2\,q\,\ell^3\cdot\frac{R}{\alpha} - 2\,\ell\cdot\frac{\vartheta\,B}{1+\alpha}\cdot\overline{R} = 0$$

Die Abkürzungen in Tabelle 7-4 ergeben sich nach der Näherung mit den Schaumstoffkennwerten bei normaler Temperatur wie folgt:

$$C = \frac{1}{14{,}6}\cdot\left(1-\frac{1}{14{,}6}\right) = 0{,}0638 \qquad C^{\alpha} = \frac{1}{14{,}6}\cdot\left(1+\frac{1}{0{,}167\cdot 14{,}6}\right) = 0{,}0966$$

$$H = \frac{1}{14,6^2} = 0,00469 \qquad H^{\alpha} = \frac{1}{0,167 \cdot 14,6^2} = 0,0281$$

$$R = \frac{1}{14,6^2} \cdot \left(\frac{1}{2} - \frac{1}{14,6}\right) = 0,00202 \qquad \overline{R} = \frac{1}{14,6} = 0,0685$$

$$\vartheta B = \frac{1,2 \cdot 10^{-5} \cdot (136 + 22,7)}{0,0476} \cdot \Delta T = 0,040\ \Delta T$$

Daraus berechnen sich die Verformungsgrößen für den Lastfall Eigenlast + Schnee und ΔT unter Schnee:

$$d_{1,\mathrm{D1}} = 2 \cdot \left(\frac{1}{3} + \frac{0,0638}{0,167}\right) = 1,431 \qquad d_{1,\mathrm{S1}} = 2 \cdot \left(\frac{1}{3} - 0,0638\right) = 0,539$$

$$d_{1,\mathrm{D2}} = \frac{1}{6} + \frac{0,00469}{0,167} = 0,195 \qquad d_{1,\mathrm{S2}} = \frac{1}{6} - 0,00469 = 0,162$$

$$\overline{d}_{1,\mathrm{q}} = 2 \cdot 4,25^2 \left(\frac{1}{24} + \frac{0,00202}{0,167}\right) = 1,942 \qquad d_{1,\mathrm{g}} = 1,942 \cdot 0,126 = 0,245$$

$$d_{1,\mathrm{s}} = 1,942 \cdot 0,75 = 1,456$$

$$\overline{d}_{1,\mathrm{T}} = 2 \cdot \frac{0,040}{1,167} \cdot 14,6^2 \cdot 0,00202 = 0,0295 \qquad d_{1,\mathrm{T(20)}} = 0,0295 \cdot 20 = 0,590$$

$$g_{1,\mathrm{D1}} = 2 \cdot \frac{0,0638}{0,167} = 0,764 \qquad g_{1,\mathrm{S1}} = -2 \cdot 0,0966 = -0,193$$

$$g_{1,\mathrm{D2}} = \frac{0,00469}{0,167} = 0,0281 \qquad g_{1,\mathrm{S2}} = 0,0281$$

$$\overline{g}_{1,\mathrm{q}} = 2 \cdot 4,25^2 \cdot \frac{0,00202}{0,167} = 0,437 \qquad g_{1,\mathrm{g}} = 0,437 \cdot 0,126 = 0,0551$$

$$g_{1,\mathrm{s}} = 0,437 \cdot 0,75 = 0,328$$

$$\overline{g}_{1,\mathrm{T}} = -2 \cdot \frac{0,040}{1,167} \cdot 0,0685 = -0,0047 \qquad g_{1,\mathrm{T(20)}} = -0,0047 \cdot 20 = -0,0939$$

Die ersten zwei ausführlichen Gleichungen des Systems lauten, wenn man die obigen durch ℓ dividiert:

$$1,431 \cdot M_{\mathrm{D1}} + 0,539 \cdot M_{\mathrm{S1}} + 0,195 \cdot M_{\mathrm{D2}} + 0,162 \cdot M_{\mathrm{S2}} = -d_{1,\mathrm{L}}$$

$$0,764 \cdot M_{\mathrm{D1}} - 0,193 \cdot M_{\mathrm{S1}} + 0,0281 \cdot M_{\mathrm{D2}} + 0,0281 \cdot M_{\mathrm{S2}} = -g_{1,\mathrm{L}}$$

Durch Gleichsetzen der Momente an den Stützen 1 und 2 läßt sich das System reduzieren.

$M_{D1} = M_{D2} = M_D$ und $M_{S1} = M_{S2} = M_S$

	Eigenlast	Schnee	$\Delta T = 20\ °C$
$1{,}626 \cdot M_D + 0{,}701 \cdot M_S =$	–0,245	–1,456	–0,590
$0{,}792 \cdot M_D - 0{,}165 \cdot M_S =$	–0,0551	–0,328	0,0939

Die Lösung des Systems geschieht wie in Abschnitt 9.1.3.4 nach der *Kramer*'schen Regel.

$D = -0{,}823 \qquad D_{1g} = 0{,}079 \qquad D_{1s} = 0{,}470 \qquad D_{1T} = 0{,}0315$

$D_{2g} = 0{,}104 \qquad D_{2s} = 0{,}620 \qquad D_{2T} = 0{,}620$

Die Stützmomente sind damit:

$$M_{Dg} = \frac{0{,}079}{-0{,}823} = -0{,}096 \text{ kNm/m}$$

$$M_{Ds} = \frac{0{,}470}{-0{,}823} = -0{,}571 \text{ kNm/m}$$

$$M_{DT} = \frac{0{,}0315}{-0{,}823} = -0{,}0382 \text{ kNm/m}$$

$$M_{Sg} = \frac{0{,}104}{-0{,}823} = -0{,}126 \text{ kNm/m}$$

$$M_{Ss} = \frac{0{,}620}{-0{,}823} = -0{,}753 \text{ kNm/m}$$

$$M_{ST} = \frac{0{,}620}{-0{,}823} = -0{,}753 \text{ kNm/m}$$

Die Spannungsnachweise lauten nach (8-99) und (8-100):

Druckspannung innen:

$$\sigma_d = 1{,}1 \cdot \frac{(0{,}126 + 0{,}753 + 0{,}9 \cdot 0{,}753) \cdot 10^6}{24{,}2 \cdot 10^3} = 70{,}8 < 119 \text{ N/mm}^2$$

Zugspannung außen:

$$\sigma_z = 1{,}1 \cdot \left(\frac{(0{,}126 + 0{,}753 + 0{,}9 \cdot 0{,}753) \cdot 10^6}{31{,}1 \cdot 10^3} + \frac{(0{,}096 + 0{,}571 + 0{,}9 \cdot 0{,}0382) \cdot 10^6}{4{,}0 \cdot 10^3} \right) = 248 < 320 \text{ N/mm}^2$$

Für den Windsog ist:

im Winter: $M_B = (-0{,}571 - 0{,}753) \cdot 0{,}80 / (-0{,}75) = 1{,}412$ kNm/m (aus LF Schnee)
$R_{A,w} = 0{,}80 \cdot 4{,}25 / 2 - 1{,}412 / 4{,}25 = 1{,}368$ kN/m

im Sommer: $M_B = (0{,}231 + 0{,}276) \cdot 0{,}80 / (0{,}6 \cdot 0{,}48) = 1{,}408$ kNm/m
$R_{B,w} = 0{,}80 \cdot 4{,}25 + 1{,}408 / 4{,}25 = 3{,}731$ kN/m

Für die Temperaturdifferenzen ist:

im Winter: $M_B = (-0{,}0382 - 0{,}753) \cdot 40 / 20 = -\ 1{,}582$ kNm/m
$R_{A,T} = 1{,}582 / 4{,}25 = 0{,}372$ kN/m

im Sommer: $M_B = 0{,}110 + 2{,}056 = 2{,}166$ kNm/m
$R_{B,T} = 2{,}166 / 4{,}25 = 0{,}510$ kN/m

Maximale Zugkräfte am statisch unbestimmten System:

max $R_{A,d} = 2{,}0 \cdot 1{,}368 + 1{,}3 \cdot 0{,}372 - 0{,}216 = 3{,}00$ kN/m
max $R_{B,d} = \text{Max}(2{,}0 \cdot 3{,}731;\ 2{,}0 \cdot 0{,}6 \cdot 3{,}731 + 1{,}3 \cdot 0{,}510) - 0{,}588 = 6{,}87$ kN/m

Die Endauflagerkraft am Einfeldträger ist die Größere.

Bemessung:

Endauflager: $R_{A,d} / F_{Z,d} = 3{,}13 / (2{,}0 \cdot 1{,}40) = 1{,}12$ erf $n = 2$ Schrauben/m
Zwischenauflager: $R_{B,d} / F_{Z,d} = 6{,}87 / (2{,}0 \cdot 1{,}40) = 2{,}45$ erf $n = 3$ Schrauben/m

In den Eckbereichen des Gebäudes sind u. U. weitere Schrauben erforderlich. Bei verdeckten Befestigungen müssen je nach den Werten in den Zulassungen [91] besondere konstruktive Maßnahmen getroffen werden.

Bei einer ausführlichen elektronischen Berechnung wird man Nachweise an wesentlich mehr Stellen des Trägers für die unterschiedlichsten Einwirkungskombinationen führen. Dieses gilt besonders für Durchlaufträger mit unterschiedlichen Stützweiten und variablen Belastungen, wie z. B. Schneeanhäufungen (s. Abschnitt 6.4). In diesen Fällen sind die maßgebenden Nachweise nicht so einfach zu finden wie im vorliegenden Beispiel.

9.2 Produktbezogene Bemessungstabellen

9.2.1 Trapezprofile

Die Hersteller oder Anbieter von Stahltrapezprofilen und Kassettenprofilen veröffentlichen nicht nur die schon beschriebenen Typenblätter mit den Widerstandsgrößen sondern auch Bemessungstabellen. Diese Tabellen enthalten die zulässigen Belastungen in Abhängigkeit vorgegebener Stützweiten (s. Bilder 9-3 und 9-4). Wenn die Tabellen amtlich geprüft sind (s. Bild 9-3), können sie in vielen Standardfällen ohne Nachweis im einzelnen der statischen Berechnung beigefügt werden. Es reicht aus, wenn die Bedingung

$$\text{vorh } q \leq \text{zul } q \tag{9-1}$$

eingehalten wird. Die zulässige Belastung zul q [kN/m^2] ist die Summe der einfachen Einwirkungen. Die meisten Bemessungstabellen sind noch nach DIN 18 807 mit dem Bemessungskonzept (4-1), also mit den globalen Sicherheitsbeiwerten $\gamma = 1{,}7$ für die Tragsicherheit und $\gamma = 1{,}3$ für die Gebrauchstauglichkeit aufgestellt.

In neueren Tabellen ist die Verwendung etwas geringerer globaler Beiwerte möglich. Diese ergeben sich zu $\gamma = \gamma_{F,Q} \cdot \gamma_M = 1{,}5 \cdot 1{,}1 = 1{,}65$ für die Tragsicherheit und zu $\gamma = 1{,}15 \cdot 1{,}1 = 1{,}265$ für die Gebrauchstauglichkeit (siehe (8-3) und (8-4)). Die Ergebnisse der älteren Tabellen liegen also geringfügig auf der sicheren Seite.

Die Aufteilung des Teilsicherheitsbeiwertes γ_F in $\gamma_{F,G}$ für ständige und $\gamma_{F,Q}$ für veränderliche Einwirkungen ist in solchen Tabellen nicht möglich, weil die Ergebnisse von der Zusammensetzung dieser Einwirkungen abhängen. Eine mögliche Bereinigung dieses Mangels ist die Reduzierung der ständigen Einwirkungen mit dem Faktor 1,35 / 1,5 = 0,9 für die Tragsicherheit vor der Anwendung der Tabellen. Für die Gebrauchstauglichkeit ist dieser Faktor mit 1,0 / 1,15 = 0,87 etwas geringer. Seine Berücksichtigung ist aber kaum möglich, weil der maßgebende Fall in den Tabellen nicht zu erkennen ist. In den meisten Fällen lohnt sich eine Abminderung nicht, weil z. B. bei Trapezprofildächern die Eigenlasten nur ein kleiner Teil der Gesamtlast sind. Bei Wänden sind die Eigenlasten ohnehin keine Querbelastung.

Zweifeldträger

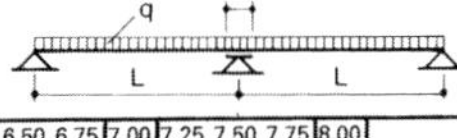

Stützweite L[m]			3,00	3,25	3,50	3,75	4,00	4,25	4,50	4,75	5,00	5,25	5,50	5,75	6,00	6,25	6,50	6,75	7,00	7,25	7,50	7,75	8,00
t_N	g	max f	zul q [kN/m²], Zwischenauflagerbreite b ≧ 160 mm																				
0,75	9,10	*	3,47	3,12	2,69	2,34	2,10	1,94	1,81	1,69	1,55	1,41	1,28	1,17	1,08	0,99	0,92	0,85	0,79	0,74	0,69	0,65	0,61
		L/150	3,47	3,12	2,69	2,34	2,10	1,94	1,81	1,69	1,55	1,41	1,28	1,17	1,08	0,99	0,92	0,85	0,79	0,74	0,69	0,65	0,61
		L/300	3,47	3,12	2,69	2,34	2,10	1,94	1,81	1,69	1,55	1,41	1,24	1,08	0,95	0,84	0,75	0,67	0,60	0,54	0,49	0,44	0,40
		L/500	3,47	3,12	2,69	2,34	1,93	1,61	1,36	1,15	0,99	0,85	0,74	0,65	0,57	0,51	0,45	0,40	0,36	0,32	0,29	0,27	0,24
0,88	10,7	*	4,86	4,38	3,78	3,29	2,89	2,56	2,28	2,08	1,95	1,84	1,74	1,61	1,48	1,36	1,26	1,17	1,09	1,01	0,95	0,89	0,83
		L/150	4,86	4,38	3,78	3,29	2,89	2,56	2,28	2,08	1,95	1,84	1,74	1,61	1,48	1,36	1,26	1,17	1,09	1,01	0,95	0,89	0,83
		L/300	4,86	4,38	3,78	3,29	2,89	2,56	2,28	2,08	1,84	1,59	1,39	1,21	1,07	0,94	0,84	0,75	0,67	0,60	0,55	0,50	0,45
		L/500	4,86	4,03	3,23	2,62	2,16	1,80	1,52	1,29	1,11	0,96	0,83	0,73	0,64	0,57	0,50	0,45	0,40	0,36	0,33	0,30	0,27
1,00	12,1	*	6,12	5,57	4,80	4,18	3,68	3,26	2,90	2,61	2,35	2,14	2,03	1,93	1,83	1,71	1,58	1,46	1,36	1,27	1,19	1,11	1,04
		L/150	6,12	5,57	4,80	4,18	3,68	3,26	2,90	2,61	2,35	2,14	2,03	1,93	1,83	1,71	1,58	1,46	1,36	1,27	1,19	1,08	0,99
		L/300	6,12	5,57	4,80	4,18	3,68	3,26	2,77	2,36	2,02	1,75	1,52	1,33	1,17	1,03	0,92	0,82	0,74	0,66	0,60	0,54	0,49
		L/500	5,61	4,41	3,53	2,87	2,37	1,97	1,66	1,41	1,21	1,05	0,91	0,80	0,70	0,62	0,55	0,49	0,44	0,40	0,36	0,33	0,30
1,25	15,2	*	8,63	7,40	6,74	6,17	5,68	5,21	4,64	4,17	3,76	3,41	3,11	2,84	2,61	2,41	2,23	2,06	1,92	1,79	1,67	1,57	1,47
		L/150	8,63	7,40	6,74	6,17	5,68	5,21	4,64	4,17	3,76	3,41	3,11	2,84	2,61	2,41	2,23	2,06	1,88	1,69	1,53	1,39	1,26
		L/300	8,63	7,40	6,74	6,11	5,04	4,20	3,54	3,01	2,58	2,23	1,94	1,70	1,49	1,32	1,17	1,05	0,94	0,85	0,76	0,69	0,63
		L/500	7,17	5,64	4,51	3,67	3,02	2,52	2,12	1,81	1,55	1,34	1,16	1,02	0,90	0,79	0,70	0,63	0,56	0,51	0,46	0,42	0,38
1,50	18,2	*	11,9	10,7	9,71	8,65	7,60	6,74	6,01	5,39	4,87	4,41	4,02	3,68	3,38	3,11	2,88	2,67	2,48	2,31	2,16	2,03	1,90
		L/150	11,9	10,7	9,71	8,65	7,60	6,74	6,01	5,39	4,87	4,41	4,02	3,68	3,38	3,11	2,85	2,54	2,28	2,05	1,85	1,68	1,53
		L/300	11,9	10,7	9,12	7,42	6,11	5,09	4,29	3,65	3,13	2,70	2,35	2,06	1,81	1,60	1,42	1,27	1,14	1,03	0,93	0,84	0,76
		L/500	8,69	6,84	5,47	4,45	3,67	3,06	2,58	2,19	1,88	1,62	1,41	1,23	1,09	0,96	0,85	0,76	0,68	0,62	0,56	0,50	0,46
t_N	g	max f	zul q [kN/m²], Zwischenauflagerbreite b = 60 mm																				
0,75	9,10	*	3,23	2,88	2,59	2,34	2,12	1,93	1,77	1,62	1,50	1,38	1,28	1,18	1,08	1,00	0,92	0,85	0,79	0,74	0,69	0,65	0,61
0,88	10,7	*	4,48	3,98	3,56	3,20	2,89	2,56	2,28	2,05	1,85	1,68	1,56	1,48	1,41	1,34	1,24	1,15	1,07	1,00	0,93	0,87	0,82
1,00	12,1	*	5,57	4,93	4,40	3,95	3,56	3,23	2,90	2,61	2,35	2,13	1,94	1,78	1,63	1,51	1,39	1,29	1,23	1,18	1,14	1,08	1,01
1,25	15,2	*	8,27	7,29	6,34	5,72	5,21	4,71	4,27	3,89	3,56	3,27	3,01	2,78	2,57	2,37	2,19	2,03	1,89	1,76	1,65	1,54	1,45
1,50	18,2	*	10,9	9,58	8,49	7,58	6,80	6,13	5,56	5,06	4,62	4,24	3,90	3,60	3,33	3,09	2,85	2,65	2,46	2,29	2,14	2,01	1,88

Zeile*: Maximale zulässige Belastung ohne Beschränkung der Durchbiegung

ZeilenL/...: Zulässige Belastung unter zusätzlicher Berücksichtigung der Durchbiegungsbeschränkung max f ≤ L/...
Diese Werte gelten auch für den unteren Teil der Tabellen, wenn sie kleiner sind als die dort in der Zeile *.

Am Endauflager:

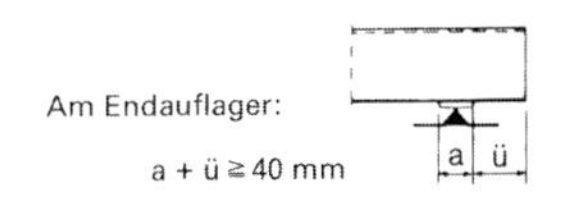

a + ü ≥ 40 mm

Anlage Nr. 9.1 zum Prüfbescheid

Als Typenentwurf
in bautechnischer Hinsicht geprüft
Prüfbescheid-Nr. 3. P 30 - 118/90
LANDESPRÜFAMT FÜR BAUSTATIK
Düsseldorf, den 30. November 1990
Der Leiter: i.V. Der Bearbeiter:

Bild 9-3 Beispiel einer Tabelle mit zulässigen Belastungen

Die o. g. Reduzierung der Eigenlasten gilt nicht für den Fall, daß die Durchbiegung bemessungsmaßgebend ist. Die Durchbiegung wird mit den einfachen Einwirkungen und der charakteristischen Biegesteifigkeit berechnet. Da die zulässigen Belastungen in den Tabellen getrennt für die Fälle ohne und mit zwei bis drei verschiedenen Durchbiegungsschranken angegeben sind, ist leicht zu erkennen, ob die geforderte Durchbiegungsbegrenzung maßgebend für die Bemessung ist.

Für die Darstellung dieser Daten sind zwei Systeme im Umlauf. Am häufigsten ist der Fall, daß alle Zeilen die maximal zulässige Belastung für die Tragsicherheit enthalten. Die Zeilen für die Durchbiegungsbegrenzungen zeigen nur dann einen anderen Wert, wenn die Durchbiegungsschranke einen niedrigeren fordert (vgl. Tabelle im Bild 9-3). Eine seltenere Darstellung enthält in den Durchbiegungszeilen genau die Belastung, welche die angegebene Durchbiegung erzeugt (vgl. Tabelle im Bild 9-4). Die Tabellen haben dann den Hinweis, daß die zulässigen Belastungen zu vergleichen sind und der kleinere Wert maßgebend ist. Der zweite Fall fordert beim Ablesen also etwas mehr Aufmerksamkeit.

T 135

Tabelle 4 **2-Feldträger**

Dicke (mm)	Eigenlast (kN/m²)	Zeile	Spannweite (m) 4,00	4,25	4,50	4,75	5,00	5,25	5,50	5,75	6,00	6,25	6,50	6,75	7,00	7,25	7,50	7,75	8,00
														Endauflager min $b_A \geq$ 40 mm; Zwischenauflager min $b_B \geq$ 160 mm					
0,75	0,097	1	2,63	2,47	2,29	2,11	1,94	1,80	1,67	1,55	1,44	1,35	1,26	1,16	1,08	1,01	0,94	0,88	0,83
		2	6,38	5,32	4,48	3,81	3,27	2,82	2,46	2,15	1,89	1,67	1,49	1,33	1,19	1,07	0,97	0,88	0,80
		3	3,83	3,19	2,69	2,29	1,96	1,69	1,47	1,29	1,14	1,00	0,89	0,80	0,71	0,64	0,58	0,53	0,48
																	Lgr = 7,43		
0,88	0,114	1	3,58	3,33	3,10	2,87	2,64	2,41	2,20	2,01	1,85	1,70	1,57	1,46	1,36	1,26	1,18	1,11	1,04
		2	7,56	6,30	5,31	4,51	3,87	3,34	2,91	2,55	2,24	1,98	1,76	1,57	1,41	1,27	1,15	1,04	0,95
		3	4,54	3,78	3,19	2,71	2,32	2,01	1,74	1,53	1,34	1,19	1,06	0,94	0,85	0,76	0,69	0,62	0,57
																			Lgr = 9,91
1,00	0,130	1	4,61	4,27	3,90	3,51	3,17	2,87	2,62	2,39	2,20	2,03	1,87	1,74	1,62	1,51	1,41	1,32	1,24
		2	8,40	7,00	5,90	5,02	4,30	3,72	3,23	2,83	2,49	2,20	1,96	1,75	1,57	1,41	1,27	1,15	1,05
		3	5,04	4,20	3,54	3,01	2,58	2,23	1,94	1,70	1,49	1,32	1,17	1,05	0,94	0,85	0,76	0,69	0,63
																			Lgr = 12,21
1,13	0,147	1	5,63	5,14	4,68	4,27	3,85	3,49	3,18	2,91	2,68	2,47	2,28	2,11	1,97	1,83	1,71	1,60	1,50
		2	9,81	8,18	6,89	5,86	5,02	4,34	3,77	3,30	2,91	2,57	2,29	2,04	1,83	1,65	1,49	1,35	1,23
		3	5,88	4,91	4,13	3,51	3,01	2,60	2,26	1,98	1,74	1,54	1,37	1,22	1,10	0,99	0,89	0,81	0,74
																			Lgr = 13,44
1,25	0,162	1	6,57	6,03	5,48	4,95	4,47	4,06	3,69	3,38	3,10	2,86	2,65	2,45	2,28	2,13	1,99	1,86	1,75
		2	10,88	9,07	7,64	6,50	5,57	4,81	4,18	3,66	3,22	2,85	2,54	2,26	2,03	1,83	1,65	1,50	1,36
		3	6,53	5,44	4,58	3,90	3,34	2,89	2,51	2,20	1,93	1,71	1,52	1,36	1,22	1,10	0,99	0,90	0,82
																			Lgr = 14,56
1,50	0,195	1	8,00	7,29	6,64	5,98	5,40	4,90	4,46	4,08	3,75	3,46	3,20	2,96	2,76	2,57	2,40	2,25	2,11
		2	13,13	10,94	9,22	7,84	6,72	5,81	5,05	4,42	3,89	3,44	3,06	2,73	2,45	2,20	1,99	1,80	1,64
		3	7,88	6,57	5,53	4,70	4,03	3,48	3,03	2,65	2,33	2,06	1,84	1,64	1,47	1,32	1,19	1,08	0,98
																			Lgr = 17,56

Begehbarkeitsgrenze nach DIN 18807

Zeile 1: zul. Bemessungswerte
Zeile 2: Durchbiegung $l/300$
Zeile 3: Durchbiegung $l/500$

Bei Durchbiegungsbeschränkung nach Zeile 2 oder Zeile 3: Wert dieser Zeile mit dem der Zeile 1 vergleichen! Kleinerer Wert ist maßgebend.

Lgr = exakte Begehbarkeitsgrenzstützweite

Die Bestimmungen der DIN 18807 sind zu beachten.

Die ausreichende Verankerung des THYSSEN-Daches mit der Unterkonstruktion ist in einer besonderen statischen Berechnung nachzuweisen. Als Mindestverankerung empfehlen wir die Befestigung in jedem Wellental.

Bild 9-4 Beispiel einer Tabelle mit Belastungen von denen die kleinere maßgebend ist

Die Broschüren der Firmen enthalten für jedes Trapezprofil aus dem Lieferprogramm die zulässigen Belastungen für Ein-, Zwei- und Dreifeldträger. Die Mehrfeldträger haben jeweils gleich große Felder. Dieses ist im Regelfall keine Einschränkung, weil die Stützweiten der Trapezprofile gleich dem Binder-, Pfetten- oder Riegelabstand sind. Werden die Trapezprofile über mehr als drei Felder durchlaufend verlegt, kann man mit ausreichender Genauigkeit die zulässigen Belastungen für Dreifeldträger verwenden.

Die zulässigen Belastungen sind außer vom statischen System auch noch von den Auflagerbreiten abhängig. Da die Endauflagerkraft meistens nicht bemessungsmaßgebend wird, verwendet man zur Erstellung der Tabellen in der Regel die charakteristische Kraft für die kleinste verzeichnete Endauflagerbreite von 40 mm. Diese Bedingung ist auch dann erfüllt, wenn das Auflager zwar schmaler ist, aber sich mit dem Trapezprofilüberstand zusammen ein Maß von mindestens 40 mm ergibt.

Für die beiden Zwischenauflagerbreiten der Typenblätter (s. Bilder 9-3 und 9-4) sind in den Tabellen die zulässigen Belastungen in verschiedenen Zeilen angegeben, oder es sind zwei getrennte Tabellen vorhanden. Im Bild 9-3 sind die zulässigen Belastungen für die kleinere Zwischenauflagerbreite im unteren Teil der Tabelle vorhanden. Eine Wiederholung der Zeilen mit den Durchbiegungsbegrenzungen ist nicht erforderlich, weil diese Werte nicht von den Auflagerbreiten abhängen.

An einem Beispiel soll die Interpolation für Zwischenwerte sowohl für die Stützweite als auch für die Zwischenauflagerbreite erklärt werden. In beiden Fällen darf linear interpoliert werden.

Es sind die zulässigen Belastungen des Trapezprofils E 100 mit $t_N = 0{,}88$ mm der Hoesch Siegerlandwerke GmbH für einen Zweifeldträger mit den Stützweiten von 5,60 m und einer Zwischenauflagerbreite von 100 mm für die Durchbiegungsschranken von ℓ / 150 und ℓ / 300 zu bestimmen.

Der benötigte Datensatz aus der Tabelle im Bild 9-3 sieht wie folgt aus:

Zeile	Stützweite [m]	5,50	5,75
		$b_B \geq 160$ mm	
1	ohne Durchbiegung	1,74	1,61
2	ℓ / 150	1,74	1,61
3	ℓ / 300	1,39	1,21
		$b_B = 60$ mm	
4	ohne Durchbiegung	1,56	1,48

Die zulässigen Belastungen ohne Durchbiegungsbegrenzung sind:

$b_B \geq 160$ mm:
$\text{zul } q_{160} = 1{,}74 + (1{,}61 - 1{,}74) \cdot (5{,}60 - 5{,}50) / (5{,}75 - 5{,}50) = 1{,}69 \text{ kN/m}^2$

$b_B = 60$ mm:
$\text{zul } q_{60} = 1{,}56 + (1{,}48 - 1{,}56) \cdot (5{,}60 - 5{,}50) / (5{,}75 - 5{,}50) = 1{,}53 \text{ kN/m}^2$

$b_B = 100$ mm:
$\text{zul } q_{100} = 1{,}53 + (1{,}69 - 1{,}53) \cdot (100\text{-}60) / (160\text{-}60) = 1{,}59 \text{ kN/m}^2$

Die zulässige Belastung mit der Durchbiegungsschranke ℓ / 150 ist also

$$\text{zul } q_{150} = 1{,}59 \text{ kN/m}^2$$

weil die Durchbiegung nicht maßgebend ist. Man sieht dieses an den gleichen Werten in den Zeilen 1 und 2.

Für die Durchbiegungsschranke ℓ / 300 muß für die Stützweite neu interpoliert werden, weil beide Werte der Zeile 3 unter 1,59 liegen. Die Durchbiegung ist hier also maßgebend.

$$\text{zul } q_{300} = 1{,}39 + (1{,}21 - 1{,}39) \cdot (5{,}60 - 5{,}50) / (5{,}75 - 5{,}50) = 1{,}32 \text{ kN/m}^2$$

Bei anderen Aufgabenstellungen und Datenkombinationen ist zu beachten, daß immer nur zwischen zulässigen Belastungen mit gleichem maßgebendem Bemessungskriterium interpoliert wird. Wie im obigen Beispiel enthalten Zeilen für Durchbiegungsbeschränkungen häufig die Werte für die Tragsicherheit, weil die Durchbiegung nicht bemessungsmaßgebend ist. Sie können also nicht zur Interpolation von Durchbiegungsschranken herangezogen werden.

Für schmalere als die kleinste der verzeichneten Zwischenauflagerbreiten muß man linear gegen Null interpolieren. Bei der Auflagerung auf Rohren oder Seilen darf 10 mm Breite eingesetzt werden. Im Regelfall kommt dann 1/6 der zulässigen Belastung für die kleinere Zwischenauflagerbreite heraus, weil diese 60 mm beträgt. Ob diese geringe Beanspruchbarkeit noch ausreicht, ist vom Einzelfall abhängig.

Für einige Trapezprofile sind die Widerstandsgrößen mit Schneidenauflager geprüft worden. Diese Werte liegen deutlich über den rechnerischen Widerstandsgrößen nach der Reduzierung auf 10 mm Zwischenauflagerbreite. Die entsprechenden Daten sind in den Typenblättern verzeichnet. Für diesen Fall dürfen für kleine Auflagerbreiten die Widerstandsgrößen zwischen den Werten für Schneidenlagerung ($b_B = 0$) und den Werten für 60 mm Breite linear eingeschaltet werden. Beispiele sind die Trapezprofile E 35, E 50 und E 160 der Hoesch Siegerlandwerke GmbH.

Für breitere als die größte der verzeichneten Zwischenauflagerbreiten darf die zulässige Belastung nicht erhöht werden. Die Interpolationsmöglichkeiten in Abhängigkeit von der Zwischenauflagerbreite zeigt Bild 8-4.

Die vorstehende Beschreibung von Bemessungstabellen trifft für nach unten gerichtete Belastungen auf Trapezprofildächer zu. Nach oben gerichtete Belastungen (Windsog) werden in den meisten Fällen nicht bemessungsmaßgebend. Tabellen sind daher entbehrlich. Bei seitlich offenen Gebäuden großer Höhe ist aber eine Überprüfung im Einzelfall erforderlich. Die Verbindungen der Trapezprofile mit der Unterkonstruktion sind in jedem Fall zusätzlich nachzuweisen.

Die oben beschriebenen Tabellen können ohne Einschränkung für Trapezprofilwände bei Winddruck verwendet werden. Für Windsog wendet man hilfsweise die Tabellen für die Negativlage des betreffenden Profils an. Die Lastrichtung ist dann richtig, nur die Auflagerung ist für andrückende Belastung vorgesehen und nicht für abhebende. Diese Bemessung liegt i. a. auf der sicheren Seite.

9.2.2 Kassettenprofile für Wände

Spezielle Bemessungstabellen für Wände lassen sich für die Anwendung der Bauelemente in Deutschland mit den genormten Windlasten erstellen. Man kommt mit einer Tabelle aus, weil hier die Zuordnung von Winddruck und -sog eindeutig geregelt ist. Solche Tabellen sind von den Firmen für ihre Kassettenprofile erstellt worden, weil diese Bauelemente vorwiegend für Wände verwendet werden.

In diesen Tabellen wird auch berücksichtigt, daß die Beanspruchbarkeit der Kassettenprofile für die Belastungsrichtungen sehr unterschiedlich ist. Unterscheiden muß man nur zwischen den Höhenstufen über Gelände, den Gebäudearten und u. U. den Gebäudeformen. Ein Beispiel für eine solche Tabelle zeigt Bild 9-5. Da die Belastung für die im Kopf der Tabelle angegebenen Fälle durch DIN 1055 Teil 4 eindeutig vorgegeben ist, sind die Tabellenwerte keine zulässigen Belastungen sondern zulässige Stützweiten. Der Nachweis beschränkt sich also auf folgende Form.

$$\text{vorh } \ell \leq \text{zul } \ell \tag{9-2}$$

Für einen flexiblen Einsatz der Kassettenprofile, z. B. auch im Ausland, benötigt man je eine Bemessungstabelle für andrückende und abhebende Belastungen. Die kleinere der Stützweiten ist dann maßgebend. Solche Tabellen sind in den Bildern 9-6 und 9-7 abgedruckt. Die Tabellenwerte sind wie bei den Trapezprofilen zulässige Belastungen. Sie sind in gleicher Art und Weise aufgebaut. Für die Handhabung gelten die Aussagen des Abschnittes 9.2.1 sinngemäß. Eine Schwierigkeit mit den Teilsicherheitsbeiwerten gibt es in der Regel nicht, weil Winddruck und -sog jeweils nur eine Einwirkung sind.

Die Tabelle in Bild 9-6 gibt den zulässigen Winddruck für zwei Zwischenauflagerbreiten an. Der größere Wert ist für Stahlbetonstützen als Zwischenauflager gedacht. Bei der Tabelle in Bild 9-7 ist die Zwischenauflagerbreite mit Null angegeben, weil die Auflagerkräfte durch die Befestigung der Kassettenprofile mittels Schrauben oder Setzbolzen übertragen werden. Diese Verbindungen sind gesondert nachzuweisen (s. Abschnitt 8.5). Wichtige konstruktive Hinweise für die Verbindungen der Kassettenprofile mit der Unterkonstruktion werden im Konstruktionsatlas [138] gegeben.

Statische Angaben

Zulässige Stützweiten

Typ K 120	Blechdicke [mm]	Zulässige Stützweiten [m] Bauwerkshöhe über Gelände [m] 0 bis 8 Gebäudeart		> 8 bis 20 Gebäudeart		> 20 bis 100 Gebäudeart	
Statisches System		geschl.	offen	geschl.	offen	geschl.	offen
Zwischenauflagerbreite min b = 160 mm							
	0,75	5,96	4,86	4,71	3,84	4,02	2,89
	0,88	7,18	5,82	5,68	4,64	4,84	3,96
Einfeldträger	1,00	8,16	6,10	6,45	5,17	5,50	4,41
	1,25	9,19	6,85	7,65	5,86	6,52	5,19
	1,50	9,79	7,29	8,37	6,23	7,17	5,60
	0,75	6,49	5,24	5,13	4,14	4,38	2,89
	0,88	7,81	5,96	6,17	4,71	5,26	4,02
Zweifeldträger	1,00	8,85	6,70	6,99	5,30	5,96	4,52
	1,25	10,58	7,99	8,36	6,32	7,13	5,39
	1,50	11,62	8,79	9,19	6,95	7,84	5,93
	0,75	7,01	5,43	5,21	4,19	4,38	3,14
	0,88	8,24	6,67	6,46	5,04	5,28	4,30
Dreifeldträger	1,00	9,24	7,50	7,30	5,83	6,15	4,87
	1,25	11,28	8,52	8,92	7,06	7,61	6,02
	1,50	12,18	9,07	9,81	7,75	8,36	6,63
Zwischenauflagerbreite min b = 300 mm							
	0,75	5,96	4,86	4,71	3,84	4,02	2,89
	0,88	7,18	5,82	5,68	4,64	4,84	3,96
Einfeldträger	1,00	8,16	6,10	6,45	5,17	5,50	4,41
	1,25	9,19	6,85	7,65	5,86	6,52	5,19
	1,50	9,79	7,29	8,37	6,23	7,17	5,60
	0,75	6,70	5,24	5,30	4,15	4,52	3,26
	0,88	8,06	5,96	6,37	4,71	5,43	4,02
Zweifeldträger	1,00	9,13	6,70	7,22	5,30	6,16	4,52
	1,25	10,98	7,99	8,68	6,32	7,40	5,39
	1,50	12,06	8,79	9,54	6,95	8,13	5,93
	0,75	7,11	5,63	5,62	4,45	4,79	3,62
	0,88	8,62	6,67	6,81	5,27	5,81	4,49
Dreifeldträger	1,00	9,81	7,50	7,76	5,93	6,61	5,05
	1,25	11,43	8,52	9,41	7,06	8,03	6,02
	1,50	12,18	9,07	10,34	7,75	8,81	6,63

Bild 9-5 Beispiel einer Tabelle mit zulässigen Stützweiten für Kassettenwände

Hoesch Kassette HK 100/600 Winddruck

Zulässige Belastung zul. q [kN/m²] nach Zulassung

Einfeldträger, Winddruck

Stützweite L [m]			3,00	3,25	3,50	3,75	4,00	4,25	4,50	4,75	5,00	5,25	5,50	5,75	6,00	6,25	6,50	6,75	7,00	7,25	7,50	7,75	8,00	8,25	8,50	8,75	9,00	9,25	9,50	9,75	10,00
t_N	g	max f	Einfeldträger, zul. q [kN/m²]																												
0,75	8,9	*	1,53	1,30	1,12	0,98	0,86	0,76	0,68	0,61	0,55	0,50	0,46	0,42	0,38	0,35	0,33	0,30	0,28	0,26	0,24	0,23	0,22	0,20	0,19	0,18	0,17	0,16	0,15	0,14	0,14
		L/150	1,53	1,30	1,12	0,98	0,86	0,76	0,68	0,61	0,55	0,50	0,46	0,42	0,38	0,35	0,33	0,30	0,28	0,26	0,24	0,23	0,21	0,19	0,18	0,16	0,15	0,14	0,13	0,12	0,11
		L/200	1,53	1,30	1,12	0,98	0,86	0,76	0,68	0,61	0,55	0,50	0,46	0,42	0,37	0,33	0,29	0,26	0,24	0,21	0,19	0,17	0,16	0,14	0,13	0,12	0,11	0,10	0,09	0,09	0,08
		L/300	1,53	1,30	1,12	0,98	0,84	0,70	0,59	0,50	0,43	0,37	0,32	0,28	0,25	0,22	0,20	0,17	0,16	0,14	0,13	0,12	0,10	0,10	0,09	0,08	0,07	0,07	0,06	0,06	0,05
0,88	10,4	*	2,22	1,89	1,63	1,42	1,25	1,11	0,99	0,89	0,80	0,72	0,66	0,60	0,55	0,51	0,47	0,44	0,41	0,38	0,36	0,33	0,31	0,29	0,28	0,26	0,25	0,23	0,22	0,21	0,20
		L/150	2,22	1,89	1,63	1,42	1,25	1,11	0,99	0,89	0,80	0,72	0,66	0,60	0,55	0,51	0,47	0,43	0,39	0,35	0,31	0,28	0,26	0,24	0,22	0,20	0,18	0,17	0,15	0,14	0,13
		L/200	2,22	1,89	1,63	1,42	1,25	1,11	0,99	0,89	0,79	0,69	0,60	0,52	0,46	0,41	0,36	0,32	0,29	0,26	0,24	0,21	0,19	0,18	0,16	0,15	0,14	0,13	0,12	0,11	0,10
		L/300	2,22	1,89	1,54	1,25	1,03	0,86	0,73	0,62	0,53	0,46	0,40	0,35	0,31	0,27	0,24	0,22	0,19	0,17	0,16	0,14	0,13	0,12	0,11	0,10	0,09	0,08	0,08	0,07	0,07
1,00	11,9	*	2,87	2,44	2,11	1,83	1,61	1,43	1,27	1,14	1,03	0,94	0,85	0,78	0,72	0,66	0,61	0,57	0,53	0,49	0,46	0,43	0,40	0,38	0,36	0,34	0,32	0,30	0,29	0,27	0,26
		L/150	2,87	2,44	2,11	1,83	1,61	1,43	1,27	1,14	1,03	0,94	0,85	0,78	0,72	0,64	0,57	0,51	0,45	0,41	0,37	0,33	0,30	0,28	0,25	0,23	0,21	0,20	0,18	0,17	0,16
		L/200	2,87	2,44	2,11	1,83	1,61	1,43	1,27	1,09	0,94	0,81	0,70	0,62	0,54	0,48	0,43	0,38	0,34	0,31	0,28	0,25	0,23	0,21	0,19	0,17	0,16	0,15	0,14	0,13	0,12
		L/300	2,87	2,27	1,82	1,48	1,22	1,02	0,86	0,73	0,62	0,54	0,47	0,41	0,36	0,32	0,28	0,25	0,23	0,20	0,18	0,17	0,15	0,14	0,13	0,12	0,11	0,10	0,09	0,08	0,08
1,25	14,8	*	3,58	3,05	2,63	2,29	2,02	1,78	1,59	1,43	1,29	1,17	1,07	0,98	0,90	0,83	0,76	0,71	0,66	0,61	0,57	0,54	0,50	0,47	0,45	0,42	0,40	0,38	0,36	0,34	0,32
		L/150	3,58	3,05	2,63	2,29	2,02	1,78	1,59	1,43	1,29	1,17	1,07	0,98	0,90	0,80	0,71	0,63	0,57	0,51	0,46	0,42	0,38	0,35	0,32	0,29	0,27	0,25	0,23	0,21	0,19
		L/200	3,58	3,05	2,63	2,29	2,02	1,78	1,59	1,36	1,17	1,01	0,88	0,77	0,68	0,60	0,53	0,47	0,43	0,38	0,35	0,31	0,29	0,26	0,24	0,22	0,20	0,18	0,17	0,16	0,15
		L/300	3,58	2,83	2,27	1,85	1,52	1,27	1,07	0,91	0,78	0,67	0,58	0,51	0,45	0,40	0,35	0,32	0,28	0,26	0,23	0,21	0,19	0,17	0,16	0,15	0,13	0,12	0,11	0,10	0,10
1,50	17,8	*	4,30	3,66	3,16	2,75	2,42	2,14	1,91	1,71	1,55	1,40	1,28	1,17	1,07	0,99	0,92	0,85	0,79	0,74	0,69	0,64	0,60	0,57	0,54	0,51	0,48	0,45	0,43	0,41	0,39
		L/150	4,30	3,66	3,16	2,75	2,42	2,14	1,91	1,71	1,55	1,40	1,28	1,17	1,07	0,96	0,85	0,76	0,68	0,61	0,55	0,50	0,46	0,42	0,38	0,35	0,32	0,29	0,27	0,25	0,23
		L/200	4,30	3,66	3,16	2,75	2,42	2,14	1,91	1,63	1,40	1,21	1,05	0,92	0,81	0,72	0,64	0,57	0,51	0,46	0,41	0,38	0,34	0,31	0,28	0,26	0,24	0,22	0,20	0,19	0,17
		L/300	4,30	3,40	2,72	2,21	1,82	1,52	1,28	1,09	0,93	0,81	0,70	0,61	0,54	0,48	0,42	0,38	0,34	0,31	0,28	0,25	0,23	0,21	0,19	0,17	0,16	0,15	0,14	0,13	0,12

Zweifeldträger, Winddruck

Stützweite L [m]			3,00	3,25	3,50	3,75	4,00	4,25	4,50	4,75	5,00	5,25	5,50	5,75	6,00	6,25	6,50	6,75	7,00	7,25	7,50	7,75	8,00	8,25	8,50	8,75	9,00	9,25	9,50	9,75	10,00
t_N	g	max f	Zweifeldträger, zul. q [kN/m²], Zwischenauflagerbreite b_B = 300 mm																												
0,75	8,9	*	2,32	2,06	1,84	1,65	1,48	1,31	1,17	1,05	0,95	0,86	0,78	0,72	0,66	0,61	0,56	0,52	0,48	0,45	0,42	0,39	0,37	0,35	0,33	0,31	0,29	0,28	0,26	0,25	0,24
		L/150	2,32	2,06	1,84	1,65	1,48	1,31	1,17	1,05	0,95	0,86	0,78	0,72	0,66	0,61	0,56	0,52	0,48	0,45	0,42	0,39	0,37	0,35	0,33	0,31	0,29	0,28	0,26	0,25	0,24
		L/200	2,32	2,06	1,84	1,65	1,48	1,31	1,17	1,05	0,95	0,86	0,78	0,72	0,66	0,61	0,56	0,52	0,48	0,45	0,42	0,39	0,37	0,35	0,32	0,29	0,27	0,24	0,23	0,21	0,19
		L/300	2,32	2,06	1,84	1,65	1,48	1,31	1,17	1,05	0,95	0,86	0,78	0,68	0,60	0,53	0,47	0,42	0,38	0,34	0,31	0,28	0,25	0,23	0,21	0,19	0,18	0,16	0,15	0,14	0,13
0,88	10,4	*	3,11	2,74	2,36	2,05	1,81	1,60	1,43	1,28	1,16	1,05	0,96	0,87	0,80	0,74	0,68	0,63	0,59	0,55	0,51	0,48	0,45	0,42	0,40	0,38	0,36	0,34	0,32	0,30	0,29
		L/150	3,11	2,74	2,36	2,05	1,81	1,60	1,43	1,28	1,16	1,05	0,96	0,87	0,80	0,74	0,68	0,63	0,59	0,55	0,51	0,48	0,45	0,42	0,40	0,38	0,36	0,34	0,32	0,30	0,29
		L/200	3,11	2,74	2,36	2,05	1,81	1,60	1,43	1,28	1,16	1,05	0,96	0,87	0,80	0,74	0,68	0,63	0,59	0,55	0,51	0,48	0,45	0,42	0,39	0,36	0,33	0,30	0,28	0,26	0,24
		L/300	3,11	2,74	2,36	2,05	1,81	1,60	1,43	1,28	1,16	1,05	0,96	0,84	0,74	0,65	0,58	0,52	0,46	0,42	0,38	0,34	0,31	0,28	0,26	0,24	0,22	0,20	0,19	0,17	0,16
1,00	11,9	*	3,74	3,19	2,75	2,40	2,11	1,87	1,66	1,49	1,35	1,22	1,11	1,02	0,94	0,86	0,80	0,74	0,69	0,64	0,60	0,56	0,53	0,50	0,47	0,44	0,42	0,39	0,37	0,35	0,34
		L/150	3,74	3,19	2,75	2,40	2,11	1,87	1,66	1,49	1,35	1,22	1,11	1,02	0,94	0,86	0,80	0,74	0,69	0,64	0,60	0,56	0,53	0,50	0,47	0,44	0,42	0,39	0,37	0,35	0,34
		L/200	3,74	3,19	2,75	2,40	2,11	1,87	1,66	1,49	1,35	1,22	1,11	1,02	0,94	0,86	0,80	0,74	0,69	0,64	0,60	0,56	0,53	0,50	0,46	0,42	0,39	0,36	0,33	0,30	0,28
		L/300	3,74	3,19	2,75	2,40	2,11	1,87	1,66	1,49	1,35	1,22	1,11	0,99	0,87	0,77	0,68	0,61	0,55	0,49	0,44	0,40	0,37	0,33	0,31	0,28	0,26	0,24	0,22	0,20	0,19
1,25	14,8	*	4,68	3,99	3,44	3,00	2,63	2,33	2,08	1,87	1,69	1,53	1,39	1,27	1,17	1,08	1,00	0,92	0,86	0,80	0,75	0,70	0,66	0,62	0,58	0,55	0,52	0,49	0,47	0,44	0,42
		L/150	4,68	3,99	3,44	3,00	2,63	2,33	2,08	1,87	1,69	1,53	1,39	1,27	1,17	1,08	1,00	0,92	0,86	0,80	0,75	0,70	0,66	0,62	0,58	0,55	0,52	0,49	0,47	0,44	0,42
		L/200	4,68	3,99	3,44	3,00	2,63	2,33	2,08	1,87	1,69	1,53	1,39	1,27	1,17	1,08	1,00	0,92	0,86	0,80	0,75	0,70	0,66	0,62	0,57	0,52	0,48	0,44	0,41	0,38	0,35
		L/300	4,68	3,99	3,44	3,00	2,63	2,33	2,08	1,87	1,69	1,53	1,39	1,23	1,08	0,96	0,85	0,76	0,68	0,61	0,55	0,50	0,46	0,42	0,38	0,35	0,32	0,30	0,27	0,25	0,23
1,50	17,8	*	5,60	4,78	4,12	3,59	3,15	2,79	2,49	2,24	2,02	1,83	1,67	1,53	1,40	1,29	1,19	1,11	1,03	0,96	0,90	0,84	0,79	0,74	0,70	0,66	0,62	0,59	0,56	0,53	0,50
		L/150	5,60	4,78	4,12	3,59	3,15	2,79	2,49	2,24	2,02	1,83	1,67	1,53	1,40	1,29	1,19	1,11	1,03	0,96	0,90	0,84	0,79	0,74	0,70	0,66	0,62	0,59	0,56	0,53	0,50
		L/200	5,60	4,78	4,12	3,59	3,15	2,79	2,49	2,24	2,02	1,83	1,67	1,53	1,40	1,29	1,19	1,11	1,03	0,96	0,90	0,84	0,79	0,74	0,69	0,63	0,58	0,53	0,49	0,45	0,42
		L/300	5,60	4,78	4,12	3,59	3,15	2,79	2,49	2,24	2,02	1,83	1,67	1,48	1,30	1,15	1,02	0,91	0,82	0,74	0,66	0,60	0,55	0,50	0,46	0,42	0,38	0,35	0,33	0,30	0,28
t_N	g	max f	Zweifeldträger, zul. q [kN/m²], Zwischenauflagerbreite b_B = 100 mm																												
0,75	8,9	*	1,89	1,67	1,49	1,33	1,18	1,05	0,93	0,84	0,76	0,69	0,63	0,57	0,53	0,48	0,45	0,42	0,39	0,36	0,34	0,31	0,30	0,28	0,26	0,25	0,23	0,22	0,21	0,20	0,19
0,88	10,4	*	2,72	2,38	2,05	1,79	1,57	1,39	1,24	1,12	1,01	0,91	0,83	0,76	0,70	0,64	0,60	0,55	0,51	0,48	0,45	0,42	0,39	0,37	0,35	0,33	0,31	0,29	0,28	0,26	0,25
1,00	11,9	*	3,43	2,92	2,52	2,20	1,93	1,71	1,53	1,37	1,24	1,12	1,02	0,93	0,86	0,79	0,73	0,68	0,63	0,59	0,55	0,51	0,48	0,45	0,43	0,40	0,38	0,36	0,34	0,32	0,31
1,25	14,8	*	4,29	3,65	3,15	2,74	2,41	2,14	1,91	1,71	1,54	1,40	1,28	1,17	1,07	0,99	0,91	0,85	0,79	0,73	0,69	0,64	0,60	0,57	0,53	0,50	0,48	0,45	0,43	0,41	0,39
1,50	17,8	*	5,14	4,38	3,78	3,29	2,89	2,56	2,29	2,05	1,85	1,68	1,53	1,40	1,29	1,19	1,10	1,02	0,94	0,88	0,82	0,77	0,72	0,68	0,64	0,60	0,57	0,54	0,51	0,49	0,46

Dreifeldträger, Winddruck

Stützweite L [m]			3,00	3,25	3,50	3,75	4,00	4,25	4,50	4,75	5,00	5,25	5,50	5,75	6,00	6,25	6,50	6,75	7,00	7,25	7,50	7,75	8,00	8,25	8,50	8,75	9,00	9,25	9,50	9,75	10,00
t_N	g	max f	Dreifeldträger, zul. q [kN/m²], Zwischenauflagerbreite b_B = 300 mm																												
0,75	8,9	*	2,39	2,04	1,76	1,53	1,34	1,19	1,06	0,95	0,86	0,78	0,71	0,65	0,60	0,55	0,51	0,47	0,44	0,41	0,38	0,36	0,34	0,32	0,30	0,28	0,27	0,25	0,24	0,23	0,22
		L/150	2,39	2,04	1,76	1,53	1,34	1,19	1,06	0,95	0,86	0,78	0,71	0,65	0,60	0,55	0,51	0,47	0,44	0,41	0,38	0,36	0,34	0,32	0,30	0,28	0,27	0,25	0,24	0,22	0,20
		L/200	2,39	2,04	1,76	1,53	1,34	1,19	1,06	0,95	0,86	0,78	0,71	0,65	0,60	0,55	0,51	0,47	0,44	0,40	0,36	0,33	0,30	0,27	0,25	0,23	0,21	0,19	0,18	0,16	0,15
		L/300	2,39	2,04	1,76	1,53	1,34	1,19	1,06	0,95	0,81	0,70	0,61	0,54	0,47	0,42	0,37	0,33	0,30	0,27	0,24	0,22	0,20	0,18	0,17	0,15	0,14	0,13	0,12	0,11	0,10
0,88	10,4	*	3,47	2,95	2,55	2,22	1,95	1,73	1,54	1,38	1,25	1,13	1,03	0,94	0,87	0,80	0,74	0,69	0,64	0,59	0,55	0,52	0,49	0,46	0,43	0,41	0,39	0,36	0,35	0,33	0,31
		L/150	3,47	2,95	2,55	2,22	1,95	1,73	1,54	1,38	1,25	1,13	1,03	0,94	0,87	0,80	0,74	0,69	0,64	0,59	0,55	0,52	0,49	0,45	0,41	0,37	0,34	0,32	0,29	0,27	0,25
		L/200	3,47	2,95	2,55	2,22	1,95	1,73	1,54	1,38	1,25	1,13	1,03	0,94	0,87	0,77	0,68	0,61	0,55	0,49	0,44	0,40	0,37	0,33	0,31	0,28	0,26	0,24	0,22	0,20	0,19
		L/300	3,47	2,95	2,55	2,22	1,95	1,63	1,37	1,17	1,00	0,86	0,75	0,66	0,58	0,51	0,46	0,41	0,36	0,33	0,30	0,27	0,24	0,22	0,20	0,19	0,17	0,16	0,15	0,13	0,13
1,00	11,9	*	4,48	3,82	3,29	2,87	2,52	2,23	1,99	1,79	1,61	1,46	1,33	1,22	1,12	1,03	0,95	0,88	0,82	0,77	0,72	0,67	0,63	0,59	0,56	0,53	0,50	0,47	0,45	0,42	0,40
		L/150	4,48	3,82	3,29	2,87	2,52	2,23	1,99	1,79	1,61	1,46	1,33	1,22	1,12	1,03	0,95	0,88	0,82	0,77	0,70	0,63	0,58	0,53	0,48	0,44	0,40	0,37	0,34	0,32	0,29
		L/200	4,48	3,82	3,29	2,87	2,52	2,23	1,99	1,79	1,61	1,46	1,33	1,16	1,02	0,91	0,81	0,72	0,64	0,58	0,52	0,48	0,43	0,39	0,36	0,33	0,30	0,28	0,26	0,24	0,22
		L/300	4,48	3,82	3,29	2,79	2,30	1,92	1,62	1,38	1,18	1,02	0,89	0,78	0,68	0,60	0,54	0,48	0,43	0,39	0,35	0,32	0,29	0,26	0,24	0,22	0,20	0,19	0,17	0,16	0,15
1,25	14,8	*	5,60	4,77	4,11	3,58	3,15	2,79	2,49	2,23	2,02	1,83	1,67	1,52	1,40	1,29	1,19	1,11	1,03	0,96	0,90	0,84	0,79	0,74	0,70	0,66	0,62	0,59	0,56	0,53	0,50
		L/150	5,60	4,77	4,11	3,58	3,15	2,79	2,49	2,23	2,02	1,83	1,67	1,52	1,40	1,29	1,19	1,11	1,03	0,96	0,87	0,79	0,72	0,66	0,60	0,55	0,51	0,47	0,43	0,40	0,37
		L/200	5,60	4,77	4,11	3,58	3,15	2,79	2,49	2,23	2,02	1,83	1,66	1,45	1,28	1,13	1,01	0,90	0,81	0,72	0,65	0,59	0,54	0,49	0,45	0,41	0,38	0,35	0,32	0,30	0,28
		L/300	5,60	4,77	4,11	3,49	2,87	2,40	2,02	1,72	1,47	1,27	1,11	0,97	0,85	0,75	0,67	0,60	0,54	0,48	0,44	0,40	0,36	0,33	0,30	0,27	0,25	0,23	0,21	0,20	0,18
1,50	17,8	*	6,72	5,72	4,94	4,30	3,78	3,35	2,99	2,68	2,42	2,19	2,00	1,83	1,68	1,55	1,43	1,33	1,23	1,15	1,07	1,01	0,94	0,89	0,84	0,79	0,75	0,71	0,67	0,64	0,60
		L/150	6,72	5,72	4,94	4,30	3,78	3,35	2,99	2,68	2,42	2,19	2,00	1,83	1,68	1,55	1,43	1,33	1,23	1,15	1,05	0,95	0,86	0,79	0,72	0,66	0,61	0,56	0,51	0,48	0,44
		L/200	6,72	5,72	4,94	4,30	3,78	3,35	2,99	2,68	2,42	2,19	1,99	1,74	1,53	1,36	1,21	1,08	0,97	0,87	0,78	0,71	0,65	0,59	0,54	0,49	0,45	0,42	0,39	0,36	0,33
		L/300	6,72	5,72	4,94	4,18	3,45	2,87	2,42	2,06	1,77	1,53	1,33	1,16	1,02	0,90	0,80	0,72	0,64	0,58	0,52	0,47	0,43	0,39	0,36	0,33	0,30	0,28	0,26	0,24	0,22
t_N	g	max f	Dreifeldträger, zul. q [kN/m²], Zwischenauflagerbreite b_B = 100 mm																												
0,75	8,9	*	2,26	2,00	1,76	1,53	1,34	1,19	1,06	0,95	0,86	0,78	0,71	0,65	0,60	0,55	0,51	0,47	0,44	0,41	0,38	0,36	0,34	0,32	0,30	0,28	0,27	0,25	0,24	0,23	0,22
0,88	10,4	*	3,25	2,87	2,55	2,22	1,95	1,73	1,54	1,38	1,25	1,13	1,03	0,94	0,87	0,80	0,74	0,69	0,64	0,59	0,55	0,52	0,49	0,46	0,43	0,41	0,39	0,36	0,35	0,33	0,31
1,00	11,9	*	4,15	3,66	3,15	2,75	2,41	2,14	1,91	1,71	1,54	1,40	1,28	1,17	1,07	0,99	0,91	0,85	0,79	0,73	0,69	0,64	0,60	0,57	0,53	0,50	0,48	0,45	0,43	0,41	0,39
1,25	14,8	*	5,19	4,57	3,94	3,43	3,02	2,67	2,38	2,14	1,93	1,75	1,59	1,46	1,34	1,24	1,14	1,06	0,98	0,92	0,86	0,80	0,75	0,71	0,67	0,63	0,60	0,56	0,53	0,51	0,48
1,50	17,8	*	6,23	5,48	4,72	4,12	3,62	3,20	2,86	2,57	2,32	2,10	1,91	1,75	1,61	1,48	1,37	1,27	1,18	1,10	1,03	0,96	0,90	0,85	0,80	0,76	0,71	0,68	0,64	0,61	0,58

Bild 9-6 Beispiel einer Tabelle mit zulässigen Winddruck-Belastungen für Kassettenwände

Hoesch Kassette HK 100/600 Windsog

Zulässige Belastung zul. q [kN/m²] nach Zulassung

Einfeldträger, Windsog

Stützweite L [m]			3,00	3,25	3,50	3,75	4,00	4,25	4,50	4,75	5,00	5,25	5,50	5,75	6,00	6,25	6,50	6,75	7,00	7,25	7,50	7,75	8,00	8,25	8,50	8,75	9,00	9,25	9,50	9,75	10,00
t_N	g	max f	Einfeldträger, zul. q [kN/m²]																												
0,75	8,9	*	2,10	1,79	1,54	1,34	1,18	1,04	0,93	0,84	0,75	0,68	0,62	0,57	0,52	0,48	0,45	0,41	0,38	0,36	0,34	0,31	0,29	0,28	0,26	0,25	0,23	0,22	0,21	0,20	0,19
		L/150	2,10	1,79	1,54	1,34	1,18	1,04	0,93	0,84	0,75	0,68	0,62	0,57	0,50	0,44	0,39	0,35	0,31	0,28	0,25	0,23	0,21	0,19	0,18	0,16	0,15	0,14	0,13	0,12	0,11
		L/200	2,10	1,79	1,54	1,34	1,18	1,04	0,88	0,75	0,64	0,56	0,48	0,42	0,37	0,33	0,29	0,26	0,24	0,21	0,19	0,17	0,16	0,14	0,13	0,12	0,11	0,10	0,09	0,09	0,08
		L/300	1,99	1,57	1,25	1,02	0,84	0,70	0,59	0,50	0,43	0,37	0,32	0,28	0,25	0,22	0,20	0,17	0,16	0,14	0,13	0,12	0,10	0,10	0,09	0,08	0,07	0,07	0,06	0,06	0,05
0,88	10,4	*	2,70	2,30	1,98	1,73	1,52	1,34	1,20	1,08	0,97	0,88	0,80	0,73	0,67	0,62	0,58	0,53	0,50	0,46	0,43	0,40	0,38	0,36	0,34	0,32	0,30	0,28	0,27	0,26	0,24
		L/150	2,70	2,30	1,98	1,73	1,52	1,34	1,20	1,08	0,97	0,88	0,79	0,70	0,61	0,54	0,48	0,43	0,39	0,35	0,31	0,28	0,26	0,24	0,22	0,20	0,18	0,17	0,15	0,14	0,13
		L/200	2,70	2,30	1,98	1,73	1,52	1,29	1,09	0,93	0,79	0,69	0,60	0,52	0,46	0,41	0,36	0,32	0,29	0,26	0,24	0,21	0,19	0,18	0,16	0,15	0,14	0,13	0,12	0,11	0,10
		L/300	2,45	1,93	1,54	1,25	1,03	0,86	0,73	0,62	0,53	0,46	0,40	0,35	0,31	0,27	0,24	0,22	0,19	0,17	0,16	0,14	0,13	0,12	0,11	0,10	0,09	0,08	0,08	0,07	0,07
1,00	11,9	*	3,26	2,78	2,39	2,09	1,83	1,62	1,45	1,30	1,17	1,06	0,97	0,89	0,81	0,75	0,69	0,64	0,60	0,56	0,52	0,49	0,46	0,43	0,41	0,38	0,36	0,34	0,33	0,31	0,29
		L/150	3,26	2,78	2,39	2,09	1,83	1,62	1,45	1,30	1,17	1,06	0,94	0,82	0,72	0,64	0,57	0,51	0,45	0,41	0,37	0,33	0,30	0,28	0,25	0,23	0,21	0,20	0,18	0,17	0,16
		L/200	3,26	2,78	2,39	2,09	1,83	1,52	1,28	1,09	0,94	0,81	0,70	0,62	0,54	0,48	0,43	0,38	0,34	0,31	0,28	0,25	0,23	0,21	0,19	0,17	0,16	0,15	0,14	0,13	0,12
		L/300	2,89	2,27	1,82	1,48	1,22	1,02	0,86	0,73	0,62	0,54	0,47	0,41	0,36	0,32	0,28	0,25	0,23	0,20	0,18	0,17	0,15	0,14	0,13	0,12	0,11	0,10	0,09	0,08	0,08
1,25	14,8	*	4,07	3,47	2,99	2,61	2,29	2,03	1,81	1,62	1,47	1,33	1,21	1,11	1,02	0,94	0,87	0,80	0,75	0,70	0,65	0,61	0,57	0,54	0,51	0,48	0,45	0,43	0,41	0,39	0,37
		L/150	4,07	3,47	2,99	2,61	2,29	2,03	1,81	1,62	1,47	1,33	1,17	1,02	0,90	0,80	0,71	0,63	0,57	0,51	0,46	0,42	0,38	0,35	0,32	0,29	0,27	0,25	0,23	0,21	0,19
		L/200	4,07	3,47	2,99	2,61	2,28	1,90	1,60	1,36	1,17	1,01	0,88	0,77	0,68	0,60	0,53	0,47	0,43	0,38	0,35	0,31	0,29	0,26	0,24	0,22	0,20	0,18	0,17	0,16	0,15
		L/300	3,61	2,83	2,27	1,85	1,52	1,27	1,07	0,91	0,78	0,67	0,58	0,51	0,45	0,40	0,35	0,32	0,28	0,26	0,23	0,21	0,19	0,17	0,16	0,15	0,13	0,12	0,11	0,10	0,10
1,50	17,8	*	4,89	4,16	3,59	3,13	2,75	2,43	2,17	1,95	1,76	1,60	1,45	1,33	1,22	1,13	1,04	0,97	0,90	0,84	0,78	0,73	0,69	0,65	0,61	0,57	0,54	0,51	0,49	0,46	0,44
		L/150	4,89	4,16	3,59	3,13	2,75	2,43	2,17	1,95	1,76	1,60	1,40	1,23	1,08	0,96	0,85	0,76	0,68	0,61	0,55	0,50	0,46	0,42	0,38	0,35	0,32	0,29	0,27	0,25	0,23
		L/200	4,89	4,16	3,59	3,13	2,74	2,28	1,92	1,63	1,40	1,21	1,05	0,92	0,81	0,72	0,64	0,57	0,51	0,46	0,41	0,38	0,34	0,31	0,28	0,26	0,24	0,22	0,20	0,19	0,17
		L/300	4,32	3,40	2,72	2,21	1,82	1,52	1,28	1,09	0,93	0,81	0,70	0,61	0,54	0,48	0,42	0,38	0,34	0,31	0,28	0,25	0,23	0,21	0,19	0,17	0,16	0,15	0,14	0,13	0,12

Zweifeldträger, Windsog

Stützweite L [m]			3,00	3,25	3,50	3,75	4,00	4,25	4,50	4,75	5,00	5,25	5,50	5,75	6,00	6,25	6,50	6,75	7,00	7,25	7,50	7,75	8,00	8,25	8,50	8,75	9,00	9,25	9,50	9,75	10,00
t_N	g	max f	Zweifeldträger, zul. q [kN/m²], Zwischenauflagerbreite b_B = 0 mm																												
0,75	8,9	*	1,38	1,18	1,01	0,88	0,78	0,69	0,61	0,55	0,50	0,45	0,41	0,38	0,34	0,32	0,29	0,27	0,25	0,24	0,22	0,21	0,19	0,18	0,17	0,16	0,15	0,15	0,14	0,13	0,12
		L/150	1,38	1,18	1,01	0,88	0,78	0,69	0,61	0,55	0,50	0,45	0,41	0,38	0,34	0,32	0,29	0,27	0,25	0,24	0,22	0,21	0,19	0,18	0,17	0,16	0,15	0,15	0,14	0,13	0,12
		L/200	1,38	1,18	1,01	0,88	0,78	0,69	0,61	0,55	0,50	0,45	0,41	0,38	0,34	0,32	0,29	0,27	0,25	0,24	0,22	0,21	0,19	0,18	0,17	0,16	0,15	0,15	0,14	0,13	0,12
		L/300	1,38	1,18	1,01	0,88	0,78	0,69	0,61	0,55	0,50	0,45	0,41	0,38	0,34	0,32	0,29	0,27	0,25	0,24	0,22	0,21	0,19	0,18	0,17	0,16	0,15	0,15	0,14	0,13	0,12
0,88	10,4	*	2,00	1,70	1,47	1,28	1,12	1,00	0,89	0,80	0,72	0,65	0,59	0,54	0,50	0,46	0,43	0,39	0,37	0,34	0,32	0,30	0,28	0,26	0,25	0,23	0,22	0,21	0,20	0,19	0,18
		L/150	2,00	1,70	1,47	1,28	1,12	1,00	0,89	0,80	0,72	0,65	0,59	0,54	0,50	0,46	0,43	0,39	0,37	0,34	0,32	0,30	0,28	0,26	0,25	0,23	0,22	0,21	0,20	0,19	0,18
		L/200	2,00	1,70	1,47	1,28	1,12	1,00	0,89	0,80	0,72	0,65	0,59	0,54	0,50	0,46	0,43	0,39	0,37	0,34	0,32	0,30	0,28	0,26	0,25	0,23	0,22	0,21	0,20	0,19	0,18
		L/300	2,00	1,70	1,47	1,28	1,12	1,00	0,89	0,80	0,72	0,65	0,59	0,54	0,50	0,46	0,43	0,39	0,37	0,34	0,32	0,30	0,28	0,26	0,25	0,23	0,22	0,20	0,19	0,17	0,16
1,00	11,9	*	2,58	2,20	1,90	1,65	1,45	1,29	1,15	1,03	0,93	0,84	0,77	0,70	0,65	0,59	0,55	0,51	0,47	0,44	0,41	0,39	0,36	0,34	0,32	0,30	0,29	0,27	0,26	0,24	0,23
		L/150	2,58	2,20	1,90	1,65	1,45	1,29	1,15	1,03	0,93	0,84	0,77	0,70	0,65	0,59	0,55	0,51	0,47	0,44	0,41	0,39	0,36	0,34	0,32	0,30	0,29	0,27	0,26	0,24	0,23
		L/200	2,58	2,20	1,90	1,65	1,45	1,29	1,15	1,03	0,93	0,84	0,77	0,70	0,65	0,59	0,55	0,51	0,47	0,44	0,41	0,39	0,36	0,34	0,32	0,30	0,29	0,27	0,26	0,24	0,23
		L/300	2,58	2,20	1,90	1,65	1,45	1,29	1,15	1,03	0,93	0,84	0,77	0,70	0,65	0,59	0,55	0,51	0,47	0,44	0,41	0,39	0,36	0,33	0,31	0,28	0,26	0,24	0,22	0,20	0,19
1,25	14,8	*	3,23	2,75	2,37	2,07	1,82	1,61	1,43	1,29	1,16	1,05	0,96	0,88	0,81	0,74	0,69	0,64	0,59	0,55	0,52	0,48	0,45	0,43	0,40	0,38	0,36	0,34	0,32	0,31	0,29
		L/150	3,23	2,75	2,37	2,07	1,82	1,61	1,43	1,29	1,16	1,05	0,96	0,88	0,81	0,74	0,69	0,64	0,59	0,55	0,52	0,48	0,45	0,43	0,40	0,38	0,36	0,34	0,32	0,31	0,29
		L/200	3,23	2,75	2,37	2,07	1,82	1,61	1,43	1,29	1,16	1,05	0,96	0,88	0,81	0,74	0,69	0,64	0,59	0,55	0,52	0,48	0,45	0,43	0,40	0,38	0,36	0,34	0,32	0,31	0,29
		L/300	3,23	2,75	2,37	2,07	1,82	1,61	1,43	1,29	1,16	1,05	0,96	0,88	0,81	0,74	0,69	0,64	0,59	0,55	0,52	0,48	0,45	0,42	0,38	0,35	0,32	0,30	0,27	0,25	0,23
1,50	17,8	*	3,87	3,30	2,84	2,48	2,18	1,93	1,72	1,54	1,39	1,26	1,15	1,05	0,97	0,89	0,82	0,76	0,71	0,66	0,62	0,58	0,54	0,51	0,48	0,45	0,43	0,41	0,39	0,37	0,35
		L/150	3,87	3,30	2,84	2,48	2,18	1,93	1,72	1,54	1,39	1,26	1,15	1,05	0,97	0,89	0,82	0,76	0,71	0,66	0,62	0,58	0,54	0,51	0,48	0,45	0,43	0,41	0,39	0,37	0,35
		L/200	3,87	3,30	2,84	2,48	2,18	1,93	1,72	1,54	1,39	1,26	1,15	1,05	0,97	0,89	0,82	0,76	0,71	0,66	0,62	0,58	0,54	0,51	0,48	0,45	0,43	0,41	0,39	0,37	0,35
		L/300	3,87	3,30	2,84	2,48	2,18	1,93	1,72	1,54	1,39	1,26	1,15	1,05	0,97	0,89	0,82	0,76	0,71	0,66	0,62	0,58	0,54	0,50	0,46	0,42	0,38	0,35	0,33	0,30	0,28

Dreifeldträger, Windsog

Stützweite L [m]			3,00	3,25	3,50	3,75	4,00	4,25	4,50	4,75	5,00	5,25	5,50	5,75	6,00	6,25	6,50	6,75	7,00	7,25	7,50	7,75	8,00	8,25	8,50	8,75	9,00	9,25	9,50	9,75	10,00
t_N	g	max f	Dreifeldträger, zul. q [kN/m²], Zwischenauflagerbreite b_B = 0 mm																												
0,75	8,9	*	1,72	1,47	1,27	1,10	0,97	0,86	0,77	0,69	0,62	0,56	0,51	0,47	0,43	0,40	0,37	0,34	0,32	0,30	0,28	0,26	0,24	0,23	0,21	0,20	0,19	0,18	0,17	0,16	0,16
		L/150	1,72	1,47	1,27	1,10	0,97	0,86	0,77	0,69	0,62	0,56	0,51	0,47	0,43	0,40	0,37	0,34	0,32	0,30	0,28	0,26	0,24	0,23	0,21	0,20	0,19	0,18	0,17	0,16	0,16
		L/200	1,72	1,47	1,27	1,10	0,97	0,86	0,77	0,69	0,62	0,56	0,51	0,47	0,43	0,40	0,37	0,34	0,32	0,30	0,28	0,26	0,24	0,23	0,21	0,20	0,19	0,18	0,17	0,16	0,15
		L/300	1,72	1,47	1,27	1,10	0,97	0,86	0,77	0,69	0,62	0,56	0,51	0,47	0,43	0,40	0,37	0,33	0,30	0,27	0,24	0,22	0,20	0,18	0,17	0,15	0,14	0,13	0,12	0,11	0,10
0,88	10,4	*	2,50	2,13	1,84	1,60	1,41	1,25	1,11	1,00	0,90	0,82	0,74	0,68	0,62	0,58	0,53	0,49	0,46	0,43	0,40	0,37	0,35	0,33	0,31	0,29	0,28	0,26	0,25	0,24	0,22
		L/150	2,50	2,13	1,84	1,60	1,41	1,25	1,11	1,00	0,90	0,82	0,74	0,68	0,62	0,58	0,53	0,49	0,46	0,43	0,40	0,37	0,35	0,33	0,31	0,29	0,28	0,26	0,25	0,24	0,22
		L/200	2,50	2,13	1,84	1,60	1,41	1,25	1,11	1,00	0,90	0,82	0,74	0,68	0,62	0,58	0,53	0,49	0,46	0,43	0,40	0,37	0,35	0,33	0,31	0,28	0,26	0,24	0,22	0,20	0,19
		L/300	2,50	2,13	1,84	1,60	1,41	1,25	1,11	1,00	0,90	0,82	0,74	0,66	0,58	0,51	0,46	0,41	0,36	0,33	0,30	0,27	0,24	0,22	0,20	0,19	0,17	0,16	0,15	0,13	0,13
1,00	11,9	*	3,23	2,75	2,37	2,06	1,81	1,61	1,43	1,29	1,16	1,05	0,96	0,88	0,81	0,74	0,69	0,64	0,59	0,55	0,52	0,48	0,45	0,43	0,40	0,38	0,36	0,34	0,32	0,31	0,29
		L/150	3,23	2,75	2,37	2,06	1,81	1,61	1,43	1,29	1,16	1,05	0,96	0,88	0,81	0,74	0,69	0,64	0,59	0,55	0,52	0,48	0,45	0,43	0,40	0,38	0,36	0,34	0,32	0,31	0,29
		L/200	3,23	2,75	2,37	2,06	1,81	1,61	1,43	1,29	1,16	1,05	0,96	0,88	0,81	0,74	0,69	0,64	0,59	0,55	0,52	0,48	0,43	0,39	0,36	0,33	0,30	0,28	0,26	0,24	0,22
		L/300	3,23	2,75	2,37	2,06	1,81	1,61	1,43	1,29	1,16	1,02	0,89	0,78	0,68	0,60	0,54	0,48	0,43	0,39	0,35	0,32	0,29	0,26	0,24	0,22	0,20	0,19	0,17	0,16	0,15
1,25	14,8	*	4,03	3,44	2,96	2,58	2,27	2,01	1,79	1,61	1,45	1,32	1,20	1,10	1,01	0,93	0,86	0,80	0,74	0,69	0,65	0,60	0,57	0,53	0,50	0,47	0,45	0,42	0,40	0,38	0,36
		L/150	4,03	3,44	2,96	2,58	2,27	2,01	1,79	1,61	1,45	1,32	1,20	1,10	1,01	0,93	0,86	0,80	0,74	0,69	0,65	0,60	0,57	0,53	0,50	0,47	0,45	0,42	0,40	0,38	0,36
		L/200	4,03	3,44	2,96	2,58	2,27	2,01	1,79	1,61	1,45	1,32	1,20	1,10	1,01	0,93	0,86	0,80	0,74	0,69	0,65	0,59	0,54	0,49	0,45	0,41	0,38	0,35	0,32	0,30	0,28
		L/300	4,03	3,44	2,96	2,58	2,27	2,01	1,79	1,61	1,45	1,27	1,11	0,97	0,85	0,75	0,67	0,60	0,54	0,48	0,44	0,40	0,36	0,33	0,30	0,27	0,25	0,23	0,21	0,20	0,18
1,50	17,8	*	4,84	4,12	3,55	3,09	2,72	2,41	2,15	1,93	1,74	1,58	1,44	1,32	1,21	1,11	1,03	0,96	0,89	0,83	0,77	0,72	0,68	0,64	0,60	0,57	0,54	0,51	0,48	0,46	0,44
		L/150	4,84	4,12	3,55	3,09	2,72	2,41	2,15	1,93	1,74	1,58	1,44	1,32	1,21	1,11	1,03	0,96	0,89	0,83	0,77	0,72	0,68	0,64	0,60	0,57	0,54	0,51	0,48	0,46	0,44
		L/200	4,84	4,12	3,55	3,09	2,72	2,41	2,15	1,93	1,74	1,58	1,44	1,32	1,21	1,11	1,03	0,96	0,89	0,83	0,77	0,71	0,65	0,59	0,54	0,49	0,45	0,42	0,39	0,36	0,33
		L/300	4,84	4,12	3,55	3,09	2,72	2,41	2,15	1,93	1,74	1,53	1,33	1,16	1,02	0,90	0,80	0,72	0,64	0,58	0,52	0,47	0,43	0,39	0,36	0,33	0,30	0,28	0,26	0,24	0,22

Bild 9-7 Beispiel einer Tabelle mit zulässigen Windsog-Belastungen für Kassettenwände

9.2.3 Bemessungsdiagramme

Die Zuordnung von Stützweiten und zulässigen Belastungen der Bemessungstabellen läßt sich sehr übersichtlich auch in Diagrammen darstellen. In der Vergangenheit haben die Firmen neben den Tabellen auch solche Diagramme veröffentlicht. Es liegt wohl an der größeren Rechnerfreundlichkeit von Tabellen, daß Diagramme heute nicht mehr so verbreitet sind.

Einen besonderen Service bietet die Firma Hoesch Siegerlandwerke GmbH mit Diagrammen für die Vorbemessung, die den o. g. Tabellenwerken hinzugefügt sind. Als Beispiel zeigt das Bild 9-8 auf doppelt logarithmischem Netz die Bemessungslinien der höheren

Dreifeldträger

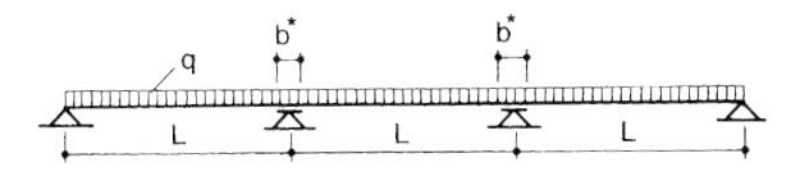

Bemessungslinien zul q zur Vorauswahl der wirtschaftlichsten Hoesch-Trapezprofile

Materialdicke t_N = 0,75 mm

*Auflagerbreite wie im oberen Teil der Tabellen

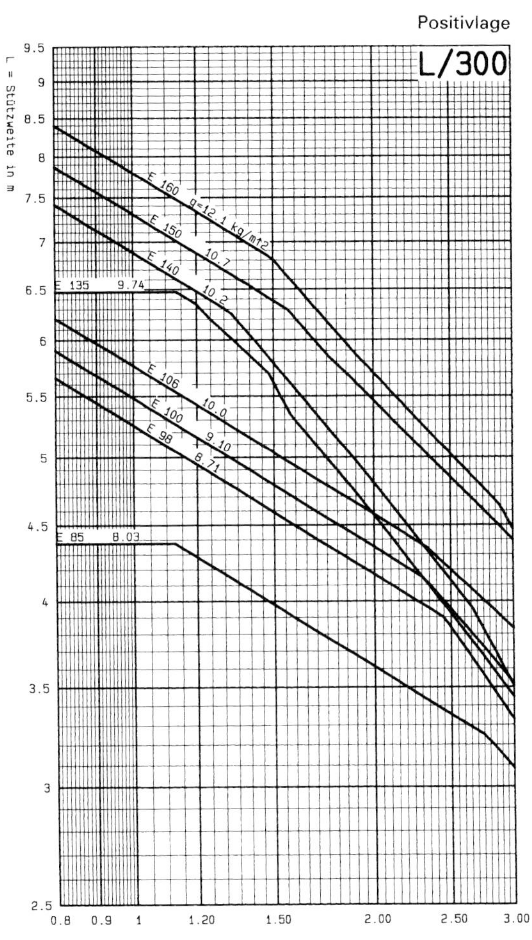

q = gleichmäßig verteilte Belastung in kN/m²

Bemessungslinien nach DIN 18807 für die **Positivlage** mit Grenzstützweiten für tragende Bauteile in Dach- und Deckensystemen

Bild 9-8 Bemessungsdiagramm für die Vorbemessung

Trapezprofile aus dem Lieferprogramm, die wirtschaftlich in Warmdächern eingesetzt werden können. Alle Nennblechdicken betragen $t_N = 0{,}75$ mm, weil ein Profil mit $t_N = 0{,}88$ mm in der Regel schwerer ist, als das nächst höhere Profil mit $t_N = 0{,}75$ mm. Nach der Auswahl des Profils mit Hilfe der Bemessungslinien kann man dann leichter im Tabellenwerk nachschlagen.

9.2.4 Sandwichelemente für Wände

Sandwich-Wände werden durch Winddruck und -sog sowie Temperaturdifferenzen der Deckschichten beansprucht. Die Zuordnung von Winddruck und -sog ist in DIN 1055 Teil 4, Ausgabe 8.86 eindeutig geregelt. Die anzusetzenden Innen- und Außentemperaturen der Sandwich-Deckschichten sind in den Zulassungen [91] vorgeschrieben. Mit diesen Angaben lassen sich die zulässigen Stützweiten der Sandwichelemente für die einzelnen Einwirkungskombinationen berechnen. Die kleinste Stützweite muß in die Tabellen eingetragen werden (s. Bild 9-9).

Statt der Windlasten sind die Gebäudeart und -form sowie die Höhenstufen im Kopf der Tabelle angegeben. Die Einwirkungskombinationen mit den Temperaturdifferenzen sind für den Regelfall nach den Zulassungen [91] angenommen. Ob diese Temperaturdifferenzen auch für seitlich offene Gebäude anwendbar sind, muß im Einzelfall entschieden werden. Für den Fall, daß ein normal beheiztes Gebäude als seitlich offen gilt, weil mindestens eine Wand durch Tore und Fenster bis zu 1/3 geöffnet werden kann, sind die o. g. Einwirkungskombinationen zutreffend.

Bei Gebäuden, die nicht beheizt werden und ständig seitlich offen sind, ist der Lastfall im Sommer wie oben einzusetzen. In diesem Fall wird z. B. eine Wand außen von der Sonne beschienen, während innen im Schatten die sommerliche Temperatur von +25 °C herrscht. Der Winterlastfall mit einer Außentemperatur von –20 °C und innen von +20 °C kommt aber nicht vor. Dagegen ist der „Sommerlastfall“ im Winter möglich. Bei klarem Winterwetter mit Frost von –20 °C in der Nacht stellt sich am Vormittag bei flachem Sonnenstand eine erhebliche Aufheizung der äußeren Deckschicht ein. Eine Temperaturdifferenz von 55 °C, wie im Sommer, ist in diesem Fall bei immer noch sehr kaltem Innenraum nicht unwahrscheinlich. Es kommen in Extremfällen auch größere Temperaturdifferenzen vor, wie Schadensfälle an Gebäuden im Bauzustand gezeigt haben.

Die Zeile Einfeldträger enthält die zulässigen Stützweiten unter Einhaltung der erforderlichen Tragsicherheit und zusätzlich eine Durchbiegungsbegrenzung (siehe Fußnote 2 im Bild 9-9). Weil die Zulassungen [91] keine Durchbiegungsschranken vorschreiben, können diese Werte als Empfehlung der Hersteller der Sandwichelemente und Herausgeber der Tabellen gewertet werden.

Für die Mehrfeldträger ist die Tragsicherheit eingehalten und in Abhängigkeit von der Farbgruppe auch die Gebrauchstauglichkeit gegeben (s. Abschnitt 8.3.2.1 bzw. 8.3.2.2).

Die Tabellenwerte sind nur anwendbar für Träger mit gleichen Stützweiten und konstanter Flächenlast. Bei deutlich ungleichen Stützweiten der Mehrfeldträger ist ein Einzelnachweis erforderlich. Das Abschätzen auf der sicheren Seite ist wegen der zunehmen-

Hoesch isowand LL 60 **Befestigung in Durchschraubtechnik - sichtbar -**

Stützweitentabellen [m] zur Vorbemessung[1] für Hoesch isowand

Blechdicke, außen: $t_{N,a}$= 0,55 mm
Blechdicke, innen: $t_{N,i}$= 0,55 mm

Bauteil		Hoesch isowand LL 60				$t_{N,a}$ = 0,55 mm $t_{N,i}$ = 0,55 mm		Elementdicke d= 60 mm					
Geschlossene Gebäude		**Normalbereich** der Wand						**Eckbereich** der Wand					
Höhe über Gelände [m]		0 ... 8		> 8 ... 20		> 20 ... 100		0 ... 8		> 8 ... 20		> 20 ... 100	
Gebäudeform	h/a	0,25	0,50	0,25	0,50	0,25	0,50	0,25	0,50	0,25	0,50	0,25	0,50
Einfeldträger [2]	FG[4] I-III	3 40 **4,84**	3 40 **4,84**	3 40 **4,19**	3 40 **4,19**	3 40 **3,76**	3 40 **3,76**	3 40 **4,84**	3 40 **4,84**	4 40 **4,19**	4 40 **4,19**	5 40 **3,76**	5 40 **3,76**
Zweifeldträger	FG I	3 40 **4,92** 3 60	3 40 **4,92** 3 60	3 40 **4,05** 3 60	3 40 **4,05** 3 60	3 40 **3,58** 3 67	3 40 **3,58** 4 67	3 40 **4,09** 5 60	3 40 **4,09** 5 60	3 40 **2,62** 5 60	3 40 **2,62** 5 60	3 40 **1,96** 5 60	3 40 **1,96** 5 60
	FG II	3 40 **4,92** 3 60	3 40 **4,89** 3 60	3 40 **4,05** 3 60	2 40 **4,05** 3 60	3 40 **3,58** 3 67	3 40 **3,00** 4 60	3 40 **3,31** 4 60	3 40 **3,31** 4 60	3 40 **2,62** 5 60	3 40 **2,62** 5 60	3 40 **1,96** 5 60	3 40 **1,96** 5 60
	FG III	3 40 **3,20** 3 60	3 40 **3,06** 3 60	3 40 **2,99** 3 60	3 40 **2,86** 3 60	3 40 **2,87** 3 60	3 40 **2,69** 3 60	3 40 **2,52** 3 60	3 40 **2,52** 3 60	3 40 **2,14** 4 60	3 40 **2,14** 4 60	3 40 **1,75** 5 60	3 40 **1,75** 5 60
Dreifeldträger	FG I	3 40 **5,71** 3 60	3 40 **5,71** 3 60	3 40 **4,51** 3 62	3 40 **4,51** 3 62	3 40 **3,85** 3 72	3 40 **3,85** 4 72	3 40 **4,56** 5 60	3 40 **4,56** 5 60	3 40 **2,87** 5 60	3 40 **2,87** 5 60	3 40 **2,10** 5 60	3 40 **2,10** 5 60
	FG II	3 40 **5,71** 3 60	3 40 **5,71** 3 60	3 40 **4,51** 3 62	3 40 **4,51** 3 62	3 40 **3,85** 3 72	3 40 **3,71** 4 70	3 40 **4,31** 5 60	3 40 **3,75** 5 60	3 40 **2,87** 5 60	3 40 **2,87** 5 60	3 40 **2,10** 5 60	3 40 **2,10** 5 60
	FG III	3 40 **4,45** 3 60	3 40 **3,95** 3 60	3 40 **3,77** 3 60	3 40 **3,38** 3 60	3 40 **3,40** 3 64	3 40 **3,06** 3 60	3 40 **2,75** 3 60	3 40 **2,75** 3 60	3 40 **2,30** 4 60	3 40 **2,30** 4 60	3 40 **1,75** 5 60	3 40 **1,75** 5 60
Vierfeldträger	FG I	3 40 **5,63** 3 60	3 40 **5,63** 3 60	3 40 **4,51** 3 62	3 40 **4,51** 3 62	3 40 **3,85** 3 72	3 40 **3,85** 4 72	3 40 **4,46** 5 60	3 40 **4,46** 5 60	3 40 **2,84** 5 60	3 40 **2,84** 5 60	3 40 **2,10** 5 60	3 40 **2,10** 5 60
	FG II	3 40 **5,63** 3 60	3 40 **5,63** 3 60	3 40 **4,51** 3 62	3 40 **4,51** 3 62	3 40 **3,85** 3 72	3 40 **3,50** 4 66	3 40 **4,04** 5 60	3 40 **3,50** 5 60	3 40 **2,84** 5 60	3 40 **2,84** 5 60	3 40 **2,10** 5 60	3 40 **2,10** 5 60
	FG III	3 40 **4,11** 3 60	3 40 **3,73** 3 60	3 40 **3,61** 3 60	3 40 **3,28** 3 60	3 40 **3,30** 3 62	3 40 **3,00** 3 60	3 40 **2,75** 4 60	3 40 **2,50** 4 60	3 40 **2,30** 4 60	3 40 **2,30** 4 60	3 40 **1,75** 5 60	3 40 **1,50** 5 60

Insbesondere bei Mehrfeldträgern ist die maximale Lieferlänge von 20 m zu beachten!

[1] Die Tabellen ersetzen nicht den für die Bauausführung erforderlichen statischen Nachweis. Die Angaben der zulässigen Stützweiten in [m] sind gemäß den Bestimmungen der allgemeinen bauaufsichtlichen Zulassung Nr. Z-10.4-232 vom 26.April 2000 ermittelt worden. Windlasten nach DIN 1055-4 (8.86).

[2] Es werden Stützweiten angegeben, bei denen die Durchbiegungsbeschränkung max f <= L / 100 für die Lastfälle Winddruck, Windsog und Temperaturdifferenz je für sich allein und bei ungünstiger Überlagerung der Windlastfälle mit Temperatur im Sommer mit 60% der Windlast nicht überschritten wird. Die Einhaltung dieser Durchbiegungsbeschränkung wird empfohlen, ist aber bauaufsichtlich nicht vorgeschrieben.

[3] Zugelassene Schraube mit Fz,k= 2,0x1,0= 2,0 kN/Schraube.

[4] „Farbgruppe I, II, III" - Nachfolgende Temperaturdifferenzen zwischen den Deckschichten sind nach der allgemeinen bauaufsichtlichen Zulassung für die Zwängungsbeanspruchung in den Deckschichten berücksichtigt:

Jahreszeit	Farbgruppe	$t_{aussen} - t_{innen}$
Sommer	I / II / III	+30 / +40 / +55 °C
Winter	alle	-40 °C

Bild 9-9 Zulässige Stützweiten mit Auflagerbedingungen für Sandwich-Wände

den Zwängungen aus Temperaturdifferenzen bei kleineren Stützweiten nicht möglich. Reicht ein Mehrfeldträger bei aufrechter Verlegung der Sandwichelemente bis in eine Zone höherer Windlasten, ist die Stützweite dieser Höhenstufe zu wählen. Die Stützweite für die untere Höhenstufe gilt dann nur für die horizontale Verlegung der Sandwichelemente.

Die Angaben für die Auflagerbedingungen halten die erforderlichen Sicherheiten für durchgeschraubte Verbindungen mit der Unterkonstruktion und für die Auflagerpressung am Sandwichelement ein. Konstruktiv sind pro Auflager zwei Schrauben erforderlich. Die Auflagerbreiten betragen für die Endauflager mindestens 40 mm und für die Zwischenauflager 60 mm. Wenn im Anwendungsfall die zulässige Stützweite nicht ausgenutzt wird, liegen die Angaben i. a. auf der sicheren Seite. Eine Reduktion für die kleinere Stützweite ist aber ohne Einzelnachweis nicht möglich.

Die im Bild 9-9 dargestellte Tabelle ist ein fiktives Beispiel mit möglichst vielen Informationen. Die Hersteller veröffentlichen auch Tabellen mit anderem Aufbau und meistens ohne Angaben über die Verbindungen. Im letzteren Fall sind für jede Anwendung zusätzlich Nachweise der Verbindungen erforderlich. Die Nachweise der Auflagerpressungen sind häufig in den Tabellenwerten enthalten. Es werden dafür mehrere Tabellen mit unterschiedlichen Auflagerbreiten abgedruckt.

Da in neueren Zulassungen [91] die Knitterspannung am Zwischenauflager von der Anzahl der Schrauben abhängig ist, kann eine Bemessung der Sandwichelemente nicht ohne Verbindungsnachweis durchgeführt werden. In solchen Fällen muß die berücksichtigte Anzahl der Schrauben am Zwischenauflager im Zusammenhang mit der Stützweite angegeben werden. Vernünftigerweise sollte diese Anzahl für den Verbindungsnachweis auch ausreichen. Ein Vorschlag zur Bestimmung der zulässigen Stützweite unter diesen Bedingungen ist in Abschnitt 8.6.2 enthalten.

9.2.5 Sandwichelemente für Dächer

Die Erstellung von Bemessungstabellen für Sandwich-Dächer ist etwas aufwendiger als für Wände. Die Lastannahmen für Schnee sind viel zahlreicher als die für Wind und außerdem unabhängig vom Windsog für Flachdächer.

Für die Einwirkungskombinationen mit Schnee gibt es die Möglichkeiten, für vorgegebene Stützweiten die zulässige Schneelast oder für vorgegebene Schneelasten die zulässigen Stützweiten anzugeben. In beiden Fällen wird man für die Anwendung interpolieren müssen. Wenn die Schrittweiten in den Vorgaben klein genug sind, ist die lineare Interpolation ausreichend genau, obwohl die Eigenlast der Sandwichelemente mit einem hohen Kriechbeiwert in die Berechnung eingeht und die Zwängungen zwar von der Temperaturdifferenz unter Schnee, nicht aber von der Schneebelastung abhängen.

Für die Einwirkungskombinationen mit Windsog kann man in Abhängigkeit der Gebäudeart und -höhe zulässige Stützweiten berechnen, die dann eine obere Schranke bilden. Je nach Bemessungskriterium müssen dazu die Zwängungen aus der Temperaturdifferenz im Sommer oder im Winter ohne Schnee berücksichtigt werden (Bild 9-10).

HOESCH-isodach TL 75
TL 95

Zulässige Schneebelastung
max. Stützabstände bei Windsog
Anlage Nr. 5 zum Prüfbescheid

Als Typenentwurf
in bautechnischer Hinsicht geprüft
Prüfbescheid-Nr. 3. P 50 – 04/89
LANDESPRÜFAMT FÜR BAUSTATIK
Düsseldorf, den 20. Januar 1989
Der Leiter: Der Bearbeiter

Hoesch isodach TL

Tabelle 1 Zulässige Schneebelastung
Durchbiegung L/150

zul s [kN/m²]

	ta [mm]	ti [mm]	2,00	2,25	2,50	2,75	3,00	3,25	3,50	3,75	4,00	4,25	4,50	4,75	5,00	5,25	5,50	5,75	6,00
Einfeldträger																			
TL 75	0,63	0,55	3,14	2,55	1,93	1,49	1,15	0,90	0,70										
	0,75	0,55	3,59	2,84	2,15	1,65	1,28	0,99	0,77	0,60									
	0,88	0,55	4,07	3,15	2,37	1,82	1,41	1,09	0,85	0,66									
TL 95	0,63	0,55	3,72	3,19	2,53	2,01	1,61	1,29	1,05	0,85	0,68								
	0,75	0,55	4,18	3,53	2,74	2,17	1,73	1,39	1,13	0,91	0,73								
	0,88	0,55	4,67	3,83	2,97	2,34	1,87	1,50	1,21	0,97	0,78	0,63							
Zweifeldträger																			
TL 75	0,63	0,55	3,14	2,63	2,24	1,94	1,70	1,50	1,33	1,19	1,07	0,96	0,87	0,79	0,71				
	0,75	0,55	3,59	2,99	2,55	2,20	1,93	1,70	1,51	1,35	1,21	1,09	0,99	0,90	0,82	0,74			
	0,88	0,55	4,07	3,38	2,87	2,47	2,16	1,90	1,69	1,51	1,36	1,22	1,11	1,01	0,92	0,83	0,71		
TL 95	0,63	0,55	3,72	3,19	2,79	2,46	2,20	1,97	1,78	1,61	1,47	1,34	1,22	1,12	1,03	0,94	0,87	0,80	0,71
	0,75	0,55	4,18	3,57	3,11	2,74	2,44	2,19	1,98	1,80	1,64	1,50	1,37	1,26	1,16	1,07	0,93	0,80	0,70
	0,88	0,55	4,67	3,97	3,44	3,03	2,69	2,42	2,18	1,98	1,80	1,65	1,51	1,39	1,28	1,09	0,94	0,81	0,70
Dreifeldträger																			
TL 75	0,63	0,55	3,14	2,63	2,24	1,94	1,70	1,50	1,33	1,19	1,07	0,96	0,87	0,79	0,71				
	0,75	0,55	3,59	2,99	2,55	2,20	1,93	1,70	1,51	1,35	1,21	1,09	0,99	0,90	0,82	0,74			
	0,88	0,55	4,07	3,38	2,87	2,47	2,16	1,90	1,69	1,51	1,36	1,22	1,11	1,01	0,92	0,84	0,76	0,70	
TL 95	0,63	0,55	3,72	3,19	2,79	2,46	2,20	1,97	1,78	1,61	1,47	1,34	1,22	1,12	1,03	0,94	0,87	0,80	0,74
	0,75	0,55	4,18	3,57	3,11	2,74	2,44	2,19	1,98	1,80	1,64	1,50	1,37	1,26	1,16	1,07	0,98	0,91	0,84
	0,88	0,55	4,67	3,97	3,44	3,03	2,69	2,42	2,18	1,98	1,80	1,65	1,51	1,39	1,28	1,18	1,09	1,01	0,94

Einfeldträger

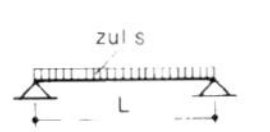

Zweifeldträger

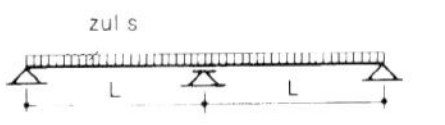

Dreifeldträger

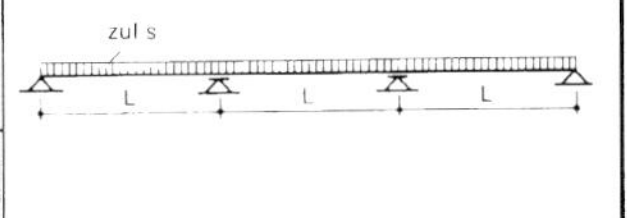

zul s = zulässige Schneebelastung [kN/m²]
t_a = Materialdicke Außenschale
t_i = Materialdicke Innenschale

max. Stützabstände in Tabelle 2 beachten

Tabelle 2 Maximale Stützabstände unter Berücksichtigung von Windsog nach DIN 1055 Teil 4 8/86

Gebäudeart			geschlossen				seitlich offen			
Höhe über Gelände [m]			<8	<20	<100	>100	<8	<20	<100	>100
Windsog [kN/m²]			0,30	0,48	0,66	0,78	0,80	1,28	1,76	2,08
	t_a [mm]	t_i [mm]	max L [mm]							
TL 75	0,63	0,55	6,50	5,91	4,86	4,42	4,36	3,41	2,93	2,72
	0,75	0,55	6,50	5,97	4,89	4,44	4,38	3,44	2,96	2,75
	0,88	0,55	6,50	6,03	4,92	4,47	4,41	3,47	2,99	2,78
TL 95	0,63	0,55	6,50	6,50	5,70	5,15	5,08	3,92	3,33	3,07
	0,75	0,55	6,50	6,50	5,74	5,19	5,11	3,94	3,36	3,10
	0,88	0,55	6,50	6,50	5,79	5,22	5,14	3,97	3,38	3,13

max L = maximale Stützabstände [m]
t_a = Materialdicke Außenschale
t_i = Materialdicke Innenschale

Kragarme mit einer Länge bis zu 25% der max. Stützabstände für seitlich offene Gebäude sind ohne besonderen stat. Nachweis möglich

Bild 9-10 Zulässige Schneebelastungen für Sandwich-Dächer

Für seitlich offene Gebäude ist die Angabe von zulässigen Stützweiten unter Berücksichtigung des Innenunterdrucks zum Lastfall Schnee nur für die einzelnen Höhenstufen der Windlasten getrennt möglich (s. Bild 9-11, untere Tabelle). Dabei ist zu berücksichtigen, daß für die Eigenlast ein anderer Kriechbeiwert als für den Schnee zu verwenden ist und der Innenunterdruck eine Kurzzeitlast bewirkt. Solche Tabellen kann man natürlich auch für geschlossene Gebäude erstellen, indem man die zulässigen Stützweiten für die Einwirkungskombinationen Windsog und Temperaturdifferenzen berücksichtigt, die aber meistens nicht maßgebend werden (s. Bild 9-11, obere Tabelle). Für seitlich offene Gebäude muß dieser Lastfall natürlich auch berücksichtigt werden. Er wird für hohe Gebäude maßgebend, wenn für den anderen Lastfall nur eine geringe Schneelast angenommen werden muß.

Fischer ISOTHERM D80

Blechdicke:
Außenschale = **0,75 mm**
Innenschale = 0,55 mm

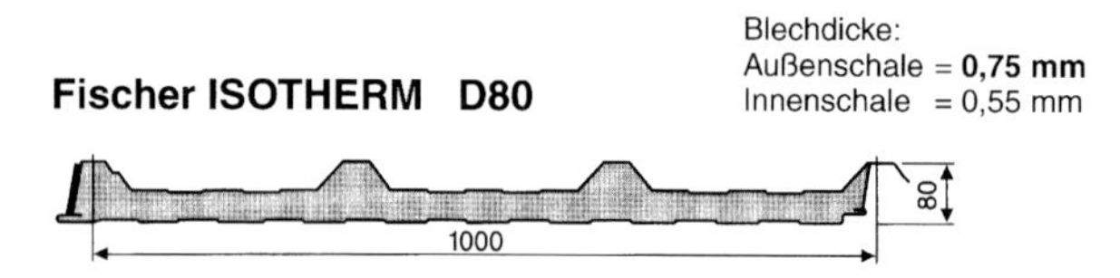

Zulässige Pfettenabstände L (m). ***Geschlossene*** **Baukörper** nach DIN 1055, Teil 4, Ausgabe 1986

Farbgruppe	Schneelast (kN/m²)	**Einfeldträger**						**Zweifeldträger**						**Dreifeldträger**					
		Gebäudehöhe über Gelände						Gebäudehöhe über Gelände						Gebäudehöhe über Gelände					
		0 – 8 m		8 – 20		>20–100 m		0 – 8 m		8 – 20		>20–100 m		0 – 8 m		8 – 20		>20–100 m	
		①	②	①	②	①	②	①	②	①	②	①	②	①	②	①	②	①	②
I, II, III	0,75	4,67	3,31	4,67	3,31	4,67	3,31	4,63	4,50	4,63	4,50	4,63	4,50	4,67	4,23	4,67	4,23	4,67	4,23
	1,00	3,98	3,01	3,98	3,01	3,98	3,01	3,98	3,98	3,98	3,98	3,98	3,98	3,98	3,83	3,98	3,83	3,98	3,83
	1,25	3,50	2,78	3,50	2,78	3,50	2,78	3,50	3,50	3,50	3,50	3,50	3,50	3,50	3,50	3,50	3,50	3,50	3,50
	1,50	3,14	2,61	3,14	2,61	3,14	2,61	3,14	3,14	3,14	3,14	3,14	3,14	3,14	3,14	3,14	3,14	3,14	3,14
	1,75	2,86	2,47	2,86	2,47	2,86	2,47	2,86	2,86	2,86	2,86	2,86	2,86	2,86	2,86	2,86	2,86	2,86	2,86

① ohne Durchbiegungsbeschränkung
② mit Durchbiegung $f \leq L/150$

Auflagerbreiten: Endauflager $a \geq 40$ mm
Zwischenauflager $b \geq 60$ mm

max. Kragarmlänge 25 % von den Werten der **Einfeldträger-Spalte** ① ohne Durchbiegungsbeschränkung, jeweils in Abhängigkeit von der Gebäudehöhe.

Fischer ISOTHERM D80

Blechdicke:
Außenschale = **0,75 mm**
Innenschale = 0,55 mm

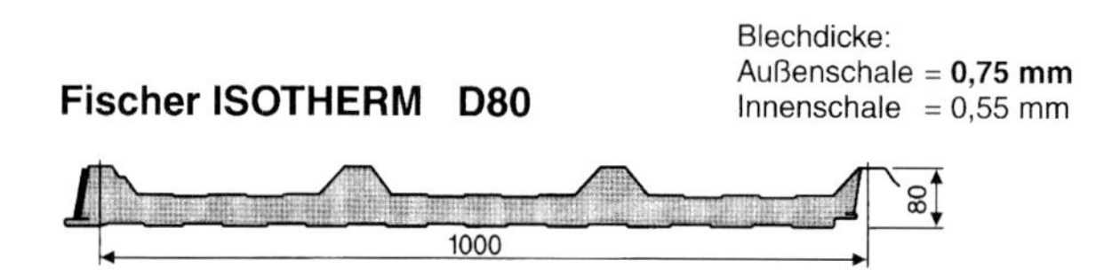

Zulässige Pfettenabstände L (m). ***Offene*** **Baukörper** nach DIN 1055, Teil 4, Ausgabe 1986

Farbgruppe	Schneelast (kN/m²)	**Einfeldträger**						**Zweifeldträger**						**Dreifeldträger**					
		Gebäudehöhe über Gelände						Gebäudehöhe über Gelände						Gebäudehöhe über Gelände					
		0 – 8 m		8 – 20		>20–100 m		0 – 8 m		8 – 20		>20–100 m		0 – 8 m		8 – 20		>20–100 m	
		①	②	①	②	①	②	①	②	①	②	①	②	①	②	①	②	①	②
I, II, III	0,75	4,49	3,31	3,49	3,31	3,05	3,05	4,44	4,44	3,56	3,56	3,05	3,05	4,49	4,23	3,56	3,56	3,05	3,05
	1,00	3,98	3,01	3,49	3,01	3,05	3,01	3,98	3,98	3,56	3,56	3,05	3,05	3,98	3,83	3,56	3,56	3,05	3,05
	1,25	3,50	2,78	3,45	2,78	3,05	2,78	3,50	3,50	3,45	3,45	3,05	3,05	3,50	3,50	3,45	3,45	3,05	3,05
	1,50	3,14	2,61	3,14	2,61	3,05	2,61	3,14	3,14	3,14	3,14	3,05	3,05	3,14	3,14	3,14	3,14	3,05	3,05
	1,75	2,86	2,47	2,86	2,47	2,85	2,47	2,86	2,86	2,86	2,86	2,85	2,85	2,86	2,86	2,86	2,86	2,85	2,85

① ohne Durchbiegungsbeschränkung
② mit Durchbiegung $f \leq L/150$

Auflagerbreiten: Endauflager $a \geq 40$ mm
Zwischenauflager $b \geq 60$ mm

max. Kragarmlänge 25 % von den Werten der **Einfeldträger-Spalte** ① ohne Durchbiegungsbeschränkung, jeweils in Abhängigkeit von der Gebäudehöhe.

Bild 9-11 Zulässige Stützweiten für Sandwich-Dächer

9.3 Globale Bemessungsdiagramme für Trapezprofile

Für eine Auswahl von Trapezprofilgruppen zeigen die Diagramme der Bilder 9-12 bis 9-14 Bereiche, in denen die Bemessungslinien der Profile aus der entsprechenden Gruppe liegen. Erfaßt sind Trapezprofile der Firmen:

- Hoesch Siegerlandwerke GmbH, 57078 Siegen
- ThyssenKrupp Bausysteme GmbH, 46535 Dinslaken
- Fischer Profil GmbH, 57250 Netphen
- Arcelor Bauteile GmbH, 57223 Kreuztal-Eichen
- Salzgitter Bauelemente GmbH, 38239 Salzgitter
- Georg Wurzer Bauartikel, 86444 Affing

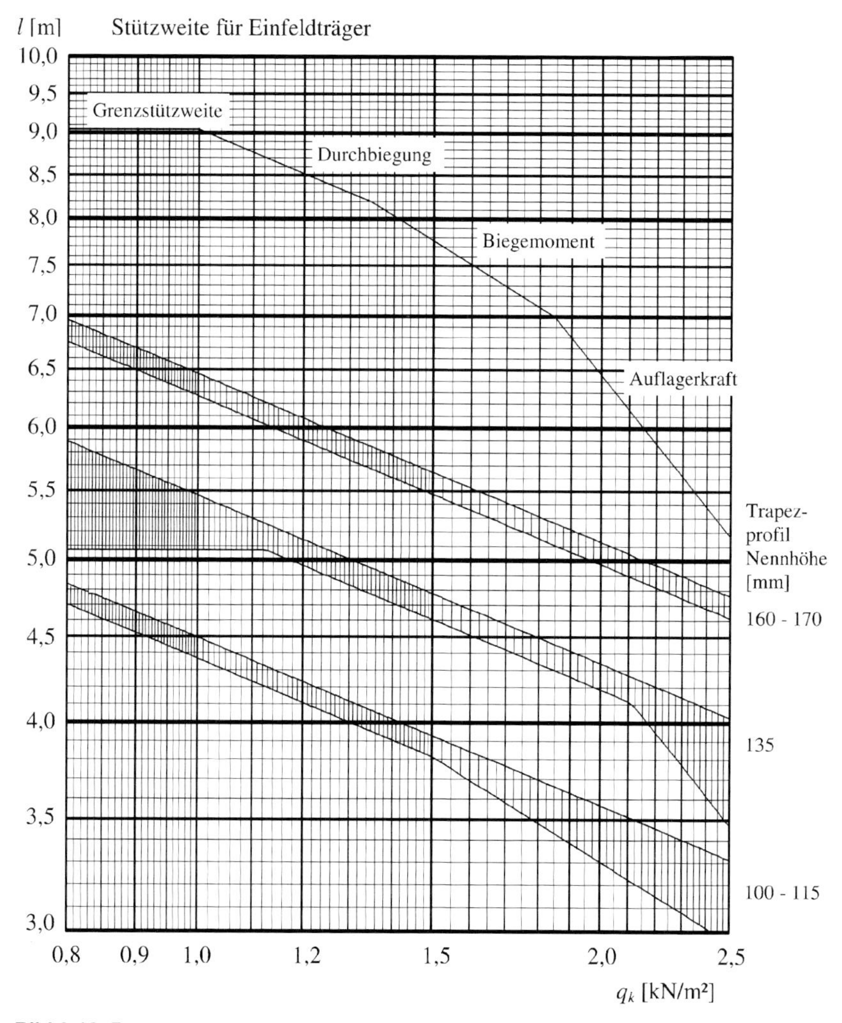

Bild 9-12 Bemessungsbereiche einiger Trapezprofilgruppen für Einfeldträger

Alle Profile haben die Nennblechdicke t_N = 0,75 mm. Die Vergleichbarkeit der Profile innerhalb der Gruppen ist durch die Geometrie und das Gewicht gegeben.

Nennhöhe:	100–115 mm	135 mm	160–170 mm
Rippenbreite:	275 mm	310 mm	250 mm
Gewicht:	~ 9,1 kg/m^2	~ 9,7 kg/m^2	~ 12,1 kg/m^2

Die Zwischenauflagerbreiten sind 140–160 mm.
Als Durchbiegungsschranke ist max $f \leq \ell / 300$ gesetzt.

An der Neigung der Linien kann man die maßgebende Bemessungsgröße feststellen. Im oberen Teil von Bild 9-12 sind die verschiedenen Neigungen mit der zugehörigen

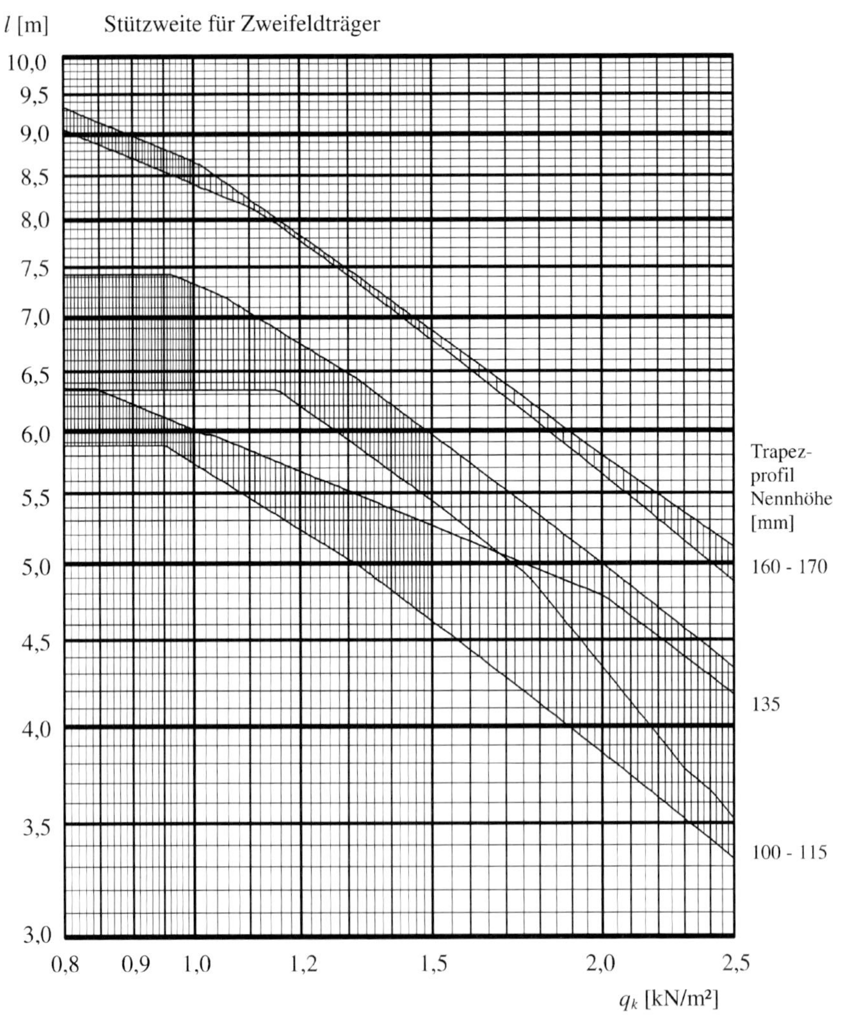

Bild 9-13 Bemessungsbereiche einiger Trapezprofilgruppen für Zweifeldträger

Bemessungsgröße dargestellt. Die Interaktion von Biegemoment und Auflagerkraft an den Zwischenstützen von Zwei- und Dreifeldträgern ergibt u. U. auch Neigungen zwischen denen für Biegemomente und Auflagerkräfte. Gleiches gilt auch für die Bemessung nach dem Verfahren Plastisch–Plastisch mit Reststützmoment.

Man erkennt an den Linien, daß die größten Differenzen innerhalb einer Gruppe bei den Grenzstützweiten (s. Abschnitt 5.1.3.5) und bei kleinen Stützweiten mit großen Belastungen auftreten. Im letzteren Fall gewinnen die Auflagerkräfte immer mehr an Einfluß. Die Bereiche der Profilgruppen überschneiden sich sogar. Die hohen Stege der großen Profile sind nicht so widerstandsfähig gegen die Einleitung der Auflagerkräfte. Einen wesentlichen Einfluß hat hier auch die Rippenbreite.

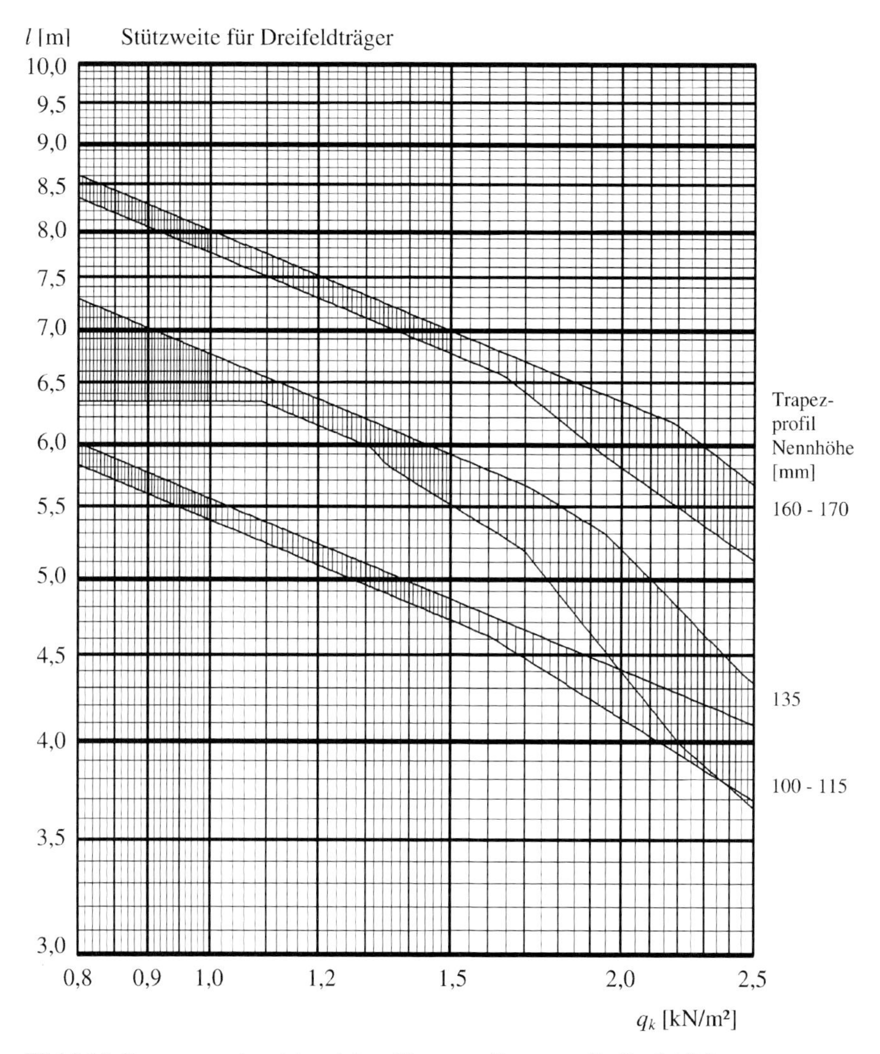

Bild 9-14 Bemessungsbereiche einiger Trapezprofilgruppen für Dreifeldträger

Nimmt man alle Profile aus den Lieferprogrammen der Firmen zusammen, ergibt sich eine dicht gedrängte Schar von Bemessungslinien, die nicht mehr überschaubar ist. Es kostet den unerfahrenen Konstrukteur oder Statiker schon etwas Mühe, für jeden Fall das optimale Profil herauszufinden. Dabei ist sicher nicht nur das Gewicht des Trapezprofils entscheidend, sondern auch der Angebotspreis der Lieferfirma, der Liefertermin, der Transportweg, die Montagefreundlichkeit, der Farbwunsch usw.

9.4 Formelsammlung für Sandwichkonstruktionen

9.4.1 Allgemeines

Die Schnittgrößenermittlung bei Biegeträgern aus Sandwichelementen ist ausführlich im Abschnitt 7.3 beschrieben. Die Berechnungen sind besonders für statisch unbestimmte Systeme recht aufwendig und ohne speziell hierfür aufgestellte Computerprogramme [176] kaum durchzuführen.

Für einfache, aber häufig auftretende Fälle werden im folgenden Formeln für die wichtigsten Schnittgrößen angegeben. Sie können leicht von Hand ausgewertet oder auch für den Wiederholungsfall in ein kleines Computerprogramm geschrieben werden.

Als statische Systeme werden Einfeldträger sowie Zwei- und Dreifeldträger mit gleichen Stützweiten gewählt. Die Einwirkungen sind eine gleichmäßig verteilte Flächenlast q [kN/m^2] und die Temperaturdifferenz ΔT zwischen den Deckschichten.

9.4.2 Sandwichelemente mit ebenen oder schwach profilierten Deckschichten

9.4.2.1 Vorwerte

Stützweite: ℓ [m]

Flächenlast: q [kN/m^2]

Temperaturdifferenz: $\vartheta = \dfrac{\alpha_T \cdot (T_u - T_o)}{a}$ [1/m]

Biegesteifigkeit: $B_S = E_D \cdot \dfrac{A_o \cdot A_u}{A_o + A_u} \cdot a^2$ [kNm^2]

Schubsteifigkeit: $S_K = G_K \cdot A_K$ [kN]

Kennwert: $\beta = \dfrac{B_S}{S_K \cdot \ell^2}$ [–]

Nähere Angaben siehe Abschnitt 7.3.2.

9.4.2.2 Einfeldträger

- Lastfall q:

Auflagerkräfte: $R_{\mathrm{Al}} = R_{\mathrm{Ar}} = \dfrac{q \cdot \ell}{2}$

Feldmoment: $M_{\mathrm{F}} = \dfrac{q \cdot \ell^2}{8}$

Verformung: $f = \dfrac{5}{384} \cdot \dfrac{q\,\ell^4}{B_{\mathrm{S}}} + \dfrac{1}{8} \cdot \dfrac{q\,\ell^2}{S_{\mathrm{K}}}$

- Lastfall ϑ:

Auflagerkräfte: $R_{\mathrm{Al}} = R_{\mathrm{Ar}} = 0$

Feldmoment: $M_{\mathrm{F}} = 0$

Verformung: $f = \dfrac{\vartheta\,\ell^2}{8}$

9.4.2.3 Zweifeldträger

- Lastfall q:

Endauflager: $R_{\mathrm{A}} = \dfrac{q\,\ell}{2} \cdot \dfrac{3 + 12\,\beta}{4 + 12\,\beta}$

Zwischenauflager: $R_{\mathrm{B}} = \dfrac{q\,\ell}{2} \cdot \dfrac{5 + 12\,\beta}{2 + 6\,\beta}$

Stützmoment: $M_{\mathrm{B}} = -\dfrac{q\,\ell^2}{8} \cdot \dfrac{1}{1 + 3\,\beta}$

- Lastfall ϑ:

Endauflager: $R_{\mathrm{A}} = -\dfrac{\vartheta\,B_S}{\ell} \cdot \dfrac{3}{2 + 6\,\beta}$

Zwischenauflager: $R_{\mathrm{B}} = \dfrac{\vartheta\,B_S}{\ell} \cdot \dfrac{3}{1 + 3\,\beta}$

Stützmoment: $M_{\mathrm{B}} = -\vartheta\,B_S \cdot \dfrac{3}{2 + 6\,\beta}$

9.4.2.4 Dreifeldträger

- Lastfall q:

Endauflager: $$R_A = \frac{q\,\ell}{2} \cdot \frac{4 + 6\beta}{5 + 6\beta}$$

Zwischenauflager: $$R_B = \frac{q\,\ell}{2} \cdot \frac{11 + 12\beta}{5 + 6\beta}$$

Stützmoment: $$M_B = -\frac{q\,\ell^2}{8} \cdot \frac{4}{5 + 6\beta}$$

- Lastfall ϑ:

Endauflager: $$R_A = -\frac{\vartheta\,B_S}{\ell} \cdot \frac{6}{5 + 6\beta}$$

Zwischenauflager: $$R_B = \frac{\vartheta\,B_S}{\ell} \cdot \frac{6}{5 + 6\beta}$$

Stützmoment: $$M_B = -\vartheta\,B_S \cdot \frac{6}{5 + 6\beta}$$

9.4.3 Sandwichelemente mit einer trapez-profilierten Deckschicht

9.4.3.1 Vorwerte

Stützweite: ℓ [m]

Flächenlast: q [kN/m²]

Temperaturdifferenz: $$\vartheta = \frac{\alpha_T \cdot (T_u - T_o)}{a}$$ [1/m]

Sandwich-Biegesteifigkeit: $$B_S = E_D \cdot \frac{A_o \cdot A_u}{A_o + A_u} \cdot a^2$$ [kNm²]

Trapezprofil-Biegesteifigkeit: $B_D = E_D \cdot I_D$ [kNm²]

Gesamt-Biegesteifigkeit: $B = B_S + B_D$ [kNm²]

Schubsteifigkeit: $S_K = G_K \cdot A_K$ [kN]

Kennwert Biegung: $$\alpha = \frac{B_D}{B_S}$$ [–]

Kennwert Schub: $\beta = \dfrac{B_S}{S_K \cdot \ell^2}$ [–]

Kennwert: $\lambda = \sqrt{\dfrac{1+\alpha}{\alpha \cdot \beta}}$ [–]

Nähere Angaben siehe Abschnitt 7.3.3.

9.4.3.2 Einfeldträger

- Lastfall q:

Auflagerkräfte: $R_{Al} = R_{Ar} = \dfrac{q\,\ell}{2}$

Querkräfte:

$$Q_S = \frac{q\,\ell}{2} \cdot \frac{1}{1+\alpha} \cdot \left(1 - 2 \cdot \frac{\tanh(\lambda/2)}{\lambda}\right)$$

$$Q_D = \frac{q\,\ell}{2} \cdot \frac{\alpha}{1+\alpha} \cdot \left(1 + 2 \cdot \frac{\tanh(\lambda/2)}{\alpha \cdot \lambda}\right)$$

Feldmomente:

$$M_S = \frac{q\,\ell^2}{8} \cdot \frac{1}{1+\alpha} \cdot \left(1 - 8 \cdot \frac{\cosh(\lambda/2) - 1}{\lambda^2 \cdot \cosh(\lambda/2)}\right)$$

$$M_D = \frac{q\,\ell^2}{8} \cdot \frac{\alpha}{1+\alpha} \cdot \left(1 + 8 \cdot \frac{\cosh(\lambda/2) - 1}{\alpha\,\lambda^2 \cdot \cosh(\lambda/2)}\right)$$

Verformung:

$$f = \frac{q\,\ell^4}{B} \cdot \left(\frac{5}{384} + \frac{1}{8 \cdot \alpha\,\lambda^2} - \frac{1}{\alpha\,\lambda^4} \cdot \frac{\cosh(\lambda/2) - 1}{\cosh(\lambda/2)}\right)$$

- Lastfall ϑ:

Auflagerkräfte: $R_{Al} = R_{Ar} = 0$

Querkräfte:

$$Q_S = -\frac{\vartheta\,B_S}{\ell} \cdot \frac{\alpha}{1+\alpha} \cdot \lambda \cdot \tanh(\lambda/2)$$

$$Q_D = -Q_S$$

Feldmomente:

$$M_S = -\vartheta\,B_S \cdot \frac{\alpha}{1+\alpha} \cdot \frac{\cosh(\lambda/2) - 1}{\cosh(\lambda/2)}$$

$$M_D = -M_S$$

Verformung:

$$f = \frac{\vartheta\,\ell^2}{1+\alpha} \cdot \left(\frac{1}{8} - \frac{1}{\lambda^2} \cdot \frac{\cosh(\lambda/2) - 1}{\cosh(\lambda/2)}\right)$$

9.4.3.3 Zweifeldträger

- Lastfall q:

Endauflager:
$$R_A = \frac{q\,\ell}{2} \cdot \frac{3 \cdot \left[1 + \alpha + 4\,\beta \cdot \left(1 - \frac{2 \cdot \tanh\lambda}{\lambda} + 2 \cdot \frac{\cosh\lambda - 2}{\lambda^2 \cdot \cosh\lambda}\right)\right]}{4 \cdot \left[1 + \alpha + 3\,\beta \cdot \left(1 - \frac{\tanh\lambda}{\lambda}\right)\right]}$$

Zwischenauflager:
$$R_B = \frac{q\,\ell}{2} \cdot \frac{5 \cdot (1 + \alpha) + 12\,\beta \cdot \left(1 - 2 \cdot \frac{\cosh\lambda - 1}{\lambda^2 \cdot \cosh\lambda}\right)}{2 \cdot \left[1 + \alpha + 3\,\beta \cdot \left(1 - \frac{\tanh\lambda}{\lambda}\right)\right]}$$

Stützmomente:
$$M_S = -\frac{q\,\ell^2}{8} \cdot \frac{4}{1 + \alpha} \cdot \left[\frac{R_B}{q\,\ell} \cdot \left(1 - \frac{\tanh\lambda}{\lambda}\right) - 1 + 2 \cdot \frac{\cosh\lambda - 1}{\lambda^2 \cdot \cosh\lambda}\right]$$

$$M_D = -\frac{q\,\ell^2}{8} \cdot \frac{4\,\alpha}{1 + \alpha} \cdot \left[\frac{R_B}{q\,\ell} \cdot \left(1 + \frac{\tanh\lambda}{\alpha\lambda}\right) - 1 - 2 \cdot \frac{\cosh\lambda - 1}{\alpha\lambda^2 \cdot \cosh\lambda}\right]$$

- Lastfall ϑ:

Endauflager:
$$R_A = -\frac{\vartheta\,B_S}{\ell} \cdot \frac{3 \cdot (1 + \alpha) \cdot \left(1 - 2 \cdot \frac{\cosh\lambda - 1}{\lambda^2 \cdot \cosh\lambda}\right)}{2 \cdot \left[1 + \alpha + 3\,\beta \cdot \left(1 - \frac{\tanh\lambda}{\lambda}\right)\right]}$$

Zwischenauflager: $R_B = -2 \cdot R_A$

Stützmomente:
$$M_S = \vartheta\,B_S \cdot \frac{1}{1 + \alpha} \cdot \left[\frac{\ell\,R_A}{\vartheta\,B_S} \cdot \left(1 - \frac{\tanh\lambda}{\lambda}\right) - \alpha \cdot \frac{\cosh\lambda - 1}{\cosh\lambda}\right]$$

$$M_D = \vartheta\,B_S \cdot \frac{\alpha}{1 + \alpha} \cdot \left[\frac{\ell\,R_A}{\vartheta\,B_S} \cdot \left(1 + \frac{\tanh\lambda}{\alpha \cdot \lambda}\right) + \frac{\cosh\lambda - 1}{\cosh\lambda}\right]$$

9.4.3.4 Dreifeldträger

- Lastfall q:

Endauflager: $$R_A = 3 \cdot \frac{q\,\ell}{2} - R_B$$

Zwischenauflager: $$R_B = \frac{q\,\ell}{2} \cdot \frac{11 \cdot (1+\alpha) + 12\,\beta \cdot \left(1 - \dfrac{2 \cdot (\cosh\lambda - 1)}{\lambda^2 \cdot (2 \cdot \cosh\lambda - 1)}\right)}{5 \cdot (1+\alpha) + 6\,\beta \cdot \left(1 - \dfrac{\sinh\lambda + \sinh(2\,\lambda)}{\lambda \cdot (2 \cdot \cosh(2\,\lambda) + 1)}\right)}$$

Stützmomente:

$$M_S = -\frac{q\,\ell^2}{8} \cdot \frac{8}{1+\alpha} \cdot \left[\frac{R_B}{q\,\ell} \cdot \left(1 - \frac{\sinh\lambda + \sinh(2\,\lambda)}{\lambda \cdot (2 \cdot \cosh(2\,\lambda) + 1)}\right) - 1 + \frac{2 \cdot (\cosh\lambda - 1)}{\lambda^2 \cdot (2 \cdot \cosh\lambda - 1)}\right]$$

$$M_D = -\frac{q\,\ell^2}{8} \cdot \frac{8 \cdot \alpha}{1+\alpha} \cdot \left[\frac{R_B}{q\,\ell} \cdot \left(1 + \frac{\sinh\lambda + \sinh(2\lambda)}{\alpha\lambda \cdot (2 \cdot \cosh(2\lambda) + 1)}\right) - 1 - \frac{2 \cdot (\cosh\lambda - 1)}{\alpha\lambda^2 \cdot (2 \cdot \cosh\lambda - 1)}\right]$$

- Lastfall ϑ:

Endauflager: $$R_A = -R_B$$

Zwischenauflager: $$R_B = \frac{\vartheta\,B_S}{\ell} \cdot \frac{6 \cdot (1+\alpha) \cdot \left(1 - \dfrac{2 \cdot (\cosh\lambda - 1)}{\lambda^2 \cdot (2 \cdot \cosh\lambda - 1)}\right)}{5 \cdot (1+\alpha) + 6\,\beta \cdot \left(1 - \dfrac{\sinh\lambda + \sinh(2\,\lambda)}{\lambda \cdot (2 \cdot \cosh(2\,\lambda) + 1)}\right)}$$

Stützmomente:

$$M_S = \vartheta\,B_S \cdot \frac{1}{1+\alpha} \cdot \left[-\frac{\ell\,R_B}{\vartheta\,B_S} \cdot \left(1 - \frac{\sinh\lambda + \sinh(2\,\lambda)}{\lambda \cdot (2 \cdot \cosh(2\,\lambda) + 1)}\right) - \alpha \cdot \frac{2 \cdot (\cosh\lambda - 1)}{2 \cdot \cosh\lambda - 1}\right]$$

$$M_D = \vartheta\,B_S \cdot \frac{\alpha}{1+\alpha} \cdot \left[-\frac{\ell\,R_B}{\vartheta\,B_S} \cdot \left(1 + \frac{\sinh\lambda + \sinh(2\,\lambda)}{\alpha\,\lambda \cdot (2 \cdot \cosh(2\,\lambda) + 1)}\right) + \frac{2 \cdot (\cosh\lambda - 1)}{2 \cdot \cosh\lambda - 1}\right]$$

9.5 EDV-Programme

Als Service stellen einige Firmen Bemessungsprogramme für Trapezprofile und Kassettenprofile auf Disketten, als CD-ROM oder auch im Internet zur Verfügung. Diese Programme werden entweder kostenlos, für eine Schutzgebühr oder zum Selbstkostenpreis abgegeben. Sie liefern je nach Ausstattung auf Wunsch die einfache Aussage, ob die Profile aus dem Lieferprogramm der Firma in verschiedenen Blechdicken für eine statische Anforderung ausreichen oder nicht, oder auch eine prüffähige statische Berechnung.

Komfortable Programme generieren nach einer Menü-geführten Eingabe automatisch die Belastung auf ein vorgegebenes statisches System. Dabei ist es wichtig, daß vollständige Angaben über die Lage und Richtung der Bauelemente am Gebäude, über Art und Größe des Gebäudes selbst und über Wind- und Schneelastzonen gemacht werden. Auch für die Bedienung solcher Programme ist die Kenntnis der statischen Grundlagen erforderlich. Ganz besonders gilt dieses für Programme, mit denen man auch Schubfelder berechnen kann.

Alle oben beschriebenen Programme verfügen über die Trapezprofildaten der Firma, die das EDV-Programm herausgibt. Der Anwender muß also mehrere Programme vorhalten, um mit dem gesamten Trapezprofilangebot arbeiten zu können. An den Diagrammen der Bilder 9-12 bis 9-14 ist zu erkennen, daß Bemessungen nicht firmenübergreifend gelten; auch dann nicht, wenn die Nennhöhen der Profile übereinstimmen.

Viele Firmen bieten im Auftragsfall auch einen kompletten Service für Statik, Konstruktion und Verlegepläne an. Zu diesen Firmen gehören nicht nur Hersteller der Bauelemente, sondern auch einige Montagefirmen. Über die Kosten für diese planerischen Arbeiten muß im Einzelfall verhandelt werden. Die obigen Aussagen gelten mit Einschränkungen auch für Sandwichelemente.

In jedem Fall ist es wichtig, daß vor Montagebeginn diese Unterlagen vollständig und richtig vorliegen. Die Kosten für eine Nachbesserung, welche z. B. von einem Prüfingenieur für Baustatik gefordert wird, können je nach Baufortschritt höher sein, als die für die Dach- und Wandflächen selbst.

Inzwischen bieten auch Ingenieurbüros und Softwarefirmen Bemessungsprogramme speziell für Stahltrapezprofile mit den Profildaten einer großen Firmenauswahl zu wirtschaftlichen Preisen an. Auskunft über solche Möglichkeiten kann der Industrieverband für Bausysteme im Stahlleichtbau e. V. (IFBS), Düsseldorf geben.

Für die statische Berechnung von Sandwichelementen für Dach und Wand können zur Zeit zwei Programme für die eigene Anwendung erworben werden (siehe [176]). Die weitere Entwicklung verfolgt der IFBS.

10 Konstruktionsdetails als Voraussetzung für das Tragverhalten

10.1 Allgemeines

Eine der wichtigsten Voraussetzungen für die Tragsicherheit und die Gebrauchstauglichkeit von dünnwandigen Querschnitten ist der Erhalt der Querschnittsgeometrie unter dem Einfluß der Beanspruchung. Neben den Bemühungen, mittels Sicken und Versätzen die mittragenden Breiten von dünnwandigen Querschnitten zu vergrößern und damit ihre Tragfähigkeit zu erhöhen, zielen konstruktive Maßnahmen darauf ab, unter einwirkenden Lasten und den damit verbundenen Verformungen den Erhalt der Querschnittsgeometrie unter allen Umständen zu gewährleisten. Hierzu sind in der DIN 18 807 Teil 3, konstruktive Maßnahmen in Text und Bild vorgegeben, deren Einhaltung zwingend erforderlich ist, um die Ergebnisse der Festigkeitsnachweise in die bauseitige Ausführung zu übertragen.

Die folgenden Kapitel führen in eine Reihe von Maßnahmen ein, die erforderlich sind, die Querschnittsgeometrie der Profile unter Lasteinwirkung zu erhalten. Dabei werden auch die in DIN 18 807 Teil 3 dargestellten Details angesprochen, die die verschiedenen Auflagerarten, die Auflagerbefestigungen, die Verbindungen der Elemente untereinander und die Randaussteifungen entlang ihrer Ränder sowie Öffnungen in der Fläche zum Inhalt haben. Die konstruktiven Belange beschränken sich zunächst auf Hinweise, wie sie in den z. Zt. gültigen Normen und Richtlinien vorzufinden sind. Eine weitergehende Detaillierung unter Berücksichtigung konkreter Anforderungsprofile finden sich im Konstruktionsatlas [138].

10.2 Unterkonstruktionen

10.2.1 Allgemeines

Als Auflager für dünnwandige Flächenbauteile, wie Trapez- und Kassettenprofile sowie Sandwichelemente kommen alle Materialien in Betracht, die als tragende Unterkonstruktion üblicherweise Anwendung finden. Hierzu gehören die Werkstoffe Stahl, Stahlbeton und Holz.

Aufgrund der leichten Verformbarkeit der Querschnitte der Flächenelemente kommt der ebenen Ausbildung der Auflagerflächen eine besondere Bedeutung zu. Während dies bei Profilen aus Stahl in der Regel der Fall ist, können bei Stahlbeton und Mauerwerk Unebenheiten in der Oberfläche auftreten, die durch geeignete Zusatzmaßnahmen ausgeglichen werden müssen. Bei Holz ist unter anderem darauf zu achten, daß Holzgüten eingesetzt werden, bei denen ein Austrocknen kein Verdrehen und Verkanten hervorruft.

10.2.2 Arten und Material von Unterkonstruktionen

Unterkonstruktionen aus Walzstahl verfügen von Natur aus über ebene Oberflächen und eignen sich daher in besonderer Weise als Auflager für dünnwandige Profile. Dennoch ist auch hier darauf zu achten, daß die Oberfläche der tragenden Teile gleich der aufzulegenden Flächenbauteile geneigt ist, so daß letztere vollflächig aufliegen und Kantenpressungen mit der Folge möglicher Schädigungen an Gurten und Biegeschultern vermieden werden. Die Verbindung der Bauelemente mit dem Auflager aus Walzstahl wird je nach der Bauart des Elementes mit Hilfe von Setzbolzen oder Schrauben vorgenommen.

Beim Einsatz von dünnwandigen Pfetten-, Riegel- oder Distanzprofilen kann es bei solchen Querschnitten, die zur Herstellung einer Durchlaufträgerwirkung überlappt werden, je nach Materialdicke zu Versätzen in der Auflagerfläche kommen, die sich nachteilig insbesondere auf die unteren Deckschalen und damit auf das Trag- und Verformungsverhalten von Sandwichelementen auswirken können. Ähnliches ist zu erwarten, wenn die dünnwandigen Profile quer zur Spannrichtung so stark vorverformt sind, so daß es hierdurch zu Kantenpressungen zwischen der Biegeschulter des Auflagers und dem aufgelegten Profil kommt. Dann sind Ausgleichsmaßnahmen erforderlich, um das Beulen der Untergurte von Trapez- und Kassettenprofilen oder das Knittern der unteren Deckschalen von Sandwichelementen und damit die Ausbildung eines statischen Gelenkes zu vermeiden. Die Verbindung der Bauelemente mit dem dünnwandigen Auflager wird mittels Schrauben hergestellt.

Bei einer Unterkonstruktion aus Mauerwerk, bewehrtem oder unbewehrtem Beton ist ein zusätzliches Auflagerteil aus Metall oder Holz vorzusehen, um eine Verbindung der Profiltafeln mit der Unterkonstruktion zu ermöglichen. Beispiele hierfür gibt DIN 18 807 Teil 3, in Bild 9 (s. Bild 10-1).

Sind Ankerschienen bündig in die Oberfläche des Auflagerteils eingelassen, so wirkt statisch die Gesamtbreite des Auflagers. Deswegen ist darauf zu achten, daß das aufnehmende Bauteil mit der eingelassenen Schiene zusammen eine gemeinsame ebene Oberfläche bildet, um auch hier unerwünschte Kantenpressungen und möglicherweise auch Vorverformungen am dünnwandigen Bauteil zu vermeiden. Die Verbindung der Bauelemente mit der Ankerschiene wird mittels Schrauben oder, falls die Ankerschienen über eine Materialdicke von min. $t = 6$ mm verfügen, auch mittels Setzbolzen hergestellt [94].

Auf zusätzliche Auflagerteile auf bewehrtem oder unbewehrtem Beton darf verzichtet werden, wenn die Auflagerflächen ausreichend eben sind und bauaufsichtlich zugelassene Dübel für die Verbindung der Profiltafeln mit der Unterkonstruktion verwendet werden. Ferner ist der Nachweis für die aufzunehmenden Kräfte zu führen. Es dürfen außerdem auch spezielle Setzbolzen oder andere geeignete Verbindungselemente (z. B. „Spikes“) für die Befestigung der Profiltafeln verwendet werden, dann aber unter der Voraussetzung, daß sie keine planmäßigen Zug- oder Scherkräfte zu übertragen haben. Beim Einsatz von Dübeln und Schrauben oder Setzbolzen ist darauf zu achten, daß sie nur an solchen Stellen gesetzt werden dürfen, an denen eine Schädigung der tragenden Bewehrung oder des tragenden Bauteiles ausgeschlossen ist.

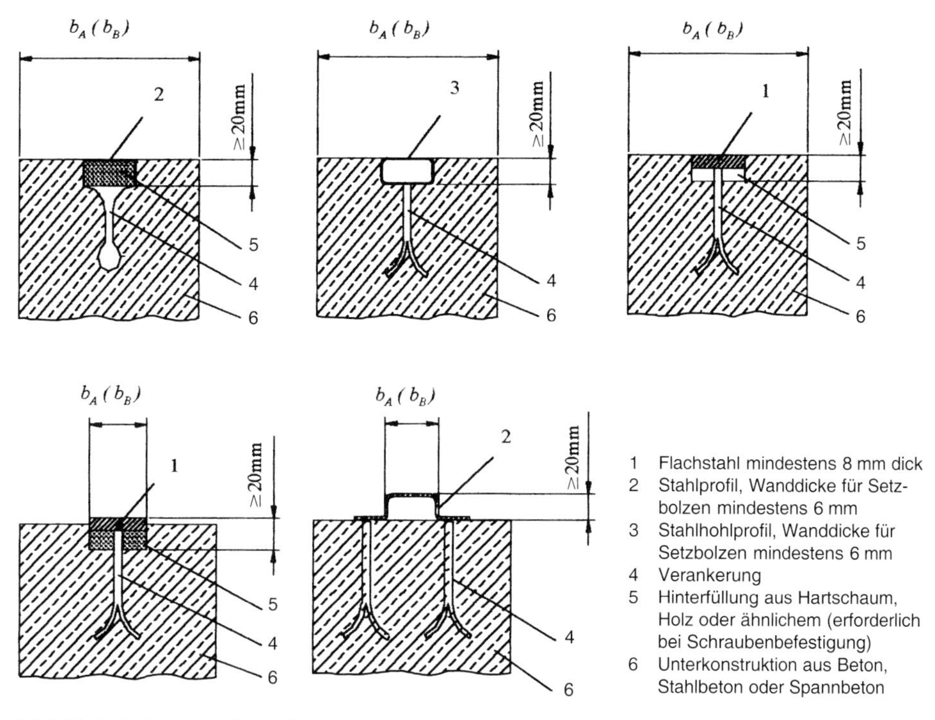

Bild 10-1 Auflagerdetails nach DIN 18 807-3

Auflagerteile aus Holz müssen DIN 1052 Teil 1, entsprechen, jedoch mindestens 40 mm dick und 60 mm breit sein. Wie bei Auflagern aus Stahl, Beton oder Mauerwerk müssen Auflagerkonstruktionen aus Holz durchgehend und eben ausgebildet sein und ihre Auflagerflächen die gleiche Neigung wie die der aufgelegten Bauteile aufweisen. Um auch hier Schädigungen an den Untergurten von Trapez- und Kassettenprofilen sowie an den unteren Deckschalen von Sandwichelementen zu vermeiden, dürfen die Auflageflächen auch nicht durch Schrauben, Laschen, Kopf- und Stoßplatten gestört werden. Als Verbindungen kommen Holzschrauben nach DIN 1052 [72] zum Einsatz oder auch solche, bei denen die Verwendbarkeit in Holz durch eine bauaufsichtliche Zulassung [94] oder [95] ausdrücklich geregelt ist.

10.2.3 Auflagerbreiten

In DIN 18 807 Teil 3, Tabelle 5 sind Mindestauflagerbreiten angegeben, die sich jeweils nach dem Werkstoff des Auflagers richten (Bild 10-2). Für die Ermittlung der Spannweiten und für die der Bemessung zugrundeliegenden Bemessungswerte ist aber entscheidend, welche tatsächliche Auflagerbreite vorhanden ist, da diese auf das Verformungsverhalten unmittelbar neben dem Auflager und den ggf. damit verbundenen Kantenpressungen auf die Tragschalen Einfluß hat. In jedem Fall sind also die Auflager in ihrer Werkstoff-

Art der Unterkonstruktion	Stahl, Stahlbeton	Mauerwerk	Holz
Endauflagerbreite min b_A mm	40	100	60
Zwischenauflagerbreite min b_B mm	60	100	60

Bild 10-2 Mindestauflagerbreiten nach DIN 18 807-3

zusammensetzung wie auch mit ihrer Gesamtbreite so auszubilden, wie sie den Nachweisen in der statischen Berechnung und der Bemessung zugrunde gelegen haben. Als Endauflagerbreite gilt immer die Breite der Auflagerfläche zuzüglich des Profilüberstandes. Wenn statisch nachgewiesen, dürfen Zwischenauflager auch schmaler sein (s. a. Abschnitte 5.1.2.2, 5.1.3.4 und 8.1.4.2)

10.2.4 Auflager für Schubfelder

Die oben beschriebenen Arten von Auflagern, die dabei eingesetzten Materialien und die erforderlichen Baubreiten gelten grundsätzlich auch für Trapez- und Kassettenprofiltafeln, die zu Schubfeldern zusammengefügt werden. Allerdings sind hierbei nach DIN 18 807 Teil 3 zusätzliche Auflagen zu beachten. Diese ergeben sich aus der Tatsache, daß Schubfelder aus Trapez- oder Kassettenprofilen *und* Randträgern bestehen, die rechtwinklige Viergelenkrahmen bilden und damit zugleich auch als umlaufend angeordnete Auflager dienen.

10.3 Randausbildung

10.3.1 Allgemeines

Bei den Randausbildungen von Flächen, die mit Trapez- oder Kassettenprofilen gedeckt oder bekleidet sind, ist der Erhaltung der Querschnittsgeometrie der Profiltafeln unter Last und den damit einhergehenden Verformungen besonderes Augenmerk zu widmen. Dies trifft sowohl für die Verbindungen der Profiltafeln untereinander zu wie auch insbesondere für deren freie Längsränder in den Randzonen der Verlegeflächen. Hier sind in der Regel zusätzliche Aussteifungsmaßnahmen erforderlich.

10.3.2 Randabstände von Verbindungselementen

Bei allen Verbindungen von Profiltafeln untereinander wie auch mit ihren Unterkonstruktionen sind die nach DIN 18 807 Teil 3, Abschnitt 4.5.2 vorgeschriebenen konstruktiven Randabstände der Verbindungselemente mit dem Durchmesser d einzuhalten.

- Abstand vom Längsrand der Profiltafeln: $e \geq 10$ mm und $e \geq 1{,}5\ d$
- Abstand vom Querrand der Profiltafeln: $e \geq 20$ mm und $e \geq 2\ d$

10.3.3 Randausbildung bei Trapezprofilen

Trapezprofile sind untereinander im Längsstoß, bei Schubfeldern in Übereinstimmung mit dem Festigkeitsnachweis, in Abständen von 50 mm $\leq e_L \leq$ 666 mm zu verbinden.

Entlang der Ränder von Verlegeflächen sind die freien Längsränder der Randrippen von Trapezprofilen auf Randträgern abzustützen und mit diesen in Abständen von 50 mm $\leq e_R \leq$ 666 mm zu verbinden (Bild 10-3).

Sind Randträger zur Aufnahme der Längsränder von Verlegeflächen nicht vorhanden, so sind die Ränder der Profiltafeln mittels Formteilen in der Materialdicke von $t_N \geq 1$ mm auszusteifen. Diese verhindern das Abflachen des Trapezprofiles unter Lasteinwirkung, damit die Veränderung seiner Querschnittsgeometrie und seiner Querschnittswerte, womit ein deutlicher Abfall seiner Tragfähigkeit in der Randzone verbunden wäre. Hierzu sind verschiedene Anordnungen möglich, wobei sich in der Praxis die Aussteifung mittels Randwinkel als besonders wirtschaftliche Lösung weitgehend durchgesetzt hat (Bild 10-4 b). Dieser Randwinkel ist dann über zwei Obergurte des Randtrapezprofils zu führen und mit diesen zu verbinden. Die Abstände zwischen den Verbindungselementen sind mit 50 mm $\leq e_R \leq$ 333 mm je Obergurt einzuhalten.

Da die Randaussteifungen nur eine querschnittserhaltende Aufgabe haben, werden sie in der Regel nicht als mittragendes Element in der Bemessung der Trapezprofile berücksichtigt. Dementsprechend werden die Formteile auch nur stumpf gestoßen, wobei der Lage der Querstöße im Feld oder am Auflager der Profiltafeln keine Bedeutung zukommt.

Die Verbindung der Profiltafel mit der Unterkonstruktion quer zur Spannrichtung erfolgt nach Maßgabe des Festigkeitsnachweises. In jedem Fall sind aber die Profiltafeln an den Rändern der Verlegeflächen durch jede Profilrippe und an den Zwischenauflagern durch mindestens jede zweite Profilrippe mit der Unterkonstruktion zu verbinden.

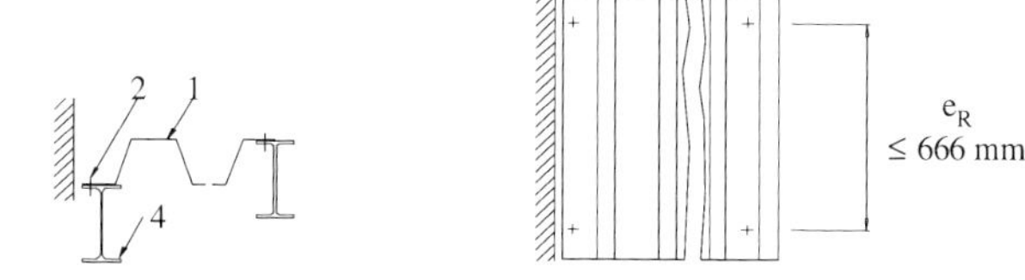

a) Randversteifungsträger aus Stahl, Beton oder Holz

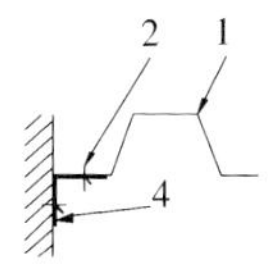

1 Profiltafel
2 Verbindungselement
4 Randversteifungsträger

b) Verbindung des Längsrandes mit einem durchgehenden an der Wand befestigten Profil aus Stahl, Holz

Bild 10-3 Längsrandlagerung bei Trapezprofilen auf Randträgern nach DIN 18 807-3

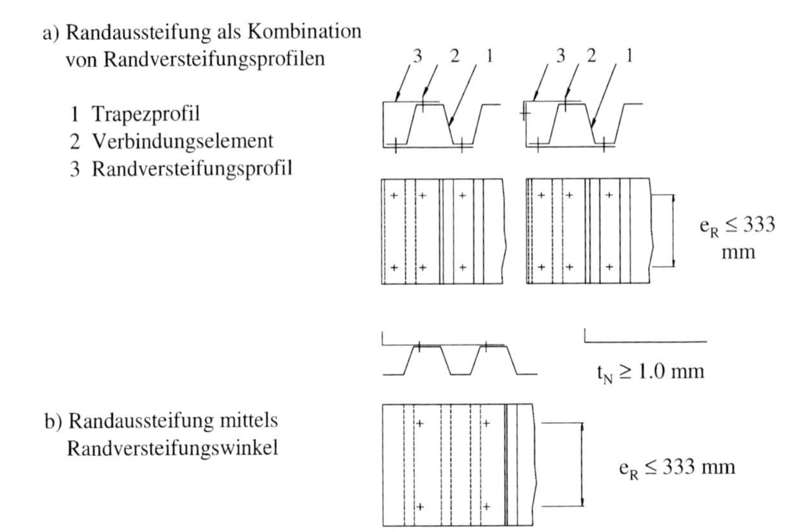

Bild 10-4 Randaussteifungen mit Randversteifungsblechen bei Trapezprofilen

Werden Trapezprofile zu Schubfeldern zusammengesetzt, sind die Längsränder der einzelnen Profiltafeln untereinander in regelmäßigen Abständen zu verbinden, wobei der Abstand der Verbindungselemente untereinander nicht kleiner als 50 mm und nicht größer als 666 mm betragen darf. Das gleiche gilt für die Längsränder der Schubfelder, die mit den umlaufenden Randträgern verbunden werden. Die Verbindung der Querränder der Trapezprofile mit den Randträgern wird nach DIN 18 807 Teil 3 hergestellt (Bild 10-5).

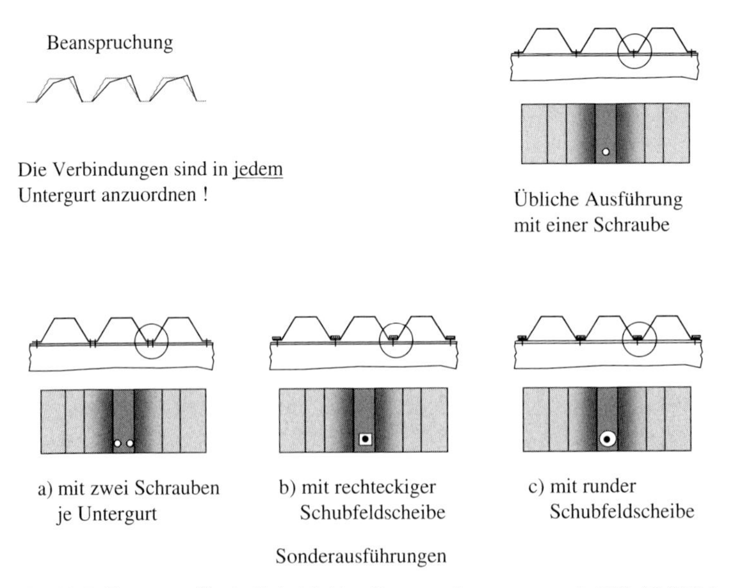

Bild 10-5 Trapezprofil als Schubfeld – Querrandlagerung nach DIN 18 807-3

Bei größer werdenden Kontaktkräften zwischen Trapezprofilen und Unterkonstruktion werden nach Maßgabe der Bemessung ggf. je Untergurt zwei nebeneinander liegende Schrauben angeordnet. Alternativ hierzu wird auch nur eine Schraube eingesetzt, wobei dann eine runde oder eckige Unterlegscheibe für die Kraftübertragung zu den lastabtragenden Stegen des Trapezprofiles sorgt. An Zwischenauflagern, die nur zur Abtragung von Lasten rechtwinklig zur Verlegefläche dienen und keinerlei Aufgaben im Zusammenhang mit der Schubfeldwirkung zu erfüllen haben, genügt auch im Bereich von Schubfeldern die Verbindung durch jede zweite Profilrippe.

10.3.4 Kassettenprofile

Die Verbindung der Kassettenprofile mit der tragenden Unterkonstruktion geschieht nach Maßgabe des Festigkeitsnachweises, wobei an jedem Auflager – sowohl Innenauflager als auch Endauflager – mindestens zwei Verbindungselemente pro Tafel einzusetzen sind. Aufgrund der Lastabtragung ausschließlich über die Längsrandzonen soll der Abstand der Verbindungselemente zum Steg 75 mm nicht überschreiten (Bild 10-6). Solange die Kassettenwandkonstruktion nicht als Schubfeld eingesetzt wird, sind alle weiteren entlang des Querrandes eingebrachten Verbindungselemente rein konstruktiver Art und können für den Lastabtrag (im wesentlichen Windsoglasten) nicht herangezogen werden.

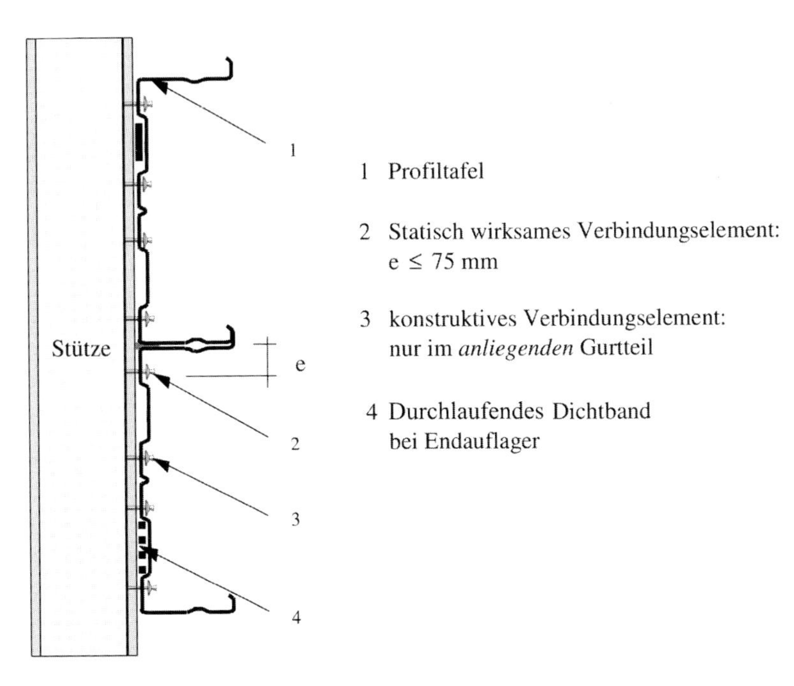

Bild 10-6 Auflagerbefestigung bei Kassetten nach DIN 18 807-3/A1

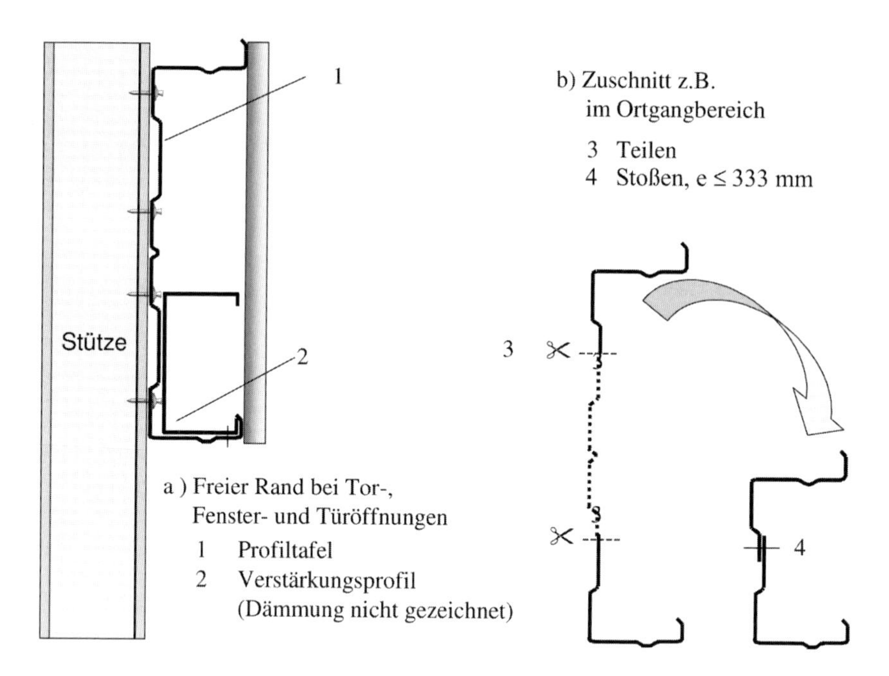

Bild 10-7 Aussteifung am freien Längsrand der Kassette

Freie Längsränder sind mittels zusätzlicher, mit den Stegen verbundener Formteile auszusteifen. Während dies bei horizontal verlegten Kassetten des Wandaufbaues entlang des Fußprofiles mit seiner kontinuierlichen Verbindung mit dem Randsockel gegeben ist, ist an allen übrigen freien Längsrändern innerhalb der Wandkonstruktion (z. B. bei Öffnungen oder auch im Attikabereich) ein umlaufendes randaussteifendes Formteil einzubauen, für das jeweils ein Gebrauchstauglichkeits- und Tragsicherheitsnachweis zu führen ist (Bild 10-7). Dies gilt insbesondere auch für die Längsränder von Kassetten, die als tragende Dachunterschale im zweischaligen Dachaufbau verwendet werden. Der Abstand der Verbindungselemente soll $e \leq 800$ mm (besser $e \leq 500$ mm, siehe Konstruktionsatlas [138]) nicht überschreiten.

Werden Kassettenprofile zu Schubfeldern ausgebildet, so sind nach DIN 18 807, A1-Änderung [18] zunächst die Stege der Profiltafeln im Abstand von $e = 800$ mm miteinander zu verbinden. Des weiteren sind sie entlang ihrer freien Ränder auf Randträgern zu lagern, die rechtwinklige Viergelenkrahmen bilden. Die Kassetten werden entlang ihrer Längs- und Querränder mit den Randträgern schubfest verbunden. Der Abstand der Verbindungen an den Längsrändern des Schubfeldes (parallel zur Spannrichtung der Kassettenprofiltafeln) darf $e_l = 300$ mm nicht überschreiten. Entlang der Querränder sind nach DIN 18 807, A1-Änderung zusätzlich zu den am Querrand ohnehin anzuordnenden zwei Verbindungen noch jeweils drei weitere einzuziehen (Bild 10-8).

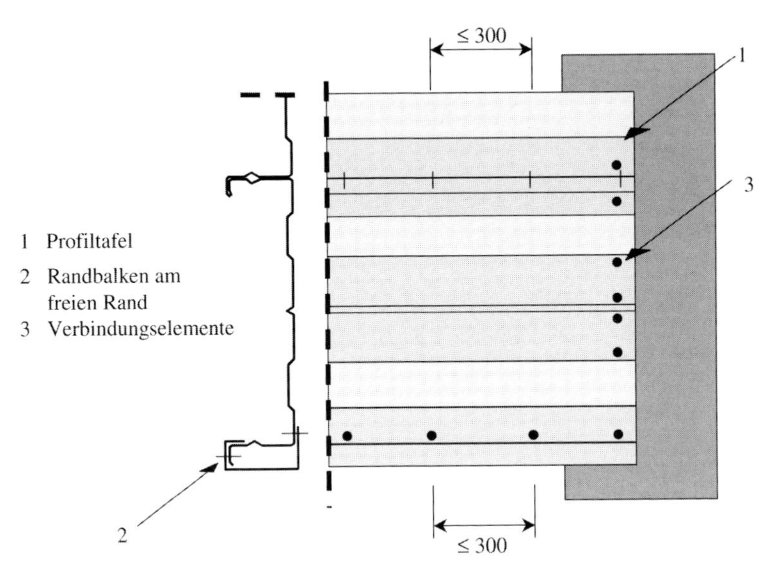

Bild 10-8 Kassettenprofil als Schubfeld – Querrandlagerung nach DIN 18 807-3/A1

Der Text in DIN 18 807-3/A1 lautet für die o. g. Verbindungen „zusätzlich drei". Die obige Interpretation ist deswegen naheliegend. Die Autoren sind aber der Ansicht, daß insgesamt drei Verbindungen, also zwei in Stegnähe und eine in der Mitte des Kassettenuntergurtes für die üblichen Kassette bis zu 600 mm Breite konstruktiv ausreichend sind. Diese Ansicht wird durch eine gleichlautende Forderung von *Baehre* in [134] erhärtet. Die Veröffentlichung [134] war auch Grundlage für die Musterzulassung (7. Fassung) zu den Zulassungsbescheiden [87], welche auch drei Verbindungen insgesamt fordert. In den erteilten Zulassungsbescheiden [87] werden aber vorwiegend drei Verbindungen zusätzlich vorgeschrieben. Diese konstruktiven Überlegungen sind natürlich unabhängig von der erforderlichen Anzahl der Verbindungen nach der statischen Berechnung.

10.3.5 Sandwichelemente

Aufgrund der hohen Eigenstabilität der Sandwichelementquerschnitte sind querschnittserhaltende Maßnahmen mittels zusätzlicher Formteile, ähnlich jenen bei Trapez- und Kassettenprofilen, nicht erforderlich. Die Verbindung mit der Unterkonstruktion erfolgt nach den Vorgaben der bauaufsichtlichen Zulassungsbescheide [91] und [95] und des Tragsicherheitsnachweises, mindestens jedoch mit zwei Verbindungselementen je Auflager. Der Mindestabstand der Verbindungselemente zu den Quer- und Längsrändern hängt ab von der Art der Befestigung – durchgeschraubt oder verdeckt – und ist ebenfalls im bauaufsichtlichen Zulassungsbescheid [91] geregelt.

10.4 Stoßausbildungen

10.4.1 Allgemeines

Zunächst ist zu beachten, daß Stoßausbildungen zur Kräfteübertragung, wie sie im Stahlhochbau sonst üblich sind, beim Einsatz von dünnwandigen Bauteilen in der gleichen Ausprägung nicht möglich sind. So sind z. B. biegesteife Stöße im Feld in der Stahlleichtbauweise nach DIN 18 807 Teil 3 nicht erlaubt.

10.4.2 Trapezprofile

Entlang ihrer Längsränder werden die Trapezprofile mit dem ebenen Untergurt in den abgekanteten Untergurt eingelegt und mit diesem im Abstand von 50 mm $\leq e_L \leq$ 666 mm mittels Schrauben oder Nieten verbunden (Bild 10-9).

Querstoßausbildungen von Trapezprofilen sind sowohl mit als auch ohne konstruktive Überdeckung möglich (Bild 10-10). Trapezprofile, die als tragende Dachunterschale verlegt werden, erhalten im Bereich ihrer Querstoßüberlappungen eine konstruktive Überdeckung in einer Länge von 50 bis 150 mm. Sind die Auflager hingegen breit genug, so daß auch eine Querstoßausbildung ohne konstruktive Überdeckung möglich ist, ist je Querrand die Mindestauflagerbreite wie bei den Endauflagern einzuhalten. Bei Blechdicken ab 1,25 mm sind Überlappungsstöße wegen des Materialauftrages problematisch.

Neben den konstruktiven Überdeckungen sind auch statisch wirksame Überdeckungen (biegesteife Stöße) möglich. Dabei ist darauf zu achten, daß biegesteife Stöße ausschließlich über Auflagern ausgebildet werden dürfen. Statisch wirksame Überdeckungen im Auflagerbereich sind so auszubilden und zu bemessen, daß die Tragsicherheit für das gesamte Tragwerk erhalten bleibt. Die statische Berechnung geschieht nach Abschnitt 8.7.1. Die Schrauben- oder Nietverbindungen müssen in den steifen Stegbereichen erfolgen (Bild 10-11), keinesfalls im Ober- oder Untergurt.

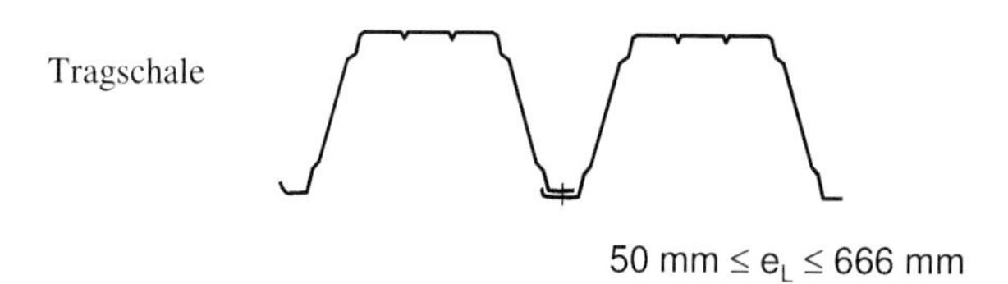

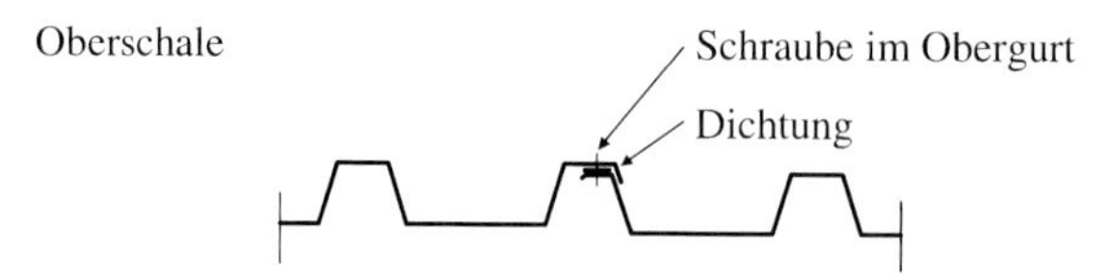

Bild 10-9 Verbindungen am Längsstoß von Trapezprofilen

Stoßausbildung mit Überlappung

möglich für $t_N \leq 1{,}0$ mm

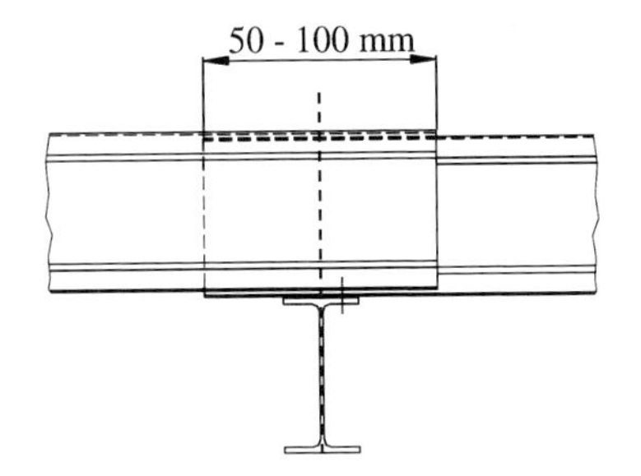

Stoß ohne Überlappung

erforderlich für $t_N > 1{,}0$ mm

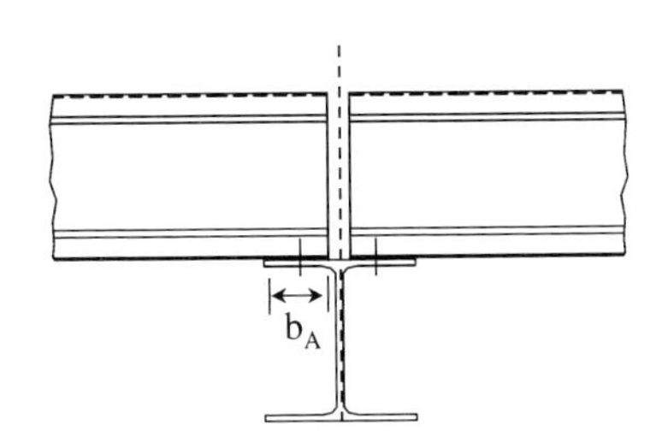

b_A: Auflagerbreite und Trapezprofilüberstand wie für ein Endauflager nach DIN 18807, Teil 3, Abschn. 4.2.1

Bild 10-10 Querstoßausbildungen bei Tragschalen

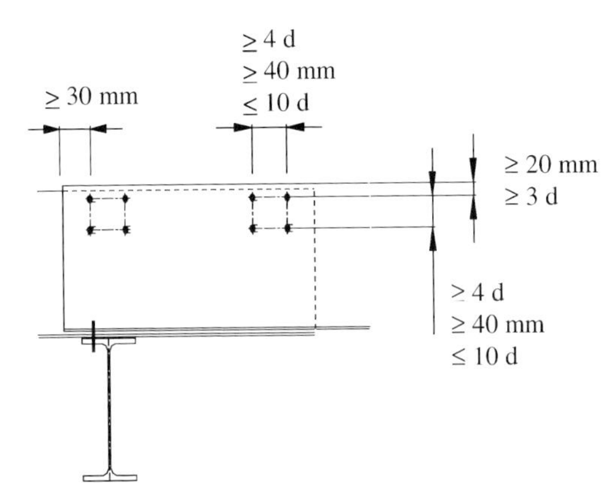

Bild 10-11 Biegesteifer Stoß nach DIN 18 807-3 – konstruktive Ausführung

10.4.3 Kassettenprofile

Wie bei den Trapezprofilquerschnitten ist auch bei den Kassettenprofilquerschnitten für das Erreichen der vorgesehenen Tragfähigkeit der Erhalt der Querschnittsgeometrie von ausschlaggebender Bedeutung. Während bei den Trapezprofilen die einzelnen Rippen in gleicher Weise zum Lastabtrag beitragen, sind es bei den Kassettenprofilen aufgrund ihrer flach gehaltenen und damit vergleichsweise „weichen“ Untergurte nur die stegnahen Randzonen, die für die Lastübertragung herangezogen werden können. Um deren Querschnittsform zu erhalten, sind nach dem Ineinanderfügen der Längsränder benachbarter Kassetten die Stege in regelmäßigen Abständen zu verbinden. Der Abstand der Verbindungselemente beträgt $e \leq 1000$ mm beim Einsatz als Wandinnenschale und $e \leq 800$ mm beim Einsatz als tragende Dachunterschale. Die Verbindungselemente sind möglichst nahe der Biegeschulter zwischen Steg und Untergurt einzubringen (Bild 10-12).

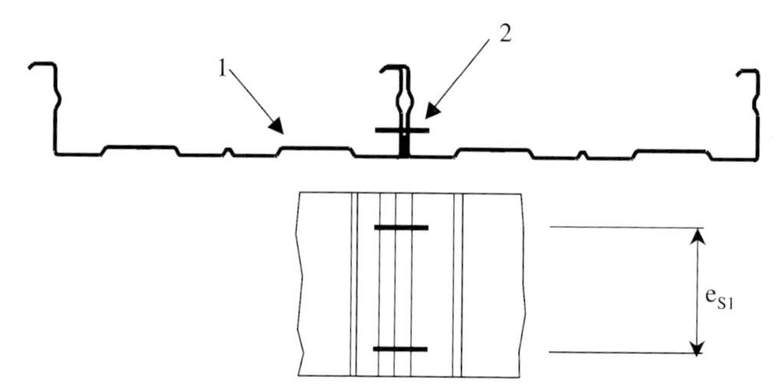

1 Profiltafel
2 Verbindungselement
Abstände:
Dach $e_{S1} \leq$ 800 mm (konstruktiv vorteilhafter: $\leq$ 500 mm)
Wand $e_{S1} \leq$ 1000 mm

Bild 10-12 Längsstoßverbindung bei Kassetten nach DIN 18 807-3/A1

Querstoßüberlappungen sind bei Kassettenprofilen grundsätzlich nicht erlaubt. Damit ist auch die Möglichkeit, eine statisch wirksame Überdeckung oder einen biegesteifen Stoß herzustellen, nicht gegeben.

Wirken auf eine Wandinnenschale aus Kassettenprofilen infolge der Nutzung des Gebäudes höhere Temperaturen als im Hochbau allgemein üblich (z. B. in Bauwerken mit großem Prozeßwärmeüberschuß), sind die Endauflager der Kassettenprofile verschieblich auszubilden, um eine Beanspruchung der Profiltafeln in ihrer Ebene unter Temperatureinwirkung zu vermeiden. Hierfür können in die Untergurte der Tafeln größere Bohrungen eingebracht werden, die mittels ebenfalls größerer Unterlegscheiben im Zuge der Ver-

Befestigung am Endauflager
• als verschiebliche Randauflagerung
• falls nur eine HTU- Schiene vorhanden ist

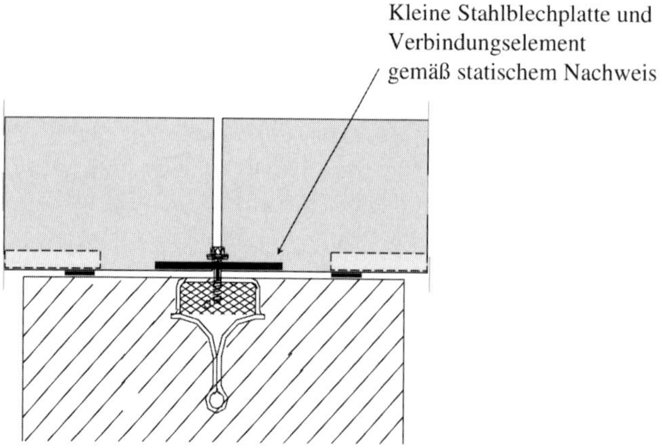

Kleine Stahlblechplatte und
Verbindungselement
gemäß statischem Nachweis

Bild 10-13 Verschiebliche Lagerung am Kassetten-Querrand

schraubung abgedeckt werden. Gelegentlich führt aber auch eine zwischen den beiden Querrändern angeordnete Befestigung unter Einsatz einer lastübertragenden Scheibe zum Ziel (Bild 10-13).

10.4.4 Sandwichelemente

Da Sandwichelemente aufgrund der Eigensteifigkeit ihrer Querschnitte keiner zusätzlichen Maßnahmen zur Längsrandaussteifung bedürfen, sind die Längsstoßüberlappungen konstruktiver Natur.

Querstoßüberlappungen von Sandwichelementen werden aus optischen Gründen im Wandaufbau vermieden und nur bei überbreiten Dachhälften zur Dachdeckung angewendet. Biegesteife Querstoßüberlappungen sind bei Sandwichelementen nicht möglich. Entsprechend ist die Ausbildung von Querstößen rein konstruktiver Natur.

10.5 Aussparungen

10.5.1 Allgemeines

Jede Öffnung in einer Verlegefläche aus dünnwandigen Flächenbauteilen kann sowohl mit einer gravierenden Schwächung der Tragfähigkeit der eingesetzten Bauelemente, als auch des gesamten Tragsystems verbunden sein. Aufgrund der mangelnden Biegesteifigkeit der Elemente quer zu ihrer Spannrichtung, sind Lastumlagerungen nur in sehr begrenztem Maße und nur unter großen Verformungen möglich. Deshalb müssen zum einen die frei gewordenen Querränder der geschnittenen Elementrippen durch geeignete Auflager abgefangen werden. Zum andern entstehen insbesondere bei großformatigen Öffnungen wiederum Randzonen, in denen die Randrippen der Elemente nach DIN 18 807 Teil 3 mittels geeigneter Maßnahmen z. B. Randaussteifungswinkel ausgesteift werden müssen.

10.5.2 Kleine Öffnungen in der Verlegefläche

10.5.2.1 Trapezprofile

In Trapezprofile dürfen nach dem Wortlaut von DIN 18 807 Teil 3, Öffnungen bis zu einer Größe von 300 × 300 mm ohne Auswechslung eingebracht werden.

Um auch in diesen Fällen wieder den Erhalt der Querschnittsgeometrie sicherstellen zu können und zur Herstellung der erforderlichen Tragsicherheit, sind daran folgende Bedingungen geknüpft:

- Die Öffnungen sind mit einem Verstärkungsblech einzufassen, dessen Nenndicke t_N mindestens gleich der 1,5-fachen Blechdicke t_N des Trapezprofils entspricht und mindestens 1,13 mm beträgt.

- Das Verstärkungsblech muß mindestens die Größe 600 × 600 mm aufweisen.
- Auf die Trapezprofile dürfen nur Flächenlasten wirken.
- In Spannrichtung darf jeweils nur eine Öffnung im Feld zwischen den Momenten-Nullpunkten eingebracht werden.
- Öffnungen im Bereich der Stützmomente sind ohne besonderen Nachweis bzw. Zusatzmaßnahmen nicht möglich.
- Der statische Nachweis für die mit der Öffnung versehenen Profiltafel muß gemäß Bild 15 der Norm (s. Bild 8-9) mit der α-fachen Dachlast geführt werden (siehe hierzu auch Abschnitt 8.7.2).
- Rechtwinklig zur Spannrichtung dürfen weitere Öffnungen jeweils nur im lichten Abstand von mindestens 1 m eingebracht werden.
- Auf den Nachweis unter Erhöhung der Dachlast mit dem Faktor α nach Bild 8-9 kann dann verzichtet werden, wenn die Öffnung im Bereich von Feldmomenten nicht größer ist als 125 × 125 mm und ihr Abstand l_A vom Momentennullpunkt nicht mehr als 10 % des Abstandes der Momentennullpunkte l_i beträgt (DIN 18 807 Teil 3, Absatz 4.8.2.3.2).
- Die Breite des Verstärkungsblechs quer zur Spannrichtung ist so zu wählen, daß vom Verstärkungsblech auf jeder Seite des Ausschnittes mindestens zwei durchlaufende unversehrte Stege überdeckt werden (Bild 10-14).

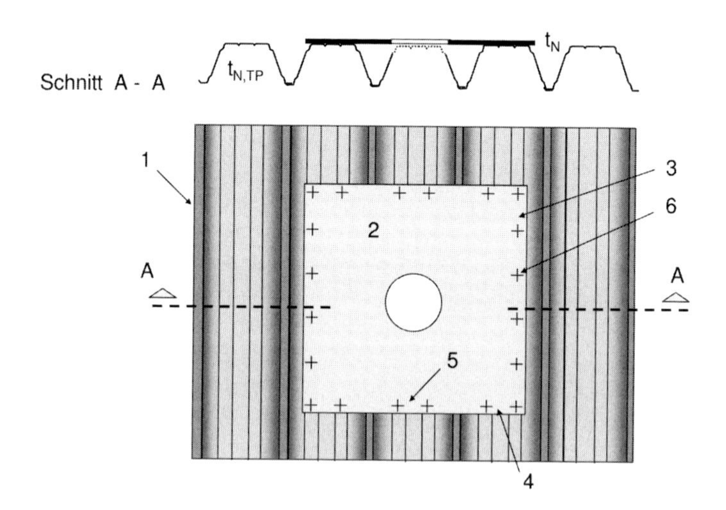

Bild 10-14 Anschluß eines Verstärkungsbleches nach DIN 18 807-3 – Trapezprofil
1 Trapezprofil
2 Verstärkungsblech, $a \times b \geq 600$ mm × 600 mm, $t_N \geq 1{,}13$ mm (1,5 × $t_{N,TP}$)
3 Verstärkungsblech-Längsrand
4 Verstärkungsblech-Querrand
5 Zwei Verbindungselemente im Obergurt, je eines neben jedem überdeckten Steg
6 Verbindungselemente am Längsrand, Abstand $e \leq 120$ mm

- Das Verstärkungsblech ist an die Obergurte der Verlegefläche wie folgt anzuschließen (Bild 10-14):
  - am Querrand zwei Verbindungen je Obergurt, je eines neben jedem überdeckten Steg,
  - am Längsrand mindestens eine Reihe von Verbindungen in der Nähe des Steges, Abstand der Verbindungselemente in der Reihe $e \leq 120$ mm.
- Bei Decken ist sicherzustellen, daß die Rippen auch unter dem Verstärkungsblech mit Ortbeton vollständig gefüllt sind.

Soweit der Wortlaut der DIN 18 807 Teil 3. Bei kritischer Betrachtung einzelner Aussagen sind jedoch aufgrund inzwischen vorliegender praktischer Erfahrungen einige Punkte zusätzlich zu berücksichtigen.

Vor dem Hintergrund der mit dem Einbringen von Öffnungen einhergehenden Querschnittsschwächungen und deren Folgen sollte auf die Herstellung von Öffnungen mit dem Durchmesser > 125 mm verzichtet werden. Bei auf mehr als 120 mm gestiegenen Dämmdicken und heutigen Dachaufbauten angepaßten Ablaufstutzen sind über das genannte Maß hinausgehende Einschnitte nicht mehr erforderlich. Des weiteren erscheint der Verlauf der in der Norm angegebenen Lasterhöhungsfaktoren über der bezogenen Ausmitte in der vorliegenden Form nicht schlüssig; insbesondere ist der Steilabfall des Lasterhöhungsfaktors im Bereich der Feldmitte in Frage zu stellen. Hier eröffnet sich ein Feld für weitere Untersuchungen (siehe auch Interpretation in Abschnitt 8.7.2).

10.5.2.2 Kassettenprofile

Aufgrund der besonderen Querschnittsform und den damit verbundenen statischen Gegebenheiten kann das Anordnen kleinerer Öffnungen – solange sie die mittragenden Zonen der Untergurte nicht beeinträchtigen – als weitgehend unkritisch für das Tragverhalten der Kassetten angesehen werden. Eine dennoch erforderliche Randaussteifung im Bereich der Öffnung dient in erster Linie der Erfüllung optischer Erfordernisse, um ein mögliches Verwölben des Untergurtes nach Einbringen des Ausschnittes zu behindern. Auf weitere lastverteilende Auswechslungen kann so lange verzichtet werden, wie die stegnahen Zonen mit einer Breite von $b \leq 150$ mm nicht beeinträchtigt werden (Bild 10-15).

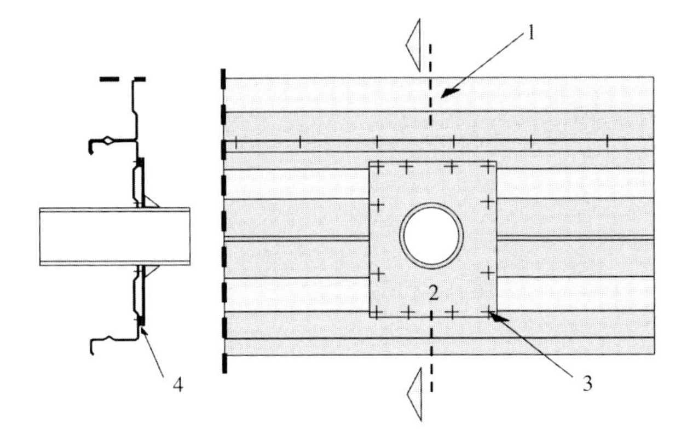

Bild 10-15 Öffnungen in der Verlegefläche – Kassettenprofil
1 Profiltafel
2 Versteifungsblech
3 Verbindungselemente
4 Umlaufendes Dichtband

Sind Öffnungen der stegnahen Zone oder der Stege selbst nicht zu vermeiden, ist durch eine geeignete und statisch nachzuweisende Auswechslung für eine einwandfreie Lastumlagerung zu sorgen.

10.5.3 Auswechslungen

10.5.3.1 Auswechslung von Trapezprofilen

Sind Öffnungen mit einer Größe von mehr als 300 × 300 mm herzustellen, so ist hierfür ein System von Auswechslungen an den Öffnungsrändern erforderlich (Bild 10-16). Für die Auswechslungen ist stets ein statischer Nachweis zu führen, der darstellt, wie die im Öffnungsbereich eingeprägten Lasten in die tragende Unterkonstruktion weitergeleitet werden. Auch sind die Verformungen unter Lasten der vor der Öffnung endenden Trapezprofil-Kragarme und der im angrenzenden „ungestörten" Dachbereich vorhandenen Trapezprofile sowie die Verformungen der Auswechslungen nachzuweisen. Dabei ist sicherzustellen, daß die auftretenden Durchbiegungen miteinander verträglich sind, um Schäden in der Dachhaut im Übergangsbereich zu der Lichtkuppel oder ähnlichem zu vermeiden.

Die Auswechslungen bestehen in der Regel aus Längs- und Querwechseln. Quer zur Trapezprofilspannrichtung sind die beiden Querwechsel mit den Trapezprofilenden zu verbinden und jeweils an beiden Enden an den parallel zu den Profilrippen verlaufenden Längswechseln anzuschließen. Diese stützen sich auf den Trägern der Dachunterkonstruktion – Dachbindern oder Pfetten – ab (Bild 10-17).

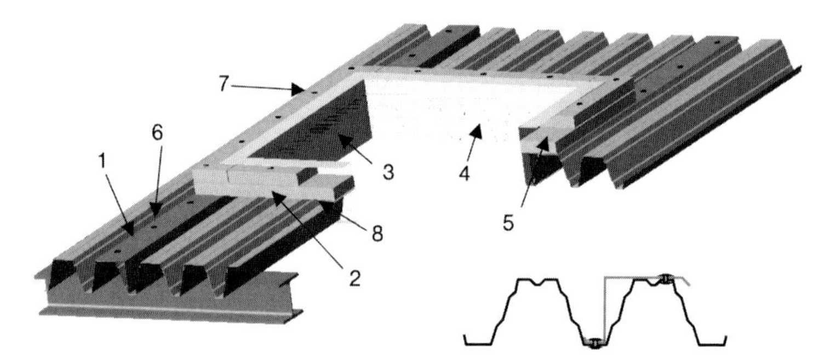

Bild 10-16 Auswechslung einer großformatigen Öffnung – Trapezprofil
1 Längswechsel
2 Holzbohle als Querwechsel
3 Einfassung Längsrand
4 Einfassung Querrand
5 Holzbohle als Futter
6 Befestigung zwischen Wechsel und Obergurt ($e \leq 500$ mm)
7 Befestigung zwischen Holzbohle und Längswechsel ($e \leq 666$ mm)
8 Befestigung zwischen Trapezprofil und Querwechsel (2 je Obergurt)

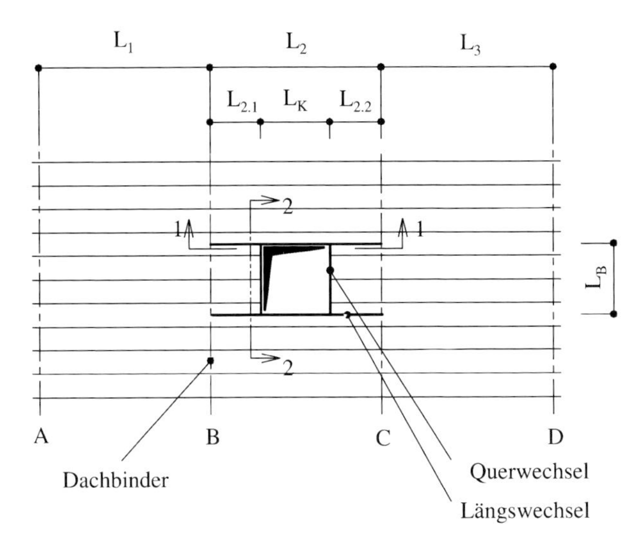

Bild 10-17 Öffnung in der Verlegefläche, Schnittführung zur Darstellung der statischen Systeme

Für den Kräfteverlauf und den Nachweis der Beanspruchung der Auswechslungen können unterschiedliche Annahmen getroffen werden.

Diese hängen davon ab,

- welches statische System im Nachbarbereich für die Trapezprofile vorhanden ist,
- welches statische System im Bereich der Öffnungen für die nicht von Auflager zu Auflager durchgehenden Trapezprofile sich ergibt oder angenommen wird und
- in welcher Weise die Lasten aus der Lichtkuppel oder ähnlichen Einbauten auf die Auswechselprofile übertragen werden (zum Beispiel können Aufsatzkränze der Lichtkuppeln so steif sein, daß als Auflager nur die Längswechsel herangezogen zu werden brauchen).

1. Fall (IFBS Info 3.09, Abb. 3.1)

Die Trapezprofile sind im Öffnungsbereich als Einfeldträger mit einer Stützweite vom Binder bis zum Lichtkuppelquerrand verlegt. Die Ermittlung der Schnittgrößen und der zu erwartenden Verformungen ist einfach durchzuführen: Sie kann dem in Bild 10-18 dargestellten Kräfteverlauf folgen.

2. Fall (IFBS Info 3.09, Abb. 3.2)

Die Trapezprofile sind im Öffnungsbereich als Kragträger verlegt mit der Kragarmlänge vom Binder bis zum Lichtkuppelquerrand. Für die Ermittlung der Schnittgrößen wird ein statisch unbestimmtes Koppelsystem, wie in Bild 10-19 dargestellt, gewählt (siehe Abschnitt 8.7.3). Der Vorteil bei dieser Verlegeanordnung besteht darin, daß durch die meist entlastende Kragarmwirkung die Beanspruchung der Längswechsel geringer ist, was zu kleineren Querschnitten führen kann.

Bezeichnungen:

q_{LK}	: Lasten aus Lichtkuppel
q_D	: Dachlasten
F_Q	: Auflagerlast QW aus q_{LK} und q_D
F'_B u. F'_C	: Auflagerlast LW am Auflager B und C

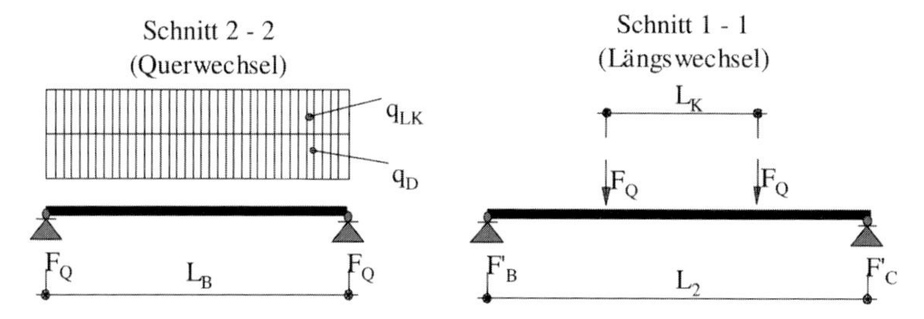

Bild 10-18 Berechnung an statisch bestimmten Teilsystemen für Längs- und Querwechsel

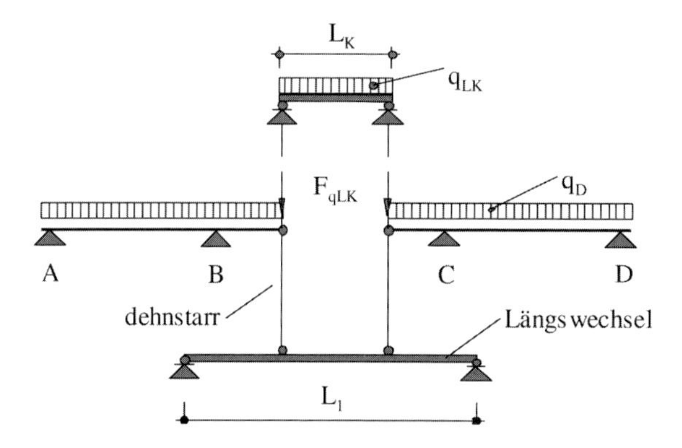

Bild 10-19 Berechnung am statisch unbestimmten Gesamtsystem für Längs- und Querwechsel

3. Fall

Durch Anpassung der Lage der Öffnung an das statische Tragsystem der Trapezprofile kann auf die Anordnung tragender Auswechselprofile verzichtet werden, wenn der Nachweis erbracht wird, daß die Verformungen unter Belastung sowohl an den Kragarmenden im Bereich der Öffnung als auch bei den angrenzenden durchlaufenden Trapezprofilen miteinander verträglich sind. Eine derartige Konstellation, auf die die o. a. Voraussetzungen zutrifft, dürfte in der Praxis allerdings nur in einigen wenigen Ausnahmefällen gegeben sein.

Für eine Stabilisierung der Öffnungsränder können zum Beispiel Anschlußkonstruktionen – bei Lichtkuppeln die Aufsatzkränze – herangezogen werden.

Für die Auswechslungsprofile werden in der Regel kaltgeformte Profile verwendet, deren Blechdicke mindestens 1,5 mm beträgt. Ihre Bemessung erfolgt nach den gültigen Stahlbauvorschriften (z. B. DASt-Richtlinie 016 und DIN 18 800 Teile 1 und 2).

Falls für die Auswechselprofile unsymmetrische Querschnitte gewählt werden, ist für den Tragfähigkeitsnachweis die zweiachsige, schiefe Biegung zu berücksichtigen, wenn nicht durch konstruktive Maßnahmen (z. B. Laschenverbindung oder kontinuierliche Verbindung von Unter- und Obergurten mit den anliegenden Profilrippen) eine einachsige Biegung erzwungen wird.

Liegen Öffnungen in Dachbereichen, die als Schubfelder ausgebildet sind, ist nachzuweisen, daß die Schubfeldbeanspruchungen durch die Auswechselkonstruktionen aufgenommen und weitergeleitet werden können. Dazu sind die Verbindungspunkte der Wechsel zur Aufnahme der durch die freiwerdenden Schubflüsse hervorgerufenen Schnittkräfte als biegesteife Ecken auszubilden.

Bei zweischaligen Dachausbildungen sind die Auswechselkonstruktionen von der Spannrichtung der tragenden Trapezprofilschale abhängig; es sind zwei Ausführungen zu unterscheiden:

- Unter-/Oberschale um 90° versetzt, Spannrichtung der Tragschale parallel zum First (Bild 1-12).
- Unter-/Oberschale parallel, Spannrichtung der Tragschale vom First zur Traufe (Bild 1-13).

In beiden Ausführungen werden häufig die Dachlasten aus der Oberschale über Distanzprofile, die in geringem Abstand angeordnet werden, in die Unterschale weitergeleitet, so daß lastabtragende Quer- und Längswechsel nur für die Unterschale erforderlich werden. Sie sind wie bei der einschaligen Ausführung festzulegen. Die Bemessung folgt den oben beschriebenen Fällen 1 bis 3.

Die konstruktive Ausbildung von Auswechslungen für Dachöffnungen mit einer Größe von mehr als 300 × 300 mm kann in unterschiedlicher Weise erfolgen.

Als Querwechsel können U-förmige Kaltprofile eingesetzt werden, die über die Stirnkanten der angrenzenden Trapezprofile geschoben werden; in einigen Fällen umfassen diese Profile auch gleichzeitig die obere Querbohle, die meist als Anschlußelement für den Lichtkuppelaufsatzkranz dient.

Für die Längswechsel werden unterschiedliche Querschnitte, wie C-, Z- bzw. Hut-förmige oder profilfolgende Stahlkantteile jeweils in Bauhöhe der auszuwechselnden Trapezprofile verwendet (Bild 10-20); Rechteckrohre werden ebenfalls eingesetzt. Die Blechdicken betragen mindestens 1,5 mm und können in der Praxis bis zu 4 mm erreichen. Beim Einsatz von unsymmetrischen Z-ähnlichen Querschnitten ist darauf zu achten, daß die Obergurte in ihrer gesamten Breite über die anliegenden Trapezprofilobergurte geführt werden und entlang ihres druckbeanspruchten Längsrandes über eine Abkantung verfügen.

Stählerne Quer- und Längswechsel werden durch Anschlußwinkel in den vier Ecken miteinander verschraubt. Die Querwechsel werden mit jeder Profilrippe verbunden. Die Längswechsel werden sowohl durch ihre Unter- als auch durch ihre Obergurte hindurch mit den anliegenden Trapezprofilgurten verbunden und auf den Auflagern befestigt. Als Verbindungselemente werden in der Regel Bohrschrauben, gewindefurchende Schrauben und Blindniete verwendet, deren Abstand beträgt $e \leq 666$ mm.

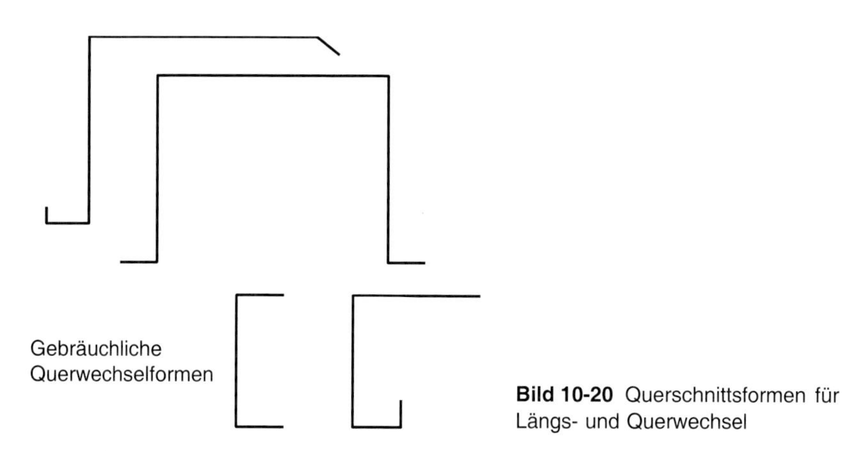

Bild 10-20 Querschnittsformen für Längs- und Querwechsel

Werden Holzbohlen als Querwechsel genutzt, ist ihre Tragfähigkeit und Befestigung nach DIN 1052 nachzuweisen; sie müssen dann aus Holz der Sortierklasse S10 nach DIN 4074 bestehen. Der Querschnitt der Bohlen sollte mindestens 200 × 60 mm betragen.

10.5.3.2 Auswechslung von Kassettenprofilen

Beim Ausschneiden von Kassetten entstehen freie Ränder, die nach Abschnitt 10.3.4 auszusteifen sind. Als aussteifende Elemente werden in der Regel C- oder Z-Profile verwendet. Die Wahl der Bauhöhe für die Profile richtet sich nach den Steghöhen der Kassettenprofile sowie der vorhandenen Materialdicken. Die Wechselprofile sind statisch nachzuweisen. Sofern aus statischer Sicht nichts anderes erforderlich ist, sind die Wechselprofile in Anlehnung an die Regelungen der IFBS-Montagerichtlinien [34] im Abstand von maximal e = 666 mm mit den Kassettenprofilen zu verbinden.

10.6 Fugenausbildungen

10.6.1 Bauwerksfugen

Bauwerksfugen sind solche Fugen, die gesamte Bauwerke oder auch Teile von Bauwerken voneinander trennen, um gegenseitige, bauwerksschädigende Beeinflussungen infolge Setzungen oder sonstiger Bewegungen zu vermeiden. Solche Bauwerksfugen sind allumfassend über den gesamten Querschnitt des Bauwerks, ggf. bis in die Fundamentierung. Dementsprechend sind Bauwerksfugen auch bei der Planung und Ausführung von raumabschließenden Konstruktionen zu berücksichtigen.

10.6.2 Dehnungsfugen

Dehnungsfugen können sowohl im Sinne von Bauwerksfugen allumfassend sein oder beschränkt auf einzelne Bauwerkskomponenten erforderlich werden.

So können Dehnungsfugen in der Konstruktion der raumabschließenden Elemente erforderlich werden, wenn aufgrund von temperaturbedingten Zwängungsbeanspruchungen Schädigungen innerhalb eines Bauteils oder zwischen benachbarten Bauteilen zu erwarten sind.

Des weiteren dienen Dehnungsfugen dazu, unterschiedliches Bewegungsverhalten zwischen benachbarten Bauteilen oder auch Baukomponenten auszugleichen.

Zwar geben die Flachdachrichtlinien des Dachdeckerhandwerkes [73] sowie die Richtlinien des Klempnerhandwerkes [74] für allgemeine Fälle Hinweise für die Anordnung von Dehnungsfugen. Für die Anwendung im Stahlleichtbau können jedoch – abhängig vom Anforderungsprofil – Abwandlungen von diesen Empfehlungen oder sogar Neudetaillierungen erforderlich und gültig sein.

Literaturverzeichnis

[1] DIN EN 10 143, Feuerverzinktes Blech, Band aus weichen Stählen zur Kaltumformung, technische Lieferbedingungen

[2] DIN EN 10 147, Feuerverzinktes Blech und Band aus Baustählen, technische Lieferbedingungen

[3] DIN EN 10 214, Blech und Band aus Stahl mit Zink-Aluminium-Überzügen (ZA); technische Lieferbedingungen für weiche Stähle und für Baustähle

[4] DIN EN 10 215, Blech und Band mit Aluminium-Zink-Überzügen (AZ); technische Lieferbedingungen für weiche Stähle und für Baustähle

[5] DIN EN 10 169 Teil 1, Kontinuierlich organisch beschichtete Flacherzeugnisse aus Stahl; Allgemeines

[6] DIN EN 10 169 Teil 2, Kontinuierlich organisch beschichtete Flacherzeugnisse aus Stahl, Erzeugnisse für den Bauaußeneinsatz

[7] DIN EN ISO 12 944 Teile 1–7, Korrosionsschutz von Stahlbauten durch Beschichtungssysteme (7.1998)

[8] DIN 55 928 Teil 8, Korrosionsschutz von Stahlbauten durch Beschichtungen und Überzüge. Korrosionsschutz von tragenden dünnwandigen Bauteilen (5.1991)

[9] Merkblätter und Dokumentationen des Stahl-Informations-Zentrums und Bauen mit Stahl e. V
Merkblatt 093: Organisch bandbeschichtete Flacherzeugnisse aus Stahl
Merkblatt 095: Schmelztauchveredeltes Band und Blech
Merkblatt 110: Schnittflächenschutz und kathodische Schutzwirkung von bandverzinktem und bandbeschichtetem Feinblech
Merkblatt 111: Schweißen von oberflächenverdeltem Feinblech
Merkblatt 235: Weich- und Hartlöten von bandverzinktem Feinblech
Merkblatt 311: Lochbleche aus Stahl
Merkblatt 474: Verpackung, Lagerung und Transport von Feinblech
Dokumentation 535: Weiterverarbeitung von verzinktem und beschichtetem Stahlblech

[10] DIN 4113, Aluminiumkonstruktionen unter vorwiegend ruhender Belastung

[11] Merkblätter des Gesamtverbands der Aluminiumindustrie e. V

[12] Informationsstelle Edelstahl Rostfrei: Edelstahl Rostfrei im Bauwesen:
Technischer Leitfaden
Normenübersicht
Oberflächen im Bauwesen
Merkblatt 822: Die Verarbeitung von Edelstahl Rostfrei
Merkblatt 823: Schweißen nicht rostender Stähle
Merkblatt 836: Weichlöten von Edelstahl Rostfrei in der Klempnertechnik

[13] DIN 18 800 – Stahlbauten – Teil 1 und 2, Ausgabe November 1990
Teil 1: Bemessung und Konstruktion
Teil 2: Stabilitätsfälle, Knicken von Stäben und Stabwerken

[14] Deutsches Institut für Bautechnik: Anpassungsrichtlinie Stahlbau, „Mitteilungen" Sonderheft 11/1, 3. Auflage, Dezember 1998, einschließlich: Änderung und Ergänzung der Anpassungsrichtlinie Stahlbau – Ausgabe Dezember 2001, DIBt Mitteilungen 1/2002

[15] Deutsches Institut für Bautechnik: Änderung und Ergänzung der Anpassungsrichtlinie Stahlbau – Ausgabe Dezember 2001, Abschnitt 3: Lastverteilende Maßnahmen zur Begehbarkeit von Stahltrapezprofilen. DIBt Mitteilungen 1/2002 im amtlichen Teil

[16] DIN 18 807 – Trapezprofile im Hochbau – Stahltrapezprofile, Teil 1 bis 3, Ausgabe Juni 1987
Teil 1: Allgemeine Anforderungen, Ermittlung der Tragfähigkeitswerte durch Berechnung
Teil 2: Durchführung und Auswertung von Tragfähigkeitsversuchen
Teil 3: Festigkeitsnachweis und konstruktive Ausbildung

[17] DIN 18 807 – Trapezprofile im Hochbau – Aluminium-Trapezprofile und ihre Verbindungen
Teil 6: Ermittlung der Tragfähigkeitswerte durch Berechnung, Ausgabe September 1995
Teil 7: Ermittlung der Tragfähigkeitswerte durch Versuche, Ausgabe September 1995
Teil 8: Nachweis der Tragsicherheit und Gebrauchstauglichkeit, Ausgabe September 1995
Teil 9: Anwendung und Konstruktion, Ausgabe Juli 1998

[18] DIN 18 807 Teil 1/A1 bis Teil 3/A1: Stahltrapezprofile – A1-Änderungen für Stahlkassettenprofile. Ausgabe Mai 2001

[19] Deutsches Institut für Bautechnik: Grundsätze für den Nachweis der Standsicherheit von Stahltrapezprofilen, „Mitteilungen" 5/1990, S. 169–174

[20] Deutsches Institut für Bautechnik: Ergänzende Prüfgrundsätze für Stahlkassettenprofiltafeln, „Mitteilungen" 2/1998, S. 38–47

[21] Eidamshaus, P., Gladischefski, H., Lesniak, Z. K.: Handbuch für die Berechnung kaltgeformter Stahlbauteile, Band A und Band B. Verlag Stahleisen, Düsseldorf, 1976/77, deutsche Fassung von Cold-Formed Steel Design-Manual, American Iron and Steel Institute, New York 1968–1973

[22] American Iron and Steel Institute: Specification for the design of coldformed steel structural members (1980)

[23] StBK-N5, TUNNPLATSNORM, Svensk Byggtjänst, 1979 (Schwedische Konstruktionsnorm für Kaltprofile und Trapezprofile)

[24] ECCS-T7: European Recommendations for Steel Construction: The Design of Profiled Sheeting, 1983

[25] Eurocode 3: Bemessung und Konstruktion von Stahlbauten – Teil 1–3: Allgemeine Bemessungsregeln – Ergänzende Regeln für kaltgeformte dünnwandige Bauteile und Bleche. Deutsche Fassung: Vornorm DIN V ENV 1993-1-3, Mai 2002

[26] DIN 59 231 – Wellbleche Pfannenbleche, Ausgabe April 1953

[27] DASt-Richtlinie 016: Bemessung und konstruktive Gestaltung von Tragwerken aus dünnwandigen kaltgeformten Bauteilen (07.88)

[28] Merkblätter und Dokumentationen des Stahl-Informations-Zentrums und Bauen mit Stahl e. V
Merkblatt 190: Stehfalzdeckung
Merkblatt 191: Wellprofile aus Stahl
Merkblatt 872: Bedachungen mit Edelstahl Rostfrei
Dokumentation 558: Bausysteme aus Stahl für Dach und Fassade
Dokumentation 609: Dach- und Wandkonstruktionen im Hallenbau

[29] Stahltrapez- und Stahlwellprofile, Stahl-Sonderprofile für Dach, Wand und Decke, IFBS-Info 3.02

[30] Stahlkassettenprofile für Dach und Wand, IFBS-Info 3.01

[31] Stahl-PUR-Sandwichelemente für Dach und Wand, IFBS-Info 3.03

[32] Stahl-MF-Sandwichelemente für Dach und Wand, IFBS-Info 3.04

[33] Stahlkassettenprofile. Verbindungen bei Stahlkassettenwänden, IFBS-Info 3.08

[34] Richtlinie für die Montage von Stahlprofiltafeln für Dach-, Wand- und Deckenkonstruktionen, IFBS-Info 8.01, April 2002

[35] Richtlinie für die Planung und Ausführung einschaliger ungedämmter Stahltrapezprofildächer – Dachdeckung, IFBS-Info 1.02, Mai 2002

[36] Richtlinie für die Planung und Ausführung zweischaliger wärmegedämmter nichtbelüfteter Metalldächer, IFBS-Info 1.03, Juli 1996

[37] Dach- und Wandsysteme aus Stahl im Vergleich – Bewertetes Schalldämm-Maß und mittlerer Wärmedurchgangskoeffizient, IFBS-Info 4.04, März 2000

[38] Schallschutz im Stahlleichtbau, IFBS-Info 4.06, Juli 2003

[39] Öffnungen in Dächern aus Stahltrapezprofilen, Auswechslungen Ausbildung, Statik, Montage, IFBS-Info 3.09 September 1996

[40] Prüfzeugnisse über Brandschutz W 90 Stahl-Kassettenprofilwand und F30 für Stahl-Trapezprofilwand

[41] Zulassungsbescheid Nr. Z-14.1-4, „Verbindungselemente zur Verwendung bei Konstruktionen mit Kaltprofilen aus Stahlblech", IFBS-Info 7.01, Ausgabe Juni 2002

[42] Stahlkassettenprofile. Bauphysikalisches Verhalten in Stahl-Wandsystemen. Prof. Dr. Erich Czieselski, IFBS-Info 4.03

[43] Temperaturbedingte Zwängungskräfte in Verbindungen bei Konstruktionen mit Stahltrapezprofilen. Berner/Schwarze, IFBS-Info 5.05, Juni 2002

[44] IFBS-Info 8.02 – BG-Informationen (Dez. 2002):
BGI 815 – Montage von Profiltafeln und Porenbetonplatten
BGI 807 – Sicherheit von Seitenschutz, Randsicherungen und Dachschutzwänden als Absturzsicherungen bei Bauarbeiten

[45] Schwarze, Kech: Bemessung von Stahltrapezprofilen nach DIN 18 807: Stahlbau 59 (1990), Heft 9, S. 257–276 und (1991), Heft 3, S. 65–76, Herausgegeben als IFBS-Info 3.07

[46] Schwarze, K.: Stahltrapezprofile, Bemessung von Stahltrapezprofilen nach DIN 18 807 unter Beachtung der Anpassungsrichtlinie, IFBS-Info 3.10

[47] Leitfaden zur Beurteilung von Abweichungen bei Bauelementen aus Stahlblech, IFBS-Info 1.05

[48] Lieferübersichten und Ausschreibungstexte für Baukonstruktion im Metalleichtbau

[49] Empfehlungen zur Anwendung und Auswahl von Korrosionsschutzsystemen für Bauelemente aus Stahlblech, IFBS-Info 1.04 März 2003

[50] Allgemeine bauaufsichtliche Zulassungen für Sandwichprodukte verschiedener Hersteller, z. B. Hoesch, Thyssen, Fischer, EMS usw.

[51] Deutsches Institut für Bautechnik: Prüfprogramm für Sandwichkonstruktionen mit einem Stützkern aus Polyurethan (PUR)-Hartschaum frei von bestimmten die Ozonschicht abbauenden Halogenkohlenwasserstoffen zwischen Metalldeckschichten im Zulassungsverfahren. Fassung 3.93

[52] European Convention for Constructional Steelwork (ECCS) – TWG 7.9: European Recommendations for Sandwich Panels, Part I: Design, January 2001

[53] DIN 18 614, Faserdämmstoffe für das Bauwesen

[54] DIN 18 615, Schaumkunststoffe als Dämmstoffe für das Bauwesen

[55] DIN 4109 Schallschutz im Hochbau – Anforderungen und Nachweise

[56] DIN 4102, Brandverhalten von Baustoffen und Bauteilen, Begriffe, Anforderungen und Prüfungen

[57] DIN 18 230, Baulicher Brandschutz im Industriebau, Rechnerisch erforderliche Feuerwiderstandsdauer

[58] DIN 18 232, Baulicher Brandschutz im Industriebau, Rauch- und Wärmeabzugsanlagen

[59] DIN 18 234, Baulicher Brandschutz im Industriebau, Dachkonstruktionen

[60] IndBauR, Industriebaurichtlinie, Baulicher Brandschutz im Industriebau, RdErl. d. Ministers für Stadtentwicklung, Wohnen und Verkehr, v. 23.10.89

[61] VDS, Unverbindliche Prämienrichtlinien für die Industrie-, Feuer- und Feuerbetriebsunterbrechungsversicherung

[62] DIN 4108, Wärmeschutz im Hochbau, Teile 1–7

[63] Bundesgesetzblatt, Wärmeschutzverordung WSVO III vom 16. August 1994, Bundesgesetzblatt Jahrgang 1995, Teil I

[64] EnEV: Verordnung über energieeinsparenden Wärmeschutz und energieeinsparende Anlagentechnik bei Gebäuden

[65] Klee, S., Seeger, T.:Vorschlag zur vereinfachten Ermittlung von zulässigen Kräften für Befestigungen von Stahltrapezblechen. Veröffentlichung des Instituts für Statik und Stahlbau der Technischen Hochschule Darmstadt, Heft 33, 1979

[66] Deutsches Institut für Bautechnik: Bauregelliste A, Bauregelliste B und Liste C – Ausgabe 2001/1. DIBt Mitteilungen, Sonderheft Nr. 24, 29. August 2001

[67] DIN 18 516 Teil 1, Außenwandbekleidungen, hinterlüftet, Anforderungen, Prüfgrundsätze

[68] DIN 1055 – Lastannahmen für Bauten
Teil 1 – Eigenlasten von Bauteilen und Baustoffen (07.78)
Teil 3 – Verkehrslasten (06.71)
Teil 4 – Windlasten (08.86)
Teil 5 – Schneelasten (06.75)
Teil 5 A1 – Schneelastzonen (04.94)

[69] Deutsche Bahn AG: DS 804 – Vorschrift für Eisenbahnbrücken und sonstige Ingenieurbauwerke, Anlage: Druck-Sog-Einwirkungen aus Zugverkehr auf Bauwerke in Gleisnähe (Aerodynamische Einwirkungen), einschließlich der Berichtigung B6 vom Sept. 2000

[70] Eurocode 1 Teil 3: Vornorm ENV 1991-3 Verkehrslasten für Brücken

[71] DDR-Standard TGL 32 274/05 – Lastannahmen für Bauwerke, Schneelasten (12.76)

[72] DIN 1052 Holzbauwerke

[73] Zentralverband des Deutschen Dachdeckerhandwerkes – Fachverband Dach-, Wand- und Abdichtungstechnik. Deutsches Dachdeckerhandwerk – Regeln für Dächer mit Abdichtungen, September 2001

[74] ZVSHK, Fachregeln des Klempnerhandwerkes, Zentralverband Sanitär Heizung Klima (ZVSHK), St. Augustin, Oktober 1998

[75] ZVSHK, Fachinformation. Bemessung von vorgehängten und innenliegenden Rinnen, Zentralverband Sanitär Heizung Klima (ZVSHK), St. Augustin, März 2001

[76] ZVSHK, Merkblatt. Fassadenbekleidung aus Metall, Zentralverband Sanitär Heizung Klima (ZVSHK), St. Augustin, Januar 2000

[77] DIN 1986 – Teil 2: Entwässerungsanlagen für Gebäude, Bestimmungen für die Ermittlung der lichten Weiten und Nennweiten für Rohrleitungen

[78] DIN 18 201, Toleranzen im Bauwesen – Begriffe, Grundsätze, Anwendung, Prüfung

[79] DIN 18 202, Toleranzen im Hochbau – Bauwerke, 5/86

[80] DIN 18 203 Teil 2, Toleranzen im Hochbau – Vorgefertigte Teile aus Stahl, 5/86

[81] DIN 18 360, Metallbauarbeiten, Schlosserarbeiten, 12/92

[82] DIN EN ISO 2178, Messen der Schichtdicke

[83] DIN EN ISO 2409, Gitterschnittprüfung

[84] DIN 6174: Verfahren zur Messung der Farbe und des Farbabstandes zwischen zwei einfarbigen Proben (s. a. ECCA-Prüfverfahren T3-1985 und DIN 53 236)

[85] RAL, RAL Farbkartendienst, RAL Informationen zu den Themen Farbtoleranzen (September 1992) und RAL-Farben

[86] DIBT, Bauaufsichtlicher Zulassungsbescheid Z-30.3-6, Bauteile und Verbindungsmittel aus nichtrostenden Stählen vom 25.8.1998

[87] Allgemeine bauaufsichtliche Zulassungen für Stahlkassettenprofiltafel-Konstruktionen verschiedener Hersteller, z. B. Hoesch, Thyssen, Fischer, EKO, Metal Profil usw.

[88] Hoesch Dachsystem 2000, Zulassungs-Nr. Z-14.1-137

[89] Hoesch Additiv Decke, Zulassungs-Nr. Z-26.1-44, vom 7. Januar 2003

[90] Wandkassetten-System Isover Metac WS, Zulassungsnumer Z-14.1-421, vom 24.10.2000

[91] Allgemeine bauaufsichtliche Zulassungen für Sandwichprodukte verschiedener Hersteller, z. B. Hoesch, Thyssen, Fischer, EMS, Romakowski usw.

[92] Schallschutz im Stahlleichtbau, IFBS-Info 4.06, Juli 2003

[93] Prüfzeugnisse, Firmeneigene Prüfzeugnisse für Schallschutz diverser Systeme der Herstellerfirmen von Bausystemen

[94] Deutsches Institut für Bautechnik: Zulassungsbescheid Nr. Z-14.1-4 für Verbindungselemente zur Verwendung bei Konstruktionen mit Kaltprofilen aus Stahlblech – insbesondere mit Stahltrapezprofiltafeln – vom 25. Juli 1990 und Bescheid über die Änderung und Ergänzung vom 13. Juni 1997, siehe auch IFBS-Info 7.01, Juni 2002

[95] DIBt, Z-14.4-407, Allgemeine bauaufsichtliche Zulassung für Verbindungselemente zur Verwendung bei Konstruktionen mit Sandwichbauteilen vom 18. Juni 1996, siehe auch IFBS-Info 7.02

[96] Kriner, Niederstein: Galvalume-Produktion, Eigenschaften und Verwendung als Alternative zum Feuerverzinken, Bleche Rohre Profile 39 (1992) 2

[97] Lindner, J., Scheer, J., Schmidt, H.: Stahlbauten, Erläuterungen zu DIN 18 800 Teil 1–4, Beuth und Ernst & Sohn, 2. Auflage 1994

[98] Eggert, H.: Stahlbaunormen – angepaßt. Ernst & Sohn, Berlin 1999

[99] Petersen, Ch.: Statik und Stabilität der Baukonstruktionen, 2. Auflage 1982, Friedr. Vieweg & Sohn, Braunschweig/Wiesbaden

[100] Gerold, W.: Zur Frage der Beanspruchung von stabilisierenden Verbänden und Trägern, Der Stahlbau 9/1963, S. 278–281

[101] Schikora, K., Ostermeier, B.: Betrachtungen zur Beanspruchung stabilisierender Verbände, Bauingenieur 62 (1987), S. 189–195

[102] Heil, W.: Stabilisierung von biegedrillknickgefährdeten Trägern durch Trapezblechscheiben, Stahlbau 63 (1994) S. 169–178

[103] Oxfort, J.: Zur Kippstabilisierung stählerner I-Dachpfetten mit Imperfektionen in geneigten Dächern bis zum Erreichen der plastischen Grenzlast durch die Biege- und Schubsteifigkeit der Dacheindeckung, Der Stahlbau 10/1976, S. 307–310 und 12/1976, S. 365–371

[104] Osterrieder, P., Voigt, M., Saal, H.: Zur Neuregelung des Biegedrillknicknachweises nach EDIN 18 800 Teil 2 (Ausgabe März 1988), Stahlbau 58 (1989), S. 341–347

[105] Meister, J.: Nachweispraxis Biegeknicken und Biegedrillknicken. Ernst & Sohn, Berlin 2002

[106] Lindner, J., Kurth, W.: Drehbettungswerte bei Unterwind, Bauingenieur 55 (1980), S. 365–369

[107] Lindner, J.:Stabilisierung von Trägern durch Trapezbleche, Stahlbau 1/1987, S. 9–15

[108] Lindner, J.:Stabilisierung von Biegeträgern durch Drehbettung – eine Klarstellung, Stahlbau 12/1987, S. 365–373

[109] Lindner, J., Gregull, Th.: Zur Berechnung von Pfetten aus Kaltprofilen, Stahlbau 58 (1989), Heft 3

[110] Lindner, J., Gregull, Th.: Drehbettungswerte für Dachdeckungen mit untergelegter Wärmedämmung, Stahlbau 58 (1989), S. 173–179

[111] Osterrieder, P.: Bemessung drehelastisch gestützter Pfetten nach Biegetorsionstheorie II. Ordnung, Bauingenieur 65 (1990) S. 469–475

[112] Osterrieder, P.: Bemessung drehelastisch gestützter Träger aus Stahl St 52 nach Biegetorsionstheorie II. Ordnung, Bauingenieur 68 (1993) S. 73–79

[113] Lindner, J., Groeschel, F.: Drehbettungswerte für die Profilblechbefestigung mit Setzbolzen bei unterschiedlich großen Auflasten, Stahlbau 65 (1996), S. 218–224

[114] Federolf, S.: Stahltrapezprofile für Dach, Wand und Decke – Einige Grundlagen und Beispiele zur Dimensionierung, Stahlbau 50 (1981), Hefte 11 und 12

[115] Schardt, R.: Berechnungsgrundlagen für dünnwandige Bauteile, Stahlbauhandbuch A (1982), Kapitel 13

[116] Baehre, R.: Raumabschließende Bauelemente, Stahlbauhandbuch A (1982), Kapitel 17

[117] Touchard, R.: Wellbleche, moderne Bauelemente mit genormter Tragfähigkeit. Deutscher Verzinkerei Verband e. V., Düsseldorf, Dezember 1988

[118] Görgen: Wellblech, Handbuch für Konstruktion und Montage

[119] Höglund, „Design of trapezoidal sheeting provides with stiffeners in the flanges and webs", Swedisch Council for Building Research D28, 1980, Stockholm

[120] Baehre, R., Fick, Kf.: Berechnung und Bemessung von Trapezprofilen – mit Erläuterungen zur DIN 18 807. Berichte der Versuchsanstalt für Stahl, Holz und Steine der Universität Fridericiana in Karlsruhe, 4. Folge, Heft 7, 1982

[121] Unger, B.: Ein Beitrag zur Ermittlung der Traglast von querbelasteten Durchlaufträgern mit dünnwandigem Querschnitt, insbesondere von durchlaufenden Trapezblechen für Dächer und Geschoßdecken, Stahlbau 42 (1973), S. 20–24

[122] Steinhardt, O., Einsfeld, U.: Trapezblechscheiben im Stahlbau – Wirkungsweise und Berechnung. Die Bautechnik 47 (1970), S. 331–335

[123] Schardt, R., Strehl, C.: Theoretische Grundlagen für die Bestimmung der Schubsteifigkeit an Trapezblechscheiben – Vergleich mit anderen Berechnungsansätzen und Versuchsergebnissen, Stahlbau 45 (1976), S. 97–108

[124] Schardt, R., Strehl, C.: Stand der Theorie zur Bemessung von Trapezblechscheiben, Stahlbau 49 (1980), S. 325–334

[125] Schardt, R., Bollinger, K.: Zur Berechnung regelmäßig gelochter Scheiben und Platten. Bauingenieur 56 (1981), S. 227–239

[126] Baehre, R., Wolfram, R.: Zur Schubfeldberechnung von Trapezprofilen, Stahlbau 55 (1986), Heft 6, S. 175–179

[127] Kniese, A., Holz, R.: Stahltrapezprofile, Industriebau 3/92, S. 214–227

[128] Schwarze, K., Kech, J.: Bemessung von Stahltrapezprofilen nach DIN 18 807 – Biege- und Normalkraftbeanspruchung, Stahlbau 59 (1990), S. 257–267 und IFBS-Info 3.07

[129] Schwarze, K., Kech, J.: Bemessung von Stahltrapezprofilen nach DIN 18 807 – Schubfeldbeanspruchung, Stahlbau 60 (1991), S. 65–76 und IFBS-Info 3.07

[130] Schwarze, K.: Bemessung von Stahltrapezprofilen nach DIN 18 807 unter Beachtung der Anpassungsrichtlinie Stahlbau, Bauingenieur 73 (1998) Nr. 7/8, S. 347–356 und IFBS-Info 3.10

[131] Schwarze, K., Berner, K.: Temperaturbedingte Zwängungskräfte in Verbindungen bei Konstruktionen mit Stahltrapezprofilen, Stahlbau 57 (1988), S. 103–114 und IFBS-Info 7.03

[132] Baehre, R., Huck, G.: Zur Berechnung der aufnehmbaren Normalkraft von Stahltrapezprofilen nach DIN 18 807 Teile 1 und 3, Stahlbau 59 (1990), S. 225–232

[133] Baehre, R., Buca, J.: Der Einfluß der Schubsteifigkeit der Außenschale auf das Tragverhalten von zweischaligen Dünnblech-Fassadenkonstruktionen, Bauingenieur 68 (1993), S. 27–34

[134] Baehre, R.: Zur Schubfeldwirkung und -bemessung von Kassettenkonstruktionen, Stahlbau 56 (1987), S. 197–202

[135] Schwarze, K.: Behandlung der allgemein bauaufsichtlich zugelassenen Stahltrapezprofile nach den Bemessungsvorschriften der DIN 18 807. Arbeitspapier für das Institut für Bautechnik, Berlin, 1988

[136] Gong, F.: Beitrag zur Beurteilung der Begehbarkeit von dünnwandigen Stahltrapezprofiltafeln. Dissertation Kalsruhe 1995

[137] Baehre, R.: Kaltgeformte, leichte Stahlprofile als Tragwerkskomponenten in bautechnischer Anwendung. Abschlußbericht des gleichnamigen Forschungsvorhabens der Studiengesellschaft für Stahlanwendung e. V., Düsseldorf 1985

[138] Möller, R., Pöter, H., Schwarze, K.: Planen und Bauen mit Trapezprofilen und Sandwichelementen, Band 2: Konstruktionsatlas. Ernst & Sohn (in Vorbereitung)

[139] Woods, George: The ICI Polyurethanes Book, John Wiley & Sons/ICI Polyurethanes

[140] Stamm, K., Witte, H.: Sandwichkonstruktionen. Springer-Verlag, Wien, New York, 1978

[141] Jungbluth, O.: Verbund- und Sandwichtragwerke. Springer-Verlag, Berlin, Heidelberg, New York, Tokyo 1986

[142] Zenkert, D.: The Handbook of Sandwich Construction. EMAS, Cradley Heath 1997

[143] Stamm, K.: Sandwichelemente mit metallischen Deckschichten als Wandbauplatten im Bauwesen, Stahlbau 53 (1984), S. 135–141

[144] Stamm, K.: Sandwichelemente mit metallischen Deckschichten als Dachbautafeln im Bauwesen, Stahlbau 53 (1984), S. 231–236

[145] Schwarze, K.: Numerische Methoden zur Berechnung von Sandwichelementen, Stahlbau 53 (1984), S. 363–370

[146] Baehre, R., Berner, K., Jungbluth, O., Schulz, U., Thermann, K.: Knitterspannungen, Langzeitverhalten und Scheibenwirkung von Sandwichelementen aus Polyurethan-Hartschaum und Stahldeckschichten. Forschungsvorhaben P 139/05/84 der Studiengesellschaft für Anwendungstechnik für Eisen und Stahl e. V., Düsseldorf 1988

[147] Burkhardt, S.: Zeitabhängiges Verhalten von Sandwichelementen mit Metalldeckschichten und Stützkern aus Polyurethanhartschaumstoffen. Berichte der Versuchsanstalt für Stahl, Holz und Steine der Universität Fridericiana in Karlsruhe, 4. Folge, Heft 20, Karlsruhe 1988

[148] Schuler, G.: Durchlaufträger mit elastischem Verbund bei abschnittsweise veränderlichen Steifigkeiten. Dissertation an der Universität Fridericiana zu Karlsruhe 1986

[149] Baehre, R., Ladwein, T.: Tragfähigkeit und Verformungsverhalten von Scheiben aus Sandwichelementen mit Stahldeckschichten und PUR-Hartschaumkern – Aif-Forschungs-Nr. 8193. Studiengesellschaft Stahlanwendung e. V. Projekt 199 1994

[150] Riedeburg, K.: Untersuchungen zum wirtschaftlichen Einsatz von Sandwichelementen in Dächern und Wänden – Kippstabilisierung durch Sandwichelemente, Forschungsvorhaben des Sächsischen Staatsministeriums für Wirtschaft und Arbeit, Leipzig 1994

[151] Riedeburg, K.: Stabilisierung der stählernen Unterkonstruktion durch Sandwichelemente. 3. Informationstag d. IKI, Bauhaus-Universität Weimar

[152] Kech, J.: Druckbeanspruchbarkeit der biegeweichen Deckschicht eines Sandwichelementes, Stahlbau 60 (1991), Heft 7, S. 203–210

[153] Zhao, H. L.: Ein Beitrag zur Berechnung der Knitterspannung inhomogener oder anisotroper Sandwichplatten. Dissertation 1993. Fortschritt-Berichte VDI Reihe 18, Nr. 131, VDI-Verlag Düsseldorf 1993

[154] Berner, K.: Erarbeitung vollständiger Bemessungsunterlagen im Rahmen Bautechnischer Zulassungen für Sandwichbauteile, Teil 1: Bemessungsgrundlagen in Form von Rechenhilfen für alle relevanten Lastfälle und statischen Systeme. Forschungsauftrag des Deutschen Instituts für Bautechnik, Berlin, Projekt-Nr. IV 1-5-618/90. Forschungsbericht Mai 1994

[155] Berner, K.: Erarbeitung vollständiger Bemessungsunterlagen im Rahmen Bautechnischer Zulassungen für Sandwichbauteile, Teil 2: Berücksichtigung zusätzlicher Beanspruchungen bei der Bemessung von durchlaufenden Sandwichplatten im Zwischenstützenbereich. Forschungsauftrag des Deutschen Instituts für Bautechnik, Berlin, Projekt-Nr. IV 1-5-618/90. Forschungsbericht November 1995

[156] Koschade, R.: Die Sandwichbauweise. Ernst & Sohn, Berlin 2000

[157] Davis, J. M.: Lightweight Sandwich Construction. Blackwell Science 2001

[158] Ewert, E., Banke, F., Schulz, U., Wolters, M.: Untersuchungen zum Knittern von Sandwichelementen mit ebenen und gesickten Deckschichten, Stahlbau 70 (2001), Heft 7, S. 453–463

[159] Wolters, M., Banke, F., Ewert, E., Schulz, U.: Untersuchungen zum Knittern von imperfekten Sandwichelementen, Stahlbau 71 (2002), Heft 4, S. 253–262

[160] Emge, A.: Lunkerbildung bei PUR-Sandwichelementen. Tagungsband „PUR in der Bauindustrie“. Süddeutsches Kunstoffzentrum 2001

[161] Wieland: Korrosionsprobleme in der Profilblech- und Flachdach-Befestigungstechnik, SFS Stadler GmbH & Co KG, Oberursel

[162] Wieland: Wärmeleitung/Tauwasserausfall bei Befestigungselementen aus Metall oder Kunststoffen in nicht durchlüfteten Dächern (Wärmdächern), SFS Stadler GmbH & Co KG, Oberursel

[163] Gösele, Schüle: Schall Wärme Feuchtigkeit, Bauverlag

[164] Federolf, S.: Konstruktiver Brandschutz von Dach und Wand, IFBS-Info

[165] Karst, H.-F.: Brandverhalten von Stahl-PUR-Sandwichelementen, IFBS-Info

[166] Jagfeld: Brandverhalten von Stahl-PUR-Sandwichelementen in Naturbrandversuchen, IFBS-Info 6.06

[167] Mayr, J. (Hrsg.): Brandschutzatlas, Baulicher Brandschutz, Wehner-Verlag

[168] Falke: Brandschutz im Stahlbau, Stahlbauhandbuch B, Kapitel 19

[169] Walter: Stand der europäischen Brandnormung, Vortrag anl. des Seminars PUR in der Bauindustrie, Süddeutsches Kunstoff-Zentrum, Würzburg 1999

[170] Gösele, Schüle: Schall Wärme Feuchtigkeit, Bauverlag

[171] IVPU: Plan & Praxis, Hefte Wasserdampfdiffusion und Wärmewanderung, Industrieverband Polyurethan-Hartschaum e. V., Stuttgart

[172] Meier (Hrsg.): Wärmeschutzplanung für Architekten und Ingenieure, Verlag Rudolf Müller

[173] Dahmen, Lamers, Casselmann-Stäbler: Bauphysik, Stahlbauhandbuch B, Kapitel 21

[174] Geilich: Dichten mit getränkten Polyurethanschaumbändern, Vortrag anl. des Seminars PUR in der Bauindustrie, Süddeutsches Kunstoff-Zentrum, Würzburg 1999

[175] Schardt, R.: Verallgemeinerte Technische Biegelehre, Springer-Verlag, Berlin, Heidelberg, New York, Tokyo 1989

[176] Programmsysteme zur statischen Berechnung und Bemessung von Sandwichelementen mit metallischen Deckschalen und Kern aus Polyurethan-Hartschaum oder Mineralwolle
I. PM-Sandwich, Pöter & Möller GmbH, Siegen
II. SandStat, Ingenieurbüro Berner & Gruber, Darmstadt

[177] Gabbert: Ein tolles Produkt (Information über ein Sandwichelement im konstruktiven Ingenieurbau). Elastogran Polyurethane GmbH/Rand International, 1999

[178] Gerhardt, H. J., Janser, F.: Windbelastung belüfteter Fassadensysteme, Bauingenieur 70 (1995), S. 193–201

3-18	Deutsche Rockwool Mineralwoll GmbH
3-19	Krupp Hoesch Stahl AG; heute: ThyssenKrupp Steel AG
4-2	Baehre, R., Fick, Kf.: Berichte der Versuchsanstalt für Stahl, Holz und Steine der Universität Fridericiana in Karlsruhe, 4. Folge, Heft 7, 1982
5-1, 5-2, 5-27, 9-4, 9-5	Thyssen Bausysteme GmbH; heute: ThyssenKrupp Hoesch Bausysteme GmbH
5-7, 5-26	DIN 18807-1
5-32 bis 5-34, 6-4	IFBS-Info 7.01
10-17 bis 10-19	IFBS-Info 3.09

Mitgliederverzeichnis des Industrieverbandes für Bausysteme im Stahlleichtbau e.V. (IFBS)

1. Ordentliche Mitglieder

Fachverband Bauelemente-Herstellung

ARCELOR BAUTEILE GmbH
Arcelor Gruppe
An der Stetze 12
57223 Kreuztal-Eichen
Tel.: 02732 886-0
Fax: 02732 886-200
info@arcelor-bauteile.com
www.arcelor-bauteile.com

ARCELOR CONSTRUCTION FRANCE
10, Rue du Bassin de l'Industrie
67000 Strasbourg/Port du Rhin
Frankreich
Tel.: +33 (0)3 88 41 48 91
Fax: +33 (0)3 88 41 4724

Color Profil N.V.
Lammerdries 8
Industrieterrein Geel-West 4
2440 Geel
Belgien
Tel.: +32 14 563942
Fax: +32 14 592710
eric.brijs@colorprofil.be

Corus ByggeSystemer A/S
Kaarsbergsvej 2
8400 Ebeltoft
Dänemark
Tel.: +45 89532000
Fax: +45 89532001
mail@corusbyggesystemer.dk
www.corusbyggesystemer.dk

Fischer Profil GmbH
Waldstraße 67
57250 Netphen
Tel.: 02737 508-0
Fax: 02737 508-114
info@fischerprofil.de
www.fischerprofil.de

Haironville Austria Ges.m.b.H.
Lothringenstraße 2
4501 Neuhofen/Kr.
Österreich
Tel.: + 43 7227 5225
Fax: + 43 7227 5231
ha@haironville.at
www.haironville.at

Kingspan Insulated Panels
Kingspan Limited
Carrickmacross Road
Kingscourt-Co. Cavan
Irland
Tel.: +353 42 9698500
Fax: +353 42 9698572
www.kingspanpanels.com

Maas Baustoffhandels-GmbH
Friedrich-List-Straße 25
74532 Ilshofen-Eckartshausen
Tel.: 07904 9714-0
Fax: 07904 9714-51
info@maasprofile.de
www.maasprofile.de

Metecno Bausysteme GmbH
Freiberger Straße 9
74379 Ingersheim
Tel.: 07142 585-0
Fax: 07142 585-500
vertrieb@metecno.de
www.metecno.de

PAROC OY AB Panel System
21600 Parainen
Finnland
Tel.: +358 204 55 6555
Fax: +358 204 55 6523
panelinfo@paroc.com
www.paroc.com

Pflaum & Söhne Bausysteme Ges.m.b.H.
Ganglgutstraße 89
4050 Traun
Österreich
Tel.: +43 7229 64584
Fax: +43 7229 64584-43
office@pflaum.co.at
www.pflaum.co.at

Romakowski GmbH & Co. KG
Herdweg 31
86647 Buttenwiesen-Thürheim
Tel.: 08274 999-0
Fax: 08274 999-150
info@roma-daemmsysteme.de
www.roma-daemmsysteme.de

Salzgitter Bauelemente GmbH
Eisenhüttenstraße 99
38239 Salzgitter
Tel.: 05341 21-4413
Fax: 05341 21-5793
cordsen@szbe.de
www.szbe.de

ThyssenKrupp Hoesch Bausysteme GmbH
Hammerstraße 11
57223 Kreuztal
Tel.: 02732 599-1599
Fax: 02732 599-1271
info@tks-bau.thyssenkrupp.com
www.tks-bau.com

Wurzer Profiliertechnik GmbH
Ziegeleiweg 6
86444 Affing bei Augsburg
Tel.: 08207 899-0
Fax: 08207 899-62
info@wurzer-profile.de
www.wurzer-profile.de

Fachverband Bauelemente-Vertrieb

BIEBER + MARBURG GMBH & CO. KG
Bahnhofstraße 29
35649 Bischoffen
Tel.: 06444 88-140
Fax: 06444 88-149
bieberal@bieber-marburg.de
www.bieber-marburg.de

BPS Profile + Bauelemente GmbH
Lindestraße 8
57234 Wilnsdorf
Tel.: 02737 988-3
Fax: 02737 988-500
vertrieb@bps-bauelemente.de
www.bps-bauelemente.de

Dörnbach Bauprofile Handelsges. mbH
Siegstraße 1
57250 Netphen
Tel.: 0271 77273-0
Fax: 0271 77273-99
mail@doernbach-bauprofile.de
www.Doernbach-Bauprofile.de

FN Profilblech-Center GmbH
An der Zeil 21
74906 Bad Rappenau-Obergimpern
Tel.: 07268 91250
Fax: 07268 912525
info@fn-profilblech.de
www.fn-profilblech.de

Holorib (Deutschland) GmbH
Blumenstraße 38
63069 Offenbach am Main
Tel.: 069 83836000
Fax: 069 83836002
info@holorib.de
www.holorib.de

BAUSYSTEME KRAHL + PARTNER GMBH
Bopserwaldstraße 36
70184 Stuttgart
Tel.: 0711 23881-0
Fax: 0711 23881-30
info@krahlundpartner.de
www.krahlundpartner.de

Maas Baustoffhandels-GmbH
Friedrich-List-Straße 25
74532 Ilshofen-Eckartshausen
Tel.: 07904 9714-0
Fax: 07904 9714-51
info@maasprofile.de
www.maasprofile.de

Metecno Bausysteme GmbH
Freiberger Straße 9
74379 Ingersheim
Tel.: 07142 585-0
Fax: 07142 585-500
vertrieb@metecno.de
www.metecno.de

O-METALL DEUTSCHLAND GMBH
Herzberger Chaussee 19
15936 Dahme
Tel.: 035451 90-600
Fax: 035451 90-599
info@o-metall.de
www.o-metall.com

Romakowski GmbH & Co. KG
Herdweg 31
86647 Buttenwiesen-Thürheim
Tel.: 08274 999-0
Fax: 08274 999-150
info@roma-daemmsysteme.de
www.roma-daemmsysteme.de

Schrag Kantprofile GmbH
Mühlenweg 11
57271 Hilchenbach
Tel.: 02733 815-0
Fax: 02733 815-100
office@schrag-kantprofile.de
www.schrag-kantprofile.de

Friedrich von Lien AG
Moordamm 4
27404 Zeven
Tel.: 04281 9515-0
Fax: 04281 951550
info@von-lien.de
www.von-lien.de

Rudolf Wiegmann Umformtechnik GmbH
Industriegebiet Ost
49593 Bersenbrück
Tel.: 05439 950-0
Fax: 05439 950-100
info@wiegmann-gruppe.de
www.wiegmann-gruppe.de

Wirth GmbH
Brehnaer Straße 1
06188 Landsberg
Tel.: 034602 29214
Fax: 034602 41052
info@wirth-gmbh.com
www.wirth-gmbh.com

Wurzer Profiliertechnik GmbH
Ziegeleiweg 6
86444 Affing bei Augsburg
Tel.: 08207 899-0
Fax: 08207 899-62
info@wurzer-profile.de
www.wurzer-profile.de

Fachverband Bauelemente-Montage und Objektgeschäft mit Bauelementen

atmos Industrielle Lüftungstechnik GmbH
An der Riedbahn 2
64560 Riedstadt
Tel.: 06158 9267-0
Fax: 06158 9267-44

Borgel Elementbau GmbH
Talstraße 42
48477 Hörstel
Tel.: 05459 8058-0
Fax: 05459 8058-80
borgel@borgel.com
www.borgel.com

csb conti-systembau GmbH
Industriestraße 13
65779 Kelkheim (Taunus)
Tel.: 06195 9780-30
Fax: 06195 9780-33
csb@horn-bau-ag.de
www.horn-bau-ag.de

D + W Profilblechbau GmbH
Gewerbepark
66583 Spiesen
Tel.: 06821 9703-0
Fax: 06821 9703-13
service@profilblechbau.de
www.profilblechbau.de

Dörflinger Bedachungs- und Fassadenbau GmbH & Co.
Poststraße 30
89522 Heidenheim
Tel.: 07321 9187-0
Fax: 07321 9187-50
info@doerflinger-web.de
www.doerflinger-web.de

Dreier-Werk Dach + Wand GmbH
Untere Brinkstraße 81–89
44141 Dortmund
Tel.: 0231 5171-0
Fax: 0231 5171-128
olaf.sparla@dreier-werk.de
www.dreier-werk.de

DWF Handel + Systembau GmbH
Tullastraße 8
77955 Ettenheim
Tel.: 07822 4468-0
Fax: 07822 4468-168
a.buss@dwf-gmbh.de
www.dwf-gmbh.de

E & P Dach- u. Wandmontagen GmbH
Siemensstraße 10
40764 Langenfeld
Tel.: 02173 73047/48
Fax: 02173 80167
info@ep-dawa.de
www.ep-dawa.de

ELBAU Bauelemente GmbH
Hanns-Martin-Schleyer-Straße 18
47877 Willich-Münchheide
Tel.: 02154 9283-0
Fax: 02154 9283-11
info@elbau-willich.de
www.elbau-willich.de

ET Wakofix Montagebau GmbH & Co. KG
Leipziger Straße 160–168
34123 Kassel
Tel.: 0561 50798-0
Fax: 0561 50798-20
et-wakofix@et-wakofix.de
www.et-wakofix.de

Franzen Ingenieur- und Montagebau GmbH
Hausener Straße 47
56736 Kottenheim
Tel.: 02651 4008-0
Fax: 02651 4008-97
info@franzenbau.de
www.franzenbau.de

Gehlert GmbH
Frankenstraße 3
63776 Mömbris
Tel.: 06029 9719-0
Fax: 06029 9719-20
info@gehlert-gmbh.de
www.gehlert-gmbh.de

Bedachung Gernert GmbH
Mühläckerstraße 2
97520 Röthlein
Tel.: 09723 9160-0
Fax: 09723 9160-60
gernert.gmbh@t-online.de
www.gernert-bedachung.de

H & M Bausysteme GmbH
Waldstraße 29 a
63526 Erlensee
Tel.: 06183 902688
Fax: 06183 902689
info@hum-bausysteme.de
www.hum-bausysteme.de

H + S Stahlbau GmbH
Am Bathorner Diek 3
49846 Hoogstede
Tel.: 05944 990225
Fax: 05944 990226
stahlbau-hoogstede@t-online.de

HAB Hallen- u. Anlagenbau GmbH
Greifswalder Straße 14
17509 Wusterhusen
Tel.: 038354 358-0
Fax: 038354 358-29
hab-stahlbau@t-online.de
www.hab-wusterhusen.de

HAMMERSEN ELEMENTBAU GmbH & CO. KG
Chemnitzer Straße 3
49078 Osnabrück
Tel.: 05405 9333-0
Fax: 05405 9333-99
info@hammersen.de
www.hammersen.de

HARMSEN + KLEIN BAUTECHNIK GMBH
Eisenstraße 1
49843 Uelsen
Tel.: 05942 9330-0
Fax: 05942 9330-30
INFO@HK-BAUTECHNIK.de
www.HK-BAUTECHNIK.de

HBS-Bausysteme
Allmendstraße 5A
79336 Herbolzheim
Tel.: 07643 91199-10
Fax: 07643 91199-11
m.fees@hbs-bausysteme.de
www.hbs-bausysteme.de

HELA Montagebau GmbH
Ottostraße 8–10
38259 Salzgitter
Tel.: 05341 30131-0
Fax: 05341 30131-50
schmidt@hela-montagebau.de
www.hela-montagebau.de

HOVING + HELLMICH GmbH
Heinrich-Hasemeier-Straße 6
49076 Osnabrück
Tel.: 0541 12191-0
Fax: 0541 129116
info@hoving-hellmich.de
Internet: www.hoving-hellmich.de

ibv Industriebauten-Verkleidungs-GmbH
Bahnhofstraße 121
66649 Oberthal
Tel.: 06854 9091-0
Fax: 06854 9091-90
kontakt@ibv-online.com
www.ibv-online.com

IMB Ingenieur- und Montagebau GmbH
Werner-von-Siemens-Straße 25
78224 Singen
Tel.: 07731 9995-0
Fax: 07731 66540
Info@imb-singen.de
www.imb-singen.de

K & S Industrieservice GmbH
Lärzer Straße 7
17252 Mirow
Tel.: 039833 20101
Fax: 039833 20102
K-S_Industrieservice_Mirow@t-online.de
www.ks-mirow.de

Klöpfer GmbH u. Co. KG
Draisstraße 6
77815 Bühl/Baden
Tel.: 07223 26095-96
Fax: 07223 24554
info@kloepfer-buehl.de
www.kloepfer-buehl.de

Koch Bedachungen GmbH
Breslauer Straße 23
56422 Wirges
Tel.: 02602 9303-0
Fax: 02602 9303-45
bedachungen@koch-dach.de
www.koch-dach.de

D. Krings GmbH
Alfred-Mozer-Straße 78
48527 Nordhorn
Tel.: 05921 304520
Fax: 05921 74559
info@d-krings.de

Leichtkonstruktionen Dach + Wand GmbH & Co. KG
Straße des Friedens 74
06808 Holzweißig
Tel.: 03493 660720
Fax: 03493 6607-22
leichtkonstruktionen@t-online.de

Anton Mayrose GmbH & Co. KG
Schützenstraße 40
49716 Meppen
Tel.: 05931 401-0
Fax: 05931 401-40
zentrale@mayrose.de
www.mayrose.de

MBN Bau Aktiengesellschaft
Beekebreite 2–8
49124 Georgsmarienhütte
Tel.: 05401 495-151
Fax: 05401 495-191
a.eistert@mbn.de
www.mbn.de

Heinrich Müller & Sohn GmbH
Billerbecker Straße 71
32839 Steinheim
Tel.: 05233 950050
Fax: 05233 950055
mueller-dach@t-online.de
www.dach-mueller.de

Nonnenmacher GmbH
Maybachstraße 13
89079 Ulm
Tel.: 0731 140054-0
Fax: 0731 140054-92
info@trapezblechtechnik.de
www.trapezblechtechnik.de

DWS Horst Nozar GmbH
Marburger Straße 390
57223 Kreuztal
Tel.: 02732 58420
Fax: 02732 584220
dwshorstnozar@t-online.de

pantecta GmbH
Wunderstraße 80
46049 Oberhausen
Tel.: 0208 62024-0
Fax: 0208 62024-24
info@pantecta.de
www.pantecta.de

Poburski Profilblechtechnik GmbH & Co. KG
Randersweide 69–73
21035 Hamburg
Tel.: 040 73501-151
Fax: 040 73501-108
pt@POBURSKI.de
www.POBURSKI.de

RADABAU GmbH
Am Ohlenberg 21
64390 Erzhausen
Tel.: 06150 9765-0
Fax: 06150 6192
radabaugmbh@t-online.de
www.radabau.de

RONGE GmbH
Industriestraße 8
31061 Alfeld/Leine
Tel.: 05181 8012-0
Fax: 05181 8012-80
info@ronge.com
www.ronge.com

B. Schlichter GmbH & Co. KG
Mühlentannen 8–10
49762 Lathen
Tel.: 05933 9343-0
Fax: 05933 9343-99
k.schlichter@schlichter.biz
www.schlichter.biz

Schüngel-Bau GmbH
Am Weißen Berg 20
04600 Altenburg
Tel.: 03447 8508-0
Fax: 03447 8508-29
schuengel-altenburg@t-online.de
www.schuengel-altenburg.de

Schütte-Wicklein GmbH
Seeweg 12
79336 Herbolzheim
Tel.: 07643 9103-0
Fax: 07643 9103-60
info@swdach.de
www.swdach.de

Sideka Industriebau GmbH
Gutenbergstraße 17
49477 Ibbenbüren
Tel.: 05451 5027-0
Fax: 05451 5027-27
info@sideka.de
www.sideka.de

Stork GmbH
Brokmeierweg 2
32760 Detmold
Tel.: 05231 9588-0
Fax: 05231 9588-29
info@stork.de

Tahedl Dach + Wand GmbH
Wilhelm-Busch-Straße 2
93138 Lappersdorf
Tel.: 0941 80051
Fax: 0941 80053
info@tahedl-dach.de
www.tahedl-dach.de

Dach-Tändler GmbH
Lindenallee 36
01796 Pirna
Tel.: 03501 546489
Fax: 03501 548527
dach-taendler@t-online.de
www.dach-taendler.de

Rudolf Wiegmann Industriemontagen GmbH
Industriegebiet Ost
49593 Bersenbrück
Tel.: 05439 950-0
Fax: 05439 950-100
info@wiegmann-gruppe.de
www.wiegmann-gruppe.de

Stahl- und Hallenbau Wittag GmbH
Liebigstraße 3
49716 Meppen
Tel.: 05931 9893-0
Fax: 05931 9893-19
info@wittag.com
www.wittag.com

wib Wortmann Industriebau GmbH
Wielandstraße 3
57482 Wenden
Tel.: 02762 9741-0
Fax: 02762 8070
info@Wortmann-Wenden.de
www.Wortmann-Wenden.de

Zippert GmbH
Industriestraße 16
74369 Löchgau
Tel.: 07143 8846-0
Fax: 07143 8846-36
dachundwand@zippert.de
www.zippert.de

2. Fördernde Mitglieder

Hersteller Verbindungselemente

Guntram End GmbH
Untertürkheimer Straße 20
66117 Saarbrücken
Tel.: 0681 58601-0
Fax: 0681 58601-39
guntramend@aol.com
www.guntramend.de

EJOT Baubefestigungen GmbH
In der Stockwiese 35
57334 Bad Laasphe
Tel.: 02752 908-0
Fax: 02752 908-731
info@ejot.de
www.ejot.de

HILTI Aktiengesellschaft
Abt. XEB
Feldkircherstraße 100
9494 Schaan
Fürstentum Liechtenstein
Tel.: +423 (0) 234 2111
Fax: +423 (0) 234 2224
jokiel@hilti.com
www.hilti.com

ITW Befestigungssysteme GmbH
Gutenbergstraße 4
91522 Ansbach
Tel.: 0981 9509-0
Fax: 0981 9509-138
info@itw-spit.de
www.itw-spit.de

MAGE AG
Industriestraße
1791 Courtaman
Schweiz
Tel.: +41 (0) 26 68 4740-0
Fax: +41 (0) 26 68 42 189
sales@mage.ch
www.mage.ch

SFS intec GmbH & Co. KG
In den Schwarzwiesen 2
61440 Oberursel (Taunus)
Tel.: 06171 7002-0
Fax: 06171 700232
de.oberursel@sfsintec.biz
www.sfsintec.biz

Adolf Würth GmbH & Co. KG
Reinhold-Würth-Straße 12–16
74653 Künzelsau
Tel.: 07940 15-0
Fax: 07940 15-10 00
info@wuerth.com
www.wuerth.com

Hersteller Dämmstoffe

Bayer MaterialScience AG
EMEA-BD-INS
Building B103
51368 Leverkusen
+49 0214 3081829
+49 0214 3081384
www.bayermaterialscience.com

Deutsche Rockwool
Mineralwoll GmbH & Co. OHG
Rockwool Straße 37–41
45966 Gladbeck
Tel.: 02043 408-0
Fax: 02043 408-444
peter.nowack@rockwool.de
www.rockwool.de

Elastogran GmbH
Geschäftsbereich Hartschaum
und Blockweichschaum
Landwehrweg 9
49448 Lemförde
Tel.: 05443 12-0
Fax: 05443 12-2201
elastogran@elastogran.de
www.elastogran.de

Huntsman (Germany) GmbH
Betriebsstätte Deggendorf
Land Au 30
94469 Deggendorf
Tel.: 0991 2704-147
Fax: 0991 2704-149
ghupe@t-online.de
www.huntsman.com

Saint-Gobain Isover G+H AG
Bürgermeister-Grünzweig-Straße 1
67059 Ludwigshafen
0800 5015501
0800 5016501
dialog@isover.de
www.isover.de

Hersteller von Zubehörteilen

Essmann GmbH & Co. KG
Im Weingarten 2
32107 Bad Salzuflen
Tel.: 05222 791-0
Fax: 05222 791236
info@essmann.de
www.essmann.de

FBH Eko Feinblechhandel GmbH
Carl-Benz-Straße 10–12
57299 Burbach/Industriepark
Tel.: 02736 4402-0
Fax: 02736 4402-33
fbh.eko@t-online.de
www.fbh.de

illbruck Building Systems GmbH
Burscheider Straße 454
51381 Leverkusen
Tel.: 02171 391-0
Fax: 02171 391-580
illbruckbautechnik@illbruck.com
www.illbruck.de

ISO-Chemie GmbH
Röntgenstraße 12
73431 Aalen
Tel.: 07361 9490-0
Fax: 07361 9490-90
info@iso-chemie.de
www.iso-chemie.de

JET-Kunststofftechnik Ulrich Kreft GmbH
Weidehorst 28
32609 Hüllhorst
Tel.: 05744 503-0
Fax: 05744 503-40
info@jet-gmbh.de
www.jet-gmbh.de

Lange GmbH
Sicherheitsnetze
Rauheckstraße 8
74232 Abstatt
Tel.: 07062 9580-11
Fax: 07062 9580-20
netsystem@freenet.de

ThyssenKrupp Stahl Bauelemente GmbH
Essener Straße 59
46047 Oberhausen
Tel.: 0208 8204-982
Fax: 0208 8204-988
lindenblatt@tks-be-thyssenkrupp.com

Andere Dienstleister

System 2000 Kopp GmbH
Lindenhorster Straße 80–82
44147 Dortmund
Tel.: 0231 985155-0
Fax: 0231 985155-55
dk@system-2000.de
www.system-2000.de

Leiendecker & Baum
Versicherungsmakler
Helmholtzstraße 13
14467 Potsdam
Tel.: 0331 74754-0
Fax: 0331 74754-22
info@leiendecker-baum.de
www.leiendecker-baum.de

Spedition Manina
Transport – Logistik
Farbenstraße 6
06803 Greppin
Tel.: 03493 77755
Fax: 03493 77757
manina@t-online.de
www.manina-transport.de

Ruhrland PR
Waslalaweg 3
46286 Dorsten
Tel.: 02369 202250
Fax: 02369 202251
ruhrland-pr@t-online.de
www.ruhrland-pr.de

Institutionen

Gütegemeinschaft Bauelemente aus Stahlblech e. V.
Max-Planck-Straße 4
40237 Düsseldorf
Tel.: 0211 6989935
Fax: 0211 672034
post@gbs-mail.de
www.gbs-ev.de

Sachverständige und Ingenieurbüros

Hanemann & Hennig
Konstruktionsbüro für Dach- und Fassadentechnik
Ahlmannshof 22
45889 Gelsenkirchen
Tel.: 0209 361137-5/6
Fax: 0209 361137-7
HKB_Gelsenkirchen@t-online.de

IDF Ingenieurbüro
für Leichtbaukonstruktionen
Wildunger Straße 20
34513 Waldeck
Tel.: 05634 99334-0
Fax: 05634 99334-9
contact@idf-leichtbau.de
www.idf-leichtbau.de

Dr.-Ing. Theoder Kellner
Sachverständiger
Am Leitgraben 29
46562 Voerde
Tel.: 02855 931-75
Fax: 02855 931-74
dtk.kellner@t-online.de

Dipl.-Ing. Erhard Klappert
Sachverständiger
Zum Bühl 18
57223 Kreuztal
Tel.: 02732 8936-0
Fax: 02732 8936-99
ing.buero.klappert@t-online.de

Pöter & Möller GmbH
Sachverständige
An den Drei Pfosten 38
57072 Siegen
Tel.: 0271 2390260
Fax: 0271 2390261
info@poeter-moeller.de
www.poeter-moeller.de

Gerthold Pröckl
Sachverständiger
Industriestraße 2
94424 Arnstorf
Tel.: 08723 30620
Fax: 08723 3437

Jürgen Völtz
Projektabwicklung
Im Spell 7
49124 Georgsmarienhütte
Tel.: 05401 834822
Fax: 05401 871593
jv@leichtbaumanagement.com
www.leichtbaumanagement.com

VSL Vogel Schneider Leichtbau GBR
Ingenieurbüro, Sachverständiger
Am Eichelskopf
34593 Knüllwald/Ndb.
Tel.: 05685 922-121
Fax: 05685 922-122
knuellwald@vsleichtbau.de
www.vsleichtbau.de

Ingenieurbüro ZBN GmbH & Co. KG
Stiftsstraße 29
48301 Nottuln
Tel.: 02502 94587
Fax: 02502 94588
E-Mail: info@zbn.de
Internet: www.zbn.de

Personen

Dipl.-Ing. Richard Kasten
Am Marienhain 37
57234 Wilnsdorf
Tel.: 0271 399206
Fax: 0271 399206
kastenricardo@aol.com

Dr.-Ing. Knut Schwarze
Am Stoß 9
57234 Wilnsdorf
Tel.: 0271 390434

Stichwortverzeichnis

C

D

H

I

K

L